Werde aktiv, indem du die Experimente im **Praktikum** durchführst.

Achte bei diesen Symbolen auf die nötigen Vorsichtsmaßnahmen.

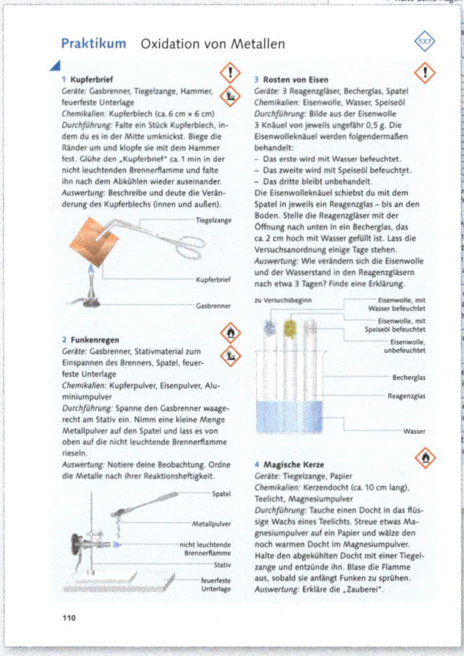

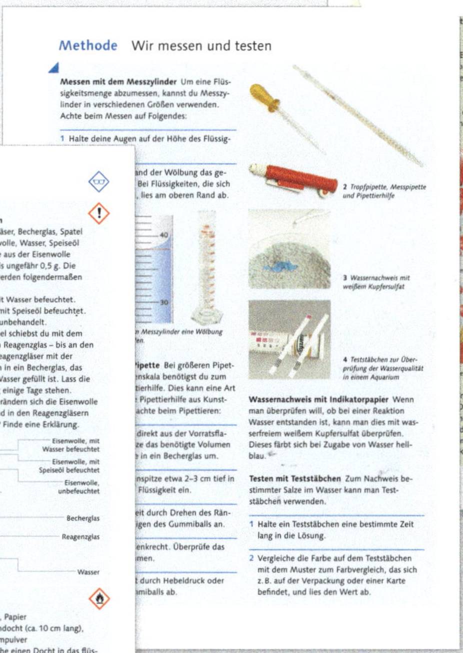

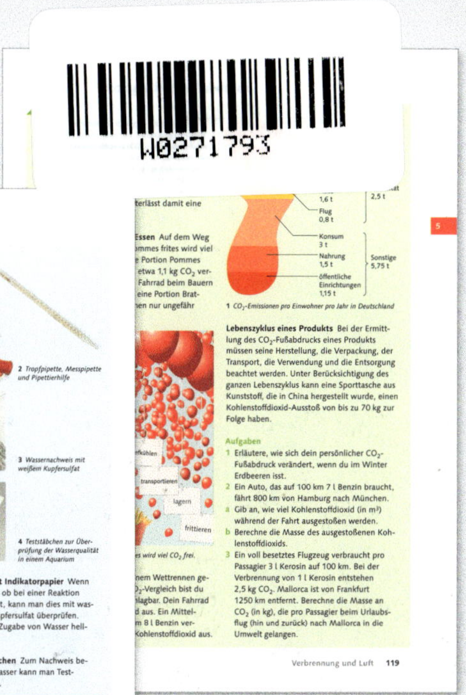

Begib dich auf einen **Exkurs** und erfahre so mehr über spannende Themen aus der Welt der Chemie.

Arbeite mit **Methode**, indem du eine typische Arbeitsweise der Chemie schrittweise nachvollziehst und übst.

este dich, indem du Aufgaben aus dem apitel beantwortest und die Lösungen m Buch (Anhang) nachschlägst.

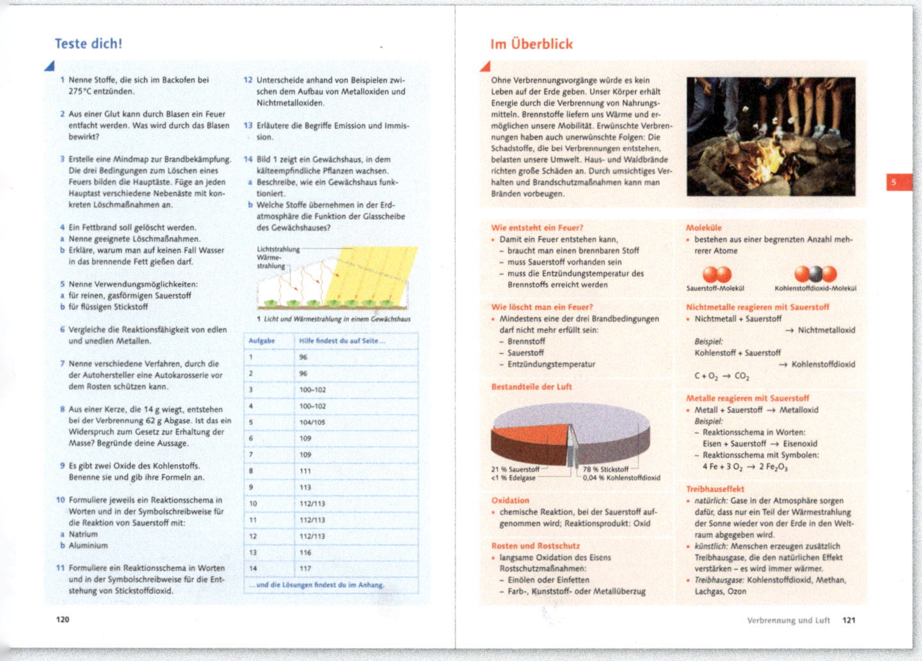

Wenn du zentrale Begriffe **im Überblick** nachlesen möchtest, so blättere ans Ende des Kapitels.

Inhalt

1 Mein neues Fach – Chemie! 10

2 Stoffe und Stoffeigenschaften 30

3 Stoffgemische und ihre Trennung 58

4 Chemische Reaktionen 80

5 Verbrennung und Luft 94

6 Wasser 122

7 Metalle und Metallgewinnung 148

8 Stoffe lassen sich ordnen

9 Der Bau der Atome

10 Salze und andere wichtige Stoffe 208

11 Säuren und Laugen 236

12 Energie aus chemischen Reaktionen 266

13 Kohlenwasserstoffe – Energieträger und Rohstoffe 286

14 Von den Alkoholen zu den Carbonsäuren 320

15 Produkte der Chemie 346

Anhang 388

Die mit * gekennzeichneten Inhalte sind fakultativ.

1

Mein neues Fach – Chemie!

Ist Chemie nicht zauberhaft? Chemikerinnen und Chemiker können nämlich schönste Farben in Flüssigkeiten und bunte Lichterscheinungen hervorrufen. Aber Chemie ist noch viel mehr. Um uns herum gibt es eine Vielfalt an Stoffen und chemischen Prozessen, die du durch den Chemieunterricht entdecken und verstehen wirst.

Ohne Chemie geht nichts

Chemie am Morgen Die Chemie bestimmt deinen Alltag viel mehr, als du ahnst. Schon morgens nach dem Aufstehen kommst du mit der Chemie in Kontakt. Du duschst dich mit einem Duschgel, putzt dir die Zähne mit Zahnpasta, verwendest ein Deodorant und vielleicht schminkst du dich. Du wählst deine Kleidung für den Tag aus: Jeans, Sweatshirt und Turnschuhe.

Chemie und Essen Was frühstückst du morgens? Ein Brötchen mit Schokoladenaufstrich, ein Wurstbrot oder Müsli? Bei der Herstellung und Verarbeitung dieser Lebensmittel spielt die Chemie eine wichtige Rolle. Auch wenn du dein Essen verdaust, spielen sich in deinem Körper chemische Vorgänge ab.

Chemie macht mobil Wie kommst du zur Schule? Zu Fuß, mit dem Fahrrad oder mit dem Bus? Die Chemie trägt wesentlich dazu bei, dass wir uns bequem von Ort zu Ort bewegen können.

Chemie in der Schule Viele Gegenstände, mit denen du in der Schule arbeitest, haben ebenfalls mit Chemie zu tun. Wenn du in deine Schultasche schaust, wirst du sicher Dinge aus Kunststoff finden: das Federmäppchen, Filzstifte, Füller, Tintenkiller, Radiergummi und das Geodreieck. Auch Schultaschen werden häufig aus Kunstoff hergestellt. Bleistiftanspitzer bestehen meistens aus dem Metall Aluminium. Die Mine eines Bleistifts ist aus Graphit.

1 *Auch Zähneputzen hat mit Chemie zu tun.*

Chemie und Sport Am Nachmittag probierst du deine neuen Joggingschuhe aus, die jeden Schritt noch besser abdämpfen. Dein neuer Tennisschläger ist jetzt noch leichter. Vor Jahrzehnten waren Tennisschläger aus Holz, jetzt gibt es Schläger aus Kunststoff, die mit Carbonfasern verstärkt sind.

Chemie und Technik Computer bestehen aus Kunststoffteilen, Silicium, Kupfer, Gold und anderen chemischen Stoffen. Auch deine DVDs sind aus Kunststoff.

Die Chemie spielt in vielen Bereichen unseres Lebens eine wichtige Rolle.

Aufgaben

1 Gib drei Beispiele an, wo dir Chemie im Alltag begegnet.

2 Überlege, wie ein Tag ohne „Chemie" ablaufen würde.

2 *Chemie ...*

... macht uns mobil.

... hilft beim Kochen und Backen.

... verbessert Materialien.

Exkurs Berufe aus dem Bereich der Chemie

Chemisch-technische Assistentin Eine chemisch-technische Assistentin (CTA) arbeitet in der Industrie, in Lebensmittellabors oder in Kliniken. Dort führt sie selbstständig Versuche durch, um z. B. die Reinheit eines Lebensmittels zu untersuchen. Oder sie untersucht die Qualität von Erdöl, das als Ausgangsstoff zur Herstellung von Kunststoffen benötigt wird.

Bierbrauerin Wer kennt nicht den Spruch „Hopfen und Malz, Gott erhalt's"? Beim Bierbrauen werden Hopfen, Hefe, Malz und Wasser zu Bier verarbeitet. Dabei überwachen die Brauerinnen die Herstellungsprozesse und können je nach Verfahren verschiedene Biersorten wie z. B. Pils, Hefeweizen oder Kölsch brauen. Biermischgetränke sowie alkoholfreie Getränke werden ebenfalls seit einigen Jahren produziert.

Pyrotechniker Das Arbeitsfeld eines Pyrotechnikers ist hochexplosiv. Ihm verdanken wir die beeindruckenden Feuerwerke, z. B. an Silvester, für die oftmals eine ganze Woche Vorbereitungsarbeit nötig sind. Der Pyrotechniker sorgt für ein kontrolliertes Abbrennen des Feuerwerks. Sein Arbeitsbereich umfasst aber nicht nur das Zünden von Feuerwerken. Er ist auch verantwortlich für Spezialeffekte beim Film oder auf Theater- und Konzertbühnen.

2 *Abwassertechniker/Wassermeister prüfen die Trinkwasserqualität.*

1 *Eine chemisch-technische Assistentin bei der Arbeit*

Stoffprüferin Stoffprüferinnen untersuchen Rohstoffe und Fertigerzeugnisse in verschiedenen Industriezweigen z. B. in der Kunststoff-, der Glas- und der Baustoffindustrie. Sie entnehmen Proben und messen bestimmte Eigenschaften wie die Stabilität von Autoteilen.

Weitere Berufe Der Friseur verwendet Chemikalien, wenn er die Haare färbt, sie mit Wasserstoffperoxid blondiert oder Dauerwellen macht. Fachkräfte für Abwassertechnik sorgen für den reibungslosen Ablauf in einer Kläranlage und überprüfen die Wasserqualität. Auch die Fachangestellte für Bäderbetriebe überwacht die Wasserqualität und führt Reinigungs- und Desinfektionsarbeiten durch. Eine Köchin und eine Fachkraft für Lebensmitteltechnik muss sich mit den Inhaltsstoffen von Lebensmitteln auskennen. Auch Fahrzeuglackierer kommen beim Behandeln von Oberflächen und dem Lackieren der Fahrzeuge täglich mit Chemie in Berührung.

Aufgaben

1 Recherchiere, in welchen anderen Industriezweigen Stoffprüferinnen beschäftigt sind.

2 Erkunde im Internet weitere Berufe, bei denen Chemie eine Rolle spielt.

a Gib an, welchen Schulabschluss man für die Berufe benötigt.

b Berichte, welche Tätigkeiten man in den Berufen jeweils ausübt.

Exkurs Chemie gestern und heute

Chemie im alten Ägypten Bereits vor etwa 4000 Jahren verfügten die Ägypter über chemisches Wissen. Du hast bestimmt gehört, dass die Ägypter ihre Toten einbalsamierten, um sie vor der Verwesung zu schützen. Wusstest du auch, dass sie schon zur damaligen Zeit in der Lage waren, Traubensaft zu Alkohol zu vergären? Die Ägypter stellten auch Make-ups, Parfüms und Öle her. Zudem nutzten sie viele chemisch-technische Prozesse zur Metallgewinnung und zur Herstellung von Farbstoffen, um damit Kleidung zu färben oder um Grabstellen in Pyramiden zu bemalen.

Chemie im Mittelalter Im Mittelalter beschäftigten sich sogenannte Alchemisten damit, im Auftrag geldgieriger Fürsten Metalle wie Quecksilber oder Silber in Gold zu verwandeln. Die Alchemisten zeigten in den Herrscherhäusern oftmals Experimente, bei denen nur scheinbar Gold entstand. Viele mussten ihren Forscherdrang und ihre Neugier mit dem Leben bezahlen, weil sie mit giftigen oder explosiven Stoffen arbeiteten. Einigen Alchemisten verdanken wir aber die Entdeckung neuer Stoffe wie Phosphor, Salzsäure und Ammoniak.

Chemie heute Chemie ist eine Wissenschaft, die sich mit den Eigenschaften von Materialien sowie mit möglichen Veränderungen von Materialien beschäftigt. Viele Chemiker sind an der Entwicklung neuer Produkte beteiligt, die für unseren Alltag von Nutzen sind. Beispiele hierfür sind Computer, Handys, Solarzellen und schadstoffärmere Treibstoffe. Arzneimittel werden entwickelt, um Krankheiten zu bekämpfen, immer bessere Düngemittel werden eingesetzt, um Ernteerträge zu vergrößern.

Die Naturwissenschaften Die Wissenschaften Biologie, Chemie und Physik gehören zu den Naturwissenschaften. Alle drei Wissenschaften versuchen, Vorgänge und Phänomene in der Natur zu erklären. Jede Wissenschaft hat aber einen anderen Blickwinkel. Nehmen wir als Beispiel die Fliegerei. Biologen beschäftigen sich mit der Lebensweise und dem Körperbau der Vögel. Physiker erklären, warum Vögel fliegen können, und übertragen ihre Kenntnisse auf den Flugzeugbau. Der Rumpf eines Flugzeugs muss aus einem stabilen und leichten Material konstruiert sein. Chemiker entwickeln deshalb immer bessere Werkstoffe.

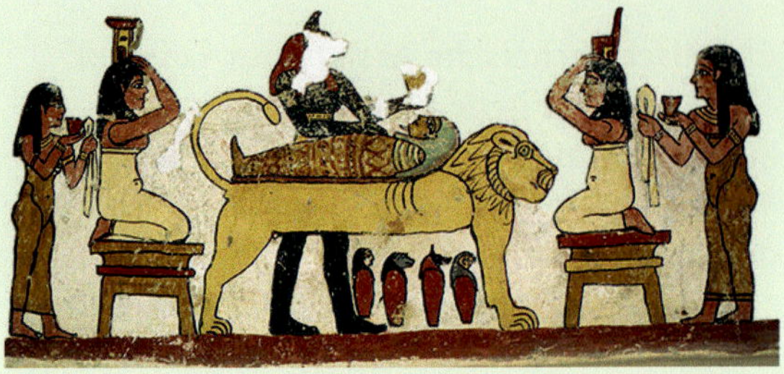

1 *Chemie im alten Ägypten*

2 *Ein Labor im Mittelalter*

Aufgaben

1 Berichte über das „chemische Know-how" vor 4000 Jahren.
2 Informiere dich im Internet darüber, wie die Ägypter ihre Toten einbalsamierten.
3 Finde heraus, was die Alchemisten unter dem „Stein der Weisen" verstanden.
4 Überlege, welche Folgen es für dich hätte, wenn es keine Kunststoffe mehr geben würde.

Exkurs Geräte im Labor – Blick in eine Apotheke

1 *Reibschale mit Pistill*

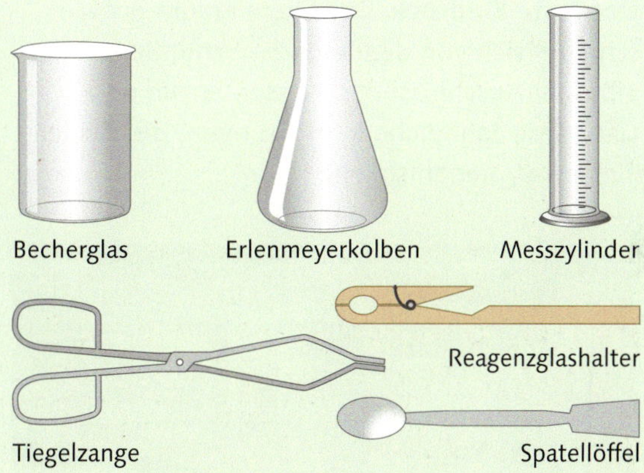

3 *Spezielle Geräte im Chemieunterricht*

Arbeitsgeräte eines Apothekers Normalerweise beraten Apotheker Kunden und verkaufen Medikamente. Manchmal müssen Apotheker aber auch bestimmte Medikamente selbst herstellen. Dafür hat jede Apotheke ein Labor zur Verfügung. Ein Apotheker benötigt zum Zerkleinern von Substanzen oder zur Herstellung von Cremes und Tinkturen ganz besondere Geräte. Einige dieser Geräte werden auch im Chemieunterricht verwendet.

2 *In einer Apotheke gibt es viele spezielle Geräte und Behälter.*

Reibschale Eine Reibschale, auch Mörser genannt, ist ein Gefäß, das die Form eines Bechers hat. Die Reibschale besteht aus Porzellan und hat sehr dicke Wände. Die Innenfläche der Wände ist rau. Ein Pistill ist ebenfalls an der Arbeitsfläche angeraut. In einer Apotheke werden Reibschale und Pistill zum Zerkleinern von Pflanzenteilen oder pulvrigen Substanzen verwendet.

Geräte und ihre Funktionen Jedes Gerät hat eine bestimmte Funktion und wird vom Apotheker nur für ganz bestimmte Zubereitungen und Arbeitsschritte verwendet. Messer, Gabel und Löffel haben bei dir zu Hause auch eine bestimmte Funktion. Du benötigst sie, um Speisen zu zerkleinern und in den Mund zu befördern. In der Apotheke finden diese Haushaltsgeräte keine Verwendung.
Für deine Untersuchungen im Fach Chemie verwendest du ebenfalls spezielle Geräte mit ganz unterschiedlichen Funktionen.

Aufgaben

1 In der Chemiesammlung findest du viele Geräte eines Chemikers. Zeichne drei Geräte deiner Wahl und benenne sie.
2 In einen Erlenmeyerkolben sollen 27 ml Wasser gefüllt werden. Beschreibe, welche Geräte du benutzt und wie du vorgehst.
3 Gib die Geräte in eurer Küche an, mit denen Flüssigkeiten und feste Substanzen abgemessen werden.

Der Chemieraum – ein besonderer Raum in deiner Schule

Der erste Eindruck Der Chemieraum unterscheidet sich von den anderen Schulräumen. Es gibt hier Anschlüsse für Wasser, Strom und Gas sowie zahlreiche Einrichtungen, die deiner Sicherheit dienen sollen.

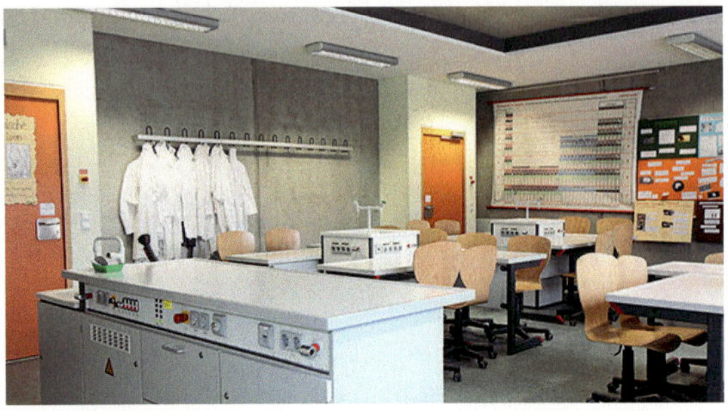

1 *Ein typischer Chemieraum*

Sicherheitseinrichtungen im Chemieraum Den Not-Aus-Schalter findest du im Chemieraum neben der Tür und am Lehrerpult. Mit einem Druck auf den Schalter werden alle Strom- und Gaszuleitungen direkt unterbrochen. Sollte es im Chemieraum brennen, sind ein Feuerlöscher, Löschsand und eine Löschdecke vorhanden. Die Augendusche wird verwendet, falls dir etwas ins Auge gelangt ist. Solltest du dich beim Experimentieren verletzen, gibt es im Chemieraum einen Erste-Hilfe-Kasten. In dringenden Fällen wählen du oder deine Lehrerin bzw. dein Lehrer die allgemeine Notrufnummer 112.

Im Chemieraum gibt es Sicherheitseinrichtungen und Verhaltensregeln, die der Sicherheit beim Experimentieren dienen.

2 *Sicherheitseinrichtungen im Chemieraum*

Der Abzug Bei manchen Experimenten entstehen giftige Gase oder es finden kleine Explosionen statt. Diese Experimente dürfen nur von der Lehrerin oder dem Lehrer in einem Abzug durchgeführt werden.

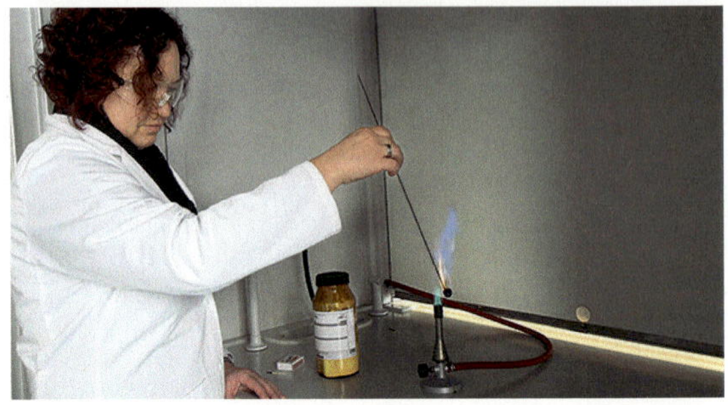

3 *Durchführung eines gefährlichen Experiments im Abzug*

Verhaltensregeln für den Chemieraum
- Betritt den Chemieraum nur gemeinsam mit einer Chemielehrerin oder einem Chemielehrer.
- Das Essen und Trinken ist im Chemieraum verboten.
- Ohne Aufforderung der Chemielehrerin oder des Chemielehrers dürfen Geräte, Schalter und Chemikalien nicht berührt werden.
- Gehe mit den Geräten und Chemikalien verantwortungsvoll um.

Regeln beim Experimentieren

Vor dem Experimentieren

1 Lies die Versuchsanleitung genau durch und befolge die Anweisungen der Lehrerin bzw. des Lehrers.
2 Setze die Schutzbrille auf, binde lange Haare zusammen. Falls erforderlich, verwende Schutzhandschuhe.
3 Stelle die notwendigen Geräte und Chemikalien übersichtlich in der Mitte des Experimentiertisches auf.
4 Öffne einen Chemikalienbehälter nur zur Entnahme von Material. Benutze dabei einen sauberen Spatel oder eine Pipette. Verschließe den Behälter direkt nach der Entnahme.

4 *Ein Kittel schützt die Kleidung.*

5 *Schutzbrille*

6 *So nicht!*

Während des Experimentierens

1 Experimentiere konzentriert und verantwortungsvoll, damit du und deine Mitschüler nicht gefährdet werden.
2 Stelle den Geruch eines Stoffes durch Zufächeln mit der Hand fest.
3 Richte die Öffnung des Reagenzglases beim Erhitzen niemals auf eine Person, da der Inhalt herausspritzen kann! Schaue nie von oben in das Reagenzglas.
4 Halte den Gasbrenner nur so lange in Betrieb, wie er benötigt wird.

Nach dem Experimentieren

1 Die Entsorgung der Chemikalien erfolgt nach Anweisung der Chemielehrerin bzw. des Chemielehrers.
2 Entferne verstreute Chemikalien oder kaputte Glasgeräte niemals selbst, informiere deine Lehrerin oder deinen Lehrer und warte die Anweisungen ab.
3 Spüle die Geräte und räume sie an ihren Platz zurück. Reinige den Arbeitstisch und wasche dir die Hände.
4 Kontrolliere, ob alle Gashähne geschlossen sind.

Beim Experimentieren musst du immer konzentriert bleiben und verantwortungsvoll handeln.

Aufgaben

1 Schaue dich im Chemieraum um.
a Erstelle einen Grundriss von deinem Chemieraum. Trage in die Skizze ein, wo sich im Raum die folgenden Sicherheitseinrichtungen befinden: Erste-Hilfe-Kasten, Feuerlöscher, Löschdecke, Löschsand, Augendusche, Not-Aus-Schalter, Fluchttür.
b Erkläre, wozu man diese Sicherheitseinrichtungen benötigt.
2 Schreibe einen Text über das Verhalten im Chemieraum. Verwende dazu die folgenden Satzteile:
- nie ohne Lehrerin oder Lehrer aufhalten
- Geräte, Schalter und Chemikalien niemals ohne Aufforderung berühren
- nicht essen und trinken
- diszipliniert verhalten

3 Was musst du tun, wenn sich jemand beim Experimentieren verletzt?

Erhitzen im Chemieunterricht

1 *Unterschiedliche Heizquellen: Heizplatte – Teelicht – Kartuschenbrenner – Teclubrenner*

Heizquellen im Labor Im Chemieunterricht wirst du häufig Versuche durchführen, bei denen du flüssige oder feste Substanzen erhitzt. Dazu stehen unterschiedliche Heizquellen zur Verfügung. Beim Arbeiten musst du immer auf eine wärmebeständige Unterlage achten.

Heizplatte Eine Heizplatte wird z. B. bei leicht entzündlichen Flüssigkeiten und bei Substanzen, die man sehr schonend erhitzen muss, eingesetzt. Wenn du nur kurz und nicht so stark erhitzen möchtest, reicht auch ein Teelicht.

Gasbrenner Kartuschenbrenner oder Teclubrenner sind Gasbrenner. Sie werden häufig im Chemieunterricht verwendet, um hohe Temperaturen zu erzeugen. Sofort nach dem Anzünden des Gasbrenners stehen diese hohen Temperaturen zur Verfügung. Da der Umgang mit dem Gasbrenner gefährlich sein kann, ist es wichtig, dass du den Aufbau und die Funktionsweise eines Gasbrenners kennst.

Aufbau des Teclubrenners An einer Seite des Teclubrenners (Bild 2) befindet sich eine Regulierschraube zum Einstellen das Gasstroms. Öffnest du diese Schraube, gelangt Gas in das Brennerrohr. Am oberen Ende des Brennerrohrs kannst du nun das Gas entzünden. Durch Verstellen des Luftreglers am unteren Ende des Brennerrohrs lassen sich verschiedene Flammentypen einstellen.

Um hohe Temperaturen beim Experimentieren zu erzeugen, verwendet man einen Teclubrenner.

Exkurs Dosenbrenner

Aus einer alten Getränkedose kann man leicht einen kleinen Brenner herstellen. Dazu wird die Dose vorsichtig etwa 6 cm vom Boden waagerecht durchgeschnitten. Der untere Teil wird nun umgedreht, sodass der Boden nach oben zeigt.
Ausgehend vom Rand werden nun Öffnungen in die Dosenwand geschnitten. Dann wird der Brenner über eine brennende Kerze geschoben.

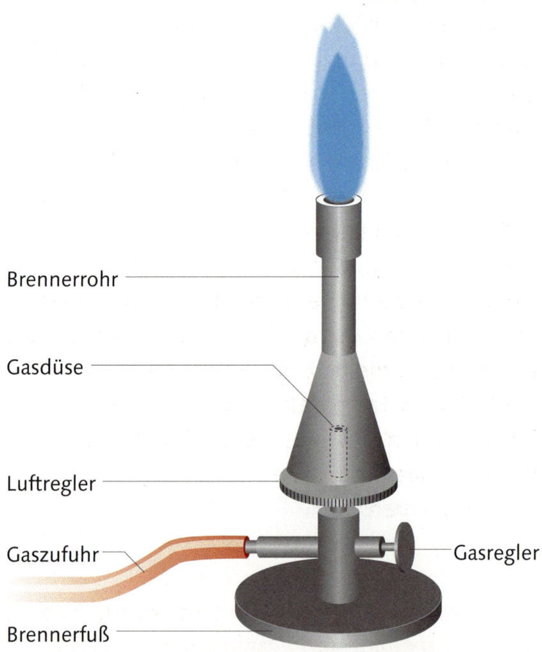

2 *Aufbau eines Teclubrenners*

3 *Leuchtende, nicht leuchtende und rauschende Flamme im Vergleich*

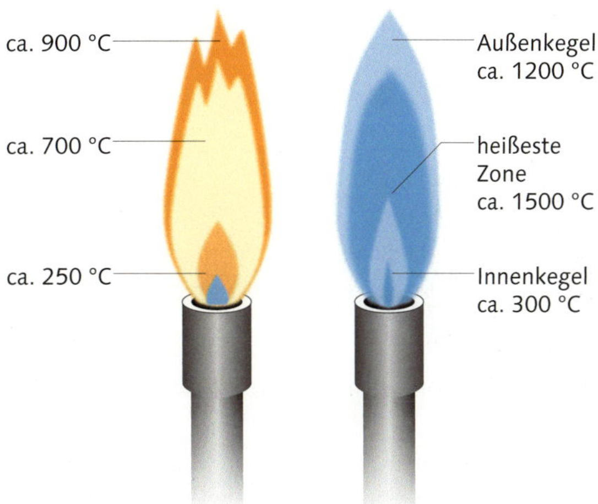

4 *Leuchtende Flamme und rauschende Flamme mit Temperaturzonen*

Leuchtende, nicht leuchtende und rauschende Flamme Bei geschlossenem Luftregler siehst du beim Teclubrenner eine leuchtend gelbe Flamme (Bild 3). Diese Flamme hat eine Temperatur von ca. 900 °C. Sie rußt sehr stark. Wenn du eine Porzellanschale in diese Flamme hältst, wirst du den Ruß deutlich sehen können.

Wenn du den Luftregler langsam öffnest, strömt Luft von außen in das Brennerrohr ein. Die leuchtend gelbe Flamme verschwindet. Stattdessen siehst du eine fast durchsichtige, nicht leuchtende Flamme. Mit dieser Flamme wirst du oft experimentieren, da die Temperatur dieser Flamme für die meisten Experimente ausreicht. Außerdem rußt diese Flamme fast gar nicht.

Öffnest du den Luftregler noch weiter, hörst du ein Rauschen. In der rauschenden Flamme kannst du einen Innenkegel und einen Außenkegel erkennen. An der Spitze des Innenkegels befindet sich die heißeste Stelle der Flamme. Dort können Temperaturen von ca. 1500 °C erreicht werden. Die rauschende Flamme rußt nicht, da das Gas bei diesen Temperaturen vollständig verbrennt.

Je nachdem, wie viel Luft dem Teclubrenner zugeführt wird, erhält man eine leuchtende, nicht leuchtende oder rauschende Flamme mit unterschiedlichen Flammentemperaturen.

Darauf solltest du beim Umgang mit dem Gasbrenner achten!
- Der Gasschlauch darf nicht brüchig sein.
- Wenn du den Gasbrenner am Gashahn des Tisches anschließt, muss der Gasschlauch fest mit dem Gasbrenner und dem Gashahn verbunden sein. Ansonsten kann das Gas unkontrolliert entweichen und sich entzünden.
- Sollte die Gasflamme plötzlich ausgehen, musst du den Gashahn am Tisch sofort schließen.
- Falls du beim Experimentieren den Gasbrenner kurzzeitig nicht benötigst, stelle eine kleine leuchtende Flamme ein.

Aufgaben

1 Zum Erhitzen von Stoffen wird häufig der Teclubrenner eingesetzt. Nenne die Bauteile des Teclubrenners und ihre Funktion.

2 Beschreibe die drei Arten von Flammen, die man mit dem Teclubrenner erzeugen kann. Erläutere, worin sich die Flammentypen unterscheiden.

3 Beim Arbeiten mit dem Gasbrenner musst du vorsichtig sein. Beschreibe mögliche Gefahrenquellen.

4 Mit welcher Heizquelle würdest du eine leicht entzündliche Flüssigkeit erhitzen? Begründe deine Entscheidung.

Methode Sicher arbeiten mit dem Gasbrenner

1 *Veränderung der Flamme durch Einstellen der Luftregulierung beim Teclubrenner*

Sicheres Erhitzen im Chemieunterricht Bei vielen chemischen Versuchen benötigst du einen Gasbrenner. Wiederhole das Entzünden und Löschen der Brennerflamme so lange, bis du ganz sicher bist. Dabei musst du folgende Punkte beachten:

1 Vor dem Versuch
- Setze die Schutzbrille auf und binde lange Haare zusammen.
- Entferne alle brennbaren Gegenstände auf dem Experimentiertisch.
- Prüfe am Gasbrenner, ob die Luftzufuhr und die Gaszufuhr geschlossen sind.
- Stelle den Gasbrenner in die Mitte des Tisches auf eine feuerfeste Unterlage.
- Schließe den Gasschlauch an die Gasleitung am Experimentiertisch an.

2 Entzünden der Brennerflamme
- Halte die Zündquelle bereit.
- Öffne den Gashahn am Tisch.
- Öffne den Gasregler am Brenner, entzünde sofort das austretende Gas und reguliere die Flammenhöhe.
- Öffne je nach Flammentyp die Luftzufuhr.

3 Löschen der Brennerflamme
- Drehe zuerst die Luftzufuhr zu.
- Schließe die Gaszufuhr am Gasbrenner.
- Schließe den Gashahn am Experimentiertisch.

Sicher arbeiten mit Gasbrenner und Reagenzglas Achte beim Erhitzen von Stoffen im Reagenzglas auf diese Punkte:
- Fülle nur kleine Stoffmengen (etwa 1–2 cm) in das Reagenzglas.
- Wenn Flüssigkeiten erhitzt werden, füge immer 1–2 Siedesteinchen hinzu.
- Halte das Reagenzglas mit dem Reagenzglashalter fest.
- Bewege das Reagenzglas beim Erhitzen gleichmäßig in der Flamme hin und her.
- Achte immer darauf, dass du die Reagenzglasöffnung nicht auf Personen richtest.

2 *Eine Flüssigkeit wird im Reagenzglas erhitzt.*

Praktikum Arbeiten mit dem Gasbrenner

1 Die Temperaturzonen der Brennerflamme
Geräte: Gasbrenner
Chemikalien: Magnesiastäbchen
Durchführung: Halte ein Magnesiastäbchen waagerecht in die verschiedenen Zonen der Brennerflamme. Führe den Versuch zuerst mit der leuchtenden und dann mit der nicht leuchtenden Flamme durch.
Auswertung: Notiere deine Beobachtungen. Ist die leuchtende oder die nicht leuchtende Flamme heißer? Wo befindet sich die heißeste Zone der jeweiligen Flamme?

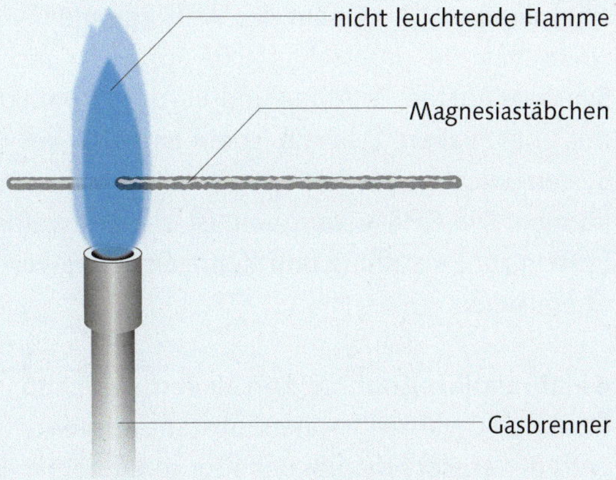

2 Erhitzen von Wasser
Geräte: Gasbrenner, Reagenzglas, Reagenzglashalter, Siedesteinchen
Chemikalien: Wasser
Durchführung: Fülle ein Reagenzglas etwa 2 cm hoch mit Wasser und füge zwei Siedesteinchen hinzu.
Halte das Reagenzglas mithilfe des Reagenzglashalters schräg in die nicht leuchtende Flamme und bewege es vorsichtig hin und her. Beende den Versuch, sobald die Hälfte der Flüssigkeit verdampft ist.
Auswertung: Notiere deine Beobachtungen. Überlege, wieso es wichtig ist, das Reagenzglas während des Erhitzens hin- und herzubewegen. Nenne die Funktion der Siedesteinchen.

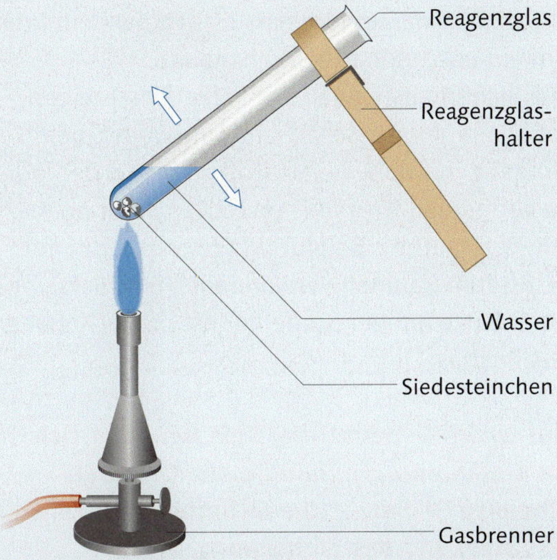

3 Schmelzen von Glas
Geräte: Gasbrenner, Glasrohr, schwer schmelzbares Reagenzglas (Duran), Reagenzglashalter, Tiegelzange
Durchführung:
a Halte das Glasrohr in die heißeste Zone der rauschenden Brennerflamme. Drehe dabei das Glasrohr gleichmäßig, bis du Veränderungen feststellst.
b Erhitze ein schwer schmelzbares Reagenzglas in der heißesten Zone der Brennerflamme. Sobald du das Reagenzglas aus der Flamme genommen hast, versuche mit der Tiegelzange das Glas an der heißen Stelle zu verformen.
Auswertung: Notiere für beide Experimente deine Beobachtungen.

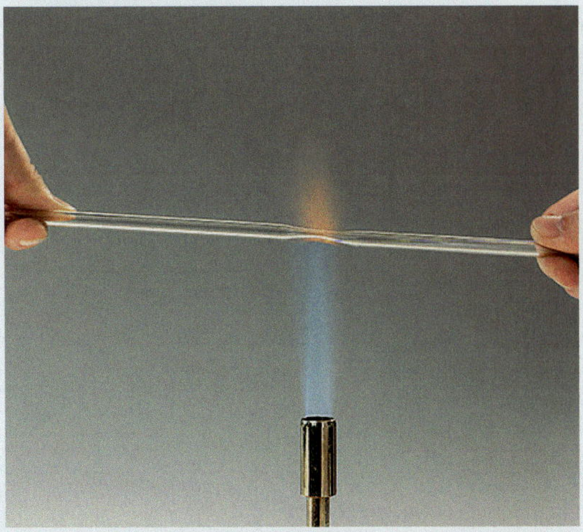

Kennzeichnung und Entsorgung von Chemikalien

Ein globales Kennzeichnungssystem für Chemikalien Überall auf der Welt kommen Menschen, die unterschiedliche Sprachen und Symbole nutzen, in Alltag und Beruf in Kontakt mit Chemikalien. Deshalb ist ein einheitliches System wichtig, das auch Analphabeten nutzen können. Die GHS-Verordnung ist ein weltweites System zur Einstufung und Kennzeichnung von Chemikalien.

Gefahrenpiktogramme Um zu verdeutlichen, dass eine Gefahr von einer Substanz ausgeht, wird der entsprechende Behälter mit einem oder mehreren Symbolen versehen. Diese Symbole nennt man Gefahrenpiktogramme. Ein Totenkopf mit gekreuzten Knochen weist z. B. auf eine giftige Substanz hin. Im Alltag begegnen dir viele dieser Gefahrenpiktogramme auf Verpackungen von Haushaltsreinigern oder Produkten aus dem Baumarkt.

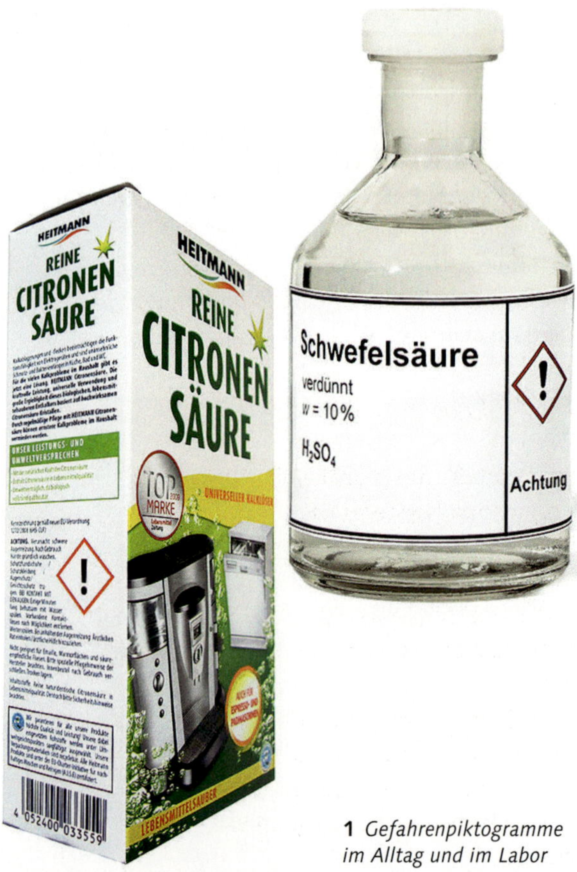

1 *Gefahrenpiktogramme im Alltag und im Labor*

2 *Die Piktogramme der GHS-Verordnung werden weltweit verwendet.*

Signalworte Die Kennzeichnung der Gefahrstoffe wird zusätzlich durch ein Signalwort – „Achtung" oder „Gefahr" – unterstützt. Dieses Signalwort findet man direkt neben dem Piktogramm. Das Wort „Gefahr" ist das Signalwort für einen Stoff, von dem eine große Gefahr ausgeht, der also z. B. explosionsgefährlich, hochentzündlich oder brandfördernd ist. Das Wort „Achtung" auf dem Etikett warnt z. B vor schwach ätzenden oder umweltgefährlichen Stoffen (Bild 1).

Gefahren- und Sicherheitshinweise Die Gefahrenhinweise (H-Sätze) beschreiben, welche Gefahr von Stoffen ausgeht. So weist z. B. der H-Satz 221 darauf hin, dass es sich bei dem Stoff um ein entzündbares Gas handelt.
Die Sicherheitshinweise (P-Sätze) beschreiben Maßnahmen, um schädliche Wirkungen beim Umgang mit dem Gefahrstoff zu begrenzen oder zu vermeiden. Der in P-Satz 271 beschriebene Hinweis lautet z. B.: Nur im Freien oder in gut belüfteten Räumen verwenden. Die H-Sätze und die P-Sätze einiger Stoffe findest du im Anhang des Buches.

Auf einem Gefahrstoffetikett befinden sich die Gefahrenpiktogramme, die Gefahrenhinweise (H-Sätze), die Sicherheitshinweise (P-Sätze) und das Signalwort.

GHS01 Gefahr *explosions-gefährlich*	**GHS02** Gefahr *leicht entzündlich*	**GHS03** Gefahr *brandfördernd*
GHS04 Achtung *Gase unter Druck*	**GHS05** Gefahr *ätzend*	**GHS06** Gefahr *giftig*
GHS07 Achtung *gesundheits-gefährdend*	**GHS08** Gefahr *gesundheits-schädlich, reizend*	**GHS09** Achtung *umwelt-gefährdend*

Tab. 1 *Gefahrenpiktogramme und Signalwörter nach GHS*

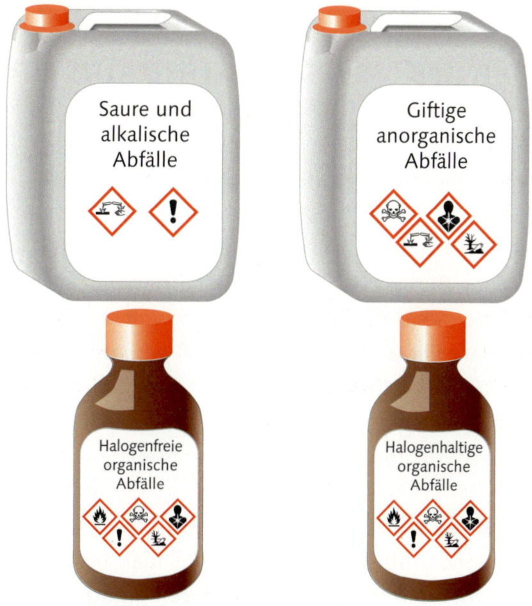

3 *Sammelgefäße für Gefahrstoffe im Labor*

4 *Bürgerinnen und Bürger können ihre Schadstoffe zu Recyclinghöfen und Schadstoffmobilen bringen.*

Sachgerechtes Entsorgen im Chemieraum

Nach der Durchführung eines Experiments dürfen manche Chemikalienreste nicht in den Ausguss oder in den Hausmüll gegeben werden. Auch gibt man Chemikalienreste, z. B. zu viel entnommene Flüssigkeiten, nicht zurück in die Vorratsgefäße. Einmal entnommene Chemikalien könnten verunreinigt sein und müssen deshalb entsorgt werden. Gefährliche Stoffe müssen grundsätzlich sachgerecht entsorgt werden. Dazu werden die Chemikalien in getrennten Behältern aus Kunststoff oder Glas gesammelt (Bild 3). Die Lehrerin oder der Lehrer ist für die weitere Entsorgung verantwortlich. Bestimmte Chemikalienbehälter müssen von einem Entsorgungsunternehmen abgeholt werden (Bild 4). Ein vollständiger Entsorgungsplan befindet sich im Anhang deines Schulbuchs.

Gefährliche Chemikalienreste gehören in geeignete Sammelgefäße. Die weitere Entsorgung erfolgt durch den Lehrer bzw. die Lehrerin oder durch ein Entsorgungsunternehmen.

Aufgaben

1 Nenne Vorteile des global einheitlichen Kennzeichnungssystems GHS.

2 Du hast versehentlich 2,0 g Eisenpulver statt 1,5 g Eisenpulver abgewogen. Was machst du mit dem überschüssigen Eisenpulver?

3 Informiere dich bei deinem Lehrer bzw. deiner Lehrerin darüber, welche Sammelgefäße es in eurem Chemieraum gibt. Erkundige dich auch nach dem Standort der Sammelgefäße.

4 Gib die sachgerechte Entsorgung einer mit GHS05 gekennzeichneten Chemikalie an. Begründe.

Exkurs Gefahrstoffe um uns herum

Viele Haushaltsprodukte enthalten Gefahrstoffe In vielen Haushalten findet man Putz- und Desinfektionsmittel, Sprays, Farben und viele andere chemische Produkte, von denen Gefahren für die Menschen und die Umwelt ausgehen können. Diese Produkte müssen, genauso wie die Gefahrstoffe im Chemieunterricht, mit Gefahrenpiktogrammen, Gefahrenhinweisen und Sicherheitshinweisen gekennzeichnet sein.

Gefahren bei Kontakt oder beim Einatmen Bei der Verwendung von Sprays sollte man beachten, dass man die Inhaltsstoffe zum Teil einatmen kann. Auch die Inhaltsstoffe von Wasch- und Putzmitteln gelangen in unsere Atemluft. Viele Duft-, Farb- und Konservierungsmittel stehen im Verdacht, Allergien und Hautreizungen auszulösen. Deshalb ist es wichtig, bei der Reinigung mit Putzmitteln immer Gummihandschuhe anzuziehen. Sprays sollten möglichst im Freien oder in gut gelüfteten Räumen verwendet werden.

Chlorhaltige Reiniger Bei Chlorreinigern musst du sehr vorsichtig sein. Kommt ein solcher Reiniger mit einem sauren Allzweckreiniger zusammen, entsteht lebensgefährliches gasförmiges Chlor.

1 *Auch im Haushalt gibt es Gefahrstoffe.*

Achtung: Verwechslungsgefahr! Eine wichtige Regel für den Umgang mit Gefahrstoffen im Haushalt lautet: Gefährliche Stoffe dürfen nie in ein Gefäß gefüllt werden, in dem sonst Lebensmittel aufbewahrt werden. Kinder und auch Erwachsene könnten die gefährlichen Stoffe mit Lebensmitteln verwechseln. Außerdem fehlen dann die auf der Originalverpackung angegebenen Sicherheits- und Gefahrenhinweise sowie die Gefahrenpiktogramme.

Die Entsorgung gefährlicher Stoffe Werden gefährliche Stoffe wie Putzmittel oder Farben im Haushalt nicht mehr verwendet, dürfen sie auf keinen Fall in den Abfalleimer oder Ausguss gegeben werden. Das gilt auch für Medikamentenreste, alte Batterien oder Energiesparlampen. Diese Stoffe müssen sachgerecht entsorgt werden. In jeder Gemeinde gibt es ein Schadstoffmobil oder eine Sammelstelle, wo du die Schadstoffe hinbringen kannst. Die Standorte und die Termine der Sammlung erfährst du bei deiner Gemeinde.

Aufgaben

1 Der Kontakt und das Einatmen von Reinigungsmitteln kann gefährlich werden. Welche Auswirkungen können diese Substanzen auf Menschen und Tiere haben?

2 Suche zu Hause Alltagsprodukte mit Gefahrenpiktogrammen und trage sie in eine Tabelle mit den Spalten Produkt, Gefahrenpiktogramm und Sicherheitshinweis ein.

3 Viele Reinigungsarbeiten im Haushalt lassen sich mit umweltverträglichen Mitteln erledigen. Informiere dich über diese Reinigungsmöglichkeiten.

4 Erkläre, warum man Gefahrstoffe nie in Lebensmittelbehälter einfüllen und sie dort aufbewahren sollte.

5 Was ist zu tun, wenn kleine Kinder in einem unbeobachteten Moment einen Schluck von einem Reinigungsmittel getrunken haben? Informiere dich im Internet.

6 Wie kann man vermeiden, dass kleine Kinder in Kontakt mit Gefahrstoffen kommen?

Methode Das Versuchsprotokoll

Ein Protokoll erstellen Zu jedem Versuch gehört ein Versuchsprotokoll. In einem Versuchsprotokoll werden alle Versuchsschritte genau und übersichtlich aufgeschrieben. Mache dir vor allem während des Versuchs genaue Notizen darüber, was du beobachtest. Wenn du alles gut notiert hast, kannst du dich später an Details besser erinnern. Deine Notizen werden dir bei der Versuchsauswertung hilfreich sein. Außerdem können auch andere den Versuch mit deinem ausführlichen Protokoll wiederholen.
Hier siehst du das Muster eines Versuchsprotokolls:

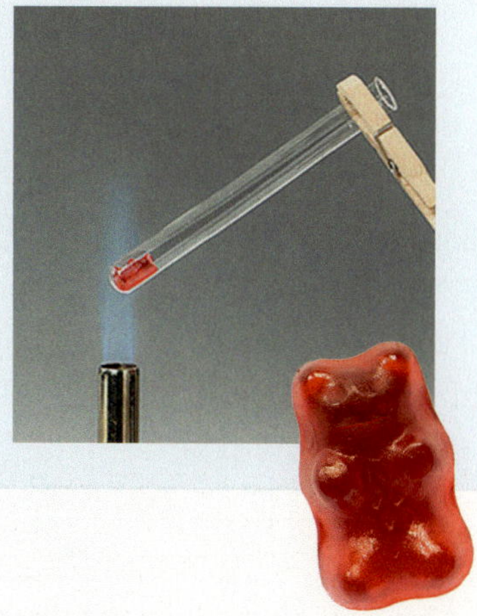

Datum:

1 Das Problem, das du untersuchen möchtest, wird als Frage oder als Thema formuliert.	*Problemfrage:*	*Was passiert, wenn man ein Gummibärchen verbrennt?*
2 Eine Vermutung kannst du äußern, wenn du schon etwas Vorwissen hast oder dir spontan eine gute Idee einfällt.	*Vermutung:*	*Das Gummibärchen verkohlt.*
3 Schreibe alle benötigten Geräte auf.	*Geräte:*	*Gasbrenner, Reagenzglas, Reagenzglashalter*
4 Schreibe alle benötigten Chemikalien auf.	*Chemikalien:*	*Gummibärchen*
5 Formuliere die Durchführung kurz und verständlich. Fertige bei komplizierten Versuchsaufbauten zusätzlich eine Skizze an.	*Durchführung:*	*Man gibt ein Gummibärchen in ein Reagenzglas. Dann erhitzt man das Reagenzglas vorsichtig in der nicht leuchtenden Flamme.*
6 Schreibe alle Beobachtungen auf, die du während des Versuchs machst. Schreibe aber nur das auf, was du tatsächlich sehen, hören, riechen oder messen kannst!	*Beobachtung:*	*Das Gummibärchen wird nach einiger Zeit schwarz.*
7 Erkläre deine Beobachtungen. Schreibe dazu die Antwort der Problemfrage auf. Du kannst auch aufschreiben, was du aus dem Versuch gelernt hast.	*Auswertung:*	*Wenn man ein Gummibärchen verbrennt, findet eine Stoffveränderung statt. Es entsteht ein neuer Stoff.*

Methode Beantworten von Aufgaben

Kennst du das? Du sollst eine Aufgabe bearbeiten und weißt nicht genau, was du tun sollst: Manchmal reicht als Antwort eine Aufzählung, manchmal musst du mehrere Sätze schreiben. Die Tabellen auf dieser und auf der nächsten Seite sollen dir helfen, die passenden Antworten zu den verschiedenen Aufgaben zu finden.

Operatoren sind Verben, die bei Aufgabenstellungen verwendet werden. Diese Verben sagen dir, was du tun sollst.

Ein **Sachverhalt** kann sein: das Ergebnis eines Experiments oder das Merkmal eines Gegenstands oder etwas anderes.

Operator	**Was du tun sollst**	**Merkmal**
nennen *benennen*	<u>Zähle</u> Fakten, Daten, Begriffe oder Sachverhalte <u>auf</u>. Sage dabei nicht, ob es gut oder schlecht ist oder warum es so ist.	aufzählen
beschreiben	<u>Gib</u> Merkmale von Vorgängen oder Dingen zusammenhängend und geordnet <u>wieder</u>.	im Präsens; ganze Sätze
erklären	<u>Mache</u> einen Vorgang oder einen Sachverhalt <u>verständlich</u>. Sage auch etwas über Zusammenhänge.	„Wenn …, dann …" „Um … zu …"
erläutern	<u>Veranschauliche</u> einen Sachverhalt. <u>Verwende</u> dabei Informationen und Beispiele.	Präsens; ganze Sätze; mit Beispiel
begründen	<u>Mache verständlich</u>, warum ein Sachverhalt so ist. <u>Führe</u> dies auf Regeln und Gesetzmäßigkeiten <u>zurück</u>.	„Weil …" „Wegen …"
formulieren	<u>Drücke</u> einen Sachverhalt oder einen Zusammenhang in der Fachsprache <u>aus</u>.	Fachsprache
recherchieren *sich erkundigen* *sich informieren*	<u>Suche</u> im Lexikon, im Schulbuch, im Internet nach Informationen zu einem bestimmten Thema oder <u>frage</u> bei Personen <u>nach</u>.	lesen, hören, ansehen, nachfragen
bewerten *Stellung nehmen*	<u>Sage</u> oder <u>schreibe</u> deine Meinung, ob ein Sachverhalt gut oder schlecht (richtig oder falsch) ist. <u>Begründe</u> deine Entscheidung.	eigene Ansicht; mit Begründung (*begründen*)

Typische Aufgabenstellungen Aufgaben sind häufig mit einer Frage verknüpft. Diese Tabelle zeigt dir verschiedene Antwortmöglichkeiten.

Tipp: In der Aufgabe steckt meistens schon ein Teil der Antwort. Achte auf das Substantiv und das Verb.

1

Aufgabe	Frage	Antwort
Nenne die Eigenschaften eines Gummibärchens.	Welche Eigenschaften besitzt ein Gummibärchen? *Oder:* Welche Eigenschaften hat ein Gummibärchen?	weich, süß, durchsichtig … *Wenn du in ganzen Sätzen antworten sollst:* Ein Gummibärchen ist weich. *Oder:* Ein Gummibärchen besitzt die Eigenschaft, dass es weich ist.
Beschreibe die Gemeinsamkeiten von zwei Gummibärchen.	Welche Gemeinsamkeiten haben zwei Gummibärchen?	Beide Gummibärchen sind süß.
Beschreibe die Unterschiede von zwei Gummibärchen.	Welche Unterschiede haben zwei Gummibärchen?	Das eine Gummibärchen ist rot, das andere ist gelb. *Oder:* Im Gegensatz zum roten Gummibärchen ist das andere gelb.
Erkläre, wozu man einen Gasbrenner benötigt.	Wozu benötigt man einen Gasbrenner?	Einen Gasbrenner benötigt man, um das Gummibärchen zu verbrennen. *Oder:* Einen Gasbrenner benötigt man zur Verbrennung des Gummibärchens.
Erkläre, worauf man zu achten hat. *Oder:* **Erkläre,** worauf man achten muss.	Worauf hat man zu achten? *Oder:* Worauf muss man achten?	Man muss auf die Temperatur achten.
Erläutere den Unterschied **zwischen** zwei Gummibärchen.	Worin unterscheiden sich zwei Gummibärchen?	Zwei Gummibärchen unterscheiden sich in ihrer Farbe. Das eine Gummibärchen ist rot und das andere ist gelb.
Begründe, warum ein Gummibärchen verkohlt.	Warum verkohlt ein Gummibärchen?	Wenn man ein Gummibärchen verbrennt, (dann) findet eine Stoffveränderung statt. Weil eine Stoffveränderung stattgefunden hat, ist das Gummibärchen verkohlt.

Teste dich!

1 Der Chemieraum ist ein besonderer Raum in deiner Schule.
Wie hast du dich im Chemieraum zu verhalten? Notiere vier wichtige Regeln.

2 Nico holt sich für ein Experiment alle notwendigen Geräte und Chemikalien vom Pult und bringt sie zu seinem Tisch. Dann setzt er die Schutzbrille auf.
Hat Nico richtig gehandelt? Welchen Ratschlag würdest du ihm geben und warum?

3 Worauf hast du beim Umgang mit Laborgeräten und Chemikalien zu achten? Gib zwei Regeln an.

4 Ein Teclubrenner wird häufig im Chemieunterricht verwendet, um hohe Temperaturen zu erzeugen.
a Zeichne einen Teclubrenner und benenne seine Bestandteile.
b Wie gehst du vor, um einen Teclubrenner in Betrieb zu setzen?

5 In Bild 1 sind zwei Flammentypen abgebildet.
a Wie heißen die beiden Flammentypen?
b Wovon hängt die Temperatur der unterschiedlichen Flammen ab? Erkläre.
c Mit welchem Flammentyp wird nur selten im Chemieraum gearbeitet? Begründe deine Antwort.

1 *Verschiedene Flammentypen*

6 Nenne die Geräte, die beim Experimentieren in Bild 2 verwendet werden.

7 Wenn du eine Flüssigkeit in einem Reagenzglas erhitzt, musst du wichtige Regeln beachten.
a Schreibe diese Regeln auf.
b Fertige eine Zeichnung an, die die Regeln verdeutlicht.

8 Gib die Bedeutung der beiden Gefahrenpiktogramme an.

9 Beim Aufräumen der Wohnung findest du mehrere halbvolle Schachteln mit Medikamenten. Du stellst fest, dass die Haltbarkeit dieser Medikamente abgelaufen ist. Was rätst du deinen Eltern?

10 Welche Angaben sollte ein Versuchsprotokoll enthalten?

Aufgabe	Hilfe findest du auf Seite …
1	16
2	16/17
3	16–19, 22/23
4	18/19
5	19
6	15
7	18, 20
8	23
9	24
10	25
… und die Lösungen findest du im Anhang.	

Im Überblick

Die Chemie spielt in vielen Bereichen des Lebens eine Rolle. Im Labor verwenden Chemikerinnen und Chemiker bei ihren Untersuchungen und Experimenten spezielle Geräte. Einige Geräte lernst du im Chemieunterricht kennen. Genaues Beobachten und Protokollieren ist in der Chemie besonders wichtig. Chemikalien begegnen uns nicht nur im Labor. Auch im Alltag ist es sinnvoll, die Kennzeichnung von Chemikalien mithilfe der GHS-Verordnung zu kennen, damit man sich und die Umwelt schützen kann.

1

Sicherheit im Chemieraum

- Chemieraum nur mit Lehrerin/Lehrer betreten
- Sicherheitseinrichtungen im Chemieraum kennen
- Versuchsanleitung lesen
- Notwendige Geräte und Chemikalien bereitstellen
- Schutzbrille tragen
- Lange Haare nach hinten binden
- Chemikalienbehälter immer verschließen
- Reagenzglasöffnung nicht auf Personen richten
- Keine Geruchs- und Geschmacksproben
- Im Chemieraum nicht essen und trinken
- Chemikalien richtig entsorgen

Teclubrenner

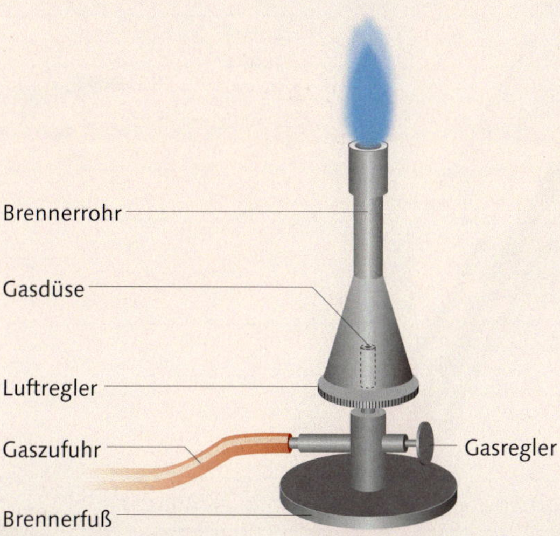

Gefahrenpiktogramme

 **GHS01** Gefahr *explosionsgefährlich*	 **GHS02** Gefahr *leicht entzündlich*	 **GHS03** Gefahr *brandfördernd*
 **GHS04** Achtung *Gase unter Druck*	 **GHS05** Gefahr *ätzend*	 **GHS06** Gefahr *giftig*
 **GHS07** Achtung *gesundheitsgefährdend*	 **GHS08** Gefahr *gesundheitsschädlich, reizend*	 **GHS09** Achtung *umweltgefährdend*

Entsorgung von Chemikalienabfällen

- Nicht alle Chemikalienreste dürfen in den Ausguss oder in den Hausmüll gegeben werden. Gefährliche Stoffe werden in geeigneten Gefäßen gesammelt und anschließend sachgerecht entsorgt.

2

Stoffe und Stoffeigenschaften

Eis schmeckt zart schmelzend, kühl und fruchtig frisch. Erst die Mischung verschiedener Stoffe wie Sahne, Zucker und Fruchtpüree ergibt das Geschmackserlebnis. Die Eigenschaften von Lebensmitteln lassen sich mit unseren Sinnen erfahren. Aber es gibt auch andere, messbare Stoffeigenschaften, die typisch für Stoffe sind.

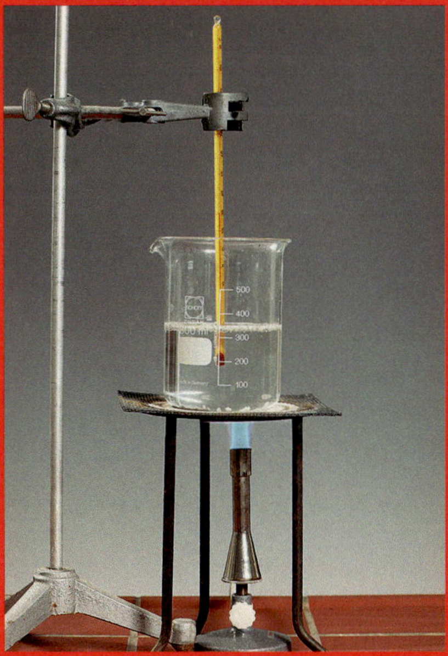

Körper und Stoffe im Alltag

1 *Kugelförmige Körper aus unterschiedlichen Stoffen*

2 *Unterschiedliche Körper aus einem Stoff*

Eiskugeln – gleich und doch verschieden Im Sommer schmeckt eine Kugel Eis besonders erfrischend und lecker. Vielleicht ist deine Lieblingssorte Erdbeere und du kannst dir die rosarote Kugel in der Eistüte gut vorstellen. Wenn du Vanilleeis bevorzugst, sieht die Kugel in der Waffel gelbweiß aus. Die Eissorten unterscheiden sich aber auch im Geschmack, weil die Zutaten für die verschiedenen Sorten unterschiedlich sind. Obwohl die Form gleich ist, schmecken die Kugeln verschieden. Das Material, aus dem die Eiskugeln beschaffen sind, wird in der Chemie als Stoff bezeichnet.

Verschiedene Stoffe – ein Körper Eine Kugel Eis hat immer die gleiche Form, wird aber aus unterschiedlichen Stoffen hergestellt. Aus dem Alltag kennst du weitere Stoffe mit ähnlicher Form, z. B. Schokoladenkugeln, Gummibälle oder Holzkugeln. Obwohl die Stoffe unterschiedlich sind, ist ihre Form ähnlich. Man spricht auch von dem Körper, den ein Stoff angenommen hat. Die Körper all dieser Stoffe sind kugelförmig.

Unter einem Stoff versteht man das Material, aus dem Körper beschaffen sind. Gleich geformte Körper können aus verschiedenen Stoffen bestehen.

Ein Stoff – verschiedene Körper Im Alltag gibt es häufig auch verschiedene Körper, die alle aus demselben Stoff bestehen. Sowohl ein Schokoladenhase, ein Schokoladenherz als auch Schokoladenraspel bestehen aus dem Stoff Schokolade. Bei dem Hasen wurde ein größeres, zusammenhängendes Stück Schokolade geformt. Schokoladenraspel bestehen aus geraspelten Schokoladenstückchen. Obwohl die Körper verschieden sind, bestehen sie alle aus demselben Stoff. Du weißt, dass es sich bei dem Stoff immer um Schokolade handelt, weil du die Eigenschaften von Schokolade kennst.

Verschiedene Körper können aus demselben Stoff bestehen. Stoffe besitzen bestimmte Eigenschaften.

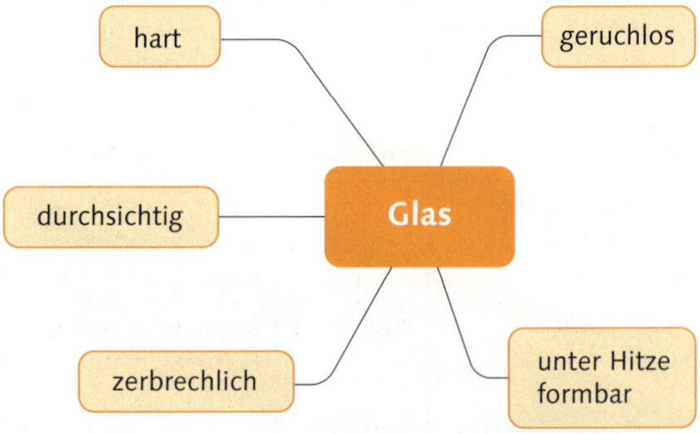

3 *Mindmap: Eigenschaften des Stoffes Glas*

Eigenschaften kennzeichnen Stoffe Was unterscheidet die beiden Stoffe Schokolade und Glas? Schokolade ist essbar, schmeckt süß und schmilzt bei Körpertemperatur, wenn man sie länger in der Hand hält. Glas ist durchsichtig, schmilzt nicht in der Hand und ist nicht essbar. Diese und andere Eigenschaften kennzeichnen die Stoffe Glas und Schokolade. Egal, ob die Stoffe zu einer Kugel oder zu einem anderen Körper geformt sind, die Stoffe Schokolade und Glas behalten die genannten Eigenschaften. Ein Stoff ist also nicht durch seine Form, sondern durch seine Eigenschaften gekennzeichnet. Je nach Verwendungszweck entscheidest du dich für einen geeigneten Stoff.

Stoffe lassen sich aufgrund ihrer typischen Eigenschaften voneinander unterscheiden. Die Eigenschaften bestimmen die Verwendung.

4 *Welcher Stoff ist für ein Trinkgefäß geeignet?*

Verwendung	Stoff	Eigenschaft
heiße Getränke, die zu Hause getrunken werden	Porzellan	lässt sich gut reinigen, langlebig, hat keinen Eigengeschmack
Ausflug	Kunststoff	leicht, bruchsicher
spontaner Kauf eines Heißgetränks unterwegs	Pappe	leicht, bruchsicher, recycelbar, nicht teuer
Bastelarbeit	Papier	formbar, in vielen Farben erhältlich, nicht teuer

Tab. 1 *Vergleich von Bechern aus verschiedenen Stoffen*

Sichtbare und unsichtbare Stoffe Überall im Alltag begegnen wir Stoffen. Viele Stoffe können wir sehen und anfassen. Sand, Stein, Kochsalz, Papier und Silber sind feste Stoffe. Wasser, Cola, Essig und Öl sind flüssige Stoffe. Daneben gibt es auch gasförmige Stoffe, die wir meist nicht sehen können. Bei Luft handelt es sich um einen solchen Stoff. Pusten wir einen Luftballon auf, so können wir wahrnehmen, dass sich das Gummi ausdehnt. Die herausgelassene Luft können wir beim Ausströmen sogar spüren. Luft ist zwar unsichtbar, aber sie lässt sich in einen Behälter, z. B. in einen Luftballon, abfüllen. Licht, Wärme und Gedanken dagegen lassen sich nicht in Gefäße füllen oder anfassen, sie sind also keine Stoffe.

Alles, was wir anfassen oder in einem Gefäß aufbewahren können, ist ein Stoff.

5 *Gase lassen sich abfüllen.*

Aufgaben

1 Nenne mindestens drei verschiedene Körper, die aus dem Stoff Holz bestehen.

2 Erstelle eine Mindmap (Bild 3) zu den Eigenschaften eines von dir gewählten Stoffes (z. B. Gummibärchen, Kaugummi, Papier).

3 Unterscheide zwischen Stoff und Körper.

a Fertige eine Tabelle an und trage ein, ob es sich um einen Stoff oder einen Körper handelt: Pyramide, Holz, Wachs, Wasser, Kerze, Silber.

b Finde weitere Beispiele.

4 Beschreibe Gemeinsamkeiten und Unterschiede zwischen einem Eisenblech, Eisendraht und Eisenpulver.

5 Aus welchen Stoffen besteht ein schreibbereiter Füller?

Mit Sinnen erfahrbare Stoffeigenschaften

1 *Kakao und Salz – diese Stoffe können leicht unterschieden werden.*

Stoffe aufgrund des Aussehens unterscheiden Schon über ihr Aussehen können wir viele Stoffe deutlich voneinander unterscheiden. Kakao ist braun, Kochsalz sieht eher weiß aus. Wasser ist eine durchsichtige Flüssigkeit, Milch eine weiße. Unsere Augen verraten uns über einen Stoff, welche Farbe er besitzt, ob seine Oberfläche glänzt oder matt erscheint, ob es sich um ein Pulver, Kristalle oder eine Flüssigkeit handelt.
Je ähnlicher das Erscheinungsbild ist, umso schwerer lassen sich Stoffe aufgrund ihres Aussehens voneinander unterscheiden. Mehl und Puderzucker sehen sich z. B. sehr ähnlich. Unechter Schmuck ist von echtem Silber- oder Goldschmuck mit bloßem Auge kaum zu unterscheiden. Eine Unterscheidung ist nur durch die Feststellung weiterer Eigenschaften möglich.

Geruchsprobe gefällig? Äußerlich unterscheiden sich Essig und Apfelsaft in einem Glas kaum voneinander. Der süße Geruch von Apfelsaft und der stechend säuerliche Geruch von Essig aber verraten dir, in welchem Glas sich der Saft befindet. Da in der Chemie oft mit Stoffen gearbeitet wird, die gesundheitsschädlich, ätzend oder giftig sein können, riecht man niemals direkt an der Geruchsquelle, sondern fächelt sich den Geruch mit der Hand zu.

Vorsicht bei Geschmacksproben! Zucker und Kochsalz sehen ähnlich aus, lassen sich aber leicht durch ihre typischen Eigenschaften voneinander unterscheiden: Zucker schmeckt süß, Kochsalz schmeckt salzig. Unser Geschmackssinn ermöglicht uns hier eine eindeutige Zuordnung. Wir können mit unserer Zunge die Richtungen süß, sauer, bitter und salzig bestimmen. Allerdings ist bei unbekannten oder gefährlichen Stoffen die Geschmacksprobe nicht erlaubt.

Geschmacksproben sind im Chemieraum verboten.

Tasten Bei gleicher Raumtemperatur fühlt sich eine Holzkugel in der Hand warm an, eine Eisenkugel eher kalt. Das liegt daran, dass Eisen ein guter Wärmeleiter ist und die Körperwärme schnell ableitet. Im Gegensatz dazu leitet Holz die Wärme schlecht. Auch Oberflächenbeschaffenheit, Härte und Verformbarkeit nimmst du beim Anfassen wahr.

Stoff	Typische Beschreibung der Oberfläche
Holz	rau, fest
Glas	glatt, hart
Gummi	weich, dehnbar
Kandiszucker	glatt, kantig, hart, klebrig
Puderzucker	weich, pulvrig
Eisen	hart, fest

Tab. 1 *Unterschiedliche Oberflächenbeschaffenheit*

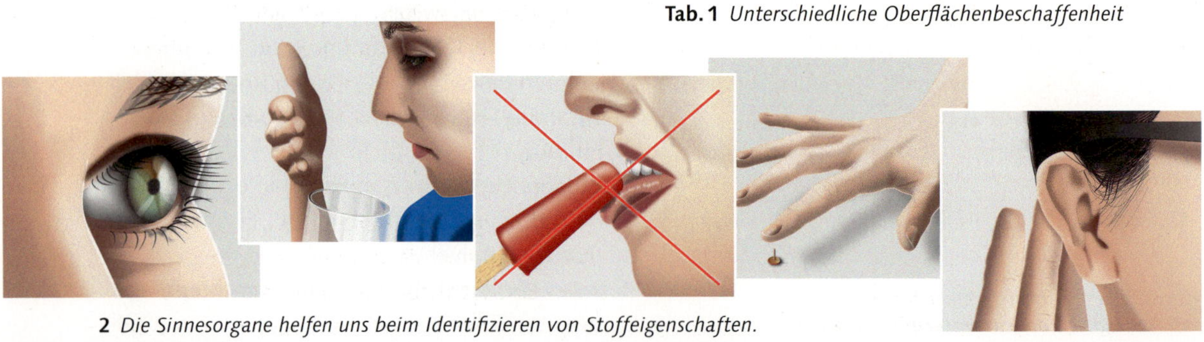

2 *Die Sinnesorgane helfen uns beim Identifizieren von Stoffeigenschaften.*

3 *Stoffe verursachen unterschiedliche Geräusche.*

Hören – der Klang der Stoffe Fällt im Klassenraum ein Blatt Papier zu Boden, so hörst du das kaum. Das Aufspringen einer herunterfallenden Plastikflasche oder das Klirren eines zerspringenden Glases hörst du sofort und kannst dir vorstellen, was passiert ist. Im Chemieunterricht spielt der Klang eines Stoffes nur eine Nebenrolle. Meist sind Aussehen und Geruch bedeutender, wenn es um das Identifizieren unbekannter Stoffe geht. Im Alltag hingegen erkennst du viele Stoffe am Klang, ohne dass du lange darüber nachdenken musst.

Eigenschaften eines Stoffes lassen sich über die Sinnesorgane Auge, Nase, Haut, Ohr und in der Küche auch mit der Zunge ermitteln.

Die Sinne können uns helfen Jeder Stoff hat Stoffeigenschaften. Farbe, Klang, Geruch und Geschmack sind Stoffeigenschaften, die du ohne Geräte und nur mithilfe deiner Sinne wahrnehmen kannst. Unsere Sinnesorgane helfen uns, einen ersten Eindruck von einem Stoff zu erhalten. Manchmal werden wir durch unsere Eindrücke sogar vor Gefahren gewarnt, z. B. wenn wir bemerken, dass Lebensmittel verdorben riechen, wir Brandgeruch feststellen oder wenn wir einen unangenehmen Geschmack wahrnehmen.

4 *Dass dieser Apfel nicht mehr frisch und knackig ist, können wir sehen.*

5 *Mindmap zu Aufgabe 1*

Aufgaben

1. Ergänze in deinem Heft die Mindmap (Bild 5) über die mit den Sinnen wahrnehmbaren Stoffeigenschaften.
2. Hart, glatt oder verformbar? Wie fühlen sich Alufolie, Porzellan, Kochsalz und Papier an? Nimm die Stoffe mit verschlossenen Augen in die Hand und beschreibe sie. Erstelle eine Tabelle.
3. Erkläre, warum die Geschmacksprobe im Labor nicht durchgeführt werden darf.
4. Welche mit den Sinnesorganen wahrnehmbaren Eigenschaften helfen bei der Unterscheidung zwischen Zucker, Kakaopulver und Salz?

Stoffeigenschaften – mit einfachen Mitteln bestimmt

Eindeutiges Bestimmen von Stoffeigenschaften Jeder Mensch hat eine individuelle Wahrnehmung. Daher kann es bei der Bestimmung von Stoffeigenschaften zu Meinungsverschiedenheiten kommen, wenn man nur die Sinnesorgane einsetzt. Zur eindeutigen Bestimmung eines Stoffes können weitere Stoffeigenschaften ermittelt werden.

Magnetisch oder nicht? Einige Stoffe sind magnetisch, was sich mithilfe eines Magneten ermitteln lässt. Eisen wird von einem Magneten angezogen. Auch die Metalle Nickel und Cobalt sind magnetisch. Alle anderen Stoffe sind nicht magnetisch.

Magnete ziehen nur Körper aus Eisen, Nickel und Cobalt an.

Überprüfen der Brennbarkeit Ob ein Stoff brennbar ist oder nicht, lässt sich überprüfen, indem man ihn in eine Flamme hält. Bei Flüssigkeiten kann man die Brennbarkeit überprüfen, indem man den Stoff in einer feuerfesten Schale anzündet. Auch die Überprüfung der Brennbarkeit von Feststoffen kann in einem feuerfesten Gefäß erfolgen. Bei Metallen, aber auch bei anderen Stoffen hängt die Brennbarkeit davon ab, wie fein zerteilt ein Stoff ist. Ein Stück Eisenblech ist nicht brennbar, Eisenpulver dagegen verbrennt und bildet sprühende Funken.

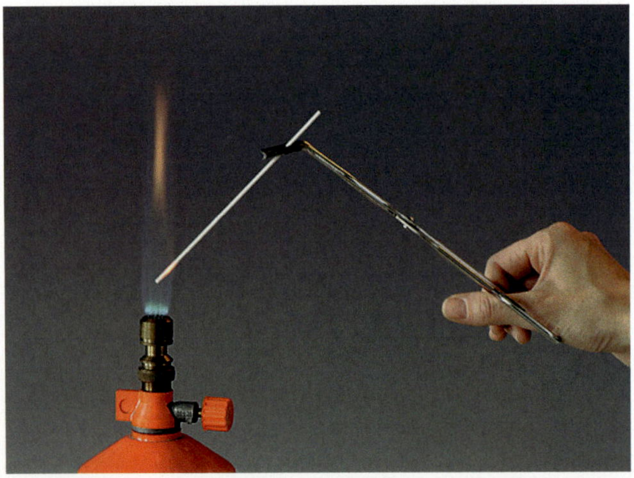

1 *Überprüfen der Brennbarkeit*

Achtung bei feuer- und explosionsgefährlichen Stoffen Die Überprüfung der Brennbarkeit ist nicht für jeden Stoff geeignet. Es gibt Stoffe wie Benzin, die feuergefährlich sind und schon in der Nähe einer offenen Flamme explodieren können. Sie dürfen nur unter Sicherheitsvorkehrungen auf ihre Brennbarkeit hin überprüft werden. Andere Stoffe können beim Verbrennen gesundheitsgefährdende Stoffe bilden.

Stoffe kann man auf ihre Brennbarkeit hin überprüfen, indem man sie in die Flamme hält. Achtung: Bei feuergefährlichen Stoffen besteht Explosionsgefahr. Manche Stoffe bilden beim Verbrennen giftige Stoffe!

2 *Ein Magneteisenstein*

Aufgaben

1 Ein Stein (Bild 2) wird von einem Magneten angezogen. Erkläre.

2 Überprüfe, ob folgende Gegenstände magnetisch sind: Knopf an einer Jeans, Sohle eines Schuhs, Anspitzer, Schmuck. Erstelle eine Tabelle und deute deine Beobachtungen.

3 Gibt es im Haushalt Stoffe, die einen Gefahrenhinweis zur Brandgefährdung tragen? Liste sie auf.

3 *Die Überprüfung der Brennbarkeit kann gefährlich sein.*

Praktikum Genau beobachten bei Stoffuntersuchungen

1 Blech, Draht, Pulver: alles Eisen?
Geräte: Uhrglas, Lupe, Spatel
Chemikalien: Eisenblech, Eisendraht, Eisenpulver
Durchführung: Gib ein wenig Eisenpulver mithilfe des Spatels auf das Uhrglas.
Betrachte die drei Stoffe zuerst mit bloßem Auge, dann unter der Lupe.
Auswertung: Notiere das Aussehen der Stoffe (Farbe, Glanz, Oberflächenbeschaffenheit usw.) in einer Tabelle.

2 Gleiche Form und doch verschieden?
Geräte: Lupe
Chemikalien: Flummi, Holzkugel, Styroporkugel, Murmel, Wachskugel
Durchführung: Betrachte die Stoffe zuerst mit bloßem Auge, dann unter der Lupe.
Auswertung: Notiere ihr Aussehen (Farbe, Glanz, Oberflächenbeschaffenheit usw.) in einer Tabelle.

3 Geruchsproben
Geräte: verschließbare, undurchsichtige kleine Dosen (z. B. Filmdosen)
Chemikalien: Zimt, Nelken, Pfeffer, Muskatnuss, Zucker, Salz
Durchführung: Fülle Zimt, Nelken, Pfeffer, Muskatnuss, Zucker und Salz in verschließbare, undurchsichtige kleine Döschen ab. Öffne nacheinander jeweils eine Dose und prüfe durch vorsichtiges Zufächeln den Geruch.

4 Magnetisch oder nicht?
Geräte: Magnet
Chemikalien: Glas, Holz, Papier, Eisenblech, Kupferblech, Knopf einer Jeans, Geldmünzen, Nagel
Durchführung: Überprüfe mit dem Magneten, ob die Körper angezogen werden.
Auswertung:
a Notiere jeweils, ob der Körper angezogen wird oder nicht.
b Gib an, welcher Stoff, aus dem der Körper besteht, für die magnetische Eigenschaft verantwortlich sein könnte.

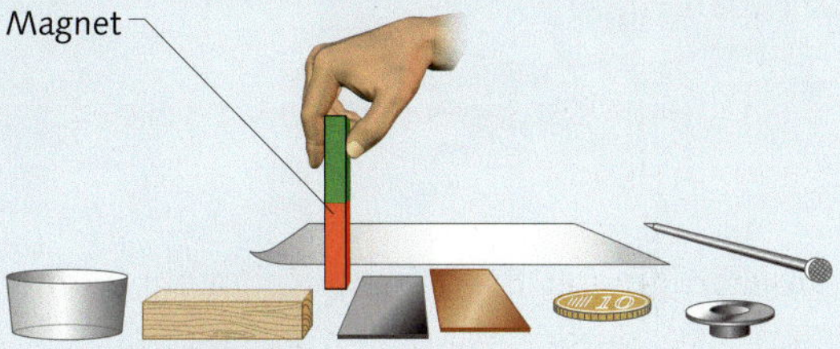

5 Brennbarkeit
Geräte: Gasbrenner, feuerfeste Unterlage, Tiegelzange
Chemikalien: Eisenblech, Papier, dünner Holzstab, ein Stück Holzkohle, Alufolie, Stück eines Kunststoffbechers
Durchführung: Halte die Stoffe nacheinander mit der Tiegelzange in die Brennerflamme. Beobachte, ob der Stoff zu brennen beginnt. Brennt er weiter, wenn du ihn aus der Flamme nimmst? Lege die Reste auf eine feuerfeste Unterlage.
Auswertung: Notiere die Beobachtungsergebnisse in einer Tabelle.

Stoff	brennt / brennt nicht	brennt außerhalb der Flamme weiter	Aussehen der Verbrennungsreste
Holz	brennt	ja	schwarz, verkohlt

Aggregatzustände und Übergänge

Ein Stoff – mehrere Zustandsformen Bei Raumtemperatur (20 °C) liegt Wasser in flüssiger Form vor. Wenn man Wasser stark erhitzt, steigt Wasserdampf auf. Kühlt man Wasser dagegen ab, so gefriert es zu Eis. Wasserdampf, flüssiges Wasser und Eis sind drei verschiedene Zustandsformen des Stoffes Wasser. Diese Zustandsformen eines Stoffes werden Aggregatzustände genannt.

Ein Stoff kann fest, flüssig oder gasförmig sein. Man nennt diese Zustandsform eines Stoffes Aggregatzustand.

1 *Der Stoff Wasser liegt – je nach Temperatur – in unterschiedlichen Aggregatzuständen vor.*

Temperatur und Aggregatzustand Für den Stoff Wasser sind uns die Veränderungen des Aggregatzustands aus dem Alltag bekannt. Wir wissen, dass die Zustandsform des Wassers von der Temperatur abhängig ist. Eisen dagegen ist uns nur in fester Form vertraut. Der flüssige und gasförmige Aggregatzustand dieses Stoffes werden erst bei sehr hohen Temperaturen z. B. in einem Hochofen erreicht. Die Luft, die uns umgibt, liegt im gasförmigen Zustand vor. Erst bei etwa –190 °C liegt sie im flüssigen Aggregatzustand vor.

Der Aggregatzustand eines Stoffes ist abhängig von der Temperatur. Eine Veränderung des Aggregatzustands erfolgt für jeden Stoff bei einer für ihn charakteristischen Temperatur.

Von fest zu flüssig Eis schmilzt bei Erwärmung und wird bei einer Temperatur von 0 °C flüssig. Durch Schmelzen erfolgt der Übergang vom festen in den flüssigen Aggregatzustand. Wasser erstarrt bei einer Temperatur von 0 °C. Der Übergang vom flüssigen in den festen Aggregatzustand wird Erstarren genannt.

Von flüssig zu gasförmig Wasser siedet, wenn es auf 100 °C erhitzt wird. Es bildet sich Wasserdampf. Den Übergang vom flüssigen in den gasförmigen Aggregatzustand nennt man Verdampfen. Bei Raumtemperatur kondensiert Wasserdampf zu flüssigem Wasser. Gas geht durch Kondensation in den flüssigen Zustand über.

Von fest direkt zu gasförmig Geht der Feststoff Eis direkt in den gasförmigen Zustand Wasserdampf über, dann nennt man diesen Vorgang Sublimation. Wenn sich gasförmiges Wasser auf einer kalten Glasfläche als Eis in Form von Reif niederschlägt, läuft der umgekehrte Vorgang ab. Das Gas resublimiert.

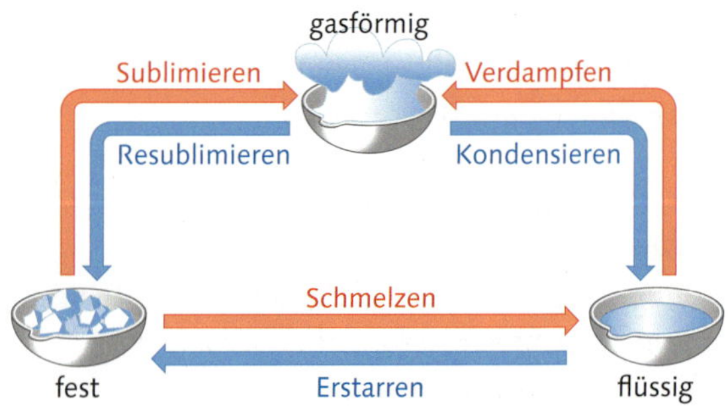

2 *Aggregatzustände und Übergänge*

Aufgaben

1 Schreibe 20 Stoffe auf, die du aus deinem Alltag kennst, und ordne sie nach ihrem Aggregatzustand bei Raumtemperatur. Was stellst du fest?

2 Erkläre folgende Beobachtungen:

a An einem kalten Wintertag beschlagen die Brillengläser von Brillenträgern, wenn sie z. B. in einen Bäckerladen kommen.

b Bleibt die Tür einer Gefriertruhe länger geöffnet, setzt sich zunehmend mehr Eis an den Innenwänden an.

c Wäsche trocknet auch im Winter bei Frost im Freien. Die Wäschestücke werden erst sehr hart, nach einiger Zeit sind sie wieder weich und trocken.

Methode Schmelz- und Siedetemperaturen bestimmen

Schmelz- und Siedetemperatur Wasser hat eine charakteristische Schmelz- und Siedetemperatur. Zur Ermittlung der Schmelztemperatur reicht es allerdings nicht aus, ein Thermometer an einen schmelzenden Eiswürfel zu halten, denn der gemessene Wert wäre ungenau. In die ermittelte Temperatur würde die Temperatur der wärmeren Umgebungsluft ebenso einfließen wie die Temperatur des Eises an der Spitze des Thermometers.

Vorgehen beim Ermitteln der Temperaturwerte

1 Tauche das Thermometer so in die zu messende Substanz ein, dass die untere Spitze vollständig von der Substanz umschlossen ist.

2 Miss in kurzen zeitlichen Abständen (alle 20 bis 30 s) die Temperatur.

3 Halte die gemessenen Werte in einer Tabelle fest. Trage dazu die Zeit (20, 40, 60, 80, 100, 120, … s) und die entsprechende Temperatur in °C in jeweils zwei Spalten nebeneinander ein.

4 Übertrage die Werte anschließend in ein Temperatur-Zeit-Diagramm.

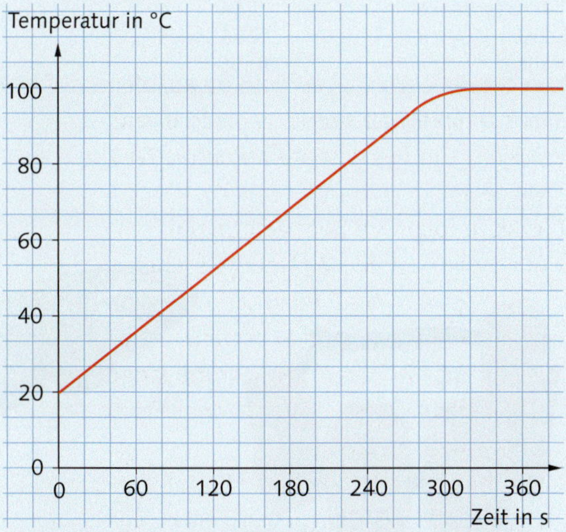

1 *Temperatur-Zeit-Diagramm für die Bestimmung der Siedetemperatur von Wasser*

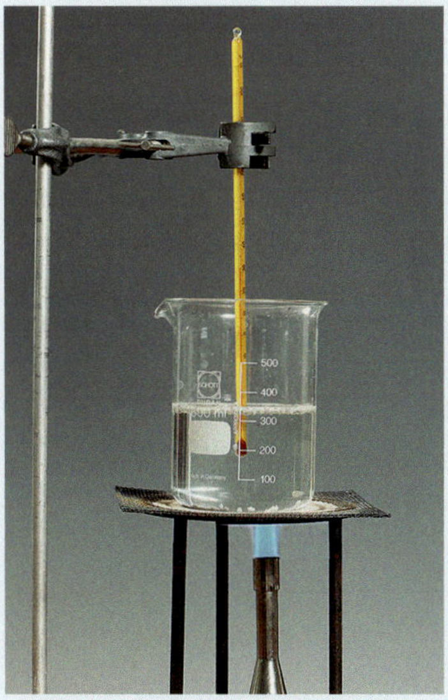

2 *Versuchsaufbau zur Bestimmung der Siedetemperatur von Wasser*

Anlegen eines Temperatur-Zeit-Diagramms

1 Lege fest, an welche Achse (x-Achse oder y-Achse) die Messwerte angetragen werden sollen. Die gemessene Größe wird dabei meist an der y-Achse angetragen.
Beispiel: An der horizontal verlaufenden x-Achse werden die Werte für die Zeit angetragen und an der senkrecht dazu verlaufenden y-Achse die Werte für die ermittelte Temperatur.

2 Berücksichtige den dir zur Verfügung stehenden Platz und bestimmte die größtmögliche Differenz zwischen den Werten. Trage die Werte auf den Achsen ab.

3 Übertrage die Wertepaare aus der Tabelle als Punkte in das Diagramm.

4 Verbinde die Punkte zu einer Kurve.

Auswertung des Temperatur-Zeit-Diagramms
Der Kurvenverlauf im Temperatur-Zeit-Diagramm zeigt zunächst einen Anstieg, weist dann aber einen Bereich aus, in dem die Temperatur über mehrere Zeitabschnitte unverändert bleibt. Dies ist die Schmelz- bzw. Siedetemperatur des untersuchten Stoffes.

Messbare Stoffeigenschaften

Stoffeigenschaften lassen sich messen Dichte, Wärmeleitfähigkeit, elektrische Leitfähigkeit, Schmelz- und Siedetemperaturen sowie Löslichkeit sind messbare Stoffeigenschaften. Mithilfe verschiedener Geräte und Berechnungen können in Versuchen Daten ermittelt werden, die für die untersuchten Stoffe charakteristisch sind. Diese Daten kann man bei gleichen Bedingungen immer wieder erhalten.
Im Gegensatz zu den Stoffeigenschaften, die sich mit den Sinnen wahrnehmen lassen, hängen die messbaren Stoffeigenschaften nicht vom Eindruck des Beobachters ab.

Messbare Stoffeigenschaften sind Eigenschaften, die man mithilfe von Messgeräten in Versuchen ermitteln und bei gleichen Versuchsbedingungen jederzeit überprüfen kann.

Dichte Eine Glas- und eine Holzkugel sind trotz gleicher Größe verschieden schwer. Sie haben eine unterschiedliche Dichte. Die Dichte ϱ (Rho) gibt an, welche Masse ein Kubikzentimeter eines Stoffes hat. Zur Berechnung der Dichte benötigt man Angaben zu Masse (in g) und Volumen (in cm^3) des Stoffes. Der Wert für die Masse wird durch den Wert für das Volumen dividiert. Die Dichte ist eine zusammengesetzte Größe. Sie wird in $\frac{g}{cm^3}$ angegeben.

Jeder Stoff hat eine bestimmte Dichte, die sich berechnen lässt, indem man die Masse des Stoffes durch sein Volumen teilt. Die Angabe erfolgt in $\frac{g}{cm^3}$.

Ermitteln der Dichte Ein Eisenwürfel wiegt 62,88 g. Er hat eine Kantenlänge von 2 cm, also handelt es sich um einen Würfel mit einem Volumen von 8 cm^3.

Masse des Eisenwürfels: 62,88 g
Volumen des Eisenwürfels: 8 cm^3

$$\text{Dichte} = \frac{\text{Masse}}{\text{Volumen}}$$

In Formelschreibweise: $\varrho = \frac{m}{V}$

$$\text{Dichte} = \frac{62{,}88\ g}{8\ cm^3}$$

$$\text{Dichte} = 7{,}86\ \frac{g}{cm^3}$$

Eisen hat eine Dichte von 7,86 $\frac{g}{cm^3}$.

Stoff	Dichte (in $\frac{g}{cm^3}$)
Wasser	1,0
Traubenzucker	1,54
Eisen	7,86
Silber	10,50

Tab. 1 *Dichte einiger Stoffe*

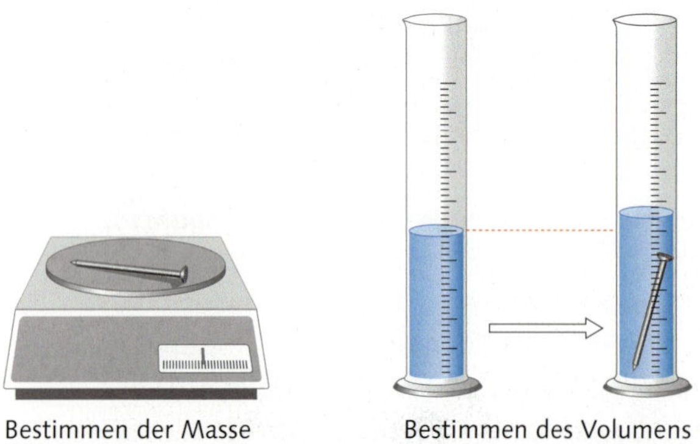

1 *Masse und Volumen lassen sich experimentell bestimmen.*

2 *Eine Frage der Dichte – Tauchergürtel oder Schwimmgürtel*

Stoffe mit guter Wärmeleitfähigkeit Ein Metallgeländer fühlt sich an heißen Sommertagen warm und an frostigen Wintertagen kalt an. Metalle wie Eisen, Kupfer oder Zink leiten Wärme weiter. Da beim Kochen die vom Herd erzeugte Wärme genutzt werden soll, verwendet man Töpfe aus Metall. Damit man sich an den Griffen nicht verbrennt, werden diese oft aus Kunststoffen hergestellt.

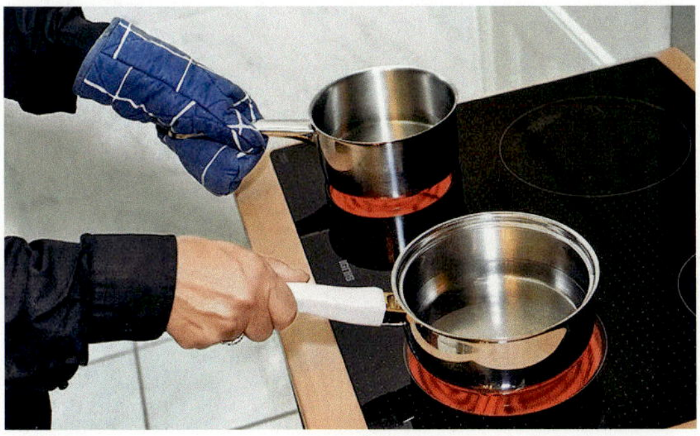

3 *Gute und schlechte Wärmeleiter*

Manche Stoffe leiten die Wärme schlecht
Einige Kochtöpfe haben Metallgriffe. Diese werden heiß und man kann sie kaum anfassen. Einige Töpfe haben Griffe aus Holz oder Kunststoff. Diese Stoffe leiten die Wärme schlecht. Man bezeichnet sie als Wärmeisolatoren. Styropor® ist ein guter Wärmeisolator und wird in Thermosflaschen und zum Dämmen von Häusern verwendet. Auch Luft und andere Gase leiten die Wärme schlecht. Die Wärmeleitfähigkeit kann man nicht nur über die Haut, sondern mithilfe von Messgeräten genau messen.

Metalle sind gute Wärmeleiter. Schlechte Wärmeleiter werden auch als Wärmeisolatoren bezeichnet. Die Wärmeleitfähigkeit eines Stoffes ist eine messbare Stoffeigenschaft.

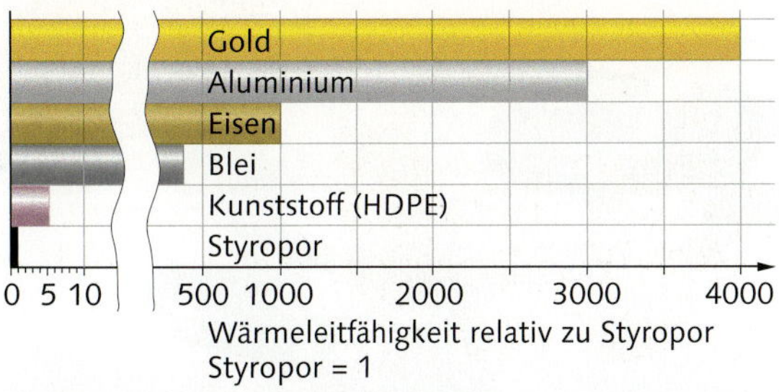

4 *Wärmeleitfähigkeit einiger Stoffe*

Löslichkeit Gibst du Eisenpulver in ein Glas Wasser, so setzt es sich auf dem Boden ab. Es löst sich nicht in Wasser. Ein Löffel Zucker dagegen lässt sich durch Umrühren schnell lösen. In vielen Limonaden sind große Mengen von „verstecktem", also nach dem Lösen nicht mehr sichtbarem Zucker enthalten.
Die Löslichkeit eines Stoffes in einem Lösungsmittel ist begrenzt. Man kann nicht nur bestimmen, ob sich ein Stoff in einem Lösungsmittel löst oder nicht löst. Man kann mithilfe der Waage auch messen, welche Masse eines Stoffes sich in einer bestimmten Masse des Lösungsmittels löst. Bei einer Temperatur von 20 °C lösen sich in 100 g Wasser etwa 200 g Zucker.
Bei einer höheren Wassertemperatur löst sich mehr Zucker als bei einer niedrigeren Wassertemperatur.
Was passiert aber, wenn man viel mehr als 200 g Zucker in 100 g Wasser einfüllt? Es bildet sich ein Bodensatz, die Lösung ist „gesättigt".

Die Löslichkeit gibt an, wie viel g eines Stoffes sich in 100 g eines Lösungsmittels bei einer bestimmten Temperatur gerade noch lösen, ohne dass ein Bodensatz entsteht.

Stoff	Löslichkeit (g Stoff je 100 g Wasser)
Zucker	203,9
Kochsalz	35,88
Soda	21,66
Gips	0,2036
Kalkstein	0,0015

Tab. 2 *Löslichkeit einiger Stoffe in Wasser bei 20 °C*

5 *Diese Menge Zucker löst sich in 100 ml Wasser.*

Schmelz- und Erstarrungstemperatur Ab einer Temperatur von 0 °C wird festes Wasser, also Eis, flüssig. Bis zum vollständigen Schmelzen bleibt die Temperatur zunächst gleich. Diese Temperatur wird als Schmelztemperatur bezeichnet und ist eine charakteristische Stoffeigenschaft.
Kühlt man Wasser stark ab, so geht es vom flüssigen in den festen Zustand über – es erstarrt. Auch dies geschieht bei einer bestimmten Temperatur, der Erstarrungstemperatur. Wasser erstarrt bei 0 °C.

Siedetemperatur Erhitzt man Wasser, dann steigen Gasblasen auf – das Wasser siedet. Dabei verdampft das flüssige Wasser und wird gasförmig. Misst du die Temperatur von siedendem Wasser, so stellst du fest, dass sie trotz weiterem Erhitzen nicht über 100 °C ansteigt. Diese Temperatur ist die Siedetemperatur von Wasser.

Ein Stoff geht bei seiner Schmelztemperatur vom festen in den flüssigen Zustand über und bei seiner Siedetemperatur vom flüssigen in den gasförmigen Zustand. Schmelz- und Siedetemperaturen sind für jeden Stoff charakteristische, messbare Stoffeigenschaften.

6 *Schmelzen von Kerzenwachs*

7 *Eisenschmelze*

Exkurs Wasserkochen auf der Zugspitze
Auf Deutschlands höchstem Berg, der Zugspitze, siedet Wasser schon bei 90 °C. Die Siedetemperatur ist vom Luftdruck abhängig und dieser ist in 2962 m Höhe viel geringer als auf Meereshöhe. In einem Schnellkochtopf, in dem durch einen luftdicht verschließenden Deckel ein höherer Innendruck hergestellt wird, muss Wasser dagegen auf 120 °C erhitzt werden, damit es siedet. Durch die erhöhte Temperatur garen die Speisen schneller. Kartoffeln brauchen dann statt 20 min Kochzeit nur 7 min.

Schmelzen von Kerzenwachs Rund um die Flamme einer Kerze schmilzt das vorher feste Wachs und wird flüssig. Daran erkennst du, dass es seine Schmelztemperatur erreicht hat. Wird die Kerze ausgepustet, so erstarrt das Wachs langsam wieder.

Schmelzen von Eisen Auch Eisen lässt sich schmelzen (Bild 8). Dazu muss es allerdings besonders stark erhitzt werden, weil die Schmelztemperatur bei 1535 °C liegt. Erhitzt man Eisen weiter, bleibt die Temperatur während des Schmelzens gleich, bis alles Eisen flüssig geworden ist. Die Siedetemperatur von Eisen liegt bei etwa 3000 °C.

Stoff	Schmelztemperatur (in °C)
Paraffin	56
Stearin (Gemisch aus Stearin- und Palmitinsäure)	52–60
Bienenwachs	62–67
Wasser	0

Tab. 3 *Schmelztemperaturen verschiedener Wachssorten im Vergleich zu Wasser*

Stoff	Schmelztemperatur (in ° C)	Siedetemperatur (in ° C)
Eisen	1540 °C	3000 °C
Helium	–270 °C	–269 °C
Kupfer	1083 °C	2600 °C
Quecksilber	–39 °C	357 °C
Sauerstoff	–219 °C	–183 °C
Schwefel	119 °C	445 °C
Silber	961 °C	2212 °C
Wasser	0 °C	100 °C

Tab. 4 *Schmelz- und Siedtemperaturen einiger Stoffe*

Elektrische Leitfähigkeit In Stromkabeln wird der Strom über Leitungen aus Kupfer zu den elektrischen Geräten geleitet. Kupfer leitet den elektrischen Strom sehr gut. Auch Eisen ist ein guter Leiter. Die Drähte liegen in einer Ummantelung aus nicht elektrisch leitfähigen Stoffen wie Kunststoff, PVC, Gummi oder Silikon. Deshalb kann man die Stromkabel an Geräten gefahrlos anfassen. Ist die Ummantelung durchtrennt, sollten elektrische Geräte nicht mehr in Betrieb genommen werden.
Die elektrische Leitfähigkeit lässt sich mithilfe einer Stromquelle und einer Glühlampe überprüfen (Bild 10). Wenn die Lampe leuchtet, ist der Stromkreis geschlossen und der untersuchte Stoff leitet den elektrischen Strom. Leuchtet die Glühlampe nicht, handelt es sich bei dem untersuchten Stoff um einen Nichtleiter.

Die elektrische Leitfähigkeit ist eine messbare Stoffeigenschaft.

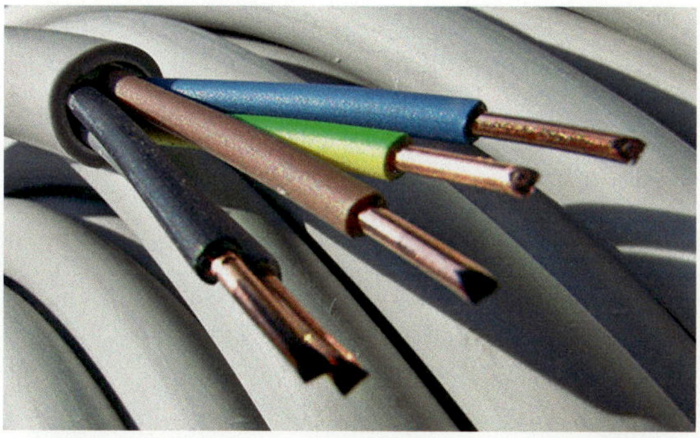

8 *Stromkabel: Leitung aus Kupfer, Isolation mit Kunststoff*

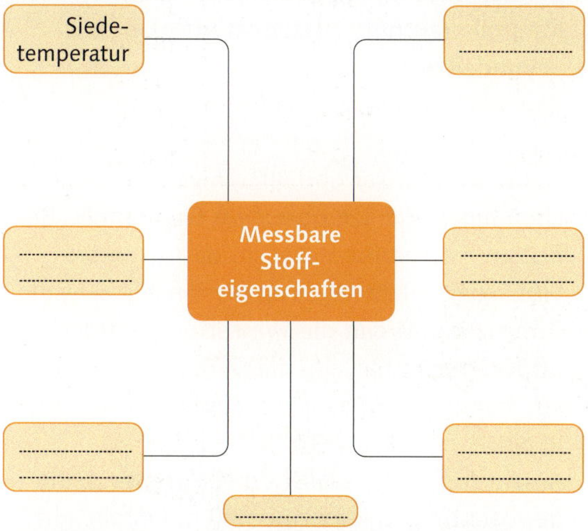

9 *Messbare Stoffeigenschaften*

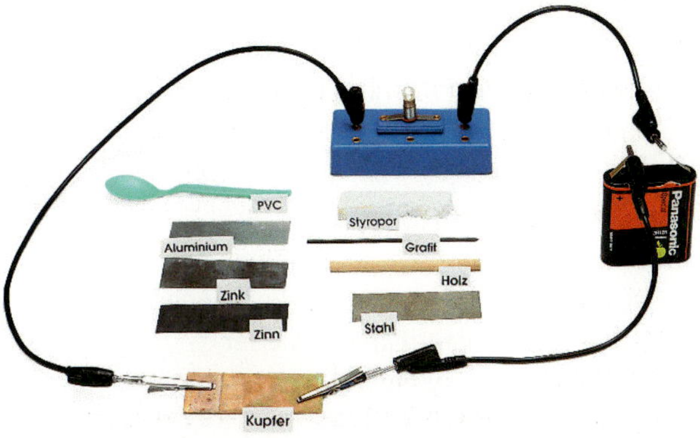

10 *Leitfähigkeitsprüfung für Metalle*

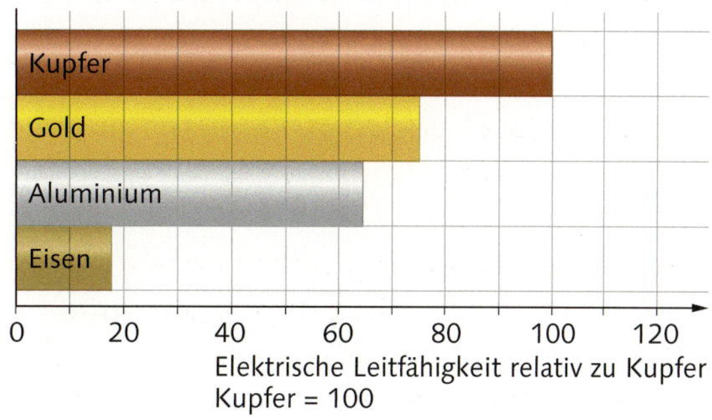

11 *Elektrische Leitfähigkeit einiger Metalle*

Aufgaben

1 Vervollständige die Mindmap (Bild 10) zu den messbaren Stoffeigenschaften.

2 Über eine Stoffportion sind folgende Informationen bekannt: Masse 2560 g, Volumen 250 cm^3.

a Berechne die Dichte des Stoffes.

b Um welchen Stoff könnte es sich handeln?

3 In einer Tasse mit heißem Tee befindet sich ein Silberlöffel. Beim Umrühren verbrennst du dir die Finger.

a Erkläre die Beobachtung.

b Was würde passieren, wenn du einen Plastiklöffel benutzt?

4 In Stromkabeln wird Kupfer zum Leiten des Stroms verwendet, aber nicht Eisen. Verwende das Diagramm (Bild 11) zur Begründung.

5 Erkläre an einem Beispiel, was man unter einer gesättigten Lösung versteht.

6 Die Dichte von Wasser beträgt 1 $\frac{g}{cm^3}$. Was passiert, wenn ein Stoff mit einer geringeren Dichte in Wasser gelegt wird? Formuliere eine Regel.

7 Für Stearin wird ein Schmelztemperaturbereich von 52 bis 60 °C angegeben. Erläutere, warum hier kein bestimmter Wert angegeben werden kann.

Praktikum Untersuchen von Stoffeigenschaften

1 Löslichkeit

Geräte: 5 Bechergläser, Glasstäbe
Chemikalien: Eisenpulver, Zucker, Kochsalz, Styropor®-Flocken, Papier, Wasser
Durchführung: Gib eine Probe des zu untersuchenden Stoffes in je ein mit etwas Wasser gefülltes Becherglas und rühre mit einem Glasstab um. Beobachte.
Auswertung: Liste in einer Tabelle die Versuchsbeobachtungen auf und gib an, ob der Stoff in Wasser löslich ist oder nicht.

2 Wärmeleitfähigkeit

Geräte: Gasbrenner, Tiegelzange, feuerfeste Unterlage, Kerze, Uhr mit Sekundenzeiger
Chemikalien: Metallstreifen aus Eisen, Kupfer, Zink und Aluminium
Durchführung:

a Präpariere zunächst die gleich großen Metallstreifen, indem du einen Tropfen Kerzenwachs auf das eine Ende des Metallstreifens tropfen und fest werden lässt.
b Halte nacheinander die Metalle mit dem anderen Ende in die Brennerflamme. Stoppe die Zeit, die vergeht, bis das Wachs schmilzt.

Auswertung:

a Erkläre, inwiefern das Schmelzen des Wachses Auskunft über die Wärmeleitfähigkeit der Metalle gibt.
b Ordne die Stoffe. Beginne mit dem Metall, das die beste Wärmeleitfähigkeit besitzt.

3 Schmelztemperatur von Wachs

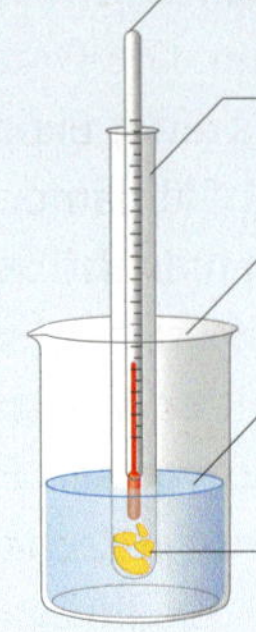

Geräte: Becherglas (250 ml), weites Reagenzglas, Thermometer, Stativmaterial, Uhr mit Sekundenzeiger
Chemikalien: Wachsflocken (zerkleinerte Kerze)
Durchführung:

a Fülle ein Reagenzglas etwa 1 cm hoch mit Wachsflocken. Fixiere das Thermometer im Reagenzglas, sodass es die Oberfläche des Wachses berührt. Befestige das Reagenzglas mit dem Thermometer in einem Becherglas, das mit ca. 70 °C heißem Wasser gefüllt ist. Lies alle 20 s die Temperatur ab und trage die Werte in eine Tabelle ein.
b Entferne das Wasserbad. Miss wieder alle 20 s die Temperatur und trage die Werte in die Tabelle ein. Achtung: Beim Erstarren musst du ständig das Thermometer im Wachs bewegen, damit es nicht festklebt!

Auswertung: Formuliere das Versuchsergebnis. Verwende die Begriffe „Schmelztemperatur" und „Erstarrungstemperatur".

4 Siedetemperatur von Wasser

Geräte: Gasbrenner, Becherglas, Thermometer, Keramikdrahtnetz, Stativmaterial, Uhr mit Sekundenzeiger
Chemikalien: Wasser, Siedesteinchen
Durchführung: Fülle ein Becherglas knapp zur Hälfte mit Wasser und gib einige Siedesteinchen hinzu. Erhitze über dem Gasbrenner. Befestige ein Thermometer so, dass es in die Flüssigkeit reicht. Miss zu Beginn alle 60 s die Temperatur. Wenn die Wassertemperatur 60 °C erreicht hat, lies alle 20 s die Temperatur ab. Trage die gemessenen Werte in eine Tabelle ein.
Auswertung: Was stellst du fest? Fasse deine Beobachtungen kurz zusammen. Erstelle ein Temperatur-Zeit-Diagramm.

5 Elektrische Leitfähigkeit verschiedener Stoffe

Geräte: Batterie, Experimentierkabel, Krokodilklemmen, Glühlampe
Chemikalien: Holzbrett, Glasstab, Eisennagel, Kupferblech, Zinkblech, Papier
Durchführung: Verbinde die Batterie und die Glühlampe mit den Experimentierkabeln. Klemme nun zwischen zwei Krokodilklemmen nacheinander die zu prüfenden Stoffe und beobachte, ob die Glühlampe leuchtet.
Auswertung: Notiere für jeden Körper, aus welchem Stoff er besteht, ob die Glühlampe leuchtet und ob es sich bei dem Stoff um einen Leiter oder Nichtleiter handelt. Stelle deine Ergebnisse in einer übersichtlichen Form dar.

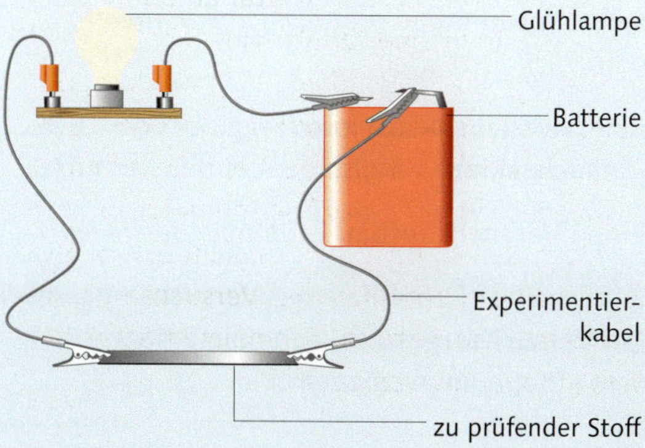

6 Elektrische Leitfähigkeit verschiedener Körper aus Eisen

Geräte: Batterie, Experimentierkabel, Krokodilklemmen, Glühlampe
Chemikalien: Eisenblech, Eisendraht, Eisenpulver
Durchführung: Verbinde die Batterie und die Glühlampe mit den Experimentierkabeln. Klemme nun zwischen zwei Krokodilklemmen nacheinander die zu prüfenden Körper aus Eisen und beobachte, ob die Glühlampe leuchtet.
Auswertung: Vergleiche deine Beobachtungen für die elektrische Leitfähigkeit des Stoffes Eisen in Form der drei verschiedenen Körper. Finde eine Erklärung.

7 Dichte von Cola light und Cola

Geräte: pneumatische Wanne
Chemikalien: 1 Dose Cola light, 1 Dose Cola
Durchführung: Gib die Dose Cola light und die Dose Cola jeweils in eine mit Wasser gefüllte pneumatische Wanne. Beobachte.
Auswertung:

a Erkläre das Versuchsergebnis. Berücksichtige dabei die unterschiedlichen Inhaltsstoffe beider Getränke (siehe Angaben auf den Dosen).

b Belege durch einen Versuch, dass das unterschiedliche Schwimmverhalten nicht dadurch zustande kommt, dass mehr Luft in einer der Dosen ist. Erstelle eine Versuchsanleitung und fertige ein Protokoll an.

8 Dichtebestimmung

Geräte: Waage, Messzylinder (10 ml, hohe Form, Teilung 0,2 ml)
Chemikalien: 1 großer (trockener) Eisennagel
Durchführung:

a Massenbestimmung: Lege den trockenen Eisennagel auf die Waage und bestimme die Masse (in g).

b Volumenbestimmung: Fülle in den Messzylinder genau 8 ml Wasser. Gib nun vorsichtig den Eisennagel hinein, indem du den Zylinder etwas schräg hältst. Es darf kein Wasser aus dem Messzylinder herausspritzen. Bestimme jetzt wieder das Wasservolumen und berechne die Differenz.

Auswertung: Ermittle die Dichte von Eisen und vergleiche sie mit den Angaben im Buch.

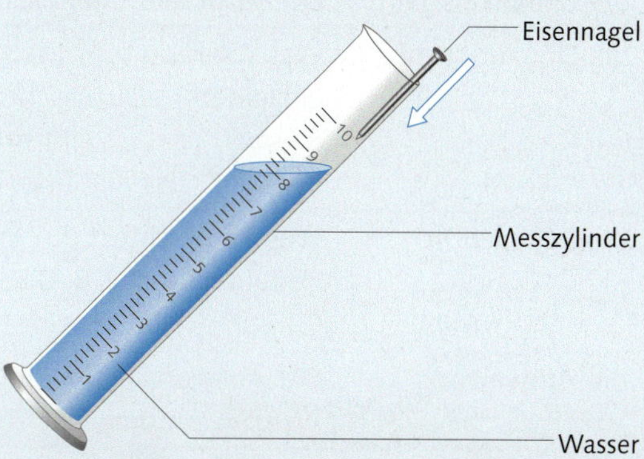

Methode Wie man über Versuche spricht

Was alles zu einem Versuch gehört Du willst anderen erklären, wie du einen Versuch durchgeführt hast? Du willst genau beschreiben, was du beobachtet hast? Dabei können dir diese Seiten helfen.

Versuchs-

- **-ergebnis (das)**
- **-apparatur (die)**
- **-durchführung (die)**
- **-aufbau (der)**
- **-skizze (die)**
- **-schritte (die)**

Einen **Versuch** kann man *beschreiben, durchführen, aufbauen, protokollieren.*

Eine **Versuchsdurchführung** und **Versuchsschritte** kann man *protokollieren, notieren, schriftlich festhalten*.

Eine **Versuchsskizze** kann man *zeichnen*. Eine **Versuchsskizze** *veranschaulicht* den Versuch.

Einen **Versuchsaufbau** kann man *darstellen, skizzieren, veranschaulichen*.

Ein **Versuchsergebnis** kann man *protokollieren, notieren, festhalten*.

Versuchsschritte	**Beispiel**
die Problemfrage	Du stellst eine Problemfrage. „Was passiert, wenn …?“
die Vermutung	Was wird passieren? Was vermutest du? Die Antwort ist deine Vermutung.
die Geräte	Du zählst alle Geräte auf, die du verwendest.
die Chemikalien	Du zählst alle Chemikalien auf, die du verwendest.
die Durchführung	Was sollst du tun? Erkläre, wie du den Versuch durchführst. Zähle die einzelnen Versuchsschritte auf. *Beispiel:* „Zuerst gibt man Gummibärchen in ein Reagenzglas. Dann erhitzt man das Glas mit einer Flamme …“
die Beobachtung	Was beobachtest du? Was verändert sich? Verändert sich z. B. die Farbe, die Temperatur, die Form, die Flamme, der Geruch …? Beschreibe, was du sehen, hören oder messen kannst.
die Auswertung	Die Auswertung ist die Antwort auf die Problemfrage. „Wenn …, dann …“

Einen Versuch beschreiben In dieser Tabelle findest du Wörter und Satzanfänge, die dir helfen, über einen Versuch zu sprechen.

Substantive	Verben	Verwandte Wörter	Satzanfänge
der Versuch	versuchen	suchen	„Es wird ein Versuch zum/zur … durchgeführt.“ „Der Versuch soll zeigen, dass …“
das Experiment	experimentieren	experimentell	„Es wird ein Experiment zum/zur … durchgeführt.“ „Das Experiment soll zeigen, dass …“
die Vermutung	vermuten	vermutlich vermutet	„Ich habe die Vermutung, dass …“ „Ich vermute, dass …“ „Vermutlich wird …“
die Verwendung	verwenden	verwendbar	„Für den Versuch verwendet man …“
die Durchführung	durchführen	durchführbar durchgeführt	„Für die Durchführung des Experiments benötigt man …“
die Veranschaulichung	veranschaulichen	anschaulich veranschaulicht	„Zur Veranschaulichung skizziere ich den Versuchsaufbau.“
die Messung die Messbarkeit das Messgerät	messen	messbar gemessen	„Die Messung des … wird mit dem … durchgeführt.“ „Ich messe den … mit dem …“ „Die Messung ergibt den Wert …“
die Beobachtung	beobachten	beobachtbar beobachtet	„Ich mache die Beobachtung, dass …“ „Man kann beobachten, dass …“
die Auswertung	auswerten	auswertbar ausgewertet	„Das Experiment zeigt, dass …“

Besondere Verben Hier siehst du einige Wörter, die dir helfen können, einen Versuch genau zu beschreiben.

Die Flüssigkeit *brodelt*.
Das Lämpchen *leuchtet auf*.
Es *schäumt*.
Das Salz *löst sich in …*
Dampf *steigt auf*.
Der Draht *glüht auf*.
Es *flammt auf*.
Blasen *bilden sich*.
Etwas *setzt sich ab*.
Etwas *sinkt zu Boden*.

Es sind noch viele andere Beispiele möglich.

Exkurs Geschmackssache

Die Überprüfung des Geschmacks Ist dir schon einmal die Medaille der Deutschen Landwirtschafts-Gesellschaft (DLG) auf Lebensmittelverpackungen aufgefallen? Die DLG bewertet z. B. Aussehen, Geruch oder Geschmack, also Eigenschaften, die wir mit unseren Sinnen wahrnehmen können. Die Auszeichnung wird an Lebensmittel vergeben, die sensorisch einwandfrei sind und die Qualitätskriterien der DLG erfüllen. Außerdem müssen die Auswahl der Rohstoffe sowie die Verarbeitung und Zubereitung besonders sorgfältig sein.

Lässt sich über Geschmack streiten? Jeder erlebt den Geschmack eines Lebensmittels anders und auch die Lebensmittelprüfer bewerten den Geschmack der getesteten Speisen und Getränke nach ihren eigenen Maßstäben. Bei den Prüfern handelt es sich z. B. um Ernährungswissenschaftler oder Weinhändler, die besonders geschulte Sinne haben, da sie häufig schmecken und riechen müssen. Sie sollten sich mit den Essgewohnheiten und Ansprüchen der Kunden auskennen. In Deutschland gibt es z. B. über 300 Brotsorten und regional sehr verschiedene Vorlieben für Biere.

Prüfverfahren Für den Test eines Orangensaftes sind zunächst die Augen und die Nase gefragt. Der Fruchtsaft sollte gelb leuchtend aussehen und darf keinesfalls braunstichig sein. Für den Geruchstest wird das Glas geschwenkt, weil sich dadurch der Geruch besonders gut entfaltet. Erst dann wird genippt und der Schluck im Mund behalten, sodass alle Geschmacksrichtungen wahrgenommen werden können. Beim Orangensaft sollten Süße und Säure im Geschmack ausgeglichen sein. „Fruchtig" ist sicher ein gutes Testurteil, „reintönig", „einseitig", „gärig" oder muffig" sind weitere Bewertungsmöglichkeiten. Neben der sensorische Prüfung gibt es bei den meisten Lebensmitteln auch eine chemische Laboruntersuchung. Diese Ergebnisse gehen ebenfalls in das Testergebnis ein.

Persönliche Bewertung Jeder Verbraucher sollte eine persönliche Bewertung eines Lebensmittels vornehmen und sich nicht ausschließlich auf Lebensmitteltests verlassen. Schmeckt mir dieses Lebensmittel? Empfinde ich Farbe, Geruch und Konsistenz als angenehm? Ist der Preis angemessen? Vielleicht passen Verpackungsgröße oder Verpackungsform nicht zur Situation, in der dieses Lebensmittel verzehrt wird.

Aufgabe

1 Führt in Gruppenarbeit einen Versuch durch und testet selbst verschiedene Orangensäfte. Füllt dazu eine Probe von jeder Sorte in ein Trinkglas und nummeriert sie, damit sie sich hinterher dem Saft wieder zuordnen lässt.

a Beschreibt das Aussehen.

b Schwenkt das Glas und beschreibt den Geruch.

c Nehmt einen Schluck und beschreibt den Geschmack.

d Findet weitere Bewertungskriterien und erstellt einen Bewertungsbogen. Nehmt eine Bewertung vor, indem ihr Punkte von 0 (niedrigster Wert) bis 5 (höchste Punktzahl) verteilt und in eurer Gruppe abgleicht.

1 *Lebensmittelprüfer testen Käse mit allen Sinnen.*

Exkurs Die Dosis macht's

Die giftigste Pflanze Europas Alle Pflanzenteile, besonders die Wurzelknolle und die Samen, des Blauen Eisenhuts sind ausgesprochen giftig. Die Berührung kann zu Hautentzündungen und schweren Vergiftungen führen. Noch gefährlicher ist die Aufnahme über den Mund. Schon 0,2 g der Wurzel bewirken Vergiftungserscheinungen, 2 g führen zum Tod, sind also eine tödliche Dosis. Eine Vergiftung macht sich zunächst über ein Prickeln auf der Zunge bemerkbar. Danach setzen Lähmungserscheinungen ein, die sich auf den ganzen Körper ausweiten und den Tod zur Folge haben.

Extrem giftig und doch heilsam? Trotz seiner extremen Giftigkeit wird der Blaue Eisenhut auch als Arzneimittel in Medikamenten verwendet. In einer Verdünnung von 1 : 10000 wird er in pflanzlichen Mitteln gegen Rheuma eingesetzt. „Die Dosis allein macht also das Gift", stellte der Arzt und Alchemist PARACELSUS fest, der von 1493 bis 1541 lebte.

1 *Blauer Eisenhut*

Giftigkeit hängt von der Menge ab. Für den Blauen Eisenhut ist die noch verträgliche Dosis allerdings sehr gering und für Babys und Kleinkinder können bereits Spuren tödlich sein.

Spuren sind wichtig, größere Mengen giftig Über die Nahrung und das Trinkwasser nehmen wir täglich 1 bis 2 mg Kupfer auf. Dies ist auch in Schalentieren, Innereien, Nüssen und Schokolade enthalten. Der Körper benötigt Kupfer und weitere Spurenelemente (Tab. 1) in geringen Mengen. Eine Dosis von 3 bis 5 mg Kupfer pro Tag bei Kindern und 10 mg bei Erwachsenen sollte aber nicht überschritten werden. Bei einer Überversorgung kann es zu Erbrechen, Durchfällen oder Leberschädigungen kommen.

Unverträglichkeiten Manche Metalle wie Nickel, das in Knöpfen oder Schmuckstücken enthalten sein kann, lösen bei einigen Menschen schon dann Allergien aus, wenn sie über die Haut mit ihnen in Berührung kommen.

Aufgaben

1 Bei Modeschmuck findet man manchmal die Kennzeichnung „nickelfrei". Warum ist sie wichtig?

2 Beschreibe die Auswirkungen von Iodmangel. Recherchiere, wie man Iodmangel vorbeugen kann.

3 Bewerte die Aussage „Viel hilft viel" mithilfe der Informationen auf dieser Seite.

Spurenelement	Mögliche Mangelerscheinungen
Eisen	Blutarmut, Appetitlosigkeit, Erschöpfung, Infektanfälligkeit, Nervosität, Müdigkeit, blasse Haut, Konzentrationsmangel
Zink	Hauterkrankungen, gestörte Wundheilung, Augenerkrankungen, Haarausfall, Wachstumsverzögerung, gestörtes Geruchs- und Geschmacksempfinden, verringerte Fruchtbarkeit, Infektanfälligkeit
Iod	Vergrößerung der Schilddrüse (Kropf), Antriebsschwäche, Müdigkeit, verlangsamter Stoffwechsel, häufiges Frieren

Tab. 1 *Einige Spurenelemente und mögliche Mangelerscheinungen*

2 *Jeansknöpfe können Nickel enthalten.*

Steckbriefe

Gesucht wird ... Wie lautet der Name eines Stoffes, der salzig schmeckt, weiß durchscheinende, würfelförmige Kristalle (Bild 1) bildet und in Wasser gut löslich ist? Sicher ahnst du schon nach der Aufzählung von nur drei typischen Eigenschaften, um welchen Stoff es sich handeln könnte: Kochsalz.
Viele Stoffe weisen Merkmale auf, anhand derer man sie eindeutig von anderen unterscheiden kann. Dennoch besteht die Gefahr der Verwechslung: Auch Zucker bildet weiß durchscheinende Kristalle und lässt sich gut in Wasser lösen. Zucker schmeckt aber süß.
Da es sich bei Zucker und Kochsalz um Lebensmittel handelt, ist die Geschmacksprobe durchführbar und die Unterscheidung im Alltag möglich. Trotzdem ist es schon häufig vorgekommen, dass jemand beim Backen Zucker und Salz verwechselt hat.

Verwechslung ausgeschlossen Bei der Identifizierung eines unbekannten Stoffes im Labor werden die charakteristischen, mit den Sinnen wahrnehmbaren Eigenschaften des Stoffes notiert und die messbaren Stoffeigenschaften ermittelt. So erhält man eine Liste vieler für diesen Stoff typischer Eigenschaften, die den Stoff beschreiben. Mithilfe dieses Steckbriefs (Bild 2) können Verwechslungen vermieden werden und der Stoff wird korrekt identifiziert.

Jeder Stoff besitzt eine nur für ihn gültige Kombination von Eigenschaften.

1 *Welcher Stoff ist gesucht?*

Alles Eisen? Eine Überprüfung der Eigenschaften von Eisenblech, Eisendraht und Eisenpulver ergibt, dass die mit den Sinnesorganen wahrnehmbaren Stoffeigenschaften in allen drei Fällen gleich sind. Das gilt auch für die messbaren Stoffeigenschaften: Hält man einen Magneten an Gegenstände aus Eisen, so wird dieser in jedem Fall angezogen. Auch der ermittelte Wert für die Dichte ist in allen drei Fällen identisch. Unterschiede beim Verbrennen, der Überprüfung der elektrischen Leitfähigkeit und der Löslichkeit von Eisenblech, Eisendraht und Eisenpulver sind in Abstufungen vorhanden und erklären sich aus der unterschiedlichen Form der Körper. Die Bestimmung der Schmelz- und Siedetemperatur ist sehr aufwendig und die Daten werden meist Tabellen entnommen. Aus den ermittelten Beobachtungen und Daten lässt sich nun ein Steckbrief für Eisen erstellen.

Aufgaben

1 Erstelle einen Steckbrief für Wasser.

2 Ein Stoff hat folgende Kombination von Eigenschaften: Aussehen: orange-rot, metallisch; Schmelztemperatur: 1083 °C; Siedetemperatur: 2600 °C.

a Um welchen Stoff handelt es sich?

b Finde weitere Eigenschaften dieses Stoffes und ergänze den Steckbrief.

Name des Stoffes: Kochsalz
Aussehen: weiß durchscheinende, würfelförmige Kristalle
Geruch: geruchlos
Magnetisierbarkeit: nein
Wärmeleitfähigkeit: gering
Elektrische Leitfähigkeit: nein
Löslichkeit in Wasser: sehr gut
Dichte: $2{,}17\ \frac{g}{cm^3}$
Schmelztemperatur: 801 °C
Siedetemperatur: 1465 °C

Name des Stoffes: Eisen
Aussehen: silberweiß, grau-schwarz; glatte, glänzende Oberfläche, undurchlässig für Licht
Geruch: geruchlos
Magnetisierbarkeit: ja
Wärmeleitfähigkeit: gut
Elektrische Leitfähigkeit: gut
Löslichkeit in Wasser: unlöslich
Dichte: $7{,}86\ \frac{g}{cm^3}$
Schmelztemperatur: 1535 °C
Siedetemperatur: 3000 °C

2 *Steckbriefe für Kochsalz und Eisen*

Stoffgruppen

Gemeinsame Eigenschaften Einige der für Eisen genannten Eigenschaften treffen auch auf andere Stoffe zu. Nickel und Cobalt sind magnetisch. Auch Kupfer, Silber und Gold weisen einen metallischen Glanz auf, sind undurchlässig für Licht und lassen sich verformen. Sie leiten elektrischen Strom und Wärme gut. Da diese Stoffe gemeinsame charakteristische Eigenschaften haben, kann man sie zu einer Stoffgruppe zusammenfassen.

Stoffe mit gemeinsamen Eigenschaften können zu einer Stoffgruppe zusammengefasst werden.

1 *Münzen aus verschiedenen Metallen*

Die Stoffgruppe der Metalle Eisen, Nickel, Aluminium, Kupfer, Silber und Gold gehören zur Stoffgruppe der Metalle. Weitere wichtige Metalle sind z. B. Quecksilber, Blei und Magnesium.

Metalle bilden eine Stoffgruppe, da sie viele gemeinsame Stoffeigenschaften haben.

Edle und unedle Metalle Metalle lassen sich nach bestimmten Gesichtspunkten in weitere Untergruppen einteilen. Zink und Aluminium verlieren schon nach kurzer Zeit ihren metallischen Glanz und werden daher als unedle Metalle bezeichnet. Edelmetalle wie Gold, Silber und Platin behalten ihren Metallglanz. Sie eignen sich sehr gut zur Schmuckherstellung.

Schwermetalle und Leichtmetalle Blei besitzt eine sehr große Dichte und wird zum Beschweren in Tauchergürteln eingesetzt. Wie Eisen, Kupfer und Gold zählt es zu den Schwermetallen. Schwermetalle besitzen eine Dichte, die größer als $5\,\frac{g}{cm^3}$ ist. Aluminium, Magnesium und Titan gehören zu den Leichtmetallen. Ihre Dichte ist kleiner als $5\,\frac{g}{cm^3}$.

Die Stoffgruppe der Mineralien Eine weitere große Stoffgruppe ist die Gruppe der Mineralien. Zu den Mineralien zählt man Stoffe, die fest und hart sind und Kristalle bilden. Einige Mineralien lassen sich in Wasser lösen und besitzen hohe Schmelz- und Siedetemperaturen.

2 *Schmuck aus Gold*

3 *Rauchquarz – ein Mineral*

Weitere Einteilungsmöglichkeiten Spiritus, Benzin oder Nagellackentferner sind leicht flüchtig und brennbar. Man kann sie zu einer Gruppe der leicht flüchtigen Stoffe zusammenfassen. Für Kunststoffe gilt, dass sie alle künstlich hergestellt werden. Sie unterscheiden sich zwar in ihren Eigenschaften, trotzdem bezeichnet man sie häufig auch als Stoffgruppe. Andere gemeinsame Eigenschaften wie Verwendung oder Vorkommen können ebenfalls zur Einteilung genutzt werden. Manche Stoffe können auch mehreren Stoffgruppen angehören.

Aufgaben

1 Zum Basteln eines Fingerrings stehen dir die Metalle Aluminium und Silber zur Verfügung. Welches Metall wählst du? Begründe.

2 Nenne gemeinsame und unterschiedliche Eigenschaften der Metalle Aluminium und Silber. Recherchiere dazu im Schulbuch und im Internet.

Die kleinsten Teilchen der Stoffe

1 *Beim Fräsen entstehen Eisenspäne.*

Woraus besteht ein Stoff? Bearbeitest du ein Eisenblech mit einer Fräse, so lösen sich Eisenteile als Späne ab (Bild 1). Benutzt du eine feine Feile, kannst du Eisenstaub erzeugen. Die einzelnen Eisenstaubpartikel kannst du gerade noch mit dem bloßen Auge erkennen. Sind dies die kleinsten Teilchen, aus denen der Stoff Eisen aufgebaut ist?

Beobachtungen beim Lösen von Zucker
Zuckerkristalle lassen sich mit bloßem Auge erkennen. Mit einer Lupe oder dem Mikroskop geht es noch besser. Zuckerkristalle sind unterschiedlich groß, aber immer ähnlich geformt. Löst du einen Löffel Zucker in einem Glas Wasser, sind die Kristalle nicht mehr sichtbar. Selbst bei der Untersuchung eines Zuckerwassertropfens mit dem Mikroskop findest du keine Kristalle mehr vor. Wo ist der Zucker geblieben? Er ist nicht verschwunden, dafür gibt es mehrere Hinweise: Die Lösung schmeckt deutlich süß. Lässt du einen Tropfen der Zuckerlösung auf einem Uhrglas über Nacht stehen, so bildet sich ein Rückstand. Unter dem Mikroskop erkennt man nun wieder Zuckerkristalle.

Die kleinsten Teilchen des Zuckers Offenbar bestehen die sichtbaren Zuckerkristalle aus noch kleineren Einheiten, die auch mit dem Mikroskop nicht mehr zu sehen sind. Selbst mit modernsten Mikroskopen sind die Bausteine der Stoffe nicht vollständig zu erkennen.

Stoffe sind aus kleinsten Teilchen aufgebaut, die man nicht sichtbar machen kann.

Vorstellung über den Lösevorgang Man kann sich den Vorgang des Lösens von Zucker in Wasser so vorstellen (Bild 2): Die kleinsten Teilchen des Zuckers sind untereinander alle gleich groß und gleich schwer. Auch die kleinsten Teilchen des Wassers sind gleichartig gebaut, unterscheiden sich aber von den Zuckerteilchen. Sie haben eine andere Größe und eine andere Masse.
Beim Lösen des Zuckers in Wasser schieben sich die Wasserteilchen zwischen die Zuckerteilchen. Dadurch werden die Zuckerteilchen voneinander getrennt und verteilen sich gleichmäßig zwischen die Wasserteilchen.

Es gibt verschiedene Arten von kleinsten Teilchen. Sie haben unterschiedliche Massen und Größen. Die kleinsten Teilchen eines Stoffes sind untereinander gleich.

2 *Zuckerwürfel lösen sich in Wasser. Linke Bilder: Beobachtungen; rechte Bilder: Modellvorstellungen*

3 Ein Modell der Erde – der Globus

Modelle als Abbilder der Wirklichkeit Im Alltag fertigt man Modelle, damit man sich eine bessere Vorstellung über das Original machen kann. Ein Globus zeigt z. B., wie die Erde aussieht, welche Kontinente es gibt und wo die Ozeane sind. Dieses Modell besitzt natürlich nicht alle Eigenschaften des Originals. Umgekehrt kann das Modell auch Merkmale besitzen, die das Original nicht hat.

Kugelteilchenmodell Wir haben uns die kleinsten Teilchen des Zuckers und des Wassers als zwei verschiedene Sorten Kugeln vorgestellt. Die Zuckerteilchen sind gelb gezeichnet, die Wasserteilchen blau (Bild 2). Zwischen den Teilchen ist nichts.
Wir wissen nicht, ob die Zucker- und Wasserteilchen tatsächlich rund sind und welche Farbe sie haben. Dieses Modell ist nur eine mögliche Vorstellung der Wirklichkeit und hilft uns, den Lösevorgang von Zucker in Wasser besser zu verstehen.

Modelle vereinfachen die Wirklichkeit. Sie helfen dabei, Vorgänge besser zu verstehen. Das Kugelteilchenmodell ist eine Vorstellung vom Aufbau der Stoffe. Die kleinsten Teilchen werden als Kugeln dargestellt.

Kleinste Teilchen in Bewegung Stellt man auf das Pult im Klassenraum ein geöffnetes Gefäß mit Parfüm und wartet einige Minuten, so ist der Duft bald auch in den hinteren Reihen wahrnehmbar. Das funktioniert auch, wenn in dem Raum keine Luftströmung vorhanden ist.
Die kleinsten Teilchen des Duftes wandern in die Lücken zwischen die Teilchen der Luft. Ebenso wandern die Teilchen der Luft in die Lücken zwischen den Teilchen des Dufts. (Bild 4).

Diffusion Die kleinsten Teilchen im Zuckerwürfel sind an ihrem Platz in ständiger Bewegung. Auch die Wasserteilchen sind in ständiger, schneller Bewegung und stoßen laufend gegeneinander. Sie lösen Zuckerteilchen aus dem Zuckerwürfel heraus, die sich nach und nach zwischen den Wasserteilchen verteilen. Diese selbstständige Verteilung kleinster Teilchen in einem Raum wird als Diffusion bezeichnet. Bei einer Erwärmung nimmt die Teilchenbewegung zu und die Teilchen stoßen unvorstellbar oft gegeneinander.

Das eigenständige Durchmischen zweier Stoffe aufgrund der ständigen Bewegung der kleinsten Teilchen wird Diffusion genannt.

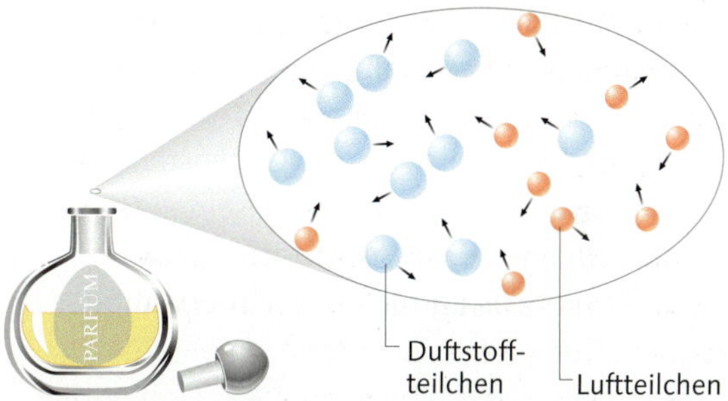

4 Modellvorstellung zur Verteilung eines Duftes im Raum

Exkurs Die Brownsche Bewegung
Der englische Biologe Robert Brown betrachtete im Jahr 1827 Blütenpollen in einem Tropfen Wasser mit dem Mikroskop. Die Pollen waren scheinbar in ständiger, unregelmäßiger, zittriger Bewegung. Später stellte man fest, dass sich nicht die Blütenpollen bewegen, sondern dass sie durch die Wasserteilchen, die die Pollen umgeben, angestoßen werden.

Aufgaben

1 Beschreibe, was beim Lösen von Zucker in Wasser passiert. Unterscheide zwischen dem Sichtbaren und dem, was wir uns mithilfe des Kugelteilchenmodells vorstellen.
2 Erkläre, was beim Lösen von Zucker in kaltem und was in warmem Kaffee passiert.
3 Bringe einen Tropfen Tinte auf den Boden eines mit wenig Wasser gefüllten Glasgefäßes. Erkläre deine Beobachtungen mithilfe des Kugelteilchenmodells.

Exkurs Entwickeln eines Teilchenmodells

Vorstellung und Wirklichkeit Wie können wir uns die kleinsten Teilchen der Stoffe vorstellen? Wir haben hierfür das Kugelteilchenmodell gewählt und gehen von kugelförmigen, für jeden Stoff typischen Teilchen aus. Es handelt sich dabei um ein Modell. Was können wir wirklich über die kleinsten Teilchen sagen? Zur Beantwortung dieser Frage könnt ihr folgenden Versuch durchführen:

Modellversuch Du erhältst einen Karton, in dem sich ein Gegenstand befindet, den du nicht sehen kannst.
Aufgabe: Fertige eine Zeichnung von dem Gegenstand an, der sich in diesem Karton befindet, und beschreibe ihn mit Worten.
Beachte: Du darfst den Karton drehen, schütteln, die Geräusche, die der Gegenstand in dem Karton verursacht, hören, seinen Geruch wahrnehmen, die Masse ermitteln usw.
Das Öffnen des Kartons ist nicht erlaubt!

Verschiedene Bilder eines Gegenstands Ein Gegenstand hört sich in einem Schuhkarton ein wenig dumpf an. Seine Größe kann man nur erahnen. Durch Wiegen eines leeren Schuhkartons vergleichbarer Größe und Art sowie durch Vergleich mit der für die „Blackbox" ermittelten Masse ist es möglich, einen ungefähren Wert für die Masse des Gegenstands zu ermitteln. Das „Bild" für den Gegenstand, das sich daraus ergibt, lässt viele Fragen offen: Genaue Maße, Kantenform und -anzahl, Material und Farbe des Gegenstands können nicht ermittelt werden. Zeichnen verschiedene Personen diesen Gegenstand, können sehr unterschiedliche Skizzen entstehen. Dennoch sind alle Skizzen „richtig", wenn sie die in den Versuchen ermittelten Eigenschaften beinhalten.

Vergleich der Bilder mit der Wirklichkeit Würde man die Box öffnen und den Gegenstand mit den Zeichnungen vergleichen, würde man feststellen, dass alle Zeichnungen nur eine Annäherung an den tatsächlichen Gegenstand darstellen, ihn aber nie vollkommen beschreiben. Die entstandenen Zeichnungen stellen jeweils ein Abbild der Wirklichkeit dar – ein Modell. Ein Modell greift einige wichtige Bereiche aus der Wirklichkeit auf. Es ist aber immer nur eine Annäherung an die Wirklichkeit und bildet sie nie vollständig ab.

Modelle und ihre Funktion Das Kugelteilchenmodell soll uns helfen, Beobachtungen wie das Lösen von Zucker oder die Übergänge zwischen den Aggregatzuständen zu erklären. Viele Fragen bleiben offen: Sind die kleinsten Teilchen rund, bunt und massiv? Die Antwort ist ein ganz klares Nein! Man könnte sich die Teilchen auch in einer anderen Form vorstellen. Die gewählten Farben helfen uns lediglich, die Teilchen voneinander zu unterscheiden. Wir können aber nicht wissen, ob sie tatsächlich ein Merkmal der kleinsten Teilchen sind. Und obwohl wir uns die Bausteine der Stoffe kugelförmig vorstellen, heißt das nicht, dass es sich um Kugeln handelt, die massiv sind.

Aufgaben

1 Führe den Modellversuch durch. Stelle Vermutungen über die Eigenschaften des unbekannten Gegenstandes auf. Fertige eine Skizze des Gegenstands an und beschreibe ihn.

2 Nenne Beispiele für „Blackboxes" im täglichen Leben.

Aggregatzustände im Kugelteilchenmodell

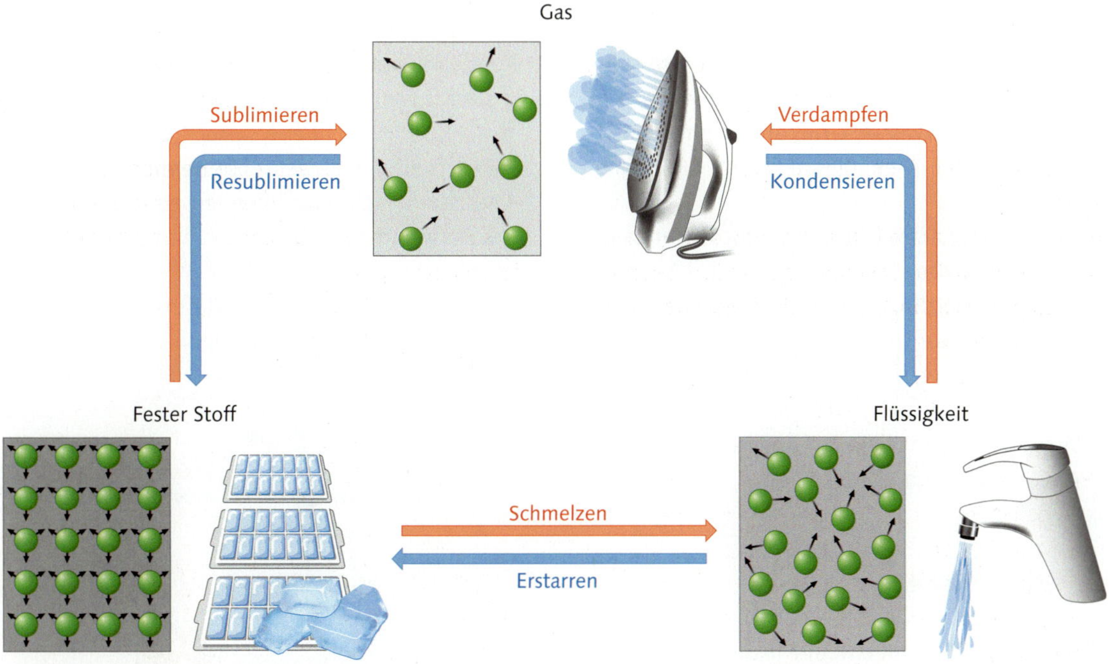

1 *Aggregatzustände von Wasser im Kugelteilchenmodell*

Der feste Aggregatzustand Im Eis haben die kleinsten Teilchen einen festen Platz und ihre Eigenbewegung ist gering. Wird es wärmer, so nimmt die Wärmebewegung der Teilchen zu und bei 0 °C lösen sich mehr und mehr Wasserteilchen aus der starren Anordnung. Die Schmelztemperatur bleibt konstant, weil die Wärme zunächst benötigt wird, um die Teilchen aus dem festen Verband herauszutrennen.

Der flüssige Aggregatzustand Sind die Teilchen aus dem festen Verband gelockert, steigt auch die Temperatur der Flüssigkeit wieder an. Je höher diese ist, desto schneller bewegen sich die kleinsten Wasserteilchen und desto häufiger stoßen sie zusammen. Sie befinden sich in einem aufgelockerten Zusammenhalt.

2 *Mit einer dünnen Eisschicht (Reif) bedeckte Wiese*

Der gasförmige Aggregatzustand Wird die Siedetemperatur erreicht, geben die Teilchen den Zusammenhalt auf. Die Teilchenbewegung ist nun so schnell, dass sich große Abstände zwischen den einzelnen Teilchen bilden und diese sich in alle Bereiche des zur Verfügung stehenden Raums verteilen.

Die Eigenbewegung der kleinsten Teilchen nimmt mit steigender Temperatur vom festen über den flüssigen zum gasförmigen Aggregatzustand hin stark zu.

Aufgaben

1 Erkläre, warum es beim Öffnen eines Topfes mit kochendem Wasser dampft.

2 Werden im Herbst nachts Temperaturen um 0 °C erreicht, sind Wiesen morgens oft von Reif (Bild 2) überzogen. Beschreibe, wie es dazu kommt.

3 Erkläre mithilfe des Kugelteilchenmodells, warum Flüssigkeiten sich jedem Gefäß anpassen.

Teste dich!

1 Nicht alle der folgenden Dinge sind Stoffe: Holz, Gold, Glas, Dachrinne, Baumwolle, Aluminiumfolie, Wasser, Grillkohle, Styropor, Zucker, Löffel, Mehl, Draht, Essig, Büroklammer, Tasse.
a Notiere unter der Überschrift „Stoffe" nur die Stoffe der Liste.
b Ordne die Stoffe in sinnvollen Gruppen und finde treffende Überschriften.
Füge jeweils weitere Beispiele hinzu.

2 Was ist keine Stoffeigenschaft?
– Schmelztemperatur
– Dichte
– Form
– Wärmeleitfähigkeit

3 Erkläre, warum auf einem Messbecher außer der Literangabe zusätzlich noch verschiedene Skalen für Volumen von Mehl, Zucker ... angegeben werden.

4 Du möchtest eine Cola möglichst schnell kühlen. Im Supermarkt hast du die Auswahl zwischen einer PET-Flasche und einer Getränkedose. Welches Gefäß wählst du und warum?

5 Zum Bau von Flugzeugen werden vor allem die Metalle Aluminium und Magnesium verwendet.
a Finde eine Begründung hierfür.
b Erläutere, warum die Verwendung dieser Metalle im Automobilbau auch Nachteile hat.

6 Eine Metallkugel hat eine Masse von 936,6 g und ein Volumen von 105 cm^3. Hannah vermutet, dass es sich um Eisen handelt. Hat sie recht? Begründe deine Antwort.

7 Ein 5-Cent-Stück sieht aus, als ob es aus Kupfer sein könnte. Plane einen Versuch, mit dem du das überprüfen kannst.

8 Stelle ein leeres Glas für 5 min in den Tiefkühlschrank und hole es dann heraus. Beschreibe, was du beobachtest, und erkläre.

9 Gib an, was unter einem Schwermetall verstanden wird. Nenne ein Beispiel.

10 Beschreibe, was beim Lösen von Kochsalz in Wasser geschieht. Zeichne den Vorgang im Teilchenmodell.

11 Übertrage Bild 1 in dein Heft und ergänze die fehlenden Beschriftungen.

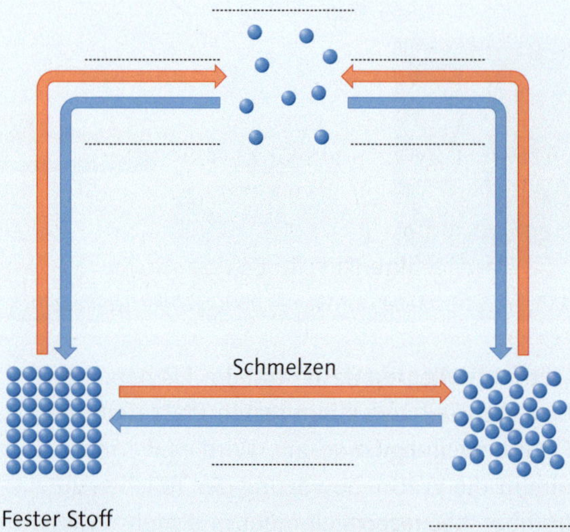

1 *Aggregatzustände im Teilchenmodell*

Aufgabe	Hilfe findest du auf Seite ...
1	32/33
2	40–43
3	40
4	41
5	40–43, 51
6	40
7	40
8	38
9	51
10	52/53
11	55
... und die Lösungen findest du im Anhang.	

Im Überblick

Unsere Welt und wir selbst bestehen aus Stoffen. Jeder Stoff hat eine für ihn typische Kombination von Eigenschaften. In der Chemie gibt es Möglichkeiten und Methoden, Stoffe zu untersuchen und voneinander zu unterscheiden. Manche Stoffe besitzen ähnliche Eigenschaften, sodass man sie in Stoffgruppen zusammenfassen kann. Die kleinsten Teilchen, aus denen diese Stoffe aufgebaut sind, kann man nicht sehen.

Stoff

- Material aus dem ein Körper besteht
- kann man anfassen oder in einem Gefäß aufbewahren
- besitzt charakteristische Eigenschaften

Körper

- Form, in der ein Stoff vorliegt
- können aus verschiedenen Stoffen bestehen (Glaskugel, Holzkugel ...)

Stoffeigenschaften

- sind mit den Sinnen wahrnehmbar: Aussehen, Geruch, Geschmack, Oberflächenbeschaffenheit, Klang
- lassen sich mit einfachen Mitteln überprüfen: Brennbarkeit, Magnetismus
- lassen sich messen und vergleichen: Wärmeleitfähigkeit, elektrische Leitfähigkeit, Siede- und Schmelztemperatur, Löslichkeit, Dichte

Aggregatzustand

flüssig	verdampfen (sieden, verdunsten) ⟶ kondensieren ⟵	gasförmig
fest	schmelzen ⟶ erstarren ⟵	flüssig
fest	sublimieren ⟶ resublimieren ⟵	gasförmig

Stoffgruppen

- Stoffe, die ähnliche Stoffeigenschaften haben, lassen sich in Stoffgruppen einteilen.
- Stoffe können auch aufgrund anderer Gemeinsamkeiten wie Verwendung, Vorkommen oder Aufbau zu Stoffgruppen zusammengefasst werden.

Kugelteilchenmodell

- Stoffe bestehen aus kleinsten Teilchen.
- Kleinste Teilchen verschiedener Stoffe unterscheiden sich in Masse und Größe.
- Kleinste Teilchen eines Stoffes sind alle gleich.
- Kleinste Teilchen sind in ständiger Bewegung.
- Bewegung der kleinsten Teilchen nimmt vom festen über den flüssigen zum gasförmigen Aggregatzustand zu.
- Kleinste Teilchen können wir uns als kugelförmige Teilchen vorstellen.
- Ein Modell hilft, die beobachteten Vorgänge zu verstehen.
- Ein Modell stellt nur eine vereinfachte Abbildung der Wirklichkeit dar.

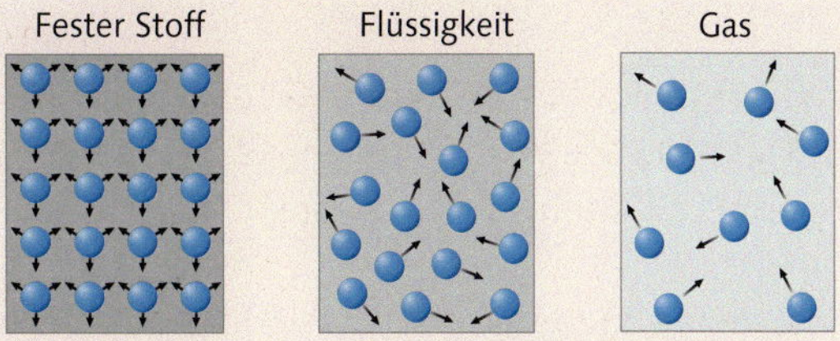

3
Stoffgemische und ihre Trennung

Kleine Kunstwerke entstehen, wenn scheinbar einfach braune, grüne oder schwarze Lebensmittelfarben durch Chromatografie in viele reine Farbstoffe getrennt werden.
Ob Stoffe rein oder im Gemisch mit anderen Stoffen vorliegen, macht für viele Aspekte unseres Alltags einen großen Unterschied.

Reinstoffe und Stoffgemische

1 *Ein seltener Fund – reines Gold*

3 *Brausepulver: süß oder sauer?*

4 *Bestandteile von Brausepulver, Pulver in 5-facher Vergrößerung*

Reinstoffe in der Natur Mit viel Glück kann es Goldsuchern gelingen, ein Goldnugget aus reinem Gold zu finden. Was bedeutet es, wenn ein Stoff „rein" ist?
Stoffe, die man nicht in andere Stoffe zerlegen kann, die also nur aus einer Stoffart bestehen, bezeichnet man als Reinstoffe. In der Natur liegen nur sehr wenige Stoffe in reiner Form vor.

Stoffgemische in der Natur In unserer Umwelt findet man fast nur Stoffgemische vor. Die Färbungen des Granitkristalls (Bild 2) weisen darauf hin, dass es sich bei Granit nicht um einen Reinstoff, sondern um ein Stoffgemisch handelt. Meerwasser enthält neben Wasser auch Kochsalz und andere Salze. Erde ist ein vielfältiges Gemisch aus pflanzlichen Materialien, Gesteinen, Wasser und vielen anderen Stoffen.

Reinstoffe bestehen aus einer einzigen Stoffart. Stoffgemische setzen sich aus mehreren Reinstoffen zusammen.

2 *Granit und seine Bestandteile*

Stoffgemische im Alltag Brausepulver enthält Zucker und Citronensäure. Wie du schmecken kannst, behalten die Reinstoffe im Stoffgemisch ihre Eigenschaften bei. Ein weiterer Bestandteil dieses Stoffgemischs ist Natron, das für das Schäumen und Prickeln auf der Zunge sorgt.

Reinstoffe im Alltag Das Stoffgemisch Brausepulver enthält neben Aroma- und Farbstoffen die Reinstoffe Zucker, Citronensäure und Natron. Im Alltag findet der aus Zuckerrüben oder Zuckerrohr hergestellte Zucker seine Verwendung als Süßungsmittel. Mit Citronensäure lassen sich Kalkablagerungen in Küche, Bad oder auch in Kaffeemaschinen entfernen. Das Natron oder Natriumhydrogencarbonat, wie es in der Fachsprache heißt, ist auch im Backpulver enthalten. Als Triebmittel sorgt es beim Backen dafür, dass der Teig aufgeht und locker wird.

Reinstoffe in der Technik Für viele technische Anwendungen werden Reinstoffe benötigt. Diese müssen oft durch aufwendige Verfahren aus Stoffgemischen hergestellt werden. Metalle wie Eisen, Aluminium oder Kupfer sind wichtige Werkstoffe im Maschinenbau und der Automobilindustrie. Die Pharmaindustrie braucht zur Herstellung vieler Arzneimittel reinen Alkohol. In viele Dampfbügeleisen darf man nur reines (destilliertes) Wasser einfüllen, da das kalkhaltige Leitungswasser zu Schäden am Gerät führen kann.

Herstellung von Stoffgemischen Das Mischen von Stoffen ist dir aus dem Alltag vertraut. Zur Herstellung eines Kuchenteigs vermischt man Mehl, Milch, Eier und Zucker miteinander. Der Tee wird mit Zucker gesüßt, aus Mineralwasser und Apfelsaft wird eine Apfelschorle hergestellt. Auf dem Bau mischt man aus Sand, Zement und Wasser Beton. Der Kraftstoff für das Mofa ist eine Mischung aus Benzin und Öl.

Heterogene Stoffgemische Es gibt Stoffgemische, bei denen man mit bloßem Auge oder unter dem Mikroskop verschiedene Bestandteile erkennen kann, z. B. Studentenfutter, Müsli oder Schmutzwasser. Solche Stoffgemische bezeichnet man als uneinheitlich oder heterogen (griech. *heteros:* verschieden, anders).

Bei heterogenen Stoffgemischen sind einzelne Bestandteile sichtbar.

Gemenge Granit ist ein heterogenes Stoffgemisch aus Quarz, Feldspat und Glimmer (Bild 2). Ein solches Gemisch aus Feststoffen bezeichnet man auch als Gemenge.

Suspension Nach dem Spülen sind im Schmutzwasser feste Stoffe im Wasser verteilt. Diese nicht wasserlöslichen, aber fein verteilten Feststoffe führen zu einer Trübung des Wassers.

Emulsion Fett und Wasser mischen sich normalerweise nicht. Lecithin, ein sogenannter Emulgator, sorgt dafür, dass in Milch das Fett in winzige Fetttröpfchen aufgeteilt wird (Bild 5). Diese können im Wasser schweben. Ein solches Fett-Wasser-Gemisch bezeichnet man als Emulsion. Lässt man Milch aber längere Zeit stehen, setzt sich das leichtere Fett oben als Rahm ab.

Rauch Von Rauch spricht man, wenn feste Teilchen in einem Gas schweben. So zeigt ein qualmender Kamin, dass Ruß und andere Feinstaubteilchen die Luft verunreinigen.

3

Nebel Die feine Verteilung einer Flüssigkeit in einem Gas bezeichnet man als Nebel. Bei nebligem Wetter liegt also ein Gemisch aus der gasförmigen Luft und winzigen Wassertröpfchen vor.

Homogene Stoffgemische Wenn die Gemischbestandteile nicht mehr erkennbar sind, das Stoffgemisch also wie ein Reinstoff aussieht, spricht man von einem einheitlichen oder homogenen (griech. *homos*: gleich, ähnlich) Stoffgemisch. Zu den homogenen Stoffgemischen gehören Lösungen und Legierungen.

Bei homogenen Stoffgemischen sind die einzelnen Bestandteile nicht sichtbar.

Lösung Wasser und Zuckerwasser kann man weder mit dem bloßen Auge noch mit einem Mikroskop voneinander unterscheiden. Beim Lösen in Wasser zerfällt der Zucker in seine kleinsten Teilchen, die nicht mehr sichtbar sind. Es gibt auch Stoffe, wie Kaffee oder Tee, die mit Wasser farbige Lösungen bilden.

5 *Milch unter dem Mikroskop bei 1000-facher Vergrößerung*

6 *Gasförmiges Kohlenstoffdioxid, das beim Öffnen der Sprudelflasche entweicht, war zuvor zum größten Teil im Wasser gelöst.*

Gase und Flüssigkeiten in Lösung Nicht nur feste, sondern auch gasförmige und flüssige Stoffe können sich in Wasser lösen. Für Fische ist der Sauerstoff, der in kleinen Mengen im Wasser gelöst ist, lebensnotwendig. Bei Weinbrand handelt es sich um eine Lösung der beiden Flüssigkeiten Wasser und Alkohol.

Legierungen Gemische von Metallen bezeichnet man als Legierungen. Diese werden im Alltag und in der Technik häufig eingesetzt. Bronze, eine Legierung aus Kupfer und Zinn, wird wegen seiner Festigkeit und Härte zur Herstellung von Glocken, Statuen und Zahnrädern verwendet. Bei einem Goldring aus 585er Gold sind von 1000 Gewichtsteilen 585 Gewichtsteile Gold, der Rest setzt sich aus anderen Metallen wie Silber, Kupfer oder Platin zusammen. Bei einem höheren Kupferanteil bekommt man eine „Rotgold"-Legierung. Durch Silber- und Platinzusätze wird „Weißgold" hergestellt.

Aggregatzustände der Reinstoffe	fest	flüssig	gasförmig
fest	Gemenge, Gemisch (Steinsalz) Legierung (Bronze)	Lösung (Salzwasser) Suspension (Schmutzwasser)	Rauch (Zigarettenqualm)
flüssig	nasser Schwamm	Lösung (Wein) Emulsion (Milch)	Nebel (Nebel)
gasförmig	Styropor®	Lösung (Sprudelwasser) Schaum (Badeschaum)	Gasgemisch (Luft)

Tab. 1 *Einteilung von Stoffgemischen nach den Aggregatzuständen*

Exkurs Wie „rein" geht es?
Zur Herstellung von Computerchips braucht man möglichst reines Silicium, das aus Quarzsand gewonnen wird. Am Ende eines aufwendigen Herstellungsprozesses hat das Silicium eine Reinheit von 99,99999999 %, das heißt auf 10 Mrd. Siliciumteilchen kommt nur ein einziges Fremdteilchen. Ist das Silicium dann rein? Wenn man die Frage ganz genau nimmt, gibt es wohl überhaupt keine Reinstoffe.

7 *Goldring mit einem Gewichtsanteil von 585 Tausendstel*

Aufgaben

1 Aluminium, Tinte, Weinbrand, Schwefel, Mineralwasser, Hautcreme, Wasser, Kaffee und Schmuckgold sollen sortiert werden. Fertige eine Tabelle an.
a Ordne die Stoffe nach Reinstoffen und Stoffgemischen.
b Unterteile die Stoffgemische zusätzlich noch in homogen und heterogen und nenne je zwei Bestandteile der Gemische.

2 Erde und Kochsalz werden jeweils in ein Gefäß mit Wasser gegeben. Notiere deine Beobachtungen. Um welche Arten von Stoffgemischen handelt es sich?

3 Erläutere den Zusammenhang zwischen Löslichkeit und Temperatur:
a bei Feststoffen
b bei Gasen

4 Ein Ring aus 750er Gold wiegt 4 g. Wie viel Gramm reines Gold enthält er?

5 Finde heraus, wie viel Gramm Kochsalz sich in 1000 ml Wasser lösen.

Praktikum Stoffgemische in der Schulküche

Verwende bei diesen Versuchen Geräte, die nur für Lebensmittel benutzt werden.

1 Brausepulver – ein prickelndes Gemisch

Zutaten für 10 Personen:
5 Esslöffel Zucker
3 Esslöffel Citronensäure
2 Esslöffel Natron (Natriumhydrogencarbonat)
1 Tropfen Fruchtaroma (z. B. Erdbeere)
Durchführung: Mische die Zutaten in einer Schüssel. Löse das Gemisch in Wasser.
Auswertung: Erläutere, welche Funktion das Natron hat.

2 Durst löschen mit Eistee

Chemikalien: schwarzer Tee, Zitronensaft, Zucker
Durchführung: Zur Herstellung von Eistee benötigst du schwarzen Tee, Zitronensaft und Zucker. Ermittle durch Mischungsversuche deine Lieblingsmischung.
Auswertung: Schreibe dein Rezept auf.

3 Früchtequark als Dessert

Zutaten für 4 Personen:
250 g Quark
250 g Sahne
2 Esslöffel Zucker
3 Esslöffel Milch
Saft einer halben Zitrone
Früchte nach Belieben, z. B. Erdbeeren, Himbeeren, Blaubeeren oder Bananen

Den Quark mit Zucker und Milch glatt rühren, dann den Zitronensaft zugeben. Die Sahne steif schlagen und unter die Quarkmasse mischen. Zum Schluss die Früchte vorsichtig unterheben.

Guten Appetit!

4 Herstellen von Gummibärchen

Für ca. 50 Gummibärchen:
Geräte: 2 kleine Töpfe, kleine Schüssel, 2 Rührlöffel, Teelöffel, Backblech, Waage
Chemikalien: 6 Blätter Gelatine (10 g), Zucker (Rohrzucker), Citronensäure, Lebensmittelfarbe, Aromastoffe, 1 Packung Maisstärke (ca. 500 g), Wasser
Durchführung:

- **a** Herstellung der Gießformen: Verteile Maisstärke gleichmäßig ca. 1,5 cm hoch auf einem Backblech. Drücke mit einem Gummibärchen Vertiefungen in die Stärke.
- **b** Herstellung von Invertzucker: Löse in einem kleinen Topf mit 35 ml Wasser 70 g Rohrzucker und 1 g Citronensäure. Erhitze unter ständigem Rühren (darf nicht kochen!).
- **c** Weiche währenddessen in einer kleinen Schüssel 6 Blätter Gelatine in kaltem Wasser ein und lass sie 10 min quellen.
- **d** Wiege in einen anderen Topf 80 g Zucker ein, gib 30 ml Wasser zu und koche kurz auf.
- **e** Gib die Gelatine vorsichtig unter ständigem Rühren in die warme Zuckermasse. Rühre anschließend den Invertzucker von Arbeitsgang b unter und vermische gut.
- **f** Verleihe den Gummibärchen mit Lebensmittelfarbe und Fruchtaroma Farbe und Geschmack.
- **g** Fülle mit einem Teelöffel die Masse möglichst schnell in die Formen.

Auswertung: Erläutere, welche Funktion Gelantine hat. Erkundige dich, durch welches pflanzliche Produkt sie ersetzt werden kann.

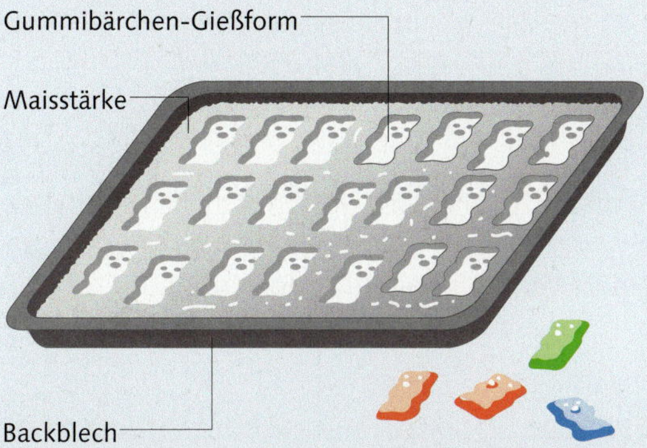

Methode Schwierige Wörter knacken

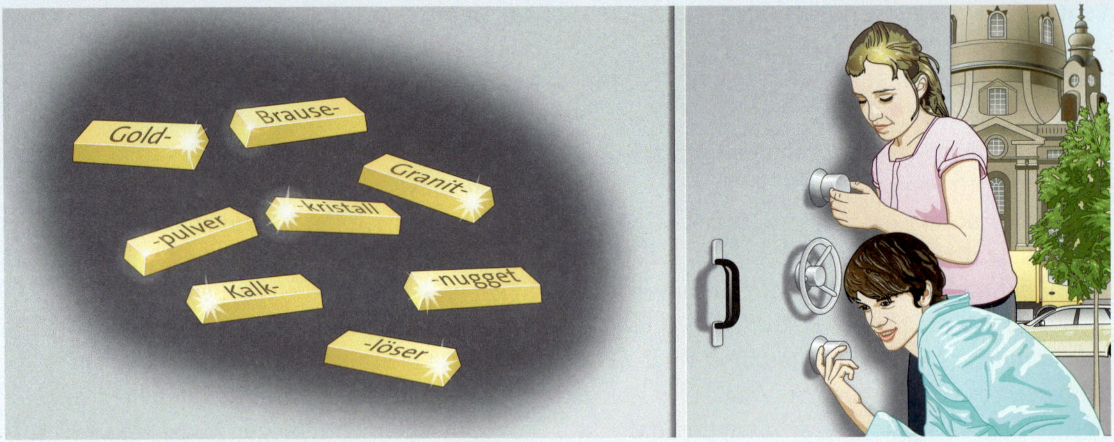

Zusammengesetzte Wörter In Fachtexten sind Wörter häufig aus mehreren Wörtern zusammengesetzt. Wenn du diese Wörter knackst und in ihre Einzelteile zerlegst, kannst du sie besser verstehen.

Zusammengesetztes Wort	Grundwort (das Wort am Ende)	Bestimmungswort (das Wort am Anfang)	Umschreibung
das Stoffgemisch	das Gemisch	der Stoff	ein Gemisch aus mehreren Stoffen
der Reinstoff	der Stoff	rein	ein Stoff, der rein ist (das Gegenteil von Stoffgemisch)
die Stoffeigenschaften	die Eigenschaften	der Stoff	die Eigenschaften eines Stoffes
die Citronensäure	die Säure	die Citronen (Zitronen)	eine Säure, die auch im Saft einer Zitrone vorkommt
der Kalklöser	der Löser	der Kalk	ein Mittel, das den Kalk löst
das Triebmittel	das Mittel	der Trieb (von treiben)	ein Mittel, das den Teig „treibt", d.h., der Teig wird locker
der Bestandteil	der Teil	der Bestand (von bestehen)	ein Teil von etwas
der Trennvorgang	der Vorgang	das Trennen	ein Vorgang, bei dem etwas getrennt wird
der Wertstoffkreislauf	der Kreislauf	der Wertstoff (ein Stoff, der noch mal verwertet werden kann; z.B. Glas, Metall)	Im Wertstoffkreislauf werden Stoffe wiederverwertet (Recycling).

Substantive in Fachtexten Fachtexte haben ein besonderes Merkmal: In Fachtexten werden *Vorgänge* häufig mit Substantiven ausgedrückt. Auch die Texte in diesem Buch sind Fachtexte. Hier sind einige Substantive angeführt.

Das ist alles möglich:

Bei der Herstellung …
Für die Herstellung …
Zur Herstellung …
Durch die Herstellung …
Aufgrund der Herstellung …

Wenn etwas hergestellt wird …
Um etwas herzustellen …

Weil etwas hergestellt wird …

Vorgang (Substantiv)	Verb	Beispiel mit Substantiv	Beispiel mit Verb
die Herstellung	herstellen	Zur Herstellung von …	Um etwas herzustellen …
die Trennung	trennen	Aufgrund der Trennung von …	Weil etwas getrennt wird …
die Verun-reinigung	verunreinigen	Durch die Verunreinigung von …	Weil etwas verunreinigt ist …
die Gewinnung	gewinnen	Bei Gewinnung von …	Wenn etwas gewonnen wird …
die Müll-entsorgung	Müll entsorgen	Für die Müllentsorgung …	Um Müll zu entsorgen …
das Auslesen	auslesen	Durch Auslesen …	Wenn etwas ausgelesen wird …
die Entnahme	entnehmen	Bei Entnahme von …	Wenn etwas entnommen wird …
das Sieben	sieben	Beim Sieben …	Wenn etwas gesiebt wird …
das Lösen	lösen	Durch das Lösen …	Weil etwas gelöst wird …

Eigenschaften als Substantiv In Fachtexten werden *Eigenschaften* häufig mit Substantiven ausgedrückt.

hoch bedeutet hier gut, sehr, stark
gering bedeutet hier schlecht, wenig, kaum

Eigenschaft (Substantiv)	Adjektiv	Verwandte Wörter	Beispiele
die Löslichkeit	löslich	lösen	Die Löslichkeit ist hoch. (Etwas löst sich gut.)
die Leitfähigkeit	leitfähig	leiten	Die Leitfähigkeit ist gering. (Etwas leitet schlecht.)
die Brennbarkeit	brennbar	brennen	Die Brennbarkeit ist hoch. (Etwas brennt gut.)
die Entflamm-barkeit	entflammbar	entflammen, Flamme	Die Entflammbarkeit ist gering. (Etwas ist schlecht entflammbar.)
die Sicherheit	sicher	gesichert	Die Sicherheit ist hoch. (Etwas ist sehr sicher.)

Trennen von Stoffgemischen

Auslesen Im Märchen der Gebrüder Grimm helfen die Tauben Aschenputtel beim Sortieren der guten und schlechten Linsen. Wenn feste Stücke so groß sind, dass man sie mit den Fingern oder einer Pinzette fassen kann, können die Bestandteile eines Gemenges durch Auslesen getrennt werden.

Sedimentieren und Dekantieren Trübes, verschmutztes Wasser wird klarer, wenn es eine Weile gestanden hat. Die nicht wasserlöslichen, schweren Schmutzteilchen dieser Suspension sedimentieren, d.h., sie setzen sich am Boden ab. Das auf diese Weise schon teilweise gereinigte Wasser kann dekantiert, also abgegossen werden (Bild 1). Die Trennung der Suspension findet aufgrund der unterschiedlichen Dichten der Flüssigkeit und der ungelösten Feststoffe statt.

Extrahieren Beim Teekochen werden die Teeblätter in heißes Wasser gegeben. Die Wirk-, Geschmacks- und Farbstoffe werden aus den zerkleinerten Teeblättern extrahiert und im Wasser gelöst. Die Stofftrennung beim Extrahieren beruht darauf, dass bestimmte Bestandteile eines Gemisches löslich sind und andere nicht.

Sieben Die festen Rückstände von den Teeblättern wollen wir nicht in der Tasse haben. Um sie abzutrennen, gießen wir den Tee durch ein Sieb. Beim Sieben bleiben die größeren Stückchen im Sieb zurück, die kleineren und die gelösten Teilchen gehen hindurch.

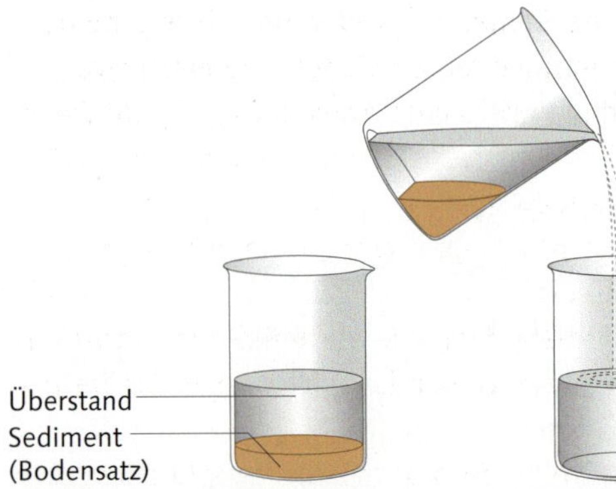

1 *Sedimentieren und Dekantieren*

2 *Filtrieren von Kaffee*

Filtrieren Kaffeepulver kann von einem Sieb nicht zurückgehalten werden – die Kaffeepulverkörnchen sind zu fein. Wir müssen filtrieren. Das Filterpapier hat sehr feine Poren, durch die die festen Kaffeepulverkörnchen nicht hindurchkommen (Bild 2). Sie bleiben als Kaffeesatz im Filterpapier hängen. Der Kaffee mit den extrahierten Stoffen sickert durch die Poren des Filterpapiers und wird in der Tasse als Filtrat gesammelt. Beim Filtrieren werden wasserunlösliche Feststoffe von den wasserlöslichen getrennt.

Eindampfen und Verdunsten Ein Filterpapier hilft beim Trennen einer Kochsalzlösung in Wasser und Kochsalz nicht weiter, denn beim Lösen ist das Kochsalz in seine kleinsten Teilchen zerfallen. Diese passen durch die Poren eines Filterpapiers hindurch. Man kann das Kochsalz aber durch Eindampfen oder Verdunsten gewinnen. In einer Porzellanschale erhitzt man die Kochsalzlösung. Das Wasser siedet und verdampft bei 100 °C. Kochsalz, das erst bei 1465 °C siedet, bleibt in der Schale zurück. Wenn man die Kochsalzlösung so lange stehen lässt, bis das ganze Wasser verdunstet ist, bleibt ebenfalls Kochsalz zurück.

3 *Kochsalz wird aus einer wässrigen Kochsalzlösung gewonnen.*

Destillieren Will man nicht das Kochsalz, sondern das Wasser aus einer Kochsalzlösung erhalten, muss man destillieren. Dazu wird die Kochsalzlösung bis zum Sieden erhitzt. Der Wasserdampf wird aufgefangen und gekühlt, bis er wieder kondensiert. So entsteht destilliertes Wasser. Durch Destillation können auch Gemische aus Flüssigkeiten, z. B. Alkohol und Wasser, getrennt werden. Alkohol siedet bereits bei 78 °C und kann daher bei dieser Temperatur vom Wasser getrennt werden. Die Trennung erfolgt aufgrund der unterschiedlichen Siedetemperaturen der Bestandteile der Lösung.

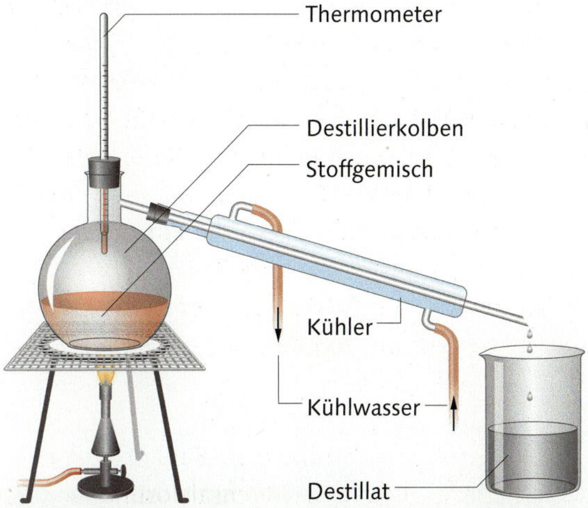

4 *Aufbau einer Destillationsapparatur*

Exkurs Gewinnen von Duftstoffen
Durch eine Wasserdampfdestillation können Duftstoffe aus Pflanzen extrahiert werden. Wenn heißer Wasserdampf über das pflanzliche Material geleitet wird, gehen die wasserlöslichen Pflanzenbestandteile in Lösung, aber auch nicht lösliche Duftstoffe (ätherische Öle) werden vom Wasserdampf mitgerissen. Beim Abkühlen und Kondensieren trennen sich die öligen Duftstoffe vom Wasser.

Adsorbieren Im Filter einer Atemschutzmaske befindet sich Aktivkohle. Die porösen, stark zerklüfteten Aktivkohlekörnchen haben viele Hohlräume und dadurch eine sehr große Oberfläche. Wenn die angesaugte Luft durch den Filter strömt, werden die Schadstoffteilchen in den Poren der Aktivkohle festgehalten – sie werden adsorbiert. In der Medizin wird Aktivkohle z. B. bei Vergiftungen eingesetzt, um Giftstoffe aus dem Magen-Darm-Trakt zu entfernen.

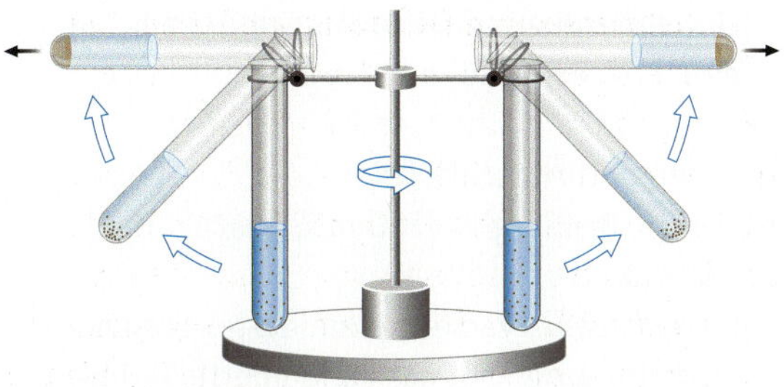

5 *Funktionsweise einer Zentrifuge*

Zentrifugieren Für die Herstellung von Butter braucht man das Fett aus der Milch. Das in der Milch fein verteilte Fett kann mit einer Zentrifuge abgeschieden werden. Die Zentrifuge arbeitet ähnlich wie eine Schleuder. Das schwerere Wasser wird weiter nach außen geschleudert und so von dem leichteren Fett getrennt. Beim Zentrifugieren werden die Bestandteile des Stoffgemischs aufgrund ihrer unterschiedlichen Dichten getrennt.

Stoffgemische können in ihre Bestandteile getrennt werden. Dabei nutzt man die unterschiedlichen Stoffeigenschaften.

Aufgaben

1 Nenne Gemeinsamkeiten und Unterschiede der Trennverfahren Sieben und Filtrieren.
2 Nenne jeweils eine Anwendung für die Trennverfahren Eindampfen und Sedimentieren/Dekantieren.
3 Wo wird im Haushalt zentrifugiert? Nenne Beispiele.
4 Informiere dich, wie der Imker den Honig aus den Bienenwaben holt. Wie heißt das Trennverfahren?
5 Beschreibe die Trennverfahren, die beim Kaffeekochen angewandt werden.

Praktikum Vom Steinsalz zum Kochsalz

1 Steinsalz ist ein Stoffgemisch aus Kochsalz und Gestein. Um Kochsalz zu gewinnen, muss das Stoffgemisch getrennt werden. Dazu werden Trennverfahren durchgeführt.

a Zerkleinern von Steinsalz
Geräte: Mörser mit Pistill
Chemikalien: Steinsalzbrocken
Durchführung: Zerreibe das Steinsalz in einem Mörser möglichst fein.

b Lösen und Aufschlämmen
Geräte: Becherglas (100 ml), Spatellöffel, Glasstab
Chemikalien: Wasser, zerkleinertes Steinsalz
Durchführung: Gib das zerkleinerte Steinsalz in Wasser und rühre mit dem Glasstab um.

c Sedimentieren und Dekantieren
Geräte: Becherglas (100 ml)
Chemikalien: Steinsalzaufschlämmung
Durchführung: Lass die Suspension ein paar Minuten ruhig stehen und gieße dann die über dem Bodensatz stehende Flüssigkeit ab.

d Filtrieren
Geräte: Trichter, Rundfilter, Erlenmeyerkolben (100 ml)
Chemikalien: Flüssigkeit aus Experiment c
Durchführung: Falte den Rundfilter durch zweimaliges Falten zu einem Viertelkreis, den du zu einem Trichter auseinanderziehst. Stecke ihn in den Trichter und gieße die Flüssigkeit hinein. Fange das Filtrat in einem Erlenmeyerkolben auf.

e Eindampfen
Geräte: Dosenbrenner (aufgeschnittene Getränkedose mit Teelicht), Lupe
Materialien: Filtrat aus Experiment d
Durchführung: Gieße etwas vom Filtrat in den Deckel der Dose und erwärme dieses mit dem Teelicht, bis das Wasser vollständig verdampft ist. Betrachte den Rückstand unter einer Lupe.

Zerreiben im Mörser

Lösen und Aufschlämmen

Suspension dekantieren

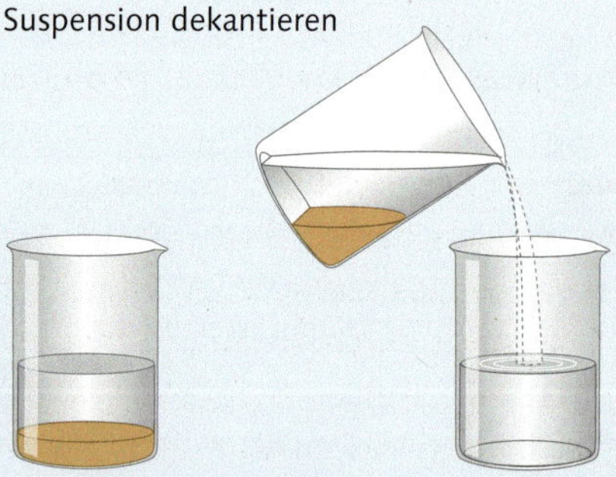

Falten eines Rundfilters

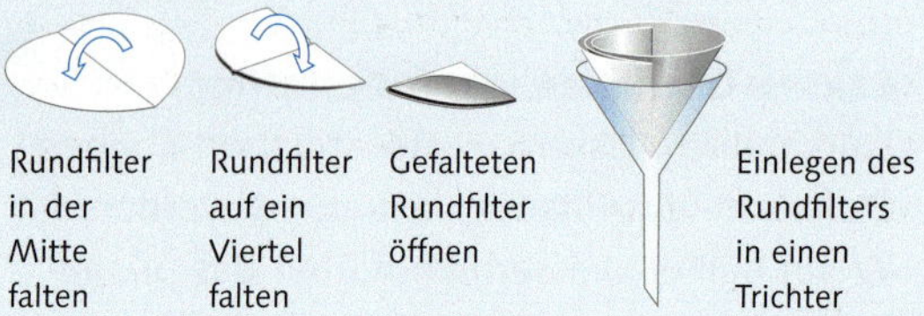

Filtrieren

Eindampfen der Kochsalzlösung

Exkurs Vom Meerwasser zum Trinkwasser

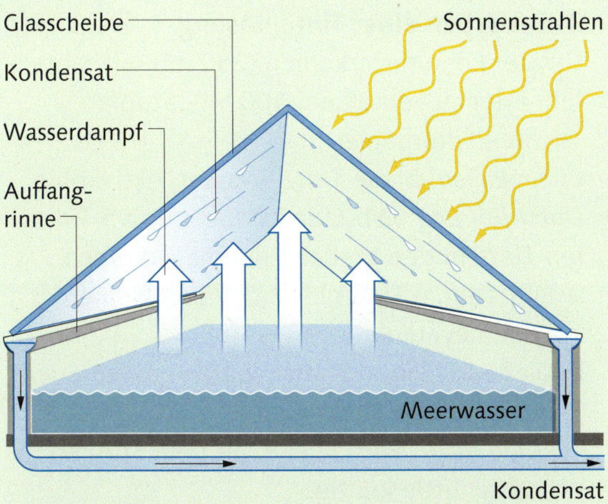

1 *Meerwasserentsalzung durch Sonneneinstrahlung*

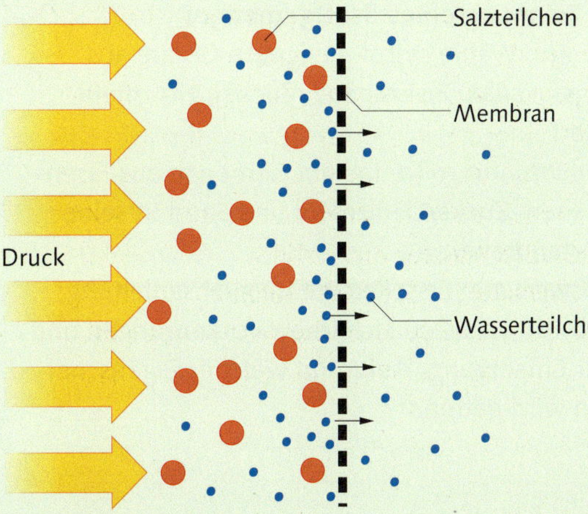

2 *„Filtrieren" von Meerwasser*

Trinkwasser aus Meerwasser Küstennahe Länder nutzen die Möglichkeit, in Entsalzungsanlagen aus Meerwasser Trinkwasser zu gewinnen.

Verdunstung von Meerwasser Das salzhaltige Meerwasser wird in eine flache Wanne geleitet, die durch ein geneigtes Glasdach abgedeckt ist. Wenn das Salzwasser durch die Sonne erwärmt wird, verdunstet das Wasser, steigt nach oben und schlägt sich am Glasdach als Kondensat nieder. Das Salz bleibt zurück. Das flüssige Wasser läuft an der Glasscheibe herunter und kann in einer Rinne gesammelt werden (Bild 1). Bevor das entsalzte Wasser als Trinkwasser verwendet werden kann, müssen die Mineralsalze, die unser Körper braucht, wieder zugesetzt werden.

Destillation von Meerwasser Nur in kleinen Anlagen kann das Wasser durch direkte Sonneneinstrahlung verdunsten. In großen Entsalzungsanlagen muss das Salzwasser erhitzt werden. Dafür muss sehr viel Energie aufgewendet werden.

„Filtrieren" von Meerwasser Bei einem anderen energiesparenden Verfahren wird das Salzwasser durch eine Membran, eine Art spezieller „Filter" mit sehr feinen Poren, gepresst. Die Poren der Membran lassen die kleinsten Teilchen des Wassers durch, nicht aber die Salzteilchen. Dieses Verfahren benötigt nur ein Drittel so viel Energie wie die Destillation.

Hilfe bei Katastrophen Nach Naturkatastrophen wie Erdbeben oder Überschwemmungen herrscht in den Katastrophengebieten meistens ein Mangel an Trinkwasser. Der „Wasserrucksack" ist eine tragbare Wasseraufbereitungsanlage, mit der verschmutztes Wasser in Trinkwasser verwandelt werden kann. Das verschmutze Wasser wird mithilfe von Membranen gereinigt. Diese haben mikroskopisch kleine Öffnungen, durch die Wasserteilchen hindurchpassen. Bakterien und andere feste Teilchen werden herausgefiltert. Ein solches Gerät kann mehrere Hundert Menschen versorgen.

3 *Ein „Wasserrucksack" kann Menschen in Katastrophengebieten mit sauberem Wasser versorgen.*

Aufgaben

1 Vergleiche die verschiedenen Verfahren, mit denen aus Meerwasser Trinkwasser gewonnen werden kann.

2 Recherchiere im Internet, in welchen Katastrophengebieten der „Wasserrucksack" schon eingesetzt wurde.

1 Trennung eines Stoffgemenges

Geräte: Wähle selbst geeignete Geräte aus.
Chemikalien: Eisenspäne, Zucker, Holzmehl, Sand
Durchführung: Trenne ein Gemenge aus Eisenspänen, Zucker, Holzmehl und Sand in seine Bestandteile.
Auswertung: Erstelle eine Versuchsanleitung. Gib Hinweise, zu Sicherheitsvorkehrungen und zur Entsorgung. Aufgrund welcher Eigenschaften wird getrennt?

2 Duftstoffe aus Orangenschalen

Geräte: Spülmittel, Haushaltsreibe, Mörser mit Pistill, Leinentuch, Reagenzglas, Reagenzglasgestell, Pipette
Chemikalien: Orangen, Wasser
Durchführung:

a Wasche die Frucht mit Spülmittellösung und trockne sie anschließend ab.
b Reibe die äußere Schale – ohne die weiße Haut – mit einer Haushaltsreibe ab.
c Versetze den Schalenabrieb im Mörser mit ungefähr 10 ml Wasser und zerreibe anschließend mit dem Pistill.
c Presse das Stoffgemisch aus Duftstoffen, Wasser und Orangenschalenresten durch ein Tuch (Filterpapier) in ein Reagenzglas.
d Sauge das Orangenöl an der Oberfläche mit einer Pipette ab.

Auswertung: Überlege, wie man eine höhere Ausbeute an Orangenöl erhalten könnte.

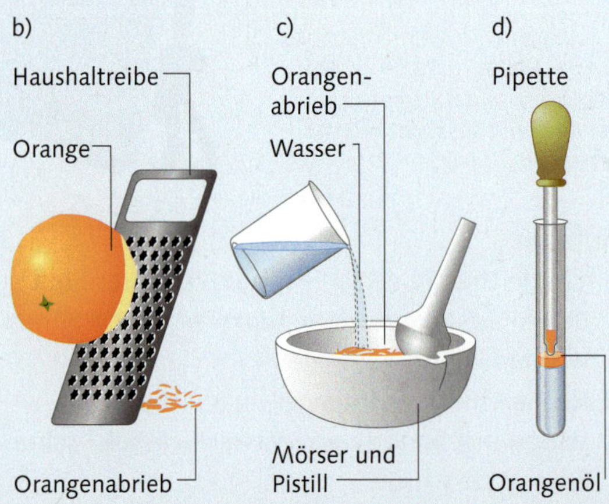

3 Entfärben einer Tintenlösung

Geräte: Erlenmeyerkolben (250 ml) mit Stopfen, Erlenmeyerkolben (100 ml), Stopfen, Trichter, Filterpapier
Chemikalien: blaue Tinte, Wasser, Aktivkohle
Durchführung: Gib 60 ml Wasser und 5 Tropfen Tinte in den großen Erlenmeyerkolben.

a Filtriere die Tintenlösung in den kleinen Erlenmeyerkolben.
b Gieße das Filtrat zurück in den großen Erlenmeyerkolben und gib einen Spatel Aktivkohle dazu. Verschließe mit dem Stopfen und schüttle kräftig.
c Filtriere erneut.

Auswertung: Deute deine Beobachtungen.

4 Herstellung von Apfelsaft

Geräte: Wähle selbst geeignete Geräte aus.
Chemikalien: Apfel
Durchführung: Suche selbst einen Lösungsweg zur Herstellung von klarem Apfelsaft aus einem Apfel. Es genügt, wenn du eine kleine Menge erhältst.
Auswertung: Dokumentiere, wie du vorgegangen bist und was beim Experimentieren beachtet werden muss.

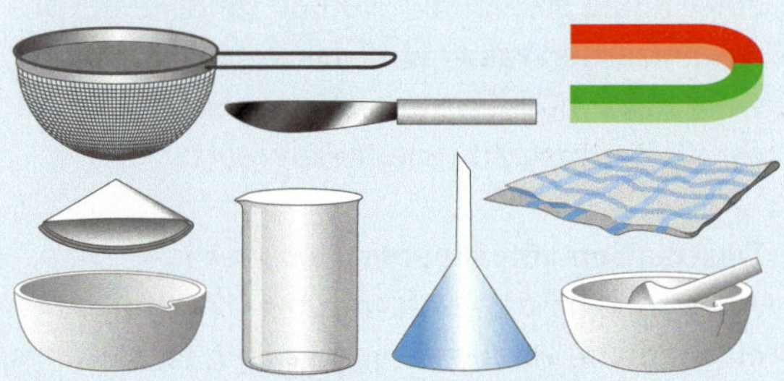

5 Trennen wie von Zauberhand

Geräte: Porzellanschale, Kunststofflöffel, Wolltuch
Chemikalien: Kochsalz, getrocknete Kräuter
Durchführung: Gib ein wenig Kochsalz und Kräuter in die Porzellanschale und vermische beides. Trenne das Stoffgemisch mithilfe des Kunststofflöffels. Das Wolltuch hilft dir dabei.
Auswertung: Erklärung deine Beobachtungen.

Trennen durch Destillation

1 Vom Rotwein zum Branntwein

Geräte: Gasbrenner, Dreifuß, Drahtnetz, 2 Erlenmeyerkolben (250 ml, 100 ml), Reagenzglas, doppelt durchbohrter Stopfen, Thermometer, gewinkeltes Glasrohr, Stativmaterial

Chemikalien: Rotwein, Siedesteinchen, Eiswürfel

Durchführung: Baue die Apparatur auf. Fülle 80 ml Rotwein in den großen Erlenmeyerkolben und gib ca. 5 Siedesteinchen hinzu. Erhitze vorsichtig auf 80–85 °C, bis du im Reagenzglas einige Milliliter des Destillats erhältst.

Auswertung: Überprüfe das Destillat auf Farbe, Geruch und Entflammbarkeit. Handelt es sich bei dem Destillat um einen Reinstoff? Begründe.

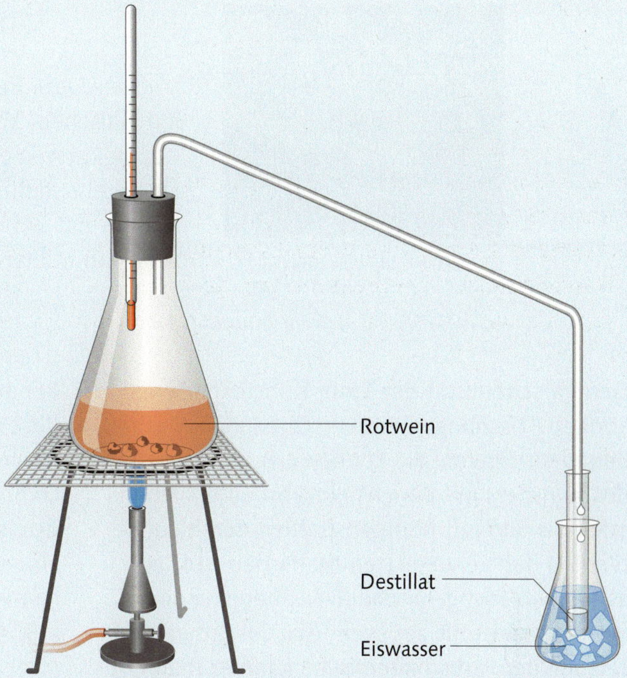

2 Gewinnung von Duftstoffen

Geräte: Gasbrenner, Dreifuß, Drahtnetz, 3 Erlenmeyerkolben (500 ml, 250 ml, 100 ml), durchbohrte Gummistopfen, Glaswanne, gewinkelte Glasrohre, Stativmaterial

Chemikalien: Wasser, pflanzliches Material (Fichtennadeln, Rosmarin, Lavendelblüten, Rosenblüten), Siedesteinchen

Durchführung: Baue die Apparatur auf. Erhitze behutsam, sodass das Wasser nur leicht siedet und nicht zu viel Wasserdampf entsteht. Nach ca. 20 min ist die Destillation beendet. Das Destillat wird in ein Reagenzglas gegeben. Mit einer Pipette können die Duftstoffe abgesaugt werden.

Auswertung: Notiere deine Beobachtungen.
Warum muss das Reagenzglas mit dem Duftstoff verschlossen werden?
Wodurch unterscheiden sich die ätherischen Öle von Speiseölen?

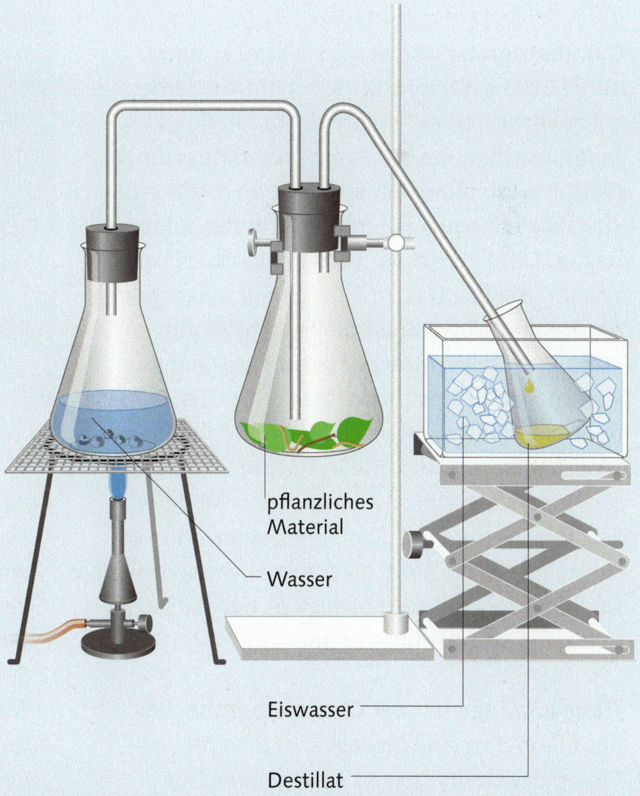

Exkurs Kunst oder Fälschung?

Ein van Gogh oder eine Fälschung?

Van Gogh im Zwielicht

(*Amsterdam*) Raffinierter Betrüger ergaunert Millionen mit falschen Van-Gogh-Gemälden. Kriminalisten und Kunstexperten gehen davon aus, dass mehr als die Hälfte aller gehandelten Kunstwerke Fälschungen sind. Der Handel mit gefälschten Kunstgegenständen ist mittlerweile ein Milliardengeschäft geworden.

1 *Zeitungsmeldung über eine Kunstfälschung*

Den Fälschern auf der Spur Kunstexperten können Fälschungen mit verschiedenen Methoden identifizieren: Sie können z. B. die Signatur des Künstlers mit dem Mikroskop untersuchen oder das Bild mit Röntgenstrahlen durchleuchten. Bei den verwendeten Malfarben handelt es sich um Stoffgemische. Der Chemiker kann diese in Reinstoffe zerlegen. Aus der Zusammensetzung der Farbstoffgemische kann er Rückschlüsse ziehen, ob die Malfarben aus der Zeit des Künstlers stammen können.

Chromatografie Farbstoffgemische können durch Chromatografie (griech. *chrōma:* Farbe, *gráphein:* schreiben) in ihre Bestandteile getrennt werden. Bei der Papierchromatografie (Bild 2) wird mit einem schwarzen Filzstift eine Startlinie auf einen Filterpapierstreifen aufgetragen. Das Filterpapier wird in ein Gefäß mit Wasser gestellt. Das im Filterpapier aufsteigende Wasser „schwemmt" die Farbstoffe mit. Dabei wird die schwarze Farbstoffmischung in verschiedene Farbstoffe aufgetrennt. Die Auftrennung erfolgt aufgrund der unterschiedlichen Löslichkeit der Farbstoffe in Wasser und der unterschiedlichen Adsorption der verschiedenen Farbstoffteilchen auf dem Filterpapier. Die Farbstoffteilchen, die am schlechtesten wasserlöslich sind und die größte Haftfähigkeit haben, setzen sich zuerst auf dem Papier ab.

Trennvorgänge bei der Chromatografie Bei der Chromatografie bewegt sich eine mobile Phase, das Laufmittel, an einer stationären Phase vorbei.

Bei der Papierchromatografie stellt das Papier die stationäre Phase dar. Verwendet man eine dünne, beschichtete Platte, spricht man von Dünnschichtchromatografie. Als Laufmittel für wasserlösliche Stoffgemische eignet sich Wasser. Sind nicht wasserlösliche Bestandteile im Stoffgemisch enthalten, muss ein anderes Laufmittel, z. B. Alkohol, eingesetzt werden.

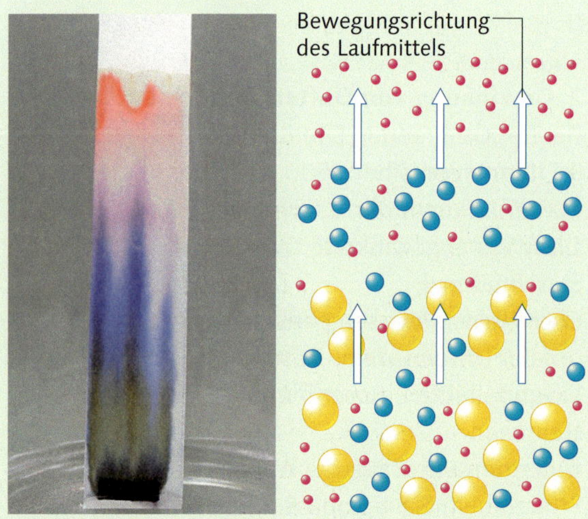

2 *Chromatogramm und Darstellung im Teilchenmodell*

Aufgaben

1. Aufgrund welcher Stoffeigenschaften wird ein Stoffgemisch bei der Papierchromatografie getrennt?
2. Recherchiere im Internet über Friedlieb Ferdinand Runge.
   Erstelle einen kurzen Steckbrief von Runge: Wann und wo hat er gelebt? Was war sein Beruf? Was versteht man unter einem Runge-Bild?

Praktikum Chromatografie

1 Schwarz bringt Farbe ins Spiel
Geräte: Becherglas, Filterpapier, Büroklammer, Schere
Chemikalien: schwarze, wasserlösliche Filzstifte, Wasser
Durchführung: Schneide aus einem Filterpapier ein Rechteck aus, das etwas schmaler und ca. 2 cm länger als das Becherglas ist. Male mit verschiedenen schwarzen Filzstiften Punkte auf das Filterpapier. Die Punkte sollen 2 cm vom unteren Rand entfernt sein und untereinander mindestens 1 cm Abstand haben. Fülle in das Glas 1 cm hoch Wasser ein. Stelle das Filterpapier so in das Glas mit Wasser, dass die Punkte nicht ins Wasser eintauchen. Knicke das Filterpapier über den Glasrand und befestige es mit einer Büroklammer. Das Experiment wird beendet, wenn das Wasser bis 2 cm unter den Glasrand gestiegen ist.
Auswertung: Vergleiche deine Ergebnisse mit denen deines Tischnachbarn und deute die Unterschiede.

2 „Echt coool!"
Geräte: Filterpapier, Becherglas, Schere
Chemikalien: Fließblatt, Wasser
Durchführung: Du erhältst von der Lehrerin oder dem Lehrer ein Fließblatt mit dem Wort „coool", bei dem ein „o" mit einem anderen Filzstift geschrieben worden ist als die übrigen Buchstaben. Zerschneide das Papier in die einzelnen Buchstaben. Führe mit einem „o" eine Papierchromatografie durch.
Auswertung: Vergleiche dein Chromatogramm mit denen deiner Mitschüler. Welches „o" wurde mit einem anderen Filzstift geschrieben?

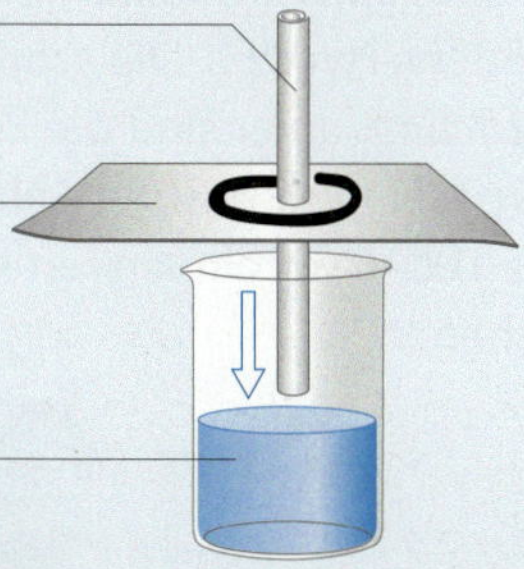

3 Grüne Blätter verfärben sich gelb
Geräte: Mörser, Pistill, Erlenmeyerkolben (100 ml), Trichter, Filterpapier, Pipette, Becherglas
Chemikalien: grüne Laubblätter, Brennspiritus, Sand
Durchführung:
a Gib die zerkleinerten Blätter, etwas Sand und ca. 20 ml Spiritus in den Mörser und zerreibe die Blätter kräftig mit dem Pistill.
b Dekantiere die Lösung und filtriere sie in einen Erlenmeyerkolben.
c Lege ein Rundfilterpapier auf das Becherglas und tropfe mithilfe der Pipette drei Tropfen des Filtrats auf die Mitte. Warte, bis das Filterpapier die Flüssigkeit aufgesogen hat, und wiederhole diesen Vorgang dreimal.
Auswertung: Welche Farben erkennst du? Nutze ein Biologie-Fachbuch um Blattfarbstoffe kennen zu lernen. Versuche sie zuzuordnen.

Müll – Abfall und Rohstoff

Wohin mit den Müllbergen? Jährlich produziert jeder Einwohner Deutschlands im Schnitt fast eine halbe Tonne Müll. Der Restmüll wird in Müllöfen verbrannt oder auf Deponien gelagert. Etwas mehr als die Hälfte des anfallenden Mülls jedoch wird getrennt gesammelt. Dazu gehören Glas, Papier, Metalle oder Kunststoffe. Diese Wertstoffe werden recycelt, das heißt aufgearbeitet und wiederverwertet. Dadurch werden die Rohstoffvorräte der Erde geschont. Wenn weniger Materialien aus Rohstoffen gewonnen werden müssen, wird auch Energie eingespart. Für die Gewinnung von Metallen aus Erzen z. B., benötigt man viel mehr Energie als für das Recycling von Metallen.

1 *Müll wird auf Deponien gelagert.*

Rohstoffe – zu schade zum Verbrennen Im Hausmüll sind immer noch viele Wertstoffe enthalten, die zum Verbrennen oder Deponieren eigentlich zu schade sind. Durch eine sorgfältige Trennung könnte diese Müllmenge deutlich verringert und der wiederverwertbare Anteil erhöht werden.

Haushaltsabfälle in Deutschland pro Einwohner im Jahr

Batterien Batterien aus dem Haushalt, aus Autos und der Industrie enthalten Metalle wie Nickel, Blei, Silber und Kupfer. Sie dürfen nicht im Haushalt entsorgt werden, weil sie umweltgefährdend sind. Deshalb müssen sie im Handel oder an Sammelstellen zurückgegeben werden. Zugleich sind diese Metalle auch Wertstoffe.

Der Werbeprospekt von heute ist die Zeitung von morgen Altpapier ist der wichtigste Rohstoff der Papierindustrie. Rund drei Viertel der Papierprodukte werden gesammelt und wiederverwertet. Die größten Abnehmer für Recyclingpapier sind die Zeitungs- und die Verpackungsindustrie. Zeitungspapier kann aus 100 % wiederverwertetem Papier bestehen.

Vom Bioabfall zum Kompost Küchen- und Gartenabfälle können kompostiert werden. Dabei wandelt sich der Biomüll zu Kompost um, der als Pflanzennährstoff verwendet werden kann.

Glasrecycling – eine unendliche Geschichte Glas lässt sich beliebig oft einschmelzen und zu neuen Glasverpackungen verarbeiten, ohne den geringsten Qualitätsverlust zu erleiden. Altglas ist der wichtigste Rohstoff für neue Glasverpackungen. Im Schnitt besteht jede Flasche zu rund 60 % aus „Alt-Scherben".

Elektroschrott ist goldwert Handys, die nicht mehr benötigt werden, sind ein wertvolles Rohstofflager. Eine Tonne Handyschrott enthält 60-mal mehr Gold als eine Tonne Golderz. Die bei den Olympischen Winterspielen 2010 in Vancouver verliehenen Siegermedaillen wurden aus ausgedienten Computerplatinen gefertigt.

Autoschrott, zu schade für die Müllkippe 95 % eines Altautos können wiederverwertet werden. Eisen- und Stahlschrott trennt man magnetisch von den anderen Bestandteilen und setzt sie bei der Stahlherstellung ein. Die verschiedenen Kunststoffarten werden sortiert und zu Granulat zerkleinert. Aus dem Granulat werden neue Kunststoffprodukte hergestellt. Betriebsstoffe wie Benzin, Öl, Brems- und Kühlflüssigkeit werden abgelassen und von Fachbetrieben aufbereitet.

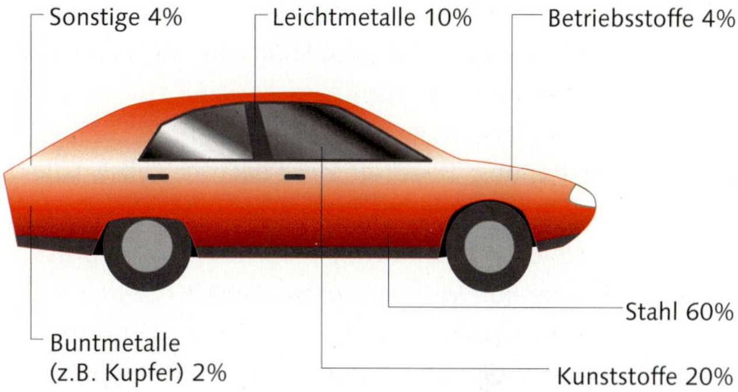

2 *Wertstoffe in einem Pkw*

Durch Mülltrennung und Recycling werden Rohstoffe, Energie und Deponieraum eingespart. Die beim Recycling zurückgewonnenen Wertstoffe werden zur Herstellung neuer Produkte verwendet.

Aufgaben

1 In jedem Haushalt entsteht Müll. Recherchiere bei dir zu Hause:

a In welche Müllsorten wird getrennt? Wie ist das Sammeln der Müllsorten in deiner Gemeinde organisiert?

b Erkundige dich bei deinen Eltern über die jährlich anfallenden Müllgebühren.

2 Wie können in einer Sortieranlage Weißblech- und Aluminiumdosen getrennt werden?

3 Wie viel Kilogramm Abfall produziert jeder Einwohner Deutschlands täglich im Durchschnitt?

4 Wie hoch ist der prozentuale Anteil von Bioabfall am Gesamtabfall?

5 Formuliere Regeln, wie mit Müll umgegangen werden muss, damit die Umwelt und Rohstoffe geschont werden. Führe dazu Beispiele der Abfallsorten deiner Schule an.

Methode Gestaltung eines Plakats

Plakate in der Schule Mit einem Plakat können Informationen visuell, das heißt über das Sehen, vermittelt werden. In der Schule gibt es verschiedene Arten von Plakaten:
- Plakate, die einen Vortrag unterstützen, indem sie die Gliederung oder das Thema veranschaulichen
- Ausstellungsplakate, die so gestaltet werden, dass sich der Betrachter selbstständig mit dem vorgestellten Thema auseinandersetzen kann
- Einladungs- und Infoplakate für Veranstaltungen und Aktionen

Vorplanung Bevor du ein Plakat erstellst, solltest du folgende Fragen klären:
- Welches Thema wird präsentiert? Wer präsentiert? Für wen wird präsentiert?
- Welche Inhalte sollen dargestellt werden?
- Welche Darstellungselemente sollen verwendet werden? Gibt es Text, Fotos, eine eigene Zeichnung, vielleicht ein Diagramm ...?
- Wie soll das Plakat strukturiert werden? Soll es eine Tabelle enthalten, eine Mindmap oder eine Collage aus Fotos ...?

Materialien große Papierbögen (ca. 70 cm × 100 cm), breite Farbstifte, farbiges Papier (Kärtchen), Klebstoff, Schere, Lineal

So erstellst du ein Plakat:

1 Skizziere auf einem DIN-A4-Blatt einen Entwurf.

2 Plane die Grundstruktur des Plakats: die Aufteilung, den Platzbedarf und die Anordnung der Texte und Bilder.

3 Schreibe die Texte und ordne die Bilder zu.

4 Stelle die Zusammenhänge zwischen Text und Bild her. Benutze dazu gleiche Farben oder Formen und Pfeile.

Regeln für die Gestaltung eines Plakats
Plakate sollen Aufmerksamkeit erregen, interessant gestaltet sein und klare Aussagen machen.
- Mit einer großen, aus 2–3 m Entfernung gut lesbaren Schrift arbeiten.
- Höchstens zwei Schriftarten verwenden.
- In Druckschrift mit Groß- und Kleinbuchstaben schreiben.
- Überschriften und Schlüsselbegriffe hervorheben, aber mit Unterstreichen sparsam umgehen.
- Lange Texte vermeiden und überschaubare Textblöcke mit höchstens fünf Zeilen bilden.
- Mit höchstens fünf Farben strukturieren.

Tipp für die Plakaterstellung Die Texte nicht direkt auf das Plakat, sondern auf extra Blätter (Kärtchen, Streifen, Sprechblasen ...) schreiben. Dadurch sind Korrekturen leichter möglich und man hat mehr Spielraum bei der Platzaufteilung.

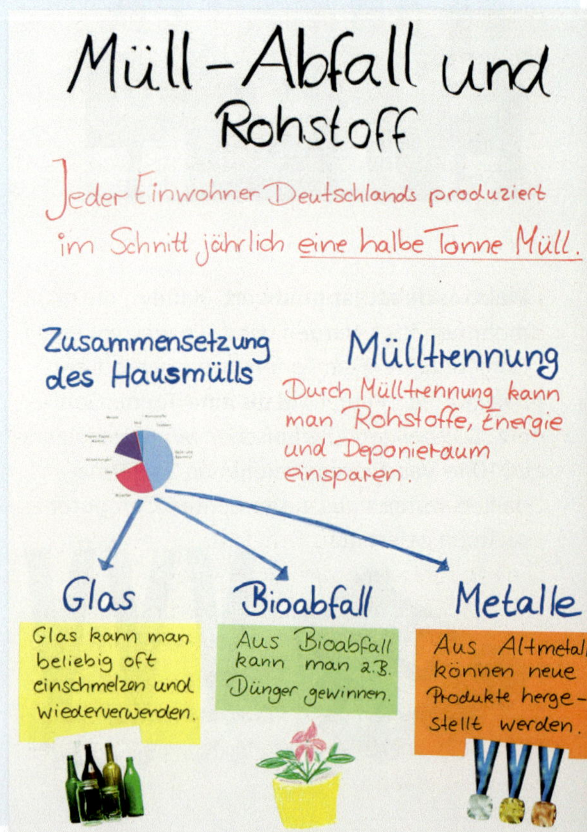

Exkurs Trennverfahren in Technik und Medizin

Schwebstoffe bekommen Schwimmflügel
Bei einer Suspension befinden sich feste, nicht lösliche Teilchen in einer Flüssigkeit, meistens in Wasser. Da diese Teilchen ungefähr die gleiche Dichte wie das Wasser haben, schweben sie im Wasser. Um solche Schwebstoffe an die Oberfläche zu befördern, verleiht man ihnen sozusagen „Schwimmflügel". Bei der Flotation wird Luft in die Suspension geblasen. Die leichten Luftblasen docken wie Schwimmflügel an den schwebenden Teilchen an und geben ihnen so viel Auftrieb, dass sie nach oben steigen.

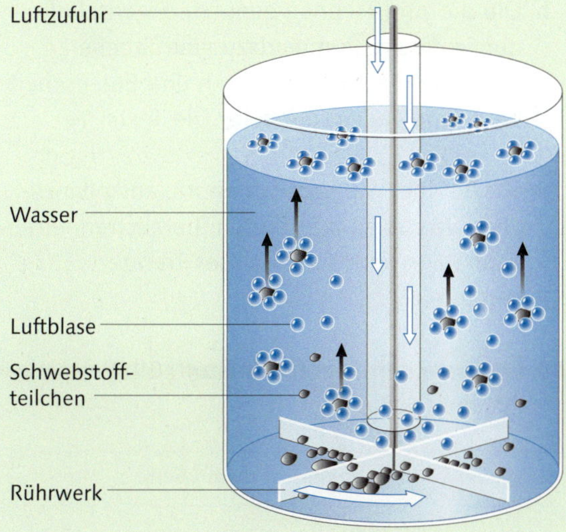

1 *Prinzip der Flotation*

Flotation beim Papierrecycling Bei der Aufbereitung von Altpapier wird ein Brei aus Papier und Wasser hergestellt. Wenn man aus Altpapier weißes Papier herstellen will, müssen aus diesem Papierbrei die Druckfarben entfernt werden. Dies geschieht durch Flotation.
Dabei nutzt man das unterschiedliche Verhalten von Papierfasern und Druckfarben in Wasser. Die Papierfasern saugen Wasser auf, die Farbpartikel nicht. Wird in den Papierbrei Luft eingeleitet, lagern sich die Luftbläschen an die Druckfarbenpartikel an und steigen mit ihnen auf. An der Oberfläche bildet sich ein Schaum, der die Farbpartikel enthält. Dieser kann abgeschöpft werden.

Filtration bei der Blutwäsche Beim Abbau von Nahrungsmitteln im menschlichen Körper entstehen Schadstoffe. Die Niere hat die Aufgabe, diese aus dem Blut zu entfernen. Über den Urin werden die Schadstoffe ausgeschieden. Bei Nierenkranken muss das Blut außerhalb ihres Körpers mithilfe eines Dialysegeräts, einer „künstlichen Niere", von schädlichen Stoffen befreit werden. Am Unterarm wird das Blut einer Arterie entnommen. Nachdem die Schadstoffe entfernt wurden, wird das Blut über eine Vene in den Körper zurückgeführt. Dabei wird alle 2–4 min 1 Liter Blut ausgetauscht.

Wie funktioniert eine künstliche Niere? Das verunreinigte Blut wird durch einen Filter gepumpt, der von einer Reinigungsflüssigkeit umspült wird. Der Filter besteht aus einer halbdurchlässigen Membran mit feinen Poren. Die im Blut enthaltenen Schadstoffe diffundieren durch diese Poren und strömen in die Reinigungsflüssigkeit, die laufend erneuert wird. Die Blutpartikel sind so groß, dass sie nicht durch die Filterporen passen. Sie bleiben im Blut zurück.

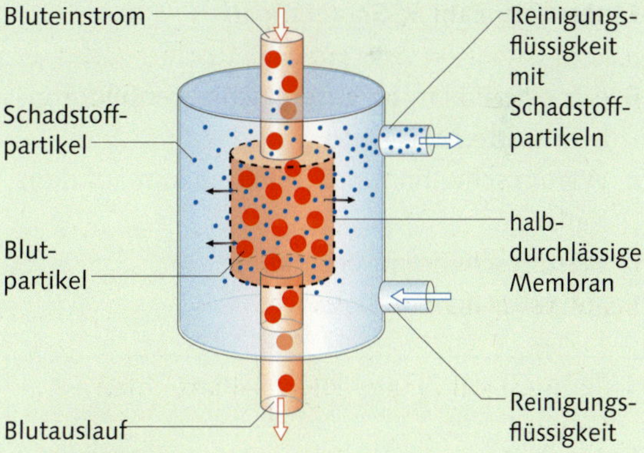

2 *Künstliche Niere*

Aufgaben

1 Beschreibe, wie die Farbe von bedrucktem Altpapier beim Recycling entfernt wird.

2 Manche Menschen haben eine Nierenerkrankung und müssen regelmäßig zur Dialyse.
a Was versteht man unter einer Blutdialyse?
b Erläutere das Funktionsprinzip eines Dialysegeräts.

Teste dich!

1 Begründe, dass Milch ein Stoffgemisch ist.

2 Erkläre die Begriffe Suspension und Emulsion.

3 Übertrage die Tabelle in dein Heft und ergänze die fehlenden Angaben.

Bezeichnung	Zustandsformen der Bestandteile	Beispiele
		Waschpulver
		Handcreme
		Meerwasser
Lösung	flüssig-flüssig	
Suspension		
		Bronze
	fest-gasförmig	

4 Christoph behauptet: „Das Leitungswasser aus dem Hahn ist ein Reinstoff. Ich sehe nur Wasser." Hat er recht? Begründe.

5 Was bedeutet die auf einem Silberarmreif eingeprägte Zahl 925?

6 Gib eine Erklärung für die Schichtenbildung beim Latte Macchiato.

a Warum schwimmt der Milchschaum auf dem Kaffee?

b Warum schwimmt der Kaffee auf der Milch?

7 Edelstahl 18/8 enthält neben dem Hauptbestandteil Eisen noch 18 % Chrom und 8 % Nickel.

a Stelle die Materialzusammensetzung des Edelstahls in einem Kreisdiagramm dar.

b Wie schwer ist ein 18/8-Edelstahltopf, wenn er 40 g Nickel enthält?

c Wie viel Gramm Eisen enthält er?

8 Gedankenexperiment: Du hast ein Gemisch aus feinen Eisenspänen, Puderzucker, Holzstaub und Sand.

a Beschreibe, wie du das Gemisch in die vier Bestandteile trennen kannst.

b Gib die zum Trennen genutzte Eigenschaft der Stoffe an. Fertige dazu eine Tabelle an, in der du die Trennverfahren und Eigenschaft der Stoffe gegenüberstellst.

9 Beschreibe, wie man Duftstoffe aus pflanzlichem Material, z. B. Blüten, heraustrennen kann. Wie nennt man dieses Trennverfahren?

10 Erläutere den Begriff Wertstoff. Gib Beispiele aus dem Alltag an.

Aufgabe	Hilfe findest du auf Seite ...
1	60/61
2	60/61
3	60–62
4	60–62
5	62
6	60–62
7	62
8	66/67
9	66/67
10	74/75
... und die Lösungen findest du im Anhang.	

Im Überblick

Die Stoffe unserer Lebenswelt liegen meist in Form von Stoffgemischen vor. In reiner Form treten Stoffe eher selten auf.
Für viele Verwendungszwecke werden Reinstoffe benötigt, die in der Natur nur in Gemischen vorkommen. Zur Gewinnung dieser Reinstoffe werden Stoffgemische in ihre Bestandteile getrennt.
Im Alltag nutzen wir häufig Stoffgemische wie Cremes, Limonaden oder Farbstifte, die aus verschiedenen Reinstoffen hergestellt werden.

3

Reinstoff

- Stoff, der nur aus einer Stoffart besteht, z. B. Kochsalz, Eisen und Wasser

Stoffgemisch

- Verschiedene Reinstoffe sind miteinander vermischt, z. B. Steinsalz, Leitungswasser.

Arten von Stoffgemischen

Bezeichnung der Bestandteile	Zustandsformen	Beispiele
Gemenge	fest-fest	Studentenfutter
Lösung	fest-flüssig	Zuckerwasser
Lösung	flüssig-flüssig	Weinbrand
Lösung	gasförmig-flüssig	Sprudelwasser
Suspension	fest-flüssig	Schmutzwasser
Emulsion	flüssig-flüssig	Milch
Legierung	fest-fest	Messing
Rauch	fest-gasförmig	Dieselqualm
Nebel	flüssig-gasförmig	Wolke
Schaum	gasförmig-flüssig	Badeschaum

Homogenes Stoffgemisch

- Einzelne Bestandteile sind nicht zu erkennen, z. B. Lösungen und Legierungen.

Heterogenes Stoffgemisch

- Einzelne Bestandteile sind mit bloßem Auge oder unter dem Mikroskop zu erkennen, z. B. Gemenge, Suspensionen, Emulsionen.

Trennverfahren

Trennverfahren	Stoffgemisch: Gemenge	Suspension	Emulsion	Lösung	Beispiel
Auslesen	×				Beeren
Sieben	×				Tee
Filtrieren		×			Apfelsaft
Sedimentieren/ Dekantieren		×			Schmutzwasser
Extrahieren	×				Kaffee
Zentrifugieren		×	×		Milch
Adsorbieren		×			Küchendunst
Eindampfen				×	Salzwasser
Destillieren				×	Leitungswasser
Chromatografieren				×	Farbstoffgemisch

Recycling und Wertstoffe

- Durch Recycling werden Stoffe, die schon einmal verwendet wurden und im Abfall enthalten sind, wieder in einen Wertstoffkreislauf zurückgeführt.
  Möglichkeiten:
  – Sammlung von Hausmüll, Industriemüll, Altautos
  – Sortierung nach Wertstoffen
  – Aufbereitung der Wertstoffe für eine Wiederverwendung

4 Chemische Reaktionen

Im Alltag kannst du beobachten, dass sich Stoffe verändern. Während der Veränderungen erkennst du oft auch ein Glühen oder Leuchten, Hitze- oder Rauchentwicklung. Die Stoffe haben schließlich andere Eigenschaften als vorher. Chemikerinnen und Chemiker beobachten und beschreiben solche Stoffumwandlungen.

Stoffumwandlungen durch chemische Reaktionen

1 *Teig und fertige Muffins – die Veränderungen sieht, riecht und schmeckt man.*

2 *Stoffumwandlungen beim Braten von Eiern*

Vom Teig zum Kuchen Für die Herstellung eines Kuchenteigs benötigt man je nach Rezept Eier, Mehl, Zucker, Backpulver und Butter. Aus diesen Zutaten stellt man zunächst ein Gemisch her, das im Backofen gebacken wird. Dabei wird der Kuchenteig aber nicht einfach getrocknet. Veränderungen lassen sich beobachten: Farbe, Geruch, Geschmack und Konsistenz ändern sich. Beim Kochen und Backen ändern sich die Zutaten. Es findet eine Stoffumwandlung statt.

Chemische Reaktion Vorgänge, bei denen eine Stoffumwandlung stattfindet, werden chemische Reaktionen genannt. Die Ausgangsstoffe einer chemischen Reaktion werden auch als Edukte bezeichnet. Aus diesen Ausgangsstoffen werden durch eine chemische Reaktion neue Stoffe gebildet. Diese nennt man Reaktionsprodukte.

Änderung der Eigenschaften Findet eine chemische Reaktion zwischen Ausgangsstoffen statt und entsteht dadurch ein neuer Stoff, so hat dieses Reaktionsprodukt andere Eigenschaften als die Ausgangsstoffe. Einige Eigenschaften lassen sich mit den Sinnesorganen wahrnehmen. Andere, z. B. veränderte Schmelz- und Siedetemperaturen, können gemessen werden.

Chemische Reaktionen sind Stoffumwandlungen, bei denen neue Stoffe mit anderen Eigenschaften entstehen.

Ausgangsstoffe —reagieren zu→ **Reaktionsprodukten**

Chemische Reaktion erkennen Eis schmilzt beim Erhitzen. Wasser siedet und beginnt zu verdampfen. Durch Abkühlen können diese Vorgänge wieder umgekehrt werden. Bei solchen Änderungen des Aggregatzustands handelt es sich nicht um eine chemische Reaktion. Die Stoffe bleiben unverändert.
Wenn man ein Ei erhitzt, verändern sich Eiweiß und Dotter. Es findet eine chemische Reaktion statt, die man an der Stoffumwandlung erkennt.

Zink reagiert mit Schwefel Möchte man Schwefel mit Zink zur Reaktion bringen, werden Schwefel- und Zinkpulver zu einem Gemisch verrührt. Die Bestandteile dieses Gemischs bleiben beim Mischen erhalten.
Mit einem glühenden Draht startet man die chemische Reaktion zwischen den Ausgangsstoffen. Unter heftiger Qualm-, Wärme- und Lichtentwicklung reagieren Zink und Schwefel miteinander. Das Reaktionsprodukt Zinksulfid hat eine gelbweiße Farbe und lässt sich mit den bekannten Trennverfahren nicht mehr in Schwefel und Zink auftrennen.

Eigenschaft	Zink	Schwefel	Zinksulfid
Aussehen	hellgrau glänzend	gelb	gelbweiß
Elektrische Leitfähigkeit	elektrisch leitend	elektrisch nicht leitend	elektrisch nicht leitend
Dichte	$7{,}9\ \frac{g}{cm^3}$	$2{,}1\ \frac{g}{cm^3}$	$4{,}1\ \frac{g}{cm^3}$
Schmelztemperatur	419 °C	113 °C	1012 °C

Tab. 1 *Eigenschaften von Zink, Schwefel und Zinksulfid*

3 *Zink ...*

... und Schwefel ...

... reagieren zu Zinksulfid.

4

Reaktionsschema in Worten Die chemische Reaktion zwischen Zink und Schwefel kann man mit einem Reaktionsschema beschreiben. Die Kurzschreibweise gibt an, welche Stoffe miteinander reagieren und welche Reaktionsprodukte bei der Stoffumwandlung entstehen. Links stehen die Namen der Ausgangsstoffe, rechts die der Produkte. Dazwischen steht ein Reaktionspfeil.

Reaktionsschema: Zink + Schwefel → Zinksulfid

Lies: Zink und Schwefel reagieren zu Zinksulfid.

Zerlegen von Silbersulfid Besteck aus Silber kann schwarz „anlaufen". Dabei reagiert das Silber mit Schwefel zu Silbersulfid. Lebensmittel wie Fisch oder Eier enthalten Schwefelverbindungen. Da diese mit Silber reagieren können, sollte man diese Speisen nicht mit Silberbesteck essen. Im Labor kann Silbersulfid durch starkes Erhitzen in einer weiteren chemischen Reaktion wieder in Silber und Schwefel zerlegt werden.

Silbersulfid → Silber + Schwefel

4 *Angelaufenes Silberbesteck*

Element und Verbindung Silbersulfid ist eine chemische Verbindung aus Silber und Schwefel. Durch eine chemische Reaktion kann diese chemische Verbindung in Silber und Schwefel zerlegt werden. Silber und Schwefel dagegen sind nicht mehr weiter zerlegbar. Solche Stoffe, die man nicht in andere Stoffe zerlegen kann, nennt man chemische Elemente (lat. *elementum:* Grundstoff). Die Anzahl der bekannten Elemente liegt derzeit bei 118.
Fast alle Stoffe, die in der Natur zu finden sind, sind Verbindungen: Kupfersulfid oder Eisensulfid sind Verbindungen, ebenso Zucker, Erdgas, Kunststoffe oder Arzneimittel. Täglich kommen neue Verbindungen hinzu, die von Forschern entwickelt oder in der Natur entdeckt werden.

Chemische Elemente sind Reinstoffe, die sich nicht in andere Stoffe zerlegen lassen. Chemische Verbindungen sind aus mindestens zwei chemischen Elementen aufgebaut.

Aufgaben

1 Handelt es sich bei den folgenden Beispielen um chemische Reaktionen?
a Entzünden eines Streichholzes
b Schmelzen von Wachs
c Explosion des Benzin-Luft-Gemischs im Automotor
d Die Verdauung von Speisen im menschlichen Körper
e Das Karamellisieren von Zucker in einer Pfanne

2 Formuliere das Reaktionsschema in Worten:
a für die Reaktion von Eisen und Schwefel
b für die Bildung von Kupfersulfid

3 Durch welche Untersuchungen könnte man Zink und Zinksulfid voneinander unterscheiden?

Energie und chemische Reaktionen

1 *Ein Kaminfeuer liefert Wärmeenergie.*

Mehr als nur Stoffumwandlungen Beobachtest du chemische Reaktionen genauer, so erkennst du, dass neben der Stoffumwandlung auch Energie in Form von Licht oder Wärme frei werden kann. Manche Reaktionen werden gerade deshalb durchgeführt, um diese frei werdende Energie zu nutzen.

Aktivierungsenergie Die Stoffe Zink und Schwefel können unbegrenzt als Gemisch gelagert werden, ohne dass es zu einer chemischen Reaktion kommt. Erst wenn die Reaktion durch den glühenden Draht gestartet, also aktiviert wird, kommt es zur Stoffumwandlung. Die Energie, die zum Auslösen einer Reaktion benötigt wird, wird Aktivierungsenergie genannt. Auch Dynamit oder Schwarzpulver in Feuerwerkskörpern können erst dann zur Reaktion gebracht werden, wenn sie gezündet werden.

Die zum Auslösen einer chemischen Reaktion notwendige Energie heißt Aktivierungsenergie.

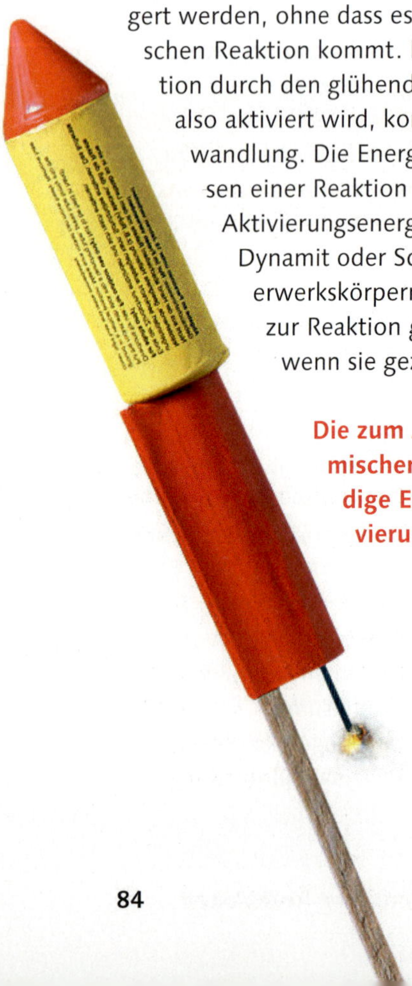

2 *Kleine Ursache … große Wirkung.*

Exotherme Reaktionen Zum Entzünden eines Kaminfeuers wird ebenfalls Aktivierungsenergie benötigt. Anschließend liefert das Feuer aber viel mehr Wärmeenergie, als zum Entzünden notwendig war. Neben der Wärme wird Energie häufig auch in Form von Lichtenergie freigesetzt. Wenn Energie an die Umgebung abgegeben wird, spricht man von einer exothermen Reaktion (griech. *exo:* außerhalb, *thérme:* Wärme).
Auch die Reaktion von Zink und Schwefel ist eine exotherme Reaktion.

Im Reaktionsschema gibt man an, dass eine Reaktion exotherm verläuft.

Zink + Schwefel ⟶ Zinksulfid | exotherm

Chemische Reaktionen, bei denen Energie abgegeben wird, werden exotherme Reaktionen genannt.

Über den Hügel ins Tal Man kann den Einsatz der Aktivierungsenergie und die frei werdende Energie in einem Modell darstellen:
Bevor der Radfahrer ins Tal fahren kann, muss er einen kleinen Hügel überwinden. Dazu muss er Energie aufwenden. Dies entspricht der Aktivierungsenergie bei chemischen Reaktionen. Auf dem Hügel angekommen kann der Radfahrer ohne weiteren Energieeinsatz ins Tal gelangen – ab jetzt läuft alles von alleine. Das entspricht dem Kaminfeuer: einmal entzündet, brennt es von alleine und liefert Energie.

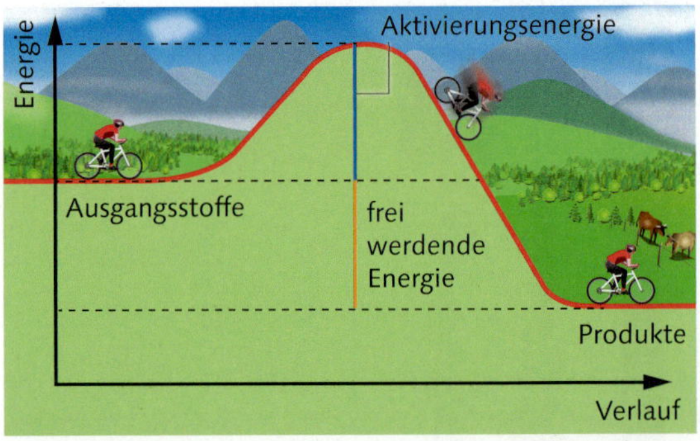

3 *Modellvorstellung einer exothermen Reaktion*

4 *Grillen von Bratwürsten*

Endotherme Reaktionen Wenn du Backen, Kochen oder Grillen willst, musst du das Lebensmittel längere Zeit erhitzen. Die notwendigen chemischen Reaktionen laufen nur unter ständiger Wärmezufuhr ab. Wenn Energie dauerhaft zugeführt werden muss, spricht man von einer endothermen Reaktion (griech. *éndon:* innerhalb, innen).
Auch beim Zerlegen von Silbersulfid muss ständig Energie zugeführt werden. Es handelt sich um eine endotherme Reaktion.

Silbersulfid ⟶ Silber + Schwefel | endotherm

Chemische Reaktionen, bei denen ständig Energie zugeführt werden muss, werden endotherme Reaktionen genannt.

Chemische Energie Alle Stoffe besitzen chemische Energie, die bei Reaktionen zum Teil in andere Energieformen umgewandelt wird, z. B. in Wärmeenergie oder Bewegungsenergie.

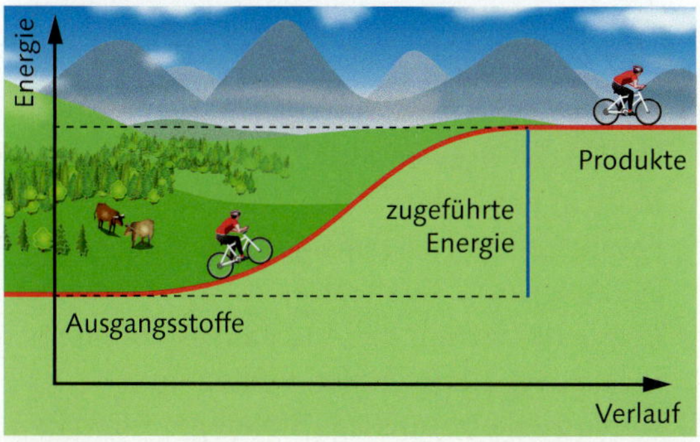

5 *Modellvorstellung einer endothermen Reaktion*

Exkurs Energie – ein Tauschwert
Die Energie, die ein Radfahrer beim Bergauffahren aufwenden muss, geht nicht verloren. Die chemische Energie in den Stoffen seines Körpers wird in Bewegungsenergie und mit jedem Meter Höhengewinn in eine größere Lageenergie umgewandelt. Ins Tal rollt das Fahrrad von alleine. Die Bremsen werden warm und mit einem Dynamo kann man sogar Strom für ein Licht gewinnen. Beim Bergabfahren wird die Lageenergie gegen Bewegungsenergie, Wärmeenergie und eventuell auch elektrische Energie umgewandelt.
Energie wird also niemals verbraucht, sondern nur von einer Energieform in eine andere umgewandelt.

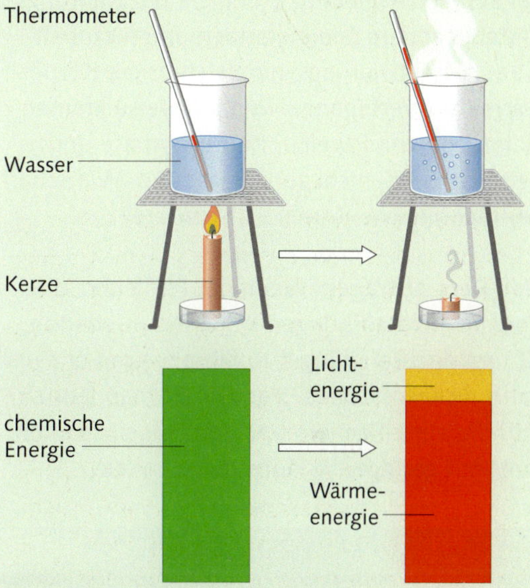

6 *Beim Verbrennen der Kerze wird die chemische Energie in Wärme- und Lichtenergie umgewandelt.*

Aufgaben

1 Nenne den Unterschied zwischen exothermer und endothermer Reaktion. Wähle für jeden Reaktionstyp zwei Beispiele aus deinem Alltag.
2 Nenne chemische Reaktionen, die durch Wärmezufuhr ausgelöst werden.
3 In welcher Form wird beim Entzünden eines Streichholzes Aktivierungsenergie zugeführt?
4 Begründe, warum eine Stoffumwandlung immer gleichzeitig mit einer Energieumwandlung auftritt.

Exkurs Katalysatoren in Natur und Technik

1 *Ein Gummibärchen wird zerlegt. Wie geht das im Körper?*

Energiegewinnung im Körper In unserem Körper laufen ständig chemische Reaktionen ab, bei denen die chemische Energie der Nahrungsmittel in andere Energieformen umgewandelt wird. Als Aktivierungsenergie steht die Körperwärme zur Verfügung. Normalerweise können Nährstoffe wie Eiweiße, Kohlenhydrate und Fette bei 37 °C nicht zerlegt werden. Wie schafft der menschliche Körper es trotzdem?

Den Berg abtragen Wenn der Radfahrer die Energie nicht aufbringen kann, die notwendig ist, um den Berg hinauf zu fahren, kann er seine Fahrt nicht fortsetzen. Verkleinert man jedoch mithilfe einer Planierraupe den Hügel, so kann er es mit geringerem Aufwand schaffen.

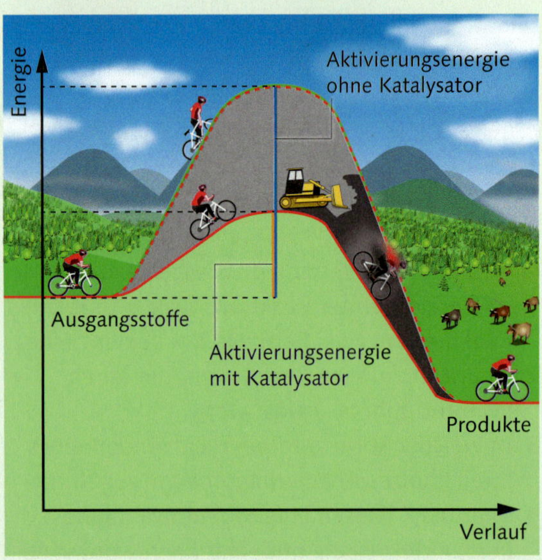

2 *Modellvorstellung: Wirkung eines Katalysators*

Wirkung eines Katalysators Die Funktion der Planierraupe übernimmt in der Chemie ein Katalysator. Ein Katalysator ist ein Stoff, der die Aktivierungsenergie herabsetzt, aber selbst während der Reaktion nicht verbraucht wird. Er liegt nach der Reaktion unverändert vor.

Biokatalysatoren In der Natur kommen Katalysatoren in vielfältiger Weise vor. In Lebewesen laufen fast alle lebensnotwendigen chemischen Reaktionen mit Katalysatoren ab. Ein Beispiel hierfür ist die Energiegewinnung aus Nährstoffen im menschlichen Körper. Die Biokatalysatoren bezeichnet man auch als Enzyme.

Technische Bedeutung In ca. 80 % aller chemisch-industriellen Prozesse werden Katalysatoren eingesetzt. Ein bedeutender Katalysator in der Technik ist das Edelmetall Platin. Im Autokatalysator werden die Autoabgase über einen platinbeschichteten Keramikeinsatz geleitet. Die Aktivierungsenergie für die Reaktion von schädlichen in weniger schädliche Abgase wird dadurch herabgesetzt. Somit leisten Platinkatalysatoren einen wirksamen Beitrag zum Umweltschutz.

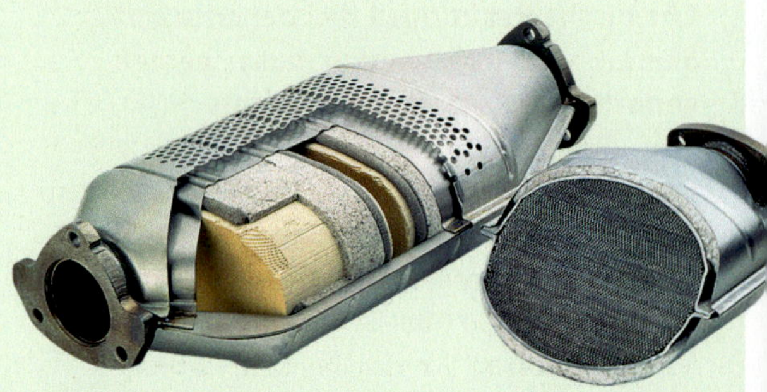

3 *Abgaskatalysator*

Aufgaben

1 Erkläre die Notwendigkeit von Biokatalysatoren in der Natur.
2 Formuliere eine allgemeine Definition zur Wirkung eines Katalysators.
3 Begründe, warum der Autokatalysator nicht regelmäßig ausgetauscht werden muss.
4 Nimm zu dieser Aussage Stellung: „Ein Katalysator filtert Abgase."

Exkurs Licht als Produkt einer chemischen Reaktion

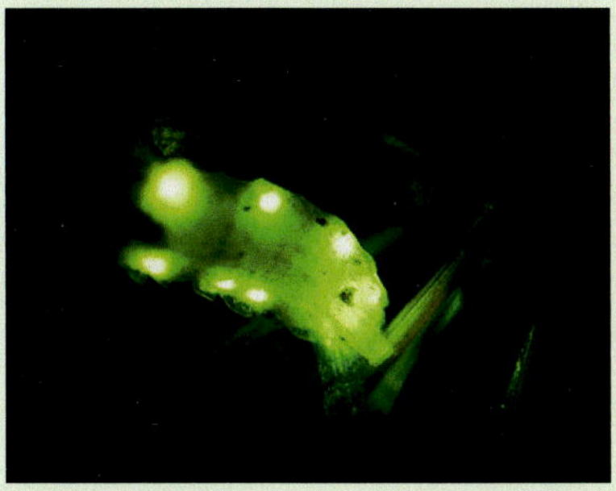

1 *Glühwürmchen*

2 *Leuchtende Glasqualle*

3 *Knicklichter*

4

Glühwürmchen Wenn du dich im Juni oder Juli in warmen Sommernächten in Wäldern, auf Wiesen oder in Gärten aufhältst, kannst du mit etwas Glück im Dunkeln Glühwürmchen bei der Partnersuche beobachten. Männchen als auch Weibchen (bei manchen Arten auch nur die Weibchen) erzeugen mithilfe ihrer Leuchtorgane ein schwaches Licht. Sie suchen im Dunkeln einen Partner für die Fortpflanzung.

Biolumineszenz Dieser Leuchtvorgang wird als Biolumineszenz bezeichnet. Die Käfer erzeugen dieses Licht an der Unterseite ihres Hinterleibs. Verschiedene Stoffe reagieren in einer exothermen Reaktion und senden dabei Licht aus. Die Lichtmenge, die ein Glühwürmchen bei diesem Vorgang abgibt, beträgt aber nur ein Tausendstel des Lichts einer Kerze.

Meeresleuchten An der Nordsee kann man nachts im Wattenmeer manchmal ein Meeresleuchten beobachten. Auch hier handelt es sich um Biolumineszenz. Einzellige Algen und Kleinstlebewesen (Plankton) erzeugen ebenfalls Licht.
Manche Quallen und Tiefseefische sind in der Lage, mithilfe eines Leuchtstoffs, blaues oder blaugrünes Licht zu erzeugen. Aber nicht jedes biolumineszente Tier leuchtet selbst. Bei einigen Tiefseefischen und Tintenfischen sind Leuchtbakterien dafür verantwortlich.

Knicklichter Im Alltag sind dir vielleicht schon Knicklichter begegnet. In einem Kunststoffbehälter befindet sich eine Lösung verschiedener Stoffe, die den Leuchtstoff enthält. Ein weiterer Stoff, der die Reaktion auslöst, ist in einem dünnen Glasröhrchen eingeschlossen. Beim Knicken zerbricht das Glasröhrchen, die Stoffe vermischen sich und es kommt zu einer exothermen chemischen Reaktion, bei der ein Leuchten zu beobachten ist.

Chemolumineszenz Die Reaktion in den Knicklichtern wird als Chemolumineszenz bezeichnet. Die frei werdende Energie wird nur in Form von Licht abgegeben. Man spricht deshalb auch von kaltem Licht. Durch den Einsatz verschiedener Leuchtstoffe sind Farben von Blau, Grün, Gelb bis Rot möglich. Ist die chemische Reaktion beendet, so endet auch das Leuchten. Die Polizei nutzt Chemolumineszenz bei der Spurensicherung: Kaum sichtbare Blutspuren können mit dem Stoff Luminol zum Leuchten gebracht werden.

Aufgaben

1 Nenne Funktionen der Biolumineszenz.

2 Überlege verschiedene Einsatzmöglichkeiten für Knicklichter.

3 Informiere dich über mögliche Gefahren beim Einsatz von Knicklichtern durch die enthaltenen Chemikalien. Worauf solltest du achten?

1 Chemische Reaktion oder nicht?

Geräte: Gasbrenner, Tiegelzange, 2 Bechergläser (50 ml), 2 Reagenzgläser, Reagenzglasständer, Reagenzglashalter
Chemikalien: 2 Holzstückchen (z. B. Zündhölzer ohne Kuppe), 2 Stückchen Eierschale, Wasser, Essig, Zucker, Kochsalz
Durchführung: Beobachte bei allen Teilexperimenten genau und notiere deine Beobachtungen.

a Zerbrich ein Holzstückchen etwa in der Mitte.
b Halte ein Holzstückchen mithilfe einer Tiegelzange in die Brennerflamme und entzünde es.
c Gib etwa 20 ml Wasser in ein Becherglas und füge 1 Stückchen Eierschale hinzu.
d Gib etwa 20 ml Essig in ein Becherglas und füge 1 Stückchen Eierschale hinzu.
e Gib 1 Spatelspitze Zucker in ein Reagenzglas und erhitze vorsichtig in der Brennerflamme.
f Gib 1 Spatelspitze Kochsalz in ein Reagenzglas und erhitze vorsichtig in der Brennerflamme.

Auswertung: Notiere Eigenschaften der Stoffe, die vor und nach den Teilexperimenten vorliegen. Entscheide jeweils, ob eine chemische Reaktion stattgefunden hat oder nicht.

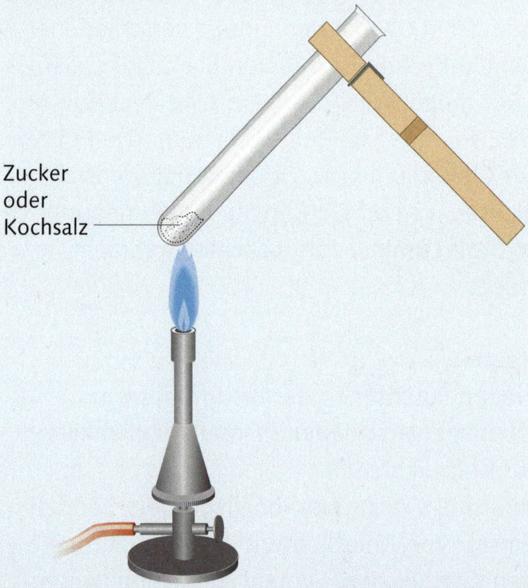

2 Herstellen von Karamellbonbons (Heimversuch!)

Geräte: Kochtopf, Rührlöffel, Kuchenblech, Messer

Zutaten: 125 g Haushaltszucker, 125 ml Sahne, 30 g Margarine, 1 Päckchen Vanillezucker, 1 Teelöffel Honig, etwas Butter

Durchführung: Gib alle Zutaten (ohne die Butter) in den Kochtopf und verrühre diese gut. Erhitze die Mischung unter gutem Rühren bei mittlerer Hitze auf dem Herd zum Kochen. Lass etwa 30 min unter gutem Rühren weiterköcheln, wobei die sich bildende Masse nicht anbrennen darf. Nimm den Kochtopf vom Herd.

Fette das Kuchenblech mit Butter ein. Gieße die Masse auf das eingefettete Blech. Lass die Masse etwas abkühlen und dabei etwas fest werden. Schneide die Masse in etwa bonbongroße Stücke.

3 Kupfersulfat und Wasser

Geräte: Porzellanschale, Spatel
Chemikalien: Kupfersulfat (wasserfrei), destilliertes Wasser
Durchführung: Gib 2 Spatel Kupfersulfat (wasserfrei) in die Porzellanschale. Versetze das Kupfersulfat mit wenig Wasser.
Auswertung: Notiere Eigenschaften der Stoffe, die vor und nach dem Experiment vorliegen. Was hat sich verändert? Entscheide, ob eine chemische Reaktion stattgefunden hat.

4 Reaktion von Eisen und Schwefel

Geräte: Waage, 2 Uhrgläser, Porzellanschale, Trichter, Reagenzglas, Stativmaterial, Gasbrenner, Reibschale mit Pistill, Tuch
Chemikalien: Eisenpulver, Schwefelpulver
Durchführung: Wiege nacheinander 7 g Eisenpulver und 4 g Schwefelpulver auf der Waage ab. Mische beide Stoffe in der Porzellanschale. Fülle das Gemisch in das Reagenzglas. Nutze als Einfüllhilfe den trockenen Trichter. Befestige das befüllte Reagenzglas am Stativ und erhitze das Reagenzglas im Abzug kräftig. Entferne den Gasbrenner, wenn das Gemisch zu glühen beginnt.
Lass das Reagenzglas nach dem Durchglühen abkühlen. Lege das erkaltete Reagenzglas in die Reibschale. Decke beides mit einem Tuch ab und zerstoße vorsichtig das Reagenzglas. Entferne vorsichtig die Glassplitter. Untersuche den Rückstand. Notiere deine Beobachtungen.
Auswertung: Was hat sich verändert? Stelle das Reaktionsschema (in Worten) auf.

5 Reaktionen zwischen zwei Feststoffen

Geräte: 2 Bechergläser (150 ml, hohe Form), Thermometer, Glasstab
Chemikalien: Soda (Natriumcarbonat-10-Wasser), Citronensäure, Kaliumchlorid, Natriumsulfat-10-Wasser
Durchführung:
a Gib in ein Becherglas etwa 2 cm hoch Citronensäure und stelle das Thermometer hinein. Schichte dann etwa die gleiche Menge Soda darüber. Rühre mit dem Glasstab stetig um. Beobachte das Thermometer. Lies die Temperatur etwa alle 15 s ab.
b Gib in das andere Becherglas etwa 5 g Natriumsulfat-10-Wasser und stelle das Thermometer hinein. Schichte dann etwa 2,3 g Kaliumchlorid darüber. Rühre mit dem Glasstab stetig um. Beobachte das Thermometer. Lies die Temperatur etwa alle 15 s ab.
Auswertung: Beschreibe, wie sich die Temperatur ändert. Um was für eine Art von chemischer Reaktion handelt es sich jeweils?

6 Entzünden eines Zündholzes

Chemikalien: Zündholz und Zündholzschachtel
Durchführung: Lege Zündholz und Zündholzschachtel an deinem Arbeitsplatz ab.
Reibe nun das Zündholz an der Reibefläche der Zündholzschachtel.
Notiere deine Beobachtungen.
Auswertung: Beschreibe die Wirkung des Reibens auf die beobachteten Vorgänge. Nutze dabei den Begriff Aktivierungsenergie.

7 Zucker und Holzkohlenasche

Geräte: Dreifuß, Kachel, Teelicht oder Kerze
Chemikalien: 2 Stück Würfelzucker, Holzkohlenasche
Durchführung: Lege die Kachel auf den Dreifuß und ein Stück Würfelzucker so auf den Rand der Kachel, dass das Stück etwas über den Rand hinausragt. Zünde das Teelicht an und halte nun die Flamme des Teelichts an das Stück Würfelzucker.
Reibe ein anderes Stück Würfelzucker mit Holzkohlenasche ein und lege dieses Stück ebenfalls auf den Rand der Kachel. Halte die Flamme des Teelichts auch an dieses Stück Würfelzucker.
Auswertung: Finde eine Erklärung für deine Beobachtungen.

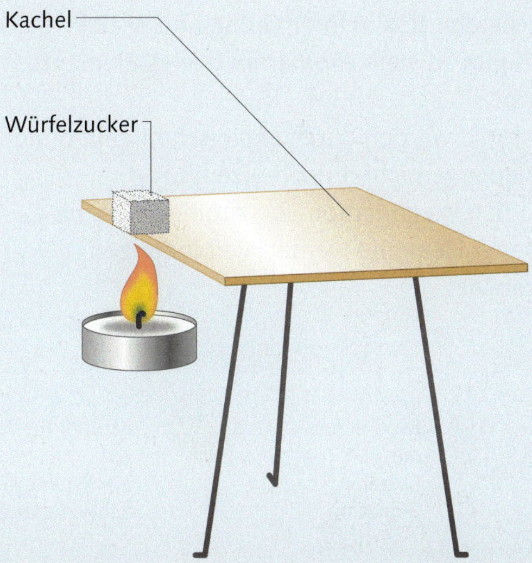

Atommodell von Dalton

1 DEMOKRIT *stellte sich die Welt der Atome wie die „große Welt" vor: Er nahm an, dass Atome die Form von regelmäßigen, geometrischen Körpern wie Kugel, Zylinder, Würfel oder Pyramide haben. Zwischen diesen Körpern befindet sich leerer Raum.*

2 *JOHN DALTON wurde 1766 in der Nähe von Manchester geboren. Da er ein außergewöhnlich intelligenter Junge war, unterrichtete DALTON bereits im Alter von 12 Jahren als Lehrer an einer Schule.*

Vorstellung vom Atom in der Antike Bereits in der Antike versuchten die Griechen den Aufbau der Stoffe zu verstehen. Der um 460 v. Chr. geborene griechische Naturphilosoph DEMOKRIT prägte den Begriff Atom. Nach seiner Vorstellung bestehen alle Stoffe aus kleinsten, nicht teilbaren Bausteinen, den Atomen (griech. *atomos:* unteilbar).

Das Atommodell von Dalton Im Jahr 1808 entwickelte JOHN DALTON ein Modell, das an die Atomvorstellung von DEMOKRIT anknüpfte: Alle Stoffe bestehen aus kleinsten, unteilbaren Teilchen. Diese nannte auch er Atome.

Über Atome machte DALTON folgende Aussagen:
1 Alle Stoffe sind aus kleinsten, unteilbaren, kugelförmigen Teilchen, den Atomen, aufgebaut.
2 Alle Atome eines Elements haben die gleiche Größe und Masse.
3 Die Atome verschiedener Elemente unterscheiden sich in ihrer Größe und Masse. Es gibt so viele Atomarten wie es Elemente gibt.
4 Atome werden durch chemische Reaktionen weder vernichtet noch erzeugt.
5 Durch Kombination von Atomen verschiedener Elemente werden Verbindungen gebildet.

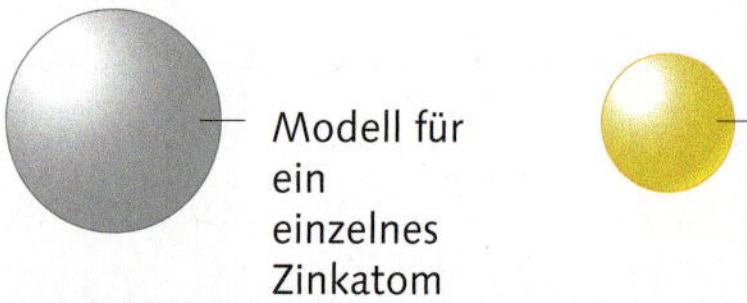

3 *Atommodell von DALTON*

Atome werden neu angeordnet Mit dem Atommodell von DALTON lassen sich chemische Reaktionen auf der Ebene der Teilchen erklären. In den Stoffen Zink und Schwefel sind die Atome regelmäßig angeordnet. Bei der Reaktion von Zink und Schwefel werden die Zinkatome und die Schwefelatome durch die zugeführte Energie angeregt, sich umzuordnen. Als Reaktionsprodukt wird die Verbindung Zinksulfid gebildet, die aus der gleichen Art und Anzahl an Atomen besteht wie die Ausgangsstoffe. Die Atome der Ausgangsstoffe ordnen sich im Reaktionsprodukt neu an.

Bei einer chemischen Reaktion werden die Atome umgeordnet. Die Atome selbst werden nicht verändert.

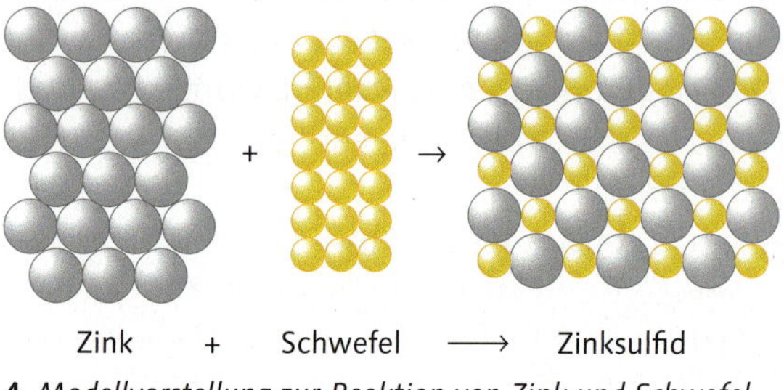

4 *Modellvorstellung zur Reaktion von Zink und Schwefel*

Aufgaben

1 Erläutere DALTONS Vorstellung vom Atom.
2 Es gibt chemische Elemente und chemische Verbindungen.
a Nenne jeweils vier Beispiele.
b Wodurch unterscheiden sie sich?
3 Beschreibe, was mit den Teilchen eines Stoffes wie Schwefel bei der Änderung des Aggregatzustands passiert. Vergleiche mit den Veränderungen bei der chemischen Reaktion.

Chemische Zeichensprache

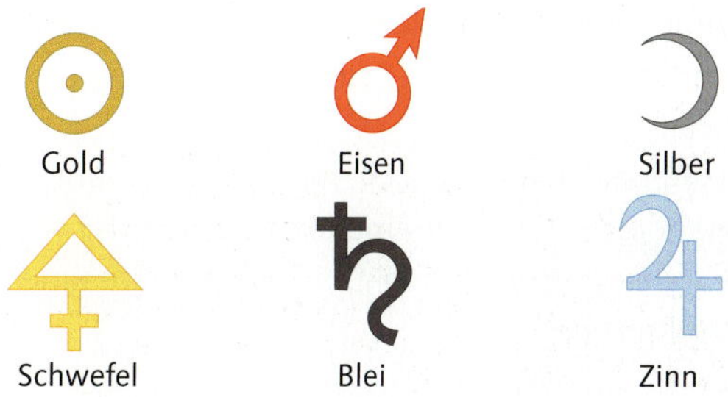

1 *Einige Symbole der Alchemisten*

Historische Symbole Die Alchemisten des Mittelalters versuchten sich an der Herstellung von Gold. Um die Rezepte dafür machten sie ein großes Geheimnis. Damit niemand ihre Rezepte stehlen konnte, notierten sie ihre Aufzeichnungen in einer Geheimschrift. Sie verwendeten für allerlei Stoffe Symbole, die jedoch nicht einheitlich waren.
Anfang des 19. Jahrhunderts führte JOHN DALTON markierte Kreise als Symbole für die Elemente ein. Die Symbole wurden von DALTON genutzt, um verschiedene Atomarten zu kennzeichnen.

Die heutige Symbolschreibweise Der schwedische Chemiker JÖNS JAKOB BERZELIUS führte 1814 die heute gebräuchlichen Symbole ein. Die chemischen Elemente werden mit Buchstaben bezeichnet. Da man dazu den Anfangsbuchstaben des wissenschaftlichen (lateinischen oder griechischen) Elementnamens verwendet, sind die chemischen Symbole international. Bei Elementen, die mit dem gleichen Buchstaben beginnen, wird ein zweiter kleingeschriebener Buchstabe hinzugefügt.

Chemische Symbole sind Kurzschreibweisen für chemische Elemente. Sie bezeichnen sowohl den Stoff als auch ein Atom dieses Elements.

Chemische Formeln Als Kurzschreibweise für eine chemische Verbindung verwendet man eine chemische Formel. Die chemische Formel gibt an, aus welchen chemischen Elementen die Verbindung zusammengesetzt ist. Die chemische Formel für Zinksulfid heißt ZnS. Diese Formel sagt uns, dass die chemische Verbindung Zinksulfid aus Zink- und Schwefelatomen aufgebaut ist.

Chemische Formeln sind Kurzschreibweisen für chemische Verbindungen.

Aufgaben

1 Nenne Vorteile einer einheitlichen chemischen Zeichensprache.

2 Gib an, was die Symbole C, Mg, Zn und S bezeichnen.

3 Ermittle, für welche Elemente die folgenden Symbole stehen: Na, Ca, Si, P, I, Xe, Hg, U.

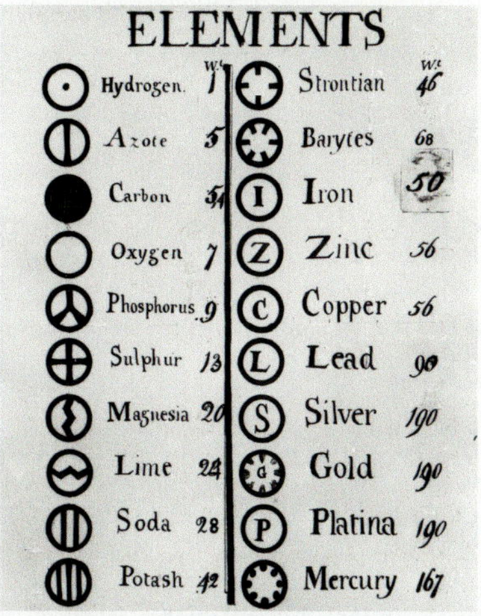

2 *Elementsymbole von DALTON*

Element	Wissenschaftlicher Name	Chemisches Symbol
Eisen	Ferrum	Fe
Zink	Zincum	Zn
Gold	Aurum	Au
Silber	Argentum	Ag
Magnesium	Magnesium	Mg
Blei	Plumbum	Pb
Kohlenstoff	Carboneum	C
Schwefel	Sulfur	S
Sauerstoff	Oxygenium	O
Stickstoff	Nitrogenium	N
Wasserstoff	Hydrogenium	H

Tab. 1 *Einige chemische Elemente und ihre Symbole*

Teste dich!

1 Entscheide, ob es sich um chemische Reaktionen handelt:
a Lösen von Zucker
b Abbrennen eines Feuerwerks
c Gefrieren von Wasser
d Bereitung von Joghurt aus Milch
e Schmelzen von Blei
f Zubereiten von Popcorn
Begründe jeweils deine Entscheidung. Vergleiche dazu immer die Eigenschaften der Stoffe vor und nach dem Vorgang.

2 Erläutere die Merkmale der chemischen Reaktion am Beispiel „Zünden eines Zink/Schwefel-Gemischs".

3 Vergleiche chemische Elemente und chemische Verbindungen. Nutze dafür auch die Begriffe Stoff, Reinstoff, Atom.

4 Nimm zu folgender Aussage Stellung: Kupfersulfid ist kein Reinstoff, sondern eine chemische Verbindung.

5 Teile die folgenden Stoffe in Elemente und Verbindungen ein: Silber, Speiseöl, Zinksulfid, Gold, Wasser

6 Die Grafik stellt den Energieverlauf einer chemischen Reaktion dar.
a Übertrage die Grafik in dein Heft und beschrifte sie.
b Gib ein zutreffendes Beispiel einer chemischen Reaktion aus dem Alltag an.

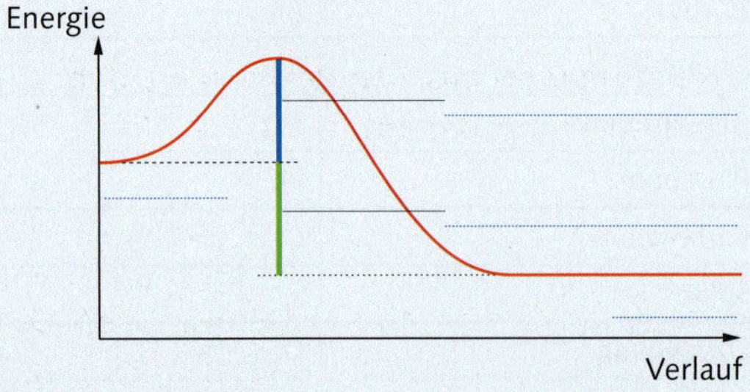

7 Was versteht man unter Aktivierungsenergie? Erkläre den Begriff und nenne Beispiele.

8 Silberschmuck reagiert mit dem im Schweiß enthaltenen Schwefel zu einem schwarzen Stoff.
a Stelle das Reaktionsschema in Worten auf.
b Handelt es sich um eine exotherme oder eine endotherme Reaktion? Formuliere eine Vermutung.

9 Übernimm die Tabelle in dein Heft und vervollständige sie.

Element	**wissenschaftl. Name**	**Symbol**
Eisen	Ferrum	
	Aluminium	
	Sulfur	S
	Cuprum	Cu
Wasserstoff	Hydrogenium	
	Oxygenium	O
	Kalium	
Quecksilber	Hydrargyrum	

10 Beschreibe mit dem Atommodell von DALTON, wie sich die Atome bei einer chemischen Reaktion in den Ausgangsstoffen und dem Reaktionsprodukt verändern.

Aufgabe	**Hilfe findest du auf Seite …**
1	82/83
2	82/83
3	83
4	83
5	82/83
6	84/85
7	84
8	83–85
9	91
10	90

… und die Lösungen findest du im Anhang.

Im Überblick

Chemische Reaktionen bestimmen unser Leben. Neben der Bildung von neuen Stoffen findet bei chemischen Reaktionen auch eine Energieumwandlung statt. Bei vielen chemischen Reaktionen im menschlichen Körper wird Energie frei, die uns am Leben hält. Ohne chemische Reaktionen wäre menschliches, tierisches oder pflanzliches Leben nicht möglich. In chemischen Labors und in der Industrie werden durch chemische Reaktionen z. B. neue Werkstoffe und Arzneimittel hergestellt.

4

Chemische Reaktion

- Stoffumwandlung, bei der neue Stoffe mit neuen Eigenschaften entstehen.
  Ausgangsstoffe (Edukte) → Reaktionsprodukte

Reaktionsschema in Worten

- Kupfer + Schwefel → Kupfersulfid
  Lies: Kupfer und Schwefel reagieren zu Kupfersulfid.

Aktivierungsenergie

- Energie, die aufgewendet werden muss, um eine chemische Reaktion in Gang zu bringen

Exotherme Reaktion

- Energie wird frei.
- Reaktion läuft ohne Energiezufuhr ab.

Beispiel:
Eisen + Schwefel → Eisensulfid | exotherm

Endotherme Reaktion

- Energie muss zugeführt werden, damit die Reaktion ablaufen kann.

Beispiel:
Silbersulfid → Silber + Schwefel | endotherm

Elementsymbol

- zur Darstellung eines chem. Elements: Zn, S

Chemische Formel

- Kurzschreibweise für eine chemische Verbindung: ZnS

Chemisches Element

- besteht nur aus einer Art von Atomen
- kann nicht in andere Stoffe zerlegt werden

Chemische Verbindung

- ein Reinstoff, der aus verschiedenen Atomarten besteht
- kann durch eine chemische Reaktion in Elemente zerlegt werden

Einteilung der Stoffe

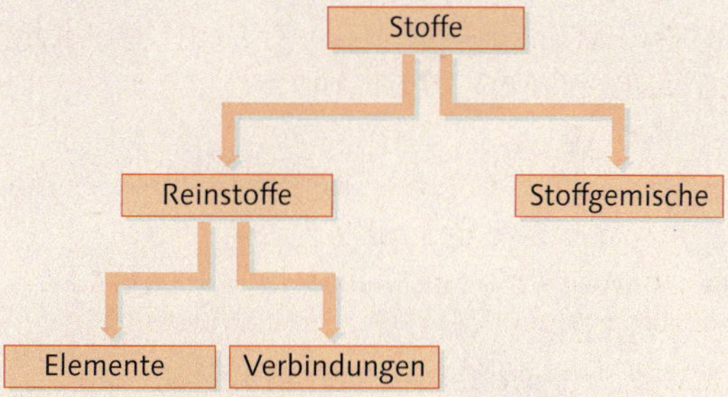

Chemische Reaktion im Atommodell von Dalton

- Bei einer chemischen Reaktion werden Atome umgeordnet.

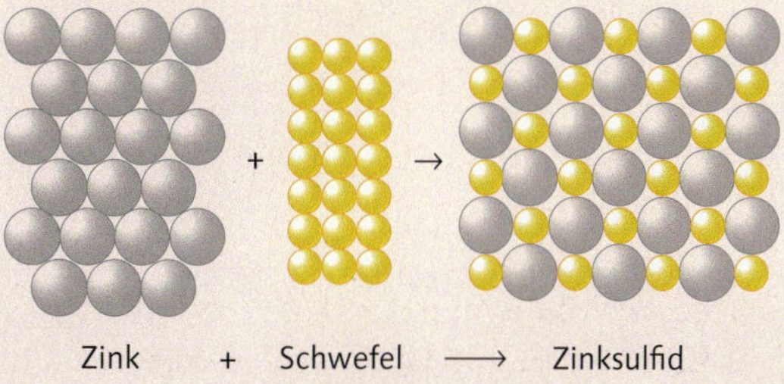

5 Verbrennung und Luft

Am warmen prasselnden Lagerfeuer zu sitzen schafft eine schöne Atmosphäre und zieht uns magisch an. Eigentlich ist es nichts weiter als Verbrennen von Holz, das uns fasziniert. Aber auch andere Stoffe verbrennen und die Folgen sind nicht immer erwünscht.

Feuer und Flamme

1 *Grillen – eine erwünschte Verbrennung*

2 *Bedingungen für die Entstehung eines Feuers*

Wie entzündet man ein Grillfeuer? Wer im Sommer schon einmal beim Grillen zugeschaut hat, weiß, dass man Holzkohle nicht entzünden kann, indem man einfach nur ein Streichholz an die Kohle hält. Mit einem Streichholz wird zunächst der Grillanzünder entzündet. Dieser entzündet dann die Holzkohle. Die Verbrennung der Holzkohle kann durch Einblasen von Luft beschleunigt werden.

Bedingungen für ein Feuer Für eine Verbrennung braucht man einen brennbaren Stoff wie Papier, Holz, Kohle, Heizöl, Erdgas, Benzin, Spiritus oder Kerzenwachs. Neben diesen Brennstoffen muss auch Luft vorhanden sein.

Entzündungstemperatur Ein Feuer wird erst dann entfacht, wenn eine dritte Bedingung erfüllt ist. Brennstoff und Luft alleine reichen nicht aus. Die Entzündungstemperatur des Brennstoffs muss erreicht sein. Unter der Entzündungstemperatur versteht man die Temperatur, auf die man einen brennbaren Stoff erhitzen muss, damit er sich in Gegenwart von Luft selbst entzündet.

Ein Feuer entsteht, wenn ein Brennstoff und Luft vorhanden sind und die Entzündungstemperatur erreicht ist.

Flammtemperatur Die Entzündungstemperatur von Autobenzin ist höher als die von Zeitungspapier. Warum ist dann auf dem Benzinkanister ein Gefahrensymbol, auf der Tageszeitung nicht?

Stoff	Entzündungstemperatur (in °C)
Streichholzkopf	80
Zeitungspapier	180
Kerzenwachs	250
Autobenzin	260
Fichtenholz	280
Rapsöl	300
Steinkohle	600

Tab. 1 *Entzündungstemperaturen brennbarer Stoffe*

Stoff	Flammtemperatur (in °C)
Feuerzeuggas	–60
Autobenzin	–20
Diesel	55
Rapsöl	230

Tab. 2 *Flammtemperatur brennbarer Stoffe*

Benzin verdampft bereits bei niedrigen Temperaturen und bildet mit Luft ein brennbares Gasgemisch, das durch einen Funken entzündet werden kann. Die Flammtemperatur ist die Temperatur, bei der Dampf über einem brennbarem Stoff entflammt werden kann.

Kleine Stoffportionen – große Wirkung „Mehlstaubexplosion in der Großbäckerei" – bei dieser Zeitungsschlagzeile handelt es sich um keinen Scherz. Stoffe mit einem hohen Zerteilungsgrad wie Mehl-, Holz- oder Metallstaub haben eine große Oberfläche. Je größer die Oberfläche (Bild 3), desto besser kann der Stoff mit Luft in Kontakt treten. Durch einen elektrischen Funken oder eine heiße Oberfläche kann der Staub leicht entzündet werden.

Explosion Bei einer Explosion reagiert der Brennstoff schlagartig mit Luft. Dabei werden große Mengen heißer Verbrennungsgase gebildet und sehr viel Energie auf einmal freigesetzt.

Wie leicht ein Stoff entflammbar ist, hängt von der Entzündungstemperatur, der Flammtemperatur und seinem Zerteilungsgrad ab.

Exkurs Verbrennung im Benzinmotor
Im Zylinder eines Motors wird ein Gemisch aus Benzin und Luft mithilfe des Kolbens zusammengepresst. Man spricht auch von Komprimieren oder Verdichten. Das Gemisch wird dann durch einen Funken der Zündkerze zur Explosion gebracht. Dabei entstehen Verbrennungsgase, die sich schlagartig ausdehnen. Durch die Druckwelle wird der Kolben bewegt.

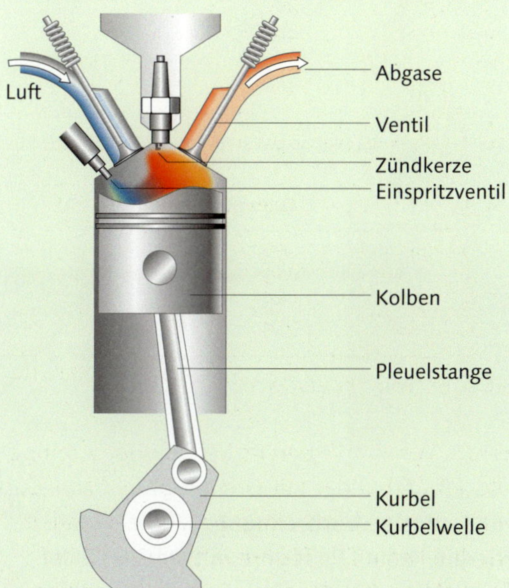

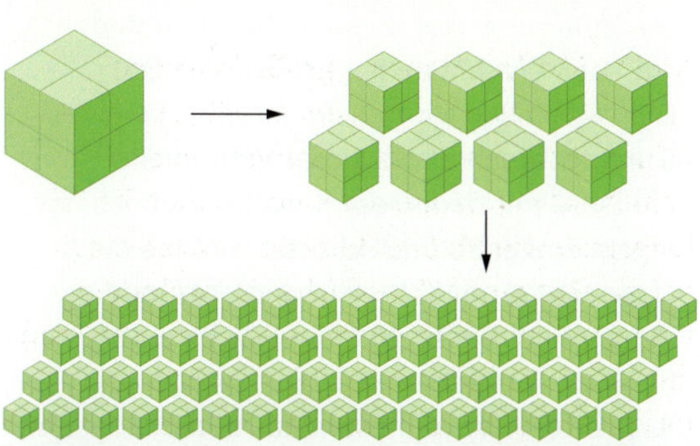

3 *Ein fein zerteilter Stoff besitzt eine große, reaktionsbereite Oberfläche.*

Entstehung einer Kerzenflamme Hält man ein Streichholz an den Docht, verdampft etwas von dem Wachs, mit dem der Docht überzogen ist. Es entsteht ein Wachsdampf-Luft-Gemisch, das sich entzündet. Die Verbrennungswärme lässt das Wachs um den Docht schmelzen. Das flüssige Wachs steigt im Docht hoch bis zur Flamme, wo es verdampft und verbrennt.

Flammenzonen einer Kerze Eine Kerzenflamme kann in verschiedene Zonen unterteilt werden:

Flammensaum (1400 °C):
Der heißeste Bereich legt sich wie ein Saum um die leuchtende Zone. In dieser farblosen Außenzone kann die Verbrennung optimal ablaufen.

Leuchtende Zone (1200 °C):
Noch nicht verbrannte, glühende Rußpartikel bewirken das gelbe Leuchten der Flamme.

„Dunkle" Zone (600–800 °C):
Wachs verdampft, kann aber nicht optimal verbrennen, da im Flammenkern zu wenig Luft ist.

4 *Flammenzonen einer Kerze*

Aufgaben

1 Nenne die Bedingungen für die Entstehung eines Feuers.
2 Du möchtest ein Lagerfeuer entzünden.
a Nenne geeignete Brennmaterialien.
b Beschreibe, wie du das Brennmaterial aufschichtest.
3 Holzkohle kann man mit einem Streichholz nicht entzünden. Begründe, warum dies nicht möglich ist.
4 Bei einem Gasfeuerzeug genügt ein Funke, um das Gas zu entzünden. Erkläre, warum das bei einer Kerze nicht funktioniert.
5 Durch Reiben an der Reibfläche der Streichholzschachtel kann man ein Streichholz entzünden. Was wird durch das Reiben bewirkt?

1 Temperaturzonen einer Kerzenflamme

Chemikalien: Kerze, 2 Streichhölzer
Durchführung: Halte zuerst einen Streichholzkopf in die dunkle Zone der Kerzenflamme und dann einen anderen in den Flammensaum. Achte darauf, wie lange es bis zur Entzündung dauert.
Auswertung: Was kannst du über die Temperaturen in den verschiedenen Zonen einer Kerzenflamme sagen?

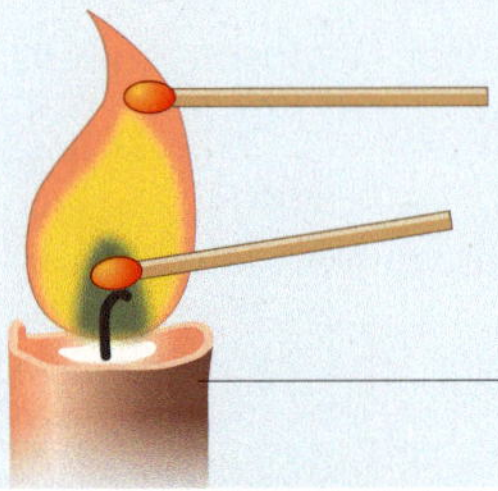

2 Untersuchen der Entzündungstemperatur

Geräte: Gasbrenner, 2 Reagenzgläser, Reagenzglashalter
Chemikalien: Streichhölzer
Durchführung: Brich die Streichholzköpfe von 3 Streichhölzern ab. Gib die Köpfe in das eine und die Hölzchen in das andere Reagenzglas. Erhitze die beiden Reagenzgläser mit dem Gasbrenner.
Auswertung: Vergleiche die Entzündungstemperaturen von Holz und Streichholzkopf.

3 Bestimmung der Flammtemperatur

Geräte: feuerfeste Unterlage, 2 Porzellanschalen, Metallplatte
Chemikalien: Brennspiritus, Petroleum (Lampenöl), Holzspan
Durchführung: Gib ca. 10 Tropfen Brennspiritus und Lampenöl in jeweils eine Porzellanschale und stelle diese auf die feuerfeste Unterlage. Nähere den Flüssigkeiten langsam von oben einen brennenden Holzspan. Decke das Feuer rasch mit der Metallplatte ab.
Auswertung: Ordne die Flüssigkeiten nach ihren Flammtemperaturen. Suche nach Möglichkeiten, das Lampenöl ebenfalls zu entzünden.

4 Erzeugung einer Tochterflamme

Geräte: 6 cm langes Glasrohr, Tiegelzange
Chemikalien: Kerze, Streichholz
Durchführung: Entzünde die Kerze. Halte die eine Öffnung des Glasrohrs mit der Tiegelzange in die dunkle Zone der Kerzenflamme und versuche das ausströmende Gas am anderen Ende des Glasrohrs zu entzünden.
Auswertung: Finde einer Erklärung für die Entstehung der Tochterflamme.

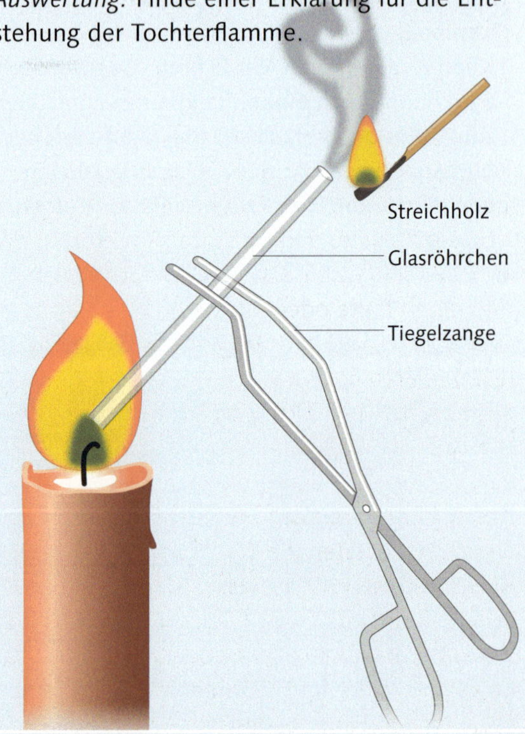

5 Explosive Verbrennung

Geräte: kleine Pappdose mit Deckel, Tropfpipette, Gummistopfen, Stativmaterial
Chemikalien: Benzin (100/140), Glimmspan
Durchführung: Bohre 5 cm über dem Boden ein Loch (Durchmesser 1 cm) in die Dose. Gib ca. 10 Tropfen Benzin und einen kleinen Gummistopfen in die Dose. Verschließe die Dose mit dem Deckel, halte das Loch mit einem Finger zu und schüttle. Spanne die Dose schräg am Stativ ein und entzünde das Benzin-Luft-Gemisch, indem du einen brennenden Holzspan an das Loch hältst.
Auswertung: Warum kann das Benzin explosiv verbrennen und der Deckel wegfliegen?

Exkurs Die Geschichte des Feuers

1 *Ein Feuer wärmte, gab Licht und hielt Raubtiere fern.*

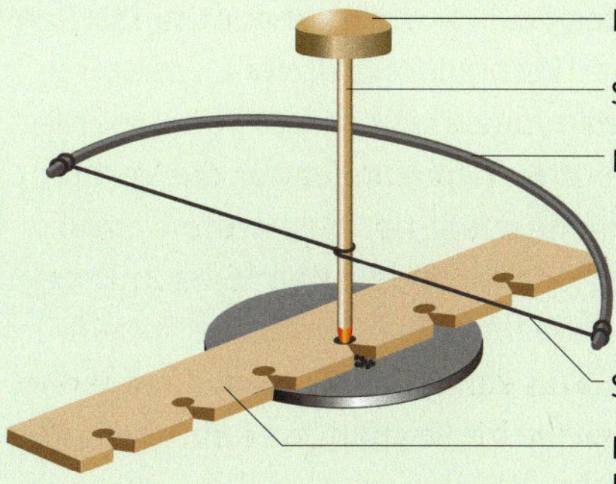

2 *Feuerreiben*

„Am Anfang war das Feuer" Im gleichnamigen Abenteuerfilm wird einer Gruppe Neandertaler bei einem Kampf das Feuer geraubt. Dies ist für sie eine Katastrophe, denn sie können kein neues Feuer entfachen. Ohne Feuer droht ihnen der Tod durch Kälte oder wilde Tiere, die nun nicht mehr durch das Feuer abgehalten werden. Zum Glück treffen die Neandertaler einen Homo sapiens, der sie in die Technik des Feuermachens einweist.

Feuer in der Steinzeit Bereits die Steinzeitmenschen nutzten die Energie des Feuers. Ob sie es selbstständig entfacht oder „zufällig gefunden" und am Leben erhalten haben, ist nicht geklärt. Funde von „Feuerzeugen" belegen, dass unsere Vorfahren zwei Grundtechniken zur Entfachung von Feuer beherrschten: Schlagen und Reiben.

Feuerschlagen Ein Quarzstein und ein eisenhaltiger Stein werden gegeneinandergeschlagen, bis Funken entstehen. Diese lässt man auf einen Baumpilz, den leicht entzündlichen Zunderschwamm, fallen und bläst vorsichtig an. Mithilfe von Stroh oder trockenem Laub kann sich die Glut zu einem Feuer entwickeln.

Feuerreiben Zur Erzeugung von Reibungswärme werden zwei Holzstücke unterschiedlicher Härte gegeneinandergerieben. Ein Stab aus hartem Holz, z. B. aus Eiche, wird in einer geschnitzten Vertiefung auf einem Weichholzbrett aus Birke oder Pappel wie ein Bohrer schnell hin- und herbewegt. Durch das Reiben löst sich aus dem weichen Holz feiner Holzstaub, der durch die Reibungswärme zum Glühen gebracht wird. Fällt der glühende Holzstaub auf Zunder, kann ein Feuer entstehen.

Von der Steinzeit zur „Metallzeit" Bereits um 3 500 v. Chr. beherrschten die Ägypter, Babylonier, Perser, Inder und Chinesen die Kunst der Metallgewinnung. Für die Gewinnung von Metallen sind sehr hohe Temperaturen notwendig. Die hoch entwickelten Völker bauten Öfen, mit denen höhere Temperaturen erreicht werden konnten als mit offenem Feuer.

Feuer macht feuerfest
Gefäße aus Tiermägen, Früchten, Leder oder Holz waren nicht feuerbeständig. Mit Lehm und Ton kamen neue Werkstoffe in Gebrauch. Schon die alten Ägypter konnten auf der Töpferscheibe Tongefäße formen, die anschließend im Brennofen gebrannt wurden.

3 *Mit den feuerfesten Tongefäßen eröffneten sich neue Möglichkeiten der Essenszubereitung.*

Aufgaben

1 Beschreibe, wie die „steinzeitlichen Feuerzeuge" funktionierten.
2 Erläutere, wozu die Steinzeitmenschen das Feuer benötigten.

Bekämpfung von unerwünschten Verbrennungen

Löschen eines Feuers Um ein Feuer zu löschen, muss man das Verbrennungsdreieck „zerstören". Das heißt, man muss dafür sorgen, dass mindestens eine der drei Bedingungen für die Verbrennung nicht mehr erfüllt ist: Man entfernt den brennbaren Stoff, verhindert den Luftzutritt oder kühlt die brennbaren Stoffe unter die Entzündungstemperatur ab. Um einen Brand möglichst schnell und sicher zu löschen, werden zwei oder alle drei Löschmethoden gleichzeitig angewandt.

So löscht man ein Feuer:
- Brennstoff entfernen
- Luftzufuhr unterbinden
- Brennstoff unter die Entzündungstemperatur abkühlen

1 *Das Verbrennungsdreieck zerfällt.*

Löschen eines Holzfeuers Zum Löschen eines Lagerfeuers werden zuerst die großen Holzstücke aus dem Feuer gezogen. Wenn der Brennstoff entfernt ist, findet das Feuer keine „Nahrung" mehr. Durch Zuschütten mit Erde wird die Luftzufuhr unterbunden und die noch vorhandenen Flammen „ersticken".

Mit Wasser löschen Bei einem Hausbrand wird mit Wasser gelöscht. Wenn das Löschwasser fein verteilt z. B. auf brennendes Holz gespritzt wird, hat es zwei Effekte: Der Wassersprühnebel legt sich wie eine Glocke über das Feuer und verhindert damit den Luftzutritt. Gleichzeitig kühlt das Wasser, sodass die Entzündungstemperatur des Brennstoffs nicht mehr erreicht wird.

2 *Löschflugzeug im Einsatz*

Maßnahmen gegen Waldbrände Um der Gefahr von Waldbränden vorzubeugen, werden Feuerschneisen angelegt. Das sind breite, baumfreie Zonen, in denen die Feuerwalze keine Nahrung mehr findet und somit gestoppt werden kann. Ein entsprechender Effekt wird auch durch sogenannte Gegenfeuer bewirkt. Neben herkömmlichen Löschgeräten kommen bei Waldbränden auch Löschflugzeuge zum Einsatz.

Bloß kein Wasser auf brennendes Fett Vergisst man die Pfanne mit dem Speisefett oder Speiseöl auf der eingeschalteten Herdplatte, kann dies schlimme Folgen haben: Bei ca. 300 °C entzündet sich das Fett. Dieser Fettbrand kann nicht mit Wasser gelöscht werden. Das Zuführen von Wasser vergrößert den Brand.

3 *Die Feuerwehr löscht einen Hausbrand.*

Wasser ein „Brandbeschleuniger"? Von einer Fleischbrühe wissen wir, dass das Fett oben schwimmt und sich großflächig an der Wasseroberfläche verteilt. Wenn man Wasser in brennendes, mehrere Hundert Grad heißes Fett spritzt, verdampft das Wasser schlagartig. Dabei entstehen aus einem Liter flüssigem Wasser 1700 Liter Wasserdampf. Dieser Wasserdampf enthält Millionen winziger Wassertröpfchen, die, wie bei der Fleischbrühe, mit Fett überzogen sind (Bild 4). So nimmt das Fett eine große Oberfläche ein und kann mit der Luft gut in Kontakt kommen. Daher läuft die Verbrennung explosionsartig, mit einer großen Stichflamme, ab.

Niemals Wasser auf brennendes Fett oder Öl gießen!

4 *Wassertröpfchen mit Fett überzogen – guter Luftzutritt*

Löschen eines Fettbrands Zum Löschen eines Fett- oder Ölbrands muss der Brennstoff von der Luft getrennt werden. Solange die Flamme noch klein ist, kann der Brand mit einem Deckel oder einer Feuerlöschdecke erstickt werden.
Bei einer größeren Flamme kann man sich bei einem Löschversuch schwere Verbrennungen zuziehen. Daher sollte man unter dem Notruf 112 die Feuerwehr rufen. Die Feuerwehr setzt spezielle Feuerlöscher für Fettbrände ein. Das darin enthaltene Löschmittel legt sich wie ein Schutzschirm über den Brand und verhindert dadurch den Zutritt von Luft. Gleichzeitig kühlt und bindet es die brennende Flüssigkeit.

5 *Löschversuch eines Fettbrands mit Wasser*

Auch Metalle können brennen Metallbrände sind zwar selten, aber ausgesprochen gefährlich. Wenn Metallpulver oder -staub brennt, können Temperaturen von über 4000 °C entstehen. Wie bei einem Fettbrand kann es bei Löschversuchen mit Wasser zu einer Explosion kommen.

Löschen eines Metallbrands Zum Löschen von Metallbränden wurde ein spezielles Löschpulver entwickelt. Es enthält Salze, die bei etwa 800 °C schmelzen. Die Salzschmelze breitet sich auf der Oberfläche des brennenden Metalls aus und legt sich wie ein „Deckel", der luftdicht abschließt, über den Brandherd. Die Flamme erstickt. Ein ähnlicher Effekt kann mit trockenem Sand oder Zement erreicht werden.

Explosionsgefahr neben der A3

50 Feuerwehrleute im Einsatz – Flammen mit Zement erstickt

Köln Gestern gegen 13.30 Uhr brannte es in einer Magnesiumschleiferei direkt an der A3. In einem Produktionsraum hatte sich Magnesiumstaub entzündet und stand in hellen Flammen. Es handelte sich dabei um ein gefährliches Feuer, das mit Wasser nicht gelöscht werden kann. Im Gegenteil: Es würde nur noch heftiger brennen und es könnte dadurch sogar zu einer Explosion kommen.

6 *Zeitungsartikel über einen Magnesiumbrand*

5

Flammen aus dem Fernseher Elektrische Geräte oder elektrische Anlagen können durch einen Kurzschluss in Brand geraten. Da Wasser den elektrischen Strom leitet, besteht die Gefahr eines Stromschlags. Daher kommt Wasser als Löschmittel nicht infrage. Man setzt einen Kohlenstoffdioxid-Löscher ein. Kohlenstoffdioxid erstickt die Flamme. Es leitet den elektrischen Strom nicht und verursacht von allen Löschmitteln die geringsten Folgeschäden.

Wenn es brennt:
Schnelles Handeln ist wichtig, aber Panik und Hektik verursachen eher Gefahr.

Brand melden

Feuermelder betätigen

Notruf 112

Telefonisch Feuerwehr alarmieren und folgende Angaben machen:
- Wer meldet?
- Wo brennt es?
- Was brennt?
- Sind Personen verletzt, wenn ja wie viele?

Löschversuch unternehmen

Bei kleinen Bränden mit geeigneten Löschmitteln einen Löschversuch unternehmen.
Ist das Löschen aussichtslos, Brandstelle sofort verlassen – Fenster und Türen schließen.

In Sicherheit bringen

Gefährdete Personen warnen!
Hilflose, Verletzte mitnehmen!
Haus über gekennzeichnete Fluchtwege verlassen!
Keinen Aufzug benutzen!
Wenn keine Flucht möglich ist, sich bemerkbar machen!

Sammelstelle aufsuchen!

7 Zum Löschen von Bränden wird ein Feuerlöscher eingesetzt.

Brandklassen Löschmittel sind feste, flüssige oder gasförmige Stoffe, die dazu dienen, eine Verbrennung zu stoppen. Um brennbaren Stoffen das geeignete Löschmittel zuordnen zu können, teilt man diese in Brandklassen ein.

Brandklasse	Definition	Beispiele	Löschmittel
	Brände fester, unter Glut, und Flammenbildung brennender Stoffe	Holz, Kohle, Papier, Stroh, Textilien	Wasser, Pulver, Schaum
	Brände flüssiger und flüssig werdender Stoffe	Benzin, Heizöl, Alkohol, Kunststoffe	Pulver, Schaum, Kohlenstoffdioxid
	Brände gasförmiger Stoffe	Erdgas, Methan, Propan, Butan, Acetylen, Wasserstoff	Pulver, Kohlenstoffdioxid
	Metallbrände	Natrium, Magnesium, Aluminium	Metallbrandpulver, Salze
	Brände von Speisefetten und Wachsen	Speisefett, Speiseöl, Wachs	Fettbrandpulver

Aufgaben

1 Brennendes Wachs (Brandklasse F) kann man mit Wasser nicht löschen.
a Begründe, warum es nicht möglich ist.
b Wie kann man einen Wachsbrand löschen?
2 Welche Vorsorgemaßnahmen kannst du zu Hause treffen, um einen Brand zu verhindern?
3 Gib an, wie man einen Brand bei der Feuerwehr meldet. Entwerft ein Rollenspiel.
4 Ein Pkw-Brand wird den Brandklassen A und B zugeordnet. Begründe.
5 Recherchiere im Internet, wie man einen Kohlenstoffdioxidlöscher bedient.
6 In der Schule wird Feueralarm ausgelöst.
a Gib an, wie du dich bei einem Feueralarm in der Schule verhalten musst.
b Welchen Fluchtweg musst du vom Chemieraum aus nehmen?

Praktikum Brandbekämpfung

1 Löschen durch Abdecken
Geräte: Porzellanschale
Chemikalien: Teelicht, Metallblech, Bierdeckel, Cellophanfolie, Baumwolltuch, Papier
Durchführung: Stelle das Teelicht in die Porzellanschale und entzünde es. Bedecke die Schale mit der brennenden Kerze nacheinander mit Cellophanfolie, Papier, Bierdeckel, Baumwolltuch, Metallblech.
Auswertung: Beschreibe die Löschmethode und vergleiche die verschiedenen Löschmaterialien.

2 Selbst gebauter Feuerlöscher
Geräte: Erlenmeyerkolben, durchbohrter Stopfen, gewinkeltes Glasrohr, Porzellanschale
Chemikalien: Natriumhydrogencarbonat (Backpulver), Citronensäure, Spülmittel, Teelicht, Lampenöl
Durchführung: Gib ca. 150 ml Wasser, 2 Spatel Natriumhydrogencarbonat und ein paar Tropfen Spülmittel in den Erlenmeyerkolben. Gib 2 Spatel Citronensäure hinzu und setze rasch den Stopfen mit dem Glasrohr auf. Schüttle den Kolben, bis am Glasrohr Schaum austritt. Entzünde in der Porzellanschale etwa 3 ml Lampenöl und versuche, den Ölbrand zu löschen. Drücke dabei den Stopfen mit dem Glasrohr fest in den Erlenmeyerkolben.
Auswertung: Beschreibe die Wirkungsweise dieses Feuerlöschers.

3 Löschen wie von Zauberhand
Geräte: Kristallisierschale
Chemikalien: Teelicht, Natriumhydrogencarbonat (Backpulver), Citronensäure, Wasser
Durchführung: Fülle 40 ml Wasser in die Kristallisierschale und verrühre darin 2 Spatel Natriumhydrogencarbonat. Stelle das Teelicht in die Kristallisierschale und entzünde. Gib in die Flüssigkeit einen Spatel Citronensäure.
Auswertung: Was hat das Feuer gelöscht?

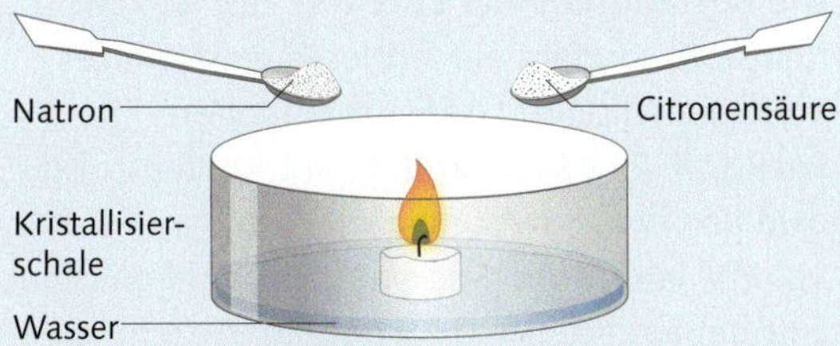

4 Löschen mit Kupfer?
Geräte: Tiegelzange
Chemikalien: Kerze, Kupferspirale
Durchführung: Entzünde die Kerze und stülpe die Kupferspirale mit der Tiegelzange so über die Flamme, dass sie den sichtbaren Docht umschließt. Versuche den aufsteigenden weißen Rauch zu entzünden. Vor einem weiteren Versuch musst du die heiße Kupferspirale mit Wasser abkühlen.
Auswertung: Notiere und deute deine Beobachtung. Erkläre, welche Funktion das Kupfer hat.

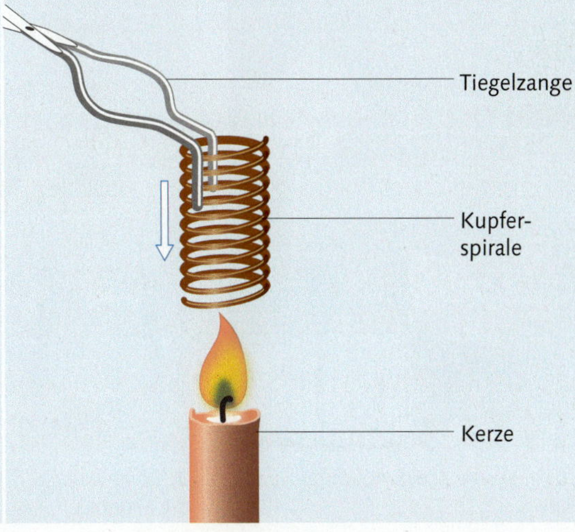

Die Luft

Die Luft um uns Unsere Erde ist von einer Lufthülle, der Erdatmosphäre, umgeben. Wir können die Luft nicht sehen, nicht riechen und nicht schmecken. Wir nehmen sie kaum wahr, aber ohne Luft könnten wir nicht leben. Wir brauchen sie zum Atmen. Sie schützt uns vor Strahlung aus dem Weltraum, verhindert eine zu starke Erwärmung am Tag und einen zu starken Temperaturabfall in der Nacht.

Die Bestandteile der Luft Die Luft ist kein Reinstoff, sondern ein farbloses, gasförmiges Stoffgemisch. 100 Liter Luft enthalten: 78 l Stickstoff, 21 l Sauerstoff, 0,04 l Kohlenstoffdioxid und etwas weniger als 1 l Edelgase. Der Volumenanteil von Stickstoff am Stoffgemisch Luft beträgt $\frac{78\,l}{100\,l} = 0{,}78$ oder in Prozent angegeben: 78 %.

Luft ist ein Stoffgemisch aus Stickstoff, Sauerstoff, Kohlenstoffdioxid und Edelgasen.

Das „Feuergas" Sauerstoff Hält man einen glimmenden Holzspan in reinen Sauerstoff, so entsteht eine helle Flamme. Dies zeigt uns, dass Sauerstoff der Luftbestandteil ist, der für die Verbrennung verantwortlich ist. Diesen Nachweis für Sauerstoff nennt man Glimmspanprobe.
Ohne Sauerstoff kann keine Verbrennung stattfinden: Eine Flamme erlischt, wenn sie keinen Sauerstoff bekommt und ein Mensch würde

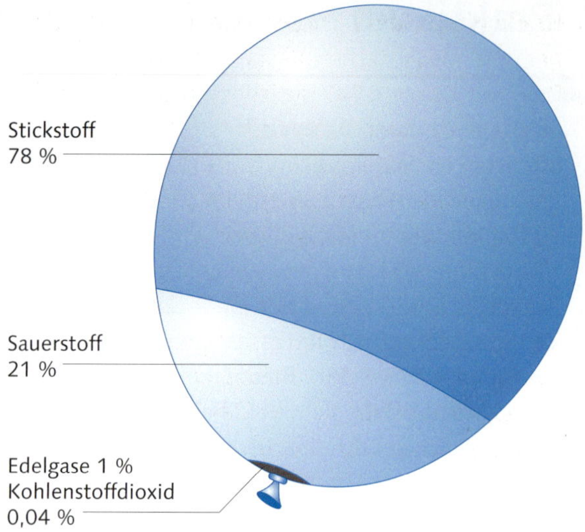

1 *Volumenanteile der verschiedenen Luftbestandteile*

ohne Sauerstoff ersticken. In unserem Körper müssen zur Energiegewinnung Nährstoffe verbrannt werden. Dabei entsteht zwar keine Flamme, aber Energie wird frei. Für diese Verbrennungsvorgänge im Körper benötigen wir ständig Luft, die wir durch Einatmen aufnehmen.
Bei Verbrennungen in reinem Sauerstoff können sehr hohe Temperaturen entstehen. Beim Schweißbrennen werden durch die Verbrennung eines Sauerstoff-Acetylen-Gemischs Temperaturen von 3000 °C erreicht. Ein Gemisch aus Sauerstoff und Wasserstoff dient als Treibstoff für Raketen.

Für eine Verbrennung ist Sauerstoff erforderlich. Er kann mit der Glimmspanprobe nachgewiesen werden.

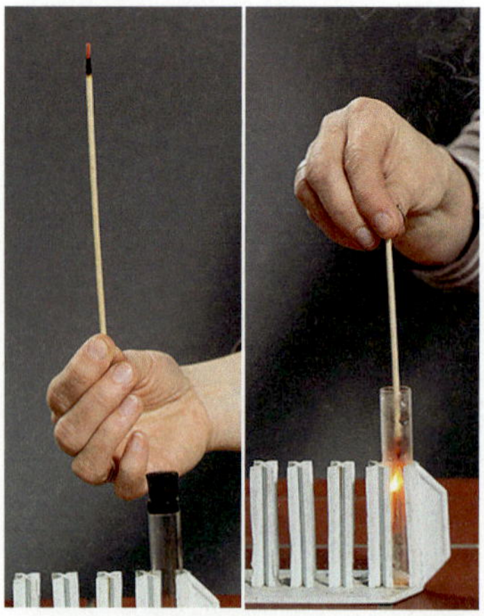

2 *Glimmender Span und Glimmspanprobe*

3 *Ohne Sauerstoff erstickt die Flamme.*

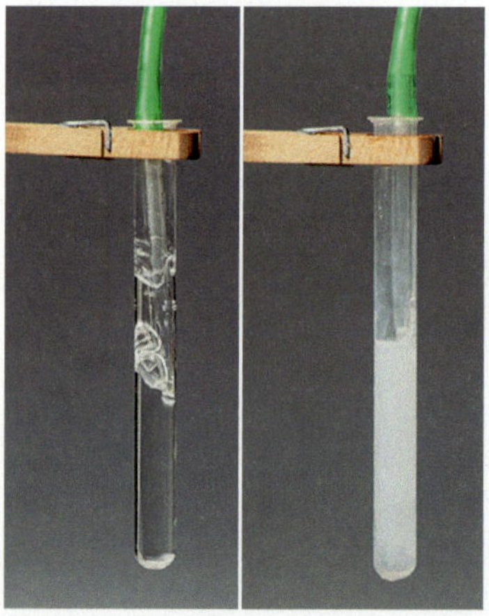

4 *Nachweis von Kohlenstoffdioxid mit Calciumhydroxid-Lösung*

Kohlenstoffdioxid Dieser Stoff ist nur ein kleiner, aber bedeutender Bestandteil der Luft. Pflanzen nehmen bei Tageslicht Kohlenstoffdioxid auf und nutzen ihn zum Aufbau ihres pflanzlichen Materials. Im Gegenzug geben sie, sozusagen als Abgas, Sauerstoff ab. Dieser Sauerstoff wiederum ist für Menschen und Tiere zum Atmen lebensnotwendig.
Kohlenstoffdioxid kann mit einer Calciumhydroxid-Lösung, auch „Kalkwasser" genannt, nachgewiesen werden. Beim Einleiten von Kohlenstoffdioxid färbt sich die Calciumhydroxid-Lösung milchig trüb (Bild 4).

Kohlenstoffdioxid kann durch die Trübung einer Calciumhydroxid-Lösung nachgewiesen werden.

Exkurs Der Kohlenstoffdioxid-Gehalt der Luft
Seit Beginn der Industrialisierung im 19. Jahrhundert stieg der Kohlenstoffdioxid-Gehalt der Luft kontinuierlich an. Im Jahr 1850 lag er noch bei etwa 0,028 % und stieg zum Jahr 2012 auf annähernd 0,04 %. Das bedeutet, dass heute von einer Million Teilen Luft 400 Teile Kohlenstoffdioxid sind. Solche Gehaltsangaben werden daher häufig auch in ppm (*parts per million;* engl. *part:* Teil) angegeben.

Vorkommen: Bestandteil der Luft (0,04 %), Abgas bei Verbrennungen
Eigenschaften: gasförmig, farblos, geruchlos; schwerer als Luft (Dichte 1,98 $\frac{g}{l}$); erstickt die Flamme; Wasserlöslichkeit (bei 20 °C): 1,7 $\frac{g}{l}$
Nachweis: durch milchige Trübung von Calciumhydroxid-Lösung
Verwendung: Feuerlöschmittel, Herstellung von Kohlensäure

5 *Steckbrief Kohlenstoffdioxid*

Das „Stickgas" Stickstoff Die Kerze unter dem Becherglas erlischt (Bild 3), wenn der Sauerstoff verbraucht ist. Das Restgas, das sich nach der Verbrennung noch im Standzylinder befindet, kann die Verbrennung nicht unterhalten. Es besteht zum größten Teil aus Stickstoff. Lebensmittel wie Obst oder Gemüse können in einer Stickstoffatmosphäre aufbewahrt werden. Das „Schutzgas" Stickstoff bewirkt, dass sie nicht so schnell verderben wie an der Luft.

Eigenschaft	Sauerstoff	Stickstoff
Aggregatzustand bei 20 °C	gasförmig	gasförmig
Farbe	farblos	farblos
Geruch	geruchlos	geruchlos
Brennbarkeit	nicht brennbar, unterhält die Flamme	nicht brennbar, erstickt die Flamme
Dichte (bei 20 °C)	1,33 $\frac{g}{l}$	1,17 $\frac{g}{l}$
Schmelztemperatur	–219 °C	–210 °C
Siedetemperatur	–183 °C	–196 °C
Löslichkeit in Wasser (bei 20 °C)	9 $\frac{mg}{l}$	4 $\frac{mg}{l}$

Tab. 1 *Vergleich der Eigenschaften von Sauerstoff und Stickstoff*

Edelgase Luft enthält etwas weniger als 1 % Edelgase, vor allem Argon. Die Edelgase Neon, Argon, Krypton und Xenon werden in Glühlampen und Leuchtstoffröhren verwendet. Helium hat eine kleinere Dichte als Luft und dient deshalb als Traggas.

6 *Helium dient als Traggas in Luftschiffen.*

Aufgaben

1 Nenne den Luftbestandteil, der die Verbrennung unterstützt.
2 Stelle die Luftbestandteile mit ihren prozentualen Anteilen in einem Kreisdiagramm dar.
3 Ein Ballon wird mit Sauerstoff, ein zweiter mit Stickstoff gefüllt. Welcher Ballon gewinnt das Rennen, wenn man beide aus der gleichen Höhe fallen lässt? Begründe deine Antwort.
4 Warum werden manche Lebensmittel unter Stickstoff aufbewahrt?
5 Aufgrund welcher Eigenschaften eignet sich Kohlenstoffdioxid als Feuerlöschmittel?

Praktikum Die Zusammensetzung der Luft

1 Nachweis von Sauerstoff
Geräte: Standzylinder, Glasplatte
Chemikalien: Sauerstoff, Holzspan
Durchführung: Entzünde einen Holzspan, lass ihn kurz brennen und blase ihn dann aus. Halte den glimmenden Holzspan in einen mit Sauerstoff gefüllten Standzylinder.
Auswertung: Wie verändert sich die Glut? Erkläre deine Beobachtung.

2 Nachweis von Kohlenstoffdioxid
Geräte: kleines Becherglas, 2 Trinkhalme, Luftpumpe, Luftballon
Chemikalien: Raumluft, Ausatemluft, Calciumhydroxid-Lösung (Kalkwasser)
Durchführung:
a Fülle etwa 2 cm hoch Calciumhydroxid-Lösung in ein Becherglas. Pumpe etwa 1 min lang mithilfe der Luftpumpe und einem Trinkhalm Raumluft in die Calciumhydroxid-Lösung.
b Puste einen Luftballon auf. Leite die Ausatemluft aus dem Ballon mit dem Trinkhalm in die Calciumhydroxid-Lösung.
Auswertung: Wodurch unterscheidet sich deine Ausatemluft von der Luft aus der Pumpe?

3 Dichte von Luft und Kohlenstoffdioxid
Geräte: Spritze (60 ml, verschließbar, mit Loch im Kolben), Verschluss, Nagel, Waage
Chemikalien: Luft, Kohlenstoffdioxid
Durchführung: Drücke den Kolben ganz in die Spritze und verschließe sie mit einem Verschluss. Ziehe den Kolben so weit heraus, dass man den Nagel in das Loch stecken kann. Wiege die Spritze. Befülle die Spritze mit a) 50 ml Luft und b) 50 ml Kohlenstoffdioxid. Wiege erneut.
Auswertung: Bestimme die Dichten beider Stoffe.

4 Dichte von Sauerstoff
Geräte: 2 Reagenzgläser, 2 Gummistopfen
Chemikalien: Sauerstoff, Holzspan
Durchführung: Befestige 2 mit Sauerstoff gefüllte, mit Gummistopfen verschlossene Reagenzgläser an einem Stativ. Ein Reagenzglas zeigt mit der Öffnung nach oben, das andere nach unten. Entferne die Stopfen, warte 1 min. und führe dann die Glimmspanprobe durch.
Auswertung: Auf welche Eigenschaft des Sauerstoffs lässt sich deine Beobachtung zurückführen?

5 Bestimmung des Sauerstoffgehalts der Luft
Geräte: Medizintechnik: 2 Spritzen (60 ml, mit Gewinde am Kanülenansatz), 2 Verbindungsstücke (Rohr 8-Buchsen), Quarzrohr
Chemikalien: Eisenwolle, Luft
Durchführung: Sauge in eine der Spritzen 50 ml Luft. Gib 0,5 g Eisenwolle in das Quarzrohr. Verbinde die Spritzen mit dem Quarzrohr. Erhitze die Eisenwolle in einem Bereich von 1–2 cm bis zur Rotglut. Entferne den Gasbrenner und schiebe die Luft aus der gefüllten Spritze über das Reaktionsrohr in die zweite Spritze. Schiebe die „Restluft" mehrmals hin und her, bis keine weitere Volumenabnahme mehr festzustellen ist. Lies das Restvolumen ab.
Auswertung: Ermittle den Sauerstoffgehalt.

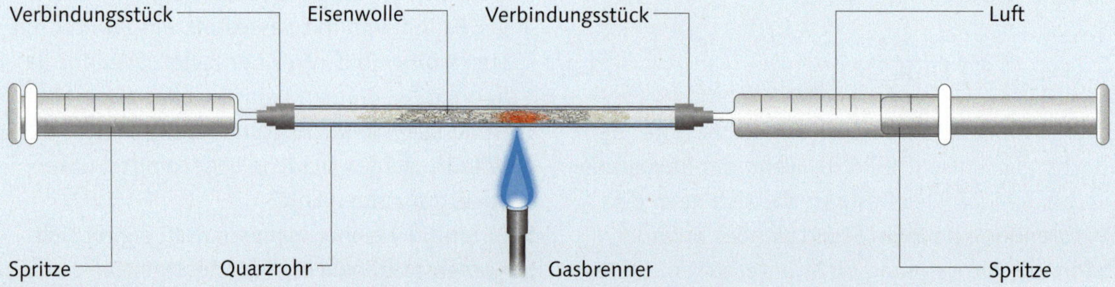

Methode Abfüllen von Gasen

Trockenes Auffangen durch Luftverdrängung Gase lassen sich auffangen, indem man sie in ein Gefäß einleitet. Das eingeleitete Gas verdrängt die Luft im Auffanggefäß. Bei diesem Verfahren lässt sich allerdings nicht vermeiden, dass sich das Gas mit etwas Luft vermischt.

1 Bei einem Gas, das eine kleinere Dichte als Luft hat, muss die Öffnung des Gefäßes nach unten zeigen. Gase, die schwerer als Luft sind, werden von oben eingeleitet.

2 Leite das Gas lange genug in das Auffanggefäß, sodass die gesamte Luft verdrängt wird.

3 Decke das Auffanggefäß mit einer Glasplatte ab, damit die Vermischung mit Luft eingeschränkt wird.

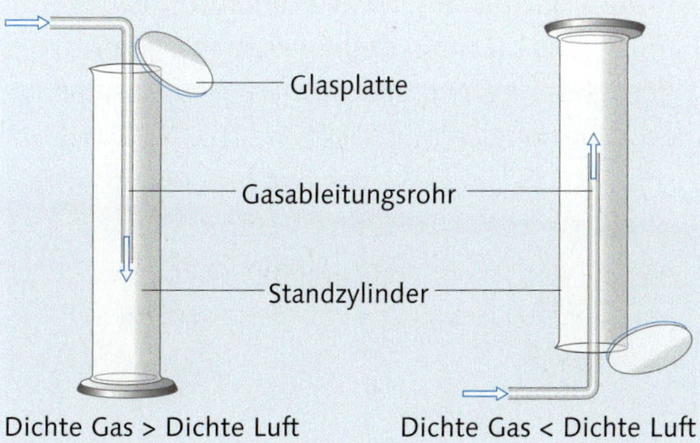

1 *Auffangen von Gasen durch Luftverdrängung*

Entnehmen einer abgemessenen Gasmenge Mithilfe einer Kunststoffspritze können kleine abgemessene Gasmengen aufgenommen werden.

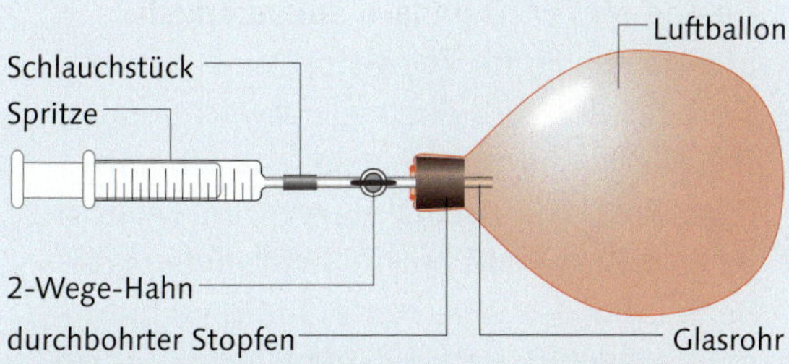

2 *Entnehmen von Gasmengen mithilfe einer Kunststoffspritze*

Auffangen durch Wasserverdrängung Bei diesem Verfahren wird das Gasauffanggefäß mit einer sogenannten Sperrflüssigkeit, meistens Wasser, gefüllt. Wenn du Gas in das Gefäß mit dem Wasser einleitest, wird das Wasser durch das Gas verdrängt. Das Gas nimmt den Platz des verdrängten Wassers ein. Dieses Verfahren hat den Vorteil, dass ein Gasverlust vermieden wird und das Gasvolumen gemessen werden kann.

1 Fülle eine pneumatische Wanne etwa halb voll mit Wasser.

2 Fülle einen Standzylinder gestrichen voll mit Wasser, decke ihn mit einer Glasplatte ab und stelle ihn mit der abgedeckten Öffnung nach unten in die Wanne.

3 Fange das Gas auf, indem du den Standzylinder leicht neigst und das Gasableitungsrohr unter die Öffnung des Standzylinders bringst.

4 Verschließe nach dem Füllen den Standzylinder mit der Glasplatte und nimm ihn aus der Wanne.

Beachte: Fange das Gas erst auf, wenn die Luft aus dem Versuchsaufbau (Reagenzglas, Glasrohr) entwichen ist.

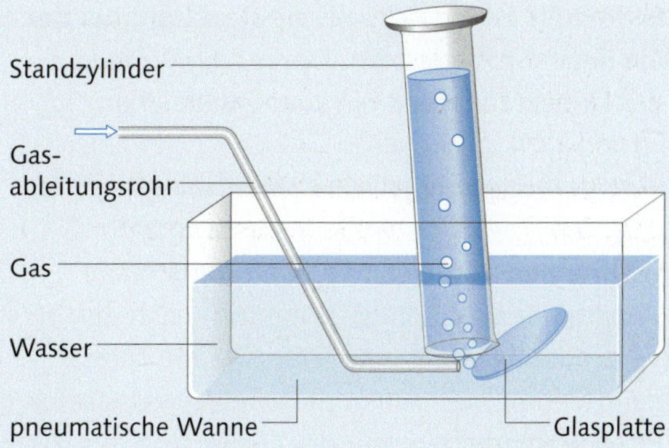

3 *Pneumatisches Auffangen durch Wasserverdrängung*

Hinweis: Anstelle des Standzylinders und der Glasplatte kannst du auch ein Reagenzglas mit Gummistopfen verwenden.

5

Metalle reagieren mit Sauerstoff

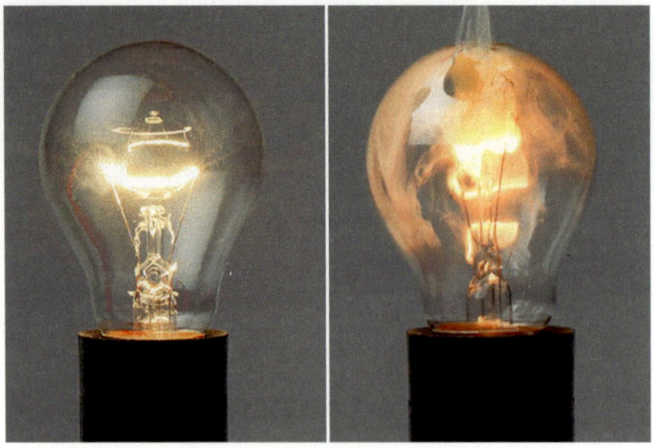

1 *An der Luft verbrennt der Wolframfaden.*

Glühen und Brennen Im Alltag sagt man: „Die Lampe brennt." Der Wolframfaden einer Glühlampe bleibt aber nach dem Leuchten unverändert. Da im Glaskolben kein Sauerstoff vorhanden ist, kann keine Verbrennung stattfinden. Bei diesem Glühen handelt sich also um einen rein physikalischen Vorgang. Wird bei einer Glühlampe ein Loch in den Glaskolben gemacht (Bild 1), verbrennt der Wolframfaden nach dem Einschalten und ein hellgelber Feststoff schlägt sich an der Innenseite des Glaskolbens nieder. Ein neuer Stoff ist entstanden.

Energie wird frei Bei der Verbrennung von Eisenwolle glüht die Eisenwolle auf. Energie in Form von Licht wird frei; es handelt sich also um eine exotherme Reaktion. Die Verbrennung von Eisenwolle ist eine chemische Reaktion, bei der ein neuer Stoff entsteht. Dies erkennt man an der Farbveränderung hin zum Dunkelgrau.

Eine Verbrennung ist eine chemische Reaktion.

Verbrennen von Eisenwolle an der Waage
Wiegt man die Eisenwolle vor und nach der Verbrennung, stellt man fest, dass die Masse beim Verbrennen zunimmt. Wie kann das sein? Eisen verbindet sich mit dem Sauerstoff aus der Luft. Zur Masse des Eisens kommt dann die Masse des Sauerstoffs hinzu. Eine chemische Reaktion, bei der Sauerstoff aufgenommen wird, bezeichnet man als Oxidation. Eisen wird oxidiert, ein neuer Stoff, Eisenoxid, entsteht.

Eine chemische Reaktion, bei der Sauerstoff aufgenommen wird, nennt man Oxidation.

Reaktionsschema in Worten:
Eisen + Sauerstoff → Eisenoxid | exotherm

Metalloxide Magnesium verbrennt mit einer grellen Flamme. Als Reaktionsprodukt entsteht pulverförmiges weißes Magnesiumoxid.

Reaktionsschema in Worten:
Magnesium + Sauerstoff
→ Magnesiumoxid | exotherm

Eisenoxid und Magnesiumoxid sind Beispiele für Metalloxide. Diese entstehen bei der Reaktion von Metallen mit Sauerstoff.

Metall + Sauerstoff → Metalloxid | exotherm

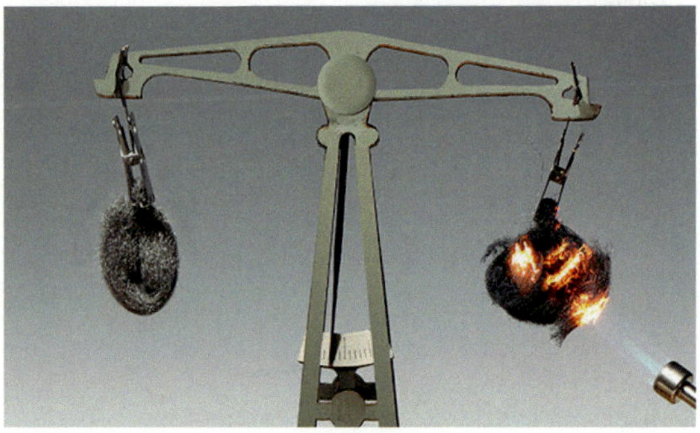

2 *Bei der Verbrennung von Eisenwolle nimmt die Masse zu.*

Exkurs Phlogiston, der Feuerstoff
Im späten 17. und 18. Jhdt. wurde die Verbrennung von Stoffen mithilfe der Phlogistontheorie erklärt. Demnach enthalten alle brennbaren Stoffe Phlogiston, einen Feuerstoff. Bei der Verbrennung entweicht dieses Phlogiston und zurück bleibt ein unbrennbarer Rest, z. B. Asche. Als ANTOINE LAURENT DE LAVOISIER Ende des 18. Jahrhunderts die Bedeutung des Sauerstoffs für die Verbrennung erkannte, wurde die Phlogiston- durch die Oxidationstheorie abgelöst.

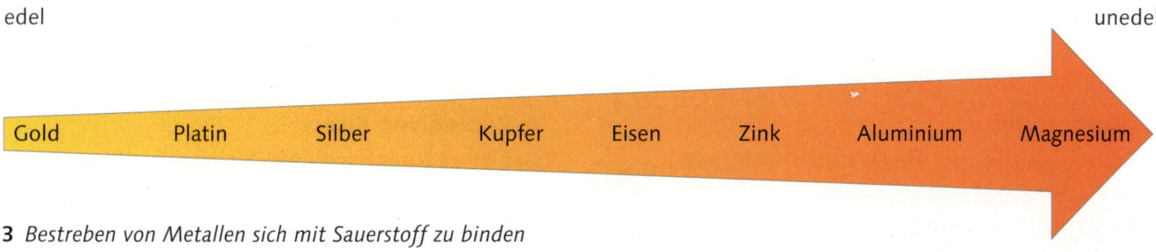

3 *Bestreben von Metallen sich mit Sauerstoff zu binden*

Bindungsbestreben der Metalle mit Sauerstoff Bläst man Magnesiumpulver in die Brennerflamme, verbrennt es mit einer grellen Stichflamme. Auch bei den unedlen Metallen Aluminium oder Zink entsteht beim Einblasen des Pulvers in die Flamme ein Funkenregen. Metalle unterscheiden sich in ihrem Bindungsbestreben zu Sauerstoff.

Je unedler ein Metall ist, umso größer ist sein Bestreben, sich mit Sauerstoff zu verbinden.

4 *Verbrennen von Zinkpulver – eine schnelle Oxidation*

5 *Durch Rosten entstehen jährlich Schäden in Milliardenhöhe.*

Rosten – eine langsame Oxidation Autokarosserien, Schiffsrümpfe und Gartengeräte aus Eisen verändern sich mit der Zeit. Die Veränderung von Werkstoffen durch Umwelteinflüsse nennt man Korrosion, beim Eisen spricht man vom Rosten. Dabei reagiert Eisen mit Sauerstoff und Wasser aus der Umgebung zu einem Eisenoxid, dem Rost. Die poröse Rostschicht blättert ab. Durch wiederholtes Oxidieren und Abblättern kann sich der Rost durch das Eisenblech eines Autos „hindurchfressen".

Rostschutz Um Sauerstoff und Wasser abzuhalten, wird Eisen mit einer Schutzschicht überzogen: Autos erhalten einen Unterbodenschutz aus Kunststoff. Die Karosserie kann durch eine Zinkschicht vor dem Rosten geschützt werden. Die Fahrradkette wird eingeölt.

Eisenteile können mit einer Schicht aus Öl, Kunststoff oder einem anderen Metall vor dem Rosten geschützt werden.

Aufgaben

1 Erläutere die Begriffe Verbrennung und Oxidation.

2 Aluminiumpulver wird in eine Brennerflamme geblasen.

a Warum brennt das Pulver im Gegensatz zu einem Topf aus Aluminium?

b Das Pulver wird vor und nach der Verbrennung gewogen. Wie ändert sich die Masse? Formuliere eine Vermutung und begründe sie.

c Stelle das Reaktionsschema in Worten für diese Reaktion auf.

3 Vergleiche die Brennbarkeit von Blei-, Silber- und Zinkpulver mithilfe von Bild 3. Begründe deine Aussage.

4 Gegenstände aus Eisen rosten.

a Nenne Bedingungen für das Rosten.

b Wie kann man das Rosten verhindern?

1 Kupferbrief

Geräte: Gasbrenner, Tiegelzange, Hammer, feuerfeste Unterlage
Chemikalien: Kupferblech (ca. 6 cm × 6 cm)
Durchführung: Falte ein Stück Kupferblech, indem du es in der Mitte umknickst. Biege die Ränder um und klopfe sie mit dem Hammer fest. Glühe den „Kupferbrief" ca. 1 min in der nicht leuchtenden Brennerflamme und falte ihn nach dem Abkühlen wieder auseinander.
Auswertung: Beschreibe und deute die Veränderung des Kupferblechs (innen und außen).

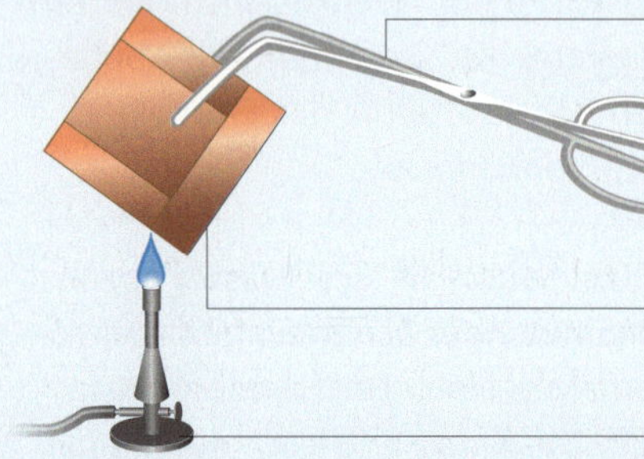

2 Funkenregen

Geräte: Gasbrenner, Stativmaterial zum Einspannen des Brenners, Spatel, feuerfeste Unterlage
Chemikalien: Kupferpulver, Eisenpulver, Aluminiumpulver
Durchführung: Spanne den Gasbrenner waagerecht am Stativ ein. Nimm eine kleine Menge Metallpulver auf den Spatel und lass es von oben auf die nicht leuchtende Brennerflamme rieseln.
Auswertung: Notiere deine Beobachtung. Ordne die Metalle nach ihrer Reaktionsheftigkeit.

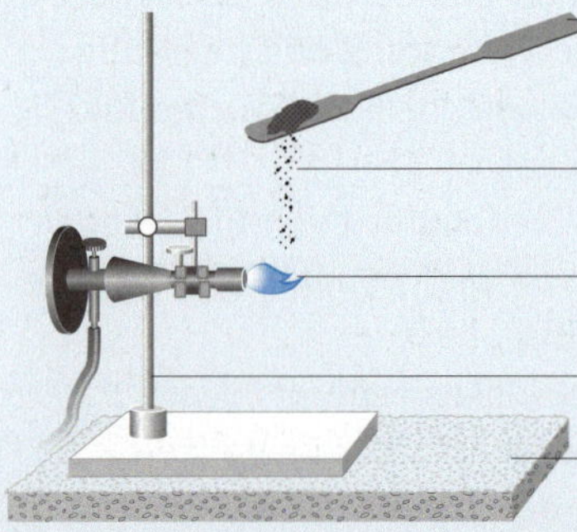

3 Rosten von Eisen

Geräte: 3 Reagenzgläser, Becherglas, Spatel
Chemikalien: Eisenwolle, Wasser, Speiseöl
Durchführung: Bilde aus der Eisenwolle 3 Knäuel von jeweils ungefähr 0,5 g. Die Eisenwolleknäuel werden folgendermaßen behandelt:
– Das erste wird mit Wasser befeuchtet.
– Das zweite wird mit Speiseöl befeuchtet.
– Das dritte bleibt unbehandelt.
Die Eisenwolleknäuel schiebst du mit dem Spatel in jeweils ein Reagenzglas – bis an den Boden. Stelle die Reagenzgläser mit der Öffnung nach unten in ein Becherglas, das ca. 2 cm hoch mit Wasser gefüllt ist. Lass die Versuchsanordnung einige Tage stehen.
Auswertung: Wie verändern sich die Eisenwolle und der Wasserstand in den Reagenzgläsern nach etwa 3 Tagen? Finde eine Erklärung.

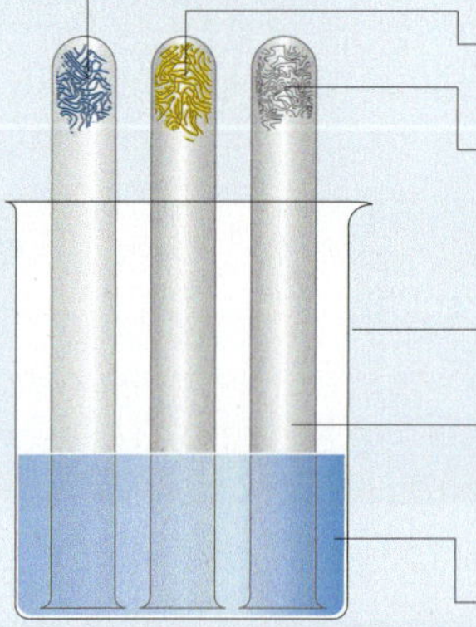

4 Magische Kerze

Geräte: Tiegelzange, Papier
Chemikalien: Kerzendocht (ca. 10 cm lang), Teelicht, Magnesiumpulver
Durchführung: Tauche einen Docht in das flüssige Wachs eines Teelichts. Streue etwas Magnesiumpulver auf ein Papier und wälze den noch warmen Docht im Magnesiumpulver. Halte den abgekühlten Docht mit einer Tiegelzange und entzünde ihn. Blase die Flamme aus, sobald sie anfängt Funken zu sprühen.
Auswertung: Erkläre die „Zauberei".

Nichtmetalle reagieren mit Sauerstoff

Brennende Kerze auf der Waage Stellt man eine brennende Kerze auf eine Waage, kann man beobachten, dass die Masse bei der Verbrennung abnimmt. Wie kann das sein, wenn sich der Brennstoff, das Wachs, doch mit dem Sauerstoff aus der Luft verbindet?

„Flüchtige" Oxide Bei der Verbrennung von Eisenwolle entsteht Eisenoxid. Dieses können wir sehen. Und was entsteht bei der Verbrennung des Wachses? Bei vielen nichtmetallischen Brennstoffen wie Wachs, Holz, Kohle oder Papier entstehen gasförmige Reaktionsprodukte.

Kohlenstoffdioxid und andere Nichtmetalloxide Der Hauptbestandteil der meisten Brennstoffe ist Kohlenstoff. Kohlenstoff ist ein Nichtmetall. Bei der Verbrennung verbindet sich dieser mit Sauerstoff hauptsächlich zu Kohlenstoffdioxid, einem Nichtmetalloxid.

Kohlenstoff + Sauerstoff
→ Kohlenstoffdioxid | exotherm

Zusätzlich entstehen auch kleinere Mengen Kohlenstoffmonooxid, das sehr giftig ist und beim Einatmen tödlich wirken kann. Da viele Brennstoffe auch andere Nichtmetalle wie Schwefel enthalten, entstehen bei Verbrennungen häufig auch Schwefeldioxid und Schwefeltrioxid.

Nichtmetall + Sauerstoff
→ Nichtmetalloxid | exotherm

Verbrennungen im menschlichen Körper Die Nahrungsmittel sind die Brennstoffe für den menschlichen Körper. Der für die Verbrennung notwendige Sauerstoff wird über die Lungen aufgenommen und mit dem Blut zu den Körperzellen transportiert. Dort findet die Verbrennung der Nährstoffe statt. Das Verbrennungsprodukt Kohlenstoffdioxid wird ausgeatmet. Die Einatemluft enthält ca. 21 % Sauerstoff und 0,038 % Kohlenstoffdioxid. In der Ausatemluft sind nur noch 17 % Sauerstoff und dafür 4 % Kohlenstoffdioxid enthalten.

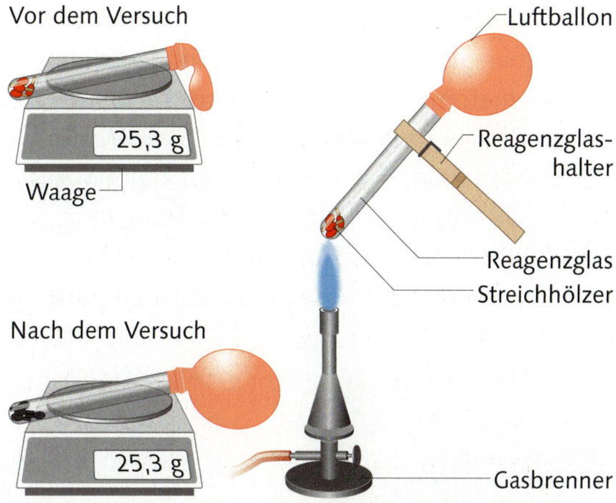

1 *Die Summe der Massen der Reaktionsprodukte ist gleich der Summe der Massen der Ausgangsstoffe.*

Das Gesetz von der Erhaltung der Masse
Stülpt man einen Luftballon über ein Reagenzglas, in dem sich Streichhölzer befinden, dann lassen sich die Verbrennungsgase beim Abbrennen der Streichhölzer auffangen und mit einer Waage wiegen. Durch den Luftballon ist das Reagenzglas dicht verschlossen. Die chemische Reaktion findet in einem geschlossenen Raum statt, aus dem kein Stoff entweichen und in den von außen kein Stoff eindringen kann. Vergleicht man die Masse vor und nach der Verbrennung, wird deutlich: Die Masse ändert sich nicht. Bei einer chemischen Reaktion geht weder Masse verloren noch kommt Masse dazu.

Bei einer chemischen Reaktion haben die Ausgangsstoffe die gleiche Masse wie die Reaktionsprodukte.

Aufgaben

1 Nenne vier Oxide. Unterscheide nach Metalloxid und Nichtmetalloxid.

2 Bei der Verbrennung von Holz entsteht Asche. Diese ist viel leichter als das Holz.

a Warum nimmt die Masse des Feststoffs ab?

b Erläutere, warum das Gesetz von der Erhaltung der Masse dennoch gilt.

3 Wie ändert sich die Zusammensetzung der Raumluft, wenn sich Personen in einem geschlossenen Raum befinden?

Atomverbände und Moleküle

Eisenatome im Atomverband Ein Eisennagel, der 1 g wiegt, besteht aus ungefähr 10 Trilliarden Eisenatomen. Diese liegen im Nagel in einem riesigen Atomverband vor. Eine Modelldarstellung (Bild 1) kann nur einen kleinen Ausschnitt des Atomverbands veranschaulichen. Das Symbol Fe steht nicht nur für das Element Eisen, sondern auch für ein einzelnes Eisenatom.

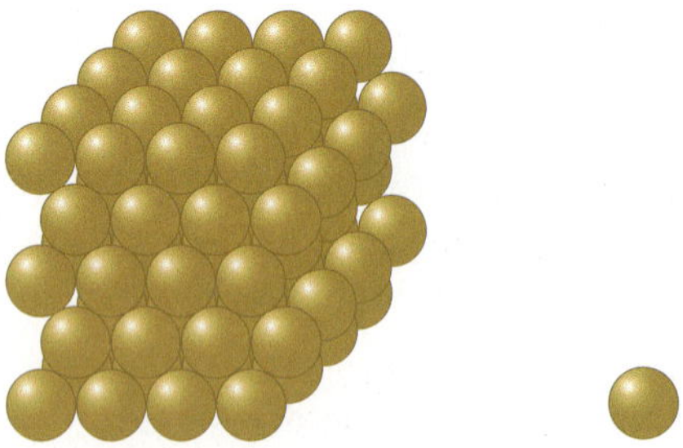

1 *Eisenatome liegen im Atomverband vor.*

Metallverbindungen Eisensulfid ist eine chemische Verbindung aus Eisen und Schwefel. Diese Metallverbindung bildet einen Atomverband aus Eisen- und Schwefelatomen. Metallverbindungen werden aus Metallatomen und Nichtmetallatomen gebildet.

Metalle und Metallverbindungen bestehen aus Atomverbänden.

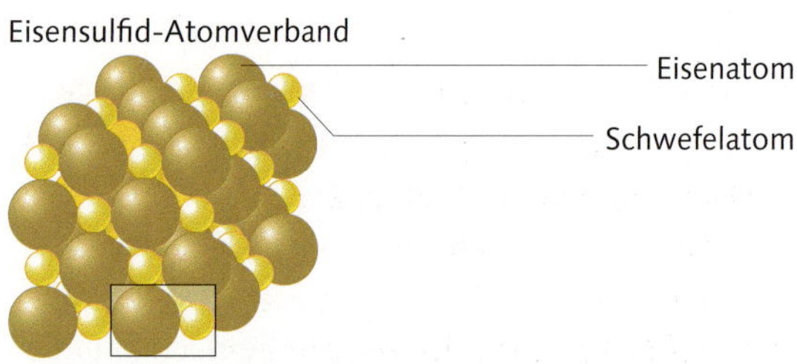

2 *Aufbau des Atomverbands von Eisensulfid*

Reaktionsschema Eine chemische Reaktion kann mithilfe eines Reaktionsschemas dargestellt werden. Bekannt ist dir die Beschreibung einer chemischen Reaktion so:

Reaktionsschema in Worten:
Eisen + Schwefel → Eisensulfid

Außerdem können wir die Reaktion mithilfe einer Modelldarstellung beschreiben.

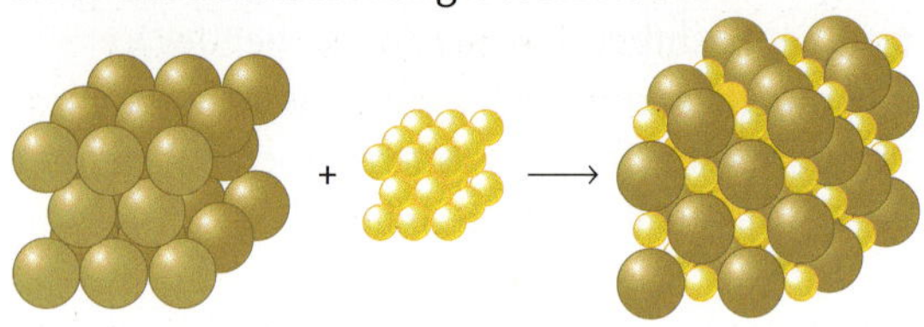

Kürzer ist die Darstellung mithilfe eines Reaktionsschemas in Symbolschreibweise, also Fe für Eisen, S für Schwefel und FeS für Eisensulfid. Dabei bezieht man sich auf die kleinsten Einheiten, die bei der chemischen Reaktion eine Rolle spielen, und verwendet die chemischen Symbole.

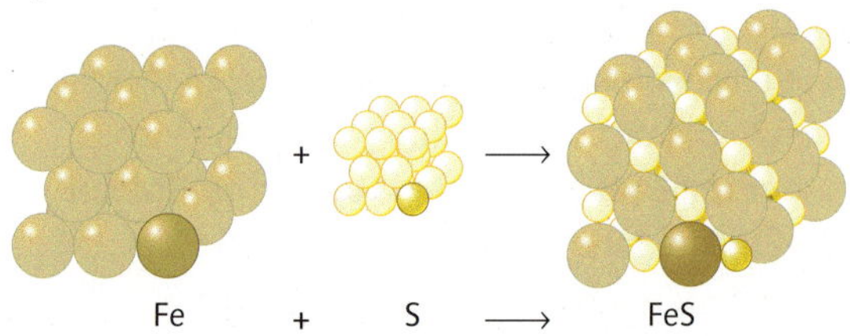

Aufbau von Metallverbindungen Eisen- und Schwefelatome liegen im Eisensulfid-Atomverband im Verhältnis 1 : 1 vor. Auf ein Eisenatom kommt jeweils ein Schwefelatom.
Am Aufbau des Atomverbands von Kupferoxid sind doppelt so viele Kupfer- wie Sauerstoffatome beteiligt. Auf ein Sauerstoffatom kommen jeweils zwei Kupferatome. Das Verhältnis Kupfer- zu Sauerstoffatomen ist 2 : 1.

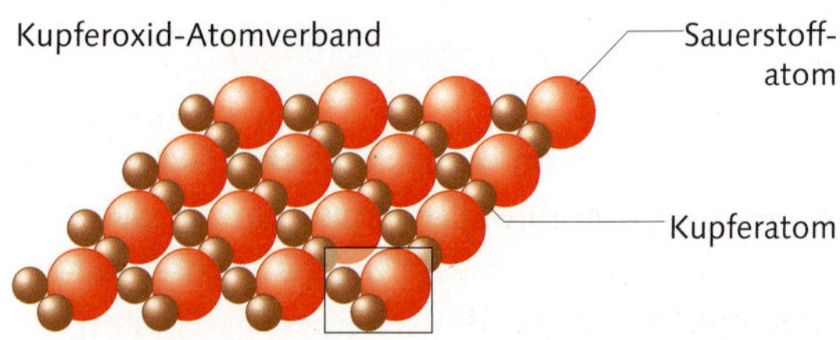

3 *Aufbau des Atomverbands von Kupferoxid (Cu_2O)*

Verhältnisformel Die Verhältnisformel einer chemischen Verbindung gibt an, aus welchen Atomen die Verbindung besteht und in welchem Zahlenverhältnis die Atome zueinanderstehen. Bei den chemischen Formeln FeS und Cu_2O handelt es sich um Verhältnisformeln.

Atome und Moleküle in Gasen Bei Edelgasen wie Argon oder Neon treten die Atome einzeln auf. Bei den meisten anderen Gasen wie Sauerstoff oder Stickstoff schließen sie sich zu Verbindungsteilchen zusammen. Solche Verbindungsteilchen bestehen aus zwei oder mehr Atomen und man bezeichnet sie als Moleküle. Im Gegensatz zum „riesigen" Atomverband ist die Zahl der Atome in Molekülen begrenzt.

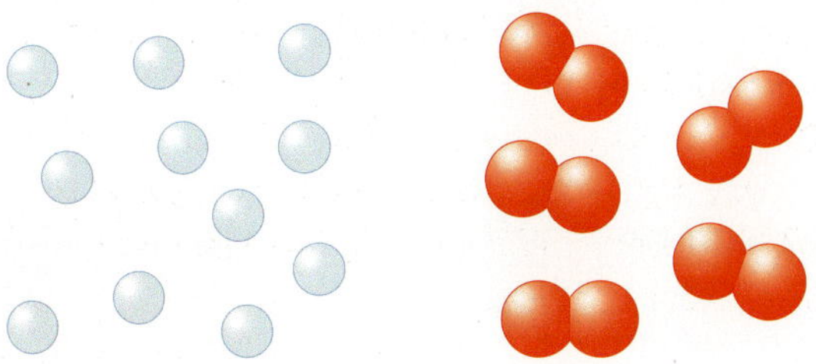

4 *Neonatome und Sauerstoff-Moleküle*

Edelgase bestehen aus einzelnen Atomen. Bei den anderen Gasen sind mindestens zwei Atome zu einem Molekül verbunden.

Gasförmige Verbindungen Bei der Verbrennung vieler Nichtmetalle entstehen gasförmige Nichtmetalloxide. Diese Gase bestehen aus Molekülen.

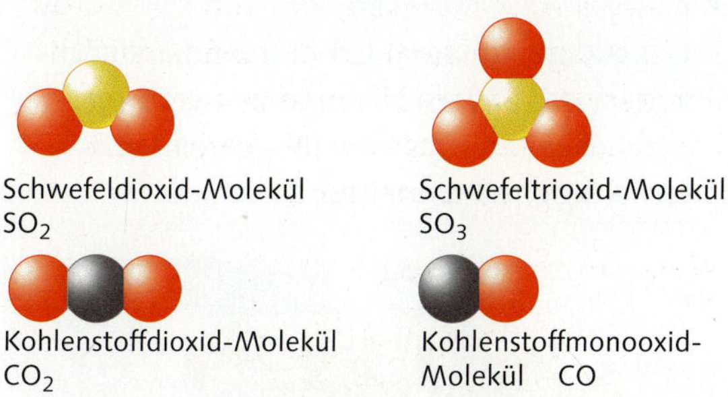

5 *Moleküle gasförmiger Nichtmetalloxide*

Molekülformel Bei der Formel O_2 sagt dir die tiefgestellte Ziffer 2 hinter dem Symbol O, dass zwei Sauerstoffatome zu einem Molekül verbunden sind. Die Formel CO_2 besagt, dass es sich um ein Molekül aus einem Kohlenstoff- und zwei Sauerstoffatomen handelt.

Die Molekülformel gibt an, aus welchen und aus wie vielen Atomen ein Molekül besteht.

Benennung chemischer Verbindungen Bei der Benennung chemischer Verbindungen wie Kohlenstoffmonooxid, Kohlenstoffdioxid oder Schwefeltrioxid verwendet man zur genauen Bezeichnung griechische Zahlwörter. „Tri" in Schwefeltrioxid zeigt an, dass das Schwefelatom mit drei Sauerstoffatomen verbunden ist.

Zahl	1	2	3	4	5	6
Bezeichnung	mono	di	tri	tetra	penta	hexa

Tab. 1 *Griechische Zahlwörter*

Reaktionsschema Die Molekülbildung bei der Reaktion von Kohlenstoff mit Sauerstoff zu Kohlenstoffdioxid kann mit verschiedenen Reaktionsschemata dargestellt werden.

Reaktionsschema in Worten:
Kohlenstoff + Sauerstoff $\rightarrow$ Kohlenstoffdioxid

Modelldarstellungen und Reaktionsschema in Symbolschreibweise:

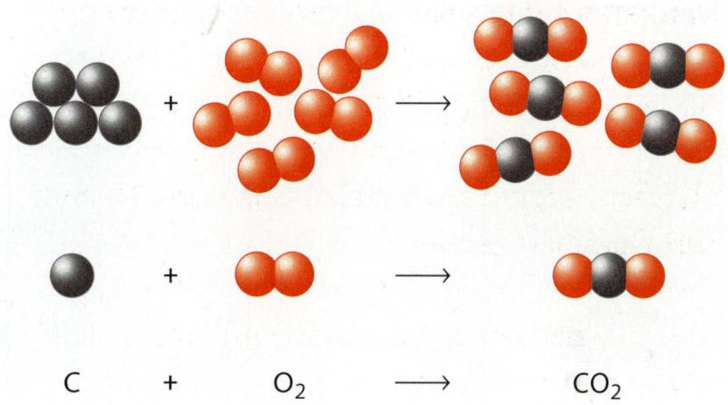

Aufgaben

1 Bei der Reaktion von Aluminium mit Sauerstoff verbinden sich Aluminium- und Sauerstoffatome im Verhältnis 2:3.
a Nenne den Namen der chemische Verbindung.
b Gib ihre Verhältnisformel an.
2 Was versteht man unter einem Molekül?
3 Beschreibe den Aufbau der folgenden Moleküle: H_2, H_2O, CH_4.
4 Nenne jeweils zwei gasförmige Elemente, die:
a aus Atomen
b aus Molekülen bestehen.
5 Gib die genaue Bezeichnung der folgenden Verbindungen an, verwende dabei die griechischen Zahlwörter: NO, NO_2, SO_3, P_2O_5.

Methode Aufstellen von Formeln mithilfe der Wertigkeit

1 *Das Sauerstoffatom ist zweiwertig und kann daher zwei Wasserstoffatome binden.*

Warum H_2O? Wasser hat die Molekülformel H_2O. Warum nicht HO oder HO_2? Das Wasserstoffatom hat nur eine Bindemöglichkeit, es ist einwertig. Das Sauerstoffatom dagegen hat zwei Bindemöglichkeiten, es ist zweiwertig. Da alle Bindemöglichkeiten genutzt werden müssen, braucht man für ein Sauerstoffatom zwei Wasserstoffatome. Die Zahl, die angibt, wie viel Wasserstoffatome ein Atom eines Elements binden kann, wird Wertigkeit genannt. Wertigkeiten werden mit römischen Zahlen angegeben.

Element	Symbol	Wertigkeit
Wasserstoff	H	I
Chlor	Cl	I
Natrium	Na	I
Kupfer	Cu	I oder II
Sauerstoff	O	II
Magnesium	Mg	II
Eisen	Fe	III oder II
Aluminium	Al	III
Kohlenstoff	C	IV oder II

Tab. 1 *Beispiele für Wertigkeiten*

Mehrere Wertigkeiten Im Kohlenstoffdioxid-Molekül (CO_2) hat das Kohlenstoffatom vier Bindemöglichkeiten. Für diese benötigt es zwei Sauerstoffatome mit jeweils zwei Bindemöglichkeiten. Wenn nicht genügend Sauerstoffatome zur Verfügung stehen, kann sich das Kohlenstoffatom auch mit einem Sauerstoffatom „begnügen". Es bildet dann nur zwei Bindemöglichkeiten und ist damit zweiwertig wie im Kohlenstoffmonooxid-Molekül (CO). Ein Eisenatom kann II- oder III-wertig sein. Man gibt dies mit folgender Schreibweise an: Eisen(II)-oxid bzw. Eisen(III)-oxid.

Aufstellen von Formeln Mithilfe der Wertigkeiten kannst du die Formeln von chemischen Verbindungen aufstellen. Gehe dabei so vor:

1 *Wertigkeiten zuordnen*
Mithilfe einer Tabelle kannst du die Wertigkeiten feststellen. Schreibe die Wertigkeiten der beiden Verbindungspartner über die Symbole.

Beispiel: $\overset{III}{Al}\ \overset{II}{O}$

Aluminium (Al)
III-wertig

Sauerstoff (O)
II-wertig

2 *Ausgleichen der Wertigkeiten*
Beide Verbindungspartner müssen gleich viele Bindemöglichkeiten bekommen. Dazu wird die Anzahl der Atome so vervielfacht, dass man das kleinste gemeinsame Vielfache (kgV) der Bindemöglichkeiten erhält. Die Anzahl der Atome muss vervielfacht werden.
Beispiel:
Das Aluminiumatom hat drei Bindemöglichkeiten, das Sauerstoffatom hat zwei Bindemöglichkeiten. Das kleinste gemeinsame Vielfache (kgV) wird ermittelt.

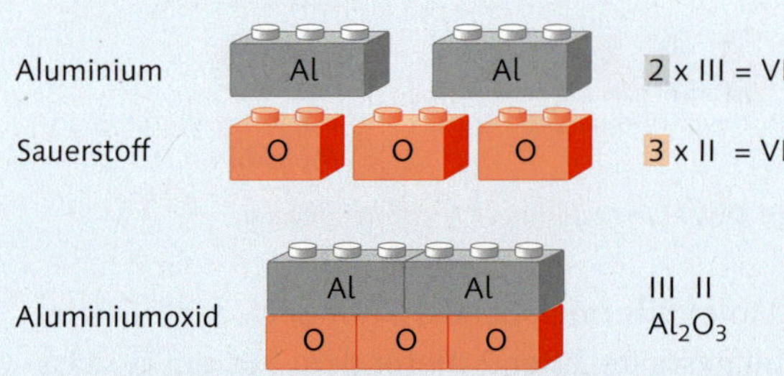

3 *Aufstellen der Formel*
Die Zahlen, mit denen du vervielfachst, werden tiefgestellt hinter die Symbole geschrieben.

Formel: Al_2O_3

Methode Ein Reaktionsschema aufstellen

Chemische Reaktionen beschreiben Ein Reaktionsschema in Worten gibt die Ausgangsstoffe und die Reaktionsprodukte bei einer chemischen Reaktion an. Bei einem Reaktionsschema in Symbolschreibweise wird durch Elementsymbole und Formeln beschrieben, welche Atome in den Ausgangsstoffen und Reaktionsprodukten vorkommen. Dabei wird auch die Anzahl der beteiligten Atome berücksichtigt.

Die Zahl *vor einer Formel* gibt die Anzahl der Atome oder Moleküle an. Eine 1 wird nicht aufgeschrieben.

Beispiel: 2 Mg (zwei Magnesiumatome)

Die kleine, tiefergestellte Zahl *hinter einem Symbol* gibt an, wie viele Atome einer Art in einem Molekül vorkommen. Auch hier wird eine 1 nicht notiert.

Beispiel: O_2 (Ein Sauerstoff-Molekül, das aus zwei Sauerstoffatomen besteht.)

5

Wie stellt man ein Reaktionsschema auf?

1 *Reaktionsschema in Worten aufstellen*

Magnesium + Sauerstoff ⟶ Magnesiumoxid

Lies:

Magnesium und Sauerstoff reagieren zu Magnesiumoxid.

2 *Reaktionsschema in Symbolschreibweise aufstellen*

An der chemischen Reaktion sind sehr viele Atome und Moleküle beteiligt. Stellvertretend für sie gibt man nur die kleinstmöglichen Einheiten an.

Für die an der chemischen Reaktion beteiligten Atome und Moleküle werden die zugehörigen Symbole und Formeln eingesetzt.

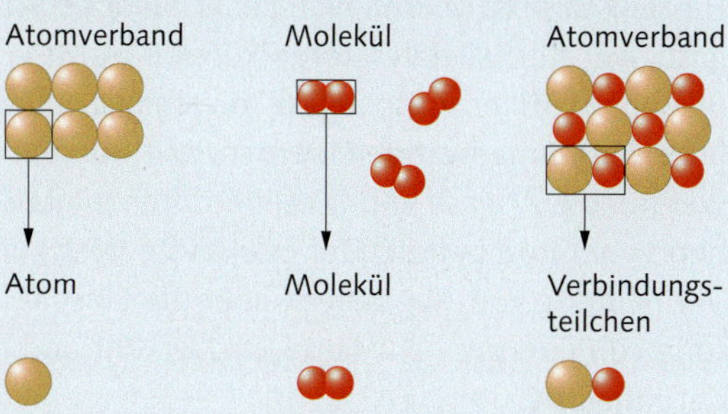

Mg + O_2 ⟶ MgO

Dieses Reaktionsschema in Symbolschreibweise wird dem Gesetz von der Erhaltung der Masse nicht gerecht, da ein Sauerstoffatom bei der Reaktion verloren ginge. Bei den Ausgangsstoffen und bei den Reaktionsprodukten muss die gleiche Anzahl von Atomen der gleichen Art stehen. Man muss das Reaktionsschema noch ausgleichen.

3 *Reaktionsschema ausgleichen*

Bei einer chemischen Reaktion werden die Atome nur umgeordnet. Daher muss die Anzahl der Atome links und rechts vom Reaktionspfeil gleich groß sein.

Mg + O_2 ⟶ MgO

Ein Verbindungsteilchen Magnesiumoxid besteht aus einem Magnesiumatom und einem Sauerstoffatom. Links vom Reaktionspfeil gibt es aber zwei Sauerstoffatome.

Durch Multiplizieren der Symbole und Formeln kann man das Reaktionsschema ausgleichen. An den Formeln und Symbolen selbst darf nichts geändert werden.

Mg + O_2 ⟶ 2 MgO

Verdoppelt man die Anzahl der Magnesiumoxid-Verbindungsteilchen, gibt es auf beiden Seiten zwei Sauerstoffatome. Rechts stehen zwei Magnesiumatome und links nur eins. Daher wird die Anzahl der Magnesiumatome auf der linken Seite verdoppelt.

2 Mg + O_2 ⟶ 2 MgO

Die Anzahl der Atome auf beiden Seiten des Reaktionspfeils ist nun gleich. Das Reaktionsschema ist nun ausgeglichen.

Luftverschmutzung

Schädliche Abgase Bei der Verbrennung fossiler Energieträger wie Kohle, Erdgas, Heizöl, Benzin oder Diesel, aber auch bei der Verbrennung von Holz entstehen die Reaktionsprodukte Kohlenstoffdioxid und Wasser. Zusätzlich werden giftige Abgase frei, die unsere Umwelt belasten. Die von einem Verursacher ausgestoßenen Schadstoffe bezeichnet man als seine Emissionen, die dadurch entstehenden Umweltbelastungen als Immissionen.

Die Abgabe giftiger, gesundheits- oder umweltschädlicher Stoffe wird Emission genannt. Jede Emission hat eine Immission in die Umwelt zur Folge.

Verursacher der Luftverschmutzung Die größte Menge Kohlenstoffdioxid und Schwefeldioxid wird durch die Verbrennung von Heizöl oder Kohle in Kraftwerken erzeugt. Bei der Verbrennung von Benzin im Automotor reagiert ein Teil des Luftstickstoffs mit Sauerstoff zu Stickstoffmonooxid und Stickstoffdioxid. Daher ist hauptsächlich der Straßenverkehr für die Luftbelastung durch Stickstoffoxide verantwortlich. Daneben tragen auch Industrie und private Haushalte zur Luftverschmutzung bei.

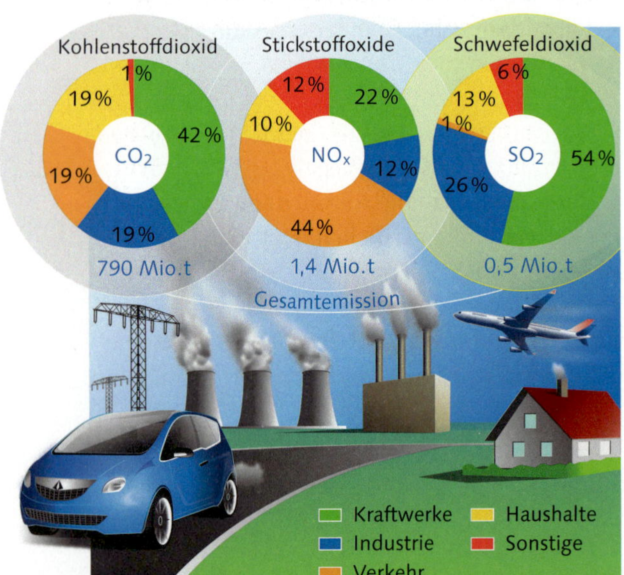

1 *Verursacher von Emissionen in Deutschland (2009)*

2 *Viele Stadtzentren kann man nur noch mit einer entsprechenden Plakette befahren.*

Kraftwerke, Industrie, Haushalte und Verkehr sind hauptsächlich für die Luftverschmutzung verantwortlich.

Feinstaub Bei Verbrennungen und bei der Verarbeitung von Holz, Metall und Kunststoff entstehen Feinstäube, die unsere Atemluft verunreinigen. Feinstaubpartikel mit einem Durchmesser unter 0,01 mm können von den Schleimhäuten der Nase und des Rachens nicht herausgefiltert werden. Sie gelangen in die Lunge und können zu Gesundheitsschäden führen.

Reinhaltung der Luft Umweltfreundliche Heizungen produzieren weniger schädliche Abgase. Mit Abgaskatalysatoren können bis zu 90 % der giftigen Autoabgase in weniger schädliche Gase umgewandelt werden. Mit Rußfiltern werden die Abgase von Dieselmotoren weitgehend vom Ruß befreit. Der effektivste Weg zur Vermeidung von Abgasen ist aber die Einsparung von Energie – zu Hause, im Verkehr und in der Industrie.

Aufgaben

1 Nenne mindestens vier Schadstoffe, die unsere Luft belasten.

2 Welchen Beitrag kannst du zur Luftreinhaltung leisten?

3 Nenne zwei Verursacher für Feinstaub.

4 Recherchiere, welche Grenzwerte für Feinstaub es in Deutschland gibt. Was passiert, wenn die Grenzwerte überschritten werden?

Leben im Treibhaus

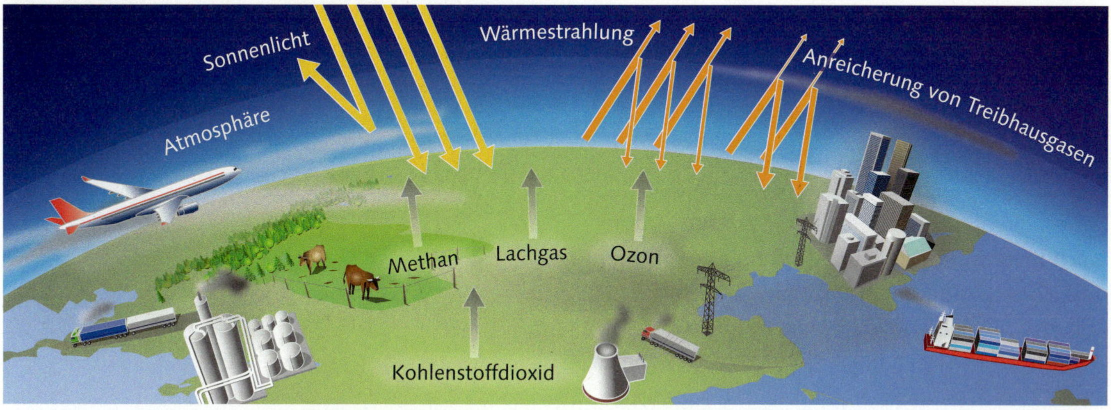

1 *Modellhafte Darstellung des Treibhauseffekts*

Die Erdatmosphäre als natürliches Treibhaus Unsere Erde ist von der Erdatmosphäre umgeben. Diese gasförmige Lufthülle wirkt wie das Dach eines gläsernen Treibhauses: Sonnenstrahlen werden durchgelassen, dadurch wird die Erdoberfläche erwärmt. Ein Teil der von der Erde kommenden Wärmestrahlung wird von der Lufthülle reflektiert. Durch diesen natürlichen Treibhauseffekt haben wir auf der Erde eine Durchschnittstemperatur von ca. 15 °C. Ohne Lufthülle läge die mittlere Temperatur bei –18 °C und die Erde wäre vereist. Menschliches Leben wäre nicht möglich.

Der natürliche Treibhauseffekt ermöglicht menschliches Leben auf der Erde.

Von Menschen verursachter Treibhauseffekt Durch Abgase wird der natürliche Treibhauseffekt „künstlich" verstärkt. Dabei ist Kohlenstoffdioxid der größte „Übeltäter": Auf sein Konto gehen ca. 60 % des künstlichen Treibhauseffekts. Mit dem Anstieg des Kohlenstoffdioxidgehalts der Luft von 0,028 % im Jahr 1850 auf fast 0,04 % im Jahr 2012 ist auch die Durchschnittstemperatur gestiegen. Weitere von Menschen verursachte Treibhausgase sind Methan, Lachgas (Distickstoffmonooxid) und Ozon. Methan entsteht bei der Zersetzung von pflanzlichem Material, z. B. bei der Verdauung von Gras im Magen von Wiederkäuern. Lachgas und Ozon stammen vor allem aus Autoabgasen.

Die Temperatur auf der Erde steigt Seit 1850 ist die Durchschnittstemperatur auf der Erde um ca. 0,7 °C gestiegen. Nach Modellrechnungen würde die Temperatur bis zum Jahr 2100 um ca. 4 °C steigen, wenn der Ausstoß an Treibhausgasen nicht gesenkt wird. Klimaforscher und Politiker sind sich einig, dass die Temperatur um höchstens 2 °C ansteigen darf. Dazu müssen wir unseren Treibhausgasausstoß deutlich senken.

Auswirkungen des Treibhauseffekts Ein Temperaturanstieg kann schwerwiegende Folgen haben: Die Gletscherschmelze an Nord- und Südpol lässt den Meeresspiegel ansteigen, so werden küstennahe Gebiete durch Überschwemmungen bedroht. Hitzewellen im Sommer führen zu Wassermangel. Dadurch dehnen sich Wüstengebiete aus und die landwirtschaftlichen Erträge sinken. Größere Regenmengen im Winter bringen ein erhöhtes Hochwasserrisiko im Inland. Extreme Stürme können ganze Landstriche verwüsten.

Der von Menschen verursachte Treibhauseffekt gefährdet das Leben auf der Erde.

Aufgaben

1 Nenne vier Treibhausgase.

2 Erläutere den Begriff „künstlicher Treibhauseffekt".

3 Welche Folgen hat der künstliche Treibhauseffekt?

5

Methode Internetrecherche

„Wer suchet, der findet"? Für die Suche im Internet muss dieser Bibelspruch abgewandelt werden: „Nur wer beim Suchen strategisch klug vorgeht, findet etwas Sinnvolles." Inzwischen gibt es im Internet Milliarden Seiten. Zum Thema Treibhauseffekt werden fast eine Million Seiten angeboten. Wie soll man sich in einem solchen Wust von Informationen zurechtfinden und orientieren können? Damit du dich im Internet nicht „verläufst", musst du zielgerichtet und planvoll vorgehen.

1 *Orientieren*

Bevor du mit der Recherche beginnst, solltest du dir Notizen machen.

Leitfragen:
- Worum geht es? Was weiß ich bereits über das Thema?
- Welche Internetangebote könnte ich nutzen?

Beispiel: Es geht um die Auswirkungen des Treibhauseffekts auf den Zugspitzgletscher und mögliche Schutzmaßnahmen. Du notierst die Stichwörter: Treibhauseffekt, Zugspitze, Gletscher, Schutzmaßnahmen.

2 *Suchen und Dokumentieren*

Überlege dir, wie du die zentralen Begriffe als Suchwörter in eine Suchmaschine eingeben kannst.

Hinweis: Suchbegriffe können mit sogenannten Operatoren, z. B. „und", „oder", „nicht", verbunden werden. Genaueres findest du im Hilfeprogramm der Suchmaschine.

Beispiel: Zugspitze Gletscherschmelze Schutz

Tipp:
Wenn du interessante Seiten findest, solltest du sie bzw. ihre Internetadressen am besten gleich abspeichern. In deinem Browser kannst du Favoriten oder Lesezeichen anlegen.

3 *Auswerten*

Nun wertest du das gesammelte Material (Text, Bilder, Filme, Musik) aus und wählst die für deine Zwecke (z. B. Information, Referat, Präsentation) geeigneten Seiten aus.

Leitfragen:
- Wer hat diese Seite ins Internet gestellt? Ist die Quelle vertrauenswürdig? Werden die Informationen auf anderen Seiten bestätigt?
- Wie ist der Gesamteindruck der Seite? Welchen Eindruck hast du von der Gestaltung, dem Schreibstil und der Werbung?
- Was wird inhaltlich angeboten? Sind die Inhalte aktuell und für mich verständlich?

Beispiel: Auf der Seite *gletscherschutz.de* erfährst du, dass der Zugspitzgletscher im Sommer zum Schutz gegen das Abschmelzen mit Lastwagenplanen abgedeckt wird. Die Seite ist aktuell, ansprechend gestaltet und macht einen seriösen Eindruck. Die Inhalte sind für dich gut verständlich.

Tipps:
- Übernimm nur solche Informationen aus dem Internet, die du auch wirklich verstehst.
- Kopiere keine langen Texte, sondern fasse das Wesentliche mit eigenen Worten zusammen.
- Schmücke dich nicht mit fremden Federn, sondern gib die Quellen an, denen du etwas entnommen hast.

Exkurs Ökologischer Fußabdruck

Kleiner Mensch mit riesigem Fußabdruck Durch die Produktion von Treibhausgasen, vor allem Kohlenstoffdioxid (CO_2), verursachen die Menschen einen Klimawandel auf der Erde, der zu einer Bedrohung für die ganze Menschheit werden kann. Im Schnitt produziert jeder Einwohner Deutschlands etwa 11 Tonnen Kohlenstoffdioxid im Jahr und hinterlässt damit eine deutliche Spur.

CO_2 „steckt" in unserem Essen Auf dem Weg von der Kartoffel zu den Pommes frites wird viel Energie benötigt. Bis du die Portion Pommes auf dem Teller hast, hat sie etwa 1,1 kg CO_2 verursacht. Wenn du mit dem Fahrrad beim Bauern Kartoffeln holst und daraus eine Portion Bratkartoffeln herstellst, entstehen nur ungefähr 50 g CO_2.

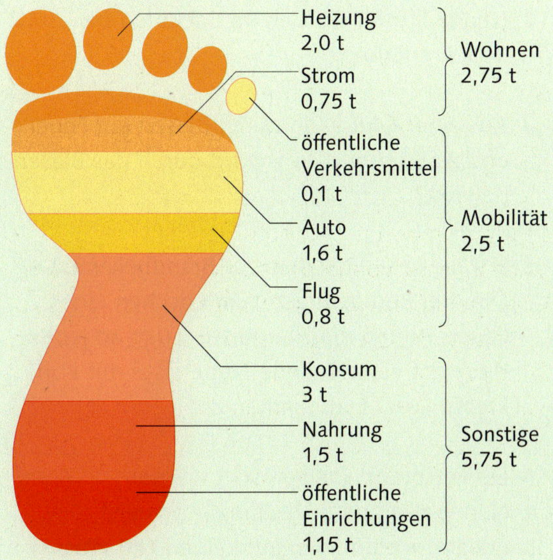

1 *CO_2-Emissionen pro Einwohner pro Jahr in Deutschland*

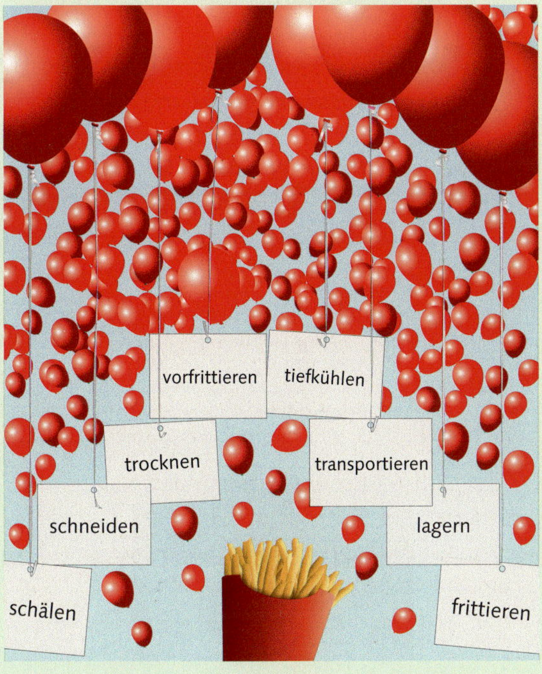

2 *Bei der Herstellung von Pommes wird viel CO_2 frei.*

Auto gegen Fahrrad Bei einem Wettrennen gewinnt zwar das Auto, im CO_2-Vergleich bist du aber mit dem Fahrrad unschlagbar. Dein Fahrrad stößt kein Kohlenstoffdioxid aus. Ein Mittelklassewagen, der auf 100 km 8 l Benzin verbraucht, stößt dabei 18 kg Kohlenstoffdioxid aus.

Lebenszyklus eines Produkts Bei der Ermittlung des CO_2-Fußabdrucks eines Produkts müssen seine Herstellung, die Verpackung, der Transport, die Verwendung und die Entsorgung beachtet werden. Unter Berücksichtigung des ganzen Lebenszyklus kann eine Sporttasche aus Kunststoff, die in China hergestellt wurde, einen Kohlenstoffdioxid-Ausstoß von bis zu 70 kg zur Folge haben.

Aufgaben

1 Erläutere, wie sich dein persönlicher CO_2-Fußabdruck verändert, wenn du im Winter Erdbeeren isst.

2 Ein Auto, das auf 100 km 7 l Benzin braucht, fährt 800 km von Hamburg nach München.

a Gib an, wie viel Kohlenstoffdioxid (in m^3) während der Fahrt ausgestoßen werden.

b Berechne die Masse des ausgestoßenen Kohlenstoffdioxids.

3 Ein voll besetztes Flugzeug verbraucht pro Passagier 3 l Kerosin auf 100 km. Bei der Verbrennung von 1 l Kerosin entstehen 2,5 kg CO_2. Mallorca ist von Frankfurt 1250 km entfernt. Berechne die Masse an CO_2 (in kg), die pro Passagier beim Urlaubsflug (hin und zurück) nach Mallorca in die Umwelt gelangen.

Teste dich!

1 Nenne Stoffe, die sich im Backofen bei 275 °C entzünden.

2 Aus einer Glut kann durch Blasen ein Feuer entfacht werden. Was wird durch das Blasen bewirkt?

3 Erstelle eine Mindmap zur Brandbekämpfung. Die drei Bedingungen zum Löschen eines Feuers bilden die Hauptäste. Füge an jeden Hauptast verschiedene Nebenäste mit konkreten Löschmaßnahmen an.

4 Ein Fettbrand soll gelöscht werden.
a Nenne geeignete Löschmaßnahmen.
b Erkläre, warum man auf keinen Fall Wasser in das brennende Fett gießen darf.

5 Nenne Verwendungsmöglichkeiten:
a für reinen, gasförmigen Sauerstoff
b für flüssigen Stickstoff

6 Vergleiche die Reaktionsfähigkeit von edlen und unedlen Metallen.

7 Nenne verschiedene Verfahren, durch die der Autohersteller eine Autokarosserie vor dem Rosten schützen kann.

8 Aus einer Kerze, die 14 g wiegt, entstehen bei der Verbrennung 62 g Abgase. Ist das ein Widerspruch zum Gesetz zur Erhaltung der Masse? Begründe deine Aussage.

9 Es gibt zwei Oxide des Kohlenstoffs. Benenne sie und gib ihre Formeln an.

10 Formuliere jeweils ein Reaktionsschema in Worten und in der Symbolschreibweise für die Reaktion von Sauerstoff mit:
a Natrium
b Aluminium

11 Formuliere ein Reaktionsschema in Worten und in der Symbolschreibweise für die Entstehung von Stickstoffdioxid.

12 Unterscheide anhand von Beispielen zwischen dem Aufbau von Metalloxiden und Nichtmetalloxiden.

13 Erläutere die Begriffe Emission und Immission.

14 Bild 1 zeigt ein Gewächshaus, in dem kälteempfindliche Pflanzen wachsen.
a Beschreibe, wie ein Gewächshaus funktioniert.
b Welche Stoffe übernehmen in der Erdatmosphäre die Funktion der Glasscheibe des Gewächshauses?

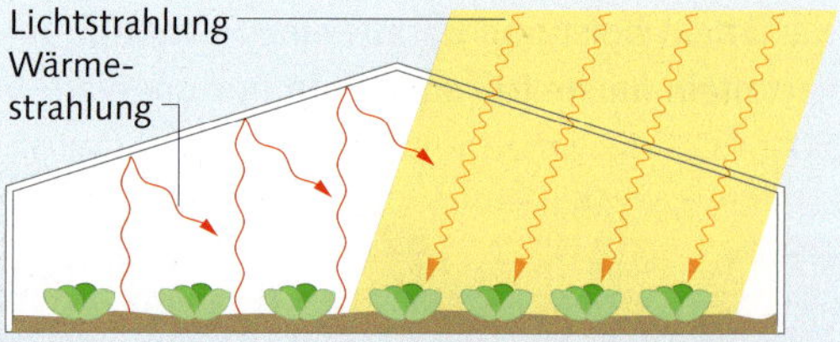

1 *Licht und Wärmestrahlung in einem Gewächshaus*

Aufgabe	Hilfe findest du auf Seite …
1	96
2	96
3	100–102
4	100–102
5	104/105
6	109
7	109
8	111
9	113
10	112/113
11	112/113
12	112/113
13	116
14	117
… und die Lösungen findest du im Anhang.	

Im Überblick

Ohne Verbrennungsvorgänge würde es kein Leben auf der Erde geben. Unser Körper erhält Energie durch die Verbrennung von Nahrungsmitteln. Brennstoffe liefern uns Wärme und ermöglichen unsere Mobilität. Erwünschte Verbrennungen haben auch unerwünschte Folgen: Die Schadstoffe, die bei Verbrennungen entstehen, belasten unsere Umwelt. Haus- und Waldbrände richten große Schäden an. Durch umsichtiges Verhalten und Brandschutzmaßnahmen kann man Bränden vorbeugen.

5

Wie entsteht ein Feuer?

- Damit ein Feuer entstehen kann,
  - braucht man einen brennbaren Stoff
  - muss Sauerstoff vorhanden sein
  - muss die Entzündungstemperatur des Brennstoffs erreicht werden

Wie löscht man ein Feuer?

- Mindestens eine der drei Brandbedingungen darf nicht mehr erfüllt sein:
  - Brennstoff
  - Sauerstoff
  - Entzündungstemperatur

Bestandteile der Luft

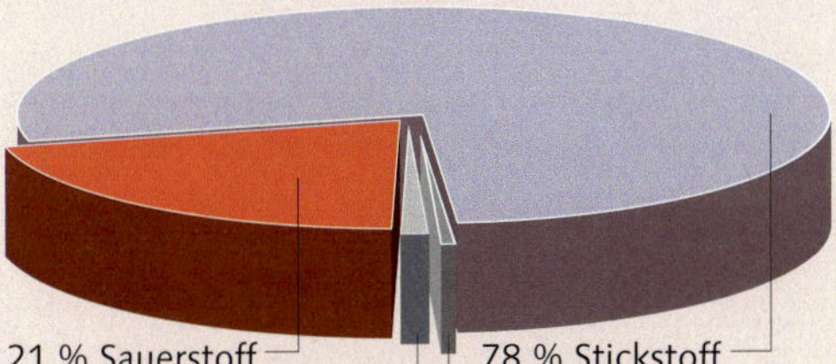

Oxidation

- chemische Reaktion, bei der Sauerstoff aufgenommen wird; Reaktionsprodukt: Oxid

Rosten und Rostschutz

- langsame Oxidation des Eisens
  Rostschutzmaßnahmen:
  - Einölen oder Einfetten
  - Farb-, Kunststoff- oder Metallüberzug

Moleküle

- bestehen aus einer begrenzten Anzahl mehrerer Atome

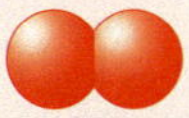
Sauerstoff-Molekül

Kohlenstoffdioxid-Molekül

Nichtmetalle reagieren mit Sauerstoff

- Nichtmetall + Sauerstoff
  → Nichtmetalloxid

  Beispiel:
  Kohlenstoff + Sauerstoff
  → Kohlenstoffdioxid

  $C + O_2 \rightarrow CO_2$

Metalle reagieren mit Sauerstoff

- Metall + Sauerstoff → Metalloxid
  Beispiel:
  - Reaktionsschema in Worten:
    Eisen + Sauerstoff → Eisenoxid
  - Reaktionsschema mit Symbolen:
    $4\,Fe + 3\,O_2 \rightarrow 2\,Fe_2O_3$

Treibhauseffekt

- *natürlich:* Gase in der Atmosphäre sorgen dafür, dass nur ein Teil der Wärmestrahlung der Sonne wieder von der Erde in den Weltraum abgegeben wird.
- *künstlich:* Menschen erzeugen zusätzlich Treibhausgase, die den natürlichen Effekt verstärken – es wird immer wärmer.
- *Treibhausgase:* Kohlenstoffdioxid, Methan, Lachgas, Ozon

6 Wasser

Aus dem Wasser entwickelte sich vor über drei Milliarden Jahren das erste Leben auf der Erde. Bis heute sind alle Lebewesen von diesem besonderen Stoff abhängig. Wasser bedeckt zu zwei Dritteln die Erde, es ist scheinbar im Überfluss vorhanden. Doch es muss geschützt werden, damit unsere Lebensgrundlage erhalten bleibt.

Wasser – lebensnotwendig für Mensch, Tier und Pflanze

1 *Menschen, Tiere und Pflanzen benötigen Wasser zum Leben.*

Wassergehalt in Mensch, Tier und Pflanze
Der Mensch besteht zu etwa 60 % aus Wasser. Den Rest machen Fett, Muskelmasse, Knochen und andere Stoffe aus. Körperflüssigkeiten wie Blut, Schweiß, Speichel, Urin oder Tränen bestehen hauptsächlich aus Wasser. Ein Erwachsener benötigt für seinen Stoffwechsel etwa 2–3 Liter Wasser täglich.
Auch Pflanzen können nicht ohne Wasser wachsen. Manche Pflanzen bestehen zu über 90 % aus Wasser. Viele Tiere und Pflanzen benötigen das Wasser auch als Lebensraum.

Wasser ist die Grundlage allen Lebens auf der Erde.

2 *Lebewesen bestehen zu unterschiedlichen Anteilen aus Wasser.*

Wasservorkommen auf der Erde Auf der Erde gibt es insgesamt 1,38 Mrd. km^3 Wasser. 71 % der Erdoberfläche sind mit Wasser bedeckt. Wasser ist also eine wichtige natürliche Ressource der Erde.
97,4 % des Wassers sind Salzwasser. Nur 2,6 % sind Süßwasser. Von der gesamten Wassermenge sind weniger als 1 % für uns als Trinkwasser erreichbar, denn ein großer Teil des Süßwassers befindet sich als Eis an Nord- und Südpol. Auf unserem Planeten ist also das Trinkwasser nicht gleichmäßig verteilt.

Nur ein geringer Teil der Ressource Wasser steht auf der Erde als Trinkwasser zur Verfügung.

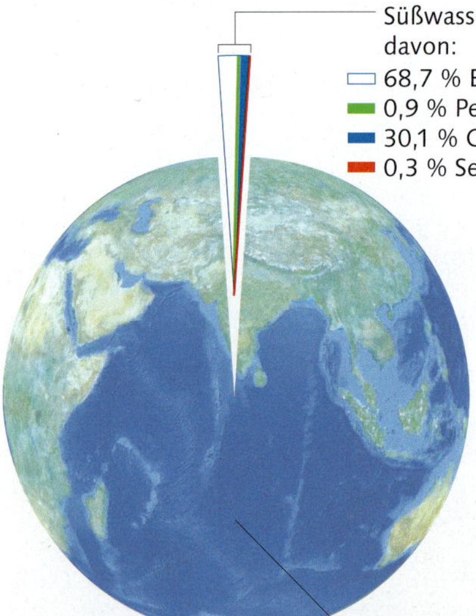

3 *Wasserverteilung auf der Erde*

Trinkwasserversorgung in aller Welt Nach aktuellen Schätzungen der Weltgesundheitsorganisation WHO haben etwa 884 Millionen Menschen keinen Zugang zu sauberem Trinkwasser. Ohne sauberes Trinkwasser leiden diese Menschen an Austrocknung und Krankheiten, die durch verschmutztes Wasser entstehen. Durch verschmutztes Wasser sterben jährlich zehnmal so viele Menschen wie durch Kriege. Mit steigender Weltbevölkerung steigt der Bedarf an Trinkwasser.

Viele Menschen haben keinen Zugang zu sauberem Trinkwasser.

Trinkwasserverwendung Wasser wird nicht nur getrunken, sondern in vielen Bereichen des täglichen Lebens, z. B. Duschen, Wäschewaschen und Geschirrspülen genutzt. Jeder Einwohner verwendet in Deutschland durchschnittlich etwa120 l Wasser am Tag. Hinzu kommt das Wasser, das in Kraftwerken, Industrie, Landwirtschaft und Handel sowie in öffentlichen Einrichtungen, z. B. Schwimmbädern und Krankenhäusern, benötigt wird.

Trinkwasser wird in Haushalten sowie in Industrie, Landwirtschaft und Handel verwendet.

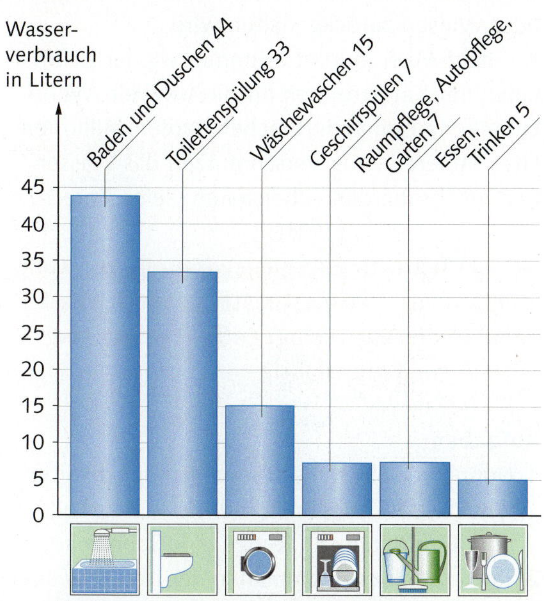

Weitere: Kleingewerbe 11 Liter

5 *Trinkwassserverwendung im Haushalt (Stand: 2011)*

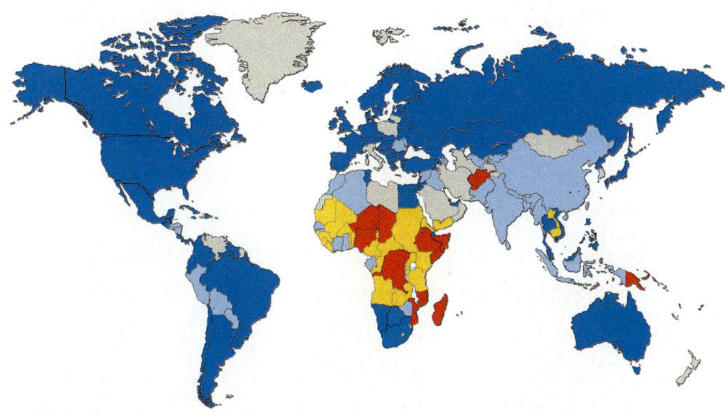

Anteil der Bevölkerung in %

- 91 bis 100
- 76 bis 90
- 50 bis 75
- unter 50
- keine Angaben

4 *Zugang der Weltbevölkerung zu sauberem Trinkwasser (Stand: 2008)*

Exkurs Die Wasseruhr
In jedem Haushalt sind Wasseruhren zu finden. Durch sie fließt das Wasser, das verbraucht wird. Die Mengenangabe wird in Kubikmetern angezeigt.

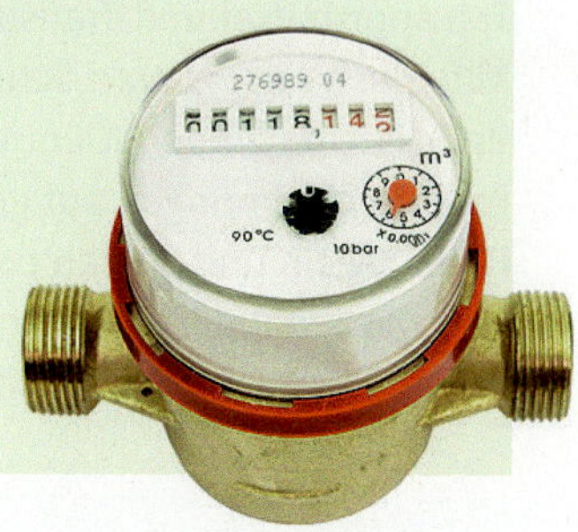

Aufgaben

1 Suche aus Bild 4 die Länder heraus, in denen größte Wassernot herrscht. Überlege, warum das Wasser in diesen Ländern knapp ist.

2 Ermittle mithilfe der Wasseruhr bei dir zu Hause:

a Wie viel Wasser verbraucht deine Familie an einem Tag? Vergleiche mit den Werten in Bild 5.

b Notiere, wofür das Wasser verwendet wurde.

c Überlege Maßnahmen wie du persönlich deinen Trinkwasserverbrauch verringern kannst.

Wasser – vielseitig genutzt

Wasserkraft Schon seit Jahrhunderten wird die Kraft des Wassers für den Antrieb von Mühlen genutzt. Diese Technik wurde weiterentwickelt: In großen Wasserkraftanlagen strömt heute das Wasser durch Turbinen und treibt dadurch Generatoren an. So wird Strom erzeugt, der eine sinnvolle und saubere Alternative zu Erdgas, Erdöl, Kohle oder Kernkraft ist.
Eine Talsperre (Bild 2) wird zur Energieerzeugung, zur Trinkwassergewinnung und auch zum Schutz vor Hochwasser errichtet.

Wasser als Kühlmittel Der Körper nutzt Wasser zur Kühlung. Während wir Sport treiben oder bei Fieber schwitzen wir. Dabei wird Wasser über die Hautporen ausgeschieden und sorgt bei der Verdunstung für Kühlung.
Auch in der Technik dient Wasser zur Kühlung. In Autos werden Motoren mit Wasser gekühlt. In der Industrie, z. B. in Kraftwerken, sorgt eine Wasserkühlung dafür, dass die Generatoren nicht zu heiß laufen.

Wasser als Transportmittel Wasser wird als Transportmittel und Transportweg genutzt. Mithilfe des Wassers wird Schmutz durch die Kanalisation zu den Kläranlagen transportiert. Frachtschiffe bringen auf großen Flüssen wie Rhein, Main und Donau oder auf Kanälen Waren in verschiedene Länder. Große Containerschiffe bringen ihre Ladung über das Meer in alle Welt.

1 *Containerschiffe nutzen Wasser als Transportweg.*

2 *Der Rurstausee (Eifel) ist auch ein Naherholungsziel.*

3 *Umweltverschmutzung durch auslaufendes Mineralöl*

Gefährdung des Lebensraumes Wasser Um das Wasser als Verkehrsweg zu nutzen, begradigt der Mensch Flüsse und baut Kanäle. So wird das Ökosystem Wasser bedroht. Viele Pflanzen werden beseitigt und Tiere verlieren ihren Lebensraum am und im Wasser. Zudem werden Hochwasserkatastrophen begünstigt, weil das Wasser nicht durch die Nebenarme oder Wiesen zurückgehalten wird.
Auf dem Meer kommt es immer wieder zu Unfällen mit Katastrophen für die Umwelt. Wenn Öltanker auseinanderbrechen, laufen Millionen Liter Mineralöl aus, verschmutzen das Wasser und gefährden den Lebensraum vieler Tiere.

Wasser wird zur Energiegewinnung, zur Kühlung und als Transportmittel genutzt. Wird dabei in die Natur eingegriffen, ist ein sorgfältiger Umgang wichtig.

Aufgaben

1 Nenne verschiedene Nutzungsmöglichkeiten von Wasser in Technik, Industrie, Haushalt und in der Freizeit. Fertige eine Tabelle an.
2 Tankerunglücke kommen leider immer wieder vor. Trage Fakten über drei Unfälle zusammen und beschreibe deren Folgen für die Umwelt.

Exkurs Der Wasserkreislauf

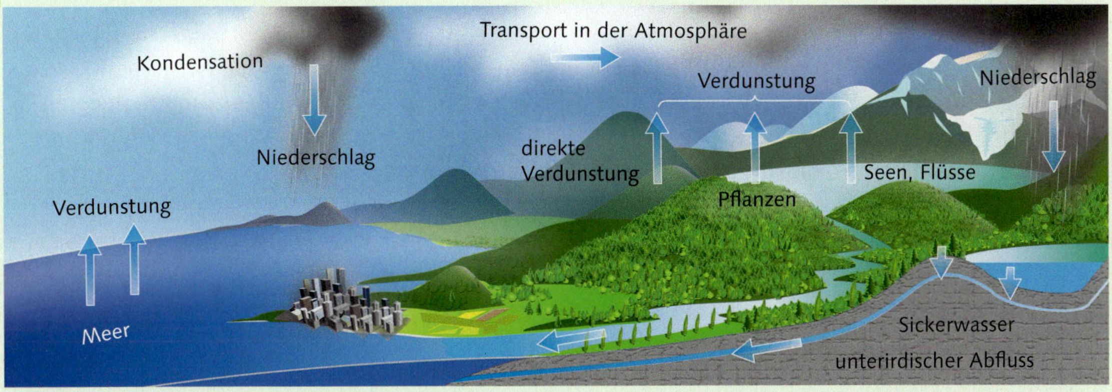

1 *Der Kreislauf des Wassers*

Wasser im Kreislauf des Lebens Unser Trink- und Brauchwasser wird aus Oberflächenwasser wie Bächen, Seen oder Flüssen und aus Grundwasser gefördert. Wir nutzen zwar das Wasser, doch es geht nicht verloren. Die Gesamtmenge an Wasser auf der Erde nimmt weder zu noch ab. Das Wasser befindet sich in einem Kreislauf aus Verdunstung und Kondensation. Auch wir Menschen sind durch Trinken, Verdunstung und Ausscheidung Teil dieses Kreislaufs.

Verdunstung Durch die Wärme der Sonne verdunstet Wasser aus dem Meer, den Flüssen und Seen. Außerdem verdunstet Wasser aus dem Boden und von den Pflanzen. Der entstehende Wasserdampf steigt in die Atmosphäre auf und bildet Wolken.

Kondensation Die Temperatur in der Erdatmosphäre wird mit zunehmender Höhe geringer, sodass der aufgestiegene Wasserdampf in der Luft abkühlt. Das Wasser fällt als Niederschlag in Form von Regen, Hagel oder Schnee wieder auf die Erde herunter. Diese Niederschläge werden als Oberflächenwasser direkt von Seen oder Flüssen aufgenommen. Außerdem wird das Wasser von den Pflanzen aufgenommen und sickert in den Boden ein, bis es auf eine wasserundurchlässige Schicht trifft. Dort sammelt sich das Wasser als Grundwasser und tritt als Quelle wieder hervor. Aus Quellen werden Bäche, aus Bächen werden Flüsse, die schließlich zum Meer fließen.

Verweildauer von Wasser auf der Erde Ein Großteil des Süßwassers verbleibt im Eis an Nord- und Südpol und entzieht sich damit dem Kreislauf. Das Wasser, das im Kreislauf eingebunden ist, verbleibt:
- einige Tage in der Atmosphäre
- einige Wochen in einem Fluss
- ein paar Wochen bis Jahrtausende in einem See oder im Grundwasser
- einige hundert Jahre in einem Alpengletscher
- Jahrtausende von Jahren im Tiefenwasser des Ozeans
- Zehntausende bis Hunderttausende von Jahren im Eis der Pole

2 *Eisberge bestehen aus Süßwasser – es sind Bruchstücke von Gletschern.*

Aufgaben

1 Beschreibe die Vorgänge der Verdunstung und Kondensation im Wasserkreislauf.

2 Woher kommt das Gießwasser für Pflanzen bei dir zu Hause? Erläutere den Weg des Wassers im Kreislauf.

3 Warum kann man bei der Nutzung von Trinkwasser eigentlich nicht von „Wasserverbrauch“ sprechen? Erläutere.

Exkurs Umgang mit Wasser

Wie viel Wasser für ein Rindersteak? Von der Jeans bis zur Tomate – Wissenschaftler haben untersucht, wie viel Wasser zur Herstellung verschiedener Produkte benötigt wird. Wenn man alle Produkte zusammenzählt, die gekauft werden, verbraucht jeder Deutsche täglich ca. 4000 Liter Wasser. Man spricht bei diesem Wasserverbrauch auch von einem „virtuellen Wasserverbrauch". Es ist die Menge an Wasser, die in einem Produkt enthalten ist und die benötigt wird, um es herzustellen.
Für ein Rindersteak muss man berücksichtigen, dass ein Rind etwa drei Jahre alt ist, wenn es geschlachtet wird. Bis dahin trinkt und frisst das Tier. Besonders für die Herstellung des Futters wird viel Wasser benötigt – für 1 kg Rindfleisch sind es 15 500 l Wasser.

1 *Tatsächlicher Wasserverbrauch (in l) zur Herstellung jeweils eines Kilogramms verschiedener Produkte*

Sauberes Wasser aus Plastikflaschen In vielen Entwicklungsländern werden Menschen krank, weil sie Wasser trinken, das durch Keime verunreinigt ist. Besonders Kinder leiden oft unter Durchfallerkrankungen.
Das sogenannte SODIS-Verfahren (Abkürzung von engl. *Solar Water Disinfection:* Solare Wasserdesinfektion) ist ein einfaches Verfahren, um Krankheitskeime abzutöten. Dabei wird Wasser in klare, durchsichtige PET-Flaschen oder Plastikbeutel gefüllt und mindestens 6 Stunden in die Sonne gelegt. In dieser Zeit töten die UV-Strahlen der Sonne die Krankheitskeime im Wasser ab. Dieses Verfahren ist dringend nötig, denn jeden Tag sterben weltweit mehr als 4000 Kinder an den Folgen von Durchfallerkrankungen.

2 *Behandlung des Wassers in PET-Flaschen*

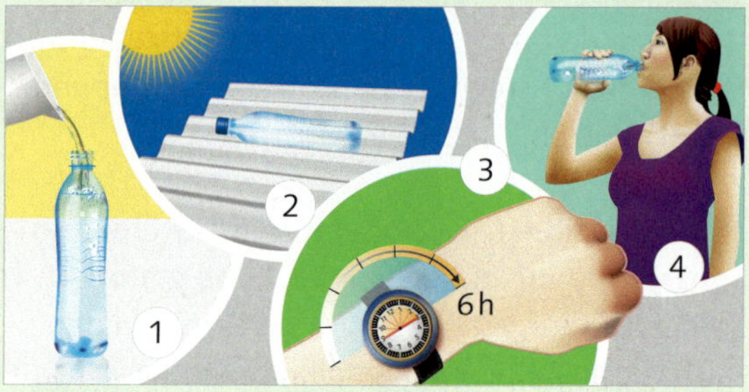

3 *Anweisung zum SODIS-Verfahren*

Aufgaben

1. Erkläre den Begriff „virtueller Wasserverbrauch".
2. Timon isst am liebsten Hühnchen mit Reis. Sein Lieblingsgetränk ist Kakao. Bewerte Timons Leibspeisen mit Blick auf seinen „virtuellen Wasserverbrauch". Was rätst du ihm?
3. Beschreibe die Anweisungen zum SODIS-Verfahren (Bild 3).

Gewinnung von Trinkwasser

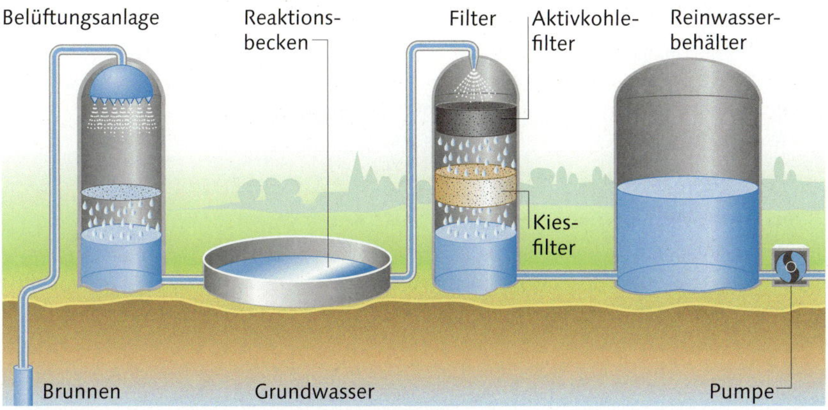

1 *Anlage zur Trinkwasseraufbereitung aus Grundwasser*

2 *Um Grundwasser und Gewässer vor Verunreinigungen zu schützen, werden Wasserschutzgebiete gekennzeichnet.*

Woher kommt unser Trinkwasser? Trinkwasser wird aus Grundwasser, aus Stauseen oder Flüssen und aus Quellen gewonnen. Dieses Grund- und Oberflächenwasser ist bereits recht sauber. Damit es aber die Qualität von Trinkwasser erreicht, muss es in einem Wasserwerk aufbereitet werden.

Trinkwasseraufbereitung In einem Wasserwerk gibt es eine Reinigungsanlage mit verschiedenen Grob- und Feinfiltern. Wenn das Wasser hindurchfließt, werden Verunreinigungen aus dem Wasser entfernt. Eine Entkeimung des Wassers findet durch Chlorzusatz, durch Bestrahlung mit UV-Strahlen oder durch Ozonbeigabe statt.

Trinkwasser kann durch Filtrieren von Grobstoffen und Entkeimung aus Grund- und Oberflächenwasser gewonnen werden.

Trinkwasserverordnung Sauberes Trinkwasser verdanken wir auch einer Trinkwasserverordnung. Sie verpflichtet die Wasserwerke, regelmäßig zu überprüfen, ob alle Schadstoffgrenzwerte und Anforderungen an das Trinkwasser eingehalten werden. Schadstoffe wie Düngesalze oder Schädlingsbekämpfungsmittel gelangen in das Grund- und Oberflächenwasser, weil sie durch Niederschläge aus dem Ackerboden gewaschen werden. Auch für andere Stoffe wie Blei, Cadmium, Natrium und Kupfer gelten bestimmte Grenzwerte (Tab. 1).

Inhaltsstoff	Grenzwert $\left(\frac{mg}{l}\right)$
Pflanzenschutzmittel	0,0005
Blei	0,01
Cadmium	0,003
Kupfer	2,0
Nitrat	50
Natrium	200
Chlorid	250
Quecksilber	0,001
Sulfat	240

Tab. 1 *Grenzwerte nach der Trinkwasserverordnung (Stand: 2011)*

Aufgaben

1. Beschreibe, wie in einer großtechnischen Anlage Trinkwasser aufbereitet wird.
2. Was regelt die Trinkwasserverordnung? Erläutere.
3. Erkunde bei deinem örtlichen Wasserwerk, woher das Wasser in deinem Heimatort stammt.
4. Trinkwasserschutzgebiete sind Gebiete, in denen Gewässer vor schädlichen Einflüssen geschützt werden. Recherchiere, welche Verbote oder Nutzungseinschränkungen es in einem Trinkwasserschutzgebiet gibt.
5. Begründe, warum die Grenzwerte für die einzelnen Inhaltsstoffe im Trinkwasser unterschiedlich sind.

Reinigung von Abwasser

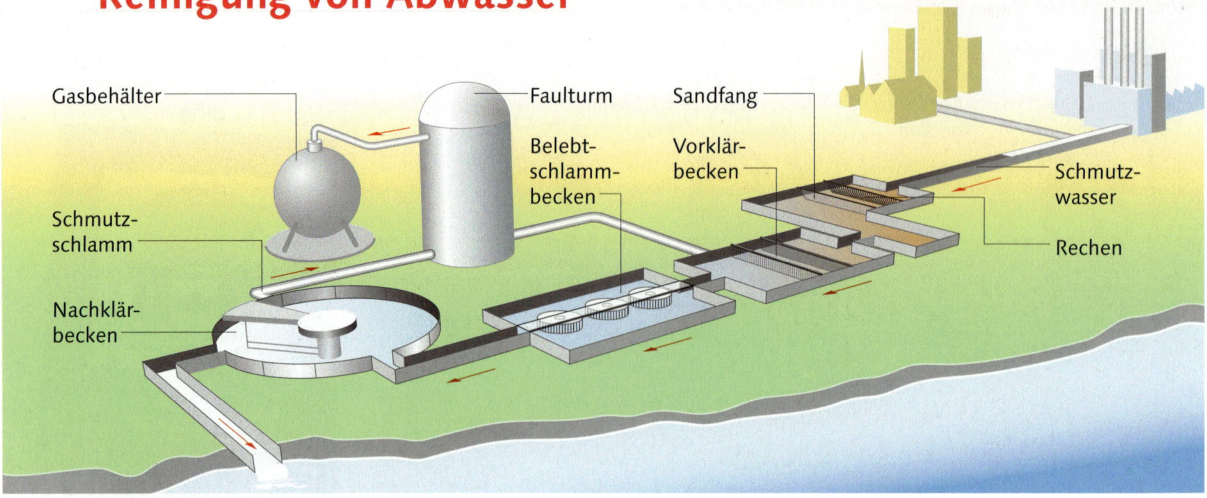

1 *Kläranlage*

Abwasserreinigung Gebrauchtes Wasser gelangt als Schmutzwasser in Kläranlagen. Dort wird es in mehreren Reinigungsstufen von Schad- und Schmutzstoffen gereinigt.

1. Stufe: mechanische Abwasserreinigung
Durch mechanische Reinigung werden etwa 30 % der Schmutzstoffe beseitigt.
Grobe Feststoffe wie Dosen, Papier, Flaschen oder Äste werden durch einen Rechen entfernt.
Im Sandfang lagern sich grobe Stoffe am Boden ab, die wie Kies und Sand schwerer als Wasser sind.
Im Vorklärbecken wird das Wasser etwa zwei Stunden zurückgehalten, damit sich die feinen Schwebstoffe als Schlamm am Boden absetzen. Dieser Rohschlamm wird abgesaugt, eingedickt und in einen Faulraum befördert. Sogenannte Leichtstoffe, die zur Wasseroberfläche aufgetrieben werden z. B. Fette oder Mineralöle, werden in einen besonderen Behälter abgelassen.

2. Stufe: biologische Abwasserreinigung
Weitere 60 % der Schmutzstoffe werden biologisch beseitigt.
In einem Belebtschlammbecken können Kleinstlebewesen durch Sauerstoffzufuhr gelöste organische Stoffe als Nahrung aufnehmen.
Im Nachklärbecken sinken die Kleinstlebewesen als Klärschlamm zu Boden und werden abgepumpt. Damit sind die biologisch abbaubaren Schadstoffe entfernt.

3. Stufe: chemische Abwasserreinigung Die restlichen etwa 10 % Verunreinigungen werden durch chemische Prozesse beseitigt.
Im Nachklärbecken wird dem Abwasser ein chemisches Flockungsmittel zugesetzt. Dieses bindet die Schadstoffe und setzt sich mit dem Restschmutz am Boden ab.
Der entstehende Schmutzschlamm wird durch Entwässerung eingedickt und anschließend dem Faulturm zugeführt. Das dabei entstehende Faulgas wird in einem Behälter gespeichert und für Heizzwecke verwendet.
Das gereinigte Wasser kann in ein natürliches Gewässer eingeleitet werden.

Abwässer werden durch mechanische Trennmethoden sowie biologische und chemische Verfahren von Schmutz und Schadstoffen gereinigt.

Aufgaben

1. Begründe, warum Abwasser gereinigt werden muss, bevor es in ein natürliches Gewässer geleitet wird.
2. Erläutere die Funktion der Kleinstlebewesen in der Kläranlage.
3. Gib Verwendungsmöglichkeiten für den Schmutzschlamm an.
4. Welche Funktion hat die chemische Reinigungsstufe? Erläutere.
5. Informiere dich, zu welcher Kläranlage die Abwässer in deiner Stadt/Gemeinde gelangen.

Praktikum Wasserreinigung

1 Herstellung eines Modell-Schmutzwassers
Geräte: Becherglas, Spatel, Rührstab
Chemikalien: Wasser, Gartenerde, Sand, kleine Kiesel, Tinte, Kochsalz, Mehl, Styropor®
Durchführung: Vermische alle Stoffe gut und lass das Becherglas 3 min stehen.
Auswertung: Beschreibe und erkläre das unterschiedliche Verhalten der Stoffe im Wasser.

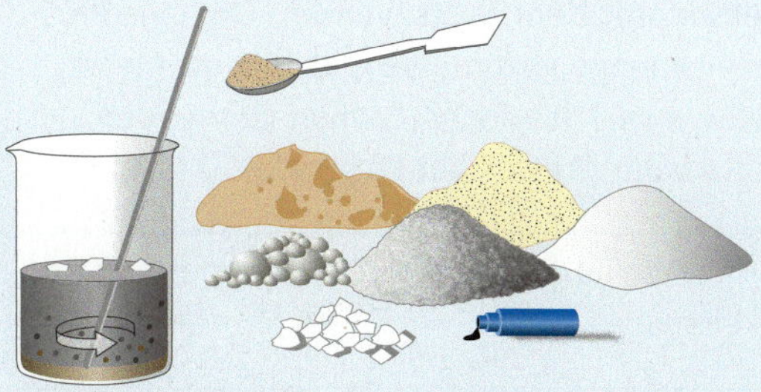

2 Trennung der Stoffe aus dem Wasser
Geräte: Becherglas, Pinzette, Rundfilter, 2 Erlenmeyerkolben, Spatel, Gummistopfen, Rührkern, Magnetrührer
Chemikalien: Modell-Schmutzwasser, Aktivkohle
Durchführung:

a Sortiere das Styropor® mit der Pinzette heraus. Gieße die Flüssigkeit, die über dem Bodensatz steht, in ein anderes Becherglas.

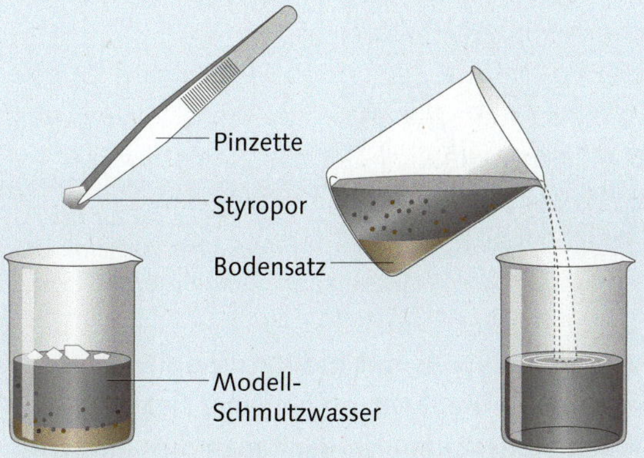

b Filtriere die abgegossene Flüssigkeit durch den Rundfilter in einen Erlenmeyerkolben.

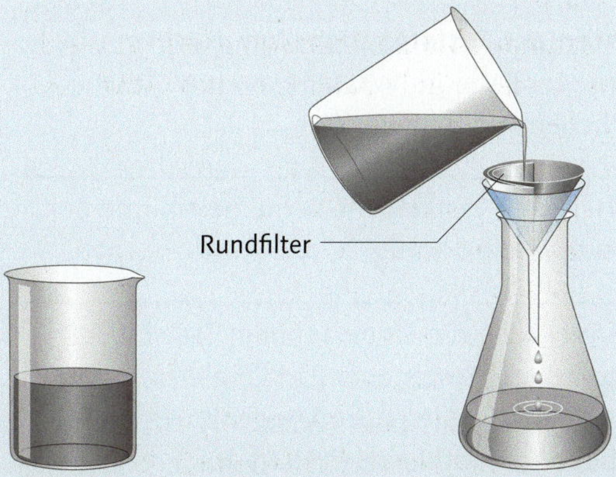

c Gib einen Rührkern in den Erlenmeyerkolben, dazu einen Spatel Aktivkohle. Stelle den Erlenmeyerkolben auf einen Magnetrührer und rühre bei mittlerer Geschwindigkeit 3 min.

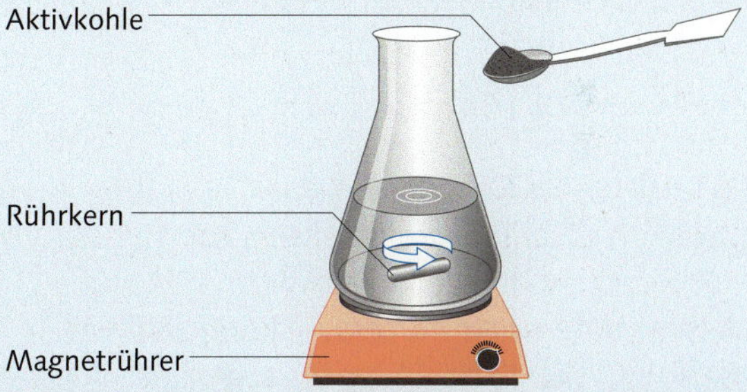

d Filtriere die Flüssigkeit noch einmal durch einen Rundfilter in einen Erlenmeyerkolben.

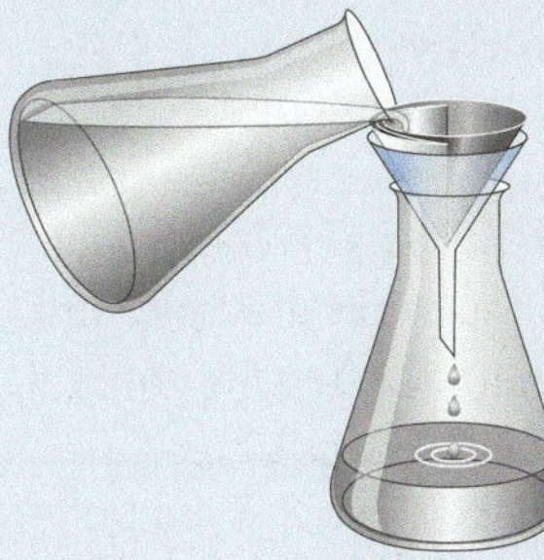

Auswertung:

a Beschreibe deine Beobachtungen.
b Benenne die verschiedenen Trennmethoden.
c Entwirf einen Versuch, der nachweist, ob im Wasser noch Kochsalz enthalten ist.
d Entwirf die „Kläranlage in der Flasche". Dafür benötigst du eine Plastikflasche ohne Boden. Welche Materialien füllst du ein, um klares Wasser zu erhalten?

Messen mit dem Messzylinder Um eine Flüssigkeitsmenge abzumessen, kannst du Messzylinder in verschiedenen Größen verwenden. Achte beim Messen auf Folgendes:

1 Halte deine Augen auf der Höhe des Flüssigkeitspegels.

2 Lies am unteren Rand der Wölbung das genaue Volumen ab. Bei Flüssigkeiten, die sich nach oben wölben, lies am oberen Rand ab.

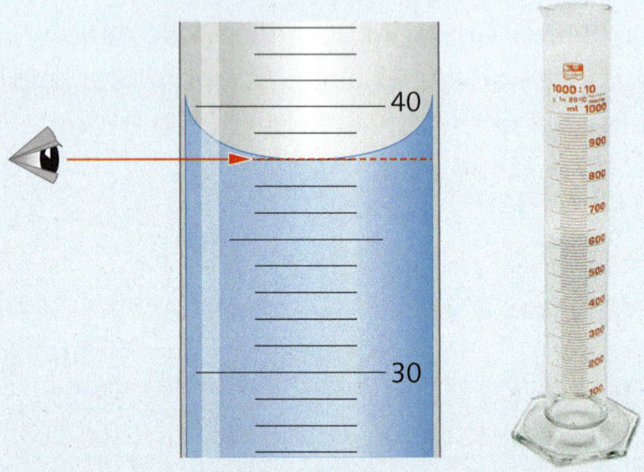

1 *Flüssigkeiten können im Messzylinder eine Wölbung an der Oberfläche ausbilden.*

Abmessen mit der Pipette Bei größeren Pipetten mit einer Volumenskala benötigst du zum Ansaugen eine Pipettierhilfe. Dies kann eine Art Gummiball oder eine Pipettierhilfe aus Kunststoff (Bild 2) sein. Beachte beim Pipettieren:

1 Pipettiere niemals direkt aus der Vorratsflasche heraus. Schätze das benötigte Volumen vorher ab und fülle in ein Becherglas um.

2 Tauche die Pipettenspitze etwa 2–3 cm tief in die abzumessende Flüssigkeit ein.

3 Sauge die Flüssigkeit durch Drehen des Rändelrads oder Betätigen des Gummiballs an.

4 Halte die Pipette senkrecht. Überprüfe das entnommene Volumen.

5 Lass die Flüssigkeit durch Hebeldruck oder Betätigen des Gummiballs ab.

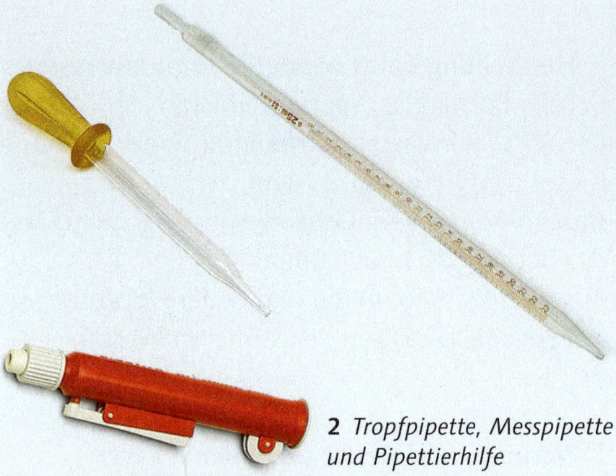

2 *Tropfpipette, Messpipette und Pipettierhilfe*

3 *Wassernachweis mit weißem Kupfersulfat*

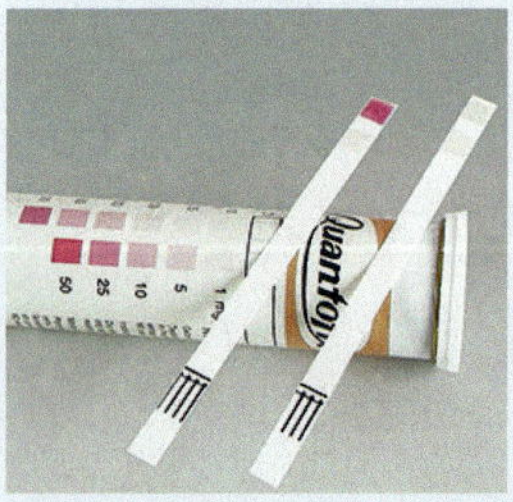

4 *Teststäbchen zur Überprüfung der Wasserqualität in einem Aquarium*

Wassernachweis mit Indikatorpapier Wenn man überprüfen will, ob bei einer Reaktion Wasser entstanden ist, kann man dies mit wasserfreiem weißem Kupfersulfat überprüfen. Dieses färbt sich bei Zugabe von Wasser hellblau.

Testen mit Teststäbchen Zum Nachweis bestimmter Salze im Wasser kann man Teststäbchen verwenden.

1 Halte ein Teststäbchen eine bestimmte Zeit lang in die Lösung.

2 Vergleiche die Farbe auf dem Teststäbchen mit dem Muster zum Farbvergleich, das sich z. B. auf der Verpackung oder einer Karte befindet, und lies den Wert ab.

Qualität unserer Gewässer

1 *Wie würdest du das Wasser eines Flusses beschreiben? Was sind die Qualitätsmerkmale guten Wassers?*

Gewässergüteklassen In Deutschland wird die Gewässerqualität in einem einheitlichen Bewertungsverfahren eingestuft. Außerdem gibt es europäische Kategorien zur Bewertung des ökologischen Zustands eines Gewässers.

Gewässergüteklasse	Merkmale des Wassers	Ökologischer Zustand
I unbelastet bis sehr gering belastet	klar, nährstoffarm, sehr hoher Sauerstoffgehalt, wenig Bakterien, mäßig dicht besiedelt mit Algen, Insektenlarven, Strudelwürmern	sehr gut
I–II gering belastet	klar, Nährstoffgehalt gering, sauerstoffreich	
II mäßig belastet	hoher Sauerstoffgehalt; große Artenvielfalt; viele Fischarten	gut
II–III kritisch belastet	trüb; geringer Sauerstoffgehalt	
III stark verschmutzt	trüb; niedriger Sauerstoffgehalt; Faulschlammablagerungen; kaum Algen; viele Schwämme, Egel, Wasserasseln, Bakterien; Fischsterben	mäßig
III–IV sehr stark verschmutzt	trüb, Faulschlamm, großer Sauerstoffmangel; sehr wenige Fische	unbefriedigend
IV übermäßig verschmutzt	sehr geringer Sauerstoffgehalt, Fäulnisprozesse; viele Bakterien, keine Fische	schlecht

Tab. 1 *Bewertung der Gewässergüte*

Chemisch-physikalische Qualitätsmerkmale
Gewässer mit einer guten Qualität haben einen hohen Sauerstoffgehalt, einen geringen Schadstoffgehalt und eine bestimmte Wassertemperatur. Außerdem haben sie genügend lebenserhaltende Nährstoffe.

Biologische Qualitätsmerkmale Wenn eine vielfältige Gewässerflora (Pflanzen und Algen) und Gewässerfauna (Kleinstlebewesen und Fische) vorhanden sind, zeugt dies von einer guten biologischen Gewässergüte.

6

2 *Müll verunreinigt unser Wasser.*

Wasserverschmutzung und Gewässerschutz
Industrie, Landwirtschaft und unsere Haushalte verschmutzen Gewässer: Achtlos weggeworfene Medikamente, Farben und Batterien, abgelassenes Öl beim Ölwechsel, Wasch- und Reinigungsmittel, die im Abfluss landen, sowie unkontrollierte Überdüngung führen zu einer erheblichen Belastung des Wassers und zu einer Gefährdung unserer Umwelt.

Biologische, chemische und physikalische Eigenschaften bestimmen die Qualität von Wasser. Abwässer und Schadstoffe belasten das Wasser.

Aufgaben

1 Nenne Qualitätsmerkmale guten Wassers.
2 Nenne Ursachen, die zu einer Verschlechterung der Qualität führen.
3 Entwickelt in Partnerarbeit ein Werbeplakat für die Reinhaltung von Wasser.

Praktikum Wir untersuchen Wasser

1 Vorbereiten einer Wasserprobe
Geräte: Glas mit Schraubverschluss, Thermometer, Uhr
Chemikalien: Gewässerprobe
Durchführung: Entnimm ca. 500 ml Wasser aus einem Gewässer deiner Wahl. Miss die Temperatur des Wassers.
Auswertung: Notiere Ort, Gewässerart, Datum und Zeit der Probenentnahme sowie die Temperatur des Wassers.
Lege ein Untersuchungsprotokoll an, in das du alle Untersuchungsergebnisse einträgst.

Protokoll zur Wasseruntersuchung	
Ort	
Datum	
Uhrzeit	
Name des Gewässers	
Standort	
Lufttemperatur [°C]	
Wassertemperatur [°C]	
Geruch	
Aussehen	
Kleinstlebewesen	
Fließgeschwindigkeit	
Trockenrückstand	
Nitritgehalt	
Nitratgehalt	
Phosphatgehalt	
Kalkgehalt	

2 Wassertest mit Auge und Nase
Geräte: 2 Bechergläser
Chemikalien: Gewässerprobe, dest. Wasser
Durchführung: Fülle das 1. Becherglas mit deiner Wasserprobe und das 2. Becherglas mit destilliertem Wasser. Vergleiche Farbe, Trübung und Geruch der beiden Wasserarten.
Auswertung: Trage deine Ergebnisse in das Untersuchungsprotokoll ein. Wasser kann klar, trüb, milchig, schlierig, geruchlos, muffig … sein. Nutze Adjektive zur Beschreibung.

3 Lebewesen im Wasser
Geräte: Becherglas, Tropfpipette, Lupe oder Mikroskop
Chemikalien: Gewässerprobe
Durchführung: Entnimm vom Boden des Gefäßes eine Wasserprobe und schaue mithilfe einer Lupe oder eines Mikroskops nach, ob und wie viele Kleinstlebewesen im Wasser vorhanden sind. Gib dazu mithilfe einer Tropfpipette einen Tropfen der Gewässerprobe auf einen Objektträger. Decke ihn mit einem Deckgläschen ab.
Auswertung: Beschreibe Aussehen und evtl. Fortbewegung der Lebewesen. Trage die Ergebnisse in dein Untersuchungsprotokoll ein.

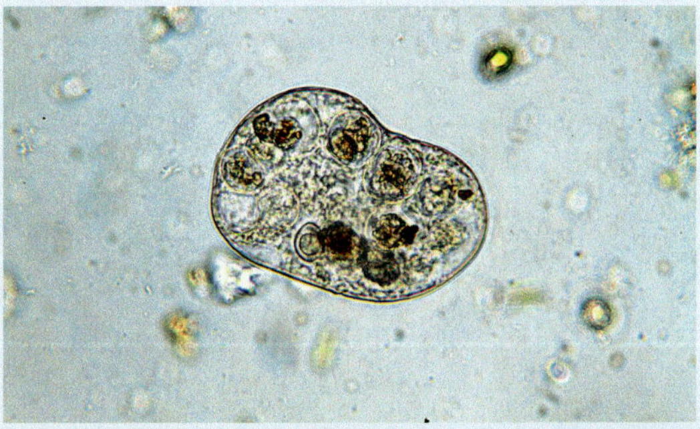

4 Wie schnell fließt Wasser?
Geräte: Erlenmeyerkolben, Messzylinder, Trichter Filter, Stoppuhr
Chemikalien: Gewässerprobe, destilliertes Wasser
Durchführung: Miss genau 50 ml destilliertes Wasser ab. Filtriere das Wasser und miss die genaue Zeit, die es dauert, bis diese Menge an Wasser filtriert wird. Lege den Filter zur Seite. Führe den gleichen Versuch mit deiner Gewässerprobe durch. Benutze dabei einen trockenen Trichter und einen frischen Filter.
Halte abschließend die Filter gegen helles Licht und schau sie dir genau an.
Auswertung: Vergleiche destilliertes Wasser mit der Gewässerprobe: Welche Unterschiede stellst du in den Fließgeschwindigkeiten und in den Filtern fest? Wie kannst du die Unterschiede erklären?

5 Wie groß ist der Trockenrückstand im Wasser?

Geräte: Becherglas, Dreifuß mit Ceranplatte, Gasbrenner, Waage
Chemikalien: Gewässerprobe
Durchführung: Wiege das Becherglas und notiere die Masse. Fülle genau 50 g des Wassers ab. Erhitze das Wasser so lange, bis es vollständig verdampft ist. Lass das Becherglas abkühlen und wiege es dann erneut.
Auswertung: Stelle die Menge der Feststoffe in 50 g Wasser fest. Multipliziere das Ergebnis mit 2 und du erhältst den Prozentsatz der gelösten Feststoffe im Wasser. Trage die Ergebnisse in dein Untersuchungsprotokoll ein.

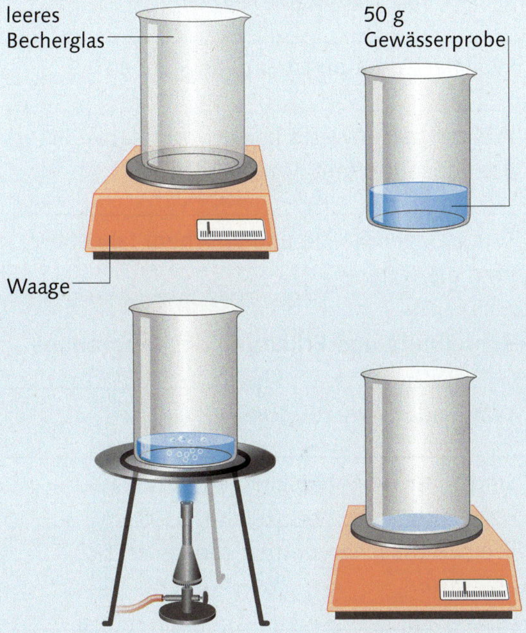

6 Sind Schadstoffe im Wasser gelöst?

Geräte: Reagenzgläser
Chemikalien: Gewässerprobe, Teststäbchen für Nitrat, Nitrit und Phosphat
Durchführung: Halte je 1 Teststäbchen in 1 Reagenzglas und warte die angegebene Zeit.
Auswertung: Vergleiche die Farbe auf dem jeweiligen Teststäbchen mit der Farbskala und trage die Werte in dein Untersuchungsprotokoll ein.

7 Wie verkalkt ist die Wasserprobe?

Geräte: 3 Erlenmeyerkolben (250 ml), 3 Gummistopfen, Messpipette
Chemikalien: dest. Wasser, Mineralwasser, Gewässerprobe, Seifenlösung (Boutron-Boudet)
Durchführung: Fülle 100 ml der Wasserprobe in einen Erlenmeyerkolben. Gib mithilfe einer Messpipette 0,5 ml der Seifenlösung hinzu, verschließe den Kolben und schüttle kräftig. Wiederhole diesen Vorgang, bis der Schaum dauerhaft bestehen bleibt. Notiere den Gesamtverbrauch der Seifenlösung für jede Wasserart.
Auswertung: Vergleiche die Werte miteinander. Bewerte das Wasser. Je höher der Verbrauch der Seifenlösung ist, desto höher ist der Kalkgehalt im Wasser. Wie macht sich ein hoher Kalkgehalt im Wasser im Haushalt bemerkbar?

Methode Diagramme auswerten

Diagramme veranschaulichen Zahlen In Diagrammen werden Zahlenwerte grafisch übersichtlich dargestellt und können so gut miteinander verglichen werden.

Säulen- und Balkendiagramme Damit verschiedene Mengenangaben verglichen werden können, werden Säulen- und Balkendiagramme erstellt.

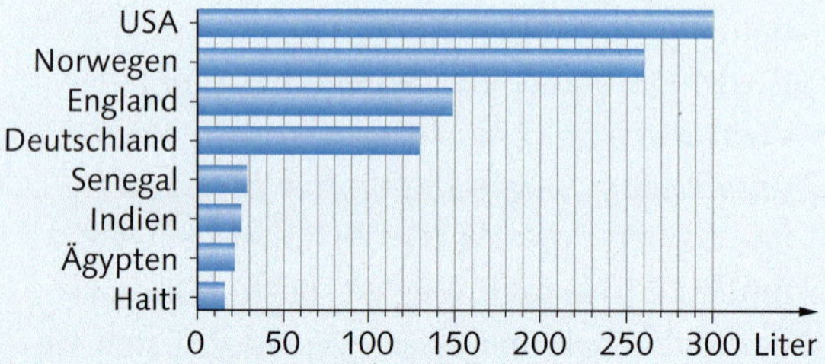

1 *Beispiel: Trinkwasserverbrauch pro Einwohner und Tag in verschiedenen Ländern (Balkendiagramm)*

Kreisdiagramme Um einzelne Anteile eines Ganzen gut vergleichen zu können, erstellt man am besten Kreisdiagramme.

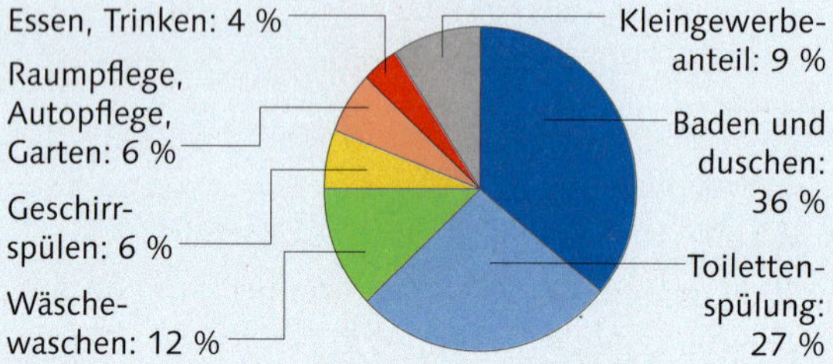

2 *Beispiel: Wasserverwendung in einem Haushalt*

Kurvendiagramme Damit man die Entwicklung von Werten klar erkennt, werden Kurvendiagramme gezeichnet.

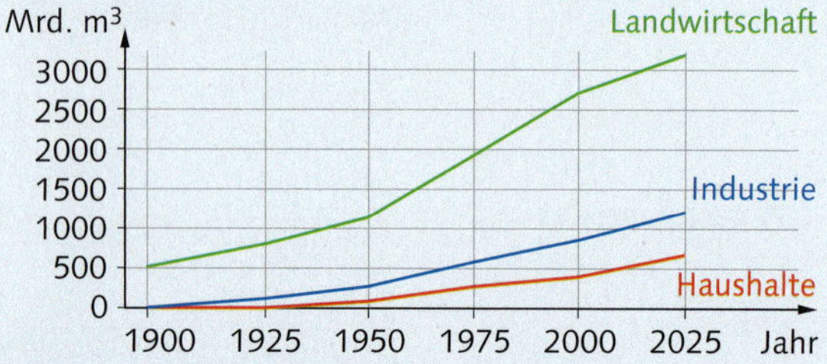

3 *Beispiel: Der weltweite Wasserverbrauch in den letzten Jahrzehnten*

Fragen zum Arbeiten mit Diagrammen Wenn du ein Diagramm lesen und auswerten möchtest, schau es dir genau an und überlege, welche Informationen du dem Diagramm entnehmen kannst.

Formales

1. Welche Diagrammform liegt vor?
2. Was ist das Thema des Diagramms?
3. Welcher Zeitraum ist evtl. angegeben?
4. Welche Zahlenwerte liegen vor: relative (in %) oder absolute (mit Maßeinheiten)?
5. Aus welcher Quelle und welchem Jahr stammen die Daten?

Beschreibung und Erklärung des Diagramms

1. Was sind die wichtigsten Aussagen?
2. Sind zeitliche Entwicklungen abzulesen?
3. Welche Ursachen und Folgen lassen sich ablesen?
4. Müssen zusätzliche Informationen gesammelt werden?

Bewertung des Diagramms

1. Wurde eine geeignete Diagrammform gewählt?
2. Werden alle Informationen angemessen dargestellt?

Methode Diagramme erstellen

Vorüberlegungen Bevor du selbst ein Diagramm erstellst, solltest du dir überlegen, welches die geeignete Diagrammform ist. Was soll dargestellt werden? Nimm nicht zu viele Details auf.

Säulen- und Balkendiagramme Zur Erstellung eines Säulen- oder Balkendiagramms benötigst du ein Lineal, kariertes Papier oder Millimeterpapier, einen Bleistift und Buntstifte.
Wenn du z. B. den Wasserverbrauch einer Familie mit zwei Kindern über mehrere Jahre in einem Diagramm darstellen möchtest, brauchst du die Werte, z. B. in Form einer Tabelle:

Jahr	2000	2002	2004	2008	2012
Verbrauch in m³	240	310	420	430	320

1 Überlege, welche Werte auf der senkrechten Achse und welche Werte auf der waagerechten Achse deines Diagramms dargestellt werden.

2 Wähle für die Achsen eine passende Längeneinheit.

3 Markiere Anfangs- und Endpunkt jedes Wertes und verbinde sie.

4 Male die Balken oder Säulen aus. Mit verschiedenen Farben kannst du hervorheben, was besonders wichtig oder ausgefallen ist.

5 Gib deinem Diagramm einen Titel und gib an, woher die Daten stammen.

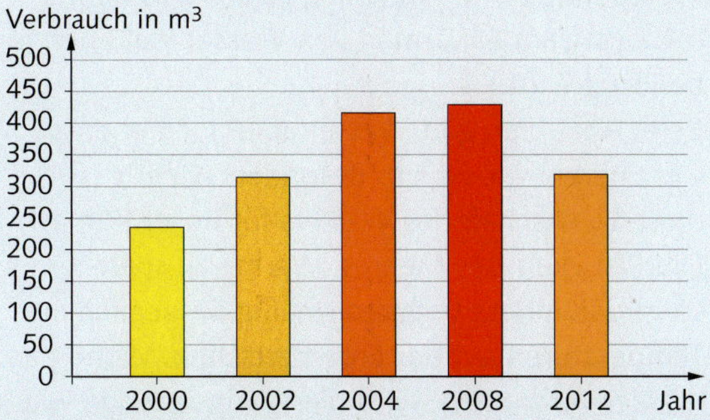

1 *Wasserverbrauch einer vierköpfigen Familie*

Kreisdiagramme Wenn du ein Kreisdiagramm erstellen möchtest, brauchst du ein Geodreieck, einen Zirkel, einen Bleistift und Buntstifte.
Beispiel: Das Ergebnis einer Umfrage zum Thema Körperpflege ergab, dass 15 Jugendliche meistens duschen, 9 meistens baden und 6 gleichmäßig oft duschen und baden. Dies soll in einem Kreisdiagramm dargestellt werden.

1 Zeichne mit dem Zirkel einen Kreis mit geeignetem Radius und markiere den Mittelpunkt.

2 Berechne für jede Zahl (15, 9 und 6) der Gesamtmenge (30) ihren Anteil in Prozent (%). Verwende dazu folgende Formel:
$\left(\frac{\text{Zahl}}{\text{Gesamtmenge}}\right) \cdot 100 = \text{Anteil in \%}.$

3 Berechne die Größe bzw. die Winkel der Kreisausschnitte. Ein Kreis hat 360°, das sind 100 %. 1 % entsprechen dann
$\frac{360°}{100} = 3{,}60°.$

4 Zeichne mit dem Geodreieck den Radius vertikal nach oben. Zeichne von diesem Radius ausgehend alle errechneten Winkel ein. Gehe dabei im Uhrzeigersinn vor.

5 Beschrifte die entstandenen Kreisabschnitte. Mit verschiedenen Farben kannst du die unterschiedlichen Werte hervorheben.

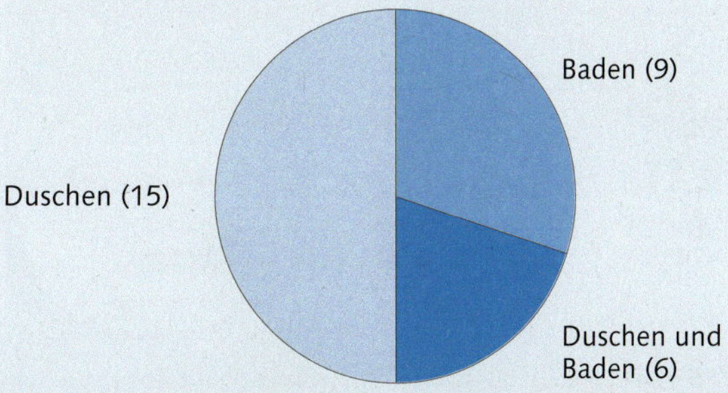

2 *Bevorzugte Körperpflege, Umfrage unter 30 Jugendlichen*

6

Wasser – ein verblüffender Stoff

Oberflächenspannung Wenn du einen Wasserhahn ganz leicht öffnest, beobachtest du, dass das Wasser kugelförmige Tropfen bildet. Das Wasser wird wie durch eine Haut zusammengehalten. Diese „Wasserhaut" ist gleichzeitig stabil und wie eine Folie elastisch. Deshalb können sogar manche Tiere auf ihr laufen oder Metall, z. B. in Form einer Rasierklinge, von ihr getragen werden.

Die Eigenschaft des Wassers, eine feste, aber gleichzeitig elastische Oberfläche zu bilden, wird Oberflächenspannung genannt.

1 *Tropfenbildung am Wasserhahn*

2 *Die Oberflächenspannung des Wassers trägt den Wasserläufer.*

Reduzierung der Oberflächenspannung Wird Seife oder Spülmittel ins Wasser gegeben, so wird die Oberflächenspannung des Wassers reduziert. Als Folge geht die typische Wölbung der Wasseroberfläche verloren und schwimmende Teile sinken zu Boden.

Exkurs Ein Boot mit „Seifenmotor"
Aus einem Streichholz und einem Stückchen Seife kann man ein „Boot" basteln, das auf dem Wasser fährt. Dazu spaltet man ein Streichholz am hinteren Ende vorsichtig auf. Dann klemmt man ein kleines Stück Seife zwischen die Enden. Wenn man das „Boot" nun in eine Schüssel mit Wasser setzt, geht die Fahrt los.

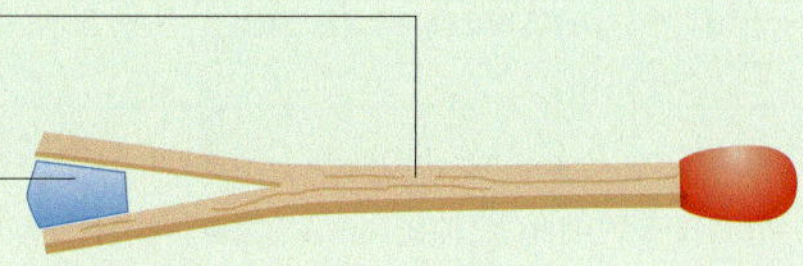

3 *Seife reduziert die Oberflächenspannung.*

Wärmespeicher Wasser Wasser kann fast zehnmal so viel Wärme speichern wie Eisen: Es besitzt eine hohe Wärmekapazität. Das bedeutet, dass zum Erwärmen von Wasser viel Energie benötigt wird.
Beim Abkühlen gibt Wasser aber auch ebenso viel Energie wieder ab. Besonders wichtig ist diese Eigenschaft des Wassers für unser Klima. Die Fähigkeit des Meeres, Wärme zu speichern, sorgt dafür, dass verhältnismäßig ausgeglichene Temperaturen auf der Erde herrschen. Wenn das Wasser verdunstet, wird die Wärmeenergie wieder abgegeben.

Dichteanomalie Die meisten Stoffe dehnen sich bei Erwärmung aus. Beim Wasser ist es genauso, aber nur wenn man die Dichte des Wassers bei einer Temperatur von mehr als 4 °C betrachtet. Denn beim Wasser gibt es eine Besonderheit: Bei 4 °C ist die Dichte am größten. Unterhalb von 4 °C jedoch dehnt sich Wasser im Gegensatz zu anderen Stoffen wieder aus. Die Dichte wird geringer. Bei Wasser ist die Dichte im festen Aggregatzustand also geringer als im flüssigen. Dieses Phänomen wird als Dichteanomalie des Wassers bezeichnet.
Aufgrund der geringen Dichte schwimmt Eis auf dem Wasser. Nur so können die Fische im Winter am Grund eines Gewässers überleben.

4 *Temperaturverteilung in einem See im Sommer und im Winter*

5 *Eine Getränkeflasche sollte man nicht im Eisfach vergessen …*

Lösungsmittel Wasser Mineralwasser hat seinen Namen durch die im Wasser gelösten Mineralien. Außerdem ist das Gas Kohlenstoffdioxid im Mineralwasser gelöst.
Der Gehalt an gelösten Mineralsalzen im Mineralwasser wird auf dem Etikett in $\frac{g}{l}$ angeführt. Die Gehaltsangabe gibt die Masse eines Stoffes bezogen auf das Volumen des Stoffgemisches an. Sind in einem Liter Wasser 2,48 g Mineralsalze gelöst, so hat das Mineralwasser einen Gesamtmineralsalzgehalt von 2,48 $\frac{g}{l}$.

Die ungewöhnlichen Dichteeigenschaften des Wassers nennt man Dichteanomalie. Wasser besitzt eine hohe Wärmekapazität und die Fähigkeit, unterschiedliche Stoffe zu lösen.

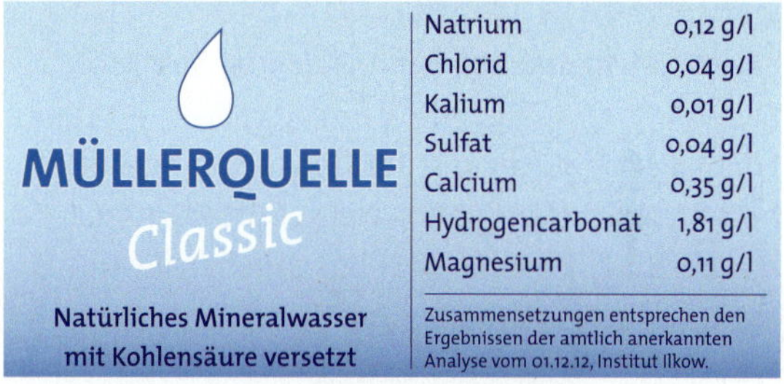

6 *Mineralwasseretikett mit Gehaltsangaben*

7 *In vielen Farben und Filzstiften sind wasserlösliche Farbstoffe enthalten.*

Aufgaben

1 Nenne feste, flüssige und gasförmige Stoffe, die sich in Wasser lösen.
2 Erkläre, warum eine Büroklammer aus Metall auf Wasser schwimmen kann.
3 Begründe, dass Fische im Winter in einem „zugefrorenen" See überleben können.
4 Nenne mögliche Folgen, wenn die Meere keine Wärme speichern könnten.
5 Eine Nasenspüllösung hat einen Salzgehalt von 0,9 $\frac{g}{l}$. Welche Masse an Salz ist in einer 250-ml-Flasche dieser Lösung enthalten?

Praktikum Eigenschaften des Wassers

1 Der Wasserberg

Geräte: 4 Teelichthüllen
Chemikalien: Wasser, Brennspiritus, Speiseöl, Cola
Durchführung: Fülle die Teelichthüllen randvoll mit den Flüssigkeiten. Betrachte die Oberflächen der Flüssigkeiten von der Seite.
Auswertung: Zeichne die Teelichthüllen mit den Flüssigkeiten. Beschreibe die Unterschiede, die du feststellst.

2 Die Oberflächenspannung

Geräte: 3 kleine Bechergläser, 3 Büroklammern
Chemikalien: Wasser, Brennspiritus, Speiseöl
Durchführung: Fülle die 3 Bechergläser mit den Flüssigkeiten. Lege in jedes Becherglas von oben herab vorsichtig eine trockene Büroklammer.
Auswertung: Zeichne und beschreibe das unterschiedliche Verhalten der Büroklammern.

3 Wasser als Wärmespeicher

Geräte: 2 Bechergläser (100 ml), 2 Heizplatten, 2 Thermometer
Chemikalien: Wasser, Sand
Durchführung: Fülle 100 g Wasser in ein Becherglas, in ein zweites Becherglas 100 g Sand. Stelle die Bechergläser auf eine Heizplatte. Miss alle 30 Sekunden die Temperatur des Wassers bzw. des Sandes.
Nimm nach 5 min die Gläser von der Heizplatte und miss noch etwa 3 weitere Minuten die Temperaturen. Trage die Temperaturen in eine Tabelle ein.
Auswertung: Zeichne ein Diagramm mit beiden Temperaturkurven. Vergleiche die Wärmekapazität von Wasser und Sand.

Zeit (in Sekunden)	30	60	90	120	180	…
Temperatur Sand (in °C)						
Temperatur Wasser (in °C)						

4 Untersuchen der Temperaturverteilung in Eiswasser

Geräte: Standzylinder, Thermometer
Chemikalien: Wasser, Eis
Durchführung: Fülle einen hohen Standzylinder zur Hälfte mit kaltem Wasser. Gib vorsichtig bis zum Rand zerkleinertes Eis dazu.
Miss mit einem Thermometer die Temperatur in Abständen von ca. 5 cm.
Auswertung: Notiere die Messergebnisse. Erkläre die Ergebnisse.

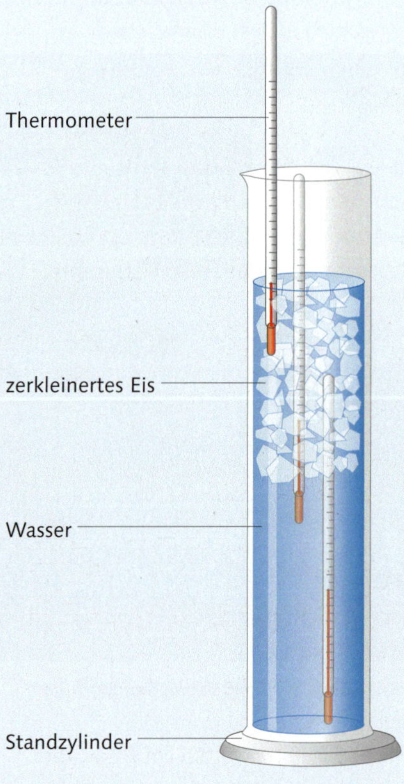

5 Wenn Wasser erstarrt

Geräte: 2 Teelichthüllen
Chemikalien: Kerze, Wasser
Durchführung: Fülle eine Teelichthülle randvoll mit Kerzenwachs, eine zweite Teelichthülle randvoll mit Wasser. Stelle beide Teelichthüllen in ein Gefrierfach. Hole die Teelichthüllen nach dem Erstarren wieder heraus.
Auswertung: Notiere deine Beobachtungen und erkläre die Unterschiede.

Praktikum Wasser – ein vielfältiges Lösungsmittel

1 Löslichkeit von Feststoffen

Geräte: 6 Reagenzgläser, Spatel, Gasbrenner, Reagenzglashalter
Chemikalien: Zucker, Kochsalz, Soda (Natriumcarbonat), Mehl, Gips (Calciumsulfat), Kreide (Calciumcarbonat), Wasser, Wachsstücke
Durchführung: Fülle ein Reagenzglas halbvoll mit Wasser und gib einen halben Spatel eines Stoffes hinzu und erhitze. Falls sich der Stoff gelöst hat, gib einen weiteren halben Spatel dieses Stoffes hinzu. Erhitze nicht weiter.
Auswertung:
a Beschreibe, wie sich die Stoffe in Wasser lösen. Was bewirkt eine Temperaturerhöhung? Erläutere.
b Wähle einen wasserlöslichen Stoff aus. Erstelle eine Versuchsanleitung für ein Experiment, mit dem du die Löslichkeit dieses Stoffes in Abhängigkeit von der Temperatur zeigen kannst und erstelle ein Diagramm.

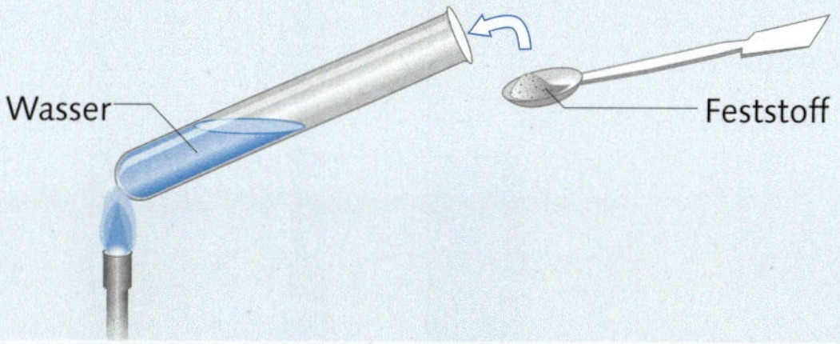

2 Löslichkeit von Flüssigkeiten

Geräte: 6 Reagenzgläser, Reagenzglasständer, 6 Tropfpipetten
Chemikalien: Milch, Anisschnaps, Essig, Pflanzenöl, Nagellackentferner, Wasser
Durchführung: Fülle die Reagenzgläser halbvoll mit Wasser. Gib je eine halbe Tropfpipette voll einer Flüssigkeit in ein Reagenzglas.
Auswertung:
a Skizziere deine Beobachtungen. Beschreibe, wie sich die Stoffe in Wasser lösen.
b Erläutere die Probleme, die bei der Entsorgung größerer Mengen einiger dieser Stoffe bedacht werden müssen. Recherchiere, wie diese Stoffe entsorgt werden können.

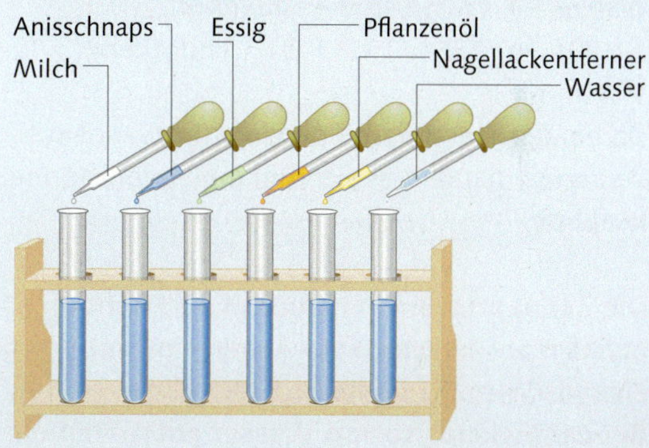

3 Gase in Wasser

Geräte: 2 Spritzen mit Hahn, Gummischlauch (ca. 5 cm), Stativmaterial
Chemikalien: kaltes destilliertes Wasser, Sauerstoff, Kohlenstoffdioxid
Durchführung: Fülle eine Spritze mit 100 ml kaltem destilliertem Wasser, die andere mit 100 ml Sauerstoff. Spanne jede Spritze in ein Stativ. Verbinde die zwei Spritzen mit dem Gummischlauch. Öffne die Hähne der Spritzen und schiebe den Sauerstoff mehrmals durch das Wasser bis sich kein Sauerstoff mehr löst. Verschließe dann beide Spritzen wieder.
Führe den gleichen Versuch mit Kohlenstoffdioxid durch.
Auswertung: Notiere das Endvolumen in der Spritze mit Sauerstoff. Beschreibe, wie viel Sauerstoff sich in 100 ml Wasser lösen. Vergleiche die Löslichkeit von Sauerstoff in Wasser mit der Löslichkeit von Kohlenstoffdioxid in Wasser.

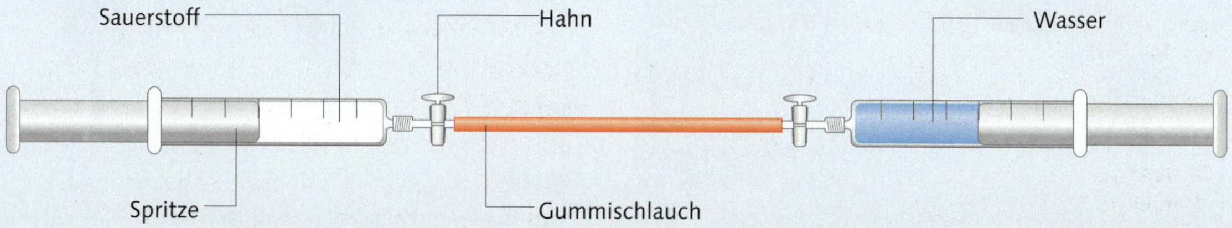

Wasser herstellen und zerlegen

Zerlegung des Wassers Eine wichtige Aufgabe von Chemikern ist die Zerlegung chemischer Verbindungen. Die Zerlegung einer chemischen Verbindung wird Analyse genannt. Mitte des 19. Jahrhunderts entwickelte der Chemiker AUGUST WILHELM VON HOFMANN ein Gerät (Bild 2), das Wasser in seine Bestandteile Wasserstoff und Sauerstoff zerlegen kann. Dies geschieht mithilfe von elektrischem Strom, weshalb diese Analyse als Elektrolyse bezeichnet wird. Die Apparatur wird an eine Gleichspannungsquelle mit 12–15 V angeschlossen. Am Pluspol entwickelt sich Sauerstoff, am Minuspol entsteht die doppelte Menge an Wasserstoff.

Wasser → Wasserstoff + Sauerstoff

$2\ H_2O \rightarrow 2\ H_2 + O_2$ | endotherm

Da bei der Elektrolyse Energie aufgewandt werden muss, handelt es sich um eine endotherme Reaktion.

Die Zerlegung einer chemischen Verbindung nennt man Analyse. Eine Analyse mithilfe von elektrischem Strom heißt Elektrolyse.
Bei der Elektrolyse von Wasser entstehen die Gase Sauerstoff und Wasserstoff.

Nachweis der Analyseprodukte Durch die Glimmspanprobe lässt sich der bei der Analyse entstandene Sauerstoff nachweisen: Ein glimmender Span flammt im Reagenzglas mit Sauerstoff auf.

Durch die Knallgasprobe lässt sich der Wasserstoff nachweisen. Ein mit Wasserstoff gefülltes Reagenzglas wird nach unten an eine Flamme gehalten. Ist neben dem Wasserstoff noch etwas Luft im Glas, so hört man ein pfeifendes Geräusch oder einen kleinen Knall.

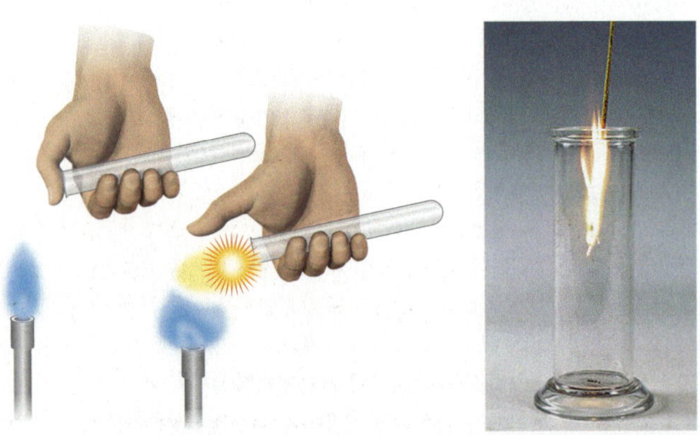

1 *Knallgasprobe (links); Glimmspanprobe (rechts)*

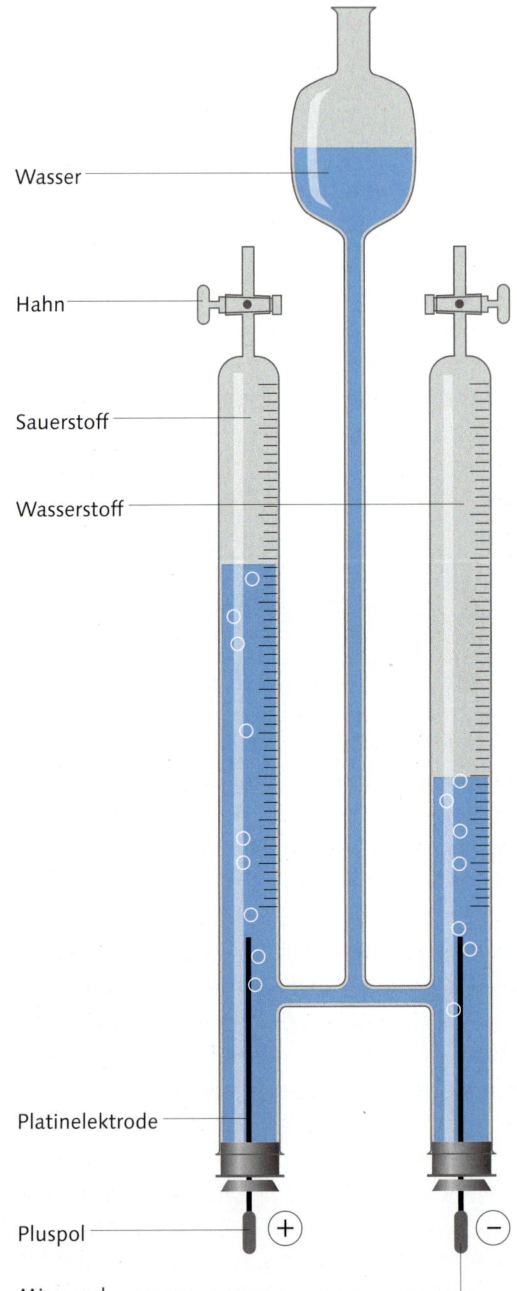

2 *Hofmannscher Wasserzersetzungsapparat*

Nutzen der Elektrolyse Bei einer großtechnischen Elektrolyse von Wasser, z. B. durch Solarkraft, entsteht Wasserstoff, der vielfältig als Energieträger genutzt werden kann.

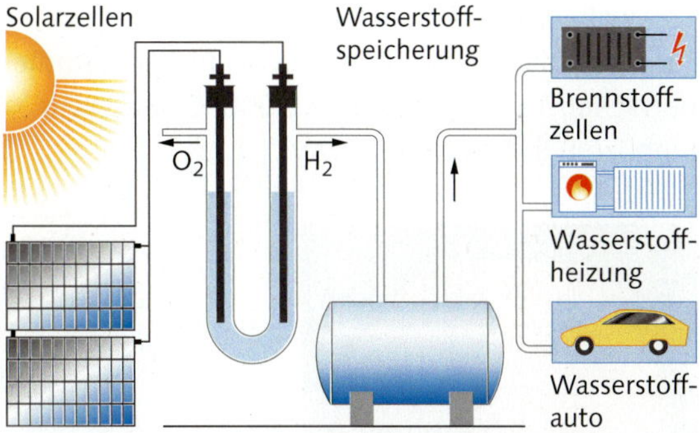

3 *Verwendung des Wasserstoffs, der durch Elektrolyse gewonnen wird*

Verbrennung von Wasserstoff Entzündet man Wasserstoff, der aus einer Glasdüse strömt, brennt er mit bläulicher Flamme. Die Flamme zeigt, dass bei der Reaktion Energie frei wird. Es handelt sich um eine exotherme Reaktion. Wird ein kühles Becherglas über die Flamme gehalten, beschlägt es nach einiger Zeit. Es bilden sich feine Tröpfchen. Gibt man etwas weißes (wasserfreies) Kupfersulfat auf den beschlagenen Rand des Becherglases, färbt sich das Kupfersulfat blau. Dies ist ein Nachweis für Wasser.

Herstellung von Wasser Der Prozess der Analyse lässt sich auch umkehren. Stellt man durch eine chemische Reaktion aus Stoffen neue Verbindungen her, spricht man von einer Synthese. Aus den Elementen Wasserstoff und Sauerstoff lässt sich durch eine Synthese die Verbindung Wasser herstellen. Dabei handelt es sich um eine Oxidation. Wasser ist also ein Oxid des Wasserstoffs. Das Wasser-Molekül besteht aus zwei Wasserstoffatomen und einem Sauerstoffatom.

Wasserstoff + Sauerstoff → Wasser

$2\ H_2 + O_2 \rightarrow 2\ H_2O$ | exotherm

Eine chemische Reaktion, bei der aus verschiedenen Stoffen eine neue Verbindung hergestellt wird, nennt man Synthese. Bei der Synthese von Wasserstoff und Sauerstoff entsteht Wasser.

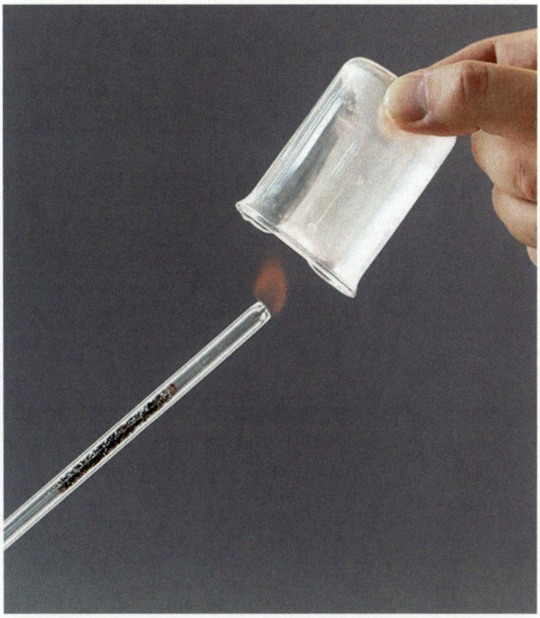

4 *Wasserstoff verbrennt an der Luft, das entstandene Wasser schlägt sich am Becherglas nieder.*

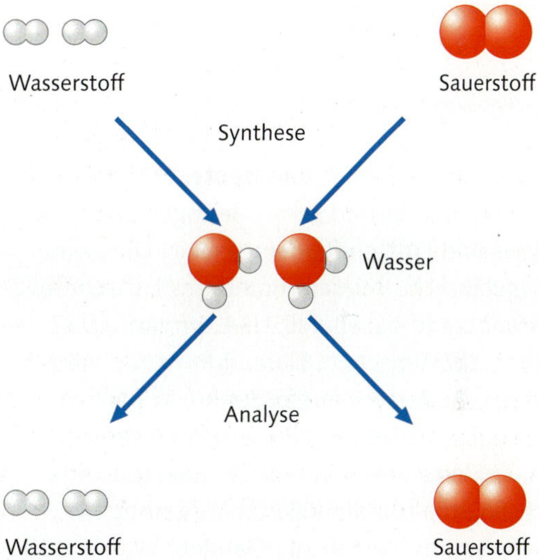

5 *Analyse und Synthese von Wasser*

Aufgaben

1 Erläutere die Begriffe Synthese und Analyse.

2 Formuliere für die Analyse von Wasser das Reaktionsschema in Worten.

3 Je 2 Liter Wasserstoff und Sauerstoff reagieren miteinander. Es bleibt 1 Liter eines farblosen Gases übrig. Um welchen Stoff handelt es sich? Begründe.

4 Erläutere Verwendungsmöglichkeiten für Wasserstoff, der durch Elektrolyse gewonnen wird. Nutze Bild 3.

Wasserstoff

Geschichte Wasserstoff ist das Element, das am häufigsten im Universum vorkommt. In gebundener Form ist es in allen lebenden Organismen enthalten. Entdeckt wurde Wasserstoff im Jahre 1766 von dem englischen Chemiker HENRY CAVENDISH.

Name des Stoffes: Wasserstoff
Aggregatzustand (bei 25 °C): gasförmig
Farbe: farblos
Geruch: geruchlos
Dichte (bei 0 °C): 0,0899 $\frac{g}{l}$
Brennbarkeit: brennt mit bläulicher Flamme, explosiv im Gemisch mit Sauerstoff
Schmelztemperatur: −259,3 °C
Siedetemperatur: −252,8 °C
Aufbewahrung: Gasflasche (rot)
Nachweis: Knallgasprobe

1 *Steckbrief von Wasserstoff*

Verwendung – früher und heute Früher wurde Wasserstoff aufgrund seiner geringen Dichte in Ballons und Luftschiffen eingesetzt. Dies war sehr gefährlich. Bei dem Brand des Luftschiffes Hindenburg in Lakehurst, USA, im Jahr 1937 starben 35 Menschen. Daraufhin wurde Wasserstoff für die Personenbeförderung in Ballons und Luftschiffen verboten. Eine kontrollierte Explosion von Wasserstoff findet bei Raketenstarts statt. So erhalten die Raketen den nötigen Schub, um ins Weltall zu gelangen. Wasserstoff ist neben Stickstoff der Ausgangsstoff für die Herstellung von Ammoniak, einem wichtigen Grundstoff in der Düngemittelproduktion. Beim Schweißen von Metallen wird Wasserstoff mit Sauerstoff zur Reaktion gebracht. In der Flamme herrschen Temperaturen bis 3000 °C, die sogar Stahl zum Schmelzen bringen.

2 *Explosion des Luftschiffes Hindenburg 1937*

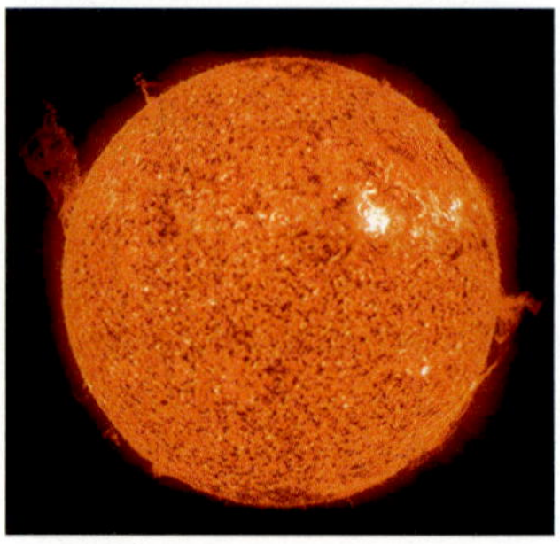

3 *Sonnenfeuer durch verbrennenden Wasserstoff*

Energielieferant Wasserstoff Die Sonne besteht zu ca. 70 % aus Wasserstoff. Pro Sekunde werden 600 Millionen Tonnen Wasserstoff zu Helium „verbrannt". Die Energie, die dabei in Form von Licht und Wärme frei wird, ist lebensnotwendig für alle Organismen auf unserer Erde. In Solarkraftwerken kann die Sonnenenergie in Strom umgewandelt werden. Da die fossilen Energielieferanten Erdöl, Erdgas und Kohle auf der Erde nur noch in begrenzter Menge vorhanden sind, soll Wasserstoff vermehrt als alternativer Brennstoff eingesetzt werden. Vorteile:

1. Das zur Wasserstoffherstellung notwendige Wasser ist in den Meeren reichlich vorhanden.
2. Bei der Verbrennung von Wasserstoff entsteht eine unschädliche Verbindung – Wasser.

Wasserstoff ist ein farbloses, geruchloses und geschmackloses Gas. Es ist ein wichtiger Industrierohstoff und Energielieferant.

Aufgaben

1 Fertige eine Tabelle an, in der du Verwendung und genutzte Eigenschaft des Wasserstoffs gegenüberstellst.

2 Warum wurde der Einsatz von Wasserstoff in Luftschiffen verboten? Begründe.

3 Formuliere für die Verbrennung von Wasserstoff das Reaktionsschema in Worten.

1 Herstellung von Wasserstoff

Geräte: 2 Reagenzgläser, Stopfen mit Glasdüse und Rückschlagsicherung (Eisenwolle), Gummistopfen, Spatel, Reagenzglasständer, Stativmaterial
Chemikalien: Calciumstücke (<1 cm), Wasser
Durchführung: Fülle ein Reagenzglas zu zwei Drittel mit Wasser und spanne es in das Stativ ein. Gib wenige Calciumstücke in das Reagenzglas und setze sofort den Gummistopfen mit der Glasdüse darauf.
Halte das zweite Reagenzglas über die Glasdüse. Nimm nach etwa 20 Sekunden den Gummistopfen ohne Loch und verschließe damit das zweite Reagenzglas.
Auswertung: Beschreibe deine Beobachtungen.

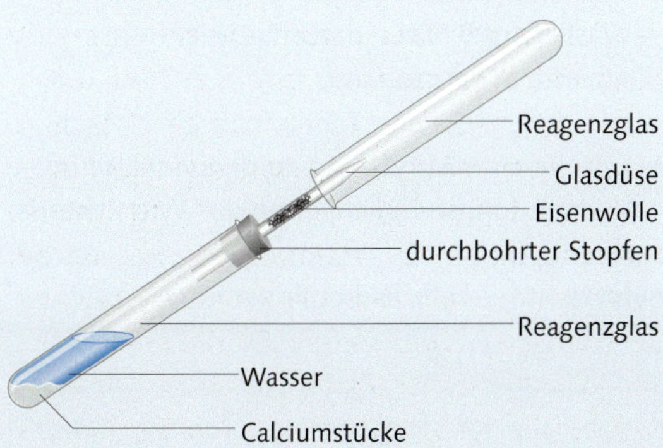

2 Nachweis von Wasserstoff – Knallgasprobe

Geräte: Reagenzglas, Gasbrenner
Chemikalien: Wasserstoff (aus Versuch 1), Watesmopapier zum Wassernachweis
Durchführung: Entzünde den Gasbrenner. Nimm den Gummistopfen vom Reagenzglas und verschließe es sofort mit deinem Daumen. Halte das Reagenzglas mit der Öffnung schräg nach unten in die Brennerflamme. Halte ein Stück Watesmopapier an den inneren Rand des Reagenzglases.
Auswertung: Beschreibe deine Beobachtungen. Erkläre die Veränderung des Watesmopapiers. Formuliere das Reaktionsschema in Worten zu der chemischen Reaktion, die stattgefunden hat.

3 Zerlegung von Wasser

Geräte: 2 große Spritzen mit Hahn (30 ml; ohne Stempel), 2 kleine Spritzen (5 ml), hohes Becherglas (250 ml), Edelstahldraht, Kupferdraht, 2 Kabel, 2 Krokodilklemmen, Transformator
Chemikalien: Wasser, verdünnte Schwefelsäure
Durchführung: Gib etwas verdünnte Schwefelsäure in ein Becherglas mit Leitungswasser. Stelle die großen Spritzen mit offenen Hähnen nach oben in das Becherglas. Fülle die zwei kleinen Spritzen mit Wasser und verbinde sie mit den großen Spritzen. Spritze das Wasser von den kleinen Spritzen in die großen und verschließe die Hähne. Befestige an einem Ende des Edelstahldrahts etwas Kupferdraht und führe es von unten in eine Spritze, den anderen Edelstahldraht in die zweite Spritze. Verbinde die Drähte mit den Kabeln und die Kabel mit einer Gleichstromquelle. Lege eine Spannung von 10 V an. Wenn sich genügend Gas gebildet hat, öffne die Hähne und ziehe das Gas jeweils in die kleinen Spritzen. Zieh die Stempel der Spritze am Pluspol ab und führe die Glimmspanprobe durch. Zieh die Stempel der Spritze am Minuspol ab und führe die Knallgasprobe durch.
Auswertung: Beschreibe deine Beobachtungen in den großen Spritzen. Erkläre die unterschiedlichen Reaktionen in den kleinen Spritzen.

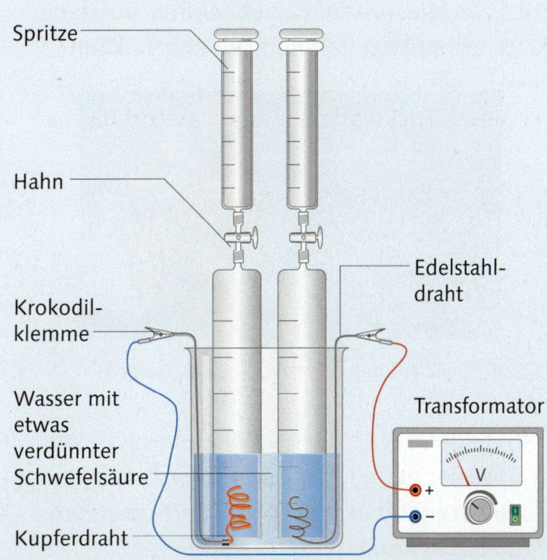

Teste dich!

1 Gib die Verteilung von Süß- und Salzwasser in Bezug auf das Gesamtvorkommen des Wassers auf der Erde an.

2 Wo befindet sich der größte Teil des auf der Erde vorkommenden Süßwassers?

3 Nenne Verwendungsmöglichkeiten für Trinkwasser im Haushalt.

4 Beschreibe wie das Wasser im Schweiß für Kühlung sorgt.

5 Gib Ursachen für die Gefährdung des Lebensraumes Wasser an.

6 Erläutere in wenigen Sätzen, was man in Deutschland unter Trinkwasser versteht und wie man es gewinnt.

7 Erläutere die drei Stufen der Abwasserreinigung.

8 Verleiche die Gewässergüteklassen I, II, III und IV in Bezug auf ihren Sauerstoffgehalt und die Besiedlung mit Lebewesen.

9 Nenne mehrere Verursacher der Wasserverschmutzung.

10 Erläutere, wieso man im Winter durch ein Loch im zugefrorenen See angeln kann.

1 *Fische werden durch ein Eisloch geangelt.*

11 Erläutere, wie die bei der Elektrolyse von Wasser gebildeten Gase Sauerstoff und Wasserstoff experimentell nachgewiesen werden können.

12 Beschreibe, was bei der Zerlegung von Wasser mit dem Zersetzungsapparat (Elektrolyse) zu beobachten ist. Nenne die Reaktionsprodukte und ordne sie a) und b) zu.

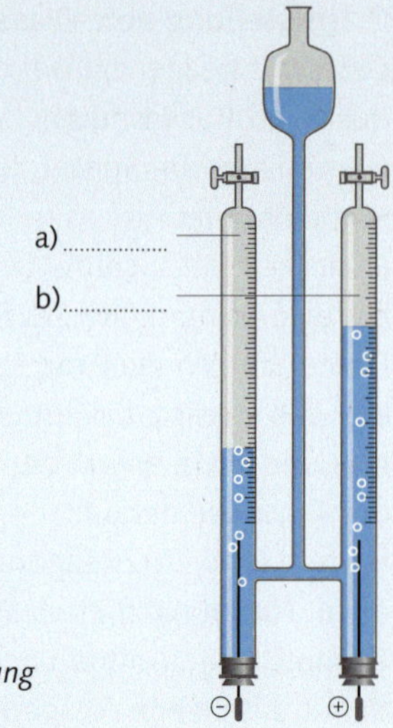

2 *Apparatur zur Zerlegung von Wasser*

13 Was entsteht bei der Verbrennung von Wasserstoff? Stelle dazu das Reaktionsschema in Worten auf.

14 Erstelle eine Mind-Map zu den vielfältigen Verwendungsmöglichkeiten des Wasserstoffs.

Aufgabe	Hilfe findest du auf Seite ...
1	124
2	124
3	125
4	126
5	126
6	129
7	130
8	133
9	133
10	139
11	142
12	142
13	143
14	143, 144
... und die Lösungen findest du im Anhang.	

Im Überblick

Wasser ist ein kostbares Gut. Nur ein geringer Teil des Wassers auf der Erde ist leicht zugängliches Trinkwasser. Wir nutzen Wasser als Lebens-, Reinigungs- und Lösungsmittel. Bei der Nutzung von Wasser entstehen oft Abwässer, die in Kläranlagen gereinigt werden müssen. Wasser lässt sich zerlegen, sodass Wasserstoff gewonnen werden kann, der sich als Energielieferant einsetzen lässt. Durch Wassersparen und umweltfreundliches Handeln können wir Wasser auch in Zukunft ausreichend nutzen.

Wassernutzung

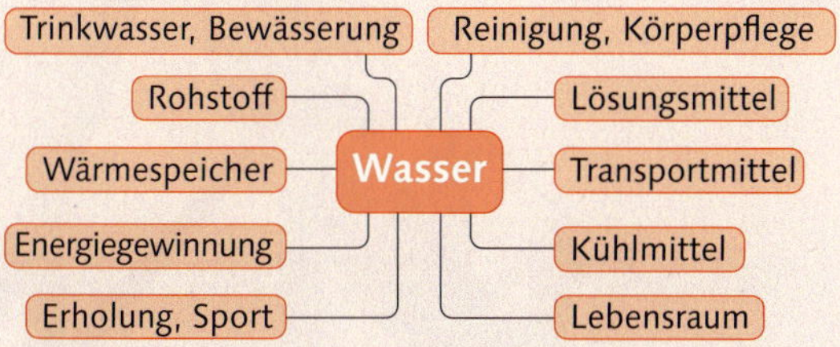

Eigenschaften von Wasser

Chemische Formel	H_2O
Schmelztemperatur	0 °C
Siedetemperatur	100 °C
Wassermenge auf der Erde	ca. $2{,}4 \cdot 10^{21}$ kg
Gesamte Fläche der Ozeane und Meere:	$3{,}61 \cdot 10^{14}\ \text{m}^2 \mathrel{\hat=} 70{,}8\,\%$ der Erdoberfläche
pH-Wert	7 (neutral)
Dichte bei 4 °C	$1\ \frac{\text{g}}{\text{cm}^3}$
Dichte bei 0 °C	$0{,}918\ \frac{\text{g}}{\text{cm}^3}$

- *Oberflächenspannung:* Fähigkeit des Wassers, eine feste und elastische Haut zu bilden.
- *Dichteanomalie:* Wasser dehnt sich im Gegensatz zu anderen Stoffen bei Erstarren aus.
- *Wärmekapazität:* Wasser besitzt die Fähigkeit, Wärme zu speichern.
- *Lösungsmittel:* Wasser kann Feststoffe, Gase und andere Flüssigkeiten lösen.

Trinkwasser

- kann aus Grund- und Oberflächenwasser gewonnen werden. Es wird gefiltert und entkeimt. Die Trinkwasserverordnung regelt die Qualität, um die Menschen vor gesundheitlichen Gefahren zu schützen.

Kläranlage

- Anlage zur Reinigung von Gebrauchswasser in 3 Stufen:
  1. Stufe: mechanische Reinigung (Siebe)
  2. Stufe: biologische Reinigung (Kleinstlebewesen)
  3. Stufe: chemische Reinigung (Fällmittel)

Synthese und Analyse

- *Synthese:* chemische Reaktion, bei der eine neue Verbindung hergestellt wird
  Beispiel: Herstellung von Wasser aus den Elementen Wasserstoff und Sauerstoff
- *Analyse:* Zerlegen einer Verbindung in Elemente
  Beispiel:

$$\text{Wasserstoff} + \text{Sauerstoff} \underset{\text{Analyse}}{\overset{\text{Synthese}}{\rightleftarrows}} \text{Wasser}$$

Wasserstoff

- farb-, geruch- und geschmackloses Gas
- Nachweis: Knallgasprobe
- Verwendung: Energielieferant und Industrierohstoff

7 Metalle und Metallgewinnung

Hoch ragt das Gerüst der „Achterbahn" in die Luft. Der Stahl hat genügend Festigkeit und Härte um Menschen zu tragen. Zudem lässt sich Stahl formen und ist daher in vielen Lebensbereichen zu finden. Gewonnen wird er aus den Erzen der Erdkruste, doch diese Schätze müssen erst gehoben und chemisch aufgearbeitet werden.

Die Geschichte der Metalle

1 *Goldmaske von TUTANCHAMUN – im Grab des altägyptischen Königs (14. Jh v. Chr.) fand man viele goldene Grabbeigaben.*

3 *Himmelsscheibe von Nebra (Sachsen-Anhalt) – ein bedeutender Kunstfund aus der Bronzezeit*

Gold, eines der ältesten genutzten Metalle Gold war schon bei den alten Ägyptern, Azteken, Römern und Chinesen hoch geschätzt. Die ältesten Funde von Schmuckgegenständen aus Gold datieren aus dem 5. und 4. Jahrtausend v. Chr. Das seltene Edelmetall Gold war den Menschen damals schon bekannt, weil es im Gegensatz zu Gebrauchsmetallen wie Eisen in der Natur elementar, das heißt „ungebunden" vorkommt. Die Goldsucher der Antike fanden das gelb glänzende Metall in goldhaltigem Flusssand oder in Gesteinen, die in Bergwerken abgebaut wurden.

Funde aus der Kupferzeit Im Jahr 1991 fand man im Gletschereis der Ötztaler Alpen eine etwa 5300 Jahre alte Mumie, die in den Medien den Namen „Ötzi" bekam. Bei der Leiche fand man ein Beil mit einer Kupferklinge. Der Fund des Kupferbeils zeigte, dass am Ende der Steinzeit bereits leichte Werkzeuge und Waffen aus Kupfer hergestellt wurden. Das war der Beginn der Kupferzeit.

2 *Beil von Ötzi*

Bronze verdrängt Kupfer Auf die Kupferzeit folgte von 2200 bis 1200 v. Chr. die Bronzezeit. Man hatte gelernt, aus Kupfer und Zinn die Legierung Bronze herzustellen. Bronze ist härter als Kupfer und daher zur Fertigung von Werkzeugen und Schwertern besser geeignet.

Der Siegeszug des Eisens Um 800 v. Chr. begann die Eisenzeit. Lange wurden Bronze und Eisen nebeneinander verwendet. Durch Gießen gefertigte Gegenstände aus Bronze sind hart und stabil, lassen sich aber im festen Zustand nicht mehr verformen. Eisen hat den Vorteil, dass es beim Erhitzen weich wird und durch Schmieden geformt werden kann. Dieses vielseitig einsetzbare Metall verdrängte nach und nach die anderen Werkstoffe. Im 20. Jahrhundert gewannen jedoch Kunststoffe zunehmend an Bedeutung.

Aufgaben

1. Erstelle einen Zeitstrahl von der Steinzeit bis zur Eisenzeit und gib die vorwiegend genutzten Materialien an.
2. Aus welchen Metallen besteht die Legierung Bronze?
3. Ein Beil aus Kupfer hat gegenüber einem Steinbeil wesentliche Vorteile. Nenne diese.
4. Kupferwerkzeuge wurden später durch Werkzeuge aus Bronze abgelöst. Begründe.
5. Nenne verschiedene Gründe, warum sich das Eisen in vielen Bereichen als Werkstoff gegenüber den anderen Metallen durchgesetzt hat.
6. Recherchiere, wofür Kupfer heute verwendet wird.

Exkurs „Hightechmetalle“ im Handy

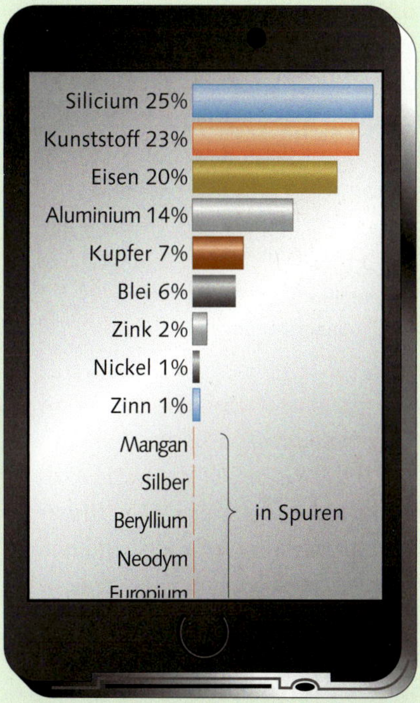

1 *Was steckt im Handy?*

Silicium – ein Halbmetall Etwa ein Viertel eines Handys besteht aus Silicium. Die Erdkruste enthält riesige Mengen an Siliciumverbindungen. Quarzsand besteht hauptsächlich aus Siliciumdioxid. Die Schwierigkeit besteht darin, Silicium in möglichst reiner Form herzustellen. Als Halbmetall leitet Silicium den elektrischen Strom schlechter als Metalle, aber besser als Nichtmetalle. Seine elektrische Leitfähigkeit kann durch Licht und Temperatur gesteuert werden. Wegen dieser Eigenschaft wird es in Computerchips eingesetzt.

2 *Silicium – ein großer Kristall (bis zu 2 m) und Wafer zur Herstellung von Computerchips*

Seltene Metalle Ein Handy besteht aus rund 35 verschiedenen Stoffen, darunter sind auch viele „exotische“ Metalle wie Neodym, Europium, Cer oder Lanthan. Weil sie in der Erdrinde nur in kleinen Mengen vorkommen, werden sie auch als seltene Metalle oder seltene Erden bezeichnet.

Für elektronische Geräte wie Computer oder Handys werden zwar nur kleine Mengen benötigt, aber ohne sie geht es nicht. Ungefähr ein Drittel der Rohstoffvorkommen liegen in China. Dort werden aber über 90 % aller weltweit verarbeiteten seltenen Metalle gewonnen. Da China damit ein Monopol auf diese Metalle hat, ist die weltweite Produktion von Computerchips von China abhängig.

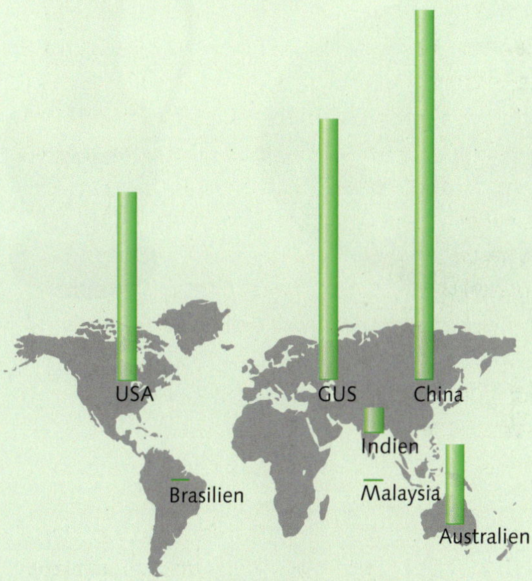

3 *Vorkommen seltener Erden*

Aufgaben

1 Gib den Rohstoff an, der für die Siliciumherstellung genutzt wird. Nenne den Namen der chemischen Verbindung.

2 Die Metalle der seltenen Erden gehören zu den begehrtesten Rohstoffen der Welt.

a Erläutere den Begriff seltene Erden.

b Welche Bedeutung haben seltene Erden für Technik und Industrie?

c Wo befinden sich die größten Vorkommen?

d Informiere dich über den Abbau.

7

Redoxreaktionen

Kupfer, ein Produkt des Zufalls? Vor ungefähr 5500 Jahren könnte sich folgende Geschichte zugetragen haben: Beim Stochern im Lagerfeuer fällt einem unserer Vorfahren sein Glücksbringer, ein grüner Schmuckstein aus Malachit, ins Feuer. Als er am nächsten Tag in der Asche nach dem Stein sucht, findet er anstatt des Steins einen glänzenden Metallbrocken. Aus dem Kupfererz Malachit war metallisches Kupfer entstanden. Bei genauerer Untersuchung stellte er fest, dass das neu entdeckte Material mit einem Klopfstein formbar und zur Herstellung von Werkzeugen und Gefäßen geeignet war.

1 *Geschliffener Malachit und Gegenstand aus Kupfer*

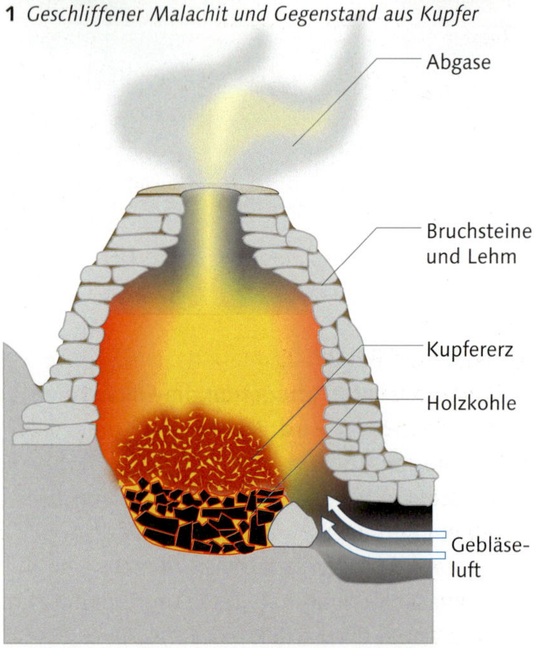

2 *Die Nachfrage nach Kupfer stieg und so begann die Verhüttung von Kupfer in Schachtöfen.*

Vom Kupferoxid zum Kupfer Im Lagerfeuer entsteht aus dem Malachit zunächst schwarzes Kupferoxid. Um aus Kupferoxid schließlich Kupfer zu gewinnen, muss Kupferoxid den Sauerstoff abgeben. Eine solche Reaktion bezeichnet man als Reduktion.

Reduktion
Kupferoxid → Kupfer
Sauerstoffabgabe

Eine Reduktion ist eine chemische Reaktion, bei der ein Oxid Sauerstoff abgibt.

Oxidation von Kohlenstoff Gesucht wird ein Stoff, der dem Kupferoxid den Sauerstoff entziehen kann. Im Feuer befindet sich Holzkohle. Der Kohlenstoff der Holzkohle hat ein hohes Bindungsbestreben zu Sauerstoff. Der Kohlenstoff entzieht dem Kupferoxid den Sauerstoff und verbindet sich mit diesem zu Kohlenstoffdioxid. Kohlenstoff wirkt als Reduktionsmittel und wird dabei oxidiert. Ein Reduktionsmittel kann ein Oxid reduzieren.

Oxidation
Kohlenstoff → Kohlenstoffdioxid
Sauerstoffaufnahme

Redoxreaktion Bei der Reaktion von Kupferoxid mit Kohlenstoff findet eine Sauerstoffübertragung statt. Kupferoxid wirkt als Oxidationsmittel – es oxidiert den Kohlenstoff. Kupferoxid selbst wird reduziert. Reduktion und Oxidation laufen gleichzeitig ab. Man spricht von einer Redoxreaktion.

Kupfer-oxid + Kohlenstoff → Kupfer + Kohlenstoff-dioxid

Reduktion (2 CuO → 2 Cu)

$$2\ CuO + C \rightarrow 2\ Cu + CO_2$$

Oxidation (C → CO_2)

Bei Redoxreaktionen findet eine Sauerstoffübertragung statt. Reduktion und Oxidation laufen gleichzeitig ab.

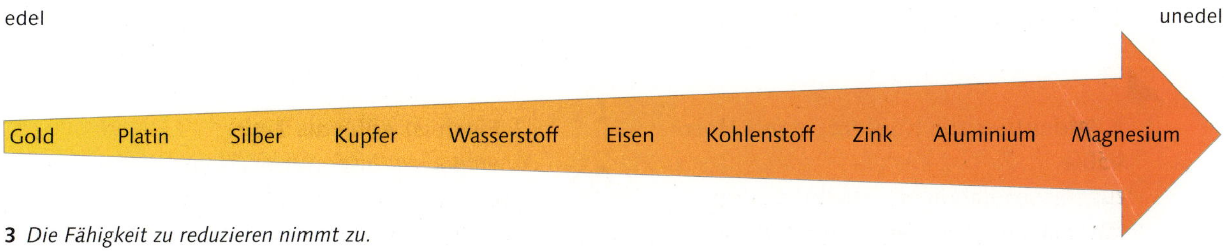

3 *Die Fähigkeit zu reduzieren nimmt zu.*

Reduktion von Kupferoxid mit Eisen Auch Metalle, die unedler sind als Kupfer, können Kupferoxid reduzieren. Das unedlere Eisen entzieht dem edleren Kupfer den Sauerstoff und verbindet sich mit diesem zu Eisenoxid. Eisen reduziert Kupferoxid zu Kupfer, deshalb wirkt Eisen hier als Reduktionsmittel. Im Gegenzug ist das Kupferoxid für die Oxidation des Eisens verantwortlich. Es übernimmt die Funktion des Oxidationsmittels.

Wasserstoff – ein gasförmiges Reduktionsmittel Kupferoxid kann auch mit Wasserstoff reduziert werden. Leitet man gasförmigen Wasserstoff über das erhitzte Kupferoxid, verbindet sich der Wasserstoff mit dem Sauerstoff des Kupferoxids zu Wasser. Das Wasser entweicht als Wasserdampf und zurück bleibt metallisches Kupfer.

Kupferoxid	+	Wasserstoff	$\rightarrow$	Kupfer	+	Wasser
CuO	+	H_2	$\rightarrow$	Cu	+	H_2O

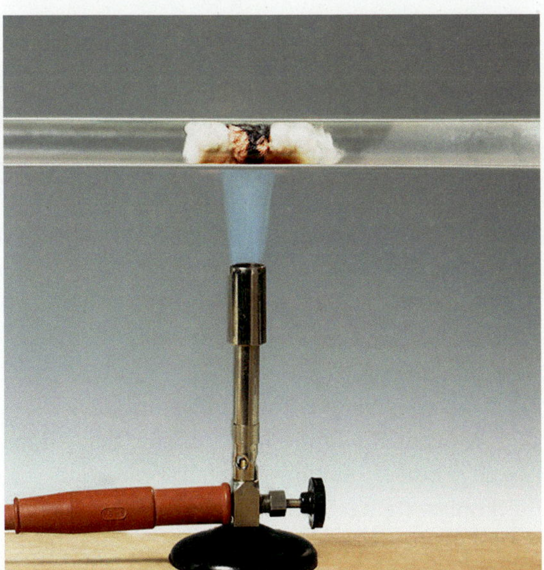

4 *Reaktion von Kupferoxid mit Wasserstoff*

Sauerstoff – ein gefragter Reaktionspartner Kohlenstoff hat dem Kupfer den Sauerstoff entzogen. Aber auch Kohlenstoffdioxid kann reduziert werden. Magnesium hat ein noch stärkeres Bindungsbestreben zu Sauerstoff. Hält man ein brennendes Stück Magnesiumband in einen Standzylinder mit Kohlenstoffdioxid, brennt es weiter und reagiert zu weißem Magnesiumoxid. Daneben entstehen auch noch schwarze Rußflocken. Dabei handelt es sich um Kohlenstoff, der bei der Reduktion von Kohlenstoffdioxid entstanden ist.

Kohlenstoffdioxid	+	Magnesium	$\rightarrow$	Kohlenstoff	+	Magnesiumoxid
CO_2	+	$2\ Mg$	$\rightarrow$	C	+	$2\ MgO$

5 *Reaktion von Kohlenstoffdioxid mit Magnesium*

Aufgaben

1 Erkläre die Begriffe Oxidation, Reduktion, Oxidationsmittel und Reduktionsmittel.

2 Was versteht man unter einer Redoxreaktion?

3 Aus Bleioxid (PbO) soll Blei hergestellt werden.

a Gib ein Reduktionsmittel für Bleioxid an.

b Stelle ein Reaktionsschema in Worten und in Symbolschreibweise auf und kennzeichne den Oxidations- und Reduktionsvorgang.

4 Woran könnte es liegen, dass die Kupferzeit vor der Eisenzeit begann?

1 Reduktion von Kupferoxid mit Holzkohle

Geräte: Schutzbrille, Gasbrenner, Stativmaterial, Reagenzglas, 2 Bechergläser, durchbohrter Stopfen, Winkelrohr, Reagenzglashalter, Pinzette, Lupe
Chemikalien: Kupferoxidpulver, Holzkohle, Calciumhydroxid-Lösung
Durchführung: Zermahle 0,5 g Holzkohle in der Reibschale und mische sie mit 3 g schwarzem Kupferoxidpulver. Fülle das Gemisch in ein Reagenzglas. Stecke den durchbohrten Stopfen mit dem Winkelrohr in das Reagenzglas. Befestige das Reagenzglas leicht schräg am Stativ, sodass das Winkelrohr in ein kleines Becherglas mit Calciumhydroxid-Lösung ragt. Erhitze das Gemisch, bis es glüht und du im Becherglas eine Veränderung beobachtest. Nimm dann das Winkelrohr sofort aus der Calciumhydroxid-Lösung. Halte das heiße Reagenzglas mit dem Reagenzglashalter und tauche es in ein Becherglas mit Wasser.
Auswertung: Hole das feste Klümpchen mit einer Pinzette aus dem Wasser und betrachte es mit der Lupe. Beschreibe die Reaktionsprodukte und stelle das Reaktionsschema auf.

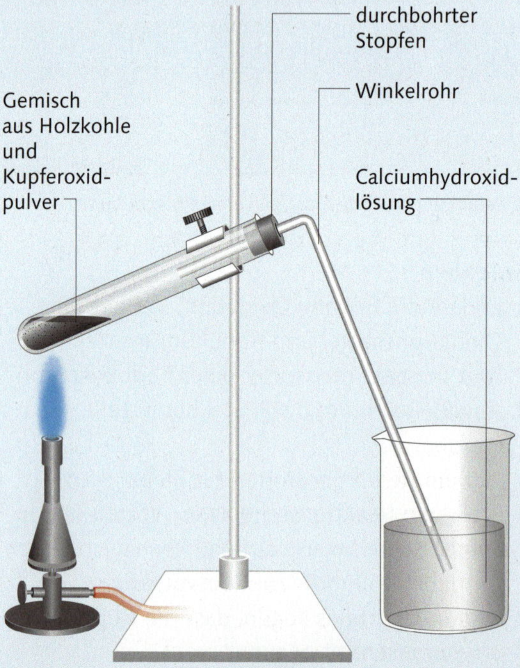

2 Eisen ist edler als Zink

Chemikalien: Eisenpulver, Zinkpulver, Eisenoxid, Zinkoxid, Kohlenstoff
Durchführung: Plane ein Experiment, das belegt, dass Eisen edler ist als Zink. Dir stehen die angegebenen Chemikalien zur Verfügung.
Beachte, dass Zinkoxid beim Erhitzen gelb wird.
Auswertung: Erstelle ein Versuchsprotokoll und formuliere ein Reaktionsschema.

3 Reduktion von Kupferoxid mit Eisen

Geräte: Schutzbrille, Gasbrenner, Reagenzglas, Reibschale mit Pistill, Reagenzglashalter, Lupe
Chemikalien: schwarzes Kupferoxidpulver, Eisenpulver
Durchführung: Mische 2 g schwarzes Kupferoxidpulver und 1 g Eisenpulver in der Reibschale und fülle das Gemisch in ein Reagenzglas.
Erhitze das Gemisch mit der nicht leuchtenden Brennerflamme. Nimm das Reagenzglas beim ersten Aufglühen aus der Brennerflamme.
Auswertung: Betrachte nach dem Abkühlen den Inhalt des Reagenzglases unter der Lupe. Formuliere das Reaktionsschema.

4 Oxidation und Reduktion

Geräte: Gasbrenner, Schutzbrille, Tiegelzange
Chemikalien: Kupferblech, Holzkohle
Durchführung: Forme aus einem Kupferblech eine flache Schachtel.

a Erhitze die Schachtel in der Brennerflamme und lass sie anschließend an der Luft abkühlen.
b Lege einige kleine Holzkohlestückchen in die Schachtel und erhitze erneut. Lass ohne zu schütteln abkühlen. Schütte die Holzkohlereste nach dem Abkühlen aus.

Auswertung: Welche chemischen Reaktionen laufen in den Arbeitsschritten a und b ab? Formuliere jeweils das Reaktionsschema.

Exkurs Das Thermitverfahren

Thermit – ein heißes Gemisch Am Ende des 19. Jahrhunderts fand der Chemiker HANS GOLDSCHMIDT heraus, dass viele Metalloxide heftig mit Aluminium reagieren. Da bei der Zündung von Gemischen aus Metalloxid und Aluminium viel Wärme frei wird, bezeichnete er sie als Thermitgemische oder einfach Thermite.

1 *Thermitverfahren im Einsatz*

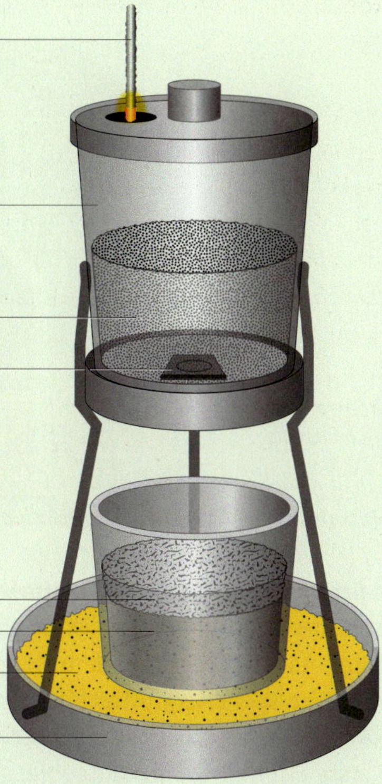

2 *Thermitreaktion im Modell*

Verbinden von Eisenbahnschienen Eisenbahngleise setzen sich aus 25 m langen Schienenstücken zusammen. Diese müssen beim Einbau miteinander verschweißt werden. Die Schienenstücke werden so aneinandergelegt, dass zwischen den Enden der zu verbindenden Stücke ein ca. 4 cm breiter Spalt bleibt. Die Schienenenden werden mit einem Schweißbrenner auf ca. 1000 °C vorgeheizt. Anschließend wird eine Gießform über sie gestülpt, die sich der Form der Schienen anpasst. Über dieser Gießform befindet sich ein Reaktionstiegel mit einem Thermitgemisch.

Herstellung des „Bindemittels" Eisen Das Thermitgemisch im Reaktionstiegel besteht aus Eisenoxidpulver und Aluminiumgrieß. Wenn dieses Gemisch mit einem Zündstäbchen entzündet wird, startet folgende Redoxreaktion:

Eisenoxid + Aluminium
→ Eisen + Aluminiumoxid | exotherm

Thermitschweißen Bei der stark exothermen Reaktion von Eisenoxid mit Aluminium wird eine Temperatur von ca. 2500 °C erreicht, die das entstehende Eisen flüssig hält. Das schwere, flüssige Eisen sinkt auf den Boden des Tiegels, in dem sich ein Loch befindet. Durch das Loch läuft es in die Gussform. Das leichtere Aluminiumoxid setzt sich als Schlacke über dem Eisen ab. Nach dem Abkühlen wird die Gießform entfernt und die Schienenoberfläche glatt geschliffen.

Aufgaben

1 Was versteht man unter einem Thermitgemisch?

2 Stelle das Reaktionsschema für die Thermitreaktion von Eisenoxid mit Aluminium auf. Benenne Reduktionsmittel und Oxidationsmittel.

3 Ist die Thermitreaktion zur Gewinnung von größeren Mengen Eisen aus Eisenoxid geeignet? Begründe deine Antwort.

7

Eisengewinnung im Hochofen

1 *Größere Hochöfen können bis zu 12 000 t Roheisen täglich produzieren.*

Die Erfolgsgeschichte des Hochofens Die Geschichte des Ruhrgebiets ist eng verbunden mit der Industrialisierung, dem Bergbau und der Entstehung von Eisenhütten. Die ehemalige St.-Antony-Hütte in Osterfeld (Oberhausen) war die erste Eisenhütte im Ruhrgebiet und wurde im Jahr 1758 in Betrieb genommen. Der Standort war ideal, denn in der Umgebung lagerte Raseneisenerz in nur etwa 1 m Tiefe im Boden. Außerdem wurde der nahe gelegene Elpenbach angestaut, der das Wasser für die Kühlung und die Energiegewinnung lieferte. Die kleinen Eisenhütten von damals entwickelten sich zu modernen Hochofenanlagen weiter.

Der Hochofen Ein Hochofen ist ein 30–50 m hoher Schachtofen. Die Metallwände sind mit feuerfesten Steinen ausgemauert. Über ein Röhrensystem im Metallmantel wird der Hochofen mit Wasser gekühlt. Er wird von oben über eine gasdichte Schleuse, die sogenannte Gicht, schichtweise mit Koks und einem Gemisch aus Erz und Zuschlägen (Möller) befüllt. Am unteren Teil des Ofens wird über Düsen heiße Gebläseluft zugeführt. Auf dem Boden des Hochofens sammelt sich das flüssige Roheisen. Die leichtere Schlacke schwimmt auf dem Roheisen. Ein Hochofen ist mindestens 10 Jahre ununterbrochen in Betrieb. Alle 4–6 Stunden werden Roheisen und Schlacke „abgestochen".

Eisenerze Es gibt eine Reihe verschiedener Eisenerzsorten. Zur industriellen Eisengewinnung werden heute vor allem die beiden folgenden eingesetzt:
- Roteisenstein oder Hämatit (Fe_2O_3) mit einem Eisengehalt von 40 bis 60 %. Die größten Lager an Hämatiterz findet man in Brasilien, Nordamerika und Australien.
- Magneteisenstein oder Magnetit (Fe_3O_4) mit einem Eisenanteil von 60 bis 70 % kommt hauptsächlich aus Schweden, Norwegen, Nordafrika, Russland und den USA.

2 *Roteisenstein und Magneteisenstein*

Koks, Brennstoff und Reduktionsmittel Im Hochofen hat der Koks, eine Form von Kohle mit einem Kohlenstoffgehalt von ca. 93 %, zwei Aufgaben: Zum einen sorgt er als Brennstoff für die Energiezufuhr und zum anderen wirkt er als Reduktionsmittel für das Eisenoxid.

Aus Zuschlägen entsteht Schlacke Die Zusatzstoffe, auch Zuschläge genannt, aus Kalkstein, Silikaten und anderen Mineralien haben die Aufgabe, das Begleitgestein der Erze zu binden. Aus den Zuschlägen und dem Begleitgestein entsteht im Hochofen die Schlacke. Sie kann zu Zement oder Isoliermaterial weiterverarbeitet werden. Ein kleinerer Teil findet als Zusatz bei der Glasherstellung Verwendung.

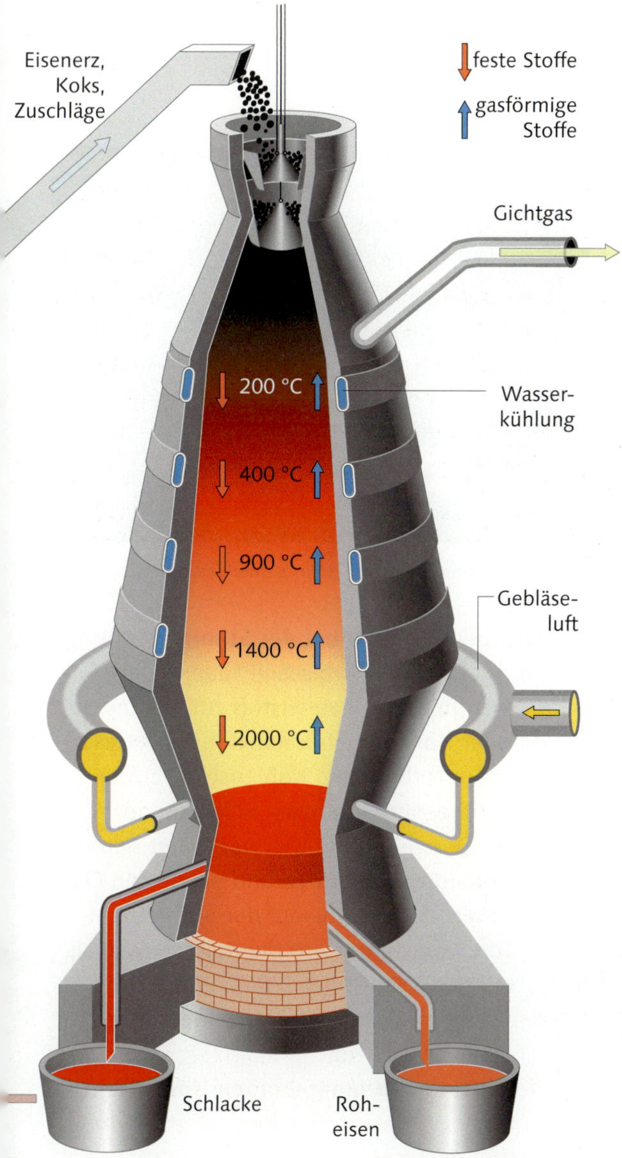

3 *Schema eines Hochofens*

Gichtgase und Gebläseluft In sogenannten Winderhitzern werden die Gichtgase, so nennt man die im Hochofen entstehenden Gase, verbrannt. Durch die dabei entstehende Wärmeenergie wird Luft auf 1000–1350 °C aufgeheizt und in den Hochofen als Gebläseluft eingeblasen.

Rohstoffe	Produkte
1,6 t Erz 0,4 t Koks 0,25 t Zuschläge 1,8 t Gebläseluft	1 t Roheisen 0,3 t Schlacke 2,3 t Gichtgas und Staub

Tab. 1 *Stoffbilanz des Hochofenprozesses*

Der Hochofenprozess Im Mittelteil des Hochofens, im Schacht und im Kohlensack, wird oxidisches Eisenerz mithilfe von Koks zu silbriggrauem Roheisen reduziert.

$$Fe_2O_3 + 3\,CO \rightarrow 3\,CO_2 + 2\,Fe$$

$$CO_2 + C \rightarrow 2\,CO$$

$$C + O_2 \rightarrow CO_2$$

$$2\,Fe_2O_3 + 3\,C \rightarrow 3\,CO_2 + 4\,Fe$$

Im Hochofen wird Eisenoxid durch Kohlenstoff oder Kohlenstoffmonooxid zu Eisen reduziert.

Roheisen Das im Hochofen gewonnene Eisen enthält ca. 4 % Kohlenstoff und geringe Anteile an Silicium, Mangan, Phosphor und Schwefel. Der Kohlenstoff macht das Eisen hart und spröde. Es ist nicht verformbar und mechanisch schwer zu bearbeiten. Daher werden nur etwa 10 % des Roheisens direkt als Gusseisen, z. B. für Rohre, Heizkörper und Maschinenteile, verwendet. Die restlichen 90 % werden zu Stahl weiterverarbeitet.

Aufgaben

1 Welche Funktionen hat der Koks beim Hochofenprozess?

2 Ein Hochofen wird neben Erz und Koks mit Zuschlägen befüllt.

a Woraus bestehen die Zuschläge?

b Wozu werden sie benötigt?

3 Berechne den Rohstoffbedarf eines Hochofens mit einer Tagesproduktion von 12 000 t.

4 Informiere dich im Internet über die Funktionsweise von Winderhitzern.

Vom Roheisen zum Stahl

Stahlerzeugung Das harte und spröde Roheisen ist nicht formbar. Stahl mit einem Kohlenstoffanteil unter 2 % ist jedoch schmiedbar, man kann ihn schweißen und mit Werkzeugen mechanisch bearbeiten. Stähle sind daher die am meisten verwendeten metallischen Werkstoffe. Bei der Umwandlung von Roheisen in Stahl muss der Kohlenstoffgehalt unter 2 % gesenkt werden. Daneben wird auch der Anteil an Silicium, Schwefel und Mangan verringert und Phosphor entfernt.

Stahl hat einen Kohlenstoffgehalt unter 2 %.

Sauerstoffaufblasverfahren Ein Verfahren zur Stahlherstellung ist das Sauerstoffaufblasverfahren. Das flüssige Roheisen wird zusammen mit Eisenschrott und Zuschlägen in einen Konverter gefüllt. Das ist ein großer, feuerfest ausgekleideter Behälter. Das Füllgut des Konverters bezeichnet der Stahltechniker als Charge. Eine 200-t-Charge enthält 157 t flüssiges Roheisen, 34 t Schrott und 9 t Zuschläge, die hauptsächlich aus gebranntem Kalk (Calciumoxid) bestehen.
Durch ein wassergekühltes Rohr, der Sauerstofflanze, wird unter Druck ca. 20 min lang Sauerstoff auf die Eisenschmelze geblasen.

2 *Der Konverter wird mit flüssigem Roheisen befüllt.*

1 *Ein Hufschmied bearbeitet ein glühendes Hufeisen.*

Chemische Vorgänge bei der Stahlherstellung
Der in das Roheisen geblasene Sauerstoff verbindet sich mit dem Kohlenstoff zu Kohlenstoffdioxid oder Kohlenstoffmonooxid. Diese Gase entweichen. Neben dem Kohlenstoff verbrennen auch Phosphor, Mangan, Silicium und Schwefel. Der gebrannte Kalk verbindet sich mit dem Phosphoroxid und den anderen festen Oxiden zur Kalkschlacke, die auf der Schmelze schwimmt. Gemahlen wird die Kalkschlacke als Schotter im Straßen- oder Eisenbahnbau und bei der Zementherstellung verwendet.

Bei der Stahlherstellung werden Kohlenstoff und andere unerwünschte Begleitstoffe durch Oxidation entfernt.

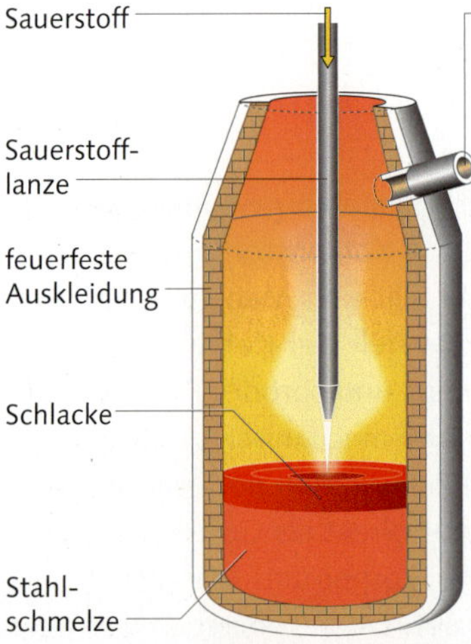

$C + O_2 \rightarrow CO_2$

$2\,C + O_2 \rightarrow 2\,CO$

$Si + O_2 \rightarrow SiO_2$

$4\,P + 5\,O_2 \rightarrow P_4O_{10}$

3 *Vorgänge im Konverter*

Neuer Stahl aus altem Schrott? Die Stahlerzeugung bietet eine hervorragende Möglichkeit, „Alteisen" zu recyceln. Das zu Eisenoxid „verrostete" Eisen wird durch den im Roheisen enthaltenen Kohlenstoff wieder zu Eisen reduziert. Gleichzeitig hat der Schrott eine kühlende Wirkung: Er gleicht die Verbrennungswärme aus und sorgt dafür, dass die Schmelze nicht überhitzt. Alteisen lässt sich beliebig oft wiederverwerten. So werden Ressourcen geschont und es wird weniger Energie und Deponieraum benötigt.

Gießen und Walzen Der flüssige Stahl aus dem Konverter wird in Formen zu Blöcken oder Stangen gegossen. Diese noch rot glühenden Stahlblöcke kommen über Rollenbahnen ins Walzwerk. Walzen mit einem Durchmesser von bis zu 2,50 m und einem Gewicht von ca. 250 t formen die Blöcke in Stahlbleche beliebiger Dicke um.

4 *Stahl wird gewalzt und aufgerollt.*

Werkstoff Stahl Kaum ein Werkstoff lässt sich so gut verarbeiten wie Stahl. Man kann ihn schweißen, sägen, bohren, fräsen, ziehen, gießen, walzen oder schmieden. Je nach Bedarf kann Stahl hart, fest, zäh, dehnbar oder federnd sein.

Stahl bewegt Mit einem „Stahlross" fährst du zur Schule, mit dem Ferienbeginn wälzt sich eine „Blechlawine" über die Autobahn, bequemer könntest du mit der Eisenbahn reisen. Ob Fahrrad, Auto oder Zug: ohne Stahl geht nichts. Die heute erforderliche Mobilität der Menschen und Waren wäre ohne Stahl nicht möglich.

5 *Am 324 m hohen Eiffelturm wurden 7000 t Stahl verbaut.*

Bauwesen In der Architektur ist Stahl unersetzlich. Im Wohnhaus wird eine Decke aus Stahlbeton eingezogen, gewaltige Dachkonstruktionen wölben sich über Fußballstadien, Fabrikhallen und Hochhäuser werden mit Stahlträgern gebaut. Ohne Stahl würde es viele berühmte Bauwerke wie die Golden Gate Bridge in San Francisco und den Eiffelturm in Paris nicht geben.

Maschinenbau Stahl ist auch im Maschinenbau unverzichtbar. Zur Herstellung einer Papiermaschine mit einem Gesamtgewicht von 20 000 t braucht man 15 000 t Stahl. Das ist mehr als das Doppelte vom Gewicht des Eiffelturms.

Stahl ist ein bedeutender, unersetzlicher Werkstoff.

Aufgaben

1 Vergleiche Roheisen und Stahl. Nenne Unterschiede in Bezug auf:
a die chemische Zusammensetzung
b ihre Eigenschaften

2 Beim Sauerstoffaufblasverfahren wird der Kohlenstoffgehalt bei der Stahlherstellung gesenkt. Formuliere zwei Reaktionsschemata für die chemischen Reaktionen.

3 Beim Sauerstoffaufblasverfahren im Konverter entsteht Calciumphosphat $Ca_3(PO_4)_2$.
a Gib die Ausgangsstoffe der chemischen Reaktion an.
b Formuliere ein Reaktionsschema.

4 Recherchiere nach Ausbildungsberufen in Stahlwerken.

7

Spezialstähle

Stahllegierungen Bei der Herstellung einer Legierung werden mehrere Metalle geschmolzen und vermischt. Die erstarrte Schmelze bezeichnet man als Legierung. Bei Stahllegierungen handelt es sich um Gemische aus dem Hauptbestandteil Eisen und Zusätzen wie Chrom, Nickel oder Mangan.

Stahllegierungen sind Gemische aus Eisen und anderen Metallen.

1 *Art und Kombination der zugesetzten Legierungsbestandteile bestimmen die Eigenschaften der Edelstähle.*

Spezialstähle für den besonderen Einsatz Stähle, die Chrom, Nickel und Vanadium enthalten, eignen sich aufgrund ihrer Härte, Zähigkeit und Korrosionsbeständigkeit zur Herstellung von Schraubenschlüsseln. Der rostfreie Edelstahl für Kochtöpfe enthält ebenfalls Chrom. Wolfram sorgt dafür, dass ein Bohrer auch beim Heißwerden seine Stabilität behält.

Name	Legierungsmetalle	Verwendung	Eigenschaften
V2A-Stahl, rostfreier Stahl	20 % Chrom 8 % Nickel 0,2 % Silicium 0,2 % Kohlenstoff 0,2 % Mangan	Haushaltsgegenstände, Eisenbahnwagen	korrosionsbeständig gegen Wasser und Luftfeuchtigkeit, beständig gegen Säuren und Laugen
Invarstahl	36 % Nickel	Präzisionsmessinstrumente	dehnt sich bei Erwärmung praktisch nicht aus
Schnellarbeitsstahl	18 % Wolfram 4 % Chrom 1 % Vanadium	Schneidewerkzeuge	extrem hart und hitzebeständig bis zu einer Temperatur von 600 °C

Tab. 1 *Übersicht Edelstähle*

Schwerter aus Stahl Die Schmiede des Altertums konnten ursprünglich entweder harte und spröde oder weiche und zähe Stähle herstellen. Ein Schwert aus hartem Stahl bleibt lange scharf, kann aber beim Kampf zerbrechen. Ein Schwert aus weichem und zähem Stahl, das zwar nicht bricht, aber nach jedem Hieb wieder gerade gebogen werden muss, ist keine Wunderwaffe. Was verleiht den Schwertern von antiken Kriegern ihre magische Kraft?

Exkurs Damaszener Stahl
Bereits vor 2500 Jahren gelang es Waffenschmieden in Damaskus (Syrien) die Vorteile von harten und zähen Stählen miteinander zu kombinieren. Bei der Herstellung von Damaszener Stahl werden Stäbe aus weichen und harten Stahllegierungen schraubenartig ineinander verdreht, bis zur Weißglut erhitzt und durch Schmieden miteinander verbunden. Die flach geschmiedete Platte wird halbiert und die beiden Hälften wieder aufeinandergelegt und ausgeschmiedet. Durch wiederholtes „Falten“ und Schmieden können „Verbundstähle“ mit 300–400 Lagen hergestellt werden.

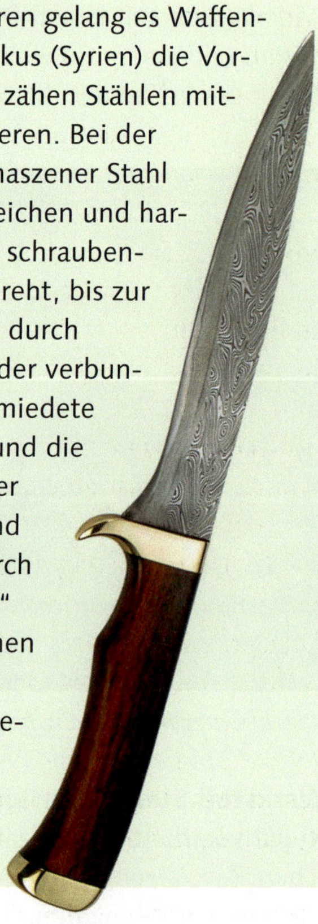

Aufgaben

1 Beschreibe die Herstellung von Edelstahl.
2 Ein Topf aus V2A-Stahl wiegt 0,8 kg. Wie viel Gramm Chrom und wie viel Gramm Nickel enthält er?
3 Nenne die Eigenschaften von Damaszener Stahl.
4 Recherchiere im Internet, wofür Damaszener Stahl heute verwendet wird.

Exkurs Mythos Eisen

1 *Meteoreisen und Eisendolch aus dem Grab von TUTENCHAMUN*

2 *Die Marmorsäulen von griechischen Tempeln erhielten durch Eisendübel ihren Halt.*

„Himmelseisen" Mit Meteoriten, die aus dem Weltall in unsere Erdatmosphäre eindringen, kann Eisen quasi vom Himmel fallen. Bei diesem Meteoreisen handelt es sich um eine meist schwarze, manchmal auch tiefblaue oder dunkelrote Legierung aus Eisen und 5–20 % Nickel. Gegenstände aus Meteoreisen wurden in Mesopotamien, dort wo sich der heutige Irak befindet, gefunden. Eisengegenstände aus ägyptischen Gräbern wurden sogar auf ein Alter von bis zu 7000 Jahren geschätzt.

„Irdisches" Eisen In einer Steinfuge der Cheopspyramide in Ägypten wurde ein Meißel gefunden, der auf das Jahr 2280 v. Chr. datiert wird. Bei der Untersuchung dieses Meißels stellte man fest, dass er zwar Eisen enthielt, aber kein Nickel. Aus der Tatsache, dass Meteoreisen stets Nickel enthält, wurde gefolgert: Das Eisen kann nicht von einem Meteoriten kommen, sondern muss auf der Erde entstanden sein. Es wird vermutet, dass dieses „irdische" Eisen beim Schmelzen von Kupfer als Zufallsprodukt gebildet wurde.

3 *Wieland der Schmied*

Eisen im antiken Griechenland Der Sage nach erschlug um 1500 v. Chr. der griechische Held Achilles einen anderen Helden wegen eines Eisenklumpens. Für manchen antiken Krieger war Eisen zur Herstellung von Waffen wertvoller als Gold. Auch in der Baukunst spielte Eisen eine große Rolle.

Eisen in einer mittelalterlichen Sage Eine germanische Heldensage berichtet über Wieland den Schmied: Durch eine Wette zwischen Wieland und einem Konkurrenten sollte geklärt werden, wer der beste Schmied sei. Wieland fertigte ein Schwert, der Gegner einen Helm. Da Wieland mit der Qualität seines Schwerts nicht zufrieden war, zerstückelte er es, vermischte es mit Getreidekörnern und verfütterte es an die Gänse. Aus dem Gänsekot schmolz er das Metall aus und schmiedete daraus erneut ein Schwert. Die Klinge soll so hart und scharf gewesen sein, dass sie den Helm des Rivalen wie Butter durchschnitt. Es ist nur eine Sage, aber es gibt einen naturwissenschaftlichen Erklärungsversuch: Das Eisen wurde durch den im Gänsekot enthaltenen Stickstoff gehärtet.

Aufgaben

1 Was versteht man unter Meteoreisen?
2 Wodurch unterscheidet sich das Meteoreisen von dem auf der Erde entstandenen Eisen?
3 Gib die Bedeutung des Schmiedehandwerks im Altertum an.
4 Erkundige dich über den Beruf des Metallbauers.

Teste dich!

1 Begründe, dass die seltenen Edelmetalle Gold und Silber von den Menschen schon viel früher benutzt wurden als Kupfer und Eisen.

2 Nickeloxid kann man mit Eisen reduzieren, mit Kupfer aber nicht. Was kannst du über das Metall Nickel aussagen? Verwende die Begriffe edel und unedel und vergleiche Nickel mit Kupfer und Eisen.

3 Aus Zinkoxid (ZnO) soll Zink hergestellt werden.
a Nenne ein Metall, mit dem man Zinkoxid reduzieren kann.
b Stelle ein Reaktionsschema auf.
c Gib den Reaktionstyp der Reaktion an.
d Erkläre an dieser Reaktion die Begriffe Oxidationsmittel und Reduktionsmittel.

4 Übertrage das Reaktionsschema in dein Heft und vervollständige es. Beschrifte die beiden Pfeile.

$$Ag_2O + \_\_\_\_ \rightarrow \_\_\_\_ + CuO$$

5 Kann man Magnesiumoxid mit Holzkohle reduzieren? Begründe deine Aussage.

6 Im Hochofen wird Roheisen produziert.
a Nenne zwei Erzsorten, aus denen Roheisen gewonnen wird.
b Formuliere ein Reaktionsschema zur Bildung von Eisen aus Eisenoxid (Fe_3O_4) im Hochofen.
c Welche weiteren Stoffe sind außer dem Eisen im Roheisen enthalten?
d Welche Eigenschaften hat das Roheisen?
e Gib eine Verwendung an.

7 Wie hoch ist der Kohlenstoffgehalt von:
a Roheisen
b Stahl

8 Erläutere den Begriff Legierung.

9 Zur Stahlherstellung wird Schrott verwendet.
a Welche Funktionen hat der Schrott?
b Begründe, dass der Einsatz von Schrott ökonomisch und ökologisch sinnvoll ist.

1 *Schrott für die Stahlherstellung*

10 Aus Roheisen wird Stahl hergestellt.
a Beschreibe ein Verfahren zur Stahlherstellung. Welche chemischen Vorgänge laufen dabei ab?
b Welche Funktion hat der gebrannte Kalk (Calciumoxid)?

11 Nenne jeweils zwei Eigenschaften und zwei Verwendungsmöglichkeiten von:
a V2A-Stahl
b Schnellarbeitsstahl

12 Ein Block aus Spezialstahl, der 4 kg wiegt, enthält 1,44 kg Nickel.
a Welche Eigenschaften hat dieser Edelstahl?
b Wozu könnte man ihn verwenden?

Aufgabe	Hilfe findest du auf Seite …
1	150
2	152/153
3	152/153
4	152/153
5	152/153
6	156/157
7	157, 158
8	160
9	158/159
10	158/159
11	160
12	160
… und die Lösungen findest du im Anhang.	

Im Überblick

Seit Jahrtausenden nehmen die Metalle als Werkstoffe eine dominierende Rolle ein. Als Elemente findet man sie in der Natur nur in seltenen Fällen. Meistens liegen sie als Erze vor, d.h. als Gemische aus Metallverbindungen und Gesteinen. Bei der Herstellung von Eisen aus Eisenerzen im Hochofen wird das Begleitgestein abgetrennt und das Eisenoxid zu Eisen reduziert. Das im Hochofen entstehende Roheisen kann zu Stahl weiterverarbeitet werden.

Metallgewinnung und -verwendung

- Metalle kommen in der Natur selten rein vor und werden meist aus Erzen gewonnen.
- Historische Entwicklung: Kupferzeit → Bronzezeit → Eisenzeit
- Halbmetall Silicium: Herstellung von Computerchips und Solarmodulen
- Metalle der seltenen Erden: Elektrotechnik (z.B. Handys, Computer ...)

Reduktion

- chemische Reaktion, bei der Sauerstoff abgegeben wird

Redoxreaktion

- Oxidation und Reduktion laufen gleichzeitig ab. Es kommt zu einer Sauerstoffübertragung.

Beispiel:

Reduktion (CuO → Cu)

$$2\,Fe + 3\,CuO \rightarrow Fe_2O_3 + 3\,Cu$$

Oxidation (Fe → Fe_2O_3)

Oxidationsmittel, Reduktionsmittel

- Oxidationsmittel: Stoff, der in einer chemischen Reaktion Sauerstoff an einen anderen Stoff abgibt
  Beispiel: Kupferoxid oxidiert Eisen.
- Reduktionsmittel: Stoff, der in einer chemischen Reaktion einem anderen Stoff den Sauerstoff entzieht
  Beispiel: Eisen reduziert Kupferoxid.

Hochofenprozess

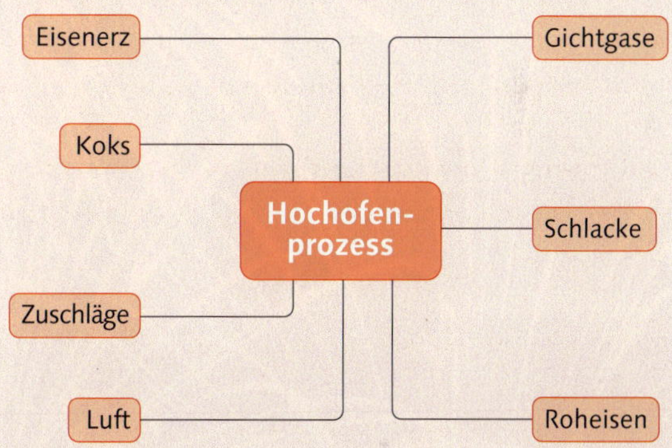

Roheisen

- enthält neben dem Eisen noch ca. 4 % Kohlenstoff sowie Silicium, Mangan, Phosphor und Schwefel

Stahlherstellung

- Beim Sauerstoffaufblasverfahren werden die Begleitstoffe des Eisens durch Einblasen von Sauerstoff in den Stahlkonverter oxidiert:
  - Rohstoffe: Roheisen, Sauerstoff, Zuschläge, Schrott
  - Gasförmige Oxide, wie CO und CO_2, entweichen
  - Feste Oxide verbinden sich mit den Zuschlägen zur Schlacke.
  - Schrott dient als Oxidationsmittel und zur Kühlung der Schmelze. Dabei wird er gleichzeitig zu neuem Stahl recycelt.
- durch Zusatz von Legierungsmetallen

8
Stoffe lassen sich ordnen

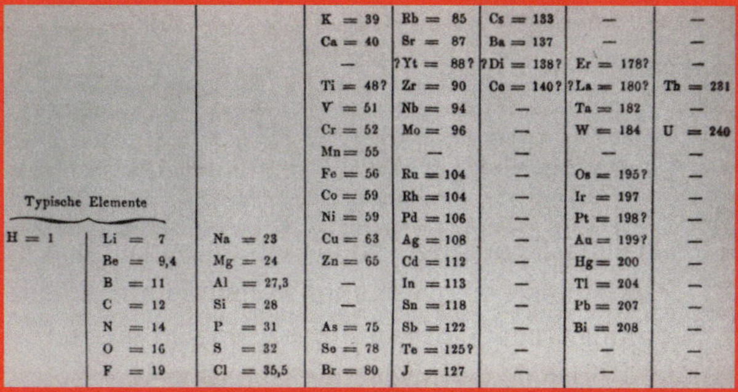

			K = 39	Rb = 85	Cs = 133	—	—
			Ca = 40	Sr = 87	Ba = 137	—	—
			—	?Yt = 88?	?Di = 138?	Er = 178?	—
			Ti = 48?	Zr = 90	Ce = 140?	?La = 180?	Th = 231
			V = 51	Nb = 94	—	Ta = 182	—
			Cr = 52	Mo = 96	—	W = 184	U = 240
			Mn = 55	—	—	—	—
			Fe = 56	Ru = 104	—	Os = 195?	—
			Co = 59	Rh = 104	—	Ir = 197	—
Typische Elemente			Ni = 59	Pd = 106	—	Pt = 198?	—
H = 1	Li = 7	Na = 23	Cu = 63	Ag = 108	—	Au = 199?	—
	Be = 9,4	Mg = 24	Zn = 65	Cd = 112	—	Hg = 200	—
	B = 11	Al = 27,3	—	In = 113	—	Tl = 204	—
	C = 12	Si = 28	—	Sn = 118	—	Pb = 207	—
	N = 14	P = 31	As = 75	Sb = 122	—	Bi = 208	—
	O = 16	S = 32	Se = 78	Te = 125?	—	—	—
	F = 19	Cl = 35,5	Br = 80	J = 127	—	—	—

Vor etwa 200 Jahren haben Naturwissenschaftler damit begonnen, Elemente zu beschreiben. Nach und nach erkannten sie, dass es Elemente gibt, die sich zu Gruppen zusammenfassen lassen: die Elementfamilien. Welche Elementfamilien gibt es? Und wie kann Ordnung in die Vielzahl von Elementen gebracht werden?

Alkalimetalle

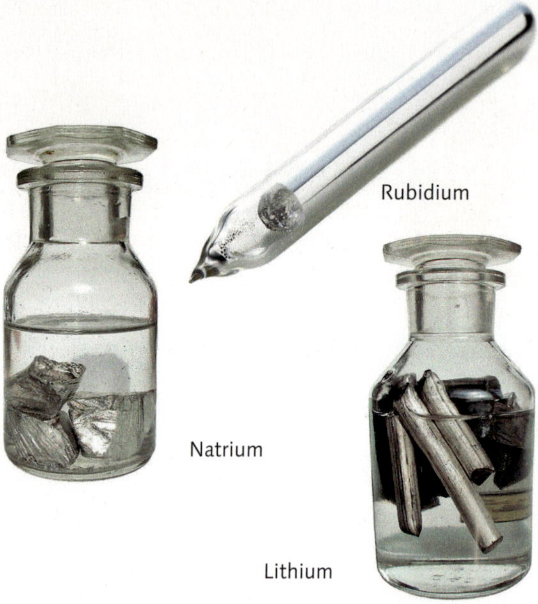

1 *Alkalimetalle wie Lithium, Natrium und Rubidium werden unter Luftabschluss aufbewahrt.*

Die Elementfamilie der Alkalimetalle Viele Elemente besitzen ähnliche Eigenschaften und können dadurch als Elementfamilien zusammengefasst werden. Die Metalle Lithium, Natrium, Kalium, Rubidium und Caesium weisen verwandte Eigenschaften auf und bilden eine solche Elementfamilie: die Alkalimetalle. Der Name „Alkali" leitet sich vom arabischen Wort *al-qali* für die Kaliumverbindung Pottasche ab.

Die Elemente Lithium, Natrium, Kalium, Rubidium und Caesium bilden die Elementfamilie der Alkalimetalle.

Vorkommen Alkalimetalle kommen in der Natur nicht elementar, sondern nur in Verbindungen vor. Die bekannteste Natriumverbindung ist Natriumchlorid, das Kochsalz.

2 *Frisch aufgeschnittenes Natrium*

Eigenschaften Alkalimetalle besitzen wie die bereits bekannten Metalle Eisen und Kupfer typische metallische Eigenschaften. Ein Stück Natrium kann verformt werden und lässt sich sogar mit einem Messer schneiden. An der frischen Schnittfläche zeigt sich der typische Oberflächenglanz von Metallen. Alkalimetalle leiten den elektrischen Strom. Wärme können sie ebenfalls gut leiten. Aufgrund ihrer niedrigen Dichten gehören die Alkalimetalle zu den Leichtmetallen.

Alkalimetalle haben aber auch besondere Eigenschaften: Lithium, Natrium und Kalium müssen in Behältern mit Paraffinöl gelagert werden. Rubidium und Caesium werden sogar in Glasampullen eingeschweißt (Bild 1). Dies ist notwendig, weil Alkalimetalle sehr reaktionsfreudig sind. Sie reagieren mit dem Sauerstoff der Luft und mit Wasser. An der Luft wird ihre Oberfläche matt, das Metall oxidiert. Gibt man ein kleines Stück eines Alkalimetalls in Wasser, so kann man eine chemische Reaktion beobachten. Dabei entstehen eine Lauge und Wasserstoff.

Die Alkalimetalle zeigen typische metallische Eigenschaften. Sie sind sehr reaktionsfreudig und reagieren beispielsweise mit Sauerstoff und Wasser.

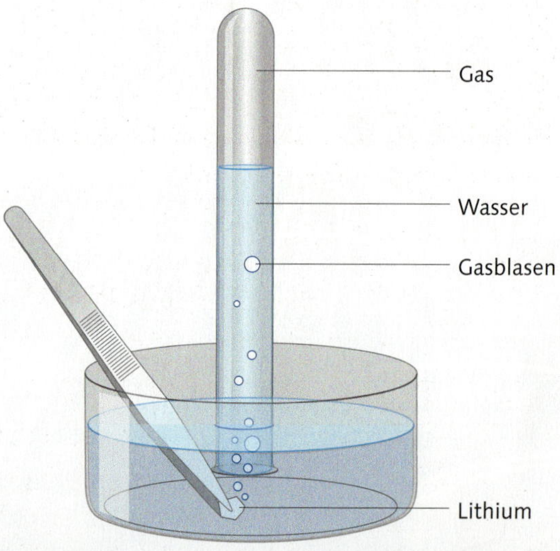

3 *Ein Demonstrationsexperiment: die Reaktion von Lithium und Wasser.*

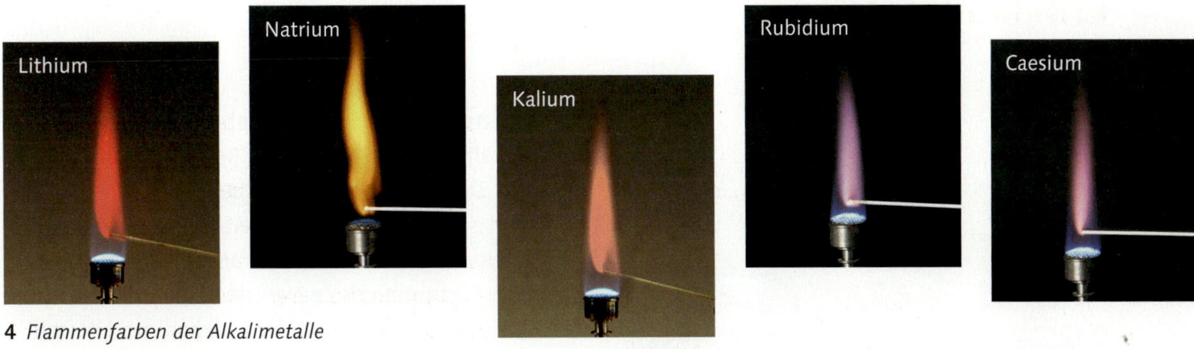

4 *Flammenfarben der Alkalimetalle*

Flammenfärbung Bringt man ein Alkalimetall oder eine Alkalimetallverbindung in die nicht leuchtende Brennerflamme, zeigt sich bei jedem Alkalimetall eine typische Flammenfarbe. So färbt Lithium die Flamme karminrot und Natrium färbt sie in ein kräftiges Gelb.
Wenn eine unbekannte Alkalimetallverbindung in die Brennerflamme gehalten wird, kann durch die Flammenfarbe herausgefunden werden, welches Alkalimetall in der Stoffprobe enthalten ist.

Verwendung Lithium, Natrium und Kalium sind von großer Bedeutung für die Industrie, zum Beispiel zur Herstellung von Batterien und Akkus. Außerdem werden sie in der Düngemittel-, Waschmittel- und Glasindustrie verwendet.

5 *Natriumdampflampen erzeugen gelbes Licht.*

Vergleich der Reaktivität Aufgeschnittenes Lithium wird an der Luft langsam matt, weil es mit Sauerstoff reagiert. Bei Natrium und Kalium verlaufen die Reaktionen schneller. Ähnliches ist bei der Reaktion mit Wasser zu beobachten: Lithium, Natrium und Kalium reagieren unter Gasentwicklung. Dabei gleitet Lithium langsam über die Wasseroberfläche, Natrium dagegen schnell und mit zischendem Geräusch. Bei Kalium ist eine Flamme zu erkennen. Rubidium und Caesium reagieren mit Wasser explosiv.

Die Heftigkeit der Reaktion mit Wasser nimmt von Lithium bis Caesium zu.

Aufgaben

1 Begründe, warum man die Alkalimetalle zu einer Elementfamilie zusammenfasst.

2 Bild 3 zeigt ein Experiment zur Reaktion von Lithium mit Wasser.

a Beschreibe die Durchführung des Experiments.

b Formuliere die Beobachtungen.

c Plane ein Experiment, mit dem du herausfinden kannst, welches Gas entstanden ist.

3 Vergleiche die Eigenschaften der Alkalimetalle. Verwende dazu die Tabelle.

Alkalimetall	Elementsymbol	Schmelztemperatur (in °C)	Siedetemperatur (in °C)	Dichte (in $\frac{g}{cm^3}$ bei 20 °C)	Heftigkeit der Reaktion mit Luft	Heftigkeit der Reaktion mit Wasser
Lithium	Li	180	1372	0,53		
Natrium	Na	98	892	0,97		
Kalium	K	64	760	0,86		
Rubidium	Rb	39	688	1,53		
Caesium	Cs	29	690	1,90		

Tab. 1 *Einige Eigenschaften der Alkalimetalle im Vergleich*

Erdalkalimetalle

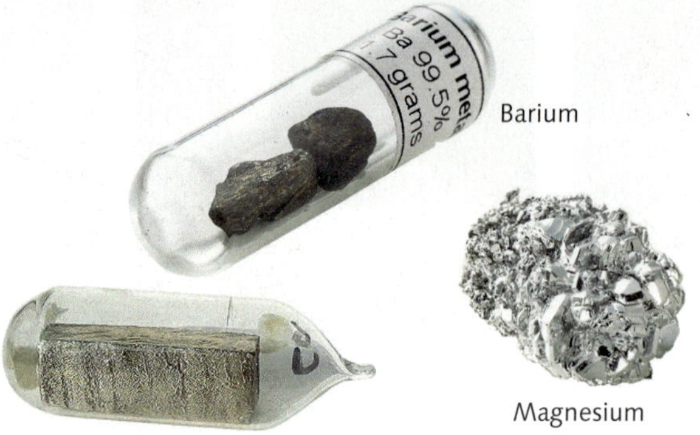

1 *Magnesium, Calcium und Barium sind Erdalkalimetalle.*

Die Elementfamilie der Erdalkalimetalle Die Elemente Beryllium, Magnesium, Calcium, Strontium und Barium sind am Aufbau der Erdkruste beteiligt. Sie weisen ähnliche Eigenschaften wie die Alkalimetalle auf und werden deshalb als Erdalkalimetalle bezeichnet.

Beryllium, Magnesium, Calcium, Strontium und Barium gehören zu den Erdalkalimetallen.

Vorkommen Wie die Alkalimetalle kommen die Erdalkalimetalle in der Natur nur in Verbindungen vor. Smaragd ist ein Beispiel für eine Verbindung, die Beryllium enthält. Calcium ist Bestandteil von Mineralien wie Dolomit, Marmor, Kalkstein und Gips, die sich im Gebirge finden lassen. Auch unsere Knochen bestehen aus Calciumverbindungen.

2 *Die Dolomiten bestehen aus dem Mineral Dolomit, einer Magnesium-Calcium-Verbindung.*

Eigenschaften Erdalkalimetalle sind wie alle Metalle verformbar. Strom und Wärme leiten sie gut. Der typische metallische Oberflächenglanz zeigt sich beispielsweise bei Magnesium und Calcium, wenn man ihre Oberfläche anschmirgelt. Nach einiger Zeit an der Luft wird die Oberfläche matt, weil die Erdalkalimetalle mit dem Sauerstoff der Luft reagieren, jedoch weniger schnell als bei den Alkalimetallen.

Die Erdalkalimetalle sind reaktionsfreudige Elemente. Sie reagieren beispielsweise mit Sauerstoff.

Verwendung Die Leichtmetalle Beryllium, Magnesium und Barium werden in der Industrie als Legierungsmetalle verwendet. Magnesiumlegierungen sind wichtige Ausgangsstoffe für den Flugzeugbau. Calciumverbindungen werden für die Herstellung von Düngemitteln, Baustoffen, Putzmitteln, Glas und Papier benötigt.

Exkurs Radium
Ein weiteres Erdalkalimetall ist das radioaktive und äußerst gesundheitsschädliche Radium. Es wurde 1898 von MARIE und PIERRE CURIE entdeckt und galt zunächst fälschlicherweise als gesundheitsfördernd. Kosmetika und Genussmittel, die Radium enthielten, waren in den 1920er Jahren ein wahrer Verkaufsschlager. Dies änderte sich schlagartig, als vermehrt Erkrankungen und Todesfälle im Zusammenhang mit Radiumprodukten auftraten.

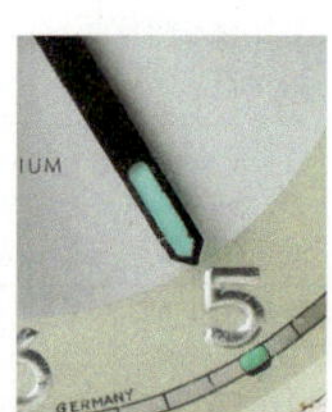

3 *Früher enthielten Leuchtziffern oft Radium.*

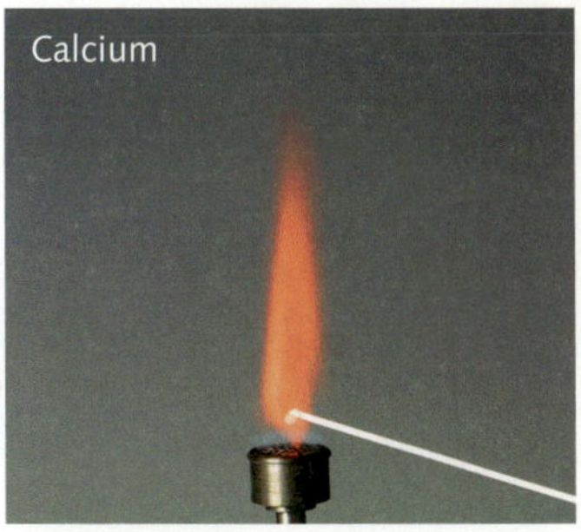

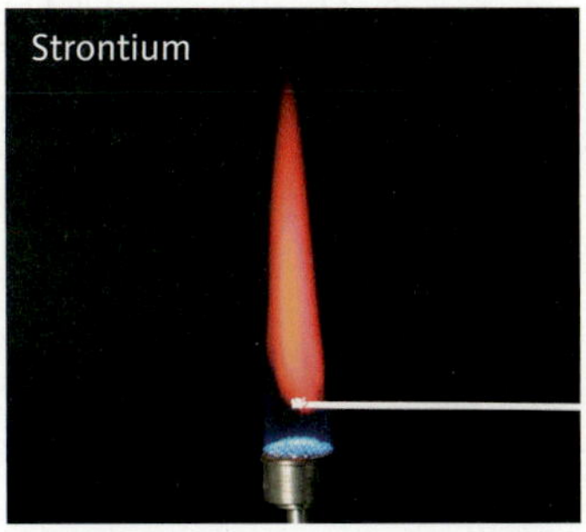

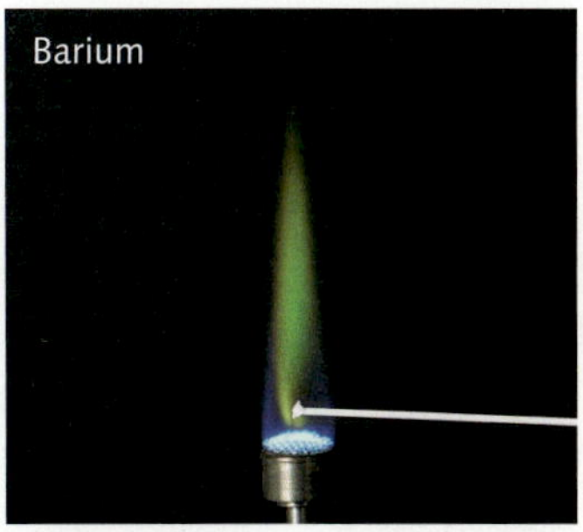

4 *Flammenfarben einiger Erdalkalimetalle*

Flammenfärbung Von den Erdalkalimetallen zeigen nur Calcium, Strontium und Barium eine typische Flammenfärbung. Calcium färbt die Flamme ziegelrot, Strontium färbt sie intensiv rot und Barium färbt die Flamme grün. Diese Eigenschaft wird als Hinweis genutzt, ob das Element oder seine Verbindung in einer Stoffprobe enthalten ist. Beryllium und Magnesium zeigen dagegen keine sichtbare Flammenfärbung.

5 *Magnesiumfackeln werden als Seenotfackeln eingesetzt. Sie brennen sehr hell und sogar unter Wasser.*

Vergleich der Reaktivität Während Beryllium und Magnesium an der Luft langsam matt werden, geht dies bei Calcium, Strontium und Barium viel schneller. Unterschiede innerhalb der Familie der Erdalkalimetalle zeigen sich auch bei der Reaktion mit Wasser. Beryllium reagiert gar nicht mit Wasser, Magnesium reagiert nur mit warmem Wasser, während Barium mit Wasser heftig reagiert.

Aufgaben

1 Erstelle einen Steckbrief für ein Erdalkalimetall deiner Wahl.

2 Beryllium, Magnesium und Barium kommen in Kontakt mit Wasser. Beschreibe, was passiert. Vergleiche die Reaktivität der Metalle.

3 Nenne zwei Beispiele für Erdalkalimetallverbindungen.

4 Gehören die Erdalkalimetalle zu den Leicht- oder Schwermetallen? Nutze die Tabelle.

5 Das Erdalkalimetall Magnesium wird in Fackeln eingesetzt (Bild 5).

a Gib an, warum sich Magnesiumfackeln als Seenotfackeln eignen.

b Recherchiere, wie ein Magnesiumbrand gelöscht wird. Beschreibe das Löschverfahren.

Erdalkalimetall	Elementsymbol	Schmelztemperatur (in °C)	Siedetemperatur (in °C)	Dichte (in $\frac{g}{cm^3}$ bei 20 °C)	Heftigkeit der Reaktion mit Luft	Heftigkeit der Reaktion mit Wasser
Beryllium	Be	1278	2970	1,85	↓	reagiert nicht ↓
Magnesium	Mg	650	1110	1,74		
Calcium	Ca	838	1490	1,55		
Strontium	Sr	757	1364	2,58		
Barium	Ba	725	1640	3,50		

Tab. 1 *Einige Eigenschaften der Erdalkalimetalle im Vergleich*

Praktikum Alkali- und Erdalkalimetalle

1 Flammenfärbung

Geräte: Gasbrenner, Magnesiastäbchen, Spatel, Uhrgläser
Chemikalien: Lithiumchlorid, Natriumchlorid, Kaliumchlorid, Rubidiumchlorid, Caesiumchlorid, Calciumchlorid, Strontiumchlorid, verdünnte Salzsäure
Durchführung: Erhitze das Magnesiastäbchen in der nicht leuchtenden Flamme des Gasbrenners so lange, bis die Flamme farblos geworden ist. Tauche das heiße Stäbchen zuerst in verdünnte Salzsäure und anschließend in die erste Stoffprobe. Halte es erneut in die Flamme. Wiederhole den Versuch mit den anderen Stoffproben.
Auswertung: Welche Flammenfärbung kannst du erkennen?

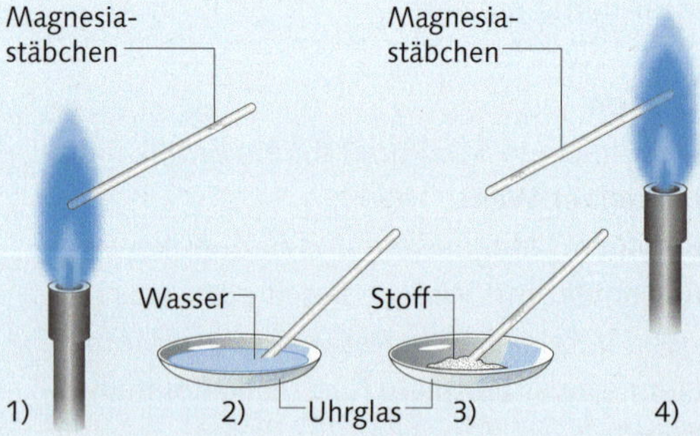

2 Verräterische Flammenfärbung

Geräte: Gasbrenner, Magnesiastäbchen, Spatel, Uhrgläser
Chemikalien: trockene und zerkleinerte Stoffproben aus dem Alltag, z. B. Gipspulver, Mineralwasser, Pottasche, Calciumtablette, Kartoffelstück, Kochsalz
Durchführung: Erhitze das Magnesiastäbchen in der nicht leuchtenden Flamme des Gasbrenners so lange, bis die Flamme farblos geworden ist. Tauche das heiße Stäbchen zuerst in Wasser und anschließend in die erste Stoffprobe. Halte das Stäbchen erneut in die Flamme. Wiederhole den Versuch mit den anderen Stoffproben.
Auswertung: Welche Alkali- bzw. Erdalkalimetallverbindungen lassen sich in den Stoffproben nachweisen?

3 Oberflächenglanz von Magnesium und Calcium

Geräte: Schmirgelpapier, Pinzette
Chemikalien: Magnesiumband (2 cm), Calcium (gekörnt)
Durchführung: Schmirgle die Oberfläche von jeweils einem kleinen Stück Calcium und Magnesium ab. Halte das Calciumstück mit einer Pinzette!
Auswertung: Notiere und deute deine Beobachtungen.

4 Magnesium und Calcium reagieren mit Wasser

Geräte: Reagenzglasgestell, 3 Reagenzgläser, Pinzette
Chemikalien: 2 Stücke Magnesiumband (etwa 2 cm), ein sehr kleines Stück Calcium (gekörnt), warmes und kaltes Wasser
Durchführung: Fülle in ein Reagenzglas warmes und in die zwei anderen Reagenzgäser kaltes Wasser (jeweils 2–3 cm hoch). Gib nun ein Magnesiumband in kaltes Wasser, anschließend das zweite Magnesiumband in warmes Wasser. Gib das Stück Calcium vorsichtig mit einer Pinzette in das dritte Reagenzglas.
Auswertung: Notiere deine Beobachtungen. Welchen Unterschied kannst du bei der Reaktion von Magnesium im kalten bzw. warmen Wasser feststellen? Mit welchem Experiment kannst du herausfinden, welches Gas entstanden ist?

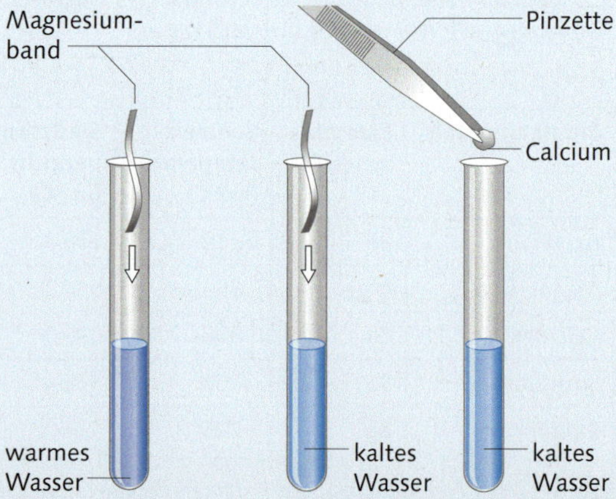

Exkurs Ordnen

1 *Wie kannst du die Elemente ordnen?*

Ordnen Dinge zu ordnen und Ordnung zu haben sind sowohl in der Chemie als auch im Alltag sehr wichtig. Wurde etwas geordnet, hat man einen besseren Überblick. Außerdem findet sich alles schneller, man spart dadurch Zeit und hat den Kopf frei für kreative Ideen.
Auch Elemente können geordnet werden. Man kann sie aufgrund ihrer chemischen Eigenschaften zu Elementfamilien zusammenfassen oder sie nach Metallen und Nichtmetallen ordnen.

lement	Metall	Nicht-metall	Schmelz-temp.	Siede-temp.	Reaktion mit Wasser	Vo
Brom		X	-7 °C	58 °C		
Kalium	X		64 °C	760 °C	entzündet sich	
Chlor		X	-101 °C	-35 °C		
Lithium	X		180 °C	1372 °C	schnelles Gleiten	
Rubidium	X		39 °C	688 °C	explosiv	
Iod		X	114 °C	183 °C		
...	...	...	...	...	...	...

Folgende Schritte solltest du beim Ordnen beachten:

Ordnungskriterien finden
Elemente können aufgrund ihrer chemischen Eigenschaften geordnet werden.

Ergebnisse sichern
Eine Tabelle mit den entsprechenden chemischen Eigenschaften in den Spalten dient zur Sicherung der Ergebnisse.

Ergebnisse ordnen
Die Elemente werden aufgrund ihrer chemischen Eigenschaften in die entsprechende Spalte eingetragen.

Ergebnisse auswerten
Die gefundenen gemeinsamen Eigenschaften werden farbig markiert.

Aufgaben

1 Ordne die hier aufgeführten Elemente, wie es in den einzelnen Schritten beschrieben ist. Kannst du dadurch die Elemente einer Elementfamilie zuordnen?

2 Erkläre in eigenen Worten, wie man beim Ordnen vorgeht.

Methode Operatoren und Fachsprache

Operatoren kennst du schon Operatoren sind Verben, die dir in den Aufgabenstellungen sagen, was genau du tun sollst. Die Tabellen auf dieser und der nächsten Seite sollen dir dabei helfen, Aufgabenstellungen genau zu verstehen und zu bearbeiten.

Operator	Merkmale	Beispiel
Erstelle	Informationen in eine bestimmte Form bringen	Erstelle einen Steckbrief. Erstelle eine Tabelle.
Ordne	in eine Reihenfolge bringen, in Gruppen zusammenfassen oder Ähnliches	Ordne die angeführten Elemente.
Beschreibe	Vorgänge oder Merkmale; ganze Sätze	Beschreibe die Wirkung von Chlor in öffentlichen Schwimmbädern.
Erkläre	etwas verständlich machen; Grund oder Ursache angeben; „Wenn …, dann …", „Um … zu …"	Erkläre, warum Kalium in einem Behälter mit Paraffinöl gelagert werden muss.
Erläutere	wie erklären, aber mit zusätzlichen Informationen oder Beispielen	Erläutere die Wirkung von Chlor.
Begründe	wie erklären, aber mit Regeln und Gesetzmäßigkeiten; „Weil …", „Wegen …", „Aufgrund …"	Begründe, warum man die Alkalimetalle zu einer Elementfamilie zusammenfasst.
Überprüfe	Informationen suchen, nachlesen und vergleichen	Überprüfe deine Vermutung durch eine Internetrecherche.
Stelle eine Vermutung an	sagen, was du glaubst, wie etwas sein könnte oder was passieren könnte	Stelle mithilfe der Tabelle eine Vermutung über die Dichte von Francium auf.
Vergleiche	Gemeinsamkeiten oder Unterschiede nennen	Vergleiche die Dichten, Schmelz- und Siedetemperaturen der Alkalimetalle.

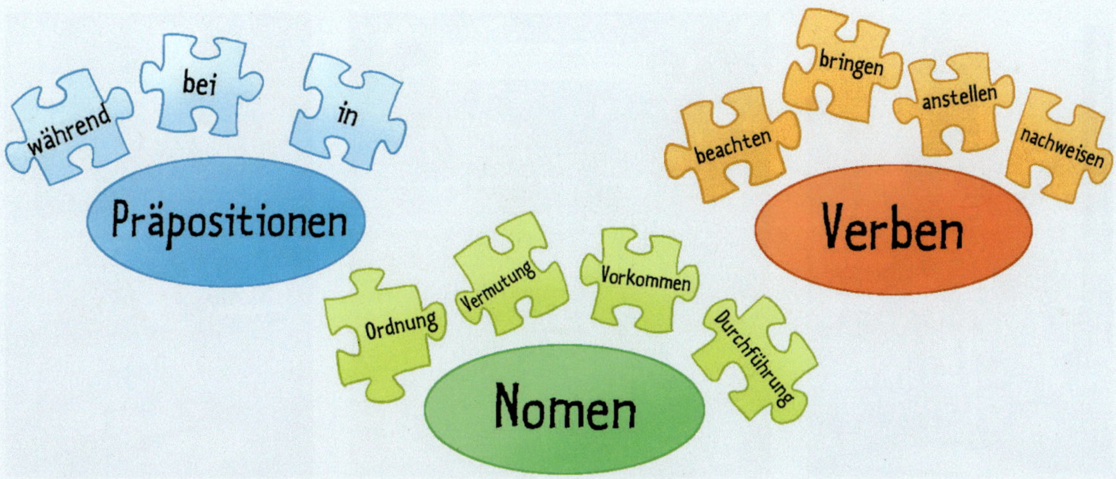

Fachsprache in Arbeitsaufträgen Aufgabenstellungen beinhalten häufig fachsprachliche Redewendungen, z. B.: „*Weise das Vorkommen nach.*" Was dies bedeutet und wie man auch anders dazu sagen kann, kannst du anhand dieser Tabelle herausfinden.

Fachsprachliche Arbeitsaufträge und Arbeitsbeschreibungen sind gekennzeichnet durch bestimmte **Nomen-Verb-**Verbindungen, häufig auch in Verbindung mit einer **Präposition**.

Präposition	Substantiv (Fall)	Verben	Anders gesagt
	einen Steckbrief	erstellen	einen Steckbrief machen/anfertigen/verfassen
	eine Mindmap	anfertigen	eine Mindmap zeichnen/anfertigen
	eine Vermutung	anstellen	über etwas nachdenken und sagen, was du vermutest/glaubst
in	eine Ordnung	bringen	etwas in eine Reihe oder in eine Liste eintragen/einsortieren
bei/ während	der Durchführung	beachten	achtgeben/aufpassen auf etwas, wenn du beispielsweise ein Experiment machst
in	(einer) Verbindung mit …	vorkommen	woraus diese Verbindung besteht
in	der Natur	vorkommen	wenn es etwas in der Natur gibt
	eine Elementfamilie	bilden	eine Elementfamilie darstellen
	die Zusammensetzung	bestimmen	herausfinden, wie etwas zusammengesetzt ist
	das Vorkommen	nachweisen	zeigen (mit einem Experiment), dass ein Stoff vorkommt
	einer Anzahl	entsprechen	gleiche Anzahl haben wie … gleich viel sein wie …
zur (zu)	(der) Vorhersage	dienen	man kann damit etwas vorhersagen
	einer Ordnung	folgen	so, wie es geordnet ist, weitermachen

Exkurs Geschichte des Feuerwerks

1 *Pyrotechniker im 17. Jahrhundert*

2 *Kupferstich eines Feuerwerks in Leipzig 1667*

3 *BERTHOLD SCHWARZ, Entdecker des Schwarzpulvers*

Faszination Feuerwerk Seit jeher sind die Menschen von Feuerwerk begeistert. Die bunten Farben und Lichter, die den Himmel aufleuchten lassen, faszinieren und bringen Jung und Alt zum Staunen.

Feuerwerk im alten China Die ersten Feuerwerke gab es etwa 1000 n. Chr. in China. Die Herstellung von Feuerwerkskörpern mit Schieß- und Schwarzpulver soll dort bereits in dieser frühen Zeit bekannt gewesen und später über den Seeweg nach Europa gekommen sein.
Die Feuerwerkskörper wurden damals häufig für militärische Zwecke verwendet. Laute Knalleffekte und Feuerpfeile sollten Unsicherheit und Angst beim Gegner bewirken.

Blütezeit des Feuerwerks in Europa Das erste durch Quellen bestätigte Feuerwerk Europas fand im Jahr 1379 in der norditalienischen Stadt Vicenza statt. In den folgenden Jahren wurden bei religiösen Festen sowie Feierlichkeiten der Königshäuser immer häufiger als Höhepunkt der Veranstaltung Feuerwerke gezündet. Außerdem standen Feuerwerker ständig im Wettstreit miteinander, noch größere, effektvollere und farbenfrohere Feuerwerke zu entwickeln.
Besonders prunkvolle Feuerwerke wurden am französischen Königshof im Barock und im Rokoko gezeigt. Für das Feuerwerk anlässlich der Feier des Friedens von Aachen im Jahr 1749 wurde GEORG FRIEDRICH HÄNDEL mit der Komposition der berühmten, auch heute noch oft aufgeführten „Feuerwerksmusik" beauftragt.

Schwarzpulver Ein wesentlicher Bestandteil von Feuerwerkskörpern ist Schwarzpulver. Es besteht aus Kaliumnitrat, Schwefel und Holzkohle. Bis Mitte des 19. Jahrhunderts war es das wichtigste Schieß- und Sprengmittel. Der Namensgeber des Schwarzpulvers war der Freiburger Mönch BERTHOLD SCHWARZ. Er erhielt beim Klostereintritt den Namen „Schwarz", weil er sich gerne mit schwarzer Magie und Alchemie beschäftigte. Das Schwarzpulver soll er zufällig beim Experimentieren entdeckt haben. Ob es tatsächlich so war, ist nicht sicher belegt. Kurz vor der Reformation im 16. Jahrhundert wurden alle Aufzeichnungen des Klosters zerstört.

Aufgaben

1 Nenne Gelegenheiten, zu denen in der Geschichte Feuerwerke gezündet wurden.
2 Aus welchen Stoffen besteht Schwarzpulver? Wie ist es zu der Bezeichnung gekommen?
3 Finde durch eine Internetrecherche heraus, woher der Brauch stammt, an Silvester Feuerwerk abzubrennen.

Exkurs Feuerwerk heute

Silvester Kaum ein anderer Tag wird weltweit mit Feuerwerken in verschiedenen Farben, Formen und Effekten gefeiert wie der Übergang in das neue Jahr.
Von der beliebten Silvesterrakete über Leuchtvulkane bis hin zu Knallern und Böllern gibt es eine Vielzahl an Feuerwerkskörpern, die nicht nur von Pyrotechnikern, sondern an Silvester von allen volljährigen Personen abgebrannt werden dürfen.

1 *Silvesterfeuerwerk*

Aufbau und Funktion einer Feuerwerksrakete

Der Holzstab an einer Feuerwerksrakete besitzt zwei Funktionen. Er dient als Startrampe und soll außerdem eine stabile Flugbahn gewährleisten.
Der untere Teil der Rakete enthält die Treibladung, die zum Großteil aus Schwarzpulver besteht. Nach dem Entzünden sorgt die Treibladung für den nötigen Schub. Um einen schönen Funkenschweif beim Aufsteigen zu erhalten, werden oft Funken erzeugende Stoffe wie Holzkohle, Aluminium- oder Eisenspäne beigemischt.
Ist die Treibladung abgebrannt, wird die Zerlegerladung gezündet. Sie enthält Schwarzpulver und je nach gewünschtem Effekt verschiedene Zusätze. Für die Farben sind vor allem Alkalimetall- und Erdalkalimetallverbindungen verantwortlich. Als Brennstoffe dienen Schwefel, Holzkohle oder verschiedene Harze.

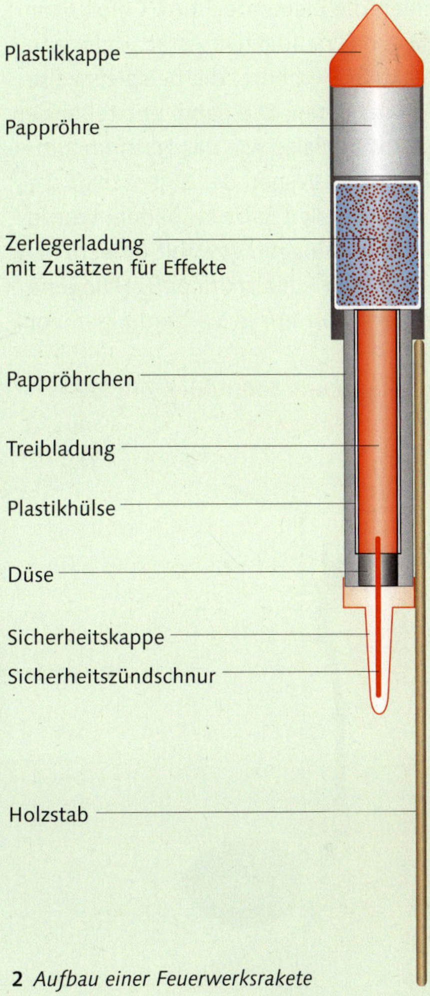

2 *Aufbau einer Feuerwerksrakete*

Aufgaben

1 Begründe die Verwendung von Alkalimetall- oder Erdalkalimetallverbindungen in Feuerwerksraketen.

2 Feuerwerke sind faszinierend, aber die Sicherheit geht vor beim Umgang mit Feuerwerkskörpern.

a Welche Vorsichtsmaßnahmen sind beim Umgang mit Feuerwerkskörpern zu beachten?

b Fans verwenden immer wieder Pyrotechnik in Fußballstadien. Was ist deine Meinung? Diskutiere mit Mitschülerinnen und Mitschülern.

3 Eine rot leuchtende Rakete soll hergestellt werden. Beschreibe den Aufbau der Zerlegerladung.

Halogene

Die Elementfamilie der Halogene Zu den Halogenen zählen die Elemente Fluor, Chlor, Brom und Iod sowie das radioaktive Astat. Halogene sind sehr reaktive Elemente, die beispielsweise mit Metallen reagieren. Die dabei entstehenden Verbindungen sind Salze wie das Natriumchlorid, unser Kochsalz. Wegen der Eigenschaft dieser Stoffe, mit Metallen Salze zu bilden, wurde die Bezeichnung Halogene gewählt (griech. *hals:* Salz, *gennan:* bilden – „Salzbildner"). Halogene kommen in der Natur nur in Verbindungen vor.

Fluor, Chlor, Brom und Iod bilden die Elementfamilie der Halogene.

1 *Bleichwirkung von Chlor*

2 *Warum enthält Schwimmbadwasser oft Chlor?*

3 *Flussspat (CaF_2) bildet farbige Kristalle.*

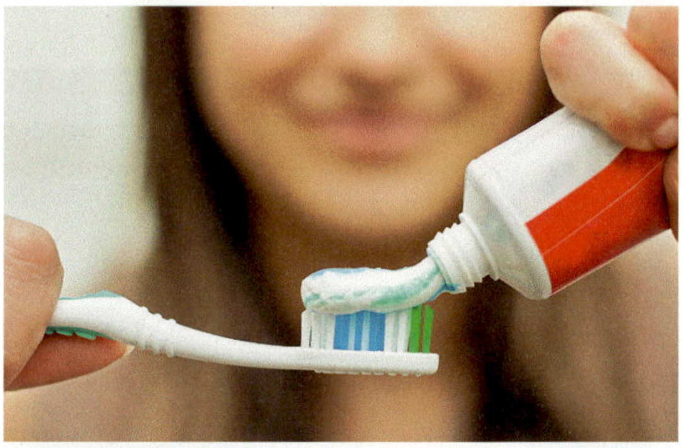

4 *Fluoride sind Bestandteile vieler Zahnpasten.*

Fluor Es ist bei Raumtemperatur ein schwach grünliches, stark ätzendes und giftiges Gas. Fluor ist das reaktionsfähigste von allen Elementen. Fluorverbindungen kommen im Alltag häufig vor. Eine wichtige natürliche Fluorverbindung ist Flussspat (Calciumfluorid, CaF_2). Fluorverbindungen werden auch als Antihaftbeschichtung in Bratpfannen (Teflon®) und zur Herstellung atmungsaktiver Membranen (Gore-Tex®) verwendet. In Zahnpasta werden Fluoride für beständigeren Zahnschmelz eingesetzt.

Chlor Es ist bei Raumtemperatur ein gelbgrünes, stechend riechendes, giftiges Gas. Chlor wird aufgrund seiner Bakterien tötenden Wirkung zur Desinfektion verwendet. Diese Wirkung des Chlors nutzt man im Schwimmbad, um Krankheitserreger unschädlich zu machen. Weil dafür schon eine niedrige Chlorkonzentration genügt, sind gelegentlich auftretende Nebenwirkungen wie gerötete Augen gering.
Chlor ist ein sehr wichtiger Ausgangsstoff zur Herstellung von Kunststoffen und Arzneimitteln. Es besitzt zudem eine bleichende Wirkung.

Exkurs Chlorfrei gebleichtes Papier

Auf vielen Schulheften befindet sich die Aufschrift „Chlorfrei gebleichtes Papier". Das Bleichen von Papier ohne Chlor gehört mittlerweile zum Standard in Deutschland.
Es gibt aber Unterschiede: Das ECF-Papier (*e*lementar-*c*hlor*f*rei-gebleicht) wird am meisten produziert. Dabei wird nicht mit elementarem Chlor, sondern mit Chlorverbindungen gebleicht. Dieses Verfahren vermindert die Umweltbelastung bereits deutlich. Das TCF-Papier (*t*otal-*c*hlor*f*rei-gebleicht) wird vollständig ohne elementares Chlor und ohne Chlorverbindungen gebleicht. Hier kommen Sauerstoffverbindungen zum Einsatz, die die Umweltbelastungen bei der Papierveredlung weiter vermindern. Die Herstellungskosten für dieses Papier sind jedoch höher.

5 *Brom*

6 *Iod*

Brom Bei Raumtemperatur liegt Brom als braune Flüssigkeit vor, die leicht verdampft. Die Flüssigkeit sowie die Dämpfe sind stark ätzend und giftig. Der Name leitet sich vom griechischen Wort *bromos* für „Gestank" ab.
Bromverbindungen kommen am häufigsten in Meerwasser und Salzlagerstätten vor. Sie werden auch in Flammschutzmitteln und Schädlingsbekämpfungsmitteln verwendet.

Iod Bei Iod handelt es sich, im Unterschied zu den bisher genannten Halogenen, um einen grauschwarzen Feststoff, der bei Raumtemperatur leicht sublimiert und blauviolette Dämpfe bildet.
Im Stoffwechsel des Menschen spielen iodhaltige Verbindungen eine wichtige Rolle. Ein Mangel oder ein Überschuss an Iodverbindungen in unserer Nahrung kann zu Erkrankungen der Schilddrüse führen.

7 *Bühnenbeleuchtung mit Halogenscheinwerfern bei einem Konzert*

Halogenlampen Im Vergleich zu anderen Leuchtmitteln bieten Halogenlampen einige Vorteile. Sie sind nach dem Einschalten sofort hell und lassen sich dimmen. Sie erzeugen weißeres und helleres Licht als herkömmliche Glühlampen und haben außerdem eine längere Lebensdauer.
Das Grundprinzip von Halogenlampen und Glühlampen ist aber dasselbe: Beide besitzen in ihrem Inneren einen Glühdraht aus Wolfram. Bei Halogenlampen enthält das Füllgas im Glaskolben zusätzlich ein Halogen – meistens Iod. Dadurch wird der Glühdraht geschützt.

Halogen	Elementsymbol	Farbe des Gases	Schmelztemperatur (in °C)	Siedetemperatur (in °C)
Fluor	F	grünlich	–220	–188
Chlor	Cl	grüngelb	–101	–35
Brom	Br	braunrot	–7	58
Iod	I	blauviolett	114	183

Tab. 1 *Einige Eigenschaften der Halogene im Vergleich*

Aufgaben

1 Erstelle für alle Halogene jeweils einen Steckbrief. Nutze alle Informationen dieser Seiten.
2 Beschreibe die Wirkung von Chlor in öffentlichen Schwimmbädern.
3 In manchen Werbetexten für Zahnpasta wird davon gesprochen, dass „Fluor die Zähne schützt". Begründe, warum diese Formulierung falsch ist.

8

Edelgase

1 *Leuchtschrift in Las Vegas*

2 *Ballons mit Heliumfüllung*

Elementfamilie der Edelgase Bunte Lichter und farbige Leuchtschrift sind die Wahrzeichen von Las Vegas. Auch wenn die Farben der Leuchtröhren unterschiedlich sind, haben sie eines gemeinsam – sie sind mit Edelgasen gefüllt. So leuchten mit Neon gefüllte Leuchtröhren (Gasentladungsröhren) orangerot. Wird Argon verwendet, leuchtet die Röhre blau.
Zur Elementfamilie der Edelgase zählen die Elemente Helium, Neon, Argon, Krypton, Xenon sowie das radioaktive Radon.

Helium, Neon, Argon, Krypton, Xenon und Radon bilden die Elementfamilie der Edelgase.

Eigenschaften und Vorkommen Bei den Edelgasen handelt es sich um farblose, geruchlose, gasförmige Nichtmetalle, die den elektrischen Strom nicht leiten und äußerst reaktionsträge sind. Deshalb sind sie nicht brennbar. Edelgase kommen in der Natur nur elementar vor. Lange Zeit ging man davon aus, dass es keine Edelgasverbindungen gibt. Schließlich gelang 1962 die Herstellung von Edelgasfluoriden im Labor, die jedoch instabil sind.
Edelgase sind zu etwa 1 % in der Luft enthalten und finden sich in Spuren auch im Erdgas.

Verwendung Edelgase sind sehr reaktionsträge. Deshalb werden sie häufig dort eingesetzt, wo chemische Reaktionen unerwünscht sind. Dies ist beispielsweise bei normalen Glühlampen der Fall: Dort werden Argon, Krypton und Xenon als sogenanntes Schutzgas verwendet. Auch beim Schweißen wird häufig Argon als Schutzgas eingesetzt.
Das größte Einsatzgebiet der Edelgase findet sich in Leuchtröhren, die heute unser Stadtbild prägen. Weitere Beispiele für die Verwendung einzelner Edelgase sind der Einsatz von Xenon in Scheinwerfern oder als Narkosemittel. Helium findet Verwendung als Füllgas für Ballons und Luftschiffe, weil seine Dichte geringer als die von Luft ist. Außerdem ist es neben Stickstoff und Sauerstoff Bestandteil des Atemgasgemischs für Taucher.

Aufgaben

1. Nenne fünf gemeinsame Eigenschaften der Edelgase.
2. Erläutere, warum Glühlampen mit Edelgas gefüllt sind.
3. Recherchiere, warum heute Helium und nicht mehr Wasserstoff (hat ebenfalls eine geringere Dichte als Luft) in Ballons verwendet wird.

Exkurs Entstehung von Elementen im Weltraum

Der Urknall Nach der Urknalltheorie entstand das Universum vor etwa 13,7 Milliarden Jahren durch den Urknall, auch „Big Bang" genannt. Innerhalb von Sekundenbruchteilen entstanden Materie, Raum und Zeit. Man darf sich den Urknall nicht als Explosion vorstellen, sondern vielmehr als Ausdehnung, die als Expansion bezeichnet wird.

Die ersten Elementarteilchen und Atome Es wird vermutet, dass sich schon nach einer Tausendstelsekunde die ersten Neutronen und Protonen gebildet haben. Die ersten Atome entstanden allerdings erst etwa 300 000 Jahre später. Bei den ersten Atomen handelte es sich hauptsächlich um Wasserstoff- und Heliumatome. Zu einem sehr geringen Anteil wurden auch Lithium- und Deuteriumatome (schwerer Wasserstoff) gebildet.

Die ersten Sterne Erste Sterne entstanden ungefähr 200 Millionen Jahre nach dem Urknall. Sie bestanden nahezu völlig aus Wasserstoff und Helium. Wissenschaftler gehen davon aus, dass die ersten Sterne sehr groß und 100- bis 1000-mal schwerer als unsere Sonne waren. Außerdem hatten die meisten frühen Sterne eine geringe Lebensdauer von einigen Millionen Jahren. Neue Elemente wie Sauerstoff, Kohlenstoff und Eisen bildeten sich durch die Vorgänge im Inneren dieser ersten Sterne. Erst später entstanden auch schwerere Elemente wie Blei.

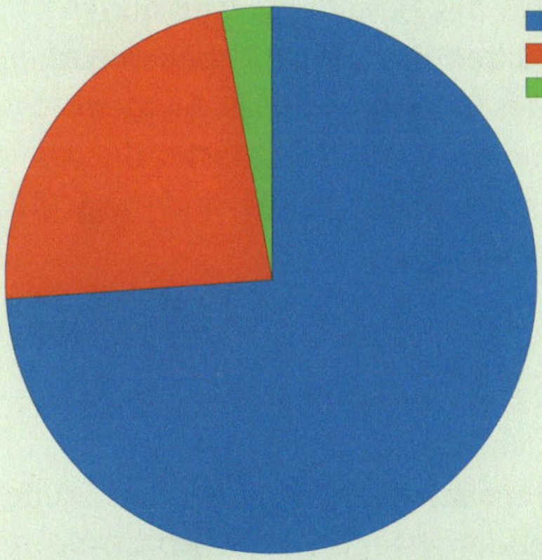

1 *Elemente im heutigen Universum*

2 *Reste einer Supernova im sogenannten Krebsnebel*

Das Ende eines Sternenlebens Im Inneren von Sternen wird Wasserstoff in Helium umgewandelt, wobei sehr viel Energie frei wird. Ist der Wasserstoff aufgebraucht, ist das Ende eines Sternenlebens erreicht. Das Sterben eines Sterns verläuft in Abhängigkeit von seiner Masse unterschiedlich. Bei Sternen mit großer Masse ist das Ende spektakulär: Dann kann eine riesige Explosion beobachtet werden, eine sogenannte Supernova. Durch die enorme Energiefreisetzung entstehen andere Elemente, die sich durch die Explosion im Weltraum verbreiten. Diese Elemente bilden neue Sterne.

Aufgaben

1 Beschreibe die Entstehung der Elemente im Universum – „kurz" nach dem Urknall und heute.

2 Die Sonne – unser Stern

a Recherchiere wichtige Daten und Fakten über die Zusammensetzung und Größe der Sonne und ergänze weitere für dich interessante Informationen.

b Erstelle ein Plakat über die Sonne und präsentiere es in der Klasse. Gib an, woher du deine Informationen hast.

3 Recherchiere nach Forschungsergebnissen über Sterne und Galaxien. Dokumentiere, wie du bei der Recherche vorgegangen bist und wo du dich informiert hast. Welche Quelle empfiehlst du? Begründe.

Exkurs Geschichte des Periodensystems

Anlass zum Ordnen Um das Jahr 1800 kannte man etwa 30 chemische Elemente. Weil immer mehr neue Elemente entdeckt wurden, versuchten Wissenschaftler, eine sinnvolle Ordnung für die Elemente zu finden.

1829 – Johann Wolfgang Döbereiner Der deutsche Chemiker DÖBEREINER (1780–1849) war der Erste, der die damals bekannten Elemente aufgrund chemisch ähnlicher Eigenschaften und ihrer Atommassen ordnete. Er nannte die Gruppen aus drei Elementen, die sich chemisch ähneln, „Triaden".

1863 – John Alexander Newlands Der englische Chemiker NEWLANDS (1837–1898) sortierte die zu dieser Zeit bekannten Elemente ebenfalls wie DÖBEREINER nach steigender Atommasse. Er stellte dabei fest, dass nach jeweils sieben Elementen chemisch ähnliche Eigenschaften wiedererscheinen. Da dies vergleichbar mit den Oktaven in der Musik ist, nannte er es „Gesetz der Oktaven". Sein Periodensystem war aber noch lückenhaft, da viele Elemente noch nicht entdeckt waren.

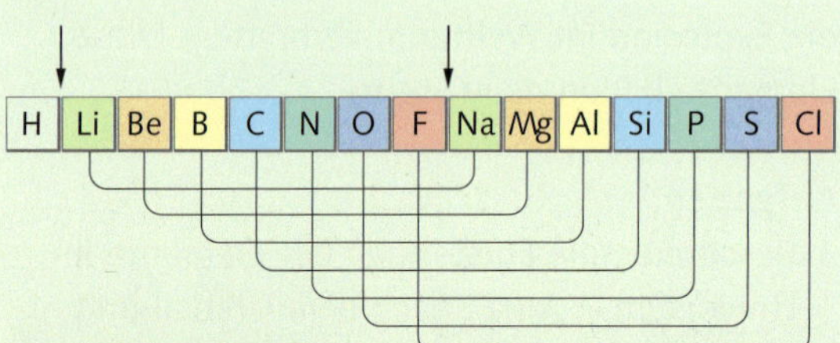

1 *Gesetz der Oktaven*

2 *Briefmarke zum Gedenken an DIMITRI MENDELEJEW*

Ueber die Beziehungen der Eigenschaften zu den Atomgewichten der Elemente

von

D. Mendelejeff.

Zeitschrift für Chemie 12. Jhrg. (Neue Folge, V. Bd.) (1869), S. 405 u. 406.

H = 1			Cu = 63,4	Ag = 108	Hg = 200
	Be = 9,4	Mg = 24	Zn = 65,2	Cd = 112	
	B = 11	Al = 27,4	? = 68	Ur = 116	Au = 197?
	C = 12	Si = 28	? = 70	Sn = 118	
	N = 14	P = 31	As = 75	Sb = 122	Bi = 210
	O = 16	S = 32	Se = 79,4	Te = 128?	
	F = 19	Cl = 35,5	Br = 80	J = 127	
Li = 7	Na = 23	K = 39	Rb = 85,4	Cs = 133	Tl = 204
		Ca = 40	Sr = 87,6	Ba = 137	Pb = 207

3 *Periodensystem von DIMITRI MENDELEJEW*

1869 – Dimitri Mendelejew und Lothar Meyer Zeitgleich, aber unabhängig voneinander stellten der russische Chemiker DIMITRI MENDELEJEW und der Deutsche LOTHAR MEYER ein Periodensystem der Elemente auf. Sie ordneten dazu die chemischen Elemente von oben nach unten nach steigender Atommasse an und setzten gleichzeitig die Elemente mit ähnlichen Eigenschaften nebeneinander. Bis zu diesem Zeitpunkt waren etwa 60 Elemente bekannt und so war das Periodensystem noch teilweise lückenhaft. Während aber MEYER sehr vorsichtig mit Vermutungen über bis dahin unbekannte Elemente war, sagte MENDELEJEW sogar voraus, welche Eigenschaften die fehlenden Elemente haben müssen. Dies gelang ihm nach heutigem Wissen ziemlich genau.

Nach 1869 Nachdem MENDELEJEW und MEYER das Grundgerüst des Periodensystems aufgestellt hatten, füllten sich die gebliebenen Lücken bis zur Mitte des 20. Jahrhunderts. Seitdem wurden viele neue Elemente entdeckt, die das Periodensystem erweitern. Heute sind etwa 118 Elemente bekannt.

Aufgaben

1 Erkläre das „Gesetz der Oktaven" von JOHN ALEXANDER NEWLANDS.

2 Welche Elementfamilien kannst du den Gruppen des Periodensystems von MENDELEJEW zuordnen? Verwende Bild 3.

Aufbau des Periodensystems der Elemente

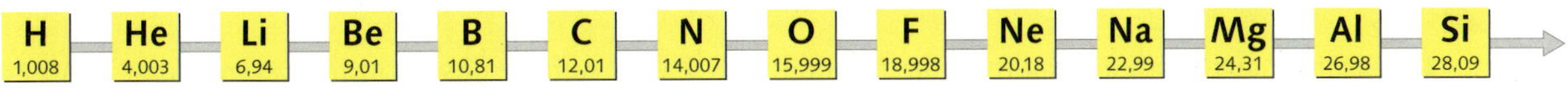

1 *Die Elemente werden nach ihren Atommassen geordnet …*

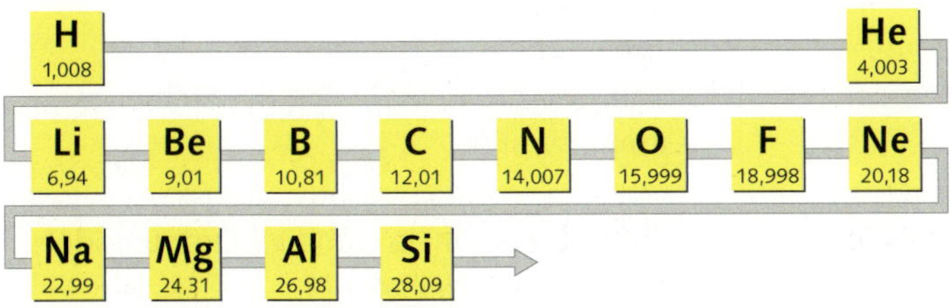

2 *… und dann nach den Elementfamilien übereinandergelegt.*

Eine systematische Ordnung Mitte des 19. Jahrhunderts waren bereits so viele chemische Elemente bekannt, dass eine systematische Ordnung notwendig wurde. Die Atommassen der bekannten chemischen Elemente waren ermittelt. Man ordnete die Elemente so an, dass immer diejenigen Elemente übereinanderlagen, die ähnliche chemische Eigenschaften aufweisen und deshalb zu einer Elementfamilie gehören, beispielsweise Lithium und Natrium. So erhielt man eine systematische Ordnung: das Periodensystem der Elemente. Anfang des 20. Jahrhunderts entdeckte man schließlich die wahre Ursache für das periodische Verhalten der Elemente: den Aufbau der Atome.

Perioden Die Reihen des Periodensystems werden Perioden genannt und mit arabischen Ziffern gekennzeichnet. Hier sind die Elemente von links nach rechts angeordnet. Eine neue Periode beginnt, wenn chemisch ähnliche Eigenschaften wiederkehren. So beginnt die 2. Periode mit Lithium und endet mit Neon. Nach Neon folgt Natrium. Weil Natrium chemisch ähnliche Eigenschaften hat wie Lithium, nämlich die der Alkalimetalle, beginnt die 3. Periode mit Natrium.

Gruppen Die Elemente einer Elementfamilie bilden eine Gruppe. Es gibt insgesamt acht Hauptgruppen, die auch mit römischen Ziffern bezeichnet werden. Die erste Hauptgruppe besteht aus Wasserstoff und den Alkalimetallen. Die zweite Hauptgruppe bilden die Erdalkalimetalle. Weitere wichtige Hauptgruppen sind die Halogene und die Edelgase.

Metalle und Nichtmetalle Die Metalle befinden sich im Periodensystem links. Die Nichtmetalle stehen rechts. An der Grenze zwischen Metallen und Nichtmetallen befinden sich die Halbmetalle. Das sind Elemente, die sowohl Eigenschaften von Metallen als auch von Nichtmetallen aufweisen. Ein typisches Halbmetall ist Silicium. Es zeigt den typischen metallischen Glanz, ist aber nicht verformbar wie ein Metall.

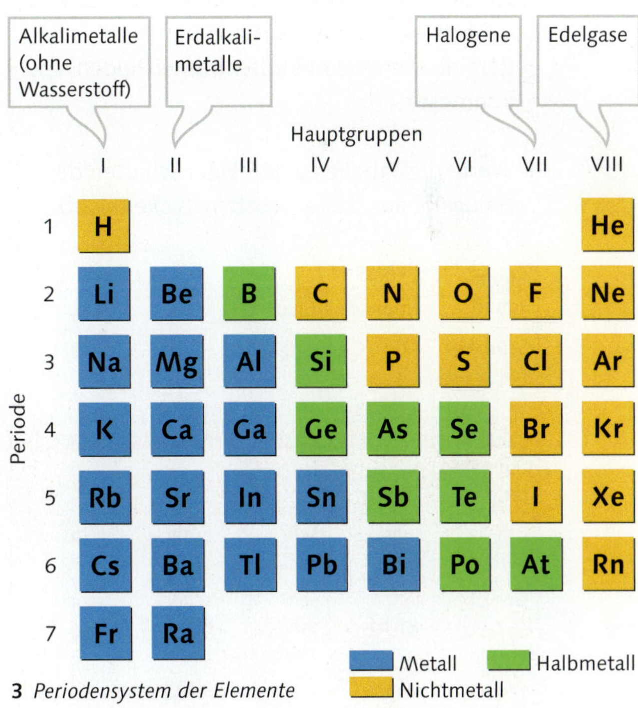

3 *Periodensystem der Elemente*

Im Periodensystem stehen Elemente mit ähnlichen Eigenschaften in Gruppen untereinander. Die waagerechten Zeilen heißen Perioden.

8

Teste dich!

1 Begründe, warum die Alkalimetalle in Behältern mit Paraffinöl aufbewahrt oder in Glasampullen eingeschweißt werden.

2 Nenne drei Verwendungsmöglichkeiten der Alkalimetalle.

3 Erdalkalimetalle bilden eine Elementfamilie.
a Nenne die Elemente, die zur Elementfamilie der Erdalkalimetalle gehören.
b Welche gemeinsamen Eigenschaften besitzen die Erdalkalimetalle?
c Beschreibe am Beispiel der Reaktion mit Wasser, wie sich die Reaktivität der Erdalkalimetalle ändert.

4 Nenne die Elementfamilie, deren Vertreter eingesetzt werden, wenn chemische Reaktionen nicht erwünscht sind. Gib Beispiele für deren Verwendung an.

5 Lithiumchlorid und Kaliumchlorid sehen sehr ähnlich aus. Entwickle ein Experiment, mit dem du die beiden Stoffe unterscheiden könntest.

6 Werte die Tabelle zu den Eigenschaften der Halogene aus. Leite Gesetzmäßigkeiten ab.

Eigenschaft	Halogene			
	Fluor	Chlor	Brom	Iod
Schmelztemperatur	–220 °C	–101 °C	–7 °C	114 °C
Siedetemperatur	–188 °C	–35 °C	58 °C	183 °C
Giftwirkung	sehr giftig	sehr giftig	giftig	schwach giftig
Geruch	sehr scharf	sehr scharf, stechend	scharf	scharf
Verhalten in Wasser	reagiert mit Wasser	mäßige Reaktion	mäßige Reaktion	schlecht löslich

7 Der Aufbau des Periodensystems folgt einer bestimmten Ordnung.
a Beschreibe die Anordnung der Elemente in Gruppen und in Perioden.
b Gib an, wie die Reihenfolge der Elemente bestimmt wurde.

8 Im Bild ist eine unvollständige Ordnung der Elemente dargestellt.
a Gib die in der Reihe fehlenden Elemente an und ergänze sie.

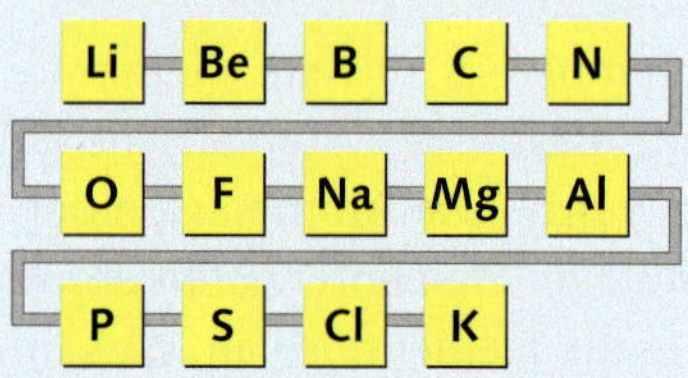

b Ordne nun die Elemente so an, dass Elemente mit gleichen Eigenschaften untereinanderstehen.
c Benenne die bekannten Elementfamilien.

9 Leite aus dem allgemeinen Aufbau des Periodensystems ab, welche Elemente nach ihrer Stellung im Periodensystem mit dem Element Silicium (Si) verwandt sind.

Aufgabe	Hilfe findest du auf Seite …
1	166/167
2	167
3	168/169
4	178
5	167, 170
6	176/177
7	181
8	181
9	181
… und die Lösungen findest du im Anhang.	

Im Überblick

Früher diente das Periodensystem der Elemente zur Vorhersage von Eigenschaften bisher unbekannter Elemente. Heute ermöglicht es uns einen geordneten Überblick über die vielen bereits bekannten Elemente.
Wir können dieser Übersicht verschiedene Informationen über die Elemente entnehmen. Elementfamilien mit ähnlichen Eigenschaften wie die der Alkalimetalle oder der Halogene finden sich in Gruppen des Periodensystems wieder.

Periodensystem der Elemente
- Übersicht, in der die Elemente systematisch angeordnet sind
- besteht aus Gruppen (Spalten) und Perioden (Zeilen)

Elementfamilie
- Elemente mit ähnlichen Eigenschaften und Reaktionen werden zu einer Elementfamilie zusammengefasst und stehen im Periodensystem in Gruppen.
- Innerhalb einer Elementfamilie verändern sich viele Eigenschaften mit zunehmender Atommasse.

Metalle und Nichtmetalle im Periodensystem
- Metalle stehen im Periodensystem links.
- Nichtmetalle stehen im Periodensystem rechts.
- Halbmetalle stehen an der Grenze zwischen Metallen und Nichtmetallen.

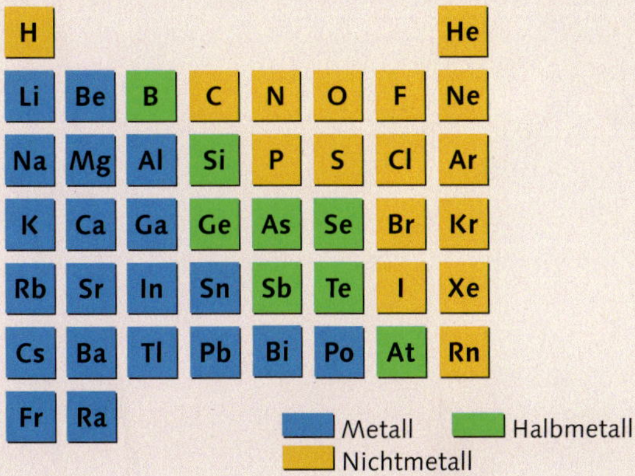

Alkalimetalle
- Elementfamilie der Elemente der ersten Hauptgruppe (ohne Wasserstoff)
- Lithium, Natrium, Kalium, Rubidium und Caesium
- sehr reaktive Elemente
- in der Natur nur in Verbindungen
- reagieren mit Wasser zu einer Lauge und Wasserstoff
- zeigen typische Verfärbungen in der nicht leuchtenden Brennerflamme:
  - Lithium: rot
  - Natrium: gelb
  - Kalium: rotviolett
  - Rubidium: dunkelrot
  - Caesium: blauviolett

Halogene
- Elementfamilie der Elemente der siebten Hauptgruppe des Periodensystems
- Fluor, Chlor, Brom und Iod
- Nichtmetalle; Fluor und Chlor – gasförmig, Brom – flüssig, Iod – fest (sublimiert)
- sehr reaktive, häufig ätzende Elemente
- in der Natur nur in Verbindungen

Edelgase
- Elementfamilie der Elemente der achten Hauptgruppe des Periodensystems
- Helium, Neon, Argon und Krypton
- farblose, geruchlose, gasförmige Nichtmetalle
- äußerst reaktionsträge
- kommen in der Natur elementar vor

9

Der Bau der Atome

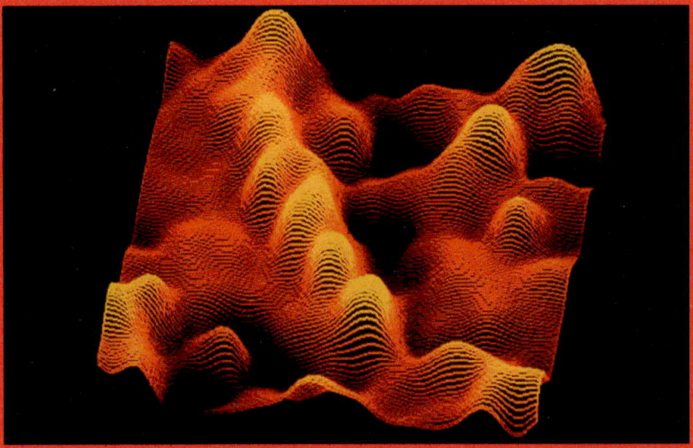

Der Aufbau der Materie aus kleinsten Teilchen, den Atomen, fasziniert die Menschen seit über 2000 Jahren. Viele unterschiedliche Modellvorstellungen wurden und werden entwickelt. Unser heutiges Wissen über den Atombau kann viele Phänomene in der Chemie erklären. Dennoch ist der exakte Aufbau noch unbekannt.

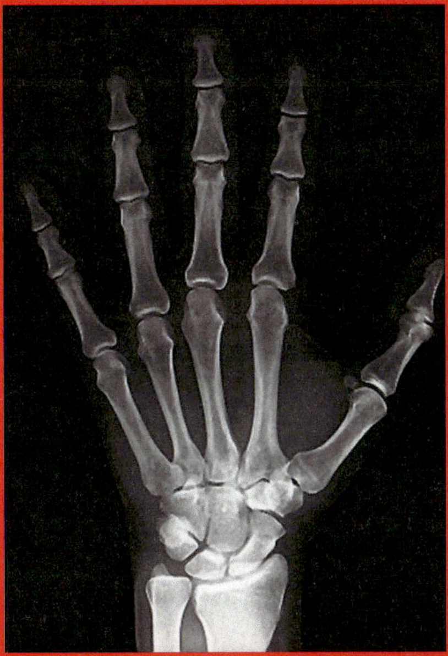

Atome – unvorstellbar klein

Wie sehen Atome aus? Mit dieser Frage beschäftigten sich von der Antike bis heute viele Wissenschaftler. Mit bloßem Auge, einer Lupe oder mit einem Lichtmikroskop sind Atome nicht erkennbar – sie sind zu klein.
Mithilfe eines Rastertunnelmikroskops ist es heute möglich, bis auf die Ebene der Atome vorzudringen. Sie erzeugen eine bildähnliche Darstellung von Atomen und ermöglichen, eine Vorstellung von ihrer Größe zu erhalten.

1 *Goldatome auf der Oberfläche einer Goldfolie, „sichtbar" gemacht mit einem Rastertunnelmikroskop*

Wie groß sind Atome? Ein Haar kannst du mit bloßem Auge erkennen, es hat einen Durchmesser von etwa 0,1 mm. Hautzellen bis zu einer Größe von 0,025 mm lassen sich mit der Lupe oder dem Lichtmikroskop sichtbar machen. Noch kleinere Objekte wie Viren können durch das Elektronenmikroskop erkannt werden.
Der Durchmesser eines Goldatoms ist unfassbar klein. Er beträgt 0,000 0003 mm, der eines Kohlenstoffatoms nur 0,000 000 15 mm.

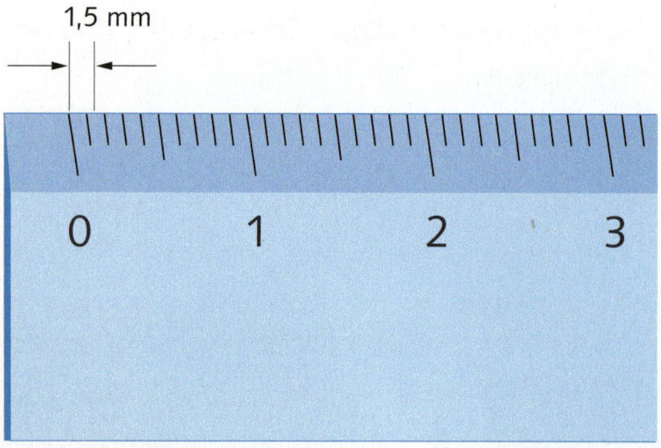

2 *Abschnitt eines Lineals, auf den 10 000 000 Kohlenstoffatome nebeneinanderpassen*

3 *Ein Größenvergleich: Wäre ein Atom so groß wie eine Murmel, dann wäre ein Mensch im Verhältnis …*

Wie schwer sind Atome? Jedes Atom einer Atomart hat neben einer bestimmten Größe auch eine bestimmte Masse. Wie die Größe ist auch die Masse von Atomen unvorstellbar klein. Aus Experimenten kann man Rückschlüsse auf die Atommassen ziehen. JOHN DALTON untersuchte die Massen einiger Atome und veröffentlichte seine Ergebnisse im Jahr 1805. Seither bestimmten viele Chemiker weitere Atommassen.

Atommasseneinheit u Die Masse eines Kohlenstoffatoms beträgt 0,000 000 000 000 000 000 000 0199 g. Das ist eine Zahl mit 22 Nullen hinter dem Komma. Mit solchen Zahlen zu rechnen ist umständlich. Um Atommassen einfacher angeben und miteinander vergleichen zu können, wurde die Atommasseneinheit u eingeführt und festgelegt:

$1\ g = 602\,200\,000\,000\,000\,000\,000\,000\ u$
$1\ g = 6{,}022 \cdot 10^{23}\ u$
$1\ g \approx 6 \cdot 10^{23}\ u$
$1\ u = 0{,}000\,000\,000\,000\,000\,000\,000\,001\,66\ g$
$1\ u = 1{,}66 \cdot 10^{-24}\ g$

1 u ist die Masse des zwölften Teils eines Kohlenstoffatoms. Sie entspricht etwa der Masse des leichtesten Atoms – des Wasserstoffatoms. Die großen, umständlichen Zahlen merken sich Chemikerinnen und Chemiker nicht. Es genügt, dass die Massen der verschiedenen Atome mithilfe der Atommasseneinheit u verglichen werden können (Tabelle 1 und PSE im Buchdeckel).

Die Atommasseneinheit u ermöglicht einen Vergleich verschiedener Atommassen. Die Atommasse des Wasserstoffatoms, dem leichtesten Atom, beträgt etwa 1 u.

Element	Atommasse (gerundet)
Wasserstoff	1 u
Kohlenstoff	12 u
Sauerstoff	16 u
Schwefel	32 u
Eisen	56 u
Gold	197 u

Tab. 1 *Atommassen einiger Atomarten*

Exkurs Zehnerpotenzen
In naturwissenschaftlichen Texten und Tabellen tauchen häufig sehr große oder sehr kleine Zahlen auf. Der Einsatz von Zehnerpotenzen hilft, die Darstellung der Zahlen zu verkürzen.
Beispiel: $3\,050\,000 = 305\,000 \cdot 10^1$
$= 30\,500 \cdot 10^2 = \ldots\ 3{,}05 \cdot 10^6 = \ldots$

Zahl	Zehnerpotenz	Name
0,00001	10^{-5}	Hunderttausendstel
0,0001	10^{-4}	Zehntausendstel
0,001	10^{-3}	Tausendstel
0,01	10^{-2}	Hundertstel
0,1	10^{-1}	Zehntel
1	10^0	Eins
10	10^1	Zehn
100	10^2	Hundert
1000	10^3	Tausend
10000	10^4	Zehntausend
100000	10^5	Hunderttausend

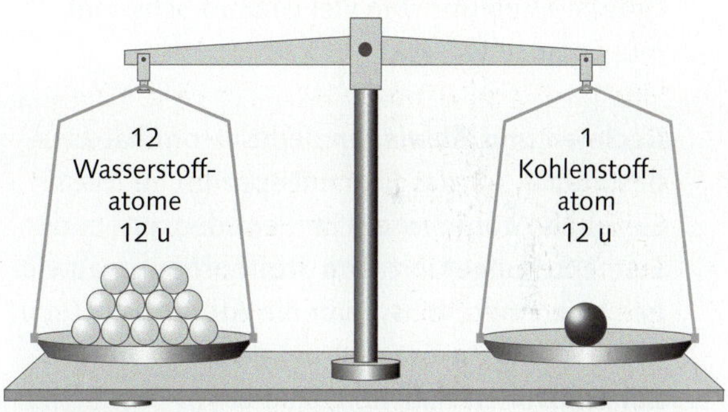

4 *Vergleich von Atommassen im Modell*

Aufgaben

1 Wie groß sind Atome? Erkläre anhand eines Vergleichs.
2 Berechne, wie viele Goldatome auf einer Länge von 1,5 mm nebeneinanderpassen.
3 Begründe, warum Angaben zur Atommasse in der Atommasseneinheit u und nicht in Gramm gemacht werden.
4 Vergleiche die Atommasse von Schwefel mit der von:
a) Wasserstoff
b) Kohlenstoff
Verwende Tabelle 1.

9

Exkurs Zählen mit der Waage

Die Menge macht's Zu den wichtigsten Aufgaben der Chemie zählt das Herstellen neuer Stoffe. Um ein reines Produkt zu erhalten, müssen die richtigen Mengen eingesetzt werden – sonst entstehen Verunreinigungen durch nicht vollständig reagierte Ausgangsstoffe. Bei der Reaktion von Eisen mit Schwefel lässt sich am Reaktionsschema ablesen, dass Eisen- und Schwefelatome im Zahlenverhältnis 1 : 1 reagieren.

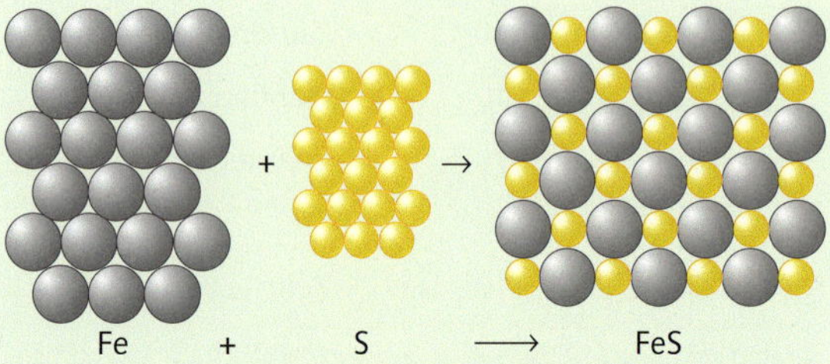

Weil es nicht möglich ist, Atome abzuzählen, werden die für die Reaktion benötigten Mengen der Ausgangsstoffe abgewogen. Doch wie viel Gramm Eisen und wie viel Gramm Schwefel muss man abwiegen?

Rechnen und Abwiegen Jedes Atom hat eine bestimmte, für das Element spezifische Masse. Sie ist als Atommasse u im Periodensystem der Elemente aufgeführt. Um Stoffportionen abwiegen zu können, muss man die Atommasse (in u) in die Masse (in Gramm) umrechnen. Umrechnungsfaktor ist dabei die Zahl $6 \cdot 10^{23}$.
Es gilt: $6 \cdot 10^{23}$ u = 1 g.

Für die Reaktion von Eisen mit Schwefel gilt:

1	Eisenatom hat die Atommasse	56 u.
$6 \cdot 10^{23}$	Eisenatome haben die Masse	56 g.
1	Schwefelatom hat die Atommasse	32 u.
$6 \cdot 10^{23}$	Schwefelatome haben die Masse	32 g.

In 56 g Eisen und 32 g Schwefel ist jeweils die gleiche Teilchenanzahl enthalten.
Um Eisen und Schwefel vollständig reagieren zu lassen, muss man also 56 g Eisen und 32 g Schwefel abwiegen. Auch wenn ein Vielfaches oder ein Bruchteil dieser Stoffportionen eingesetzt wird, verläuft die Reaktion vollständig.

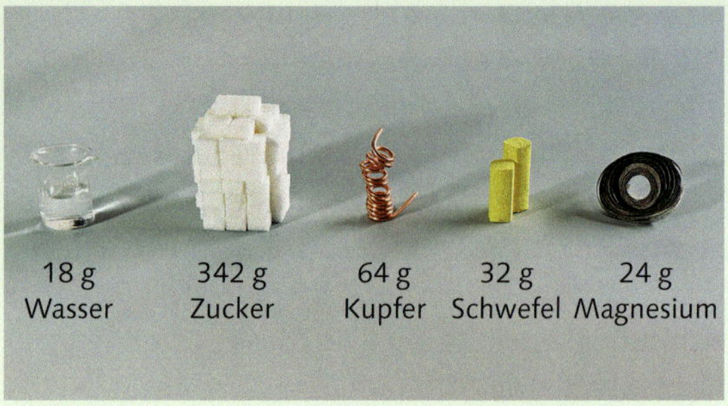

1 *Verschiedene Stoffportionen mit der Stoffmenge 1 mol*

Mol – immer gleich viele Teilchen Die Menge von $6 \cdot 10^{23}$ Teilchen (Atome oder Moleküle) wird in der Chemie als feste Einheit betrachtet. Eine Stoffportion, die diese Anzahl an Teilchen enthält, wird als 1 Mol des Stoffes bezeichnet. Das Mol ist die Größe der Stoffmenge. Das Einheitenzeichen ist mol.
Auf die Beispielreaktion angewendet bedeutet dies: $6 \cdot 10^{23}$ Eisenatome sind 1 mol Eisenatome und $6 \cdot 10^{23}$ Schwefelatome sind 1 mol Schwefelatome.
Um 1 mol einer Verbindung wie Wasser abzumessen, müssen die Atommassen der Atome dieser Verbindung addiert werden. Ein H_2O-Molekül hat die Masse $2 \cdot 1$ u + 16 u = 18 u.
1 mol H_2O-Moleküle hat die Masse
$2 \cdot 1$ g + 16 g = 18 g.

Element oder Verbindung	Teilchenanzahl	Stoffmenge	Masse der Stoffportion
Eisen	$6 \cdot 10^{23}$	1 mol	56 g
Schwefel	$6 \cdot 10^{23}$	1 mol	32 g
Wasser	$6 \cdot 10^{23}$	1 mol	18 g

Tab. 1 *Zusammenhang zwischen Teilchenanzahl, Stoffmenge und Masse einer Stoffportion*

Aufgaben

1 Ermittle, wie viele Atome jeweils in 63,5 g Kupfer und 27 g Aluminium enthalten sind.
2 Du hast nur 7 g Eisen, aber 20 g Schwefel im Labor vorgefunden. Die Aufgabe lautet: Stelle Eisensulfid her, und zwar so, dass das Produkt ohne Verunreinigungen entsteht. Beschreibe dein Vorgehen.

Exkurs Rastertunnelmikroskop – Bilder von Atomen

Das ewige Rätsel um das Aussehen der Atome Die Frage nach dem Aussehen der Atome stellten sich Philosophen schon vor 2500 Jahren und sie ist nach wie vor ungelöst. Im Jahr 1981 gelang dem Deutschen GERD BINNIG und seinem Schweizer Kollegen HEINRICH ROHRER ein Durchbruch: Mit ihrer Erfindung, dem Rastertunnelmikroskop, werden die Atome zwar weiterhin nicht wirklich sichtbar, aber man kann sie gewissermaßen „erfühlen".

1 *Die Physiker ROHRER und BINNIG*

2 *Rastertunnelmikroskop*

Aufbau des Rastertunnelmikroskops Um eine bildähnliche Darstellung von Atomen zu erhalten, wird mit einer feinen Sonde die Oberfläche des zu untersuchenden Stoffes abgetastet. Der zu untersuchende Gegenstand muss eine leitende Oberfläche, beispielsweise eine Metalloberfläche, besitzen. Die Sonde besteht aus Wolframdraht und hat eine sehr feine Spitze, die häufig nur aus einem einzigen Atom besteht. Sie lässt sich bis auf 0,000001 mm an die Metalloberfläche heranbringen. Wird an den Wolframdraht eine positive Spannung angelegt, so fließen Elektronen von der Metalloberfläche zur Sonde.

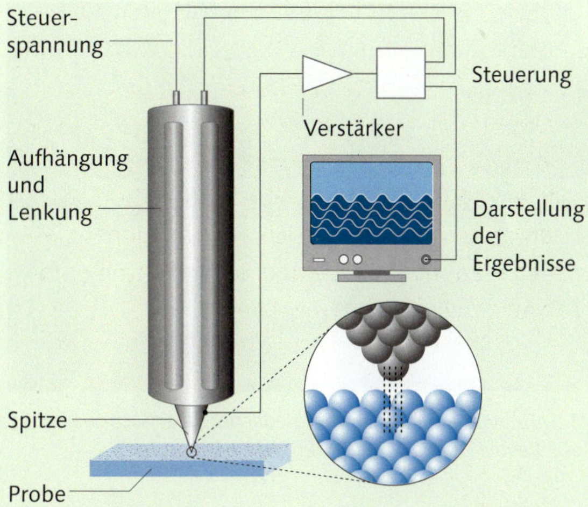

3 *Schematische Darstellung der Arbeitsweise eines Rastertunnelmikroskops*

Abtasten der Oberfläche Die Sonde aus Wolframdraht wird so gesteuert, dass sie stets im gleichen Abstand die Oberfläche des zu untersuchenden Stoffes abtastet. Dabei berührt sie die Oberfläche nicht. Ein Computer berechnet aus den gewonnenen Daten ein Bild von der Oberfläche. Es ist kein Foto des Stoffes, sondern ein Modellbild der Oberfläche.

4 *Modellbild einer Metalloberfläche*

Aufgaben

1 Beschreibe, wie mithilfe des Rastertunnelmikroskops ein Bild von Atomen entsteht.

2 Handelt es sich bei dem mit dem Rastertunnelmikroskop erzeugten Bild um ein Foto von Metallatomen? Begründe deine Antwort.

Elektrische Ladungen

1 *Durch die Reibung unterschiedlicher Oberflächen kommt es zu einer Trennung der elektrischen Ladungen.*

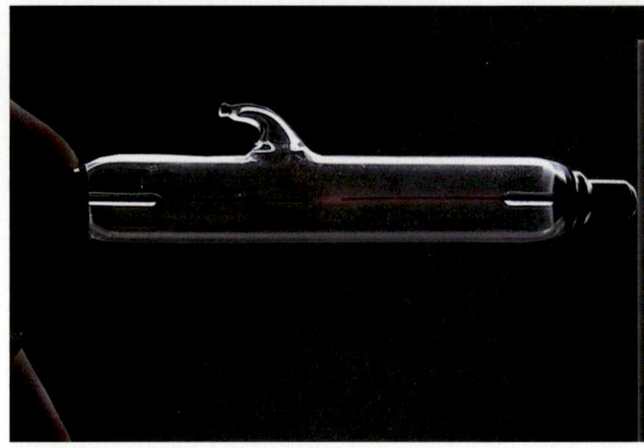

2 *Eine Glimmlampe hilft bei der Ermittlung der Art der elektrischen Ladung. Das Leuchten der Glimmlampe zeigt die negative Ladung an.*

Elektrische Ladungen im Alltag Kennst du das? Du gehst über einen Teppichboden aus Kunststoff und bekommst beim Anfassen der Türklinke einen leichten elektrischen Schlag. Wie kommt das zustande?
Beim Gehen reiben die Schuhsohlen auf dem Teppich. Dadurch entstehen auf dem Körper negative und auf dem Teppich positive elektrische Ladungen. Beim Anfassen der Türklinke erfolgt ein blitzartiger Ladungsausgleich.
Dieses Phänomen wird Reibungselektrizität genannt. Es beruht darauf, dass entgegengesetzt geladene elektrische Ladungen sich gegenseitig anziehen. Beim Ausziehen von Kleidungsstücken im Dunkeln ist Reibungselektrizität manchmal sogar in Form kleinster Funken sichtbar.

Gibt es kleinere Teilchen als Atome? Schon die Griechen hatten im Altertum beobachtet, dass sich Bernstein beim Reiben an Wolle elektrisch auflädt und Gegenstände wie Haare oder Federn anzieht. Unsere heutige Bezeichnung der elektrischen Ladung ist deshalb an das griechische Wort für Bernstein *(élektron)* angelehnt.
Die Ursache für solche elektrischen Erscheinungen muss auf der Ebene der Atome zu finden sein. Dem britischen Physiker JOSEPH JOHN THOMSON gelang im Jahr 1897 der experimentelle Nachweis, dass Elektronen die Träger der negativen elektrischen Ladung sind. Er bewies damit, dass im Atom noch kleinere Teilchen, sogenannte Elementarteilchen, enthalten sind.

Elektronen sind elektrisch negativ geladene Elementarteilchen.

Atome sind elektrisch neutral Mit dem einfachen Atommodell von DALTON, das Atome als kleine homogene Teilchen beschrieb, ließen sich die elektrischen Erscheinungen nicht erklären. THOMSON leitete deshalb aus seinen Versuchsergebnissen ab, dass die Atome kleine, kugelförmige Teilchen seien, deren Masse und positive elektrische Ladung gleichmäßig über das Atom verteilt sind. Die Elektronen stellte er sich ungeordnet verteilt vor. Diese Modellvorstellung erklärt die elektrischen Erscheinungen auf Teilchenebene und gleichzeitig, dass Atome elektrisch neutral sind.

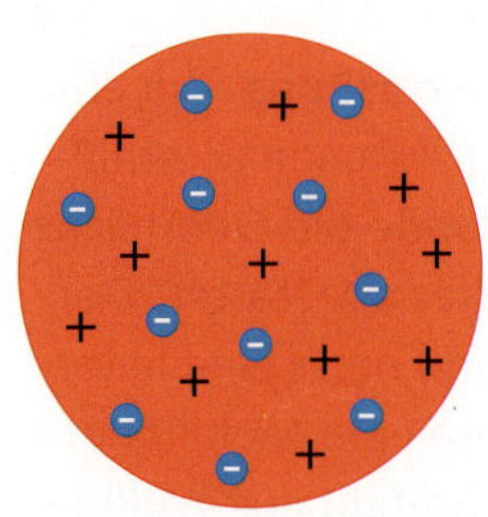

3 *Atommodell von THOMSON: Die Anzahl der positiven und negativen elektrischen Ladungen im Atom ist ausgeglichen, Atome sind elektrisch neutral.*

Aufgaben

1 Nenne drei verschiedene Beispiele für Reibungselektrizität im Alltag.
2 Was erfährst du über Elektronen? Berichte.

Praktikum Elektrische Ladungen

1 Reibungselektrizität
Gerät: Prospekthüllen
Durchführung:
a Reibe eine Prospekthülle auf der Tischplatte. Halte sie nun in die Nähe deiner Haare, ohne diese zu berühren.
b Reibe zwei Prospekthüllen auf einer Tischplatte. Halte sie nun mit der geriebenen Seite nach innen in der Hand und bewege sie langsam aufeinander zu.
c Bringe die Folie(n) in die Nähe einiger Papierschnipsel.
Auswertung: Erkläre deine Beobachtungen. Verwende dabei folgende Begriffe: Reibungselektrizität, positive Ladung, negative Ladung, Ladungstrennung.

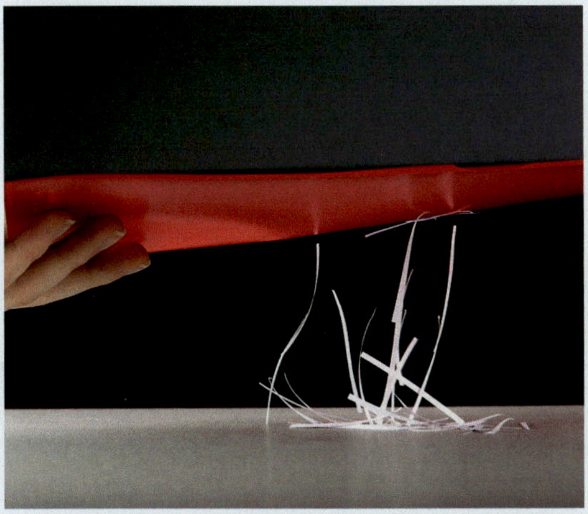

2 Anziehung oder Abstoßung?
Geräte: Hartgummistab, Glasstab, Prospekthülle, Tuch aus Kunstfasern, Tierfell, Spitze zum Lagern der Stäbe
Durchführung:
Plane je ein Experiment, mit dem sich Folgendes zeigen lässt:
a) die Anziehung von Ladungen
b) die Abstoßung von Ladungen
Auswertung: Erläutere, wie du vorgegangen bist. Skizziere deinen Versuchsaufbau.

3 Elektrisch negative Ladungen werden sichtbar
Geräte: Glimmlampe, Hartgummistab, Glasstab, Tierfell, Tuch aus Kunstfasern
Durchführung:
a Reibe einen Hartgummistab an einem Tierfell. Berühre ihn dann mit einer Glimmlampe.
b Reibe einen Glasstab an einem Tuch. Berühre ihn dann mit einer Glimmlampe.
Hinweis: Arbeite in einem leicht abgedunkelten Raum. Da die Reaktion sehr schnell und kurz eintritt, ist aufmerksames Beobachten wichtig.
Auswertung: Erkläre deine Beobachtungen.

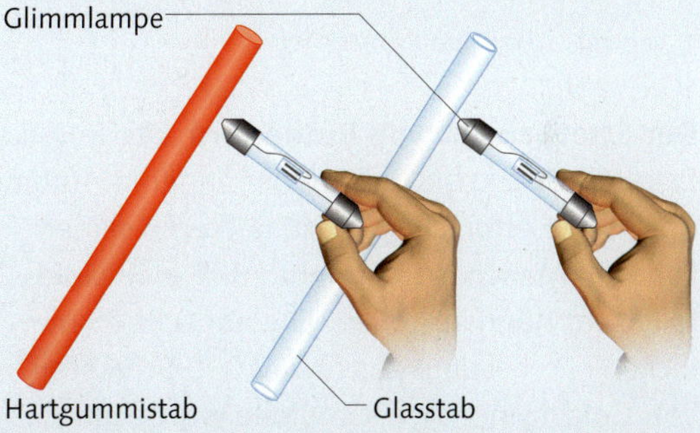

4 Magischer Luftballon
Gerät: Luftballon
Durchführung: Wie kannst du dafür sorgen, dass ein Luftballon an einer Zimmerwand hängt, ohne festgehalten zu werden? Plane ein Experiment und führe es durch.
Auswertung: Skizziere den Versuchsaufbau und erkläre deine Beobachtungen.

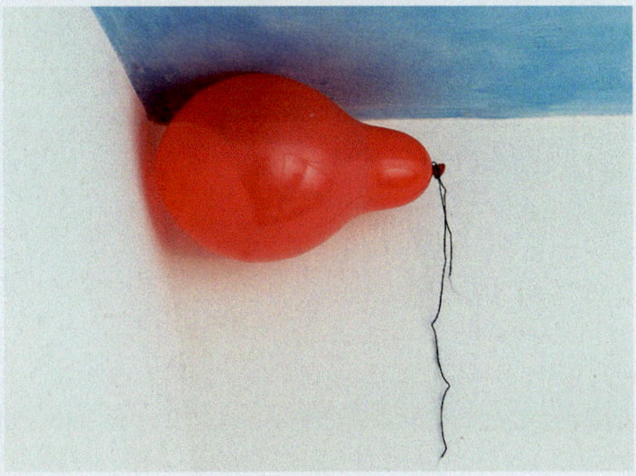

9

Kern-Hülle-Modell

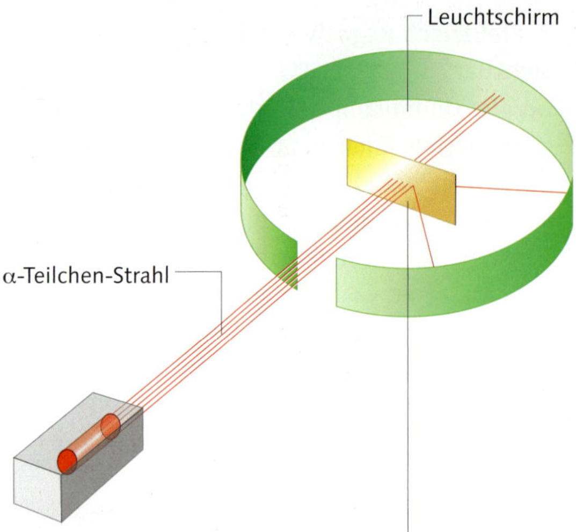

1 *Versuchsaufbau von Rutherford*

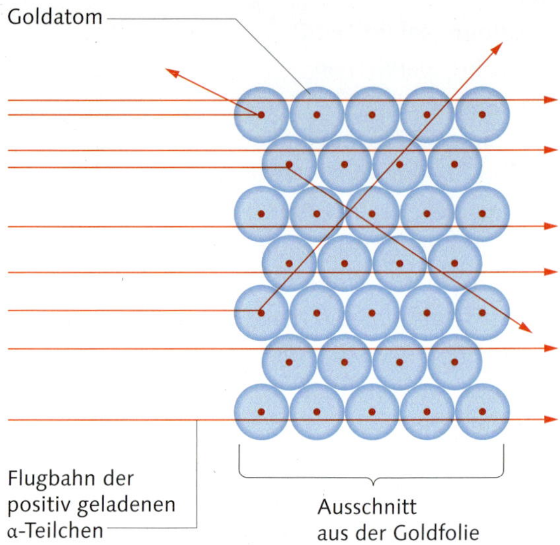

3 *Modelldarstellung des Streuversuchs von Rutherford*

Der Streuversuch von Rutherford Der Physiker Ernest Rutherford wollte den inneren Aufbau der Atome erforschen. Dazu ließ er in seinem Labor in Manchester im Jahr 1909 eine Goldfolie sehr dünn ausrollen. Die nur 0,0005 mm dicke Folie bestand aus etwa 1000 Schichten von Goldatomen. Die Goldfolie wurde mit einem gebündelten Strahl positiv geladener α-Teilchen (sprich: Alphateilchen) bestrahlt. Sie trafen mit sehr hoher Geschwindigkeit auf die Goldatome. Um die Goldfolie wurde ein Leuchtschirm gelegt, mit dem auftreffende α-Teilchen als Lichtblitze sichtbar gemacht wurden. In mühsamer Arbeit zählten Rutherford und seiner Mitarbeiter rund 100 000 Lichtblitze.

2 *Rutherford (rechts) in seinem Labor in Manchester*

Ein überraschendes Versuchsergebnis Das Versuchsergebnis war völlig unerwartet: Von 100 000 α-Teilchen wurden nur wenige von der Goldfolie abgelenkt oder prallten zurück. Alle anderen konnten die Goldfolie ungehindert durchdringen.

Atome – winziger Kern und viel Leere Rutherford zog aus seinen Versuchsbeobachtungen zwei wesentliche Schlussfolgerungen:

1. Weil die meisten α-Teilchen die Goldfolie durchdringen, müssen Atome zum größten Teil aus leerem Raum bestehen.
2. Das Zurückprallen einiger der positiv geladenen α-Teilchen muss darauf zurückzuführen sein, dass es in den Atomen ein sehr kleines, positiv geladenes, massives Zentrum gibt, das diese Ablenkung auslöst.

Rutherfords Atommodell Aus den Schlussfolgerungen entwickelte Rutherford ein neues Atommodell, das die bisherige Vorstellung über das Atom ablöste:
Im Inneren des Atoms befindet sich das im Vergleich zur Atomhülle kleine, positiv geladene, massive Zentrum: der Atomkern. Er enthält mehr als 99,9 % der Masse des gesamten Atoms.

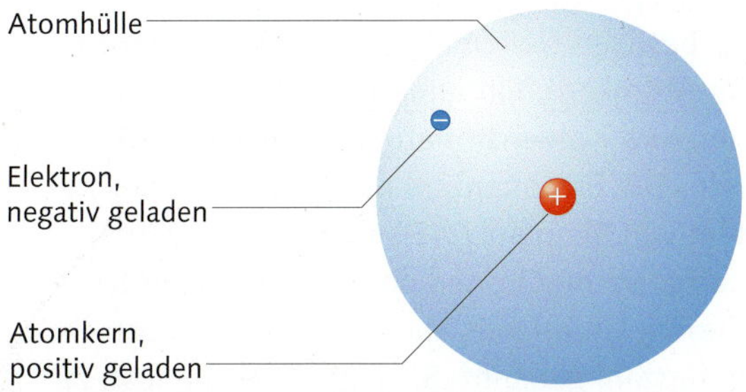

4 *Kern-Hülle-Modell nach* RUTHERFORD

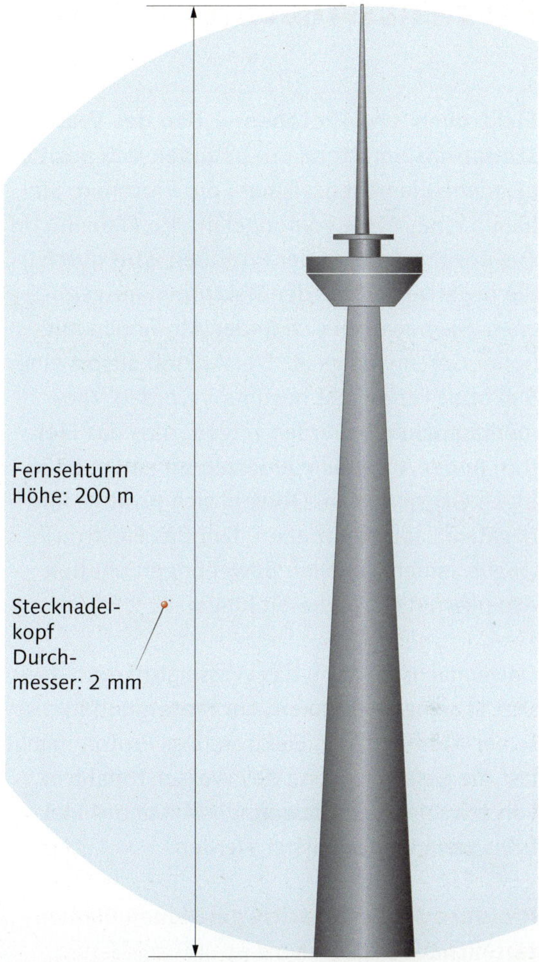

5 *Größenverhältnis von Atomkern (Stecknadelkopf) zu Atomhülle (Fernsehturm)*

Der positiv geladene Atomkern wird von einer fast leeren Atomhülle umgeben. In ihr befinden sich die negativ geladenen, im Vergleich zum Atomkern fast masselosen Elektronen.
Dieses Atommodell heißt Kern-Hülle-Modell. Die Anzahl der positiven und negativen Ladungen in einem Atom stimmt überein. Das Atom ist deshalb elektrisch neutral.

Im Kern-Hülle-Modell haben Atome einen positiv geladenen, massiven Atomkern. Der Atomkern ist von einer negativ geladenen Atomhülle umgeben, in der sich die Elektronen befinden.

Größenverhältnis von Atomkern und Atomhülle Die Atomhülle ist etwa 10 000-mal größer als der Atomkern. Dieses Größenverhältnis lässt sich anhand des folgenden Beispiels verdeutlichen:
Würde der Durchmesser der Atomhülle der Höhe eines Fernsehturms entsprechen (200 m), so wäre der Atomkern ungefähr so groß wie ein Stecknadelkopf (Durchmesser 2 mm).
Diesen Vergleich kannst du auch nutzen, um dir die Verteilung der Masse in einem Atom vorzustellen:
Der Massenunterschied zwischen Atomkern und Atomhülle ist so groß, dass der winzige Stecknadelkopf (entspricht dem Atomkern) mehr als der riesige Fernsehturm (entspricht dem Durchmesser der Atomhülle) wiegen würde.

Aufgaben

1 Welche Schlussfolgerung zog RUTHERFORD aus der Versuchsbeobachtung, dass die meisten α-Teilchen die Goldfolie fast ungehindert durchdringen?

2 Erkläre das Zurückprallen einiger α-Teilchen in RUTHERFORDS Streuversuch.

3 Beschreibe den Aufbau eines Atoms nach dem Kern-Hülle-Modell.

4 Stelle in einer Tabelle die Unterschiede zwischen Atomkern und Atomhülle einander gegenüber.

5 „Atome haben eine bestimmte Masse und Größe." (JOHN DALTON, 1808) Welche neuen Erkenntnisse erbrachte der Streuversuch?

6 „Ein aufsehenerregender Durchbruch": Versetze dich in die Zeit RUTHERFORDS und schreibe einen Zeitungsartikel.

9

Elementarteilchen in Atomen

Elektronen und Protonen — Bau des Wasserstoffatoms Im Atomkern befinden sich positiv geladene Elementarteilchen, die Protonen. Sie haben eine Masse von ungefähr 1 u (Tabelle 1). Die positive Ladung der Protonen wird durch die negative Ladung der Elektronen ausgeglichen. Sie bewegen sich in der Atomhülle mit hoher Geschwindigkeit. Der Aufenthaltsort eines Elektrons kann nicht bestimmt werden. Momentaufnahmen würden zeigen, dass das Elektron in der Atomhülle jederzeit an einem beliebigen Ort sein kann. Obwohl sich positive und negative Ladung anziehen, fällt das Elektron wegen seiner schnellen Bewegungen um den Atomkern nicht in diesen hinein.

Das einfachste Atom, das Wasserstoffatom, besitzt in seinem Atomkern ein Proton und in seiner Atomhülle ein Elektron. Das Proton macht fast die gesamte Masse des Wasserstoffatoms von etwa 1 u aus. Die geringe Masse des Elektrons kann vernachlässigt werden.

Protonen sind die positiv geladenen Elementarteilchen im Atomkern.
Das einfachste Atom, das Wasserstoffatom, besteht aus einem Proton im Atomkern und einem Elektron in der Atomhülle.

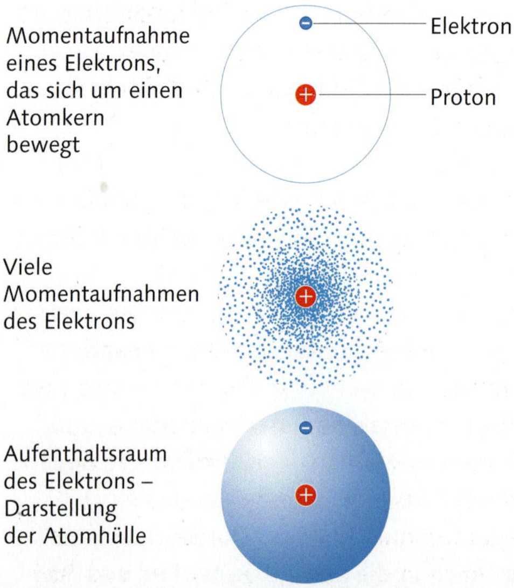

1 *Modelldarstellungen eines Wasserstoffatoms*

Die Protonenzahl bestimmt das Element Die Anzahl der Protonen im Atomkern ergibt die Kernladung. Sie ist für alle Atome eines Elements gleich.
So besitzen Heliumatome immer zwei Protonen im Atomkern, Lithiumatome immer drei Protonen und Kohlenstoffatome immer sechs Protonen. Die Protonenzahl nimmt im Periodensystem von Element zu Element zu und wird deshalb zum Ordnen der Elemente genutzt. Aus diesem Grund wird die Protonenzahl auch Ordnungszahl genannt. Sie legt eindeutig fest, zu welchem Element ein Atom gehört.
Durch die Protonenzahl ist auch die Anzahl der Elektronen in der Atomhülle festgelegt, denn Atome sind elektrisch neutral.

Die Protonenzahl (Ordnungszahl) legt fest, zu welchem Element ein Atom gehört. Sie gibt zugleich die Anzahl der Elektronen in der Atomhülle an.

Neutronen — Bau weiterer Atome Das Heliumatom besitzt zwei positiv geladene Protonen im Atomkern und zwei negativ geladene Elektronen in der Atomhülle. Die Masse des Heliumatoms beträgt jedoch 4 u — und nicht 2 u, wie man aus dem Vorhandensein der beiden Protonen im Atomkern schließen könnte. Daraus folgt, dass es eine weitere Art von Elementarteilchen geben muss, die eine Masse, jedoch keine Ladung besitzen. Es sind Neutronen, die elektrisch neutral sind und eine Masse von 1 u haben. Der Atomkern des Heliumatoms besitzt neben zwei Protonen auch zwei Neutronen.

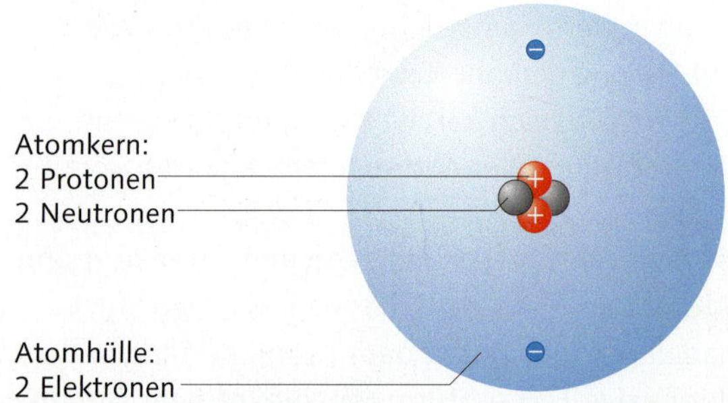

2 *Bau eines Heliumatoms*

Elementarteilchen	Elektron	Proton	Neutron
Masse in u	0,00055	1	1
Ladung	negativ	positiv	neutral
Symbol	e^-	p^+	n

Tab. 1 *Elementarteilchen in Atomen*

Massenzahl Die Masse eines Atoms setzt sich aus der Masse der Elementarteilchen im Atomkern, der Protonen und der Neutronen, zusammen. Addiert man die Anzahl der Protonen und der Neutronen, so erhält man die Massenzahl. Das Stickstoffatom mit 7 Protonen und 7 Neutronen hat die Massenzahl 14 u.

Atome bestehen aus Protonen und Neutronen im Atomkern und Elektronen in der Atomhülle. Die Summe der Protonen- und Neutronenzahl ist die Massenzahl eines Atoms.

Bau des Aluminiumatoms Einige Atomarten haben eine ungerade Massenzahl. So ist beispielsweise die Massenzahl des Aluminiumatoms 27. Im Atomkern befinden sich 13 Protonen und in der Atomhülle 13 Elektronen. Subtrahiert man von der Massenzahl die Protonenzahl, so ergibt sich, dass 14 Neutronen im Atomkern enthalten sind.

Isotope Die meisten Wasserstoffatome enthalten ein Elektron und ein Proton. Einige Wasserstoffatome enthalten jedoch zusätzlich Neutronen. Deuterium ist ein solches Wasserstoffatom. Es besitzt ein Proton und ein Neutron im Atomkern und ein Elektron in der Atomhülle und ist

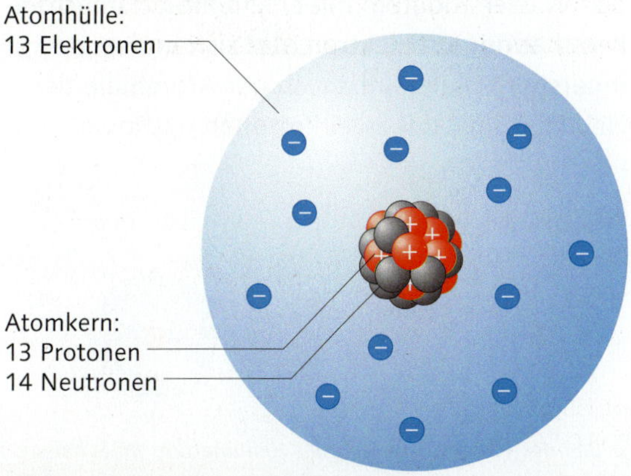

3 *Bau eines Aluminiumatoms*

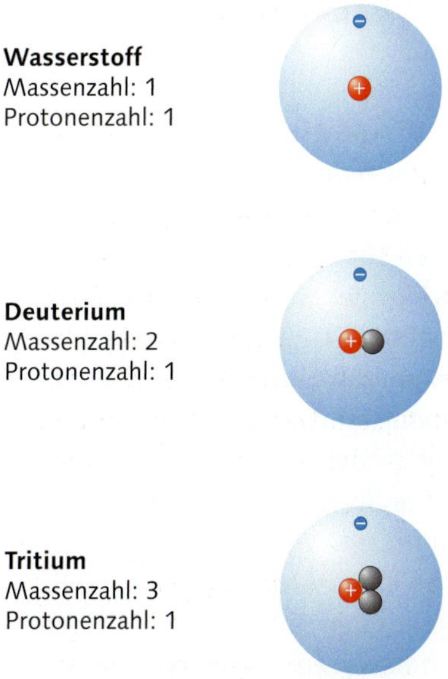

4 *Isotope des Elements Wasserstoff*

dadurch schwerer als ein Wasserstoffatom. Deswegen wird Deuterium auch schwerer Wasserstoff genannt. Tritium (überschwerer Wasserstoff) besitzt zwei Neutronen im Atomkern. Wenn Atomkerne gleich viele Protonen, aber verschieden viele Neutronen enthalten, spricht man von Isotopen ein und desselben Elements.

So lässt sich auch erklären, dass viele Elemente keine ganzzahligen Massenzahlen haben. Das Element Chlor mit der Massenzahl 35,5 u besteht zu rund 75 % aus Atomen mit der Masse 35 u und zu 25 % aus Atomen mit der Masse 37 u. Die Massenzahl ist ein Durchschnittswert aller Isotope eines Elements.
Die Isotope eines Elements zeigen ähnliche chemische Eigenschaften.

Atome des gleichen Elements, die sich in ihrer Neutronenzahl unterscheiden, heißen Isotope.

Aufgaben

1 Nenne die Bestandteile der Atomkerne.
2 Erkläre am Beispiel des Aluminiumatoms, warum Atome elektrisch neutral sind.
3 Die Massenzahl von Sauerstoff ist 16. Was bedeutet das? Erläutere.
4 Ein Neonatom besitzt 10 Protonen und hat eine Atommasse von 20 u. Zeichne den Bau des Neonatoms mit allen Elementarteilchen.

Schalenmodell

Wie verteilen sich die Elektronen in der Atomhülle? RUTHERFORDS Streuversuch hatte gezeigt, dass Atome keine kompakten Kugeln sind: Sie bestehen aus Atomkern und Atomhülle. Unbeantwortet blieben beim Kern-Hülle-Modell allerdings die Fragen, wo sich die Elektronen in der Atomhülle aufhalten und warum diese nicht in den Atomkern stürzen.
Im Jahr 1913 führte der dänische Physiker NIELS BOHR Experimente durch, um eine Antwort auf diese Fragen zu finden. Mithilfe seiner Versuchsergebnisse stellte er ein Atommodell vor, bei dem sich die Elektronen im Atom auf bestimmten Kreisbahnen bewegen. Das BOHRsche Atommodell wurde zur Grundlage für das Schalenmodell der Atomhülle.

Schalenmodell der Atomhülle Nach diesem Modell sind die Elektronen nicht wahllos in der Atomhülle verteilt, sondern sie bewegen sich mit großer Geschwindigkeit in unterschiedlicher Entfernung zum Atomkern. Sie befinden sich in bestimmten Aufenthaltsräumen, die wie Schalen um den Atomkern angeordnet sind.

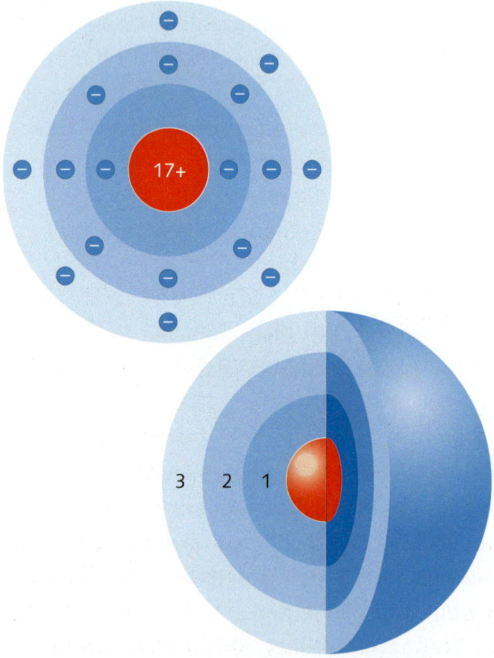

1 *Schalenmodell des Chloratoms und räumliche Darstellung der Elektronenschalen*

Nr. der Schale	Buchstabe der Schale	Maximale Anzahl der Elektronen
1	K	2
2	L	8
3	M	8

Tab. 1 *Besetzung der drei innersten Elektronenschalen*

Die Atomhülle hat einen schalenartigen Aufbau. Deshalb wird diese Modellvorstellung als Schalenmodell bezeichnet.
In Zeichnungen wird auf die räumliche Darstellung meist verzichtet, wobei die Schalen als Kreisringe um den Atomkern dargestellt werden.

Bezeichnung der Schalen Von innen nach außen werden die Schalen von 1 bis 7 durchnummeriert oder mit den Buchstaben K, L, M, N, O, P, Q bezeichnet. Jede Schale kann nur eine bestimmte Anzahl von Elektronen aufnehmen: Die dem Atomkern nächste Schale, die 1. Schale, ist mit zwei Elektronen voll besetzt. Die folgende 2. Schale kann höchstens acht Elektronen aufnehmen (Tabelle 1).
Die Elektronen, die sich in der äußeren Schale eines Atoms befinden, werden als Außenelektronen bezeichnet.

Besetzung der Schalen Die Schalen der Atome werden mit steigender Protonenzahl von innen nach außen aufgefüllt. Das bedeutet, erst wenn die 1. Schale mit zwei Elektronen voll besetzt ist, wird die 2. Schale aufgefüllt.
Das Wasserstoffatom mit einem Proton im Atomkern hat nur ein Elektron, das sich in der innersten Schale aufhält. In der Atomhülle des Heliumatoms, das zwei Protonen und zwei

2 *Bau des Wasserstoff- und des Heliumatoms im Schalenmodell*

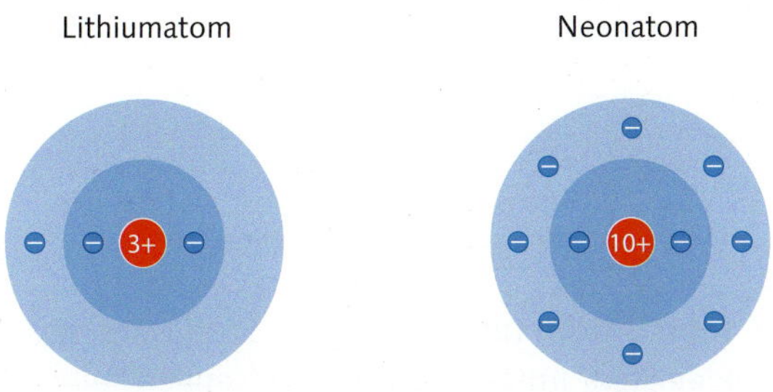

3 *Bau des Lithium- und des Neonatoms im Schalenmodell*

Neutronen im Atomkern besitzt, bewegen sich zwei Elektronen in der gleichen, innersten Schale. Damit ist die erste Schale voll besetzt. Wasserstoff und Helium bilden die 1. Periode im Periodensystem der Elemente.

Lithium besitzt drei Elektronen in der Atomhülle. Davon finden zwei Elektronen in der 1. Schale Platz, das dritte Elektron jedoch bewegt sich in einer weiteren, der 2. Schale. Die 2. Schale kann mit maximal acht Elektronen wie beim Element Neon besetzt werden. Bei Natrium mit der Protonenzahl 11 befinden sich zwei der elf Elektronen in der 1. Schale, acht in der 2. Schale und ein Außenelektron hat seinen Aufenthaltsbereich in der 3. Schale.

Mit zunehmender Protonenzahl kommt bei weiteren chemischen Elementen jeweils ein Elektron hinzu. Dieses wird immer in der letzten, noch unvollständig besetzten Außenschale aufgenommen. Ist diese mit der maximalen Anzahl von Elektronen besetzt, so kommt das weitere Elektron in eine nächste Außenschale.

In der Atomhülle bewegen sich die Elektronen im Bereich von Schalen. In jeder Schale befindet sich eine bestimmte Anzahl an Elektronen.

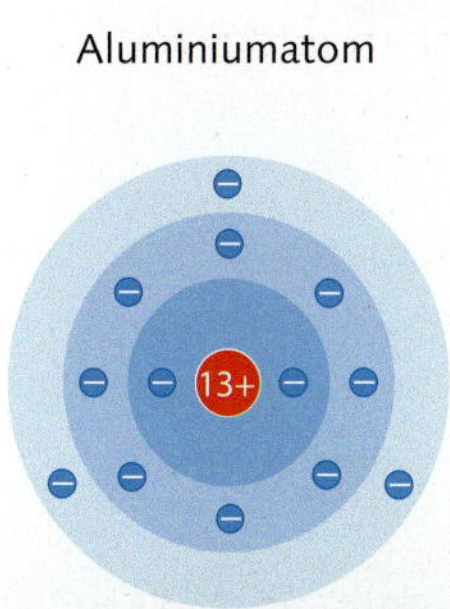

4 *Bau des Aluminiumatoms im Schalenmodell*

Exkurs Experimente bestätigen das Schalenmodell

In Experimenten wurde die Modellvorstellung vom Aufenthalt der Elektronen in verschiedenen Schalen bestätigt.
Je näher sich ein Elektron am Atomkern befindet, desto stärker wird es von ihm angezogen. Führt man Atomen Energie zu, so können die Elektronen diese Energie aufnehmen und ihren Abstand vom Kern vergrößern. Mit steigender Energiezufuhr können Elektronen sogar aus der Atomhülle entfernt werden.
Für das Abspalten der ersten drei Elektronen eines Aluminiumatoms benötigt man die geringste Energiezufuhr. Sie befinden sich in der äußersten, 3. Schale und haben den größten Abstand zum Atomkern.
Für das Abspalten weiterer acht Elektronen steigt die benötigte Energiezufuhr sprunghaft an. Daraus schließt man, dass sie sich in einer dem Atomkern näheren Schale, der 2. Schale, befinden.
Am meisten Energie ist für das Abspalten der letzten beiden Elektronen in der innersten Schale erforderlich.

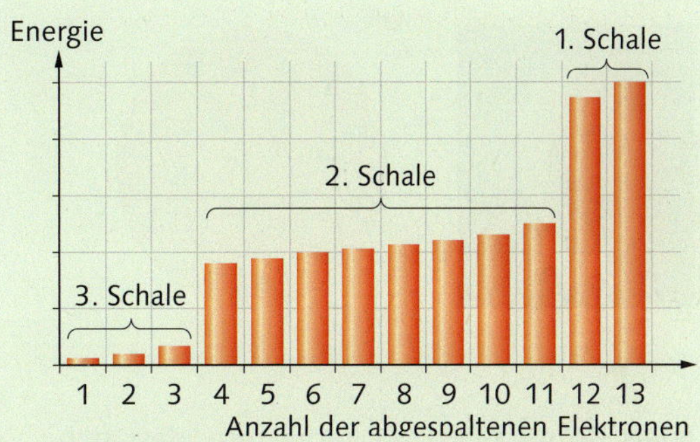

5 *Benötigte Energie zum Abspalten von Elektronen aus dem Aluminiumatom*

Aufgaben

1 Vergleiche das Kern-Hülle-Modell von RUTHERFORD mit dem Schalenmodell.

2 Ein Magnesiumatom hat 12 Protonen. Zeichne das Schalenmodell des Magnesiumatoms.

3 Gib die Anzahl der Außenelektronen für die folgenden Elemente an; in Klammern findest du die Gesamtzahl der Elektronen: Helium (2), Kohlenstoff (6), Sauerstoff (8), Magnesium (12), Schwefel (16), Chlor (17), Argon (18).

9

Exkurs Geschichte der Atomvorstellungen

400 v. Chr.

Demokrit (um 400 v. Chr.): Nach den Vorstellungen des griechischen Philosophen sind alle Stoffe aus **unteilbaren Teilchen** aufgebaut, die sich miteinander verbinden. Er nannte diese Teilchen *Atome*.

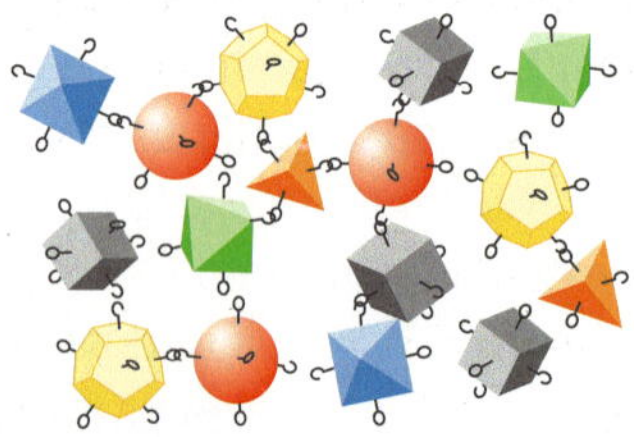

1800

John Dalton (um 1800): Alle Stoffe sind aus kleinsten, unteilbaren, kugelförmigen Teilchen, den Atomen, aufgebaut (**Kugelteilchenmodell**). Die Atome eines Elements haben die gleiche Größe und Masse. Atome verschiedener Elemente unterscheiden sich durch ihre Massen und ihre Größen voneinander. Bei chemischen Reaktionen ordnen sich die Atome der Ausgangsstoffe neu an und bleiben dabei erhalten.

1900

Joseph J. Thomson (1903): Er entdeckte das Elektron. Demnach konnten Atome keine unteilbaren Teilchen sein. Sie besitzen kleinere Bausteine mit negativer Ladung, die sich nach THOMSONS **Rosinenkuchenmodell** in der positiv geladenen Masse wie Rosinen in einem Teig verteilen.

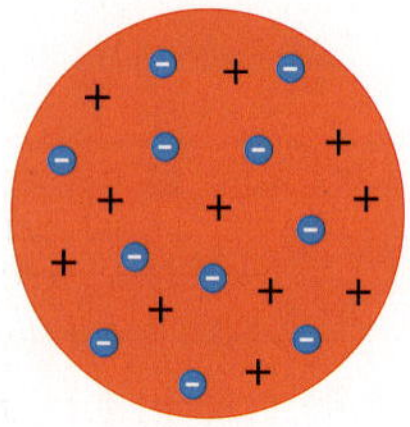

1910

Ernest Rutherford (1911): Atome sind keine massiven Kugeln, sondern bestehen aus einem kleinen Kern und einer sehr viel größeren Atomhülle (**Kern-Hülle-Modell**). Der Atomkern enthält fast die gesamte Masse des Atoms und ist positiv geladen. Die negativ geladenen Elektronen bewegen sich in der Atomhülle.

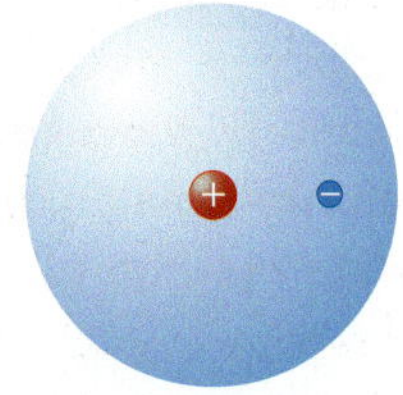

1915

Niels Bohr (1913): Er vermutete, dass sich Elektronen in der Atomhülle in ganz bestimmten Bereichen (Kreisbahnen) um den Atomkern bewegen. Die Anzahl der Kreisbahnen ist begrenzt. Diese Theorie wurde zur Grundlage für das **Schalenmodell der Atomhülle**.

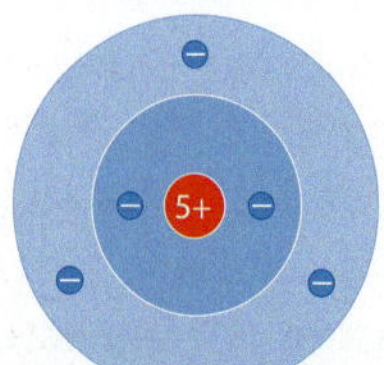

Aufgabe

1 Auch heute wird der Aufbau der Atome weiter erforscht. Welche Auswirkung werden die Forschungsergebnisse auf die hier beschriebenen Modellvorstellungen zum Atom haben?

Entwicklung von Atommodellen

1 *Teilchenbeschleuniger im Forschungszentrum CERN*

Ist der Aufbau der Atome vollständig bekannt? Auch heute wird die Forschung an Atomen fortgesetzt und es gibt keine endgültige Vorstellung über ihren Aufbau. Immer kleinere Bausteine der Atome werden zum Gegenstand der Forschung und führen zu Erkenntnissen, die über das Schalenmodell der Atome hinausgehen. Das moderne Wissen über den Aufbau der Atome verdanken wir unter anderem Experimenten, in denen Teilchen mit sehr hoher Geschwindigkeit auf Atome „geschossen" werden (siehe Exkurs).

Welches ist das „richtige" Atommodell? Mit dem einfachen Atommodell von DALTON lässt sich beispielsweise erklären, dass bei chemischen Reaktionen Atome umgeordnet werden und deshalb das Gesetz von der Erhaltung der Masse gilt.
Die elektrische Leitfähigkeit von Lösungen lässt sich jedoch mit den Vorstellungen DALTONS nicht vereinbaren. Dazu müssen Atommodelle verwendet werden, die die Existenz von Elektronen beinhalten, wie das Kern-Hülle-Modell und das Schalenmodell.
Andere Phänomene wie die Flammenfärbungen beim Erhitzen von Alkalimetallverbindungen lassen sich gut mit dem Schalenmodell erklären. Bis heute sind zahlreiche weitere Atommodelle entwickelt worden. Mit jedem Atommodell lassen sich bestimmte chemische Sachverhalte erklären, andere dagegen nicht. Durch weitere Forschungserkenntnisse werden die Modelle ständig weiterentwickelt. Man verwendet jeweils das Modell, das für die zu erklärenden Zusammenhänge die besten Aussagen ermöglicht.

Exkurs Die Europäische Organisation für Kernforschung – CERN Seit 1954 wird im europäischen Forschungszentrum CERN in der Nähe der Schweizer Stadt Genf der Aufbau der Atome und Elementarteilchen erforscht.
Im weltweit größten Elementarteilchenbeschleuniger, einer 27,5 km langen Vakuumröhre 100 m unter der Erde, werden auf nahezu Lichtgeschwindigkeit beschleunigte Elektronen oder Protonen zur Kollision gebracht (Bild 1). Dabei werden Zustände erzeugt, wie sie vermutlich direkt nach dem Urknall geherrscht haben. Teilchendetektoren messen die Flugbahnen der daraus neu entstehenden Teilchen. So werden Rückschlüsse über den Aufbau der Elementarteilchen gezogen und die Existenz noch kleinerer Teilchen bewiesen. Das CERN wird von 21 Ländern finanziert, hat einen Forschungsetat von etwa einer Milliarde Euro pro Jahr und ist mit rund 3200 Mitarbeitern das größte Forschungszentrum auf dem Gebiet der Kernforschung.

Modelle sind vereinfachte Abbilder der Wirklichkeit. Sie stellen nur bestimmte Aspekte der Wirklichkeit dar. Steht ein Modell im Widerspruch zu neuen wissenschaftlichen Erkenntnissen, muss das alte Modell erweitert oder ein neues Modell entwickelt werden.

Aufgaben

1 Warum werden Atommodelle verwendet? Begründe.

2 Erkläre, warum bei der Reaktion von Zink mit Schwefel die Masse der Ausgangsstoffe mit der Masse der Reaktionsprodukte identisch ist.

Methode Fachtexte lesen

1 *Fachtexte können leichter verstanden werden, wenn man sie gemeinsam liest.*

2 *Fachtexte findest du auch im Internet.*

Findest du Fachtexte schwierig? Fachtexte beinhalten viele Fachwörter und es ist scheinbar alles wichtig. Diese Methodenseite zeigt dir, wie du beim Lesen von Fachtexten vorgehen kannst, damit sie leichter zu verstehen sind.

Anleitung zum Lesen von Fachtexten

1. *Text lesen:*
   Lies den Text einmal ganz durch.

2. *Vermutung anstellen:*
   Hast du schon eine Vermutung, wovon der Text handelt?

3. *Wörter suchen:*
   Suche nach Wörtern, die im Text besonders häufig vorkommen oder die dir sehr wichtig erscheinen. In welchem Zusammenhang kommen diese Wörter vor? Notiere dies.

4. *Noch einmal lesen – Fragen stellen und beantworten:*
   Lies den Text noch einmal und versuche nun Fragen zu beantworten:
   - Was wird gemacht?
   - Wie wird es gemacht?
   - Warum wird es gemacht?

   Es können auch noch andere Fragen zu einem Text gestellt werden.
   Verwende zur Beantwortung der Fragen die wichtigen Wörter des Textes.

Beispiel zur Durchführung:

1. Der Text „Die Europäische Organisation für Kernforschung – CERN" wurde gelesen.

2. *Wovon handelt der Text?*
   Im Text geht es um den Aufbau von Elementarteilchen. Sie werden im CERN erforscht.

3. *Welche Wörter kommen häufig vor und sind vermutlich wichtig?*
   Teilchen: Atome, Elementarteilchen, Protonen, Elektronen, Teilchendetektor, kleine Teilchen, beschleunigte Teilchen
   Forschen: Kernforschung, Forschungszentrum, erforscht
   Aufbau: Aufbau der Teilchen

4. *Was wird gemacht?*
   Es wird über den Aufbau der Atome und Elementarteilchen geforscht.

   Wie wird das gemacht?
   Es werden Protonen und Elektronen annähernd auf Lichtgeschwindigkeit beschleunigt und zur Kollision gebracht.

   Warum wird das gemacht?
   Weil bei der Kollision neue Teilchen entstehen. Diese Teilchen werden gemessen und können Rückschlüsse über den Aufbau weiterer, noch kleinerer Teilchen geben.

Methode Sicher präsentieren

Referate halten und Ergebnisse präsentieren
Du sollst ein Referat halten oder Ergebnisse aus der Gruppenarbeit vorstellen. Fachlich hast du dich vorbereitet und deine Medien, beispielsweise ein Lernplakat, eine Folie oder eine Präsentation mit dem Computer, erstellt.
Nun weißt du nicht, wie du beginnen sollst? Du hast Angst, dass dir etwas nicht einfällt oder dass du nicht weißt, was man zum Schluss sagt? Hier findest du einige Sätze oder Satzanfänge, die dir bei deiner Präsentation Sicherheit geben und dir helfen.

Phasen einer Präsentation
Auch wenn der Inhalt immer verschieden ist, so gibt es in jeder Präsentation die gleichen Phasen:

Der Beginn:
Im ersten Satz sagst du, worüber du sprechen oder was du präsentieren wirst. Deine Zuhörer bekommen einen ersten Eindruck von dir und von dem, was du vorhast.

Der Hauptteil:
Im Hauptteil sagst du, was du gemacht hast und zu welchen Ergebnissen du gekommen bist.

Der Schluss:
Am Schluss sagst du noch einmal kurz, worüber du gesprochen hast, und bedankst dich für die Aufmerksamkeit.

So kannst du beginnen:

- Mein Referat handelt von …
- In meinem Referat geht es um …
- Ich präsentiere die Ergebnisse aus unserer Gruppenarbeit über …
- Unsere Gruppe beschäftigte sich mit …
- Ich spreche über …
- Ich demonstriere ein Experiment zu/zur …
- Ich habe mich mit … beschäftigt.

Wenn du nicht weiterweißt Wenn dir etwas nicht sofort einfällt, dann brauchst du eine Pause, um nachzudenken. Das ist ganz normal und deshalb kannst du das auch sagen:

- Ich möchte kurz nachdenken.
- Ich muss einen kurzen Moment überlegen.
- Ich möchte meine Gedanken sammeln.

So kannst du schließen (das bedeutet beenden) und dich für die Aufmerksamkeit bedanken:

- Mit diesem Referat habe ich versucht … darzustellen.
- Dies war mein Referat zum Thema …
- Das waren die Ergebnisse unserer Gruppe.
- Ich hoffe, mein Vortrag hat euch gefallen und ihr seid jetzt über das Thema … gut informiert.
- Vielen Dank für eure Aufmerksamkeit.

Atombau und Periodensystem

Atomhülle und Periodensystem MENDELEJEW und MEYER ordneten 1869 die Elemente nach ihrer Atommasse sowie ihrer chemischen Verwandtschaft und begründeten damit das Periodensystem der Elemente. Rund 50 Jahre später erkannte jedoch BOHR, dass die Anordnung der Elemente von der Anzahl der Elektronen in der Atomhülle abhängt. Weil die Anzahl der Elektronen in der Atomhülle von der Protonenzahl bestimmt wird, ist nicht die Massenzahl, sondern die Protonenzahl das Kriterium für die Ordnung der Elemente im Periodensystem. Die Protonenzahl wird deshalb auch Ordnungszahl genannt.

Hauptgruppennummer – Anzahl der Außenelektronen Alle Elemente, deren Atome die gleiche Anzahl an Elektronen in der Außenschale haben, stehen in einer Hauptgruppe. Die Nummer der Hauptgruppe gibt also die Anzahl der Außenelektronen an. So befinden sich die Alkalimetalle in der ersten Hauptgruppe und ihre Atome besitzen jeweils ein Außenelektron. Die Atome der Halogene in der siebten Hauptgruppe haben sieben Außenelektronen.

Elektronenschalen und chemische Eigenschaften Die in einer Hauptgruppe stehenden Elemente ähneln sich in ihren chemischen Eigenschaften, sie bilden Elementfamilien. So sind beispielsweise die Elemente der Edelgase sehr reaktionsträge. Die Ursache dafür liegt in der Besetzung der äußeren Elektronenschale. Bei den Atomen der achten Hauptgruppe ist sie immer mit acht Elektronen voll besetzt. Man spricht auch von einem Elektronenoktett (lat. *octo:* acht). Eine Ausnahme bildet Helium, dessen Atome bereits mit zwei Elektronen eine voll besetzte Außenschale haben. Eine voll besetzte Elektronenschale ist eine besonders stabile Elektronenanordnung. Solche Elemente gehen keine chemische Reaktion mit anderen Elementen ein. Ganz anders verhält es sich beispielsweise mit den Elementen der siebten Hauptgruppe, den Halogenen. Ihre Atome haben sieben Außenelektronen. Um eine voll besetzte Elektronenschale zu erreichen, benötigen sie ein weiteres Elektron. Dieses können sie durch Reaktion mit anderen Elementen erhalten. Halogene sind deshalb sehr reaktionsfreudige Elemente.

Periode	Hauptgruppe							
	I (1)	II (2)	III (13)	IV (14)	V (15)	VI (16)	VII (17)	VIII (18)
1	H							He
2	Li	Be	B	C	N	O	F	Ne
3	Na	Mg	Al	Si	P	S	Cl	Ar

1 *Elemente der Hauptgruppen im Schalenmodell*

	Hauptgruppen							
Periode	I (1)	II (2)	III (13)	IV (14)	V (15)	VI (16)	VII (17)	VIII (18)
1	H							He
2	Li	Be	B	C	N	O	F	Ne
3	Na	Mg	Al	Si	P	S	Cl	Ar
4	K	Ca	Ga	Ge	As	Se	Br	Kr
5	Rb	Sr	In	Sn	Sb	Te	I	Xe
6	Cs	Ba	Tl	Pb	Bi	Po	At	Rn
7	Fr	Ra						

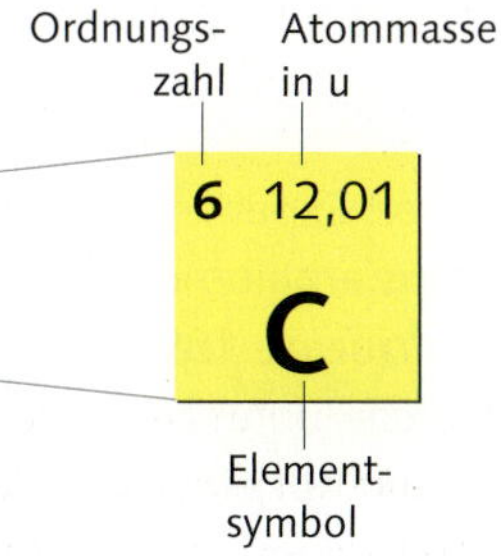

2 *Periodensystem der Elemente*

	Hauptgruppen		Nebengruppen										Hauptgruppen					
Periode	I (1)	II (2)	III (3)	IV (4)	V (5)	VI (6)	VII (7)	VIIIa (8)	VIIIb (9)	VIIIc (10)	I (11)	II (12)	III (13)	IV (14)	V (15)	VI (16)	VII (17)	VIII (18)
1	H																	He
2	Li	Be											B	C	N	O	F	Ne
3	Na	Mg											Al	Si	P	S	Cl	Ar
4	K	Ca	Sc	Ti	V	Cr	Mn	Fe	Co	Ni	Cu	Zn	Ga	Ge	As	Se	Br	Kr
5	Rb	Sr	Y	Zr	Nb	Mo	Tc	Ru	Rh	Pd	Ag	Cd	In	Sn	Sb	Te	I	Xe
6	Cs	Ba	La	Hf	Ta	W	Re	Os	Ir	Pt	Au	Hg	Tl	Pb	Bi	Po	At	Rn
7	Fr	Ra	Ac	Rf	Db													

3 *Die Nebengruppen – Ausschnitt aus dem PSE*

Die chemischen Eigenschaften einer Elementfamilie wird durch die Zahl der Außenelektronen der Atome bestimmt.

Periodennummer – Anzahl der Schalen Die Atome von Elementen einer Periode besitzen die gleiche Anzahl von Elektronenschalen. Die Periodennummer gibt die Anzahl der Schalen an. So steht Schwefel in der dritten Periode und seine Atome besitzen drei Elektronenschalen (1., 2. und 3. Schale). Die inneren Schalen des Schwefelatoms sind voll besetzt, während die Außenschale nur sechs Elektronen enthält.

Die Anzahl der Elektronenschalen entspricht der Periodennummer.
Die Anzahl der Außenelektronen eines Elements entspricht der Hauptgruppennummer.

Nebengruppen Zwischen der zweiten und dritten Hauptgruppe befinden sich die sogenannten Nebengruppen. Wichtige Gebrauchsmetalle der Nebengruppen sind Eisen, Kupfer und Zink. Um den Aufenthaltsbereich der Elektronen bei den Nebengrupppenelementen darzustellen, stößt das Schalenmodell an seine Grenzen.

Aufgaben

1 Finde mithilfe des Periodensystems folgende Informationen über Schwefel heraus: Anzahl der Protonen, Anzahl der Außenelektronen, Anzahl der Schalen, Anzahl der Elektronen.
2 Welche Aussagen kannst du über das Element Natrium aufgrund seiner Stellung im Periodensystem machen?
3 Begründe, warum die Edelgase reaktionsträge sind. Leite eine allgemeine Regel ab.

Exkurs Entdeckung der Radioaktivität

Eine zufällige Entdeckung In seinen Experimenten beschäftigte sich der in Paris arbeitende Physikprofessor ANTOINE HENRI BECQUEREL 1896 mit Uransteinen. Als er seine Versuche unterbrechen musste, legte er einen Uranstein auf eine lichtgeschützt eingewickelte Fotoplatte in eine Schublade. Beim späteren Entwickeln der Fotoplatte machte er eine überraschende Entdeckung: Der Umriss des Uransteins war auf dem Foto klar erkennbar.
BECQUEREL hatte entdeckt, dass Uransalze von sich aus leuchten. Energiereiche Strahlen, die nicht sichtbar sind und schwarzes Papier durchdringen können, hatten die Fotoplatte belichtet.

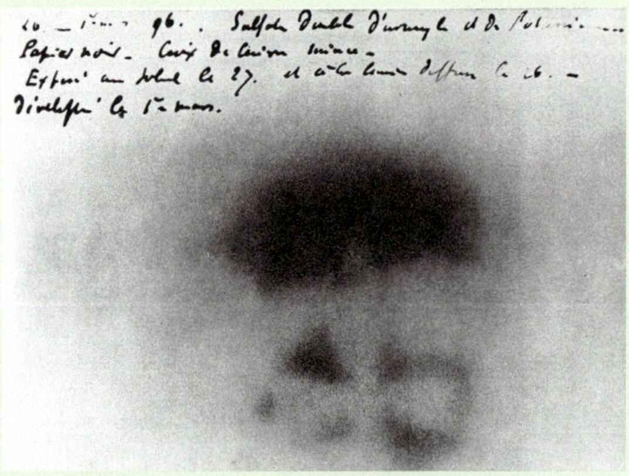

1 *Durch einen Uranstein belichtete Fotoplatte von HENRI BECQUEREL*

Untersuchung von Uranstein Das Forscherehepaar MARIE und PIERRE CURIE untersuchte die von BECQUEREL entdeckte Strahlung weiter. Sie gingen der Frage nach, ob ein in dem Urangestein vorhandenes, unbekanntes chemisches Element für die Strahlung verantwortlich ist. Tatsächlich entdeckten sie einen Stoff, der 300-mal so stark strahlte wie das Gestein. Diesen Stoff nannte MARIE CURIE zu Ehren ihres Vaterlands Polen Polonium. In vier Jahren langer Arbeit gelang es dem Ehepaar CURIE, aus einer Tonne Urangestein, auch Pechblende genannt, geringe Menge eines zweiten Stoffes zu gewinnen. Aufgrund seiner ausgesprochen starken Strahlung nannten sie diesen Stoff Radium (lat. *radius:* Strahl).

2 *MARIE und PIERRE CURIE bei ihrer Arbeit im Labor*

Marie Curie – eine bedeutende Naturwissenschaftlerin Zusammen mit HENRI BECQUEREL und ihrem Mann erhielt MARIE CURIE für die Entdeckung der Radioaktivität im Jahr 1903 den Nobelpreis für Physik. Nach dem Tod ihres Mannes, der 1906 bei einem Verkehrsunfall ums Leben gekommen war, erhielt MARIE CURIE 1911 einen zweiten Nobelpreis – diesmal für Chemie – für die Entdeckung des Radiums. MARIE CURIE starb 1934 an Leukämie.

Aufgaben

1 Beschreibe die Entdeckung der radioaktiven Strahlung.
2 Informiere dich über das Leben MARIE CURIES. Liste wichtige Stationen aus ihrem Leben auf.
3 Stelle die Besonderheiten der Nobelpreisverleihung an MARIE CURIE heraus. Recherchiere dazu.
4 Informiere dich zu den Auswirkungen von radioaktiver Strahlung auf die Gesundheit.

Exkurs Radioaktivität angewandt

Wie alt ist Ötzi? Im Eis der Ötztaler Alpen wurde 1991 eine Gletschermumie gefunden, die etwa 5300 Jahre alt ist. Zur Altersbestimmung wurde das Wissen um den radioaktiven Zerfall der Elemente genutzt.
Neben den Kohlenstoffatomen mit der Massenzahl 12, die im Atomkern 6 Protonen und 6 Neutronen enthalten, gibt es in der Natur auch eine geringe Menge an sogenannten C-14-Atomen. Diese radioaktiven Isotope des Kohlenstoffs besitzen zwei Neutronen mehr und haben damit 14 Elementarteilchen im Atomkern. Diese C-14-Atome sind radioaktiv.

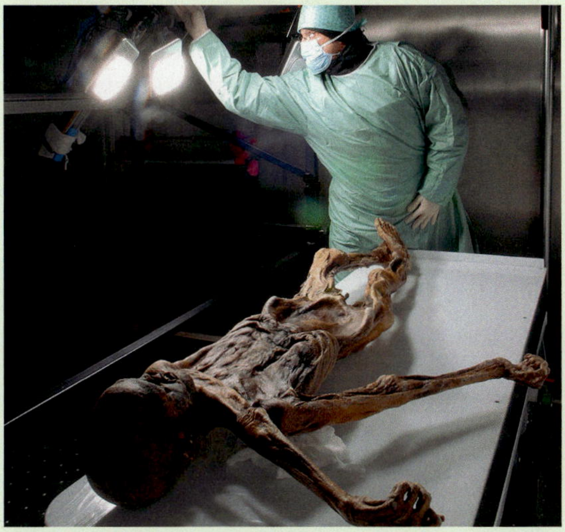

1 *Ötzi im Südtiroler Archäologiemuseum in Bozen*

Zerfall radioaktiver Atome Während ihres Lebens nehmen alle Lebewesen C-14-Atome aus der Umwelt auf, beispielsweise über die Nahrung. Mit dem Tod endet die Aufnahme von Kohlenstoff. Die im Körper vorhandenen radioaktiven C-14-Atome zerfallen allmählich und ihr Anteil nimmt beständig ab. So erging es auch Ötzi zu seinen Lebzeiten und nach seinem Tod. Die Halbwertszeit der C-14-Atome, also die Zeit, nach der die Hälfte der vorhandenen Atome zerfallen ist, beträgt 5730 Jahre. Mit empfindlichen Messgeräten kann man die Strahlung einer Probe messen und so aufgrund der Halbwertszeit Altersbestimmungen vornehmen. Diese Methode wird Radiokarbonmethode genannt.

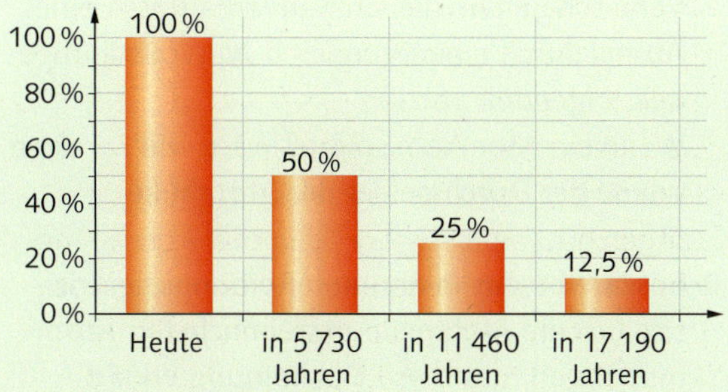

2 *Zerfall von C-14-Atomen*

Kernspaltung Die deutschen Chemiker OTTO HAHN und FRITZ STRASSMANN entdeckten 1938, dass beim Beschuss von Uran-235-Atomen mit Neutronen nicht – wie erwartet – Radiumatome entstehen, sondern die sehr viel leichteren Bariumatome. Zur Deutung zogen sie die Physikerin LISE MEITNER hinzu, die die Ergebnisse bestätigte: Durch die Aufnahme von Neutronen können Uranatome gespalten werden. Dabei werden ungeheure Mengen an Energie frei. Diese Erkenntnisse bildeten den Ausgangspunkt für die Entwicklung der Atombombe und den Bau von Kernkraftwerken.

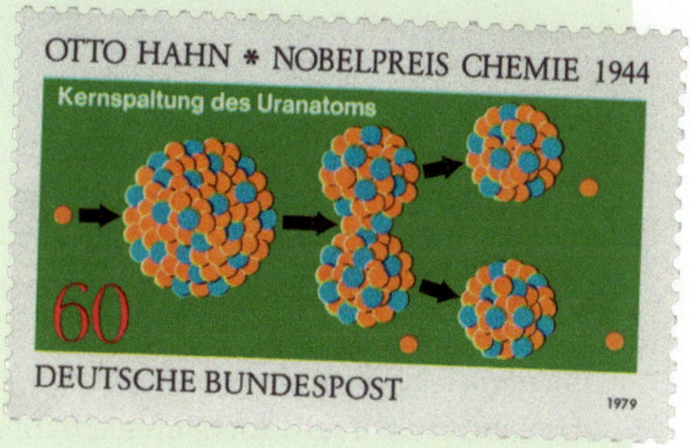

3 *Briefmarke zu Ehren OTTO HAHNS (1979)*

Aufgaben

1. Beschreibe, wie das Alter der Gletschermumie Ötzi bestimmt wurde.
2. Gib an, was unter der Halbwertszeit eines radioaktiven Stoffes zu verstehen ist.
3. Informiere dich über radioaktive Strahlungsarten und erstelle eine Übersicht.
4. Ermittle mithilfe des Periodensystems die Protonenzahl und die Massenzahl von Kohlenstoff. Vergleiche mit den Werten von Uran.

Teste dich!

1 Veranschauliche die Größenverhältnisse eines Atoms durch einen Vergleich. Vervollständige den folgenden Satz:
Wenn ein Atomkern so groß wäre wie ..., dann würde der Durchmesser der Atomhülle ...

2 Beschreibe das Phänomen Reibungselektrizität. Gib die Merkmale des einfachsten Atommodells an, das diese Erscheinung erklärt.

3 RUTHERFORD nutzte einen Zinksulfidschirm zum Sichtbarmachen der auftreffenden α-Teilchen. Welche der beiden Abbildungen könnte er nach dem Versuch erhalten haben? Begründe deine Meinung.

a

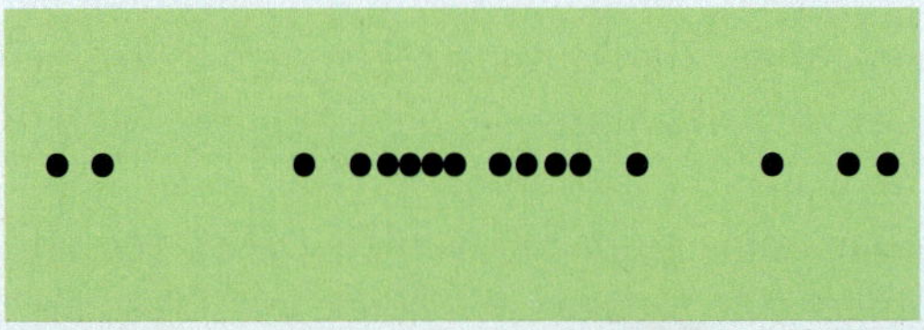

b

4 Beschreibe das Kern-Hülle-Modell. Begründe den Aufbau aus Atomkern und -hülle mit den Versuchsergebnissen von RUTHERFORD.

5 Vergleiche RUTHERFORDS Atommodell mit dem Schalenmodell. Erläutere, warum ein neues Modell notwendig wurde.

6 Erkläre am Beispiel eines Heliumatoms, dass Atome elektrisch neutral sind.

7 Nenne die Elementarteilchen, aus denen ein Atom aufgebaut ist. Notiere deren Eigenschaften.

8 Das Kohlenstoffatom besitzt 6 Elektronen, das Natriumatom 11 Elektronen. Zeichne für beide Atome jeweils das Schalenmodell.

9 Lege eine Tabelle an. Trage die Angaben zu den Elementarteilchen der folgenden Atome ein:

Element	Elektronenverteilung in den Schalen	Anzahl Protonen	Anzahl Neutronen
Natrium	1.: 2.: 3.:		
Magnesium	1.: 2.: 3.:		
Sauerstoff	1.: 2.: 3.:		

10 Erkläre den Begriff Außenelektron mit deinen eigenen Worten.

11 Im Periodensystem der Elemente sind die Elemente systematisch angeordnet.
a Beschreibe den Aufbau des Periodensystems.
b Beschreibe den Zusammenhang zwischen dem Atombau und der Stellung der Elemente anhand eines selbst gewählten Beispiels.
c Bestimme die Elemente, die 20 Elektronen bzw. 14 Elektronen in ihren Atomhüllen haben, und gib ihre Stellung im Periodensystem an.

Aufgabe	Hilfe findest du auf Seite ...
1	193
2	190
3	192
4	192/193
5	192/193, 196/197
6	194
7	194/195
8	196/197
9	196/197
10	196
11	202/203
... und die Lösungen findest du im Anhang.	

Im Überblick

Noch immer ist es den Wissenschaftlern nicht gelungen, den Aufbau der Atome vollständig aufzuklären. Mit dem heute gesicherten Wissen über den Atombau können chemische Erscheinungen jedoch gut erklärt werden. Zahlreiche Atommodelle sind von der Antike bis heute entwickelt worden. Mit jedem Atommodell lassen sich bestimmte chemische Sachverhalte erklären, andere dagegen nicht. Mit der Gewinnung weiterer wissenschaftlicher Erkenntnisse werden die Atommodelle ständig weiterentwickelt.

Atommasseneinheit u

- Jedes Atom besitzt eine Masse. Sie ist unvorstellbar klein und wird deshalb in der Atommasseneinheit u angegeben.
- 1 u entspricht ungefähr $1{,}66 \cdot 10^{-24}$ g.

Elementarteilchen

	Elektron	Proton	Neutron
Masse in u	0,00055	1	1
Ladung	negativ	positiv	neutral
Symbol	e^-	p^+	n

Isotope

- Atome des gleichen Elements, die sich in ihrer Neutronenzahl unterscheiden

Atommodelle

- veranschaulichen den Bau der Atome und geben das Atom in ausgewählten, wesentlichen Merkmalen wieder

Kern-Hülle-Modell

- Atome bestehen aus dem Atomkern und der Atomhülle.
- Im Atomkern befinden sich die positiv geladenen Protonen und Neutronen, in der Atomhülle die negativ geladenen Elektronen.
- Atome sind elektrisch neutral, weil die Anzahl der Protonen und Elektronen übereinstimmen.

Schalenmodell

- In der Atomhülle bewegen sich die Elektronen im Bereich von Schalen. In jeder Schale befindet sich eine bestimmte Anzahl an Elektronen.

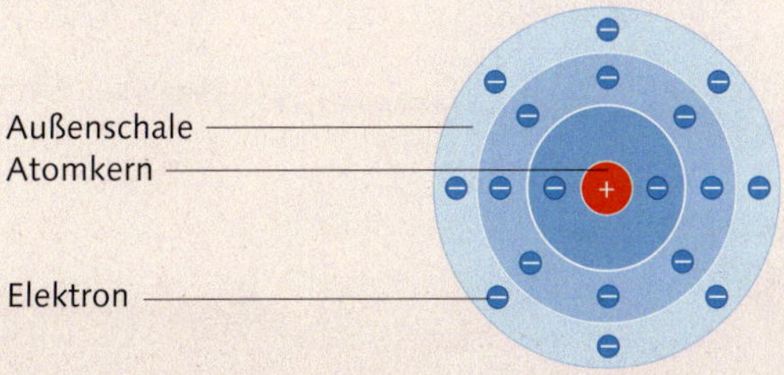

Außenelektronen

- Die Anzahl der Elektronen der jeweils äußersten Schale bestimmt die chemischen Eigenschaften des Elements.

Atombau und Periodensystem

- Im Periodensystem sind die Elemente nach steigender Protonenzahl und nach dem Bau ihrer Atomhüllen geordnet.
- Nummer der Periode = Anzahl der Elektronenschalen
- Nummer der Hauptgruppe = Anzahl der Außenelektronen

10

Salze und andere wichtige Stoffe

Weißes, kristallines Kochsalz kann aus Meerwasser durch Verdunstung gewonnen werden – oder durch chemische Reaktion der Elemente Natrium und Chlor. Auch Wasser fasziniert durch seine besonderen Eigenschaften. Je nachdem, welche Atome sich wie miteinander verbinden, entstehen Stoffe mit unterschiedlichen Eigenschaften.

Kostbarkeit Salz

1 *Kochsalz dient dem Menschen als Würzmittel und ist bei der Herstellung vieler Lebensmittel notwendig.*

Wert des Salzes „Unter allen Edelsteinen ist Salz der kostbarste." Diese Aussage des Chemikers JUSTUS VON LIEBIG aus dem 19. Jahrhundert macht deutlich, wie wichtig Salz, genauer unser Kochsalz, in der Geschichte war.

Vorkommen und Verwendung Seit über 2000 Jahren wird in Deutschland Salz bergmännisch abgebaut und gehandelt. Heute eines der preiswertesten Lebensmittel, war Salz einst so kostbar wie Gold. Entsprechend seiner Herkunft und Verwendung sind viele verschiedene Namen gebräuchlich, z. B. Speisesalz, Kochsalz, Steinsalz, Siedesalz, Meersalz. Wesentlicher Bestandteil ist die chemische Verbindung Natriumchlorid.
Salz dient als Auftausalz zum Schmelzen von Eis auf Straßen oder bei der Produktion und Veredlung von Lebensmitteln – und wird natürlich in jeder Küche als Speisesalz verwendet. In der Industrie wird Natriumchlorid für die Erzeugung von Soda, Chlor und Natronlauge genutzt, ohne die weder Glas noch Kunststoffe, Waschmittel oder Aluminium hergestellt werden können.

Kochsalz ist im Haushalt ein vielseitig verwendbarer Stoff und dient der Industrie als wichtiger chemischer Grundstoff.

2 *Kochsalz ist in verschiedenen Produkten enthalten.*

Wichtig für den Menschen Im Körper des Menschen übernimmt Kochsalz wichtige Funktionen: Es reguliert den Wasserhaushalt der Zellen und den Blutdruck, es ermöglicht die Reizleitung in den Nervenzellen und wird für die Produktion der Magensäure benötigt. Salz, das mit dem Schweiß und dem Urin ausgeschieden wird, muss durch die Aufnahme von Nahrung ersetzt werden.
In der Medizin wird Patienten mit großem Flüssigkeits- oder Blutverlust eine isotonische Kochsalzlösung in die Blutbahn getropft. Diese 0,9%ige Salzlösung hat den gleichen Salzgehalt wie das Blut des Menschen.
Die empfohlene tägliche Salzzufuhr für einen Erwachsenen in Deutschland beträgt höchstens 6 Gramm. Obwohl übermäßiger Salzkonsum in der Regel über die Nieren ausgeschieden wird, sollte die richtige Menge an Speisesalz Bestandteil einer ausgewogenen Ernährung sein.

Der Mensch muss Kochsalz über die Nahrung zu sich nehmen, damit wichtige Funktionen im Körper erhalten werden.

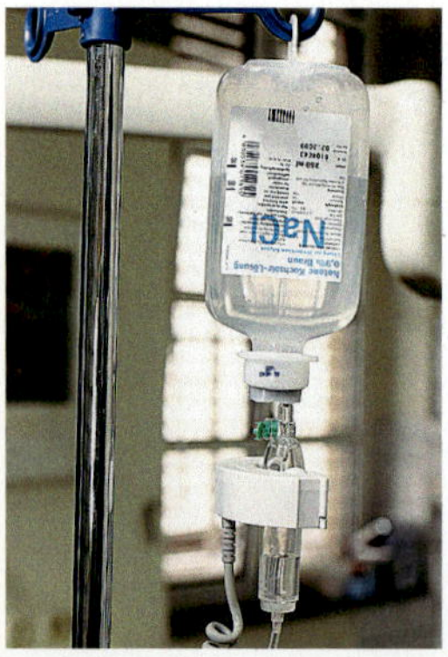

3 *Infusion mit einer isotonischen Kochsalzlösung*

4 *Durch den Auftrieb werden auch Nichtschwimmer im Toten Meer an der Oberfläche gehalten.*

5 *In einer Saline wird Salz durch Verdunsten des Wassers gewonnen.*

Salz im Meerwasser Kochsalz kann direkt aus Meerwasser gewonnen werden, denn 1 Liter Meerwasser enthält durchschnittlich 35 g Salz. Würde man alles Meersalz über die ganze Erdoberfläche verteilen, ergäbe dies eine 36 m dicke Salzschicht. Auch das Salz, das heute aus Salzbergwerken gewonnen wird, stammt ursprünglich aus dem Meer.
Das Tote Meer hat einen Salzgehalt von etwa 280 g pro Liter. Im trockenen Klima verdunstet das Wasser aus dem See. Salz bleibt zurück und reichert sich an. Das hat zur Folge, dass Fische darin nicht leben können.

Salzgewinnung in Salinen In heißen und sonnenreichen Regionen der Erde gibt es Salzgärten, sogenannte Salinen. Dort wird Meerwasser entweder in viele große, flache Verdunstungsbecken geleitet oder durch Wälle, Balken und Bretter vom Meer abgetrennt. Durch die Wärme verdunstet das Wasser mit der Zeit. Es entsteht zunächst ein Salzschaum, der langsam zu einer weißen Kruste kristallisiert. Das Salz wird zwischen den Becken gesammelt, um es zu trocknen. So erhält man das Rohsalz, das aus großen, groben Kristallen besteht.
Bevor es als Kochsalz in den Salzstreuer kommt, wird es durch ein technisches Verfahren, die Raffination, gereinigt. Dabei wird das verunreinigte Rohsalz in einer Salzlösung gewaschen, wieder getrocknet, erneut kristallisiert und fein vermahlen.

Durch Kristallisation wird in Salinen Salz gewonnen, das durch Raffination gebrauchsfertig aufbereitet wird.

Kochsalz als Konservierungsmittel Mikroorganismen bewirken das Verderben von Lebensmitteln. Kochsalz bindet Wasser und entzieht dadurch Mikroorganismen die Lebensgrundlage. Daher ist Kochsalz ein häufig verwendetes Konservierungsmittel.
Als es noch keine Kühlschränke gab, wurden viele Speisen eingesalzen. So verpflegten sich früher Matrosen auf langer Seefahrt mit eingesalzenem Pökelfleisch. Neben Speisen wurden auch Tierhäute und Felle mit Salz konserviert. Auch heute werden viele Speisen wie Hering, Sardellen, Käse oder Oliven eingesalzen – jedoch hauptsächlich wegen des Geschmacks.

6 *Fische werden zur Konservierung eingesalzen.*

Aufgaben

1 Fertige eine Mindmap zur Verwendung von Kochsalz an.
2 Erläutere, wie Kochsalz in Salinen gewonnen wird.
3 Nenne Funktionen, die Kochsalz im menschlichen Körper hat.
4 Überlege, wie die gesundheitsschädliche Aufnahme von zu viel Kochsalz vermeidbar wäre.

10

Exkurs Vom Berg auf den Tisch

1 *Wie ist dieses Kochsalz entstanden und wie kommt es vom Salzbergwerk bis zu uns auf den Tisch?*

Entstehung von Salzlagerstätten Vor vielen Millionen Jahren wurden Meeresgebiete von den Ozeanen abgetrennt. In den flachen Meeresbecken verdunstete das Wasser, wobei sich die im Meerwasser gelösten Salze allmählich anreicherten. Schließlich setzten sie sich am Boden ab und bildeten feste Salzschichten. Manchmal füllte sich das Gebiet wieder mit Meerwasser und der Verdunstungsvorgang wiederholte sich. Auf diese Weise bildeten sich viele Hundert Meter starke Salzschichten. Das so entstandene Salz heißt Steinsalz. Es enthält neben Kochsalz auch unlösliches Gestein.

Methoden des Salzabbaus Viele Arbeitsschritte sind notwendig, bevor wir ganz selbstverständlich etwas Kochsalz auf unser Essen streuen können. Unser Kochsalz wird meist aus dem unterirdisch lagernden Steinsalz gewonnen. Wir unterscheiden zwei verschiedene Methoden, das Steinsalz aus dem Berg zu fördern: den Nassabbau und den Trockenabbau.

Nassabbau Das meiste Kochsalz wird durch die Methode des Nassabbaus gewonnen. Dabei werden die Salzlagerstätten an mehreren Stellen angebohrt. In einige Bohrlöcher wird Wasser gepumpt, in dem sich das Salz lösen kann. Es entsteht eine konzentrierte Kochsalzlösung (Sole) mit einem Salzgehalt von etwa 35 %, die durch die anderen Bohrlöcher abgepumpt wird.

2 *Trockener Salzabbau unter Tage*

Die Kochsalzlösung wird anschließend eingedampft und es bleibt festes Kochsalz zurück, das einen Reinheitsgrad von über 98 % besitzt. Es kann nun gemahlen und verpackt werden.

Trockenabbau Beim Trockenabbau wird das Steinsalz im Salzbergwerk durch Bohren und Sprengen abgebaut. Dabei entstehen große Hohlräume, die nach dem Salzabbau zur Lagerung anderer Stoffe wie Erdgas oder Kohlenstoffdioxid genutzt werden können. Die großen Steinsalzbrocken werden zerkleinert und in Wasser gelöst. Die unlöslichen Feststoffe des Salzgesteins werden abgetrennt. Wie beim Nassabbau wird aus der Salzlösung durch Eindampfen festes Kochsalz gewonnen.

3 *Historische Saline „Gottesgabe" in Rheine*

Aufgaben

1 Beschreibe, wie sich Salzlagerstätten bildeten.
2 Erläutere die physikalischen Verfahren, die bei der Kochsalzgewinnung eingesetzt werden.
3 Recherchiere, wo in deiner Nähe das nächste Salzbergwerk zu besichtigen ist.

Exkurs Geschichte des Kochsalzes

Salzabbau zu Beginn der Menschheitsgeschichte Als die Menschen in der Jungsteinzeit begannen, Tiere zu halten und Pflanzen anzubauen, fingen sie auch an, ihre Nahrungsmittel mit Salz schmackhaft und haltbar zu machen. Mit Steinbeilen wurde das Salz aus salzhaltigen Gesteinsschichten herausgeschlagen. Zeugnis dafür sind Siedlungen wie Hallstatt in Österreich, wo bereits vor 7000 Jahren Salz abgebaut wurde.

Salzhandel in der Antike Im antiken Griechenland und in Rom war Salz ein wichtiges Gebrauchs- und Handelsgut. Gewonnen wurde es in Salzgärten (Salinen) durch die Verdunstung von Meerwasser. Im Römischen Reich erstreckte sich ein Salzhandelsnetz bis in die entlegensten Regionen. So konnten in allen Landesteilen Lebensmittel mit Salz veredelt werden. Die Salzmakrele war beispielsweise ein beliebtes und günstiges Nahrungsmittel, das auch während langer Transporte durch die konservierende Wirkung des Salzes nicht verdarb.

Zahlungsmittel Die römische Göttin Salus (lat. *sal:* Salz) stellte in der Religion des Römischen Reiches die Verkörperung des Wohlbefindens dar. Sie war für Wachstum und Erfolg zuständig, und das brachte man direkt mit Salz in Verbindung. Die römischen Beamten erhielten ihren Lohn teilweise in Form einer Ration Kochsalz, die *salarium* hieß. Noch heute erkennst du das Wort im Englischen: *salary* bedeutet Lohn oder Gehalt.

Machtmittel Um Salz, das „weiße Gold", gab es immer wieder politische Verwicklungen und kriegerische Auseinandersetzungen. Im 19. und 20. Jahrhundert kontrollierten die Briten in ihrer Kolonie Indien die Kochsalzgewinnung und den Salzhandel. MAHATMA GANDHI zog daher im Jahr 1930 aus Protest mit mehreren Tausend Anhängern an die Küsten Indiens und erntete dort Salz. Damit begann der Bruch des britischen Salzmonopols – für Indien ein wichtiger Schritt auf dem friedlichen Weg in die Unabhängigkeit.

1 Straßenschild der Salzstraße „Calle de la Sal" in der Altstadt von Madrid, Spanien

2 Salz musste oft über weite Entfernungen transportiert werden.

Wichtiger Rohstoff der Gegenwart Seit Mitte des 19. Jahrhunderts der Salzbergbau in großem Maßstab betrieben wurde, nahm auch der materielle Wert des Salzes ab. Die Fortschritte der Technik ermöglichten immer leistungsfähigere Abbauverfahren und erschlossen Salzvorkommen, die vorher nicht zugänglich waren. Heute werden weltweit jährlich mehr als 250 Millionen Tonnen Salz gewonnen, in Deutschland sind es 20 Millionen Tonnen. Den größten Teil nutzt die chemische Industrie – mehr als 10 000 Verwendungsmöglichkeiten sind für Salz bekannt.

Aufgaben

1 Beschreibe die Bedeutung des Salzes im Verlauf der Geschichte.

2 Erläutere, warum der Wert für Kochsalz im Laufe der Geschichte so stark gesunken ist.

3 Suche im Atlas deutsche Städte, deren Name den Wortbestandteil „Salz" oder „Hall" enthalten. Recherchiere, was diese Städte mit dem Thema Salz zu tun haben.

Salze – Verbindungen aus geladenen Teilchen

1 *Was haben diese verschiedenen Salze gemeinsam?*

Salz ist nicht gleich Salz Wenn wir im Alltag von Salz sprechen, meinen wir meistens Kochsalz (Natriumchlorid). Zur Stofffamilie der Salze gehören aber auch noch viele andere Salze. Sie unterscheiden sich in ihrer Kristallform und Farbe, haben aber auch gemeinsame Eigenschaften, die auf Gemeinsamkeiten in ihrem Aufbau zurückzuführen sind.

Elektrolyse einer Salzlösung Wenn das feste Salz Kupferchlorid in Wasser gelöst wird, zerfallen die Salzkristalle und es entsteht eine blaue Salzlösung. Taucht man in die Kupferchlorid-Lösung zwei Graphitstäbe und legt an diese eine Gleichspannung an, bildet sich am Minuspol rotes Kupfer und am Pluspol gasförmiges, stechend riechendes Chlor. Durch die Elektrolyse wird das gelöste Salz Kupferchlorid mithilfe von elektrischem Strom in die Elemente Kupfer und Chlor zerlegt.

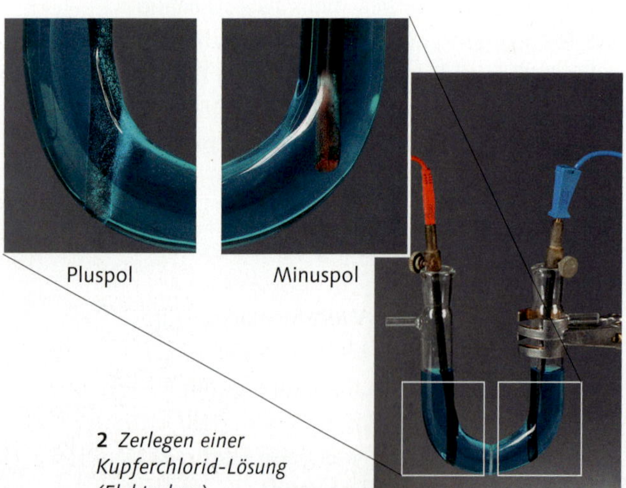

2 *Zerlegen einer Kupferchlorid-Lösung (Elektrolyse)*

Die Zerlegung einer chemischen Verbindung durch elektrischen Strom bezeichnet man als Elektrolyse.

Salze bestehen aus Ionen Wieso fließen die Kupfer-Teilchen zum Minuspol und die Chlorid-Teilchen zum Pluspol? Wir wissen, dass gleiche elektrische Ladungen einander abstoßen und ungleiche einander anziehen. Daraus schließen wir: Die zum Minuspol fließenden Kupfer-Teilchen sind positiv und die zum Pluspol fließenden Chlorid-Teilchen negativ geladen. Diese elektrisch geladenen Teilchen bezeichnet man als Ionen (griech. *ion:* Wanderndes). Das positiv geladene Teilchen heißt Kation, das negativ geladene Teilchen Anion.

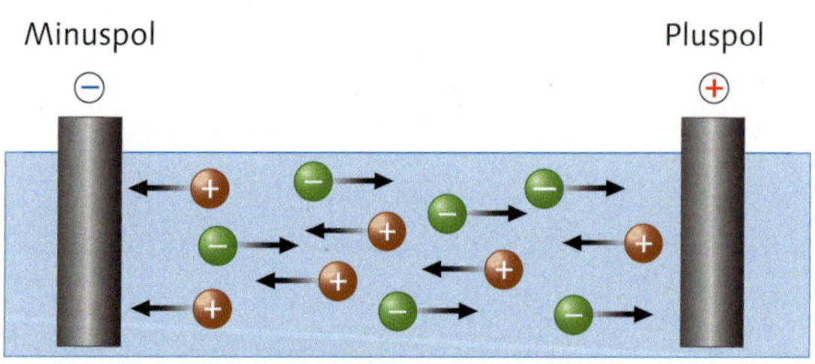

3 *Wanderung der Ionen bei Anliegen einer Gleichspannung*

Salze sind aus positiv und negativ geladenen Ionen aufgebaut.

Elektrische Leitfähigkeit von Salzen Im festen Zustand leiten Salze den elektrischen Strom nicht, da ihre Ionen im Salzkristall „festsitzen" und daher nicht wandern können. Erst beim Lösen oder Schmelzen werden die Ionen beweglich und können zum Plus- und Minuspol wandern. Einen solchen elektrischen Leiter, der bewegliche elektrisch geladene Teilchen enthält, bezeichnet man als Elektrolyten.

Salzlösungen und Salzschmelzen sind Elektrolyte, die den elektrischen Strom leiten.

Aufgaben

1 Beschreibe die Vorgänge in Bild 3.
2 Nenne und charakterisiere die Teilchen, aus denen Salze aufgebaut sind.

Praktikum Elektrolyte und Elektrolysen

1 Leitfähigkeitsmessung

Geräte: 2 Bechergläser (100 ml), 4,5-V-Flachbatterie, Leuchtdiode, 6 Krokodilklemmen, 3 Kabel, Löffel
Chemikalien: dest. Wasser, Kochsalz, Alustreifen
Durchführung: Fülle beide Bechergläser mit dest. Wasser. Im zweiten Becherglas wird zusätzlich noch 1 Löffel Salz gelöst. Verbinde die Kabel mit der Diode, den Alustreifen und der Flachbatterie. Halte die Alustreifen zunächst in das Becherglas mit dest. Wasser und dann in das Becherglas mit der Salzlösung.
Was passiert, wenn du noch mehr Salz löst? Führe die Leitfähigkeitsmessung auch mit dem festen Kochsalz durch.
Auswertung: Erkläre deine Beobachtungen.

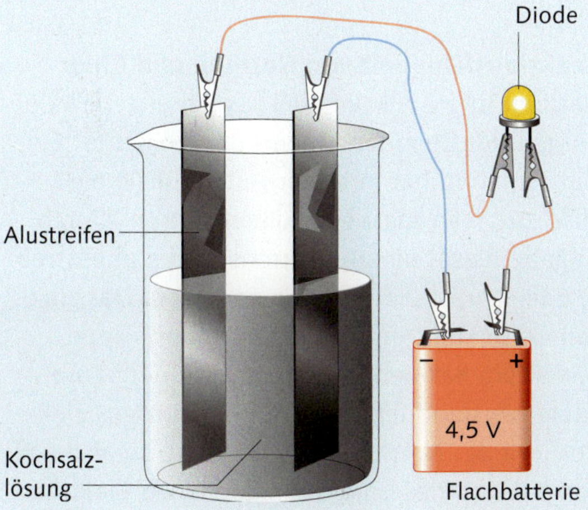

2 Geladene Teilchen wandern

Geräte: Gleichspannungsquelle (12 V), 2 Kabel, 2 Krokodilklemmen, große Petrischale mit weißer Unterlage, 2 Kohleelektroden, Pinzette
Chemikalien: Kaliumpermanganat, Natriumsulfat-Lösung
Durchführung: Gieße von der Natriumsulfat-Lösung so viel in die Petrischale, dass der Boden bedeckt ist. Stelle die Petrischale auf die weiße Unterlage. Lege mithilfe einer Pinzette einen Kaliumpermanganat-Kristall in die Mitte der Petrischale. Verbinde die Kabel mit den Krokodilklemmen und den Kohleelektroden. Schließe die Kabel an eine Gleichspannungsquelle (12 V) an. Halte die Elektroden in die Natriumsulfat-Lösung an den rechten und linken Rand der Petrischale.
Auswertung: Zeichne den Versuchsaufbau ab und trage als Versuchsergebnis den Farbverlauf ein. Erkläre deine Beobachtungen.

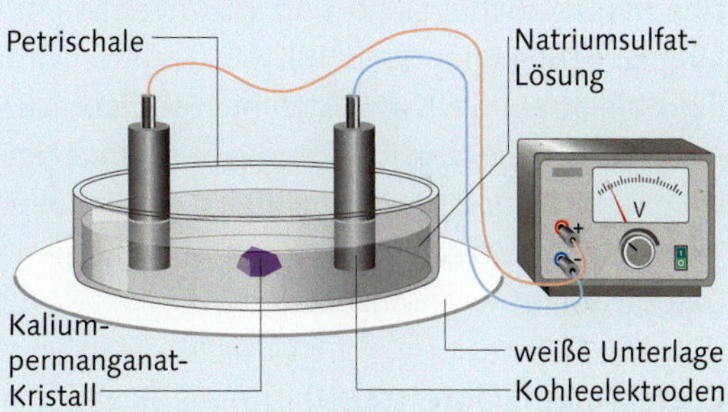

3 Elektrolyse von Zinkiodid

Geräte: U-Rohr, Graphitelektroden, Gleichspannungsquelle (Trafo), 2 Kabel, 2 Krokodilklemmen, Stativ mit Muffe und Klemme
Chemikalien: dest. Wasser, Zinkiodid
Durchführung: Löse eine Spatelspitze Zinkiodid in 20 ml dest. Wasser. Gib die Lösung in ein U-Rohr und setze Graphitelektroden ein. Verbinde die beiden Elektroden mit einer Gleichspannungsquelle und lege eine Spannung von 10 V an. Beobachte die Vorgänge für 10 min.
Auswertung: Beschreibe die Vorgänge an den Elektroden möglichst genau. Wie stellst du dir die Entladung vor? Stelle dies zeichnerisch dar.

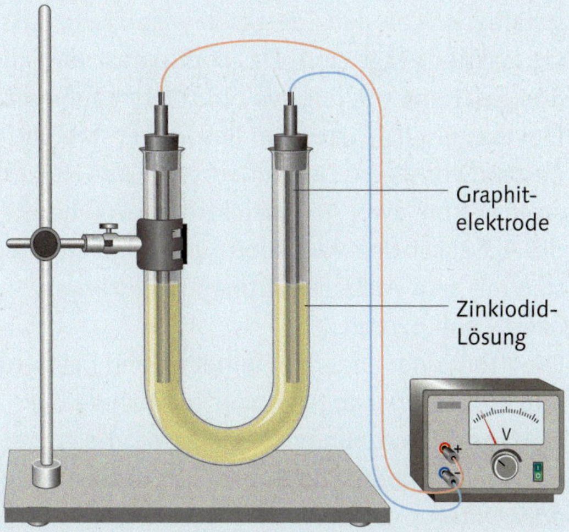

Vom Atom zum Ion

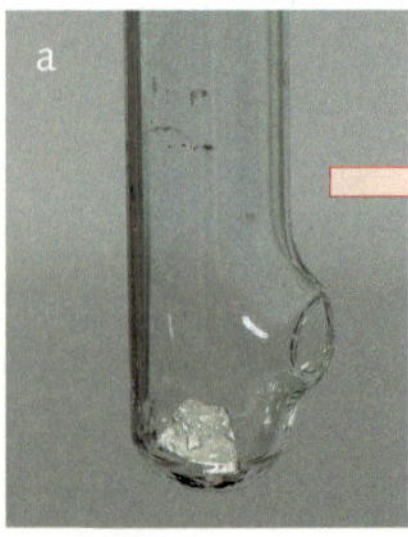

1 *Natrium …*

und Chlor …

reagieren zu …

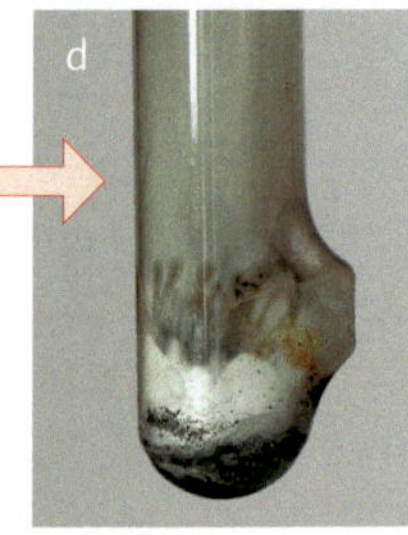

Natriumchlorid.

Kochsalz aus Natrium und Chlor? Gibt man ein Stück Natrium in einen mit Chlorgas gefüllten Standzylinder, so ist eine stark exotherme Reaktion mit deutlicher Licht- und Wärmeentwicklung zu beobachten (Bild 1c). Als Reaktionsprodukt bleibt ein weißer, kristalliner Stoff zurück. Aus den beiden reaktionsfreudigen Stoffen Natrium und Chlor ist Natriumchlorid entstanden. Wie kann aus ätzendem Natrium und giftigem Chlor essbares Kochsalz entstehen?

Edelgasregel (Oktettregel) Um die Reaktionsfähigkeit von Elementen verstehen zu können, muss man sich mit dem Bau ihrer Atome beschäftigen. Von den Edelgasen wissen wir, dass sie reaktionsträge sind. Das liegt daran, dass die Edelgasatome mit ihrer voll besetzten äußeren Elektronenschale in einem besonders stabilen Zustand vorliegen. Die Außenschale des Heliumatoms ist mit zwei Außenelektronen voll besetzt, die Außenschalen von Neon- und Argonatomen sind mit acht Außenelektronen (Elektronenoktett) voll besetzt.
Die Atome der anderen Elemente sind bestrebt, durch Elektronenabgabe oder -aufnahme die Elektronenanordnung der Edelgasatome zu erreichen. Dies bezeichnet man als Edelgasregel oder Oktettregel.

Reaktionsfähigkeit von Natrium und Chlor
Natrium ist ein Alkalimetall aus der ersten Hauptgruppe des Periodensystems der Elemente. Ein Natriumatom hat in seiner Außenschale ein Elektron, man sagt: ein Außenelektron. Durch Abgabe dieses einen Elektrons ist der angestrebte Edelgaszustand leicht zu erreichen. Das Halogen Chlor steht in der siebten Hauptgruppe, sein Atom hat sieben Außenelektronen. Zum Edelgaszustand fehlt ihm nur ein einziges Elektron. Da das Natriumatom ein Elektron abzugeben hat und das Chloratom genau ein Elektron aufnehmen möchte, sind sie ideale Reaktionspartner.

Ionen entstehen durch Elektronenübertragung
Bei der Reaktion von Natrium mit Chlor gibt das Natriumatom sein Außenelektron ab und das Chloratom nimmt dieses auf. Betrachten wir die Teilchen nach dieser Elektronenübertragung:
Das *Natrium-Teilchen* erreicht durch die Abgabe des Elektrons die stabile Elektronenanordnung des Edelgases Neon. Weil den 11 Protonen des Atomkerns nur noch 10 Elektronen in der Atomhülle gegenüberstehen, ist das Teilchen jetzt positiv geladen. Aus dem neutralen Natriumatom ist ein positiv geladenes Natrium-Ion (Na^+-Ion) entstanden.

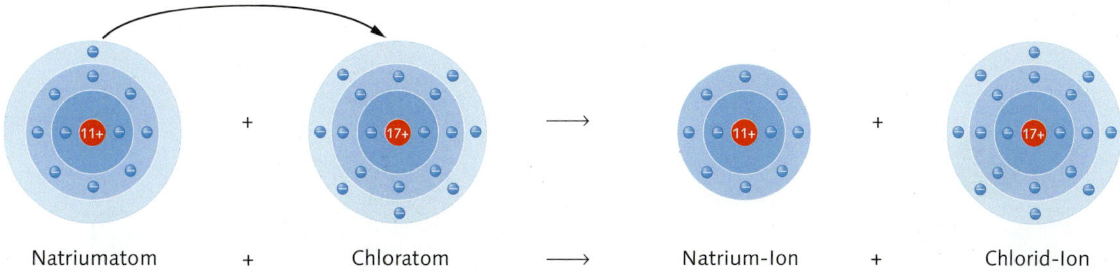

2 *Elektronenübertragung: Aus Atomen entstehen Ionen.*

Das *Chlor-Teilchen* hat nach der Elektronenaufnahme die Elektronenanordnung des Edelgases Argon. Bei 17 Protonen und 18 Elektronen überwiegt eine negative Ladung. Aus dem Chloratom ist ein negativ geladenes Chlorid-Ion (Cl^--Ion) entstanden.

Durch Aufnahme oder Abgabe von Elektronen können aus Atomen Ionen gebildet werden.

Benennung von Ionen Die Kationen werden bezeichnet wie das Element, aus dem sie entstanden sind.
Beispiel: Na = Natriumatom; Na^+ = Natrium-Ion

Zur Bezeichnung des Anions wird an den Namen des Elements die Endung *-id* angehängt.
Beispiel: Cl = Chloratom; Cl^- = Chlor**id**-Ion

Ladungszahl und Wertigkeit Die Ladungszahl eines Ions hängt von der Anzahl der Elektronen ab, die abgegeben oder aufgenommen werden. Man bezeichnet diese auch als die Wertigkeit des Ions. Die Wertigkeit kann aus der Hauptgruppennummer des Periodensystems abgeleitet werden: Atome der ersten und der siebten Hauptgruppe sind einwertig, Atome der zweiten und der sechsten Hauptgruppe zweiwertig.

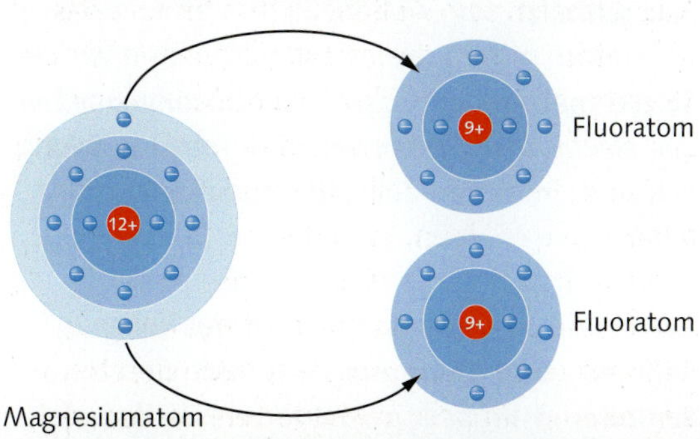

3 *Zur Aufnahme der beiden Außenelektronen des Magnesiumatoms werden zwei Fluoratome benötigt.*

Na	$\rightarrow Na^+ + e^-$	*ein*wertig
$Cl + e^-$	$\rightarrow Cl^-$	*ein*wertig
Mg	$\rightarrow Mg^{2+} + 2\,e^-$	*zwei*wertig
Al	$\rightarrow Al^{3+} + 3\,e^-$	*drei*wertig

Metalle reagieren mit Nichtmetallen Im Periodensystem der Elemente stehen die Metalle wie Natrium und Magnesium links und die Nichtmetalle wie Chlor und Fluor rechts. Bei chemischen Reaktionen zwischen Metallen und Nichtmetallen sind die Atome von Metallen bestrebt, ihre Außenelektronen abzugeben – sie werden von den Atomen der Nichtmetalle aufgenommen. Dadurch erreichen Metallatome und Nichtmetallatome den Edelgaszustand.
Bei der Beschreibung der Elektronenübertragung hat es sich bewährt, die Teilschritte der Elektronenabgabe und Elektronenaufnahme getrennt zu formulieren:

Elektronenabgabe: $Mg \rightarrow Mg^{2+} + 2\,e^-$
Elektronenaufnahme: $2\,F + 2\,e^- \rightarrow 2\,F^-$

Bei der Bildung von Ionen werden jeweils so viele Elektronen übertragen, dass alle beteiligten Verbindungspartner eine voll besetzte Außenschale erhalten.

Aufgaben

1 Gib die Ladungszahlen von Lithium- und Calcium-Ionen sowie von Fluorid-Ionen an.
2 Natrium und Chlor sind giftige und sehr reaktive Stoffe. Das Salz Natriumchlorid nehmen wir jedoch mit der Nahrung zu uns. Erkläre, wie das möglich ist.
3 Erläutere, wie aus Atomen Ionen entstehen.
4 Skizziere die Elektronenübertragung von Lithiumatomen auf Fluoratome. Nenne die gebildeten Ionen und deren Ladung.

Salze sind Ionenverbindungen

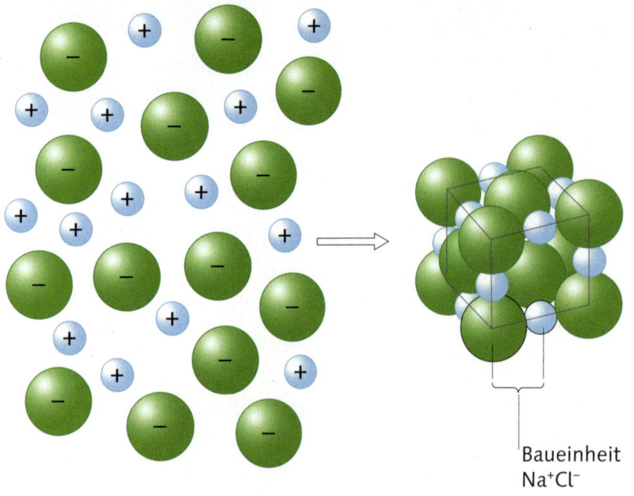

1 *Bildung eines Natriumchlorid-Kristalls*

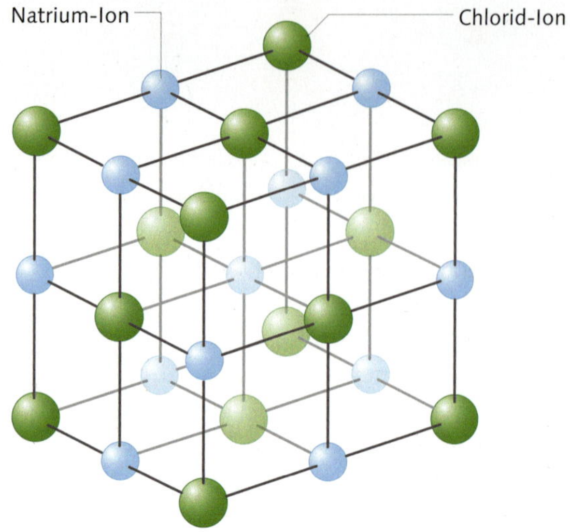

2 *Ionengittermodell von Natriumchlorid*

Ionenbindung – Gegensätze ziehen sich an Die zwischen einem positiv geladenen Natrium-Ion (Na^+-Ion) und einem negativ geladenen Chlorid-Ion (Cl^--Ion) herrschenden starken Anziehungskräfte führen zu einer chemischen Bindung. Man bezeichnet sie als Ionenbindung.

Die Ionenbindung kommt durch die Anziehung von entgegengesetzt geladenen Ionen zustande.

Salzkristalle bestehen aus Ionengittern Die Anziehungskräfte der Na^+- und Cl^--Ionen wirken in alle Raumrichtungen. Das führt dazu, dass jedes Na^+-Ion von 6 Cl^--Ionen und umkehrt auch jedes Cl^--Ion von 6 Na^+-Ionen umgeben ist. So entsteht ein dreidimensionales Ionengitter (auch Kristallgitter genannt), in dem die Ionen an feste Plätze gebunden sind. Die regelmäßige Anordnung der Ionen im Gitter erklärt die charakteristische Würfelform der Kochsalzkristalle.
Über den gesamten Kristall betrachtet liegen die Na^+- und Cl^--Ionen im Verhältnis 1 : 1 vor. Das bedeutet, dass die positiven und negativen Ladungen einander aufheben und der Kristall somit elektrisch neutral ist.

Salze bestehen aus Ionen, die sich in einem regelmäßigen Ionengitter anordnen.

Eigenschaften von Salzen Bei den Salzen handelt es sich um feste Ionenverbindungen.
Sie sind *hart*, da ihre Ionen durch starke Anziehungskräfte auf den Gitterplätzen festgehalten werden.
Wird durch große Krafteinwirkung eine Schicht der Ionen gegenüber der anderen verschoben, so stehen sich gleichsinnige Ladungen gegenüber, die sich abstoßen: Der Kristall zerbricht, er ist spröde.

Die *hohen Schmelz- und Siedetemperaturen* ergeben sich aus dem starken Zusammenhalt der an die Gitterplätze gebundenen Ionen. Es muss sehr viel Energie zugeführt werden, bis die Ionen im Ionengitter so stark schwingen, dass die Anziehungskräfte überwunden werden und die Ionen ihre Gitterplätze verlassen. Das Salz schmilzt.

Salzschmelzen und wässrige Salzlösungen *leiten den elektrischen Strom*, weil ihre Ionen beweglich sind. Im festen Zustand sind Salze Nichtleiter.

Salze sind hart, spröde und haben hohe Schmelz- und Siedetemperaturen. Geschmolzen oder in Wasser gelöst leiten sie den elektrischen Strom.

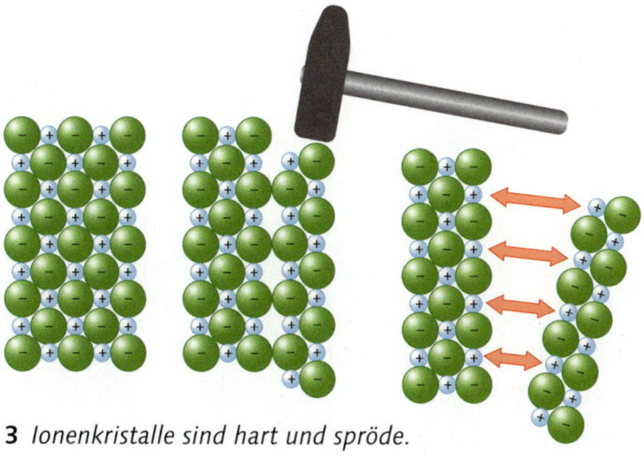

3 *Ionenkristalle sind hart und spröde.*

Verhältnisformeln Für Ionenverbindungen sind große Teilchenverbände typisch – wie man am Ausschnitt des Ionengitters erkennen kann (Bild 2). Einzelne Verbindungsteilchen, z. B. ein Na^+Cl^--Teilchen, kommen nicht vor.
Die Formel einer Ionenverbindung gibt die kleinste denkbare Kombination von Ionen an, die nach außen elektrisch neutral wäre. Sie gibt damit auch das Zahlenverhältnis an, in dem Ionen in einem Ionengitter vorliegen.
Natriumchlorid:
$Na^+ : Cl^-$ = 1 : 1 Formel: NaCl
Calciumchlorid:
$Ca^{2+} : 2\ Cl^-$ = 1 : 2 Formel: $CaCl_2$

Im Gitter des Natriumchlorids sind demnach gleich viele Natrium- und Chlorid-Ionen gebunden, im Gitter des Calciumchlorids doppelt so viele Chlorid-Ionen wie Calcium-Ionen.
Die kleinste Baueinheit im Natriumchlorid ist NaCl, die kleinste Baueinheit im Calciumchlorid ist $CaCl_2$.

Die Formel einer Ionenverbindung gibt das Zahlenverhältnis der im Ionengitter vorhandenen Ionen an.

Aufgaben

1 Nenne typische Eigenschaften von Natriumchlorid. Versuche diese Eigenschaften mit dem Bau von Natriumchlorid zu begründen.
2 Erläutere, warum ein Natriumchlorid-Kristall den elektrischen Strom nicht leitet.
3 Kaliumchlorid (KCl) und Aluminiumchlorid ($AlCl_3$) sind Ionenverbindungen.
Was kannst du über den Bau dieser Stoffe anhand der Formeln aussagen?

Exkurs Weitere Salze – Salzkristalle

Salze kristallisieren in für sie typischen Formen. So ist für Natriumchlorid die Würfelform typisch. Andere Salze wie das Fluorit haben die Form einer Doppelpyramide. Die verschiedenen Kristallformen werden durch den Aufbau des Ionengitters bestimmt.

4 *Würfelförmige Kochsalzkristalle. Links: von Nahem betrachtet, rechts: Ansicht durch ein Mikroskop*

5 *Fluorit-Kristall in Form einer Doppelpyramide und Modell vom Ionengitter*

6 *Das Mineral Aragonit besteht aus dem Stoff Calciumcarbonat. Es bildet säulenförmige Kristalle und kommt in verschiedenen Farben vor.*

7 *Beim Pyrit handelt es sich um ein Eisensulfid. Wegen seiner goldglänzenden Oberfläche wird es auch als Katzengold bezeichnet.*

Elektronenpaarbindungen bei Molekülen

1 *Wasserstoff, Chlor und Sauerstoff sind Gase.*

Sauerstoff und Wasserstoff – Stoffe aus Molekülen Im Gegensatz zu den festen Salzen sind Sauerstoff und Wasserstoff bei Raumtemperatur gasförmig. Die unterschiedlichen Aggregatzustände von Salzen und den Gasen Sauerstoff und Wasserstoff sind in ihrer Teilchenstruktur begründet: Salze bestehen aus „riesigen" Ionengittern, Sauerstoff und Wasserstoff aus kleinen Molekülen. In den Molekülen sind mehrere Atome miteinander verbunden.
Wie ist der Zusammenhalt elektrisch neutraler Atome in Molekülen zu erklären?

Atome können Elektronen gemeinsam nutzen
Das einfachste Molekül ist das Wasserstoff-Molekül H_2. Es besteht aus zwei Wasserstoffatomen. Jedes Wasserstoffatom besitzt ein Elektron.
Folgende Überlegungen erklären die Bildung der chemischen Bindung im Wasserstoff-Molekül:

- Um eine voll besetzte Außenschale und damit die stabile Elektronenanordnung des Edelgases Helium zu erreichen, fehlt jedem Wasserstoffatom ein Elektron in der Außenschale.
- Die Elektronen von beiden Wasserstoffatomen halten sich überwiegend zwischen den positiv geladenen Atomkernen auf und werden von beiden Atomkernen gleich stark angezogen.
- Beide Wasserstoffatome stellen sich gegenseitig ein Elektron zur Verfügung und bilden so ein gemeinsames Elektronenpaar.

Elektronenpaarbindung Wenn Atome über gemeinsame Elektronenpaare verbunden sind, spricht man von einer Elektronenpaarbindung oder auch Atombindung. Sie kommt durch die Anziehungskräfte zwischen dem gemeinsamen negativ geladenen Elektronenpaar und den positiv geladenen Atomkernen zustande. Im Wasserstoff-Molekül verfügt nun jedes Wasserstoffatom über zwei Außenelektronen und hat damit die Elektronenanordnung der Atome des Edelgases Helium.

Moleküle sind Teilchen, die aus mehreren Atomen bestehen.
Die Atome eines Moleküls sind durch gemeinsame Elektronenpaare verbunden.
Diese chemische Bindung heißt Elektronenpaarbindung.

a

Einzelne Wasserstoffatome –
die Außenschale ist nicht voll besetzt.

b

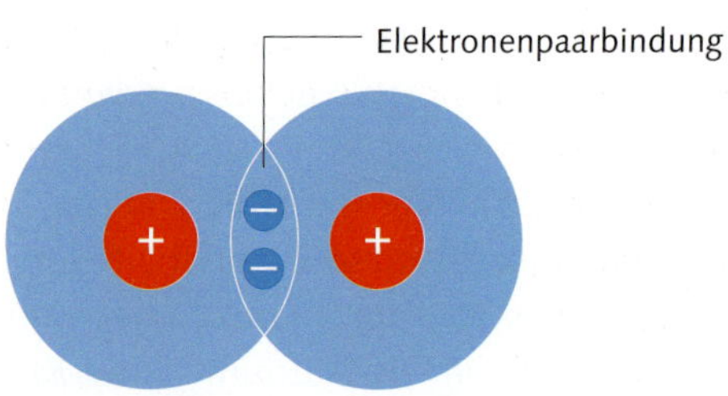

Im Wasserstoff-Molekül stehen jedem Atom zwei Außenelektronen zur Verfügung. Deshalb hat das Wasserstoff-Molekül eine stabile Elektronenanordnung.

2 *Warum ist Wasserstoff eine Molekülverbindung?*

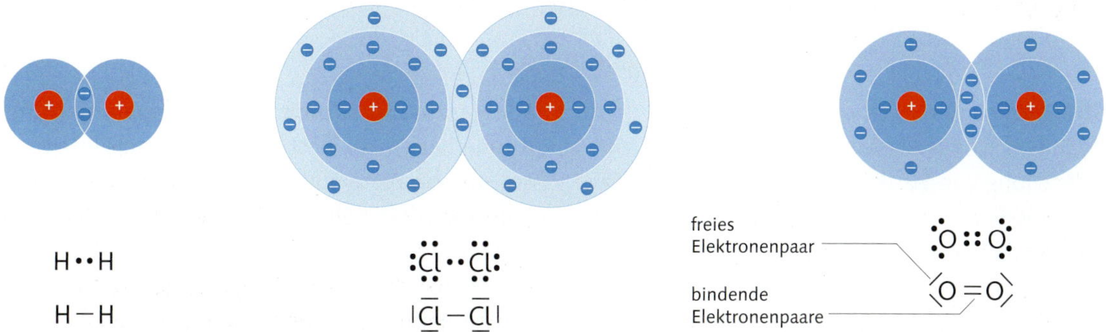

3 *Schalenmodelle und Strukturformeln von Wasserstoff-, Chlor- und Sauerstoff-Molekülen*

Elektronenpaarbindung beim Chlor-Molekül
Nicht nur Wasserstoff oder die Luftbestandteile Sauerstoff und Stickstoff, sondern auch die Halogene bestehen aus Molekülen. Es sind Molekülverbindungen. Chlor steht in der siebten Hauptgruppe des Periodensystems der Elemente. Auch im Chlor-Molekül steuert jedes Chloratom eines seiner sieben Außenelektronen zu einem gemeinsamen Elektronenpaar bei. Dadurch erreichen beide Chloratome eine mit acht Elektronen voll besetzte Außenschale.

Strukturformeln zeigen die Bindungsverhältnisse Für die chemische Bindung sind vor allem die Außenelektronen von Bedeutung. Sie werden als Punkte um die Elementsymbole geschrieben, z. B. H•.
Ein Elektronenpaar kann auch durch einen Strich dargestellt werden, z. B. H–H.
Diese Formel, die die Bindung zwischen den Atomen angibt, heißt Strukturformel. Sie zeigt an, welche Atome im Molekül gebunden und wie diese miteinander verknüpft sind.
In Strukturformeln können auch Elektronenpaare dargestellt werden, die nicht an der Bindung beteiligt sind. So haben beispielsweise beide Atome im Chlor-Molekül neben bindenden Elektronenpaaren noch drei weitere Elektronenpaare, die nicht an der Bindung beteiligt sind. Sie werden freie oder nicht bindende Elektronenpaare genannt.

Doppelbindung im Sauerstoff-Molekül Die Bindung zwischen Atomen kann auch durch mehr als zwei gemeinsame Elektronen zustande kommen. Dies ist beispielsweise beim Sauerstoff-Molekül der Fall. Sauerstoffatome besitzen sechs Außenelektronen. Jedes Sauerstoffatom stellt jeweils zwei Elektronen für die Bindung zur Verfügung: Im Sauerstoff-Molekül bilden zwei gemeinsame Elektronenpaare die chemische Bindung. Nur so wird die Oktettregel für beide Atome erfüllt. Diese Bindung heißt Doppelbindung.

Stickstoff-Molekül mit Dreifachbindung
Stickstoffatome besitzen fünf Außenelektronen. Im Stickstoff-Molekül werden deshalb drei gemeinsame Elektronenpaare für die chemische Bindung genutzt. Diese Bindung heißt Dreifachbindung: |N≡N|.

Wir unterscheiden also Einfachbindungen wie im Wasserstoff-Molekül von Mehrfachbindungen wie im Stickstoff-Molekül.

Bei einer Einfachbindung sind zwei Atome durch ein gemeinsames Elektronenpaar verbunden. Wenn Atome durch zwei oder drei gemeinsame Elektronenpaare verbunden sind, spricht man von Mehrfachbindungen.

Aufgaben
1 Definiere die Begriffe Elektronenpaarbindung, Molekül, Einfachbindung, Doppelbindung, Dreifachbindung.
2 Zeichne das Schalenmodell eines Fluoratoms. Wie viele Elektronen fehlen auf der Außenschale zum Erreichen des Edelgaszustands?
3 Chlor reagiert mit Wasserstoff. Zeichne das Schalenmodell der entstehenden Molekülverbindung.
4 Erkläre am Beispiel des Stickstoff-Moleküls, wie Mehrfachbindungen zustande kommen.

Methode Lewis-Formeln

Strukturformeln nach Lewis Der amerikanische Chemiker GILBERT LEWIS hat eine Methode zur Aufstellung von Strukturformeln entwickelt. Diese Lewis-Formeln zeigen, wie die Atome eines Moleküls über gemeinsame Elektronenpaare verbunden sind. Außerdem werden auch die nicht bindenden Elektronenpaare dargestellt.

Edelgaszustand durch Elektronenpaarbindung Atome haben das Bestreben, eine mit Elektronen voll besetzte äußere Schale zu erhalten. In Molekülen erreichen die Atome diesen Edelgaszustand, indem sie sich gegenseitig Elektronen zur Verfügung stellen und gemeinsame Elektronenpaare bilden.

Zum Aufstellen der Lewis-Formel eines Moleküls gehst du folgendermaßen vor:

1 *Ermittle mithilfe des Periodensystems der Elemente die Anzahl der Außenelektronen der beteiligten Atome.*
Beispiele:
Wasserstoffatom: ein Außenelektron
Kohlenstoffatom: vier Außenelektronen
Stickstoffatom: fünf Außenelektronen
Sauerstoffatom: sechs Außenelektronen
Chloratom: sieben Außenelektronen

2 *Zeichne die Außenelektronen als Punkte um die Elementsymbole. Zwei Punkte eines Elektronenpaars können durch einen Strich ersetzt werden.*

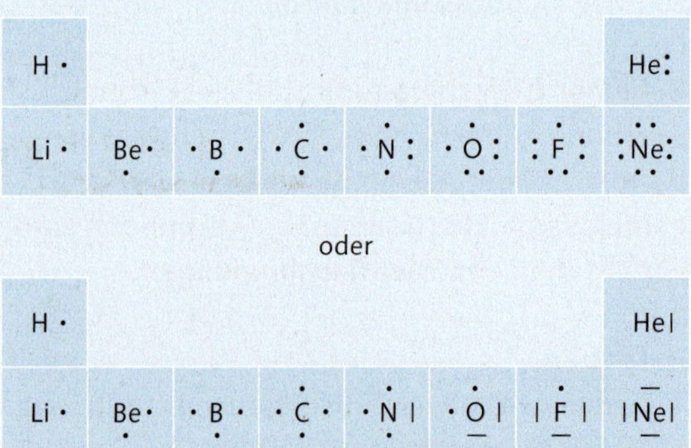

3 *Kläre, wie viele Elektronen sich die Atome gegenseitig zur Verfügung stellen müssen, um eine voll besetzte Außenschale zu erreichen.*
Beispiel: Wasser-Molekül

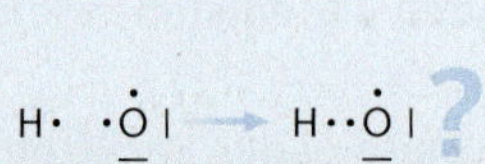

Das Sauerstoffatom hat sechs Außenelektronen, das Wasserstoffatom ein Außenelektron. Da ein Wasserstoffatom nur ein Elektron für die gemeinsame Nutzung einbringen kann, werden für ein Sauerstoffatom zwei Wasserstoffatome als Bindungspartner benötigt. Umgekehrt stellt das Sauerstoffatom jedem der beiden Wasserstoffatome ein Elektron zur Verfügung.

4 *Ordne die nicht bindenden Elektronenpaare symmetrisch um die Elementsymbole an.*

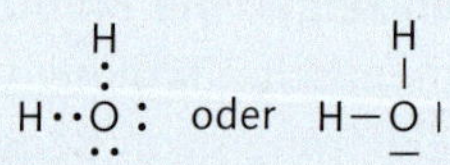

5 *Überprüfe, ob alle Atome von acht Elektronen (Wasserstoff von zwei) umgeben sind.*
Beispiele:
Fluor-Molekül: Jedes Fluoratom stellt ein Elektron für die Bindung zur Verfügung.
Kohlenstoffdioxid-Molekül: Zwischen dem Kohlenstoffatom und den beiden Sauerstoffatomen gibt es jeweils zwei gemeinsame Elektronenpaare.

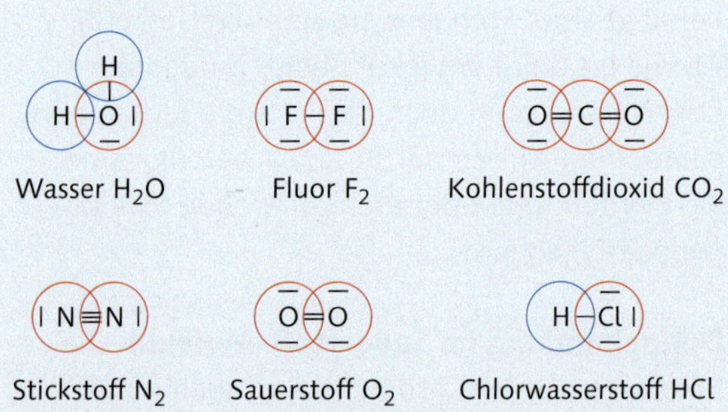

1 *Die roten Kreise zeigen, dass jedem Atom acht Elektronen zugeordnet werden. Beim Wasserstoffatom sind es nur zwei Elektronen (blaue Kreise).*

Exkurs Modelle veranschaulichen chemische Bindungen

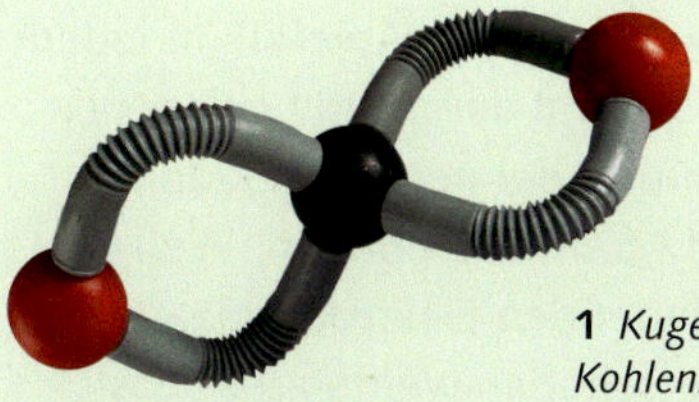

1 *Kugelstabmodell eines Kohlenstoffdioxid-Moleküls*

Was ist ein Modell? Modelle stellen ein vereinfachtes Abbild der Wirklichkeit dar. Sie heben bestimmte Aspekte hervor, die näher betrachtet werden sollen. Für die Arbeit von Naturwissenschaftlern sind Modelle von großer Bedeutung.

Modelle in der Chemie Modelle werden entwickelt, um chemische Phänomene zu veranschaulichen, zu erklären oder vorauszusagen. So kann der Aufbau der Teilchen (Atome, Moleküle, Ionen) zwar nicht sichtbar gemacht werden. Mithilfe von Modellen können jedoch wesentliche Merkmale der Teilchen verdeutlicht werden. Solche Modelle helfen beispielsweise, Eigenschaften von Stoffen zu erklären.

Molekülmodelle Die Vorstellung über die Bindungsverhältnisse und den räumlichen Bau eines Moleküls lässt sich durch ein Kugelstabmodell veranschaulichen. Atome werden durch Kugeln, Elektronenpaarbindungen durch Kunststoffröhrchen oder Federn dargestellt. Es lassen sich auch Bindungswinkel abbilden.
Ein weiteres räumliches Molekülmodell ist das Kalottenmodell. In diesem Modell sind die Elektronenpaarbindungen nicht sichtbar. Die Größenverhältnisse der Atome untereinander und die Bindungswinkel stehen im Vordergrund.

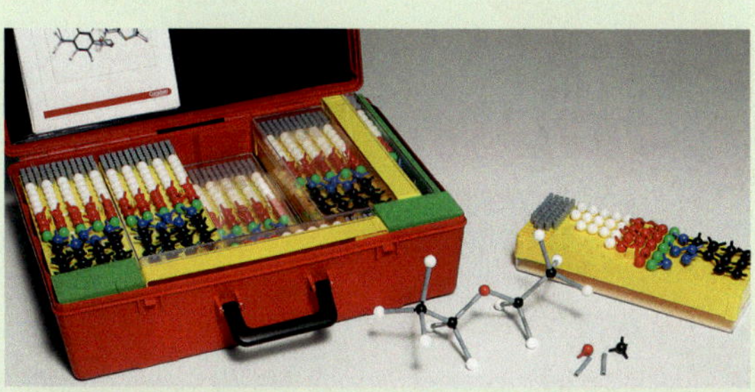

2 *Molekülbaukasten*

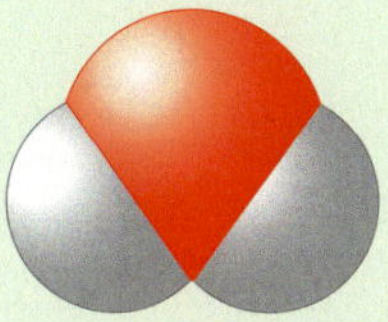

3 *Kalottenmodell eines Wasser-Moleküls*

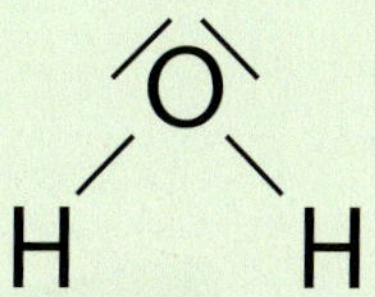

4 *Strukturformel eines Wasser-Moleküls*

Auch eine Strukturformel ist ein Modell, das zeigt, welche Atome in welcher Weise miteinander verbunden sind. Allerdings gibt sie keinen räumlichen Eindruck vom Molekül.

Gittermodelle – Ionenverbindungen Der Aufbau von Ionenverbindungen wird durch Gittermodelle veranschaulicht. Sie zeigen die geometrische Form des Ionengitters und in welchem Zahlenverhältnis die gebundenen Ionen vorliegen. Unterschiedliche Ionen werden durch verschiedene Farben gekennzeichnet. Gittermodelle zeigen immer nur Ausschnitte des Ionengitters.

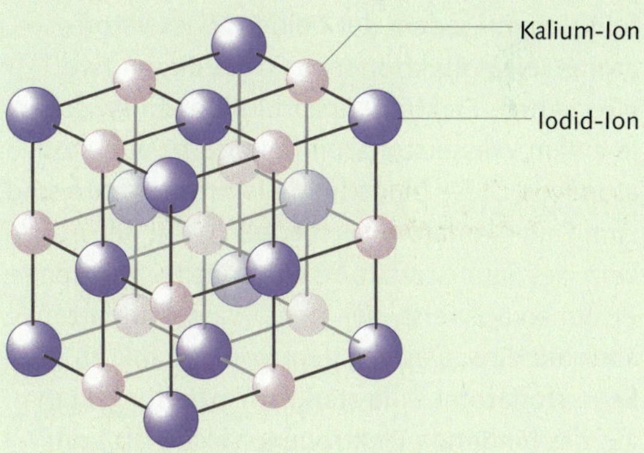

5 *Gittermodell von Kaliumiodid*

Aufgaben

1 Erstelle ein Modell einer dir bekannten Verbindung mithilfe von selbst gewählten Materialien. Erläutere dein Modell und begründe, warum du dieses Modell gewählt hast.

2 Bewerte das Modell deines Tischnachbarn. Was ist mit dem Modell gut darstellbar? Wo sind die Grenzen des Modells?

10

Polare Elektronenpaarbindung

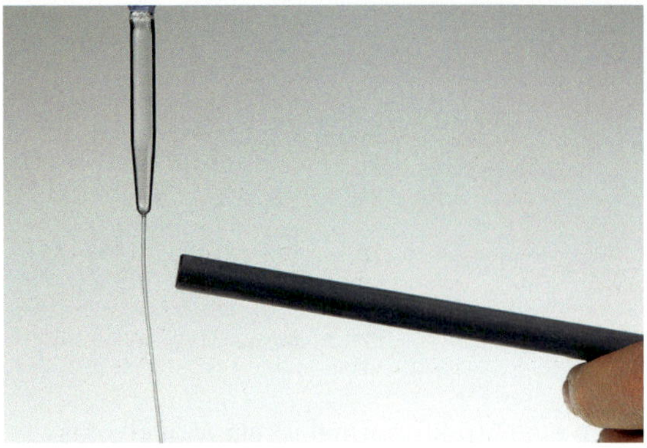

1 *Warum wird ein Wasserstrahl von einem elektrisch geladenen Kunststoffstab abgelenkt?*

Wasser lässt sich ablenken Ein feiner Wasserstrahl fällt nicht senkrecht, wenn er in die Nähe eines elektrisch geladenen Kunststoffstabs kommt, sondern wird von ihm angezogen. Wie lässt sich die Ablenkung des Wasserstrahls erklären? Offenbar müssen elektrische Ladungen im Wasser vorhanden sein.

Polare Elektronenpaarbindung Im Wasser-Molekül sind zwei Wasserstoffatome mit einem Sauerstoffatom verbunden. Das Sauerstoffatom teilt sich mit jedem der beiden Wasserstoffatome je ein Elektronenpaar – es liegen zwei gleichartige Elektronenpaarbindungen zwischen je einem Wasserstoffatom und dem Sauerstoffatom vor. Diese bindenden Elektronenpaare sind zum Sauerstoffatom verschoben, weil der Atomkern des Sauerstoffatoms acht positiv geladene Protonen aufweist, der eines Wasserstoffatoms aber nur eins. Deshalb geht vom Atomkern des Sauerstoffatoms eine stärkere Anziehungskraft auf das bindende Elektronenpaar aus als vom Atomkern des Wasserstoffatoms.
In Molekülen aus unterschiedlichen Atomen führt die unsymmetrische Verteilung der bindenden Elektronenpaare zwischen den Atomen zu einer polaren Elektronenpaarbindung.

Bei einer polaren Elektronenpaarbindung ist das bindende Elektronenpaar in Richtung des Partners mit der stärkeren Anziehungskraft auf das Elektronenpaar verschoben.

Elektrische Teilladungen im Molekül In jedem Atom stimmt die Anzahl der positiv geladenen Protonen im Kern und der negativ geladenen Elektronen in der Atomhülle überein. Weil die Elektronen der bindenden Elektronenpaare zum Sauerstoffatom verschoben werden, hat das Sauerstoffatom einen Überschuss an negativer Ladung.
Dem Wasserstoffatom „fehlt" dagegen ein Teil dieser negativen Ladung. Wegen dieser Elektronenverschiebung hat das Sauerstoffatom eine negative Teilladung (Zeichen: δ^-, sprich: Delta minus), die Wasserstoffatome haben eine positive Teilladung (Zeichen δ^+, sprich: Delta plus).

Dipolmoleküle Wasser-Moleküle haben einen gewinkelten Bau. Deshalb besitzen sie zwei „Pole": auf der einen Seite des Moleküls den Schwerpunkt der negativen Teilladung, auf der anderen Seite den Schwerpunkt der positiven Teilladung. Das Wasser-Molekül ist daher ein Dipolmolekül. Weil die Dipolmoleküle sich aufgrund des elektrisch geladenen Kunststoffstabs ausrichten, wird der Wasserstrahl abgelenkt.

Dipolmoleküle besitzen unterschiedliche Ladungsschwerpunkte.

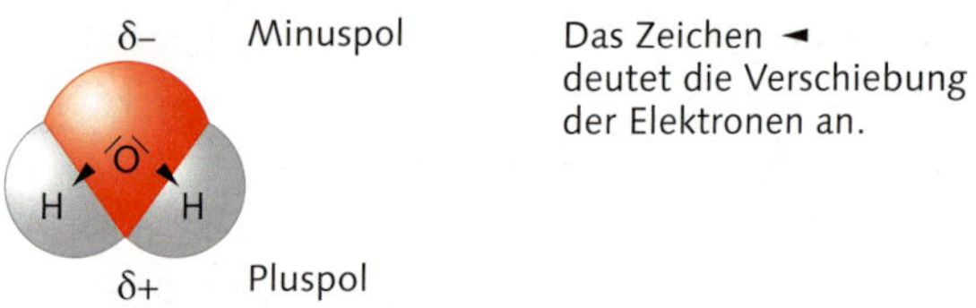

2 *Polare Elektronenpaarbindungen im Wasser-Molekül*

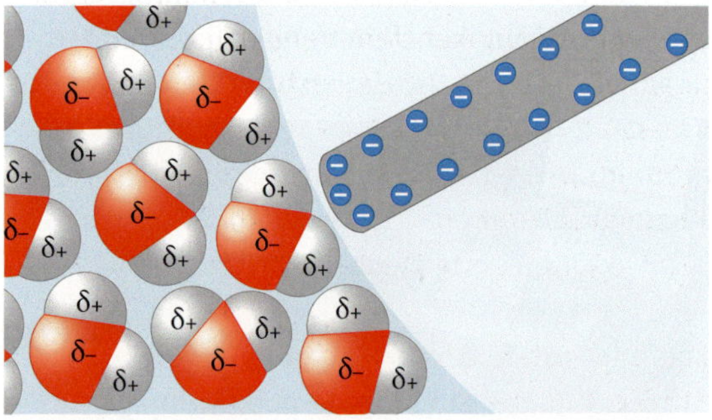

3 *Modellvorstellung zur Ablenkung des Wasserstrahls mit einem Kunststoffstab*

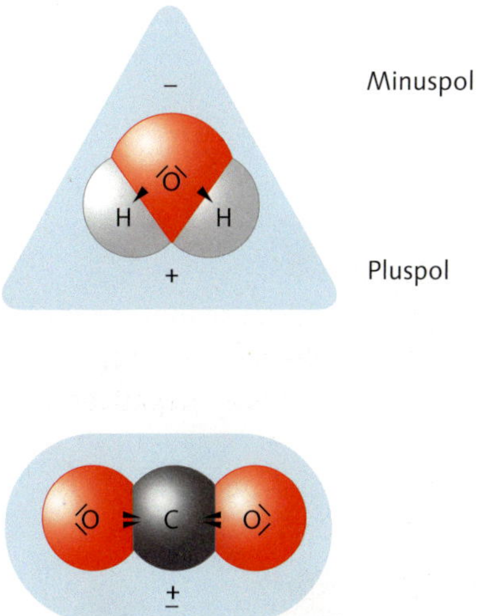

4 *Vergleich der Ladungsschwerpunkte beim Wasser- und beim Kohlenstoffdioxid-Molekül*

H 2,1							He –
Li 1,0	Be 1,5	B 2,0	C 2,5	N 3,0	O 3,5	F 4,0	Ne –
Na 0,9	Mg 1,2	Al 1,5	Si 1,8	P 2,1	S 2,5	Cl 3,0	Ar –
K 0,8	Ca 1,0	Ga 1,6	Ge 1,8	As 2,0	Se 2,4	Br 2,8	Kr –
Rb 0,8	Sr 1,0	In 1,7	Sn 1,8	Sb 1,9	Te 2,1	I 2,5	Xe –
Cs 0,7	Ba 0,9	Tl 1,8	Pb 1,8	Bi 1,9	Po 2,0	At 2,2	Rn –
Fr 0,7	Ra 0,9						

5 *Elektronegativitätswerte nach* PAULING

Dipol oder kein Dipol? Ob ein Molekül aus unterschiedlichen Atomen ein Dipolmolekül ist, hängt vom räumlichen Bau des Moleküls ab. Dies lässt sich am Wasser- und am Kohlenstoffdioxid-Molekül verdeutlichen.
Die Moleküle des Wassers sind gewinkelt. Weil es zwei Ladungsschwerpunkte gibt, ist das Wasser-Molekül ein Dipol.
Anders ist es bei den Molekülen des Kohlenstoffdioxids, die zwar auch polare Elektronenpaarbindungen aufweisen, in denen aber durch die lineare Molekülstruktur die Schwerpunkte der positiven und negativen Teilladungen zusammenfallen. Diese Moleküle sind keine Dipole.

Elektronegativität Der amerikanische Chemiker LINUS PAULING (1901–1994) hat ein Vergleichsmaß eingeführt, das angibt, wie stark Atome bindende Elektronenpaare im Molekül anziehen. Man bezeichnet sie als Elektronegativität (kurz: EN). Aus dem Vergleich der Elektronegativitätswerte von Sauerstoff (EN = 3,5) und Wasserstoff (EN = 2,1) folgt, dass das Sauerstoffatom im Wasser-Molekül eine deutlich größere Anziehungskraft auf das bindende Elektronenpaar ausübt als das Wasserstoffatom.

Die Elektronegativität ist ein Maß für die Stärke, mit der ein Atom das bindende Elektronenpaar in einer Elektronenpaarbindung anzieht.

Elektronegativität und Periodensystem Die Elektronegativitätswerte der Elemente sind von ihrer Stellung im Periodensystem abhängig. Innerhalb einer Periode nimmt von links nach rechts die Protonenanzahl zu und die Ladung der Atomkerne steigt. Damit erhöht sich die Anziehungskraft auf die Elektronen und die Elektronegativität nimmt zu.
Mit zunehmender Anzahl der Elektronenschalen und damit zunehmendem Atomradius sinkt dagegen der Elektronegativitätswert, weil der Einfluss der positiven Kernladung auf die Außenelektronen des Atoms schwächer wird.

Die Elektronegativität eines Atoms hängt von der Stellung des Elements im Periodensystem der Elemente ab.

Aufgaben

1 Vergleiche unpolare und polare Elektronenpaarbindung.
2 Beschreibe anhand des Chlorwasserstoff-Moleküls die Merkmale eines Dipolmoleküls.
3 Begründe, warum man für Edelgase keine Elektronegativitätswerte angibt.
4 Erkläre, warum das Wasser-Molekül einen Dipol darstellt. Gehe auf die Kernladungen der Wasserstoff- und Sauerstoffatome ein.
5 Vergleiche die Polarität folgender Elektronenpaarbindungen: Cl–Cl, H–Cl, H–F, H–O. Nutze dazu die Elektronegativitätswerte in Bild 5.

Eigenschaften des Wassers

1 *Wie kann man diese Phänomene erklären?*

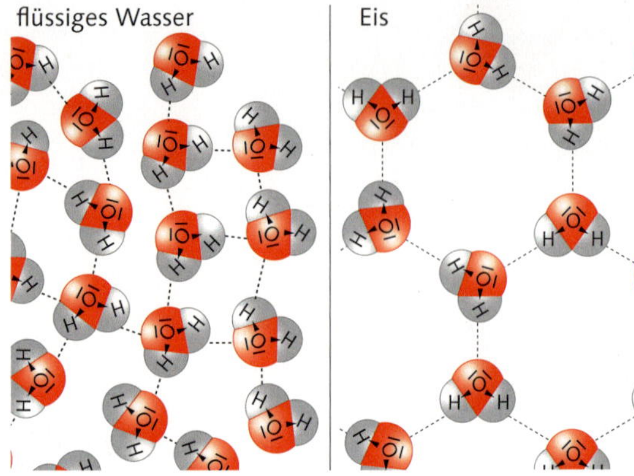

2 *Wasserstoffbrückenbindungen zwischen Wasser-Molekülen in flüssigem Wasser und in Eis*

Bekannte Phänomene Wasser hat wegen seiner ungewöhnlichen Eigenschaften eine wichtige Bedeutung für Lebewesen. Aus dem Alltag sind dir viele Phänomene bekannt, die mit den Eigenschaften des Wassers zusammenhängen. Warum laufen beispielsweise manche Insekten über die Wasseroberfläche, als habe das Wasser eine Haut? Warum schwimmen Eisberge an der Wasseroberfläche und gehen nicht unter? Und warum dehnt sich Wasser beim Gefrieren aus, sodass Fahrbahnbeläge im Winter aufgebrochen werden?

Wasserstoffbrückenbindungen Wasser-Moleküle sind Dipole, die sich gegenseitig anziehen. Die positiv geladenen Wasserstoffatome eines Wasser-Moleküls orientieren sich zum negativ geladenen Sauerstoffatom eines anderen Wasser-Moleküls. Dadurch bilden sich große Molekülverbände. Die Anziehungskräfte zwischen den Molekülen heißen Wasserstoffbrückenbindungen.

Wasserstoffbrückenbindungen wirken als Anziehungskräfte zwischen den Wasser-Molekülen und führen zu großen Molekülverbänden.

Oberflächenspannung Die Wasserstoffbrücken zwischen den Wasser-Molekülen bewirken, dass die Oberfläche des Wassers eine Spannung aufweist. Die Wasseroberfläche bildet eine Art Haut. Diese Erscheinung nennt man Oberflächenspannung. Bei den meisten anderen Flüssigkeiten ist sie nicht zu beobachten.

Dichteanomalie Im flüssigen Aggregatzustand liegen die Wasser-Moleküle dicht und unregelmäßig nebeneinander. Wenn Wasser gefriert, lagern sich die Wasser-Moleküle dagegen zu einem weiträumigen, regelmäßigen Molekülgitter zusammen. Wegen der Wasserstoffbrückenbindungen bildet sich eine Eisgitterstruktur mit großen Hohlräumen. Durch diese Eisstruktur nimmt eine bestimmte Masse Eis ein größeres Volumen ein als die gleiche Masse an flüssigem Wasser. Diese für Wasser typische Erscheinung heißt Dichteanomalie. Seine größte Dichte hat Wasser bei 4 °C. Bei dieser Temperatur sinkt es zu Boden und verhindert dort die Eisbildung. Tiefe Gewässer frieren daher nur von oben her zu. Über 4 °C nimmt die Dichte ab, da sich die Wasser-Moleküle aufgrund der stärkeren Bewegung wieder weiter voneinander entfernen.

Eis besitzt aufgrund der Wasserstoffbrückenbindungen im Eisgitter eine geringere Dichte als flüssiges Wasser. Die größte Dichte hat Wasser bei 4 °C.

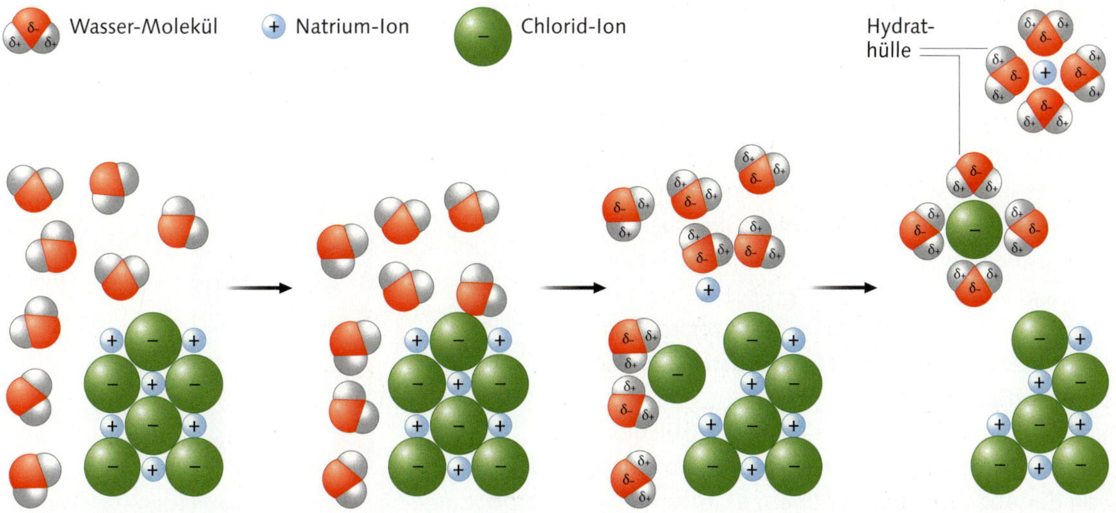

3 *Lösevorgang von Salz in Wasser*

Wasser – ein polares Lösungsmittel Wird festes Natriumchlorid in Wasser gegeben, so scheint es spurlos zu verschwinden. Wie können wir uns den Lösevorgang vorstellen?

Beim Lösen eines Salzes in Wasser gibt es Wechselwirkungen zwischen den Ionen des Ionengitters und den Wasser-Molekülen. Die polaren Wasser-Moleküle werden von den Ionen des Salzkristalls angezogen und lagern sich dort an. Dabei werden die Chlorid-Ionen des Salzes von Wasser-Molekülen umlagert, sodass sich die positiv geladenen Wasserstoffatome zu den negativ geladenen Chlorid-Ionen orientieren. Auch die Natrium-Ionen des Salzes werden umlagert, wobei sich die negativ geladenen Sauerstoffatome der Wasser-Moleküle zu den positiv geladenen Natrium-Ionen des Salzes orientieren.

Nach und nach schieben sich die Wasser-Dipole zwischen die Ionen. Dabei werden sowohl die Chlorid-Ionen als auch die Natrium-Ionen herausgelöst. Wasser-Moleküle umhüllen die Natrium- und Chlorid-Ionen und bilden eine Hydrathülle. Sie verhindert, dass sich die Ionen des Salzes wieder zu einem Ionengitter zusammenschließen – die Ionen bleiben gelöst.
Die Umlagerung von Ionen durch Wasser-Moleküle wird als Hydratation bezeichnet. Weil die Dipoleigenschaften der Wasser-Moleküle für den Lösevorgang entscheidend sind, ist Wasser ein polares Lösungsmittel.

Durch Lösen eines Salzes in Wasser werden die im Ionengitter gebundenen Ionen frei beweglich. Die Umlagerung der Ionen durch Wasser-Moleküle heißt Hydratation.

Energie beim Lösen Um ein Ionengitter aufzulösen, muss Energie aufgewendet werden. Diese Energie ist die Gitterenergie des Salzes.
Beim Umlagern der herausgelösten Ionen mit Wasser-Molekülen wird Energie frei. Diese Energie ist die Hydratationsenergie.
Ist die Hydratationsenergie größer als die Gitterenergie, so erwärmt sich die Lösung. Ist dagegen die Gitterenergie größer als die Hydratationsenergie, so kühlt die Lösung ab, weil die für das Lösen nötige Energie aus der Umgebung entnommen wird.

Aufgaben

1 Beschreibe die Wasserstoffbrückenbindungen zwischen Wasser-Molekülen.

2 Erkläre, wie die Oberflächenspannung des Wassers zustande kommt.

3 Am Ende eines frostreichen Winters sind Straßen oft mit Schlaglöchern übersät. Erkläre, auf welche Weise es zu dieser Erscheinung kommt.

4 Beschreibe den Vorgang, der beim Lösen von Natriumchlorid-Kristallen in Wasser abläuft.

5 Was passiert, wenn das Wasser einer Natriumchlorid-Lösung verdampft? Beschreibe den Vorgang auf Teilchenebene.

Exkurs Wenn Salze auf Wasser treffen …

… wird es kalt Speiseeis ist eine schon seit Jahrtausenden bekannte Köstlichkeit. Seine Ursprünge hat es wahrscheinlich im antiken China. Zur Herstellung verwendete man Gletschereis oder Gipfelschnee, für die unterirdische Eislager angelegt wurden. Das Speiseeis der Antike bestand aus gefrorenem Wasser, dem zerstoßene Früchte und Honig zugesetzt wurden. Es ähnelte dem heutigen Sorbet.
Im 16. Jahrhundert setzte sich ein künstliches Kühlverfahren durch, mit dem man unabhängig von der Außentemperatur Speiseeis herstellen konnte. Möglich wurde dies durch die Entdeckung, dass sich Salze wie Ammoniumnitrat und Natriumnitrat (Salpeter) in Wasser unter starker Abkühlung lösen. Ein solches Gemisch wird als Kältemischung bezeichnet. Stellt man ein Gefäß mit der Speiseeiszubereitung in ein größeres Gefäß mit der Kältemischung, so wird der Speiseeiszubereitung Energie in Form von Wärme entzogen. Damit können Temperaturen unter 0 °C erzielt werden. Dieses Verfahren war so erfolgreich, dass zu Zeiten des Sonnenkönigs LUDWIG XIV. sogar eine Speiseeissteuer erhoben wurde.

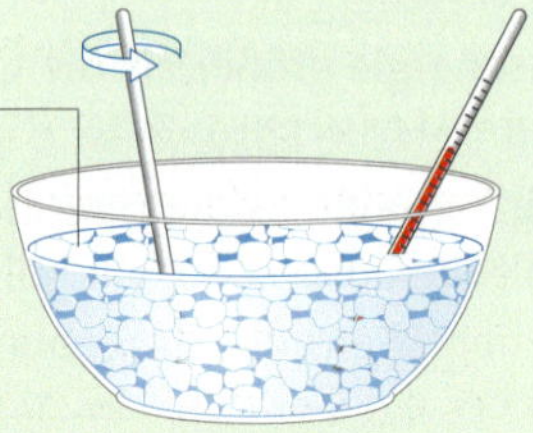

1 *Herstellung einer Kältemischung*

2 *Speiseeisherstellung im 19. Jahrhundert*

3 *Durch die Reaktion von Calciumoxid und Wasser wird Wärme erzeugt, die das Getränk etwa 10 Minuten erhitzt.*

… oder es wird heiß In den 1990er Jahren kamen in den USA zum ersten Mal Fertiggerichte auf den Markt, deren Inhalt ohne elektrischen Strom erhitzt werden konnte. Die Verpackung enthält ein vom Nahrungsmittel getrennt verpacktes Salz, häufig Calciumoxid, und Wasser. Betätigt der Verbraucher den Auslöser, z. B. einen Druckknopf, so kommt das Calciumoxid in Kontakt mit dem Wasser. Dies setzt eine chemische Reaktion in Gang, bei der Calciumhydroxid gebildet und Wärme frei wird. Es handelt sich also um eine exotherme Reaktion, die zur Erwärmung der Mahlzeit genutzt wird.
Zunächst kamen solche selbsterwärmenden Fertigmahlzeiten vor allem auf Expeditionen zum Einsatz. Zunehmende Verbreitung finden jetzt auch selbsterwärmende Getränke für unterwegs, sogenannte Hot Drinks. Ihr Gebrauch produziert große Mengen an Abfall, der zudem Calciumhydroxid enthält. Der Genuss von selbsterwärmenden Getränken und Fertigmahlzeiten ist deshalb kritisch zu sehen.

Aufgaben

1 Stelle eine Kältemischung aus 75 g Natriumnitrat und 100 g gekühltem Wasser her. Notiere die Temperatur. Vergleiche mit einer Kältemischung, bei der du 100 g gestoßenes Eis zur gleichen Menge Salz gibst.

2 Beschreibe die Funktionsweise eines „Hot Drinks“ und erkläre, wie es zur Erwärmung kommt.

Praktikum Typische Reaktionen von Salzen

1 Unterschiedliche Löslichkeit

Geräte: 3 Reagenzgläser, Spatel
Chemikalien: Natriumchlorid, Kaliumcarbonat, Calciumsulfat-Dihydrat (Gips), dest. Wasser
Durchführung: Fülle die Reagenzgläser jeweils zur Hälfte mit Wasser und füge jeweils einen Spatel der drei Salze dazu. Schüttle dann die Lösungen.
Auswertung: Erstelle eine Reihenfolge, die die unterschiedliche Löslichkeit deutlich macht.

2 Löslichkeit in Abhängigkeit von Temperatur und Kristallgröße

Geräte: 4 Bechergläser (250 ml), Löffel, 2 Rührstäbe, Mörser mit Pistill, Gasbrenner, Ceranplatte, Dreifuß, Thermometer
Chemikalien: Natriumchlorid (grobkörnig), Natriumthiosulfat-Pentahydrat, dest. Wasser
Durchführung:

a Gib in zwei Bechergläser jeweils 100 ml Wasser und erhitze den Inhalt eines Becherglases so lange, bis die Wassertemperatur etwa 70 °C erreicht hat. Gib jeweils die gleiche Menge körniges Kochsalz (etwa 20 g) in einem Schwung zum Wasser hinzu und rühre beide Lösungen gleichmäßig um.

b Nimm ca. 20 Natriumthiosulfat-Stücke und mörsere 10 davon sorgfältig. Gib bei Zimmertemperatur 10 unzerkleinerte Stücke in das erste und das gemörserte Salz in das zweite Becherglas. Rühre mit den Rührstäben gleichzeitig und gleichmäßig um.

Auswertung: Erkläre, welchen Einfluss Temperatur und Kristallgröße auf die Löslichkeit von Salzen hat.

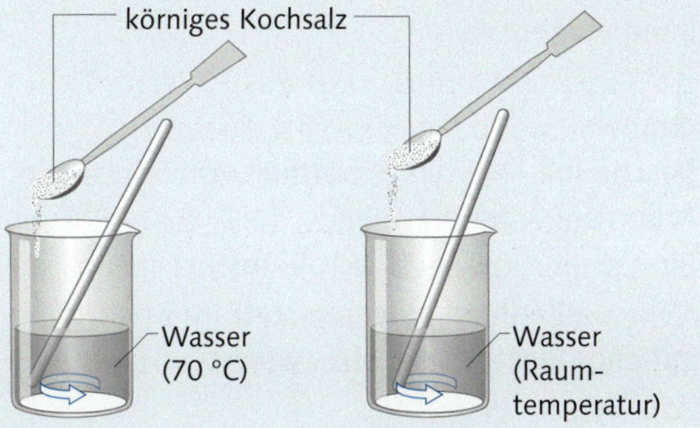

3 Kältemischungen – Welches Salz erzielt die niedrigste Temperatur?

Geräte: Bechergläser (250 ml), Rührstab, Thermometer
Chemikalien: verschiedene Salze, Eiswasser
Durchführung: Gib zu je 100 g Eis ein Salz in der angegebenen Menge:
- 33 g Natriumchlorid
- 15 g Natriumnitrat
- 25 g Ammoniumchlorid
- 30 g Kaliumchlorid
- 85 g Magnesiumchlorid-Hexahydrat

Auswertung: Erstelle anhand der erzielten Temperaturen eine Reihenfolge der Kältemischungen. (*Hinweis*: Die unterschiedlichen Mengenangaben begründen nicht die unterschiedlichen Temperaturen.)

4 „Heißer Becher"

Geräte: Konservendose, Kunststofftrinkbecher, Styroporchips, Thermometer
Chemikalien: Calciumchlorid (ca. 10 g), Wasser, Getränk
Durchführung: Gib in die Konservendose so viel Calciumchlorid, dass der Boden bedeckt ist. Stelle den Kunststoffbecher auf das Calciumchlorid in der Konservendose. Fülle den Hohlraum zwischen Dose und Becher mit Styropor® und dem Rest des Calciumchlorids. Gib in den Plastikbecher ein Getränk. Gib anschließend etwas Wasser (20 ml) in den Hohlraum zwischen Konservendose und Trinkbecher. Kontrolliere mit einem Thermometer, wie heiß dein Getränk wird.
Auswertung: Erkläre deine Beobachtungen.

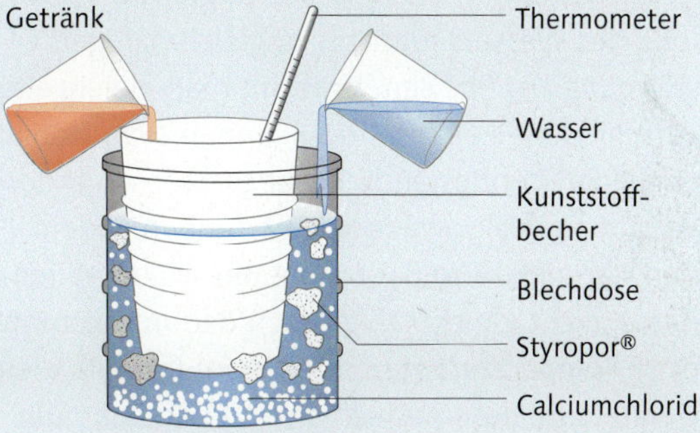

10

Exkurs Wie funktioniert ein Mikrowellenherd?

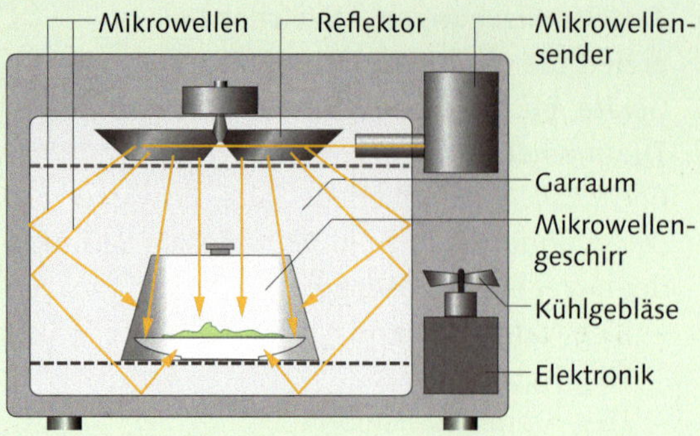

1 *Aufbau eines Mikrowellenherds*

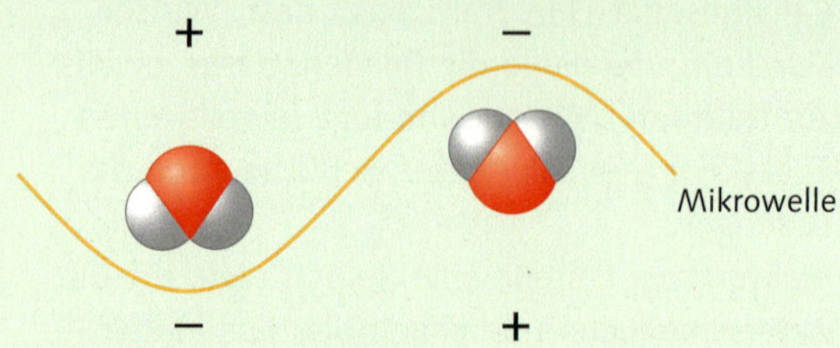

2 *Erwärmung durch Mikrowellen*

Kochen auf Knopfdruck Schon erstaunlich: Du stellst einen Teller Suppe in den Mikrowellenherd, drückst einige Knöpfe und schon nach wenigen Sekunden ist deine Suppe heiß. Leeres Mikrowellengeschirr bleibt dagegen auch nach längerem Betrieb des Herds kalt.
Wie funktioniert ein Mikrowellenherd?

Schwingende Dipolmoleküle Mikrowellengeräte erzeugen elektromagnetische Wellen mit einer hohen Frequenz. Diese Mikrowellen breiten sich im Gerät aus und treffen auf die wasserhaltigen Speisen. Die Mikrowellen bringen die Dipolmoleküle des Wassers bis zu 2,5 Milliarden Mal pro Sekunde zum Schwingen. Die Wasser-Moleküle stoßen aneinander und an andere Moleküle, sodass die Temperatur durch die Teilchenbewegungen steigt. Auf diese Weise werden die Speisen von innen nach außen erhitzt und erreichen die gewünschte Temperatur schneller als auf einer Herdplatte.

Ohne Wasser geht es nicht Wesentlich für das Erhitzen der Lebensmittel mit den Mikrowellen ist der Gehalt an Wasser. Eine ungleiche Verteilung des Wassers führt zur ungleichmäßigen Erwärmung der Speisen. Erwärmt man gleichzeitig verschiedene Lebensmittel, können sich deshalb einige Speisenbestandteile langsamer als andere erwärmen. Mikrowellen durchdringen zudem den Garraum, also das Innere des Mikrowellenherds, nicht gleichmäßig. Auch dadurch kommt es zu Temperaturunterschieden im Gargut. Viele Geräte enthalten deshalb einen Drehteller, um diesen Effekt zu vermindern. Porzellan, Glas und spezielles Mikrowellengeschirr selbst erwärmen sich nicht, da diese Materialien kein Wasser enthalten.

Mikrowellen sind nicht unbedenklich Da auch lebendes Gewebe Wasser enthält, muss es vor Mikrowellen geschützt werden, damit es nicht zu Verbrennungen kommt. Deshalb sind Mikrowellenherde gegen das Austreten der Strahlung während des Betriebs gesichert. Außerdem schalten sich die Geräte beim Öffnen der Tür automatisch aus.
Metallgegenstände oder Geschirr mit Metallüberzügen dürfen nicht verwendet werden, weil Funken und Brände entstehen können.

Tipps beim Garen
- Auf gleich große Stücke im Gargut achten
- Speisen abdecken, damit sie nicht austrocknen; Deckel und Folien mit Löchern verwenden, damit der Dampf entweichen kann
- Keine fest verschlossenen Gefäße verwenden, sie könnten platzen
- Gargut zwischendurch umrühren, anschließend weitergaren

Aufgaben
1 Beschreibe, wie das Erwärmen von Speisen im Mikrowellenherd erfolgt.
2 Ein Schüler überlegt, sein Frühstücksei im Mikrowellenherd zu garen statt im Kochtopf auf dem Elektroherd. Was wird wohl passieren? Begründe.

Metallbindung – Bau der Metalle

1 *Stromkabel aus Kupfer*

Metalle leiten den elektrischen Strom Nicht nur die Leiter in Stromkabeln, sondern auch die Platinen im Computer bestehen aus Metallen wie Kupfer oder Silber. Die gute elektrische Leitfähigkeit ist eine der gemeinsamen Eigenschaften der Metalle. Betrachtet man den Bau der Metalle, so lassen sich die Eigenschaften der Stoffgruppe erklären.

Teilchen und chemische Bindung in Metallen Metallatome besitzen nur wenige Außenelektronen, die leicht abgegeben werden können. Diese Elektronen sind zwischen den positiv geladenen Atomrümpfen im Metallgitter frei beweglich und bilden das sogenannte Elektronengas. Zwischen den positiv geladenen Atomrümpfen und den negativ geladenen, frei beweglichen Elektronen wirken Anziehungskräfte, die den Zusammenhalt im Metall bewirken: Man spricht von einer Metallbindung. Das Modell der Metallbindung wird auch als Elektronengasmodell bezeichnet.

Die Metallbindung wird durch die Anziehung zwischen positiv geladenen Atomrümpfen und negativ geladenen, frei beweglichen Elektronen bewirkt.

Eigenschaften der Metalle Mit dem Elektronengasmodell lassen sich typische Eigenschaften der Metalle erklären.
Elektrische Leitfähigkeit: Die im Metall frei beweglichen Elektronen wirken als Ladungsträger. Wird an ein Metallstück eine elektrische Spannung angelegt, so bewegen sich die Elektronen vom Minuspol zum Pluspol – elektrischer Strom fließt.

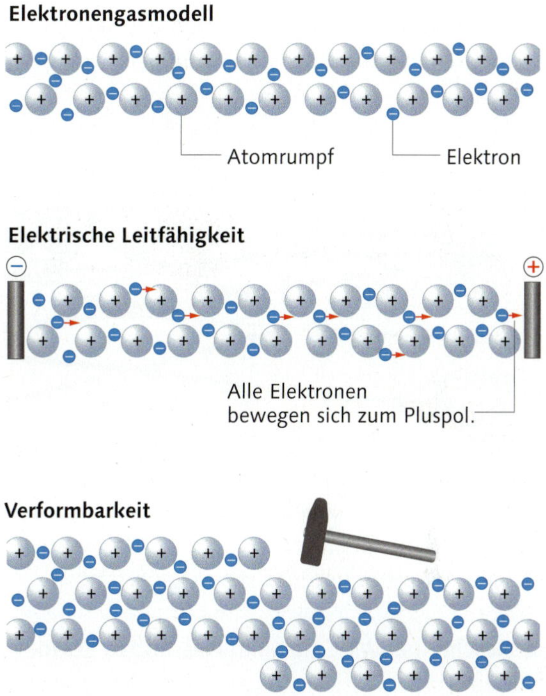

2 *Modellvorstellungen zur Metallbindung*

Verformbarkeit: Wirkt auf die Metalloberfläche eine große Kraft ein, so verschieben sich die Schichten der Atomrümpfe gegeneinander. Es kommt jedoch nicht zur Abstoßung der positiv geladenen Atomrümpfe, da sie weiterhin durch das bewegliche Elektronengas zusammengehalten werden.
Wärmeleitfähigkeit: Nimmt man bei Raumtemperatur ein Metallstück in die Hand, so fühlt es sich kalt an. Das liegt daran, dass die Wärme der Hand im Metall schnell weitergeleitet wird. Bei Erwärmung schwingen die Atomrümpfe stärker, stoßen sich gegenseitig an und können so die Wärmeenergie auf benachbarte Atomrümpfe übertragen. Deshalb eignen sich Metalltöpfe übrigens auch so gut zum Kochen.

Aufgaben

1 Beschreibe die chemische Bindung in Metallen.
2 Warum lassen sich Metalle so gut walzen, biegen und hämmern?
3 Vergleiche den Bau von Metallen und Salzen.

Teste dich!

1 Salz ist für den Menschen lebensnotwendig. Beschreibe, welche Funktionen das Salz im menschlichen Körper übernimmt.

2 Erkläre mithilfe des folgenden Bilds, wie aus Meerwasser Salz gewonnen werden kann.

3 Salz kommt in unterirdischen Lagerstätten vor.

a Beschreibe, wie Salz beim Nassabbau gewonnen wird.

b Beschreibe, wie Salz beim Trockenabbau gewonnen wird.

c Vergleiche beide Verfahren zum Abbau von Salz miteinander.

4 Begründe, warum Salz früher auch als „weißes Gold" bezeichnet wurde.

5 Salze sind Verbindungen aus geladenen Teilchen.

a Nenne den Oberbegriff, mit dem die geladenen Teilchen bezeichnet werden.

b Gib Ladung und Bezeichnung der beiden Teilchenarten an.

6 Festes Kochsalz leitet den elektrischen Strom nicht. Eine Salzlösung ist dagegen ein guter elektrischer Leiter.

a Erkläre, warum festes Kochsalz den elektrischen Strom nicht leitet.

b Begründe, warum in Wasser gelöstes Kochsalz ein guter elektrischer Leiter ist.

c Beschreibe, wie sich die geladenen Teilchen in einer Salzlösung beim Anlegen einer Gleichspannung bewegen.

7 Nenne den Fachbegriff für Salzlösungen und Salzschmelzen, die elektrischen Strom leiten.

8 In der siebten Hauptgruppe des Periodensystems steht die Elementfamilie der Halogene.

a Begründe die besondere Reaktionsfreudigkeit der Halogene mit ihrer Stellung im Periodensystem.

b Erkläre, warum Halogene bevorzugt mit Alkalimetallen reagieren.

9 Beschreibe die Herstellung von Natriumchlorid aus den Elementen Natrium und Chlor anhand des abgebildeten Versuchsaufbaus.

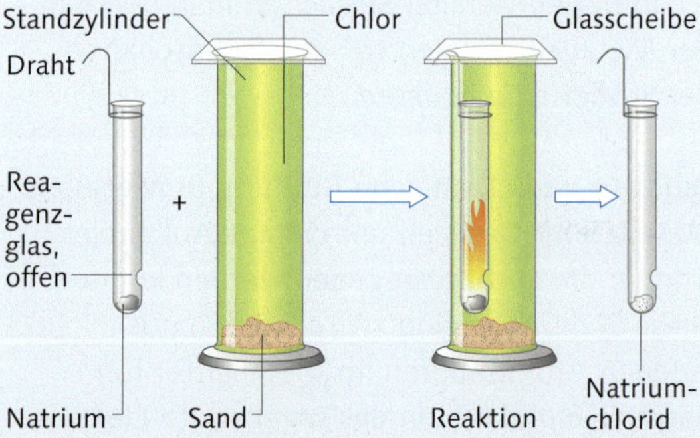

10 Salze sind sehr hart. Bei sehr großer Krafteinwirkung zerbrechen sie jedoch.

a Beschreibe den Aufbau eines Ionengitters. Erkläre, warum Salze besonders harte Verbindungen sind.

b Erläutere mithilfe einer Skizze, warum Salze bei großer Krafteinwirkung auseinanderbrechen.

11 Im Unterschied zu Salzen bestehen Gase wie Wasserstoff, Sauerstoff oder Chlor aus Molekülen, deren Atome über Elektronenpaare verbunden sind.

a Gib die Art der chemischen Bindung an.

b Zeichne das Schalenmodell des Fluor-Moleküls und markiere das Elektronenpaar, das für die Bindung verantwortlich ist.

12 Gib die Strukturformel folgender Verbindungen an: CO_2, O_2, N_2. Kennzeichne Gemeinsamkeiten und Unterschiede.

13 Stoffe sind aus unterschiedlichen Teilchenarten – Atome, Moleküle und Ionen – aufgebaut. Ordne den folgenden Stoffen die passende Teilchenart zu: Sauerstoff, Neon, Kupferchlorid, Wasser, Calciumfluorid.

14 Die besonderen Eigenschaften von Wasser lassen sich durch den Aufbau seiner Moleküle erklären.
a Beschreibe den Aufbau eines Dipolmoleküls, am Beispiel des Wasser-Moleküls.
b Erkläre, warum ein Wasserstrahl von einem elektrisch geladenen Kunststoffstab angezogen wird.

15 Um die Eigenschaften des Wassers zu untersuchen, wurde seine Dichte in Abhängigkeit von der Temperatur gemessen.

Temperatur in °C	Dichte in $\frac{g}{cm^3}$
0	0,99984
1	0,99990
2	0,99994
3	0,99996
4	0,99997
5	0,99996
6	0,99994
7	0,99990
8	0,99985
9	0,99978
10	0,99970

a Übertrage die Daten in ein Koordinatensystem. Beschrifte die Achsen wie folgt:
x-Achse: Temperatur
y-Achse: Dichte
Verwende folgende Skalierung:
x-Achse: 1 cm = 1 °C
y-Achse: 2 cm = 0,0001 $\frac{g}{cm^3}$
b Erstelle aus den Daten ein Diagramm. Ermittle die Temperatur, bei der Wasser seine größte Dichte hat.

16 Eine besondere Art der chemischen Bindung liegt in Metallen vor.
a Beschreibe den Aufbau der Metalle.
b Welche Eigenschaften von Metallen lassen sich mit deren Bau begründen?

17 Festes Eis schwimmt auf flüssigem Wasser.
a Nenne den Fachbegriff, der diese besondere Eigenschaft beschreibt.
b Begründe, warum Eis eine geringere Dichte als flüssiges Wasser hat.

18 Die Elektronegativität ist ein Maß für die Fähigkeit eines Atoms, Bindungselektronen an sich zu ziehen. Sie lässt sich aus der Stellung des Atoms im Periodensystem ableiten.
a Erkläre am Beispiel zweier Elemente der dritten Periode, wie sich die Elektronegativität innerhalb einer Periode ändert.
b Erkläre am Beispiel von Sauerstoff und Schwefel, wie sich die Elektronegativität innerhalb einer Elementfamilie ändert.
c Begründe, warum Fluor die höchste Elektronegativität von allen Atomen aufweist.

Aufgabe	Hilfe findest du auf Seite ...
1	210
2	211
3	212
4	210/211, 213
5	214
6	214, 218
7	214
8	216/217
9	216/217
10	218/219
11	220/221
12	221/222
13	214/215, 220/221
14	224
15	226/227
16	231
17	226
18	225
... und die Lösungen findest du im Anhang.	

Im Überblick

Die Welt der Stoffe begegnet uns unglaublich vielfältig: Von den weißen oder farbigen Kristallen der Salze über den gasförmigen Sauerstoff oder das flüssige Wasser bis hin zu den glänzenden, verformbaren Metallen zeigen die Stoffe ganz unterschiedliche Eigenschaften. Das Wissen über den Aufbau von Ionenverbindungen, Molekülverbindungen und Metallen mit den für sie typischen Teilchen und chemischen Bindungen kann für die Erklärung der jeweiligen Eigenschaften genutzt werden.

Salze
- harte, spröde, kristalline Stoffe
- treten in unterschiedlichen Kristallformen und Farben auf

Ion
- ein durch Abgabe oder Aufnahme von Elektronen entstandenes geladenes Teilchen
- Anion: ein elektrisch negativ geladenes Ion
  Beispiel: Chlorid-Ion Cl^-
- Kation: ein elektrisch positiv geladenes Ion
  Beispiel: Natrium-Ion Na^+

Molekül
- Teilchen, das aus zwei oder mehreren Atomen besteht
- Die Atome eines Moleküls sind durch gemeinsame Elektronenpaare verbunden.

Chemische Bindung
- Art und Weise, wie Atome und Ionen miteinander verbunden sind
- Atome haben das Bestreben, die Elektronenanordnung der Edelgasatome zu erlangen:
  - bei der **Ionenbindung** durch Aufnahme oder Abgabe von Elektronen und Anziehung der entgegengesetzt geladenen Ionen
  - bei der **Elektronenpaarbindung** durch Nutzung gemeinsamer Elektronenpaare
  - bei der **Metallbindung** durch Anziehung positiv geladener Atomrümpfe und frei beweglicher Elektronen

Elektronegativität (EN)
- Maß für die Stärke, mit der ein Atom das gemeinsame Elektronenpaar einer Elektronenpaarbindung anzieht
- nimmt im Periodensystem innerhalb einer Gruppe von unten nach oben und innerhalb einer Periode von links nach rechts zu

Polare Elektronenpaarbindung
- Das gemeinsame Elektronenpaar ist in Richtung des Partners mit der stärkeren Anziehung auf das gemeinsame Elektronenpaar verschoben.

Dipolmolekül
- Molekül, bei dem durch Ladungsverschiebung positive und negative Teilladungen entstehen
  Beispiel: Wasser-Molekül

Wasserstoffbrückenbindung
- bildet sich zwischen teilweise positiv geladenen Wasserstoffatomen eines Moleküls und teilweise negativ geladenen Sauerstoffatomen eines anderen Moleküls aus
- führt zur Bildung großer Molekülverbände

Lösevorgang von Salz in Wasser
- Ionen lösen sich aus dem Ionengitter und werden im Wasser frei beweglich.
- Wasser-Moleküle lagern sich an die im Wasser verteilten Ionen an (Hydratation).

Aufbau der Stoffe im Vergleich

	Ionenverbindungen	Molekülverbindungen	Metalle
Beispiel **Formel**	Natriumchlorid NaCl	Chlor Cl_2	Kupfer Cu
Kleinste Einheiten	Ionen	Moleküle	positiv geladene Atomrümpfe, Elektronen
Bindungsart	Ionenbindung	Elektronenpaarbindung	Metallbindung
Bindungspartner	Metall-Ionen und Nichtmetall-Ionen	Nichtmetallatome	Metallatome
Zustandekommen der Bindung	Anziehung zwischen entgegengesetzt geladenen Ionen	gemeinsame Elektronenpaare zwischen den Atomen der Bindungspartner	Anziehung zwischen positiv geladenen Atomrümpfen und frei beweglichen Elektronen
Darstellung im Modell	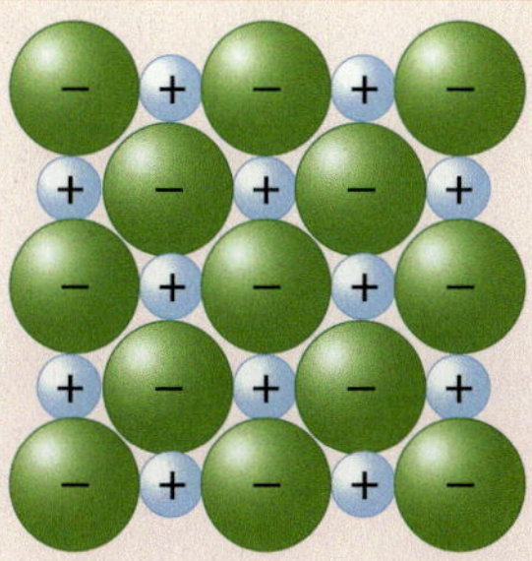		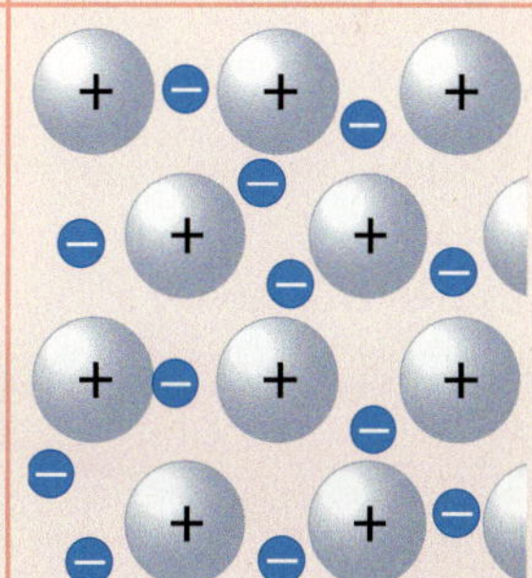
Aufbau	viele Ionen an festen Plätzen bilden ein regelmäßiges, stabiles Ionengitter (im festen Zustand)	frei bewegliche Moleküle im gasförmigen und im flüssigen Zustand, Moleküle in einem Molekülgitter im festen Zustand	viele regelmäßig angeordnete Atomrümpfe an festen Plätzen und frei bewegliche Elektronen (im festen Zustand)
Einige Eigenschaften	– oft gut wasserlöslich – im flüssigen Zustand und in Lösungen frei bewegliche Ionen (Gitterstruktur zerstört) – Lösungen und Schmelzen leiten den elektrischen Strom – hart und spröde – hohe Schmelz- und Siedetemperaturen	– meist wenig löslich in Wasser – leiten nicht den elektrischen Strom – meist Gase oder Flüssigkeiten – niedrige Schmelz- und Siedetemperaturen	– in Wasser nicht löslich – sehr gute elektrische Leiter und Wärmeleiter – gute Verformbarkeit – hohe Schmelz- und Siedetemperaturen

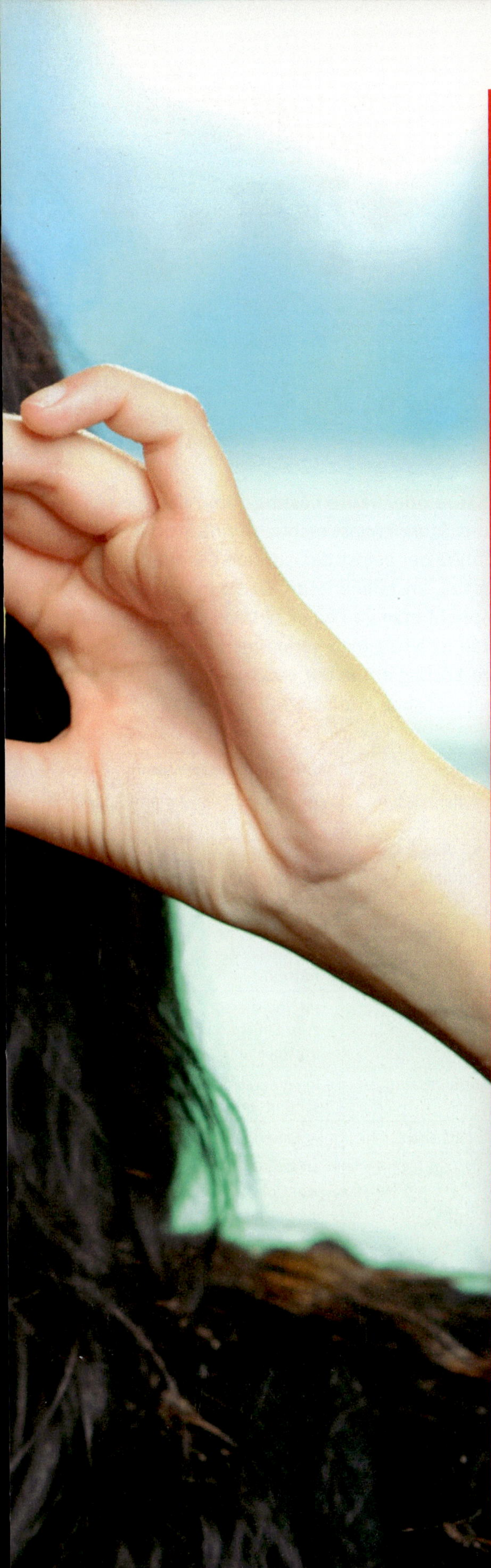

11

Säuren und Laugen

„Sauer macht lustig“ – wer kennt diesen Spruch nicht? Säuren und auch Laugen haben noch viele weitere Eigenschaften und sind aus unserem Alltag nicht wegzudenken. Oder möchtest du auf leckere Laugenbrezeln verzichten? Selbst Blütenfarben werden davon beeinflusst, wie sauer oder alkalisch der Boden ist, auf dem sie wachsen.

Säuren und Laugen im Alltag

1 *Säuren in Lebensmitteln und Reinigern*

Säuren im Alltag Äpfel und Zitrusfrüchte enthalten Fruchtsäuren wie die Citronensäure, die den angenehm fruchtig-sauren Geschmack verursachen. In Joghurt, Quark und Sauerkraut ist es die Milchsäure, die sauer schmeckt und die Haltbarkeit verbessert. Mineralwasser und Limonade erhalten den sauren Geschmack von der Kohlensäure. Der Magensaft des Menschen enthält Salzsäure, die mit der Nahrung aufgenommene Bakterien abtötet und der Verdauung dient. Und mit säurehaltigen Reinigungsmitteln können Kalkablagerungen gelöst werden.

Säuren in Industrie und Technik Außerordentlich viele Erzeugnisse werden unter Verwendung von Säuren hergestellt. Für die Autobatterie wird beispielsweise Schwefelsäure benötigt. Salpetersäure dient zur Herstellung von Düngemitteln. Mit Phosphorsäure werden Platinen geätzt.

Säuren sind in Lebensmitteln und Haushaltsreinigern enthalten. Sie sind Ausgangsstoffe für viele industriell hergestellte Produkte.

2 *Säuren werden in der Autobatterie und zur Herstellung von Düngemitteln verwendet.*

Säure oder saure Lösung? Im Alltag begegnen uns Säuren meist nicht als reine Stoffe, sondern in Wasser gelöst. So ist reine Citronensäure ein fester, kristalliner Stoff. Ist sie in Wasser gelöst, spricht man von einer sauren Lösung. In Früchten ist also genau genommen eine Citronensäure-Lösung enthalten. Auch unser Speiseessig ist eine Lösung von Essigsäure in Wasser.

Säure	Vorkommen/Verwendung
Ameisensäure	– Abwehrstoff von Ameisen und Brennnesseln
Ascorbinsäure (Vitamin C)	– in Früchten, in Gemüse enthalten – als Konservierungsstoff in Lebensmitteln
Citronensäure	– in Zitrone, Kiwi, Apfel enthalten – als Konservierungsstoff in Lebensmitteln
Essigsäure	– im Speiseessig, z. B. für Salatsauce – zum Einlegen von Essiggurken – im Haushaltsreiniger
Kohlensäure	– in Mineralwasser, Limonade, Erfrischungsgetränken enthalten
Milchsäure	– in Sauerkraut, Joghurt enthalten
Phosphorsäure	– als Säuerungsmittel in Limonaden wie Cola – als Ätzmittel für Platinen – als Reinigungsmittel, z. B. im WC-Reiniger – zur Herstellung von Düngemitteln
Salpetersäure	– zur Herstellung von Düngemitteln, Farbstoffen, Explosivstoffen
Salzsäure	– im Magensaft enthalten (0,3%ig)
Schwefelsäure	– in Autobatterien enthalten – zur Herstellung von Düngemitteln, Waschmitteln, Farbstoffen

Tab. 1 *Wichtige Säuren im Überblick*

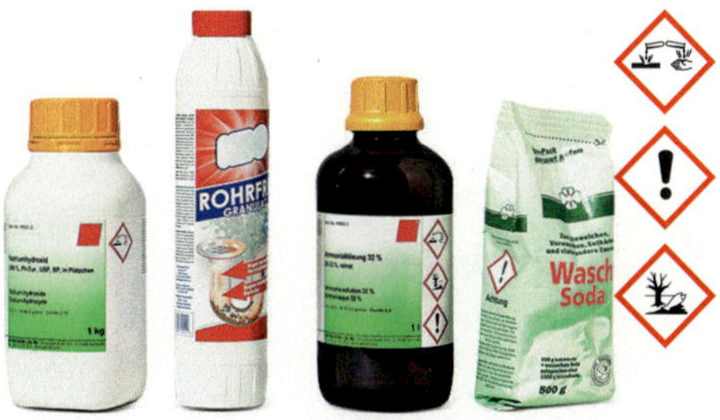

3 *Laugen in Reinigungsmitteln und Waschmitteln*

Laugen und alkalische Lösungen im Alltag In Produkten des Alltags werden Laugen in Reinigungs- und Waschmitteln verwendet. Wir finden sie beispielsweise im Abflussreiniger, im Backofenspray oder in Fensterputzmitteln. Sie werden dort wegen ihrer ätzenden Wirkung zur Schmutzentfernung eingesetzt. Laugen sind außerdem Ausgangsstoffe für die Herstellung von Seifen und Gerätebatterien.
Laugen kommen meist als verdünnte Lösungen zum Einsatz. Eine mit Wasser verdünnte Lauge wird als alkalische Lösung bezeichnet.

Laugen werden häufig in Wasch- und Reinigungsmitteln verwendet.

Lauge	Verwendung
Natronlauge (Natriumhydroxid-Lösung)	– Herstellung von Kernseife – als Abbeizmittel für Farben – Herstellung von Laugengebäck
Kalilauge (Kaliumhydroxid-Lösung)	– Herstellung von Schmierseife, Farbstoffen, Batterien
Kalkwasser (Calciumhydroxid-Lösung)	– in Kalkmörtel, Kalkputz – als Nachweisreagenz für Kohlenstoffdioxid – zur Rauchgasentschwefelung – in Tauchgeräten zur Bindung des Kohlenstoffdioxids

Tab. 2 *Wichtige Laugen im Überblick*

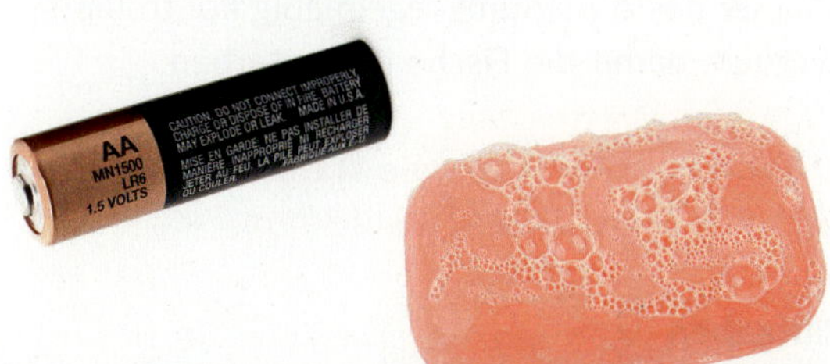

4 *Kalilauge wird zur Herstellung von Batterien verwendet. Natronlauge spielt bei der Seifenherstellung eine wichtige Rolle.*

Exkurs Laugenbrezel
Vor dem Backen werden Laugenbrezeln in stark verdünnte Natronlauge getaucht. Dadurch entsteht beim Backen die typische braun glänzende Oberfläche und das Gebäck erhält seinen besonderen, kräftigen Geschmack. Die Natronlauge bleibt auf der Oberfläche des Teigs und dringt nicht in die Brezel ein. Beim Backen tritt Kohlenstoffdioxid aus und die ätzende Natronlauge wird in das ungefährliche Salz Natriumhydrogencarbonat umgewandelt. Durch diese chemische Reaktion geht die ätzende Wirkung verloren.

5 *Herstellung von Laugenbrezeln*

Aufgaben

1 Nenne Säuren, die Lebensmittel haltbar machen.
2 Erstelle jeweils eine Mindmap zur Verwendung von Säuren und von Laugen.
3 Nenne Verwendungsmöglichkeiten von Laugen im Haushalt.
4 Gib an, welche Gefahrensymbole auf Etiketten von Haushaltsreinigern abgebildet sind.
5 Begründe, warum die auf Laugengebäck aufgetragene ätzende Natronlauge für den Menschen nicht gefährlich ist.

Säuren und Laugen lassen sich nachweisen

Indikatoren zeigen saure und alkalische Lösungen an In Lebensmitteln enthaltene saure Lösungen können am Geschmack erkannt werden. Alkalische Lösungen fühlen sich auf der Haut seifig an. Im Chemieunterricht sind Geschmacks- und Gefühlsproben aber grundsätzlich verboten, weil Säuren und Laugen bei Hautkontakt schwere Schäden verursachen können! Stattdessen können saure und alkalische Lösungen mithilfe von Indikatoren (lat. *indicare:* anzeigen) nachgewiesen werden. Saure und alkalische Lösungen bewirken bei diesen Stoffen jeweils charakteristische Farbänderungen.

Indikatoren sind Stoffe, die durch ihre Farbänderung eine saure oder alkalische Lösung anzeigen.

Indikatoren für alle Fälle Je nachdem ob Säuren oder Laugen untersucht werden sollen, können unterschiedliche Indikatoren verwendet werden. Einige Indikatoren wie Phenolphthalein zeigen nur alkalische Lösungen durch eine Farbänderung an. Andere Indikatoren wie Lackmus weisen saure und alkalische Lösungen durch verschiedene Farben nach.
Am häufigsten kommt der Universalindikator zum Einsatz. Dieser Indikator besteht aus einer Mischung mehrerer Indikatoren. Mit Universalindikator getränktes Papier ist gelb. Bei sauren Lösungen schlägt die Farbe nach Rot um. Flüssigkeiten, die weder sauer noch alkalisch, sondern neutral sind, färben ihn grün. Bei alkalischen Lösungen wird er blau.

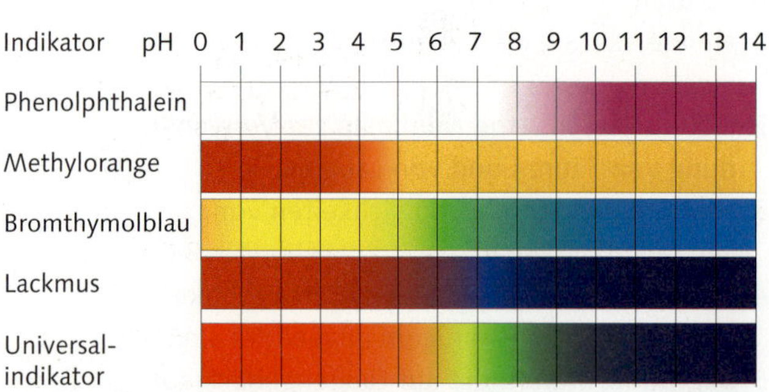

1 *Verschiedene Indikatoren und Farben in Abhängigkeit vom pH-Wert*

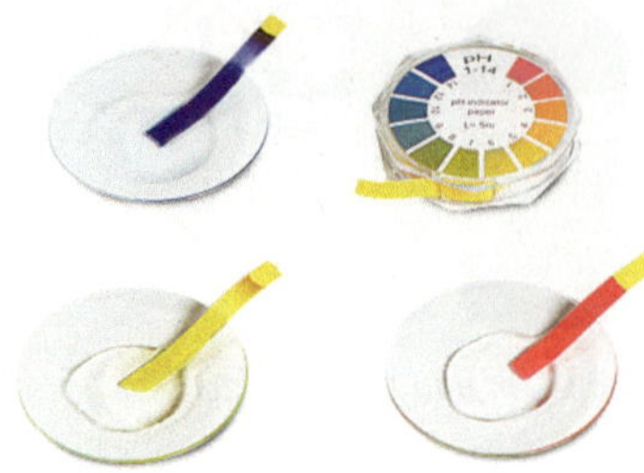

2 *Bestimmung des pH-Werts mit Universalindikatorpapier*

pH-Wert Der pH-Wert ist eine Zahlenangabe, die darüber Auskunft gibt, wie stark sauer oder alkalisch eine Lösung ist. Die Skala des pH-Werts umfasst Werte von 0 bis 14. Saure Lösungen haben einen pH-Wert kleiner als 7. Je kleiner die Zahl ist, desto stärker sauer ist die Lösung. Alkalische Lösungen haben einen pH-Wert größer als 7. Je größer die Zahl ist, desto stärker alkalisch ist die Lösung.
Eine neutrale Lösung hat einen pH-Wert von 7. Eine solche Lösung hat weder saure noch alkalische Eigenschaften.

3 *Fische benötigen pH-Werte zwischen 6,0 und 7,4.*

Die pH-Werte des Bodens und des Wassers haben für einige Pflanzen und Tiere eine lebenswichtige Bedeutung. So muss der pH-Wert im Wasser des Aquariums regelmäßig kontrolliert werden, damit die Fische nicht sterben.

Der pH-Wert gibt an, wie stark sauer oder alkalisch eine Lösung ist.

Aufgaben

1 Was versteht man unter einem Indikator?

2 Gib an, bei welchen pH-Werten eine Lösung sauer, neutral oder alkalisch ist.

Exkurs Natürliche Indikatoren

1 *Pflanzenfarbstoffe sind natürliche Indikatoren.*

Pflanzenfarbstoffe dienen als Indikatoren
Viele Pflanzen besitzen Farbstoffe, die als natürliche Indikatoren funktionieren. Sie zeigen saure und alkalische Lösungen an. Die Farbänderungen werden durch Pflanzenfarbstoffe wie Anthocyane, Flavonoide, Lackmus, Indigocarmin und Curcumin verursacht.

Tee Gibst du eine saure Lösung wie Zitronensaft in schwarzen Tee, so hellt er sich auf und seine Farbe wird beige. Bei Zugabe einer alkalischen Lösung wird der Tee dagegen dunkler, seine Farbe schlägt nach Dunkelbraun um. Die Farbänderung wird durch die im Tee enthaltenen Flavonoide verursacht.
Ähnlich verhält sich Roter Rooibostee: Saure Lösungen färben ihn hellbraun, alkalische Lösungen dunkelrot bis braun.

Früchte Der blau-violette Blaubeersaft verfärbt sich durch saure Lösungen rot und bei Zugabe einer alkalischen Lösung dunkelgrün. Auch Kirschsaft ist zur Anzeige von Säuren und Laugen geeignet: Mit sauren Lösungen färbt er sich weinrot, in neutralen Lösungen ist er rotbraun, und mit alkalischen Lösungen färbt er sich schwarzgrün.

Blüten Die Farbstoffe in den Blüten des Wiesenstorchschnabels, die Anthocyane, werden von sauren Lösungen rot und von alkalischen Lösungen blau gefärbt. Die natürlichen, ungiftigen roten und blauen Anthocyane werden zur Färbung von Lebensmitteln wie Fruchtgelee, Limonade, Marmelade und Eis verwendet.

Gemüse Der bekannteste natürliche Indikator kann aus Rotkohlsaft gewonnen werden. Seine Farbskala reicht von Rot über Lila nach Blau und weiter über Grün nach Gelb. Der Indikator verfärbt sich rot, wenn du eine saure Lösung wie Essig hinzugibst. Bei Zugabe einer alkalischen Lösung nimmt der Gemüsesaft eine tiefe Blaufärbung an. Daher stammt der ebenso gebräuchliche Name Blaukraut. Bei weiterer Zugabe einer Lauge wird er zunächst grün und schließlich gelb. Dass Rotkohlsaft so viele unterschiedliche Farben aufweist, liegt am Cyanidin. Dieser Farbstoff hat zwei Farbumschlagsbereiche: einen beim neutralen pH-Wert 7 und einen im alkalischen Bereich bei pH-Wert 10.

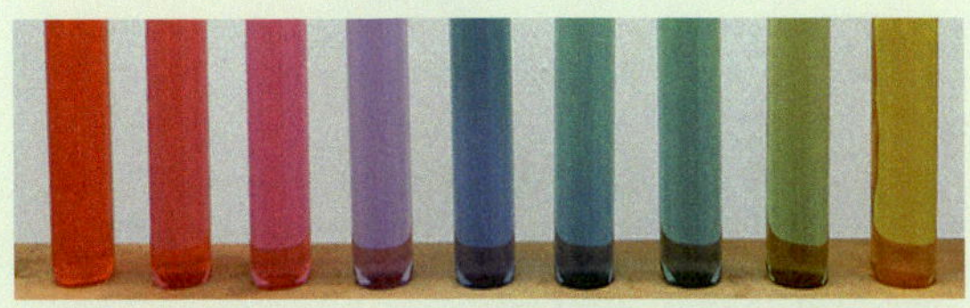

2 *Mit Rotkohlsaft kann man schöne Farben zaubern.*

Lackmus Der blaue Farbstoff Lackmus wird aus den Inhaltsstoffen von Flechten hergestellt. Er setzt sich aus vielen verschiedenen roten, violetten und blauen Farbstoffen zusammen. Früher wurde Lackmus zum Bläuen von Wäsche und als Lebensmittelfarbstoff genutzt. Heute verwendet man ihn ausschließlich als Indikator, entweder flüssig oder aufgetragen auf Papierstreifen. Sein Umschlagsbereich liegt zwischen den pH-Werten 5 und 8.

3 *Lackmus als Indikator für Säuren (rot) und Laugen (blau)*

Aufgaben

1 Nenne natürliche Indikatoren, mit denen du eine saure Lösung nachweisen kannst.
2 Beschreibe, welche Farbänderungen Zitronensaft in verschiedenen Teesorten bewirkt.
3 Recherchiere: Wie lautet ein typisches Blaukrautrezept und ein typisches Rotkohlrezept?

Praktikum Indikatoren selbst hergestellt

1 Herstellung von Blaukrautindikator
Geräte: Becherglas (400 ml), Messer, Schneidebrett, Dreifuß, Drahtnetz, Gasbrenner, Trichter, Filter, Erlenmeyerkolben (400 ml)
Chemikalien: Wasser, Blaukrautblätter
Durchführung: Schneide die Blaukrautblätter in schmale Streifen und lege sie in das Becherglas. Fülle das Becherglas zur Hälfte mit Wasser. Bringe das Wasser zum Sieden und koche es 10 min. Filtriere die noch heiße Flüssigkeit durch einen Filter in einen Erlenmeyerkolben. Das Filtrat ist Blaukrautindikator.

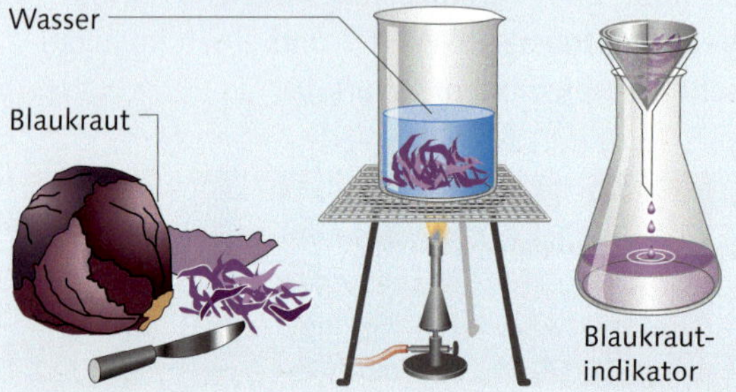

2 Wirkung von Lebensmitteln und Haushaltsmitteln auf Blaukrautindikator
Geräte: 8 Reagenzgläser mit Gummistopfen, Reagenzglasständer, 2 Messpipetten (10 ml), Pipetten, Spatel
Chemikalien: Blaukrautsaft, Wasser, Essig (farblos, klar), Zitronensaft, Apfelsaft, Spülmittel, Weißwein, Backpulver, Waschmittel, Spülmaschinenpulver
Durchführung: Gib mit einer Messpipette in jedes Reagenzglas 5 ml Blaukrautsaft und 10 ml Wasser. Gib dann in jedes Reagenzglas mithilfe der anderen Messpipette 5 ml einer Flüssigkeit oder einen halben Spatel eines Feststoffs. Verschließe die Reagenzgläser mit einem Gummistopfen und schüttle gut.
Auswertung: Sortiere die Reagenzgläser nach sauren und alkalischen Lösungen.

a Zeichne oder fotografiere die Reagenzgläser mit ihren unterschiedlichen Farben.

b Erkläre, wie es zu den unterschiedlichen Bezeichnungen Rotkohl bzw. Blaukraut kommt.

3 Vergleich von Blaukrautindikator mit Universalindikator
Geräte: Tüpfelplatte, Universalindikatorpapier, Spatel, 2 Pipetten
Chemikalien: Wasser, Essig (farblos, klar), Zitronensaft, Apfelsaft, Spülmittel, Weißwein, Backpulver, Waschmittel, Spülmaschinenpulver
Durchführung: Fülle die Vertiefungen der Tüpfelplatte wie in der Abbildung gezeigt mit den Stoffen. Von den Feststoffen nimm je eine Spatelspitze und gib etwas Wasser hinzu. Halte in jede Flüssigkeit einen Streifen Indikatorpapier. Lies den pH-Wert an der Farbskala ab.
Auswertung:

a Ordne die Stoffe nach ihren pH-Werten.

b Vergleiche die Ordnung mit der Aufstellung beim Test mit Blaukrautindikator (Experiment 2). Was stellst du fest?

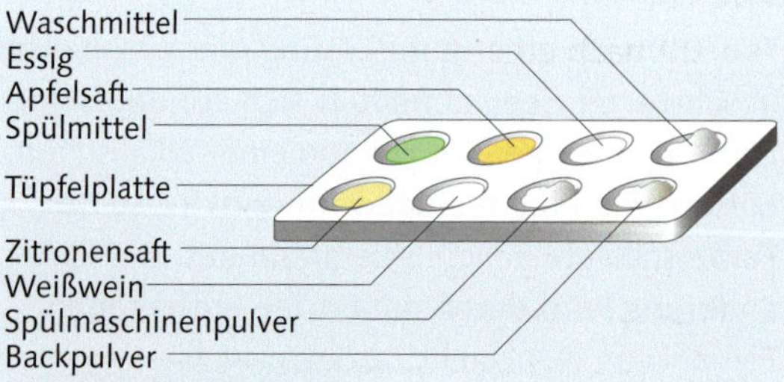

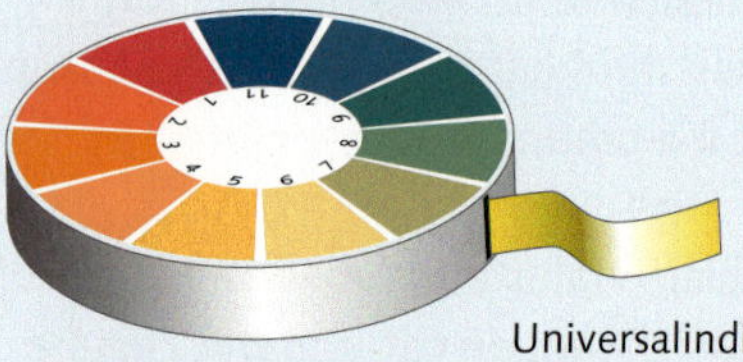

Universalindikatorpapier

4 Herstellung von Tee als Indikator
Geräte: Becherglas (400 ml), Dreifuß, Drahtnetz, Gasbrenner, Trichter, Filter, Erlenmeyerkolben (400 ml), Siedesteine
Chemikalien: Wasser, schwarzer Tee (oder Hagebuttentee)
Durchführung: Gib die Teeblätter in ein Becherglas und fülle es mit Wasser auf. Bringe das Wasser zum Sieden und koche es etwa 5 min. Filtriere die noch heiße Flüssigkeit durch einen Filter in einen Erlenmeyerkolben. Das Filtrat kann als Indikator genutzt werden.

5 Farbänderungen bei Blüten

Geräte: 9 hohe Bechergläser (250 ml), Messer
Chemikalien: 5%iger Haushaltsessig (farblos, klar), 5%ige Natronlauge, dest. Wasser; Blüten von Nelken (rosa), Wiesenstorchschnabel, Iris, Rosen, Veilchen

a *Durchführung:* Wähle drei Blumensorten aus. Stelle von jeder Sorte je eine Blüte in ein Glas mit Haushaltsessig, in ein Glas mit 5%iger Natronlauge und in ein Glas mit Wasser.
Auswertung: Notiere, wie sich die Blüten nach einer Stunde verändert haben.

b *Durchführung:* Spalte den Stiel einer rosa Nelke bis zur Blüte. Stelle die eine Hälfte in ein Glas mit Haushaltsessig, die andere in ein Glas mit 5%iger Natronlauge.
Auswertung: Beschreibe das Aussehen der Blüte nach einer Stunde.

6 Herstellung von Blütenindikator

Geräte: Becherglas (600 ml), Messer, Dreifuß, Drahtnetz, Gasbrenner, Trichter, Filter, Erlenmeyerkolben (400 ml), Mörser, Pistill, Sand
Chemikalien: Wasser, rote Rosenblüten (oder rote Geranienblüten)
Durchführung: Zerreibe die Blütenblätter im Mörser mit etwas Sand. Gib die zerriebenen Blüten in das Becherglas und fülle mit Wasser auf. Bringe das Wasser zum Sieden und koche 5–10 min. Filtriere die noch heiße Flüssigkeit durch einen Filter in einen Erlenmeyerkolben.

7 Herstellung von Curcumaindikator

Geräte: Becherglas (100 ml), Messzylinder, Spatel, Trichter, Filter, Erlenmeyerkolben (100 ml), Glasstab
Chemikalien: Ethanol, Curcuma
Durchführung: Gib einen Spatel Curcuma in ein Becherglas. Gib 50 ml Ethanol hinzu. Rühre das Gemisch gut um. Filtriere die Flüssigkeit durch einen Filter in einen Erlenmeyerkolben.

8 pH-Test mit natürlichen Indikatoren

Geräte: 3 Reagenzglasständer mit je 10 Reagenzgläsern, Pasteurpipetten
Chemikalien: 10 saure und alkalische Lösungen mit eingestellten pH-Werten von pH = 3–12, Indikatorlösungen (Exp. 4, 6, 7)
Durchführung: Gib in die 3 Reagenzglasständer jeweils 10 leere Reagenzgläser. Gib in die 10 Reagenzgläser eines Reagenzglasständers je etwa 5 ml der Lösungen mit pH = 3–12. Markiere den jeweiligen pH-Wert der Lösung.
Ein Reagenzglasständer wird wie in der Abbildung gezeigt mit Blütenindikator, der zweite mit Teeindikator und der dritte mit Curcumaindikator versetzt, indem in jedes Reagenzglas 1–2 ml der Indikatorlösung gegeben wird.
Auswertung:

a Zeichne die Farbveränderungen. Notiere die genauen Umschlagsbereiche für den sauren und alkalischen Bereich. Gib an, welchen natürlichen Indikator du am geeignetsten findest, und begründe.

b Tauche Filterpapierstreifen in die verschiedenen Indikatorlösungen, um Indikatorpapier herzustellen. Teste das Indikatorpapier.

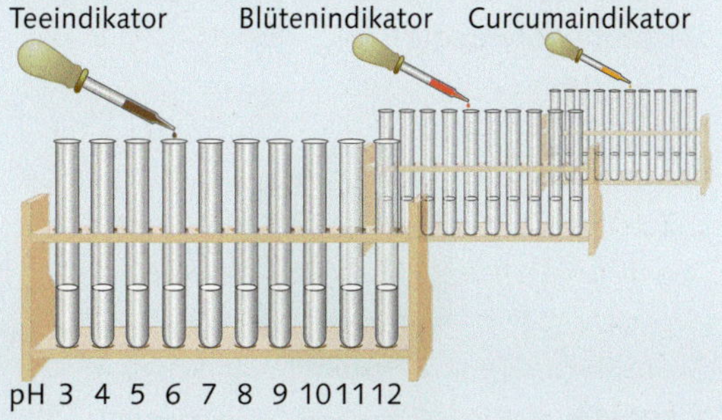

Salzsäure – eine saure Lösung

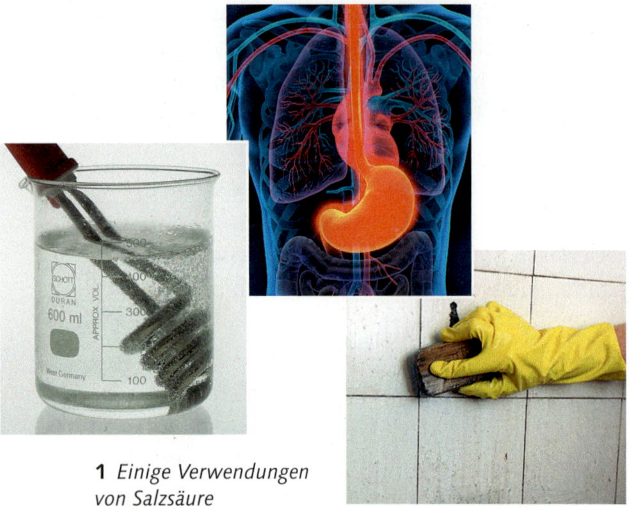

1 *Einige Verwendungen von Salzsäure*

3 *Beim Einleiten von Chlorwasserstoff in Wasser entsteht Salzsäure.*

Salzsäure, eine bekannte Säure Salzsäure ist eine bekannte und sehr wichtige Säure. Aufgrund ihrer kalklösenden Wirkung ist sie Bestandteil von Reinigern zur Beseitigung von Kalkresten und zum Entkalken von Heizwendeln oder Rohrleitungen. In der Technik wird sie zur Entfernung von Oxidschichten, zum Ätzen von Metallschildern und zum Gewinnen von Metallen aus Erzen verwendet. Außerdem ist sie Grundstoff für die Herstellung von Chemiefasern. Nicht zuletzt tragen wir alle Salzsäure auch in uns, denn unser Magensaft enthält zu etwa 0,3 % Salzsäure.
Die Bezeichnung *Salzsäure* geht auf eine frühere Herstellungsmethode zurück, bei der aus der Reaktion von Koch*salz* mit Schwefel*säure* ein farbloses, stechend riechendes Gas ausgetrieben wird, der Chlorwasserstoff. Dieses Gas wurde auch als „Salzgeist" bezeichnet. Durch Einleiten in Wasser erhält man schließlich die Salzsäure. Welche Reaktionen sind für die Herstellung von Salzsäure notwendig?

HCl

2 *Molekülmodell und Formel von Chlorwassertoff*

Bildung von Chlorwasserstoff Das Gas Chlorwasserstoff kann direkt durch Reaktion von Chlor mit Wasserstoff hergestellt werden. Weil Chlor sehr reaktionsfreudig ist, genügt bereits ein kurzes Blitzlicht, um die Reaktion in Gang zu setzen.

Chlor + Wasserstoff → Chlorwasserstoff
$Cl_2 + H_2 \rightarrow 2\,HCl$

Auch andere Halogene reagieren mit Wasserstoff zu Halogenwasserstoffen. Mit Brom reagiert Wasserstoff zu Bromwasserstoff und mit Fluor zu Fluorwasserstoff.
Halogenwasserstoffe sind Molekülverbindungen. Im Chlorwasserstoff-Molekül ist ein Chloratom über eine Elektronenpaarbindung mit einem Wasserstoffatom verbunden.

Vom Chlorwasserstoff zur Salzsäure Das farblose Gas Chlorwasserstoff löst sich gut in Wasser. Wenn dem Wasser vorher Lackmus zugesetzt wurde, färbt sich der Indikator rot. Die Rotfärbung zeigt eine saure Lösung an, die als Salzsäure bezeichnet wird.
In der Alltagssprache werden saure Lösungen häufig einfach „Säure" genannt. Genau genommen müsste Salzsäure als Salzsäurelösung bezeichnet werden, denn „Salzsäure" ist die saure Lösung von Chlorwasserstoff in Wasser.

Salzsäure ist eine saure Lösung von Chlorwasserstoff in Wasser.

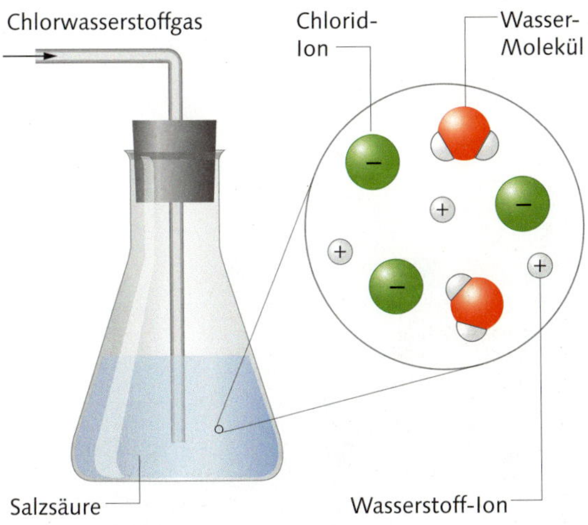

4 *In Salzsäure liegen Ionen vor.*

Salzsäure leitet Strom Reines Wasser und auch das Chlorwasserstoffgas sind nicht elektrisch leitfähig. Salzsäure dagegen leitet den elektrischen Strom. Wie kann das sein?

Bildung von Ionen durch Dissoziation Während des Einleitens von Chlorwasserstoff in Wasser werden in der sauren Lösung Ionen gebildet, die als frei bewegliche Ladungsträger den Strom leiten. Beim Lösen von Chlorwasserstoff in Wasser reagieren Chlorwasserstoff-Moleküle mit Wasser-Molekülen zu Wasserstoff-Ionen (H^+-Ionen) und Chlorid-Ionen (Cl^--Ionen).

$$\text{Chlorwasserstoff} \xrightarrow{\text{in Wasser}} \text{Salzsäure}$$

$$HCl \xrightarrow{H_2O} H^+ + Cl^-$$

Negativ geladene Ionen wie die Chlorid-Ionen werden allgemein als Säurerest-Ionen bezeichnet. Eine solche chemische Reaktion, bei der die Moleküle in Wasserstoff-Ionen und Säurerest-Ionen zerfallen, nennt man Dissoziation (lat. *dissociare:* trennen).
Alle sauren Lösungen enthalten Wasserstoff-Ionen. Sie sind für die sauren Eigenschaften verantwortlich und bewirken die Farbänderung bei Indikatoren.

Saure Lösungen enthalten immer Wasserstoff-Ionen (H^+-Ionen). Diese Ionen bewirken die Farbänderung bei Indikatoren.

Säure		Ionen in der sauren Lösung	
Name	**Formel**	**Wasserstoff-Ionen**	**Säurerest-Ion**
Chlorwasserstoff	HCl	H^+	Cl^- Chlorid-Ion
Fluorwasserstoff	HF	H^+	F^- Fluorid-Ion
Salpetersäure	HNO_3	H^+	NO_3^- Nitrat-Ion
Schwefelsäure	H_2SO_4	2 H^+	SO_4^{2-} Sulfat-Ion
Phosphorsäure	H_3PO_4	3 H^+	PO_4^{3-} Phosphat-Ion

Tab. 1 *Zusammensetzung einiger Säuren aus Ionen*

Formeln und Zusammensetzung von Säuren
Es gibt außer den Halogenwasserstoffen wie Chlorwasserstoff und Fluorwasserstoff auch andere Stoffe, die beim Lösen in Wasser saure Lösungen bilden. Dazu gehören Schwefelsäure, Salpetersäure und Phosphorsäure. Sie enthalten Säurerest-Ionen aus zusammengesetzten Ionen. Reaktionsschema für das Lösen von Schwefelsäure in Wasser:

$$H_2SO_4 \xrightarrow{H_2O} 2\,H^+ + SO_4^{2-}$$

Säuremoleküle ⟶ Wasserstoff-Ionen + Säurerest-Ionen

Säuren unterscheiden sich durch die Säurerest-Ionen. Sie bestimmen, wie viele Wasserstoff-Ionen im Säuremolekül gebunden sind (Tab. 1). So ist das SO_4^{2-}-Ion (Sulfat-Ion) zweifach negativ geladen. Im elektrisch neutralen Schwefelsäure-Molekül müssen deshalb zwei H^+-Ionen gebunden sein.

Aufgaben

1 Nenne Kennzeichen von sauren Lösungen.
2 Gib Verwendungen für Salzsäure an.
3 Formuliere das Reaktionsschema zur Bildung einer sauren Lösung für die Reaktion von:
a Bromwasserstoff mit Wasser
b Salpetersäure (HNO_3) mit Wasser
4 Feste Citronensäure leitet im Gegensatz zu ihrer Lösung keinen Strom. Begründe.

Reaktionen von sauren Lösungen

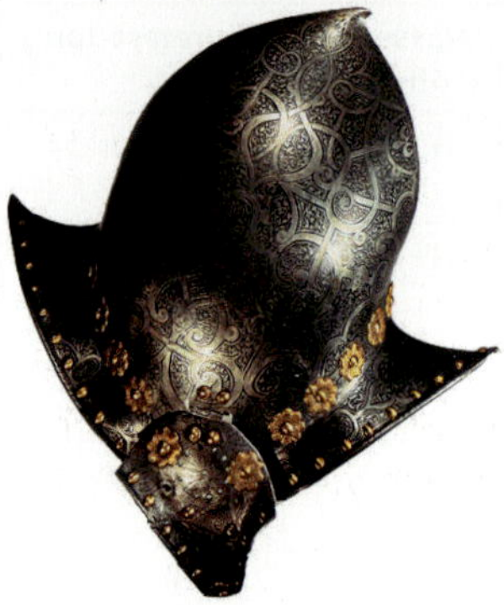

1 *Durch Säureätzung verzierter Helm*

2 *Essig zersetzt die Eierschale.*

Reaktion mit unedlen Metallen Wird ein Streifen Magnesiumband in ein Reagenzglas mit Salzsäure gegeben, sind schon nach kurzer Zeit Gasbläschen zu erkennen. Gleichzeitig löst sich das Magnesiumband auf. Das entstandene Gas kann aufgefangen und mit der Knallgasprobe als Wasserstoff nachgewiesen werden. Außerdem entsteht das Salz Magnesiumchlorid. Man erhält es durch Eindampfen der Salzlösung.
Alle unedlen Metalle wie Magnesium, Aluminium und Eisen reagieren mit sauren Lösungen.

Magnesium	+	Salzsäure	→	Magnesiumchlorid	+	Wasserstoff
Mg	+	$2\ HCl$	→	$MgCl_2$	+	H_2

Reaktion mit Metalloxiden Edle Metalle wie Kupfer, Silber und Gold reagieren nicht mit sauren Lösungen, dafür aber ihre Oxide: Gibt man beispielsweise Kupferoxid zu Salzsäure, so löst sich das Kupferoxid in der Säure auf. Bei dieser chemischen Reaktion werden das Salz Kupferchlorid und Wasser gebildet.

Kupferoxid	+	Salzsäure	→	Kupferchlorid	+	Wasser
CuO	+	$2\ HCl$	→	$CuCl_2$	+	H_2O

Diese Reaktion macht man sich beispielsweise zunutze, um Rost (Eisenoxid) zu entfernen.

Saure Lösungen reagieren mit unedlen Metallen zu einer Salzlösung und Wasserstoff. Mit Metalloxiden reagieren sie zu einer Salzlösung und Wasser.

Reaktion mit Kalk Eierschalen, Marmor und Schneckenhäuser bestehen aus Kalk (Calciumcarbonat). Wird Kalk mit einer sauren Lösung versetzt, zersetzt sich der Kalk und es bildet sich ein Gas. Dieses Gas trübt Kalkwasser und wird dadurch als Kohlenstoffdioxid nachgewiesen.

Kalk	+	Salzsäure	→	Calciumchlorid	+	Kohlenstoffdioxid	+	Wasser
$CaCO_3$	+	$2\ HCl$	→	$CaCl_2$	+	CO_2	+	H_2O

Saure Lösungen reagieren mit Kalk und setzen dabei Kohlenstoffdioxid frei.

Ätzende Wirkung Viele Säuren wie Schwefelsäure, Salpetersäure und Salzsäure wirken in Abhängigkeit von ihrer Konzentration ätzend. Sie sind deshalb gesundheitsschädlich. Informiere dich vor dem Experimentieren über Sicherheitsmaßnahmen und halte diese unbedingt ein!
Die ätzende Wirkung kann auch zu gestalterischen Zwecken genutzt werden, beispielsweise um Metalle zu verzieren. Dazu wird die Metalloberfläche mit Wachs bedeckt und anschließend in die Wachsschicht ein Muster eingeritzt, sodass die Metalloberfläche darunter frei liegt. Wird das Metall danach in eine saure Lösung gegeben, reagiert es mit der Säure und das Muster wird in die Oberfläche eingeätzt.

Aufgaben

1 Überlege, wie du vorgehen könntest, um Eisen(III)-chlorid ($FeCl_3$) herzustellen.

2 Begründe, warum man Tischplatten aus Marmor nicht mit Essigreiniger putzen sollte.

Praktikum Eigenschaften von sauren Lösungen

1 Metallätzung

Geräte: selbstklebende Buchfolie, Cuttermesser, Spachtel, Holzstäbchen, pneumatische Wanne, Tiegelzange
Chemikalien: kleine Aluminiumplatten, 20%ige Salzsäure, Kerzenwachs
Durchführung: Schneide zunächste die Folie auf die Größe der Aluminiumplatte zu und dann mithilfe des Cuttermessers ein Muster in die Folie. Beklebe die Aluminiumplatte mit der Folie. Beschichte eine andere Platte dünn mit flüssigem Kerzenwachs. Nach dem Trocknen ritze ein Muster in die Wachsschicht ein. Lege die präparierten Platten in die Wanne und bedecke sie knapp mit Salzsäure. Nach 30 min werden die Platten mit der Zange aus dem Säurebad genommen, mit Wasser abgespült und die Folie bzw. das Wachs entfernt. Poliere die Platten mit einem sauberen Tuch.
Auswertung: Notiere deine Beobachtungen und erkläre das Ergebnis.

2 Leitfähigkeit einer sauren Lösung

Geräte: Blockbatterie, Stromkabel, Krokodilklemmen, Leuchtdiode, Graphitelektroden, 2 Bechergläser (100 ml), Messzylinder
Chemikalien: 5%ige Salzsäure
Durchführung: Gib in ein Becherglas 50 ml Salzsäure. Verbinde die Batterie und die Leuchtdiode mit den Experimentierkabeln. Klemme die Graphitelektroden zwischen die Krokodilklemmen. Teste die Leifähigkeit der Lösung.
Auswertung: Erkläre das Ergebnis.

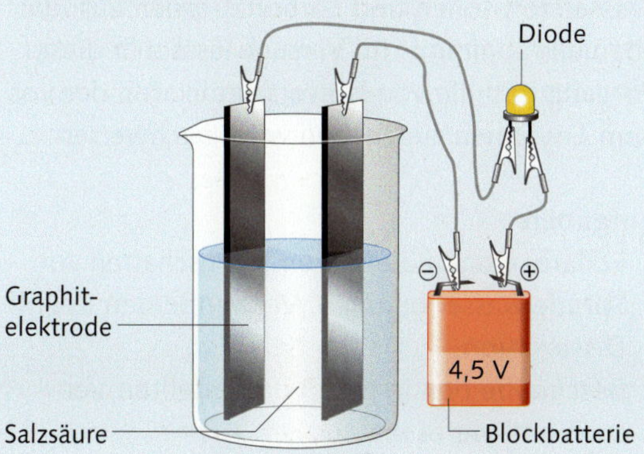

3 Zersetzende Wirkung auf Kalk

Geräte: Becherglas (50 ml), Mörser mit Pistill
Chemikalien: Essig oder 5%ige Citronensäure, Eierschalen, Calciumcarbonat
Durchführung: Zerkleinere die Eierschalen im Mörser zu Pulver. Fülle das Becherglas halb voll mit Säure und gib das Eierschalenpulver hinein. Führe den gleichen Versuch mit Calciumcarbonat durch.
Auswertung:

a Notiere und erkläre deine Beobachtungen.
b Plane ein einfaches Experiment, mit dem du das entstehende Gas nachweisen könntest.

4 Rostentfernung

Geräte: 3 Reagenzgläser, 3 Pipetten, 3 rostige Nägel, Pinzette
Chemikalien: Cola, 3%ige Phosphorsäure, 5%ige Salzsäure
Durchführung: Gib in das erste Reagenzglas Cola, ins zweite Phosphorsäure und ins dritte Salzsäure. Stelle in jedes Reagenzglas einen rostigen Nagel. Beobachte, wie sich die rostigen Nägel und die Farbe der Lösungen verändern. Nimm die Nägel danach vorsichtig mit der Pinzette aus den Reagenzgläsern, spüle sie mit Wasser ab und trockne sie mit einem sauberen Tuch.
Auswertung: Vergleiche die Fähigkeit der sauren Lösungen, Rost zu lösen.

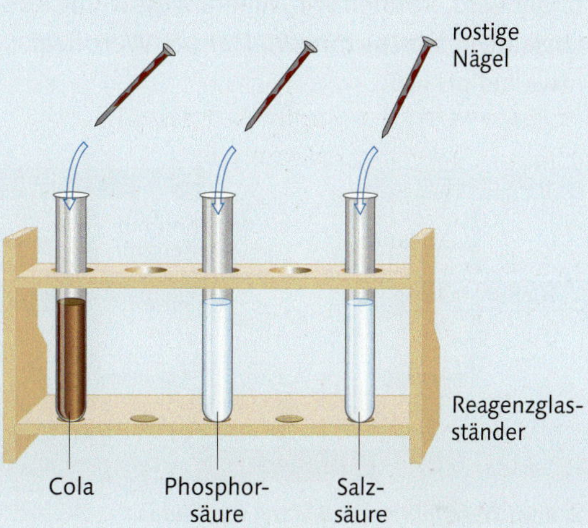

11

Kohlensäure

1 *Kohlensäurehaltiges Wasser*

Erfrischende Getränke Viele Getränke enthalten das Gas Kohlenstoffdioxid. Beim Öffnen der Flasche sprudeln kleine Gasbläschen heraus. Der säuerliche Geschmack und die kleinen Gasperlen erzeugen einen erfrischenden Geschmack. Schüttelt man eine Sprudelflasche, entweicht beim Öffnen viel Kohlenstoffdioxid und die Flüssigkeit schäumt stark. Wie ist das Kohlenstoffdioxid in die Flüssigkeit gekommen?

Bildung der Kohlensäure Wird Kohlenstoffdioxid in Wasser eingeleitet, beispielsweise mithilfe einer Gaspatrone, löst sich der größte Teil des Gases. Prüft man diese Lösung mit Universalindikator, so zeigt dieser durch Rotfärbung an, dass sich eine saure Lösung gebildet hat. Ein geringer Teil (weniger als 1 %) des eingeleiteten Kohlenstoffdioxids reagiert mit Wasser zu Kohlensäure. Weil nur sehr wenig Kohlensäure gebildet wird, können wir Mineralwasser mit Kohlensäure gefahrlos trinken. Der pH-Wert liegt etwa bei pH = 6.

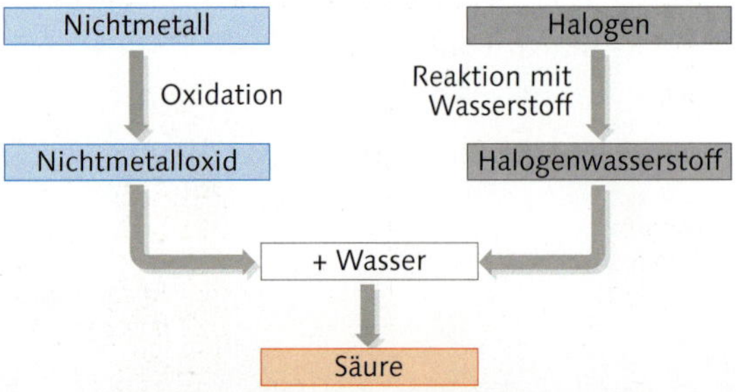

2 *Zwei Wege führen zur Bildung von Säuren.*

3 *Sprudelwasser mit Universalindikator versetzt, Eigenschaften vor und nach Erwärmen*

Säuren können also nicht nur durch Halogene gebildet werden. Durch Oxidation des Nichtmetalls Kohlenstoff mit Sauerstoff aus der Luft erhält man das Nichtmetalloxid Kohlenstoffdioxid, das in Wasser gelöst Kohlensäure bildet.

Wässrige Lösungen von Nichtmetalloxiden sind saure Lösungen.

Zerfall der Kohlensäure Die saure Wirkung entsteht dadurch, dass in Wasser gelöste Kohlensäure dissoziiert. Die saure Lösung enthält einfach positiv geladene Wasserstoff-Ionen und zweifach negativ geladene Carbonat-Ionen.

$$H_2CO_3 \rightarrow 2\ H^+ + CO_3^{2-}$$

Erwärmen von Sprudelwasser Durch Erwärmen wird das im Wasser gelöste Kohlenstoffdioxid ausgetrieben und das Wasser schmeckt nach einer Weile nur noch fad. Nimmt der Gehalt an gelöstem Kohlenstoffdioxid ab, so nimmt auch die Konzentration der Kohlensäure ab. Dies wirkt sich auf die Konzentration an Wasserstoff-Ionen und Carbonat-Ionen aus, die ebenfalls abnimmt. Im Versuch lässt sich dieser Vorgang mithilfe von Universalindikator, der vor dem Erwärmen zugegeben wird, nachweisen.

Aufgaben

1 Erkläre, worauf die sauren Eigenschaften von Sprudelwasser beruhen. Verwende den Begriff Dissoziation.

2 Beschreibe den in Bild 3 dargestellten Versuch und werte ihn aus.

Praktikum Kohlensäure

1 Herstellung von Kohlensäure aus Holzkohle

Geräte: Standzylinder, Draht (ca. 30 cm), Gasbrenner, Becherglas (50 ml), Abdeckscheibe
Chemikalien: Holzkohle, Sauerstoff, Wasser, Lackmuslösung
Durchführung: Fülle den Standzylinder mit Sauerstoff und decke ihn mit einer Abdeckscheibe ab. Nimm einen Draht und befestige am Ende ein Stück Holzkohle. Bringe die Holzkohle in der Brennerflamme zum Glühen. Führe die glühende Holzkohle in den Standzylinder ein und lass sie verbrennen. Gib in den Standzylinder 50 ml Wasser und einige Tropfen Lackmuslösung. Verschließe den Standzylinder mit der Abdeckscheibe und schüttle um.
Auswertung: Beschreibe und zeichne deine Beobachtungen. Stelle jeweils ein Reaktionsschema für die Verbrennung der Kohle und für das Lösen des Kohlenstoffdioxids in Wasser auf.

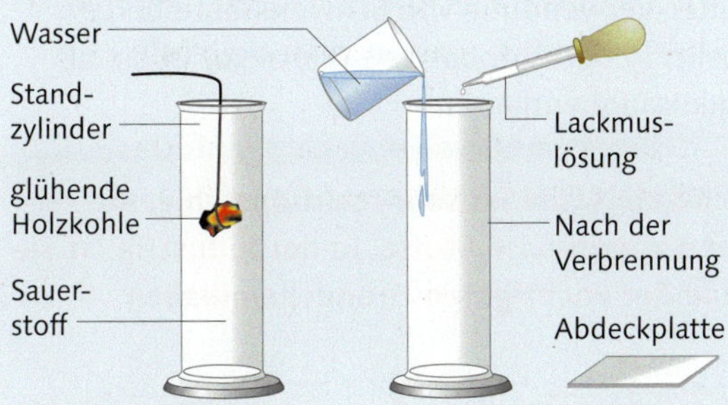

2 Ein Luftballon wird „aufgepumpt"

Geräte: 2 Luftballons, Reagenzglas, Reagenzglashalter, Gasbrenner, Siedesteinchen
Chemikalien: Mineralwasser (mit Kohlensäure)
Durchführung:

a Stülpe den Luftballon über die Mineralwasserflasche. Schüttle die Flasche kräftig und beobachte.
b Gib frisches Mineralwasser und Siedesteinchen in ein Reagenzglas und stülpe den Luftballon darüber. Halte das Reagenzglas mithilfe des Halters schräg über die rauschende Brennerflamme.

Auswertung: Vergleiche die beiden Luftballons. Erkläre die Auswirkung der Erwärmung.

3 Nachweis von Kohlenstoffdioxid in Mineralwasser

Geräte: durchbohrter Stopfen, gewinkeltes Glasrohr, Becherglas (50 ml)
Chemikalien: Mineralwasser (mit Kohlensäure), Kalkwasser (Calciumhydroxid-Lösung), Leitungswasser, Universalindikator
Durchführung: Stecke den Gummistopfen mit dem gewinkelten Glasrohr in eine Mineralwasserflasche. Gib 30 ml Kalkwasser in das Becherglas. Schüttle die Flasche und halte das Ende des Glasrohrs sofort in das Becherglas mit Kalkwasser. Führe den Versuch abgewandelt erneut durch. Gib diesmal 5 Tropfen Universalindikator in 50 ml Leitungswasser und leite das Gas ein.
Auswertung: Beschreibe und zeichne deine Beobachtungen.

4 Cola-Mentos-Fontäne

Versuch wird im Freien durchgeführt!
Geräte: Draht (ca. 60 cm), Handbohrer (mind. 6 mm)
Chemikalien: Cola light, 5 Mentos-Bonbons
Durchführung: Bohre ein Loch in den Deckel der PET-Colaflasche. Bohre ein Loch in jedes Bonbon. Nimm einen Draht, führe ihn durch die Bonbons und verknote das Ende. Führe den Draht durch den Flaschendeckel. Schütte etwas von der Cola aus der Flasche und schraube den Deckel so zu, dass die Bonbonkette über der Flüssigkeit hängt. Lass die Bonbonkette durch Loslassen des Drahts in die Cola fallen und entferne dich rasch von der Flasche.
Auswertung: Filme das Experiment. Schätze die Höhe der Fontäne.

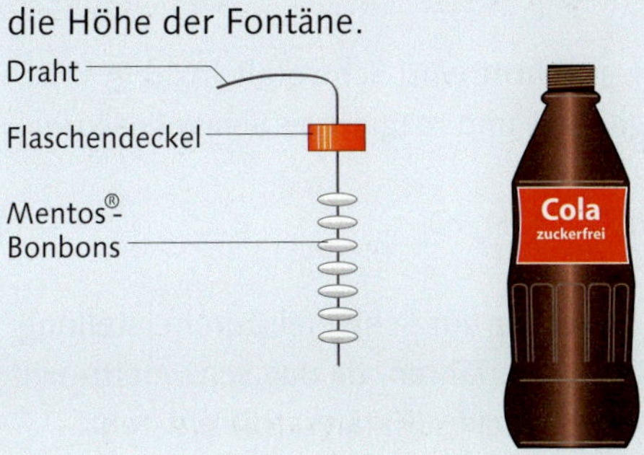

Schwefelsäure

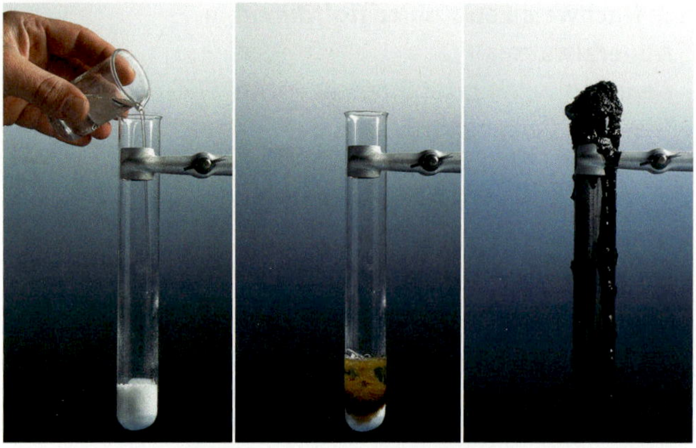

1 *Konzentrierte Schwefelsäure zersetzt Zucker. Dabei entsteht Wasserdampf, der die kohlenstoffhaltige Masse aufbläht.*

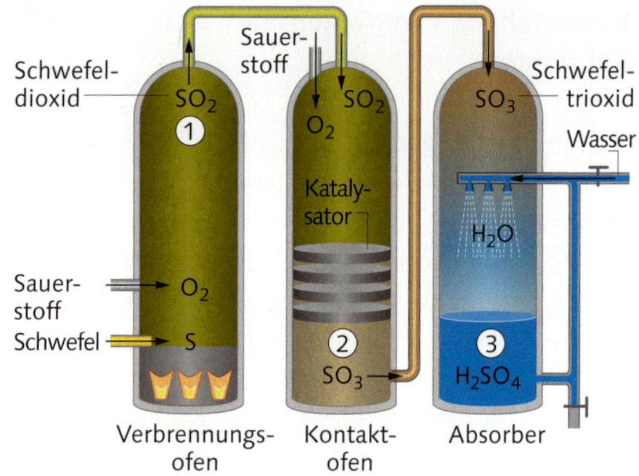

2 *Industrielle Herstellung von Schwefelsäure im Kontaktverfahren*

Eigenschaften Konzentrierte Schwefelsäure ist eine ölige und farblose Flüssigkeit. Sie zieht Feuchtigkeit aus der Luft an. Solche Stoffe werden als hygroskopisch (griech. *hygrós:* feucht) bezeichnet. Organische Stoffe wie Zucker, Baumwolle oder Haut werden durch Schwefelsäure zersetzt. Dabei wird Kohlenstoff gebildet.

Kontaktverfahren Ausgangsstoff für die Herstellung von Schwefelsäure ist elementarer Schwefel, der aus natürlichen Vorkommen gewonnen oder bei der Rauchgasentschwefelung erzeugt wird. Durch Oxidation des Schwefels wird zuerst Schwefeldioxid hergestellt (Bild 2).

$$S + O_2 \rightarrow SO_2 \quad (1)$$

Das gebildete Schwefeldioxid reagiert anschließend an einem erhitzten Katalysator mit Sauerstoff zu Schwefeltrioxid.

$$2\,SO_2 + O_2 \rightarrow 2\,SO_3 \quad (2)$$

Im letzten Schritt wird Schwefeltrioxid in Wasser eingeleitet und reagiert zu Schwefelsäure.

$$SO_3 + H_2O \rightarrow H_2SO_4 \quad (3)$$

Dieses Verfahren zur Schwefelsäureherstellung heißt Kontaktverfahren, da das Schwefeltrioxid an einem „Kontakt" (Katalysator) entsteht.

Bedeutung und Verwendung Schwefelsäure ist eine der wichtigsten Grundchemikalien, obwohl sie uns im Alltag nur selten direkt begegnet. Allerdings werden außerordentlich viele Produkte wie Farbstoffe, Waschmittel und Düngemittel unter Verwendung von Schwefelsäure hergestellt. In der Autobatterie (Bleiakku) ist sie als Akkusäure enthalten.

Schwefelsäure ist sehr reaktionsfähig, sie zersetzt organische Stoffe. In der Industrie ist sie eine der wichtigsten Grundchemikalien.

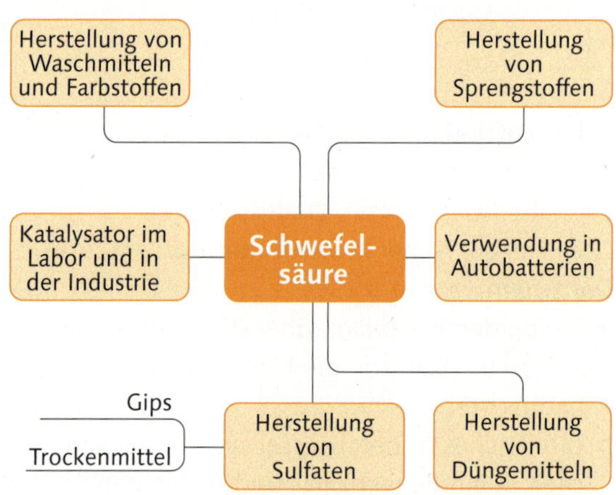

3 *Verwendung von Schwefelsäure*

Aufgabe

1 Beschreibe, was du beim Umgang mit Schwefelsäure beachten musst.

Exkurs Saurer Regen

1 *Saurer Regen schädigt Seen, Wälder und Gestein.*

Was ist saurer Regen? Lösen sich Luftschadstoffe wie Schwefeldioxid oder Stickstoffoxide im Regenwasser, so bilden sich saure Lösungen. Aus dem Nichtmetalloxid Schwefeldioxid entstehen schweflige Säure und Schwefelsäure, aus Stickstoffoxiden wird Salpetersäure gebildet. Diese Säuren verringern den pH-Wert des Regens: Der Regen wird sauer.

Beispiel:
Schwefeldioxid + Wasser → schweflige Säure
$SO_2 + H_2O \rightarrow H_2SO_3$

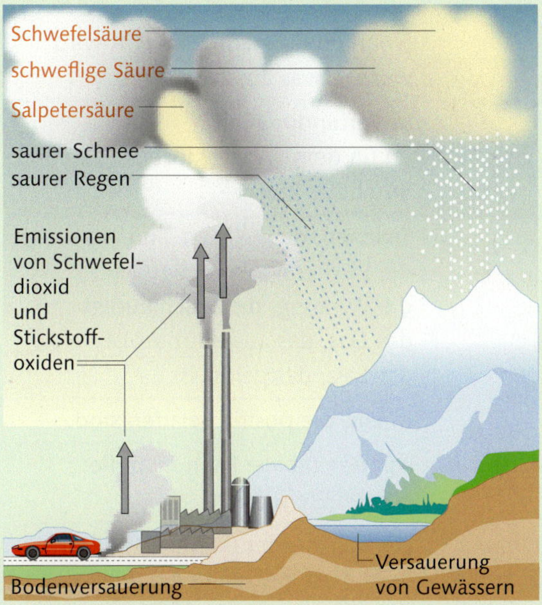

2 *Entstehung von saurem Regen*

Schäden durch sauren Regen Durch sauren Regen wird der Boden mit Wasserstoff-Ionen angereichert. Diese ersetzen im Boden andere wichtige Kationen wie Magnesium-, Kalium- und Calcium-Ionen, die aus dem Boden herausgewaschen werden. Die Absenkung des pH-Werts schädigt die Wurzeln der Pflanzen und führt schließlich durch eine Mangelversorgung auch zu Schäden an Blättern und Trieben. Nadelbäume können ihre Nadeln verlieren. Außerdem sind die geschädigten Pflanzen weniger widerstandsfähig gegen Krankheiten und Frost.

Verursacher und Folgen Hauptverursacher des sauren Regens sind Industrie, Kraftwerke und Verkehr. Überall, wo Erdöl, Kohle und Treibstoff verbrannt wird, entstehen Luftschadstoffe. Sie sind nicht nur für Pflanzen, Böden und Gewässer schädlich, sondern auch für den Menschen: Luftschadstoffe können Atemwegserkrankungen wie Asthma und Kopfschmerzen verursachen.

3 *Kalken des Waldbodens*

Maßnahmen gegen sauren Regen Durch Kalken kann der pH-Wert des Bodens wieder angehoben werden. Eine Verringerung der Schadstoffemissionen und die durchgängige Nutzung von Filteranlagen in der Industrie sind jedoch bessere Maßnahmen, da sie den sauren Regen vermeiden. Die seit den 1990er Jahren vorgeschriebenen Autokatalysatoren haben ebenfalls zu einem Rückgang der Luftschadstoffe geführt.

Aufgaben

1 Erkläre, wie saurer Regen entsteht.
2 Nenne Verursacher des sauren Regens.
3 Beschreibe, welche Schäden saurer Regen hervorruft und was man dagegen tun kann.

Methode Fachsprache – Alltagssprache

1 *Eine gelungene Übersetzung?*

Grundlagen der Maßanalyse (Volumimetrie). Die Maßanalyse ist ein klassisches Verfahren der quantitativen Analyse. Bei einer maßanalytischen Bestimmung wird ein genau gemessener Teil der Analysenprobe gelöst. Die Lösung ist die Analysenlösung. Sie enthält den zu bestimmenden Titranden. Die Analysenlösung wird dann in einem Messkolben auf ein bestimmtes Volumen gebracht. Für Parallelbestimmungen sind mithilfe einer Vollpipette aus dem Messkolben gleiche Volumen zu entnehmen und in Titriergefäße zu überführen.

2 *Fachtext aus einem Chemielehrbuch*

Fachsprache „in eigenen Worten" ausdrücken
Im Chemieunterricht sollst du sowohl Fachsprache als auch Alltagssprache anwenden können. Manchmal ist es schwierig, die Fachsprache in Alltagssprache zu übersetzen, denn fachlich soll ja trotzdem alles richtig sein.

Wenn du aufgefordert wirst, etwas „in deinen eigenen Worten" auszudrücken, dann ist gemeint, dass du deine Beobachtung oder dein Ergebnis in Alltagssprache und nicht in Fachsprache sagen sollst. In der Tabelle sind die wichtigsten Merkmale von Fachsprache und Alltagssprache aufgelistet.

Fachsprache	**Beispiel**	**In eigenen Worten**
Fachwörter, Formeln	Elektrolyse, H_2O, Na_3N	–
Nominalisierung Verben werden zu Nomen.	die Entstehung die Beschleunigung die Erwärmung das Ausströmen	wenn etwas entsteht wenn etwas beschleunigt wird wenn etwas warm gemacht wird wenn etwas ausströmt
Nullartikel Artikel werden häufig weggelassen.	in Verbindung mit … in Wasser lösen durch Zugabe von	in Verbindung mit … im (in dem) Wasser lösen durch die Zugabe
Partizipien	geladene Teilchen reinigende Wirkung beschleunigende Wirkung ausgeströmtes Gas gelöstes Salz	Teilchen, die geladen sind die Wirkung, die reinigt die Wirkung, die beschleunigt das Gas, das ausgeströmt ist das Salz, das gelöst ist
mehrere Attribute	positiv geladene Ionen	Ionen, die positiv geladen sind
keine handelnden Personen	Die Tabelle dient zur Sicherung der Ergebnisse.	Mit der Tabelle kann man die Ergebnisse sichern.
Passivform	Elemente werden aufgrund ihrer gemeinsamen Eigenschaften in die entsprechende Spalte eingetragen.	Du trägst (oder man trägt) Elemente in dieselbe Spalte ein, weil sie die gleichen Eigenschaften haben.

Hier siehst du weitere Beispiele dafür, wie etwas in Fachsprache und in eigenen Worten ausgedrückt werden kann.

Fachsprache	**In eigenen Worten**
Eine technische Anwendung findet Schwefelsäure in der Autobatterie.	In der Autobatterie verwendet man Schwefelsäure.
Laugen besitzen eine ätzende Wirkung.	Laugen ätzen.
Bei Zugabe einer Lauge wird der Tee dunkelbraun.	Wenn man eine Lauge zum Tee gibt, wird der Tee dunkelbraun.
Beim Verdünnen einer Säure mit Wasser ist Vorsicht geboten, denn es wird viel Energie in Form von Wärme frei.	Man muss vorsichtig sein, wenn man Säure mit Wasser verdünnt, weil es sehr heiß wird.
Ähnlich wie bei der Herstellung von Natronlauge, aber mit einer geringeren Heftigkeit laufen die Reaktionen von Erdalkalimetallen mit Wasser ab.	Wenn Erdalkalimetalle mit Wasser reagieren, dann sind die Reaktionen weniger heftig, als wenn Natronlauge hergestellt wird.
Das entstehende Kohlenstoffdioxid wird wahrgenommen.	Es entsteht Kohlenstoffdioxid. Das können wir wahrnehmen.
Da der Atomkern des Sauerstoffatoms 8 Protonen aufweist, der des Wasserstoffatoms aber nur eins, geht vom Atomkern des Sauerstoffatoms eine stärkere Anziehungskraft auf das gemeinsame Elektronenpaar aus als vom Atomkern des Wasserstoffatoms.	Das Sauerstoffatom hat einen Atomkern mit 8 Protonen. Das Wasserstoffatom hat einen Atomkern mit nur einem Proton. Deswegen zieht der Atomkern des Sauerstoffatoms die Elektronen stärker an als der Atomkern des Wasserstoffatoms.
Zur Beschleunigung der Reinigung wird dem Reiniger neben seifenähnlichen Stoffen auch Natron zugefügt.	Ein Reiniger besteht aus Stoffen, die so ähnlich sind wie Seife. Wenn man zum Reiniger Natron gibt, dann reinigt er schneller.

Tipp: Du kannst die Übersetzung von der Fachsprache in die Alltagssprache üben, wenn du z. B. eine Spalte mit einem Blatt Papier abdeckst.

Natronlauge – eine alkalische Lösung

1 *Einige Verwendungen für Natronlauge*

Natronlauge – wichtig für Haushalt und Industrie Ob im Backofenspray oder im Abbeizmittel für alte Anstriche: Die ätzende Wirkung von Natronlauge wird überall dort genutzt, wo organische Stoffe wie Fette und Eiweißstoffe, aber auch Lacke zersetzt werden sollen. In der Industrie ist Natronlauge ein wichtiger Rohstoff zur Herstellung von Seifen und Waschmitteln. In der Papierindustrie werden die Papierrohstoffe in der Lauge aufgeweicht und gekocht.

2 *Natrium reagiert mit Wasser zu Natronlauge und Wasserstoff.*

Alkalimetalle und Erdalkalimetalle reagieren mit Wasser Gibt man etwas Natrium in Wasser, so ist eine heftige, stark exotherme Reaktion zu beobachten. Das Natrium bewegt sich mit zischendem Geräusch über die Wasseroberfläche, dabei ist eine kleine Flamme zu erkennen. Wird dem Wasser der Indikator Phenolphthalein zugefügt, färbt sich die entstehende Lösung rot. Dies zeigt an, dass eine alkalische Lösung entstanden ist: die Natronlauge. Außerdem wird gasförmiger Wasserstoff gebildet, der sich aufgrund der heftigen Reaktion entzündet.

Natrium + Wasser $\rightarrow$ Natronlauge + Wasserstoff

$2\,Na + 2\,H_2O \rightarrow 2\,Na^+ + 2\,OH^- + H_2$

Ähnlich wie Natrium reagieren auch die anderen Alkalimetalle wie Kalium und Lithium mit Wasser. Erdalkalimetalle wie Magnesium und Calcium reagieren ebenfalls mit Wasser zu Laugen. Solche Laugen sind wichtige Beispiele für alkalische Lösungen.

Alkalimetalle und Erdalkalimetalle reagieren mit Wasser zu Laugen und Wasserstoff.

Vom Natriumhydroxid zur Natronlauge Entfernt man durch Verdampfen das Wasser aus der Natronlauge, so erhält man einen kristallinen weißen Stoff: Natriumhydroxid (NaOH). Es gehört zur Gruppe der Metallhydroxide.
Im Labor wird es meist in Form von Natriumhydroxid-Plätzchen verwendet. Natronlauge kann auch aus festem Natriumhydroxid hergestellt werden. Dazu löst man beispielsweise 5 g Natriumhydroxid in 95 ml destilliertem Wasser. Dabei wird Wärme frei und eine 5%ige Natriumhydroxid-Lösung (5%ige Natronlauge) entsteht.

Natronlauge ist eine alkalische Lösung von Natriumhydroxid in Wasser.

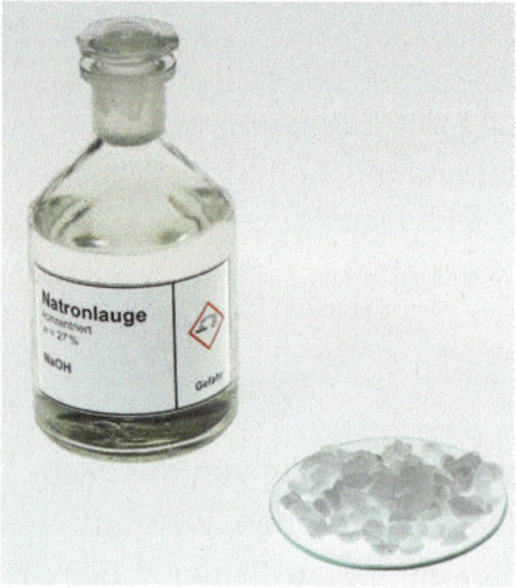

3 *Natriumhydroxid-Plätzchen und daraus hergestellte Natronlauge*

Metallhydroxid		Ionen in der alkalischen Lösung	
Name	**Formel**	**Metall-Ion**	**Hydroxid-Ion**
Natrium-hydroxid	NaOH	Na^+	OH^-
Kalium-hydroxid	KOH	K^+	OH^-
Calcium-hydroxid	$Ca(OH)_2$	Ca^{2+}	$2\ OH^-$
Magnesium-hydroxid	$Mg(OH)_2$	Mg^{2+}	$2\ OH^-$

Tab. 1 *Zusammensetzung von Metallhydroxiden aus Ionen*

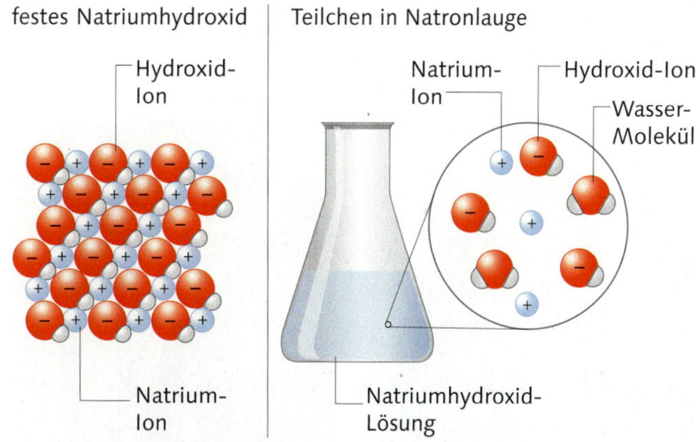

5 *Ionen im festen Natriumhydroxid und in der Natronlauge*

Natronlauge leitet den Strom Festes Natriumhydroxid zeigt keine elektrische Leitfähigkeit. Wird dagegen Natriumhydroxid in Wasser gelöst, so leitet diese Lösung den elektrischen Strom. In alkalischen Lösungen wie der Natronlauge müssen daher frei bewegliche Ionen als elektrische Ladungsträger vorhanden sein.
Im festen Natriumhydroxid sind die Ionen im Gitter gebunden. Im Wasser zerfällt das Ionengitter in positiv geladene Metall-Ionen und negativ geladene Hydroxid-Ionen (OH^--Ionen).

Natriumhydroxid ⟶ Natrium-Ion + Hydroxid-Ion
$NaOH \longrightarrow Na^+ + OH^-$

Alle alkalischen Lösungen enthalten Hydroxid-Ionen. Sie sind für die alkalischen Eigenschaften verantwortlich und bewirken die charakteristische Farbänderung bei Indikatoren.

Alkalische Lösungen enthalten immer Hydroxid-Ionen (OH^--Ionen). Diese Ionen bewirken die Farbänderung bei Indikatoren.

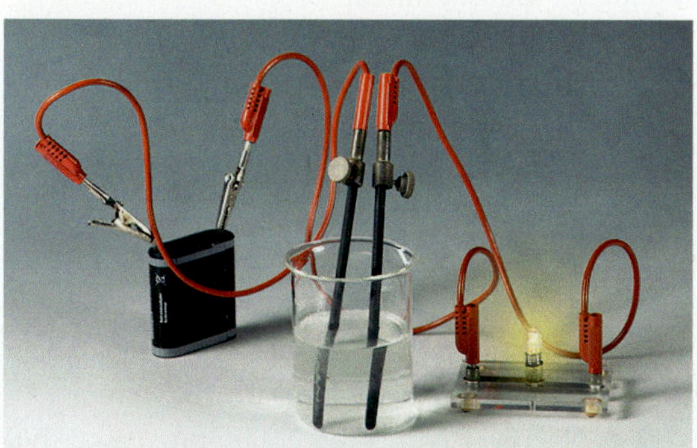

4 *Natronlauge ist ein elektrischer Leiter.*

Laugen aus Metalloxiden Auch Metalloxide bilden bei der Reaktion mit Wasser Hydroxide. Calciumoxid reagiert mit Wasser stark exotherm zu Calciumhydroxid-Lösung (Kalkwasser), das auch zum Nachweis von Kohlenstoffdioxid dient.

Calciumoxid + Wasser ⟶ Calcium-Ion + Hydroxid-Ionen
$CaO + H_2O \longrightarrow Ca^{2+} + 2\ OH^-$

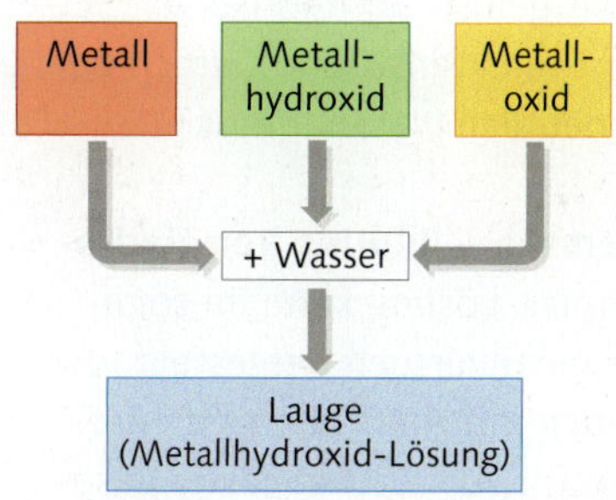

6 *Drei Möglichkeiten, eine Lauge (Metallhydroxid-Lösung) herzustellen*

Aufgaben

1 Nenne drei Eigenschaften von Natronlauge und gib drei Verwendungsmöglichkeiten an.
2 Gib an, was man unter einer alkalischen Lösung versteht.
3 Formuliere das Reaktionsschema der Reaktion von Magnesium mit Wasser. Wie heißen die Reaktionsprodukte?
4 Feste Metallhydroxide leiten den elektrischen Strom nicht, Laugen dagegen schon. Begründe das unterschiedliche Verhalten.
5 Ein verkalkter Wasserkocher und ein angebranntes Backblech sollen gereinigt werden. Für welche Verschmutzung nimmst du Säuren, für welche Laugen?

11

Ammoniak-Lösung reagiert alkalisch

1 *Ammoniak ist in Haushaltsreinigern enthalten.*

2 *In einem Kuhstall riecht es immer stark nach Ammoniak.*

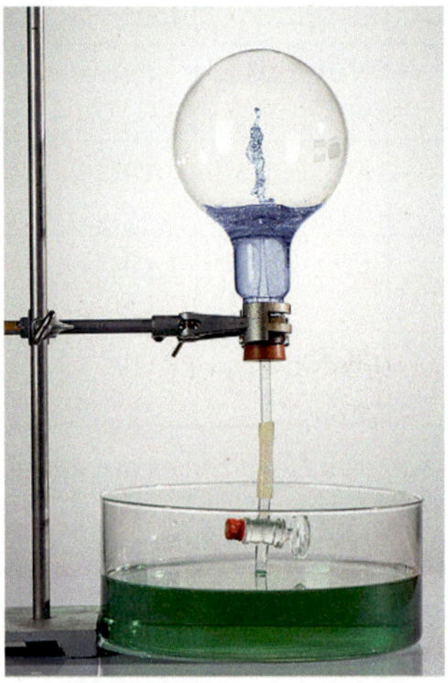

4 *Springbrunnenversuch zur Bildung von Ammoniak-Lösung (versetzt mit Universalindikator)*

Ammoniak und Ammoniak-Lösung Ammoniak ist ein farbloses, stechend riechendes und giftiges Gas mit der Formel NH_3. In Wasser gelöst und stark verdünnt wird es als Ammoniak-Lösung oder Salmiakgeist bezeichnet und findet Verwendung in Haushaltsreinigern und Fensterputzmitteln. Da das gelöste Ammoniak leicht entweicht, ist der charakteristische Geruch bei diesen Reinigern deutlich wahrnehmbar.

Springbrunnenversuch – Bildung von Hydroxid-Ionen Ammoniak-Lösung kann im sogenannten Springbrunnenversuch hergestellt werden. In einen Kolben mit Ammoniakgas wird mit Universalindikator versetztes Wasser gesogen, das wie bei einem Springbrunnen nach oben in den Kolben spritzt. Dabei löst sich das Gas im Wasser und eine Ammoniak-Lösung entsteht. Der zugesetzte Indikator zeigt an, dass es sich um eine alkalische Lösung handelt. Dies ist erstaunlich, denn anders als bei den bereits bekannten Metallhydroxiden sind im Ammoniak-Molekül (NH_3) keine Hydroxid-Ionen gebunden. Wie kann das sein?

3 *Molekülmodell von Ammoniak und Formel*

Ein kleiner Teil der Ammoniak-Moleküle reagiert mit Wasser-Molekülen, wobei Ammonium-Ionen und Hydroxid-Ionen gebildet werden.

Ammoniak + Wasser
$\rightarrow$ Ammonium-Ion + Hydroxid-Ion

$$NH_3 + H_2O \rightarrow NH_4^+ + OH^-$$

Ammoniak ist ein farbloses, stechend riechendes Gas, das sich gut in Wasser löst. Eine wässrige Ammoniak-Lösung reagiert wegen der enthaltenen Hydroxid-Ionen alkalisch.

Vorkommen, Bedeutung von Ammoniak In der Natur kommt Ammoniak überall dort vor, wo stickstoffhaltiges pflanzliches und tierisches Material abgebaut wird, beispielsweise durch den Stoffwechsel von Rindern oder Pferden. Der Geruch nach Ammoniak ist deshalb in Viehställen immer wahrnehmbar.
Für die Industrie ist Ammoniak ein wichtiger Grundstoff, der für die Herstellung von Kunststoffen und Farbstoffen verwendet wird. Der größte Bedarf besteht jedoch bei der Produktion von Düngemitteln aus Ammoniumsalzen.

Aufgaben

1 Fertige einen Steckbrief über Ammoniak an.
2 Begründe, warum das Indikatorpapier vor dem Nachweis von Ammoniak mit Wasser befeuchtet werden muss.

Exkurs Eine neue Definition für Säuren und Basen

Wie lassen sich saure und alkalische Eigenschaften erklären? Bisher haben wir definiert, dass saure Lösungen Wasserstoff-Ionen und alkalische Lösungen Hydroxid-Ionen enthalten. Diese Betrachtungsweise nimmt die Stoffe in den Blickpunkt.

- Saure Lösungen enthalten H^+-Ionen.
  Beispiel: $HCl \rightarrow H^+ + Cl^-$
- Alkalische Lösungen enthalten OH^--Ionen.
  Beispiel: $NaOH \rightarrow Na^+ + OH^-$

Mit diesen Definitionen können aber nicht alle Phänomene rund um Säuren und Laugen erklärt werden. So ist es beispielsweise nicht möglich, die alkalischen Eigenschaften von Ammoniak-Lösung, einer Lauge, zu erklären: Das Ammoniak-Molekül NH_3 enthält keine Hydroxid-Ionen, trotzdem zeigt die Blaufärbung des Indikators die Anwesenheit von Hydroxid-Ionen in einer Ammoniak-Lösung. Eine neue Betrachtungsweise rückt deshalb die Teilchen in den Vordergrund.

Säuren geben Protonen ab Im Jahr 1923 stellte der dänische Chemiker JOHANNES NICOLAUS BRÖNSTED fest, dass Säuren wie das Chlorwasserstoff-Molekül HCl zwar Wasserstoff gebunden haben, aber in der sauren Lösung keine freien H^+-Ionen (auch Protonen genannt) vorhanden sind. Die H^+-Ionen reagieren sofort mit Wasser-Molekülen zu H_3O^+-Ionen (Oxonium-Ionen).

Beispiel: Das Chlorwasserstoff-Molekül gibt ein H^+-Ion ab, das Wasser-Molekül nimmt das H^+-Ion auf.

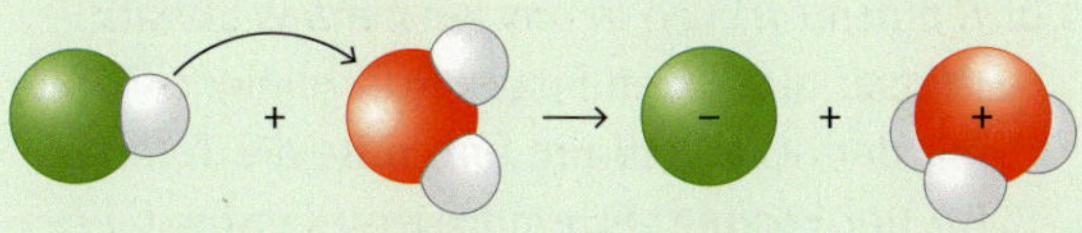

$HCl + H_2O \longrightarrow Cl^- + H_3O^+$

BRÖNSTED leitete daraus eine neue, *erweiterte Definition für Säuren* ab:
Säuren sind Teilchen, die H^+-Ionen (Protonen) abgeben können; sie sind Protonendonatoren (lat. *donare:* geben, schenken).

Basen nehmen Protonen auf Um das alkalische Verhalten einer Ammoniak-Lösung erklären zu können, betrachtete BRÖNSTED auch hier die Übertragung von Protonen und stellte fest: Das Ammoniak-Molekül kann ein Proton aufnehmen. Es erhält das Proton vom Wasser-Molekül. Durch die Übertragung des Protons von einem Wasser-Molekül auf ein Ammoniak-Molekül entsteht eine alkalische Lösung, die OH^--Ionen (Hydroxid-Ionen) enthält.

Beispiel: Das Ammoniak-Molekül nimmt ein Proton auf, das Wasser-Molekül gibt ein Proton ab.

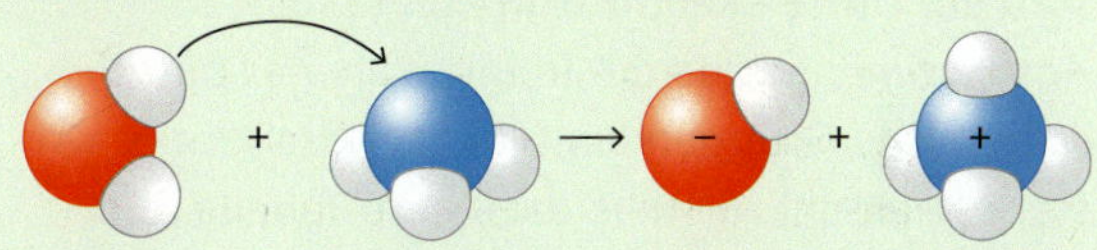

$H_2O + NH_3 \longrightarrow OH^- + NH_4^+$

BRÖNSTED leitete daraus eine neue *Definition für Basen* ab:
Teilchen, die Protonen aufnehmen können, werden als Base bezeichnet. Es sind Protonenakzeptoren (lat. *accipere:* aufnehmen).

Wasser-Moleküle können beides Nach der Definition von BRÖNSTED kann das Wasser-Molekül sowohl eine Säure als auch eine Base sein: Gibt das Wasser-Molekül ein Proton ab, tritt es als Protonendonator auf und ist damit eine Säure. Nimmt das Wasser-Molekül aber ein Proton auf, ist es nach BRÖNSTED gleichzeitig eine Base.

Aufgaben

1 Begründe, dass Bromwasserstoff-Moleküle nach BRÖNSTED Säuren sind.
2 Erkläre den Unterschied zwischen einer Lauge und einer Base.
3 Zeichne einen Comic, der zeigt, wie du dir den Protonenübergang von einem Säure-Molekül zu einem Wasser-Molekül vorstellst.
4 Recherchiere über Leben und Werk von JOHANNES N. BRÖNSTED und erstelle einen Steckbrief.

11

Praktikum Saure und alkalische Reinigungsmittel

1 Reinigungsmittel – sauer oder alkalisch?
Geräte: mehrere Bechergläser (50 ml), Glasstab, Spatel, Pipetten
Chemikalien: Universalindikatorpapier, dest. Wasser, Allzweckreiniger, Entkalker, Essigreiniger, Geschirrspülmittel, Spülmaschinenpulver, Klarspüler, Kernseife, Sanitärreiniger (mit Chlorbleiche), Vollwaschmittel, Weichspüler, WC-Reiniger (Pulver)
Durchführung: Löse jeweils einen Spatel der festen Reiniger in einem Becherglas in dest. Wasser. Teste alle Reiniger auf ihren pH-Wert, indem du 1 Tropfen der Lösung mit dem Glasstab auf Universalindikatorpapier gibst.
Auswertung: Ordne die Reiniger in vier unterschiedliche Gruppen ein (von stark sauer bis stark alkalisch). Erstelle dazu eine Tabelle, die die Reiniger, die Farbänderungen und die pH-Werte aufführt.

2 Graffiti mit Haushaltsreinigern
Geräte: Glasstab oder Pinsel, Filterpapier (das zuvor mit Rotkohlsaft getränkt und dann getrocknet wurde)
Chemikalien: dest. Wasser, saure und alkalische Reinigungsmittel aus Experiment 1
Durchführung: Tauche einen schmalen Glasstab oder Pinsel in einen flüssigen Reiniger und male auf dem Rotkohlpapier. Reinige den Glasstab bzw. den Pinsel gründlich mit dest. Wasser und nimm dann einen anderen Reiniger, um auf dem Papier zu malen.
Auswertung: Beschreibe die Farbänderung und die Wirkung der Reinigungsmittel.

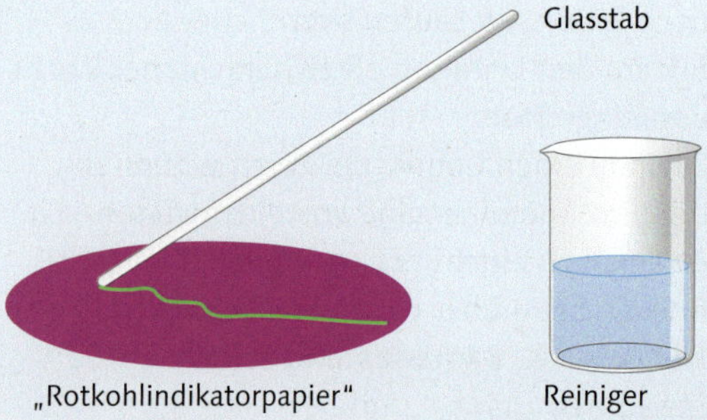

3 Wie saure WC-Reiniger wirken
Geräte: 3 Bechergläser (100 ml), Messpipette, Spatel
Chemikalien: Citronensäure oder Essigsäure-Lösung, Calciumcarbonat (Kalk), Spülmittel, Wasser, WC-Reiniger auf Säurebasis
Durchführung:
a Gib in ein Becherglas 50 ml Wasser und einen Spatel Citronensäure oder 10 ml Essigsäure. Füge einen Spatel Calciumcarbonat hinzu. Wiederhole den Versuch, gib diesmal aber 10 Tropfen Spülmittel dazu.
b Gib etwas WC-Reiniger in ein Becherglas. Füge einen Spatel Calciumcarbonat hinzu und rühre um.

Auswertung: Beschreibe deine Beobachtungen. Erkläre, welche Wirkung das Spülmittel hat. Vergleiche das Etikett eines WC-Reinigers mit den Chemikalien des Experiments und versuche, eine Zuordnung zu treffen.

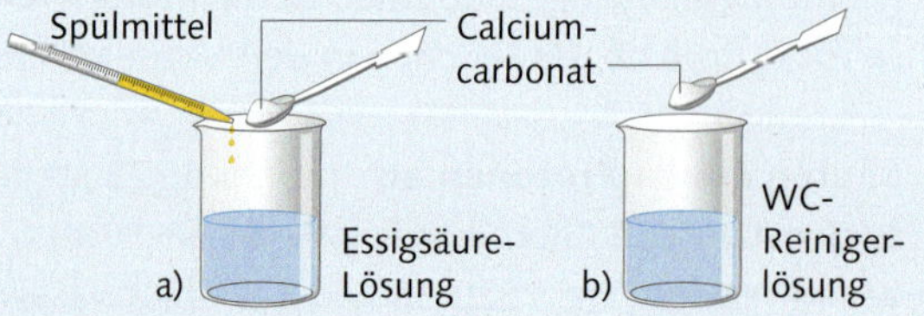

4 Wie alkalische Rohrreiniger wirken
Geräte: Becherglas (100 ml), Erlenmeyerkolben (100 ml), Thermometer, Spatel, Heizplatte, Glasstab
Chemikalien: Wasser, Rohrreiniger (Granulat), Wollreste, Haare, Universalindikatorpapier
Durchführung:
a *Temperatur:* Gib in das Becherglas 50 ml Wasser und einen Spatel Rohrreiniger. Rühre mit dem Glasstab um und miss die Temperatur der Lösung. Gib mit dem Glasstab 1 Tropfen der Lösung auf Indikatorpapier.
b *Wirkungsweise:* Füge zur Lösung Haare und Wollreste zu. Erhitze einige Minuten unter Rühren auf der Heizplatte.

Auswertung: Notiere die Temperaturänderungen. Beschreibe, wie der Rohrreiniger wirkt.

Praktikum Neutralisation

1 Titration von Natronlauge

Geräte: Messzylinder, 3 Erlenmeyerkolben (100 ml), Spritze (30 ml), Tropfpipette
Chemikalien: Natronlauge in 3 verschiedenen Konzentrationen ($c = 0{,}2\,\frac{mol}{l}$, $0{,}4\,\frac{mol}{l}$, $0{,}6\,\frac{mol}{l}$), Salzsäure ($c = 0{,}4\,\frac{mol}{l}$), Universalindikator
Durchführung: Miss mit dem Messzylinder 20 ml Natronlauge einer Konzentration ab und fülle sie in einen Erlenmeyerkolben. Gib 3 Tropfen Universalindikator dazu. Sauge mit der Spritze 10 ml Salzsäure auf. Gib in 1-ml-Schritten Salzsäure zur Natronlauge hinzu. Schwenke nach jeder Zugabe den Erlenmeyerkolben um und beobachte, ob eine Farbänderung stattfindet. Verfärbt sich die Indikatorlösung von Blau nach Grün, ist die Lösung neutral und der Versuch ist beendet. Titriere ebenso auch die Natronlauge mit den anderen Konzentrationen.
Auswertung: Notiere jeweils den Verbrauch an Salzsäure.

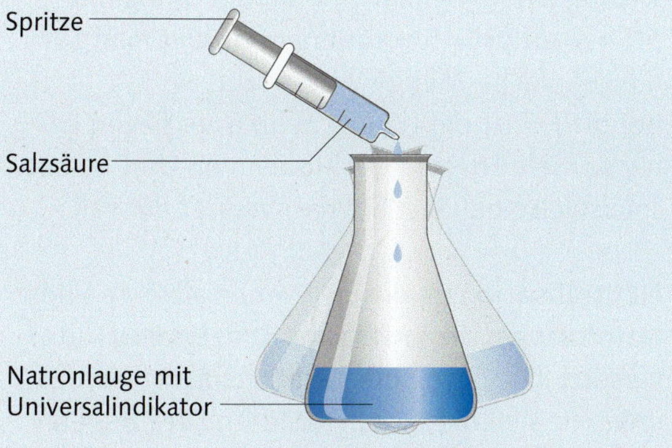

2 Neutralisation in der Spülmaschine

Geräte: 2 Erlenmeyerkolben (100 ml), Pasteurpipette (3 ml), 2 Spritzen (30 ml), Spatel, Messzylinder (50 ml)
Chemikalien: Spülmaschinenreiniger, Klarspüler, Wasser, Universalindikator
Durchführung: Fülle in den ersten Erlenmeyerkolben 50 ml Wasser, 3 Spatelspitzen Spülmaschinenreiniger und 3 ml Universalindikator. In den zweiten Erlenmeyerkolben füllst du 50 ml Wasser und 5 ml Klarspüler. Gib nun in 1-ml-Schritten die Klarspülerlösung in den Erlenmeyerkolben mit dem Spülmaschinenreiniger und dem Universalindikator.
Auswertung: Notiere die Farben und pH-Werte der Lösungen und benenne sie als sauer, alkalisch oder neutral. Notiere, wie viel ml Klarspüler notwendig sind, bis die Reinigerlösung neutralisiert ist. Erläutere, welche Funktionen Reiniger und Klarspüler besitzen.

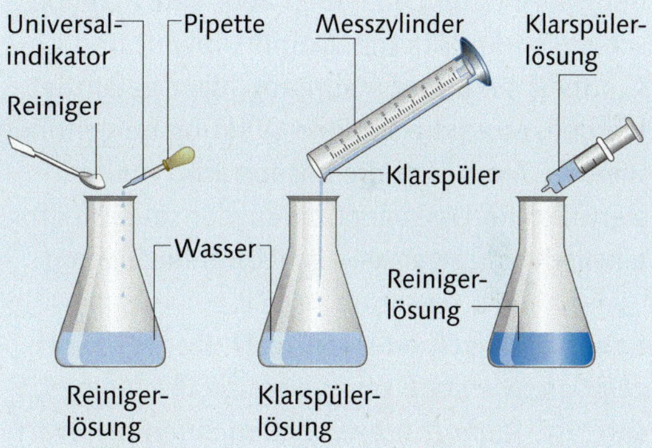

3 Neutralisation im Magen – was hilft am besten bei Sodbrennen?

Geräte: 8 Bechergläser (100 ml), Tropfpipette, Spatel, Messzylinder (50 ml)
Chemikalien: 0,5%ige Salzsäure, Antazidum (Medikament gegen Sodbrennen), grüner Tee, Kochsalz, Wasser, Obstbrand, Universalindikator
Durchführung: Gib in 4 Bechergläser je 25 ml 0,5%ige Salzsäure und 10 Tropfen Universalindikator (Ausgangslösungen). Als zu überprüfende Mittel gegen Sodbrennen setze jeweils in einem Becherglas eine Antazidumlösung, eine Teelösung und eine Kochsalzlösung an; gib Obstbrand in das weitere Becherglas. Gib zu den 4 Ausgangslösungen pipettenweise jeweils eine der angesetzten Lösungen und den Obstbrand, bis sich die Farbe des Indikators ändert.
Auswertung: Notiere Farbe und pH-Wert der Ausgangslösungen. Notiere, bei welchen Mitteln eine Neutralisationsreaktion stattfindet. Erkläre die Wirksamkeit bzw. Nichtwirksamkeit der Mittel. Ermittle anhand des Beipackzettels vom Antazidum den Wirkstoff, der zur Neutralisation genutzt wird. Erkläre, wodurch das Sodbrennen aufgehoben wird.

Neutralisation

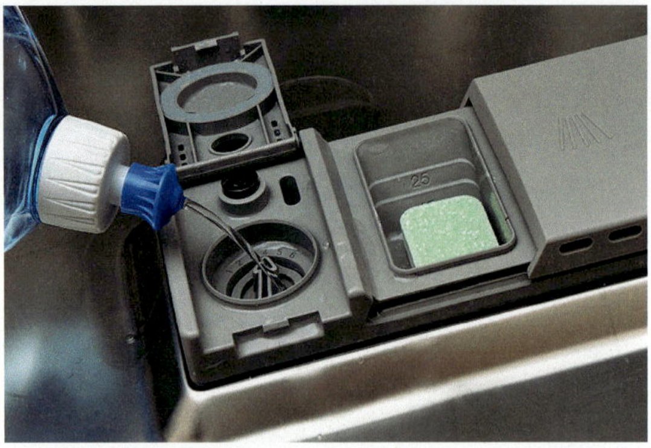

1 *Warum verwendet man neben dem alkalischen Reiniger im Geschirrspüler auch sauren Klarspüler?*

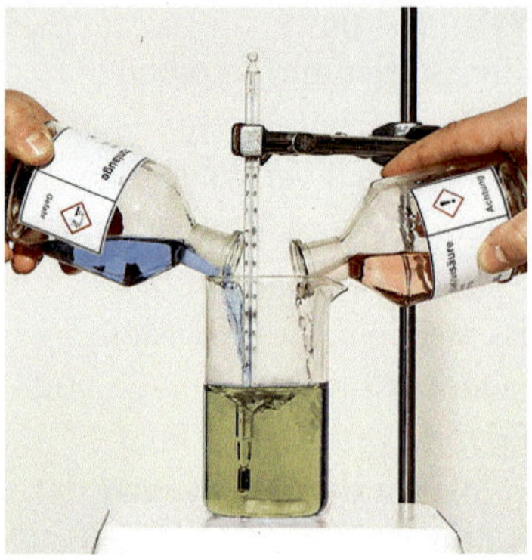

3 *Neutralisation von Natronlauge mit Salzsäure. Das Thermometer zeigt eine Temperaturerhöhung an.*

Neutral statt ätzend Haushaltschemikalien und Abwässer von Industrie und Chemielabor enthalten oft saure oder alkalische Lösungen. So ist beispielsweise der in der Geschirrspülmaschine verwendete Reiniger alkalisch, damit sich Essensreste gut vom Geschirr ablösen. Alkalische und saure Lösungen haben aber eine ätzende, schädigende Wirkung. Damit Umwelt und Gesundheit bei ihrer Entsorgung nicht gefährdet werden, muss die ätzende Wirkung aufgehoben werden. Man sagt, die Lösung wird neutralisiert. Solche Lösungen, die weder sauer noch alkalisch sind, werden als neutral bezeichnet.

Sauer, alkalisch oder neutral? Der pH-Wert zeigt an, wie stark sauer oder alkalisch eine Lösung ist. *Saure Lösungen* haben einen pH-Wert, der kleiner als 7 ist. Sie haben einen Überschuss an H^+-Ionen. Die pH-Werte korrespondieren mit der Anzahl der H^+-Ionen in der Lösung. Eine Lösung mit einem pH-Wert von 4 enthält zehnmal so viele H^+-Ionen wie die gleiche Menge der Lösung mit einem pH-Wert von 5.
Alkalische Lösungen haben einen pH-Wert, der größer als 7 ist. Sie haben einen Überschuss an OH^--Ionen. Auch hier gilt: Eine Lösung mit pH = 14 hat zehnmal mehr OH^--Ionen als die gleiche Menge der Lösung mit pH = 13.
Für die Herstellung von Lösungen mit unterschiedlichem pH-Wert sind diese Zehnerschritte wichtig: Möchte man eine saure Lösung mit pH = 4 auf pH = 5 verdünnen, so füllt man auf die zehnfache Menge Wasser auf.
Bei pH = 7 ist die Lösung *neutral*, es liegen genauso viele H^+- wie OH^--Ionen vor. Dies ist beispielsweise bei destilliertem Wasser der Fall.

Neutralisationsreaktion Wenn Salzsäure und Natronlauge, die jeweils mit Universalindikator versetzt sind, in einem Gefäß gemischt werden, erwärmt sich die Lösung (Bild 3). Dies zeigt an, dass eine exotherme Reaktion abläuft. Die Farbänderung des Indikators (grün) weist darauf hin, dass eine neutrale Lösung entstanden ist.

Die Neutralisation ist eine Reaktion, bei der eine saure Lösung mit einer alkalischen Lösung reagiert. Dabei wird Wärme frei.

pH-Wert	0	1	2	3	4	5	6	7	8	9	10	11	12	13	14
Eigenschaft der Lösung	stark sauer				schwach sauer			neutral	schwach alkalisch			stark alkalisch			
Welche Ionen überwiegen?	Überschuss an H^+-Ionen nimmt zu.								Überschuss an OH^--Ionen nimmt zu.						

2 *pH-Wert-Skala*

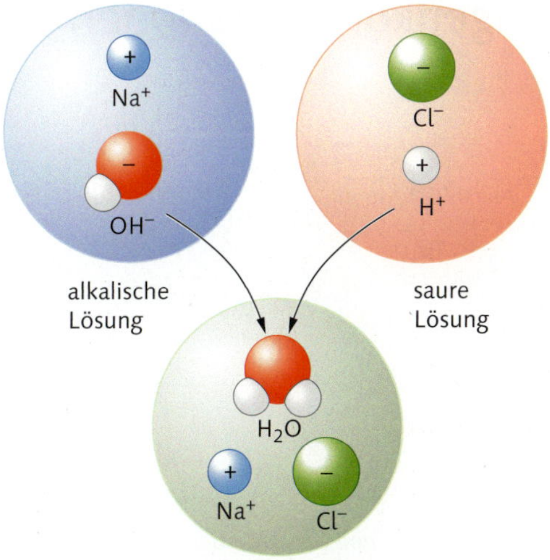

4 *Die Neutralisationsreaktion auf Teilchenebene*

Exkurs Benennung von Salzen

Der Name eines Salzes wird aus dem Namen des Metalls und des Säurerests gebildet.

Name der Säure	Formel	Säurerest	Name des Säurerests
Salzsäure	HCl	Cl^-	Chlorid
Flusssäure	HF	F^-	Fluorid
Schwefelsäure	H_2SO_4	SO_4^{2-}	Sulfat
schweflige Säure	H_2SO_3	SO_3^{2-}	Sulfit
Salpetersäure	HNO_3	NO_3^-	Nitrat
Kohlensäure	H_2CO_3	CO_3^{2-}	Carbonat
Schwefelwasserstoffsäure	H_2S	S^{2-}	Sulfid

Salz wird gebildet Nach dem Eindampfen der neutralen Lösung bleibt ein weißer Feststoff übrig. Es handelt sich um ein Salz.

Bei der Neutralisation verbinden sich die Wasserstoff-Ionen der sauren Lösung mit den Hydroxid-Ionen der alkalischen Lösung zu Wasser-Molekülen. Die Säurerest-Ionen der sauren Lösung und die Metall-Ionen der alkalischen Lösungen bilden das Salz.

Beispiel: Neutralisation von Natronlauge mit Salzsäure

Natronlauge	+	Salzsäure	⟶	Natriumchlorid	+	Wasser
$Na^+ + OH^-$	+	$H^+ + Cl^-$	⟶	$Na^+ + Cl^-$	+	H_2O

Bei der Neutralisation reagieren eine saure Lösung und eine alkalische Lösung zu Salz und Wasser.

saure Lösung + alkalische Lösung ⟶ Salz + Wasser

Bedeutung der Neutralisation In der Geschirrspülmaschine wird die ätzende alkalische Lösung des Reinigers mit der sauren Lösung des Klarspülers neutralisiert, damit keine Flecken auf dem Geschirr zurückbleiben.

Die Böden von Wäldern und Feldern sind oft zu sauer, teilweise verursacht durch sauren Regen. Dünger, denen Kalk (Calciumcarbonat) zugesetzt ist, neutralisieren den Boden und schaffen einen günstigen pH-Wert für die Pflanzen.

Im Labor lassen sich mithilfe der Neutralisation die Konzentrationen von sauren und alkalischen Lösungen bestimmen.

5 *Bestimmung der Konzentration einer Säure durch Neutralisation*

Aufgaben

1 Formuliere das Reaktionsschema in Worten und in Symbolschreibweise für die Neutralisation und benenne das gebildete Salz.

a Natronlauge mit Schwefelsäure

b Kalilauge (KOH) mit Salpetersäure

c Natronlauge und Salpetersäure

2 Überlege, wie man Kaliumfluorid durch Neutralisation herstellen könnte. Stelle das Reaktionsschema auf.

3 Es soll konzentrierte Salzsäure entsorgt werden. Beurteile, ob sie in den Abfluss gegeben werden kann. Schlage gegebenenfalls einen sicheren Entsorgungsweg vor und begründe.

Exkurs Massenanteil und Stoffmengenkonzentrationen

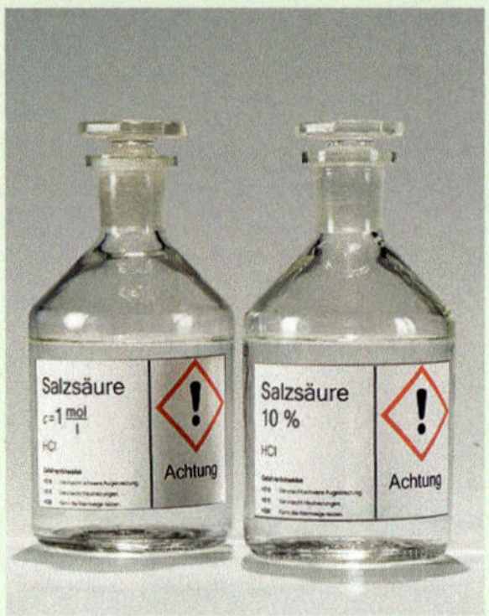

1 *Zwei Möglichkeiten, das Mischungsverhältnis von Chlorwasserstoff und Wasser anzugeben: als Massenanteil (10%) oder als Stoffmengenkonzentration* ($c = 1\ \frac{mol}{l}$)

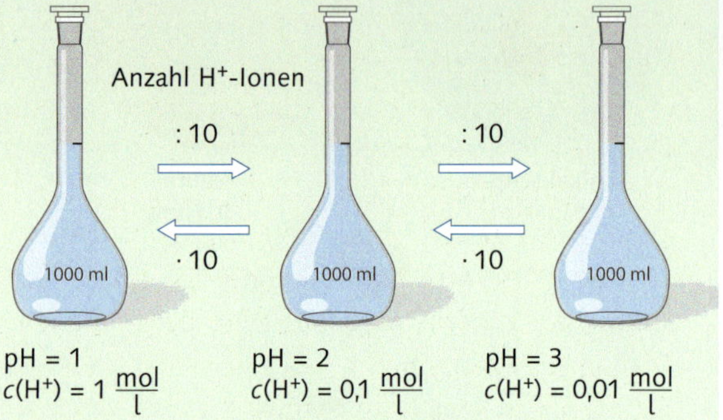

2 *pH-Wert der Lösung und Konzentration an H^+-Ionen*

Massenanteil Auf Chemikalienflaschen wird das Mischungsverhältnis oft in Prozent angegeben. Dies ist der Massenanteil eines Stoffes bezogen auf die Masse der gesamten Mischung.
Beispiele:
In 100 g einer 10%igen Salzsäure sind 10 g Chlorwasserstoff in 90 g Wasser gelöst.
In 100 g einer 5%igen Natronlauge sind 5 g Natriumhydroxid (NaOH) und 95 g Wasser enthalten.

$$\text{Massenanteil} = \frac{\text{Masse (gelöster Stoff)}}{\text{Masse (Stoffgemisch)}} \cdot 100\,\%$$

Stoffmengenkonzentration Mithilfe der Stoffmengenkonzentration kannst du die Stärke einer sauren Lösung beurteilen, denn sie ist abhängig von der Anzahl der H^+-Ionen in einem bestimmten Volumen. Bei alkalischen Lösungen ist die Stärke der Lösung abhängig von der Anzahl der OH^--Ionen in einem bestimmten Volumen. Das Zählmaß des Chemikers ist die Stoffmenge, das Mol. Sie gibt die Anzahl der Teilchen in einer Stoffportion an. Die Konzentration einer Lösung wird durch die Stoffmenge des gelösten Stoffes in einem gegebenen Volumen bestimmt. Sie heißt Stoffmengenkonzentration c und wird in mol pro Liter ($\frac{mol}{l}$) angegeben. In 1 Liter einer Salzsäurelösung mit der Stoffmengenkonzentration $c = 1\ \frac{mol}{l}$ sind also 1 mol an H^+-Ionen enthalten.

Für den pH-Wert von Lösungen heißt das: Eine saure Lösung mit pH = 1 enthält 10-mal so viele H^+-Ionen wie die gleiche Menge einer Lösung mit pH = 2, 100-mal so viele wie bei pH = 3, 1000-mal so viele wie bei pH = 4 usw. (Bild 2).

Herstellen einer Maßlösung Um Natronlauge mit einer Stoffmengenkonzentration von $c = 1\ \frac{mol}{l}$ herzustellen, gehst du folgendermaßen vor:

1. Du benötigst 1 mol der Verbindung Natriumhydroxid, das sind 40 g.
   Hinweis: 1 mol NaOH hat die Masse:
   23 g (Na) + 16 g (O) + 1 g (H) = 40 g (NaOH)
2. Wiege 40 g Natriumhydroxid-Plätzchen ab.
3. Gib das Natriumhydroxid in einen Messkolben und fülle diesen mit destilliertem Wasser auf genau 1 Liter auf.

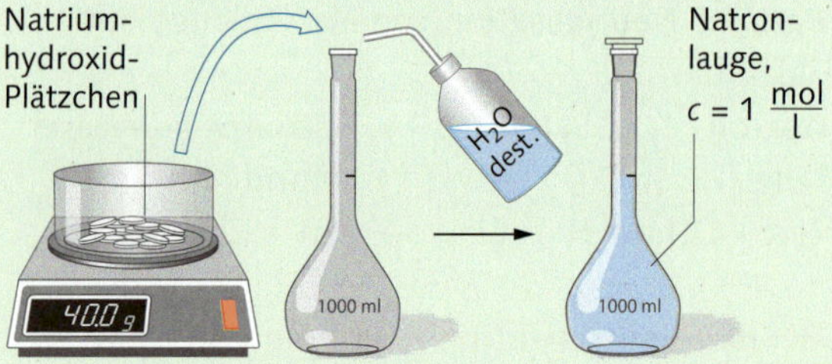

3 *Herstellen einer Natronlauge mit* $c = 1\ \frac{mol}{l}$

Aufgabe

1 Es sollen zwei Lösungen hergestellt werden. Stelle dar, wie du vorgehst:
a 10%ige Citronensäure-Lösung aus fester Citronensäure
b Kalilauge mit $c = 0{,}5\ \frac{mol}{l}$ aus Kaliumhydroxid

2 Beschreibe, wie du beim Herstellen folgender Maßlösungen vorgehst.
a 500 ml einer Natronlauge mit $c = 0{,}3\ \frac{mol}{l}$
b 100 ml einer Kalilauge mit $c = 0{,}1\ \frac{mol}{l}$
c 200 ml einer 10%igen Natronlauge

3 Gib an, wie du 10 ml Salzsäure mit pH = 1 so verdünnst, dass pH = 6 erreicht wird.

Methode Titration

Unbekannte Konzentrationen ermitteln Im Labor ist es immer wieder notwendig, die Konzentration von Säuren oder Laugen zu ermitteln. Dies gelingt mithilfe der Titration, bei der die Konzentration einer unbekannten Lösung (z. B. einer Säure) mittels einer Maßlösung mit bekannter Konzentration (z. B. einer Lauge) bestimmt wird. Diese Methode wird deshalb auch Maßanalyse genannt.
Sie beruht auf der Neutralisation. Dabei wird die Tatsache ausgenutzt, das H^+-Ionen der sauren Lösung und OH^--Ionen der alkalischen Lösung sich neutralisieren, wenn sie in gleicher Konzentration vorliegen. Ein zugesetzter Indikator in der Probenlösung zeigt an, wenn die Lösung neutral geworden und das Ende der Titration erreicht ist. Dann wird das Volumen der verbrauchten Maßlösung notiert und die Konzentration der Probenlösung kann berechnet werden.

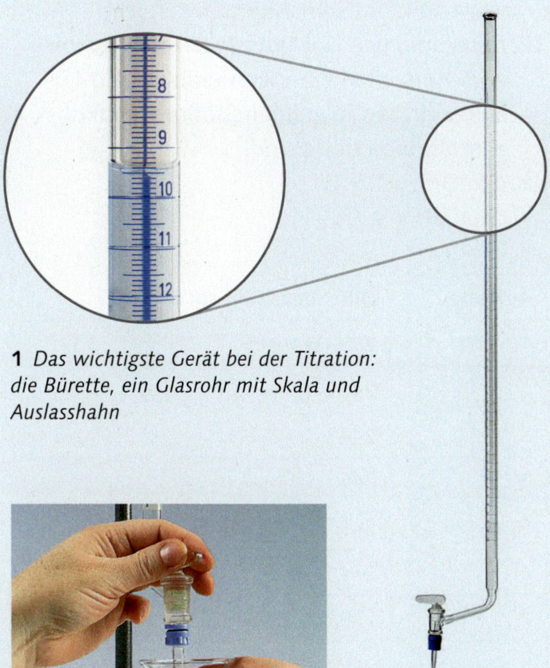

1 *Das wichtigste Gerät bei der Titration: die Bürette, ein Glasrohr mit Skala und Auslasshahn*

2 *Farbumschlag des Indikators bei der Neutralisation*

Vorgehen beim Titrieren:

1 Fülle die Bürette mit einer Lösung bekannter Konzentration (Maßlösung).

2 Lass die Maßlösung so weit in ein leeres Becherglas ab, bis die Eichmarke auf der Bürette erreicht ist. Notiere den Anfangsstand.

3 Miss ein bestimmtes Volumen der Probenlösung ab. Fülle sie in einen Erlenmeyerkolben und versetze sie mit Universalindikator.

4 Gib die Maßlösung tropfenweise in die Probenlösung mit unbekannter Konzentration. Bewege die Probenlösung dabei ständig.

5 Schlägt die Farbe des Universalindikators nach Grün um, ist die Neutralisation erreicht.

6 Lies den Endstand an der Bürette ab und notiere, wie viel Maßlösung verbraucht wurde.

7 Errechne mithilfe der Gleichung die Stoffmengenkonzentration der Probenlösung.

Gleichung:

$$c\,(\text{Säure}) = \frac{c\,(\text{Lauge}) \cdot V\,(\text{Lauge})}{V\,(\text{Säure})}$$

Beispiel:
Stoffmengenkonzentration der Natronlauge (Maßlösung):
$c\,(\text{NaOH}) = 0{,}1\ \frac{\text{mol}}{\text{l}}$
Volumen der verbrauchten Natronlauge:
$V\,(\text{NaOH}) = 30\ \text{ml}$
Volumen der Salzsäure (Probenlösung):
$V\,(\text{HCl}) = 15\ \text{ml}$
Stoffmengenkonzentration der Salzsäure:
$c\,(\text{HCl}) = ?\ \frac{\text{mol}}{\text{l}}$

$$c\,(\text{HCl}) = \frac{0{,}1\ \frac{\text{mol}}{\text{l}} \cdot 30\ \text{ml}}{15\ \text{ml}}$$

$$c\,(\text{HCl}) = 0{,}2\ \frac{\text{mol}}{\text{l}}$$

Die Probenlösung (Salzsäure) besitzt eine Stoffmengenkonzentration von $c = 0{,}2\ \frac{\text{mol}}{\text{l}}$.

Teste dich!

1 Säuren und saure Lösungen haben in der Chemie und im Alltag große Bedeutung.
a Nenne drei Eigenschaften einer sauren Lösung.
b Gib die typischen Teilchen einer sauren Lösung an und erläutere, wie sie entstehen.
c Gib jeweils zwei Beispiele für eine Säure und eine saure Lösung an.

2 Erläutere an einem selbst gewählten Beispiel, wie du saure und alkalische Lösungen nachweisen kannst.

3 Erläutere den Unterschied zwischen Chlorwasserstoff und Salzsäure.

4 Erkläre, warum Salzsäure elektrisch leitfähig ist.

5 Nenne die typischen Reaktionen von sauren Lösungen und belege diese jeweils mit einem Reaktionsschema (Formelschreibweise).

6 Nenne zwei Möglichkeiten, eine Säure zu bilden, und gib dazu jeweils ein Beispiel an.

7 Alkalische Lösungen und Laugen haben in der Chemie und im Alltag große Bedeutung.
a Nenne zwei Beispiele für alkalische Lösungen bzw. Laugen. Welche Eigenschaften haben sie?
b Gib drei Möglichkeiten an, eine Lauge zu bilden.
c Gib die typischen Teilchen einer alkalischen Lösung an und erläutere, wie sie entstehen.

8 Erläutere, welche Informationen über Lösungen dem pH-Wert zu entnehmen sind.

9 Beschreibe die Reaktion von Natrium und Wasser und stelle das Reaktionsschema (Formelschreibweise) auf.

1 *zu Aufgabe 9*

10 Begründe, warum ein angefeuchtetes Universalindikatorpapier, das in Ammoniakgas gehalten wird, eine blaue Färbung annimmt.

11 Natronlauge und Salzsäure reagieren, wenn sie gemischt werden.
a Stelle das Reaktionsschema (Formelschreibweise) auf.
b Gib den Reaktionstyp an, der dieser Reaktion zugrunde liegt, und formuliere eine allgemeingültige Definition.

12 Berechne, wie viel Gramm Lithiumhydroxid zum Herstellen einer Lithiumhydroxid-Lösung mit den folgenden Stoffmengenkonzentrationen nötig sind.
a $c\,(\text{LiOH}) = 1{,}5\,\frac{\text{mol}}{\text{l}}$
b $c\,(\text{LiOH}) = 4\,\frac{\text{mol}}{\text{l}}$

Aufgabe	Hilfe findest du auf Seite …
1	238, 244/245
2	240
3	244
4	245
5	246
6	244, 248
7	239, 254/255
8	240, 260
9	254
10	256
11	260/261
12	262
… und die Lösungen findest du im Anhang.	

Im Überblick

Zitronen schmecken bekanntlich sauer. Laugenbrezeln bekommen durch Natronlauge eine appetitliche braune Kruste. Aber auch in Getränken, Lebensmitteln, Waschmitteln, in Pflanzen oder in technischen Geräten und Industrieprodukten begegnen uns Säuren und Laugen. Selbst in unserem Körper spielen sie eine wichtige Rolle, beispielsweise in der Magensäure oder auf der Haut. Säuren und Laugen besitzen jeweils einen typischen pH-Wert und können durch Indikatoren nachgewiesen werden.

Säuren

- *Beispiel*: Chlorwasserstoff, Formel: HCl
- bilden mit Wasser saure Lösungen

Saure Lösungen

- *Beispiel*: Chlorwasserstoff in Wasser gelöst = „Salzsäure", verkürzte Formel: HCl
- wässrige Lösungen, die Wasserstoff-Ionen (H^+-Ionen) und Säurerest-Ionen enthalten
  Beispiel: $HCl \rightarrow H^+ + Cl^-$
- Eigenschaften: saurer Geschmack (*Achtung*: Gefahr!); verändern Farbe von Indikatoren; leiten den elektrischen Strom; reagieren mit unedlen Metallen, Metalloxiden und Kalk

Alkalische Lösungen

- *Beispiel*: Natriumhydroxid in Wasser gelöst = Natronlauge, verkürzte Formel: NaOH
- wässrige Lösungen, die Hydroxid-Ionen (OH^--Ionen) und Metall-Ionen enthalten
  Beispiel: $NaOH \rightarrow Na^+ + OH^-$
- Eigenschaften: fühlen sich seifig an (*Achtung*: Gefahr!); verändern Farbe von Indikatoren; leiten den elektrischen Strom

pH-Wert

- zeigt an, wie stark sauer oder alkalisch eine Lösung ist – oder ob sie neutral ist

Stoffmengenkonzentration

- ist der Quotient aus der Stoffmenge eines gelösten Stoffes und dem Volumen der Lösung
- Formelzeichen: c Einheit: $\frac{mol}{l}$

Indikatoren

- Indikatoren zeigen durch ihre Farbe an, ob eine Lösung sauer, alkalisch oder neutral ist.
  Beispiele: Phenolphthalein, Lackmus, Universalindikator, Rotkohlsaft

Neutralisation

- chemische Reaktion einer sauren mit einer alkalischen Lösung
- Säure + Lauge → Salz + Wasser
- Die H^+-Ionen der sauren Lösung und die OH^--Ionen der alkalischen Lösung reagieren zu Wasser-Molekülen. Die Neutralisationsreaktion verläuft exotherm.
  $H^+ + OH^- \rightarrow H_2O$ | exotherm

pH-Wert-Skala

Lösung	**sauer**	**neutral**	**alkalisch**
charakteristische Teilchen	Wasserstoff-Ionen H^+	Wasser-Moleküle H_2O	Hydroxid-Ionen OH-
pH-Wert	0 bis 6	7	8 bis 14
Universalindikator			

12

Energie aus chemischen Reaktionen

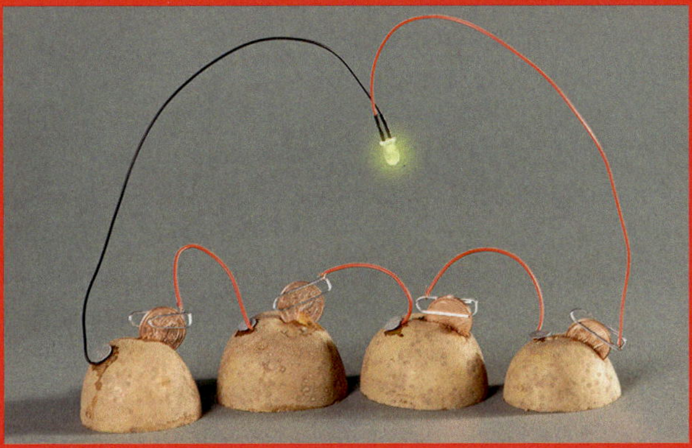

In Kartoffeln und Batterien ist chemische Energie gespeichert. Zum Betreiben des Weckers und zum Antrieb des Segways wird die chemische Energie in elektrische Energie umgewandelt. Umgekehrt wird beim Laden eines Akkus elektrische Energie in chemische Energie überführt. Welche Reaktionen ermöglichen diese Umwandlungen?

Elektronenübertragung bei chemischen Reaktionen

1 *Brennendes Magnesium*

Was geschieht bei der Verbrennung von Magnesium? Die Frage könnte auch heißen: Warum reagiert Magnesium mit Sauerstoff? Um diese Frage zu beantworten, muss die Teilchenebene betrachtet werden. Ein Magnesiumatom hat das Bestreben, seine beiden Außenelektronen abzugeben. Für die Aufnahme dieser Elektronen findet es im Sauerstoffatom einen idealen Partner. Indem Elektronen vom Magnesiumatom auf das Sauerstoffatom übertragen werden, können beide Atome den angestrebten Edelgaszustand erreichen.

Redoxreaktion – Elektronenübertragung Die Reaktion von Magnesium mit Sauerstoff lässt sich in Teilschritten formulieren:
Das Magnesiumatom gibt Elektronen ab, es wirkt als Elektronendonator. Magnesium wird oxidiert.
Oxidation: $Mg \rightarrow Mg^{2+} + 2\,e^-$

Das Sauerstoffatom nimmt die Elektronen auf, es wirkt als Elektronenakzeptor. Sauerstoff wird reduziert.
Reduktion: $O + 2\,e^- \rightarrow O^{2-}$

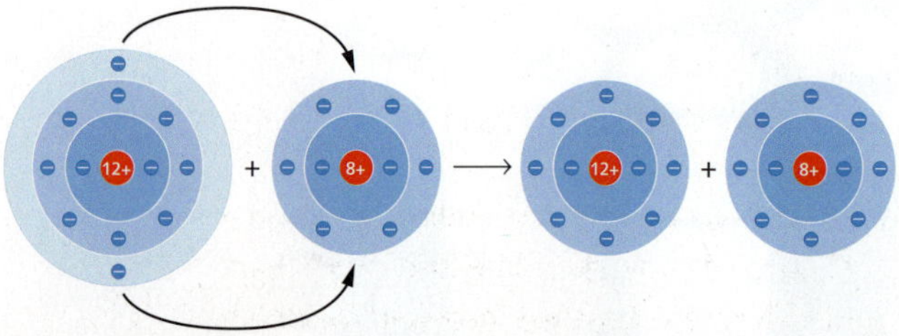

Mg-Atom + O-Atom ⟶ Mg^{2+}-Ion + O^{2-}-Ion

2 *Elektronenübertragung von Magnesium auf Sauerstoff*

Da Oxidation und Reduktion gleichzeitig ablaufen, bezeichnet man die Gesamtreaktion als Redoxreaktion. Als Reaktionsprodukt entsteht Magnesiumoxid (MgO).

Gesamtreaktion:

Oxidation (Mg → Mg^{2+})

$$2\,Mg + O_2 \rightarrow 2\,Mg^{2+} + 2\,O^{2-}$$

Reduktion (O_2 → O^{2-})

Bei einer Oxidation geben Atome Elektronen ab, sie wirken als Elektronendonatoren. Bei einer Reduktion nehmen Atome Elektronen auf, sie wirken als Elektronenakzeptoren. Die Redoxreaktion verläuft nach dem Donator-Akzeptor-Prinzip.

Oxidation auch ohne Sauerstoff Magnesium reagiert sehr heftig mit Chlor zu dem Salz Magnesiumchlorid ($MgCl_2$). Auch bei dieser Reaktion gibt das Magnesiumatom zwei Außenelektronen ab. Es wird zu einem Mg^{2+}-Ion oxidiert. Folglich findet bei der Reaktion von Magnesium mit Chlor ebenfalls eine Oxidation statt. Zwei Chloratome nehmen jeweils ein Elektron auf, sie werden zu Cl^--Ionen reduziert. Es handelt sich also auch hier um eine Redoxreaktion.

Gesamtreaktion:

Oxidation (Mg → Mg^{2+})

$$Mg + Cl_2 \rightarrow Mg^{2+} + 2\,Cl^-$$

Reduktion (Cl_2 → Cl^-)

Aufgaben

1 Nenne ein Beispiel für eine Oxidation. Beschreibe die Vorgänge auf Teilchenebene mithilfe der Begriffe Elektronendonator und Elektronenakzeptor.

2 Gib die erweiterten Definitionen für Oxidation und Reduktion an.

3 Formuliere die zum Reaktionsschema
$2\,Na + S \rightarrow Na_2S$
gehörenden Teilschritte. Kennzeichne: Oxidation, Reduktion, Elektronendonator, Elektronenakzeptor.

4 Erläutere das Donator-Akzeptor-Prinzip.

Chemische Reaktionen mithilfe von elektrischer Energie

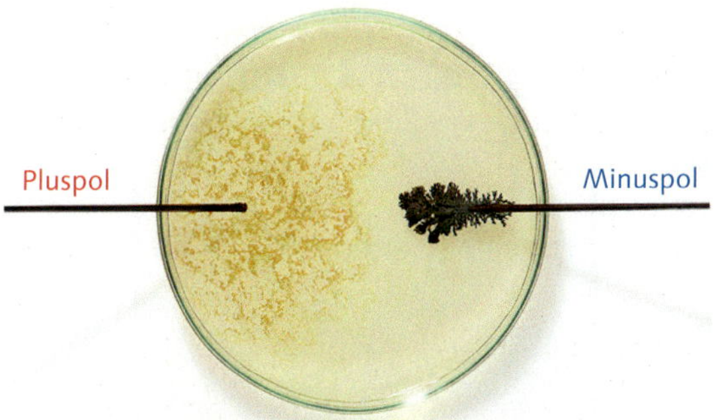

1 *Elektrolyse einer Zinkiodid-Lösung*

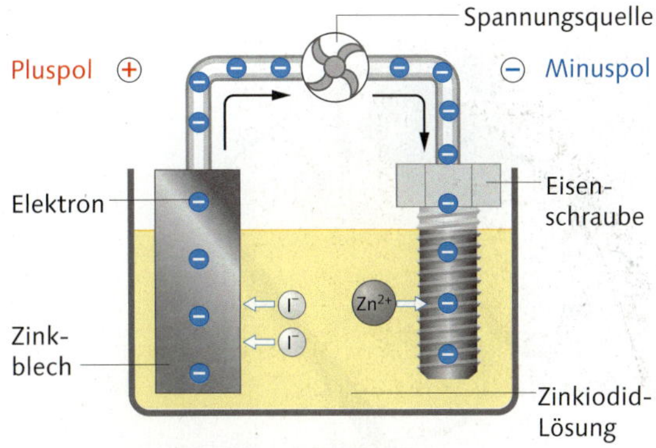

2 *Vorgänge beim Galvanisieren (eine Elektrolyse)*

Elektrolyse Zwei Metall- oder Graphitstäbe, Elektroden genannt, werden mit dem Plus- und dem Minuspol einer Spannungsquelle verbunden. Die beiden Elektroden tauchen in eine Zinkiodid-Lösung (Elektrolyt). Beim Anlegen einer Gleichspannung bildet sich an der negativen Elektrode graues, metallisches Zink. Um die positive Elektrode ist gelblich bis braunes Iod zu erkennen (Bild 1). Bei dieser Elektrolyse wird die chemische Verbindung Zinkiodid mithilfe des elektrischen Stroms in die Elemente Zink und Iod zerlegt. Durch eine Elektrolyse können aus einem Salz elementare Stoffe wie Metalle gewonnen werden.

Die Zerlegung einer chemischen Verbindung mithilfe des elektrischen Stroms bezeichnet man als Elektrolyse.

Chemische Vorgänge bei der Elektrolyse Die Elektrolyse ist eine erzwungene Redoxreaktion: Beim Anlegen einer Gleichspannung wandern die Iodid-Ionen (I^--Ionen) der Zinkiodid-Lösung zum Pluspol und geben dort jeweils ihr „überschüssiges" Elektron ab. Dabei werden die I^--Ionen zu Iodatomen oxidiert. Zwei Iodatome verbinden sich zu einem Iod-Molekül (I_2-Molekül).
Die von den Iodid-Ionen abgegebenen Elektronen werden durch die Spannungsquelle zum Minuspol „gepumpt".
Die Zink-Ionen (Zn^{2+}-Ionen) wandern zum Minuspol. Dort werden sie durch Aufnahme von zwei Elektronen zu Zinkatomen. Dabei setzt sich metallisches Zink am Minuspol ab.

Oxidation (Pluspol):	$2\,I^- \rightarrow I_2 + 2\,e^-$
Reduktion (Minuspol):	$Zn^{2+} + 2\,e^- \rightarrow Zn$
Redoxreaktion:	$Zn^{2+} + 2\,I^- \rightarrow Zn + I_2$

„Veredeln" von Metallen durch Galvanisieren
Eine Anwendung der Elektrolyse ist das Galvanisieren. Dabei wird ein metallischer Gegenstand mit einer dünnen Schicht eines anderen Metalls überzogen. Dies kann beim Verzinken einer Eisenschraube beobachtet werden.

Bedeutung des Galvanisierens Metalle können durch Überzüge anderer Metalle geschützt werden. Die metallischen Überzüge sind härter oder widerstandsfähiger gegen Umwelteinflüsse als das zu schützende Metall. Außerdem kann dem Metallgegenstand ein schöneres Aussehen verliehen werden, beispielsweise ein besonderer Glanz.

Beim Galvanisieren wird ein metallischer Gegenstand mit einer dünnen Schicht eines anderen Metalls überzogen.

Aufgaben

1 Erläutere die Begriffe Elektrolyse und Galvanisieren.
2 Gib die Oxidation und die Reduktion der Elektrolyse von Kupferchlorid ($CuCl_2$) an.
3 Recherchiere Gegenstände (mit Beschichtungsmetallen), die durch Galvanisieren hergestellt wurden. Nenne fünf Beispiele.

12

Aus chemischer Energie entsteht elektrische Energie

1 *Zitronenbatterie aus einem Zinkblech, einem Kupferblech und einer Zitrone.*

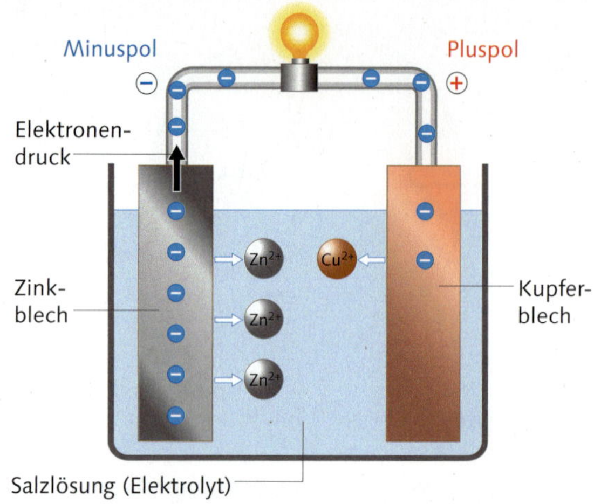

3 *Elektrische Spannung entsteht zwischen dem unedlen Zink und dem edlen Kupfer.*

Die Zitronenbatterie, eine galvanische Zelle Zwischen einem Zinkblech und einem Kupferblech, die in einer Zitrone stecken und über einen Metalldraht elektrisch leitend verbunden sind, kann eine Spannung von ungefähr 1 V gemessen werden. Eine solche Spannungsquelle bezeichnet man als galvanische Zelle. Sie besteht aus einer Elektrolytlösung, in die zwei Elektroden eintauchen. Bei der Zitronenbatterie ist dies der Zitronensaft. Das Zinkblech und das Kupferblech bilden die Elektroden.

Eine galvanische Zelle ist eine Spannungsquelle. Sie besteht aus zwei Elektroden, die in einen Elektrolyten tauchen.

Reaktionsfähigkeit von Metallen Metalle lösen sich in sauren Lösungen auf. Beim Lösen geben die Metallatome Elektronen ab und werden zu positiv geladenen Metall-Ionen.

$$Zn \rightarrow Zn^{2+} + 2\,e^-$$

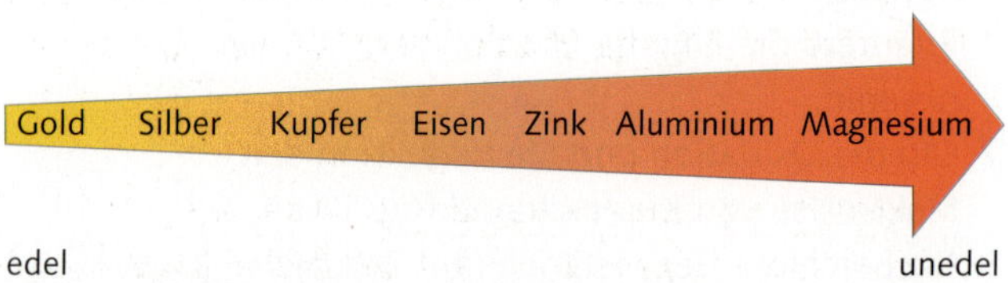

2 *Das Bestreben, Elektronen abzugeben, nimmt zu.*

Je unedler ein Metall ist, umso größer ist das Bestreben seiner Atome, Elektronen abzugeben. Daher hat das unedlere Metall auch ein größeres Lösungsbestreben als das edlere.
Das unedle Zink hat ein stärkeres Bestreben, Elektronen abzugeben, als das edlere Kupfer. Deshalb werden an der Zinkelektrode mehr Elektronen gebildet als an der Kupferelektrode (Bild 3). Durch die unterschiedliche Elektronenverteilung entsteht zwischen den beiden Elektroden eine elektrische Spannung.

Fließende Elektronen „liefern" elektrische Energie An der Zinkelektrode herrscht ein höherer „Elektronendruck" als an der Kupferelektrode. Wenn man die beiden Elektroden mit einem metallischen Leiter verbindet, findet ein „Druckausgleich" statt, indem die Elektronen von der Zinkelektrode (Minuspol) zur Kupferelektrode (Pluspol) fließen. Über die Elektrolytlösung, in der Ionen frei beweglich sind, wird der Stromkreis geschlossen. Die vom Minus- zum Pluspol fließenden Elektronen sind Energieträger. Sie liefern die elektrische Energie, die eine Glühlampe zum Leuchten oder einen Elektromotor zum Laufen bringt.

In einer galvanischen Zelle wird durch chemische Reaktionen elektrische Energie gewonnen.

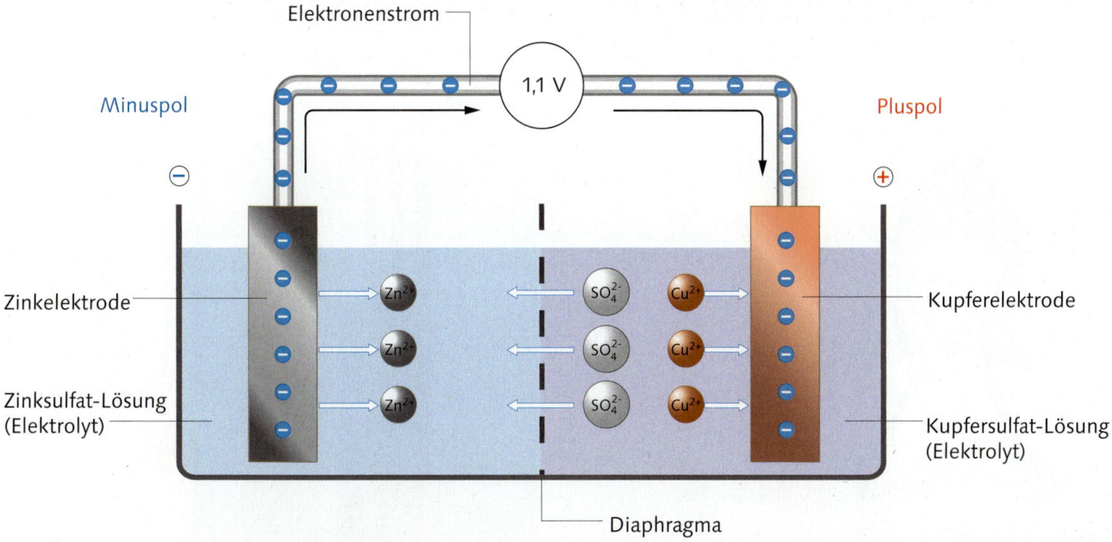

4 *Galvanische Zelle: Fließende Elektronen liefern die Energie für eine Glühlampe.*

Das Daniell-Element, eine galvanische Zelle
Im Jahre 1836 entwickelte der englische Chemiker und Physiker JOHN FREDERIC DANIELL eine galvanische Zelle, die später als Daniell-Element benannt wurde. Sie setzt sich aus zwei Halbzellen zusammen, die durch eine halbdurchlässige Zwischenwand (Diaphragma) voneinander getrennt sind. Die eine Halbzelle besteht aus einer Zinkelektrode, die in eine Zinksulfat-Lösung taucht. Bei der anderen Halbzelle taucht eine Kupferelektrode in eine Kupfersulfat-Lösung. Werden die beiden Elektroden mit einem Stromkabel verbunden, zeigt das Voltmeter eine Gleichspannung von 1,1 Volt.

Elektrochemische Vorgänge in einer galvanischen Zelle Die unedlen Zinkatome (Zn-Atome) geben zwei Elektronen ab und gehen als Zink-Ionen (Zn^{2+}-Ionen) in Lösung.
Zn-Atome wirken als Elektronendonatoren.
$Zn \rightarrow Zn^{2+} + 2\,e^-$

Die Elektronen fließen über das Stromkabel von der Zinkelektrode (Minuspol) zur Kupferelektrode (Pluspol). Dort werden sie von Kupfer-Ionen (Cu^{2+}-Ionen) der Kupfersulfat-Lösung aufgenommen.
Cu^{2+}-Ionen wirken als Elektronenakzeptoren.
$Cu^{2+} + 2\,e^- \rightarrow Cu$

Die dabei gebildeten Kupferatome setzen sich an der Kupferelektrode ab. Die Sulfat-Ionen (SO_4^{2-}-Ionen) der Kupferhalbzelle wandern durch das Diaphragma zu den Zn^{2+}-Ionen.

Zwischen Atomen und Ionen finden Elektronenübertragungen statt. Dabei geben die Atome unedlerer Metalle an die Ionen edlerer Metalle Elektronen ab.

12

Galvanische Zelle, Kombination von Elektroden		Spannung
edel	**unedel**	
Kupfer	Zink	1,1 Volt
Kupfer	Blei	0,48 Volt
Silber	Eisen	1,21 Volt
Silber	Zink	1,56 Volt

Tab. 1 *Spannungsmesswerte von verschiedenen galvanischen Zellen*

Aufgaben

1 Nenne Bestandteile einer galvanischen Zelle.
2 Ein Eisennagel und ein Silberlöffel bilden die Elektroden einer galvanischen Zelle. Als Elektrolyt wird Zitronensaft verwendet.
a Zeichne die galvanische Zelle.
b Beschreibe, in welche Richtung die Elektronen fließen. Begründe.
c Welche Spannung wird erreicht?
d Woran könnte es liegen, wenn kein Strom mehr fließt?

Exkurs Entdeckungen von Galvani und Volta

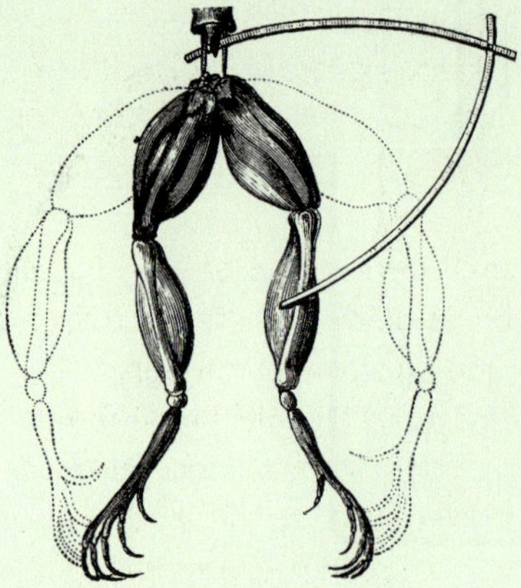

1 *Galvanis berühmtes Experiment*

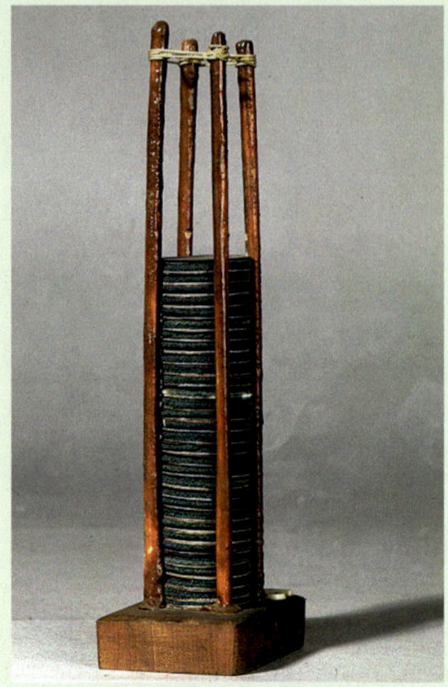

2 *Die Voltasäule zur Erzeugung elektrischer Energie*

Galvanis „tierische Elektrizität" Der italienische Arzt und Naturforscher Luigi Galvani (1737–1798) forschte an der Universität von Bologna an der Anatomie von Lebewesen.
Bei der Zerlegung von Fröschen machte er eine merkwürdige Beobachtung: Die gehäuteten Froschschenkel begannen zu zucken, wenn sie mit zwei verschiedenen Metallen, die miteinander Kontakt hatten, berührt wurden. Galvani hatte unwissentlich aus den beiden Metallen und der Flüssigkeit im Froschschenkel einen Stromkreis hergestellt. Die zuckenden Froschschenkel waren quasi die „Stromanzeiger". Das wusste Galvani damals aber noch nicht. Er folgerte aus seiner Beobachtung, dass der elektrische Strom aus den Muskeln und Nerven des Tieres kommt. Deshalb sprach er auch von „tierischer Elektrizität".

Der „Volta-Effekt" – Strom aus Metallen
Alessandro Volta (1745–1827), Professor für Physik in Pavia (Italien), war von den Froschschenkel-Studien Galvanis fasziniert. Aber an die Hypothese von der „tierischen Elektrizität" glaubte er nicht. Nach seiner Theorie waren die Metalle für die Elektrizität verantwortlich. Um das zu beweisen, scheute er auch vor Versuchen an seinem eigenen Körper nicht zurück: Wenn er gleichzeitig zwei unterschiedliche Metalle wie Silber und Zink an seine Zunge hielt, spürte er ein eigenartiges Kribbeln. Er fand heraus, dass zwischen verschiedenen Metallen, die in eine leitende Flüssigkeit tauchen, eine elektrische Spannung entsteht. Dieser nach ihm benannte „Volta-Effekt" bildete die Basis für den Bau von Batterien.

Mit Volta beginnt das elektrische Zeitalter
Im Jahre 1800 gelang es Volta, durch Hintereinanderschalten von galvanischen Zellen leistungsfähige Stromquellen mit höheren Spannungen zu bauen. Damit war er ein wichtiger Wegbereiter für das elektrische Zeitalter. So folgten der „Batterie" von Volta die Erfindung der Glühlampe und die Entwicklung von Elektromotoren. Als Anerkennung für seine herausragende Leistung wurde lange nach seinem Tod im Jahre 1881 die Einheit für die elektrische Spannung – das Volt – nach ihm benannt.

Aufgaben

1 Erläutere, warum es auf der Zunge von Volta kribbelte, als er eine Silber- und eine Zinkmünze an sie hielt.

2 Beschreibe, wie es beim Froschschenkelexperiment zum Zucken der Froschschenkel kommt (Bild 1).

3 Erstelle einen Steckbrief mit den wichtigsten Lebensdaten von:
a Luigi Galvani
b Alessandro Volta

Chemische Energie – elektrische Energie

1 Elektrolyse von Zinkiodid-Lösung

Geräte: Petrischale, 2 Krokodilklemmen, 2 Stromkabel, Gleichspannungsquelle
Chemikalien: 5%ige Zinkiodid-Lösung, 2 Kohleelektroden
Durchführung: Gieße die Zinkiodid-Lösung in die Petrischale. Verbinde die Elektroden über Krokodilklemmen und Stromkabel mit einer Gleichspannungsquelle. Lege eine Spannung von 4 V an und halte die Elektroden in die Zinkiodid-Lösung.
Auswertung: Was kannst du an den Elektroden beobachten? Deute deine Beobachtung.

2 Erzeugen elektrischer Spannung

Geräte: zweigeteilte Petrischale, Spannungsmessgerät, Becherglas, Schere, Pinzette, 2 Krokodilklemmen, 2 Stromkabel
Chemikalien: Zinkblech, 5%ige Zinkiodid-Lösung, Kupferblech, 10%ige Kupfernitrat-Lösung, 10%ige Kaliumnitrat-Lösung, Pappe
Durchführung: Schneide aus Pappe einen „Reiter" mit v-förmigem Einschnitt. Lege diesen in ein Becherglas mit Kaliumnitrat-Lösung. Fülle in eine Petrischalenhälfte Kupfernitrat-Lösung und in die andere Zinkiodid-Lösung. Stecke auf den Teilungssteg den getränkten „Reiter". Tauche ein Kupferblech in die Kupfernitrat-Lösung und ein Zinkblech in die Zinkiodid-Lösung. Miss die Spannung zwischen den beiden Halbzellen.
Auswertung: Beschreibe die Vorgänge an den Elektroden. Vergleiche die gemessene Spannung mit dem Wert aus der Literatur.

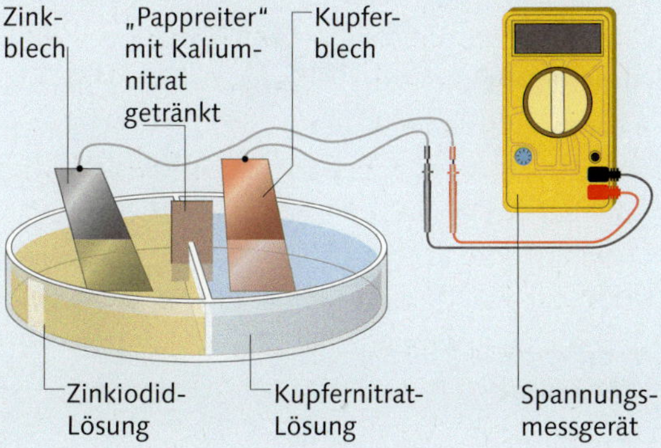

3 Zitronenbatterie

Geräte: Spannungsmessgerät, 2 Krokodilklemmen, 2 Stromkabel
Chemikalien: Zitrone, Zinkblech, Kupferblech
Durchführung:

a Stecke ein Zink- und ein Kupferblech in eine Zitrone. Verbinde beide mithilfe der Krokodilklemmen und Stromkabel mit dem Spannungsmessgerät. Die Bleche dürfen sich dabei nicht berühren. Miss mit dem Spannungsmessgerät die Spannung zwischen der Kupfer- und der Zinkelektrode.

b Schließt euch mit drei anderen Arbeitsgruppen zusammen und bringt durch Hintereinanderschaltung von 4 Zitronenbatterien eine Leuchtdiode zum Leuchten.

Auswertung: Gib den Elektrolyten in der Zitronenbatterie an.

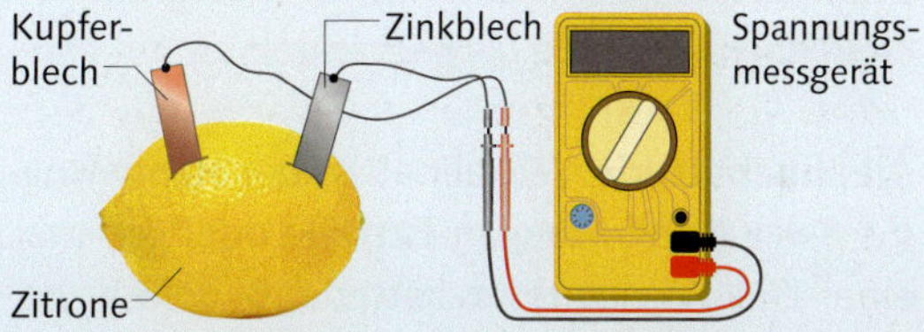

4 Verkupfern durch Galvanisieren

Geräte: Becherglas (100 ml), 2 Krokodilklemmen, 2 Stromkabel, Gleichspannungsquelle
Chemikalien: Schlüssel, Kupferblech, Kupfer-Elektrolyt-Lösung (2,5 g Kupfersulfat, 10 g Kaliumnatriumtartrat und 1,5 g Natriumhydroxid in 80 ml Wasser gelöst), Spülmittellösung
Durchführung: Entfette den Schlüssel mit einer Spülmittellösung. Verbinde ihn mit dem Minuspol und das Kupferblech mit dem Pluspol der Gleichspannungsquelle. Tauche die beiden Elektroden in die Kupfer-Elektrolyt-Lösung. Lege ca. 1 min lang eine Gleichspannung von 4 V an. Bewege den Schlüssel in der Lösung, achte aber darauf, dass Schlüssel und Kupferblech nicht in Kontakt kommen. Spüle nach Beendigung des Galvanisierens den Schlüssel und das Kupferblech mit Wasser ab.
Auswertung: Deute die Beobachtung.

Energiespeicherung in Batterien

1 *Unterschiedliche Batterietypen für jeden Zweck*

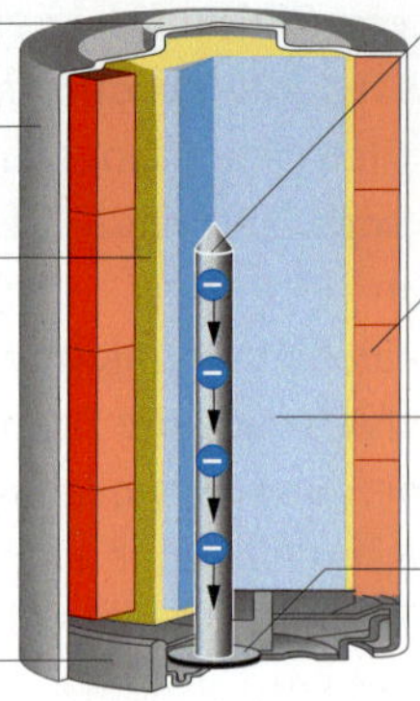

2 *Aufbau einer Alkali-Mangan-Batterie*

Batterien – chemische Energiespeicher Zum Betrieb von elektrischen Geräten wird die chemische Energie einer Batterie in elektrische Energie umgewandelt. Dabei wird die Batterie entladen. Bei den sogenannten Primärbatterien handelt es sich um „Einwegbatterien", die nicht wieder aufgeladen werden können.

Batterien sind chemische Energiespeicher. Beim Entladen wird chemische Energie in elektrische Energie umgewandelt.

Alkalinebatterie „Alkaline" ist der Handelsname einer Alkali-Mangan-Batterie oder genauer einer Zink-Manganoxid-Batterie. Bei dieser galvanischen Zelle bildet Zink den Minuspol und Mangandioxid den Pluspol. Kalilauge dient als Elektrolyt. Beim Entladen der Batterie laufen folgende Reaktionen ab:

Oxidation (Minuspol): $Zn \rightarrow Zn^{2+} + 2\ e^-$
Reduktion (Pluspol): $2\ Mn^{4+} + 2\ e^- \rightarrow 2\ Mn^{3+}$

Die Spannung zwischen einer Zink- und einer Mangandioxidelektrode beträgt 1,5 Volt. Diese kleinste Einheit einer Batterie bezeichnet man auch als Zelle. Bei einem 9-Volt-Block sind sechs Zellen hintereinandergeschaltet.

Exkurs Das Wasserspeichermodell
Eine Batterie kann mit zwei Wasserbehältern verglichen werden, die sich auf verschiedenen Höhen befinden und mit einer Wasserleitung verbunden sind. Der obere Behälter entspricht dem Minus- und der untere dem Pluspol der Batterie. So wie das Wasser im oberen Behälter einen höheren Wasserdruck ausübt, geht vom Minuspol ein höherer *Elektronendruck* aus. Beim Wasser handelt es sich um eine Druckdifferenz, bei einer Batterie spricht man von *Spannung* zwischen Minus- und Pluspol.
Beim Öffnen des Schiebers fließt das Wasser vom oberen in den unteren Behälter und treibt ein Wasserrad an. Verbindet man die beiden Pole einer Batterie mit einem elektrischen Leiter, fließen Elektronen vom Minus- zum Pluspol. Durch die Energie der fließenden Elektronen wird ein Propeller in Bewegung gebracht.

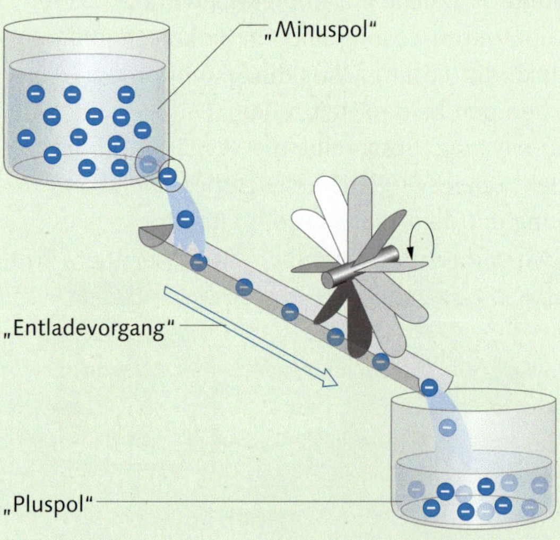

3 *Modellvorstellung zur Entstehung der Spannung in einer Batterie*

Lithium-Mangandioxid-Batterie Batterien, die das unedle Metall Lithium enthalten, gewinnen zunehmend an Bedeutung. Da Lithium sehr unedel ist und damit leicht Elektronen abgeben kann, ist es als Material für den Minuspol hervorragend geeignet. Als Pluspol wird hauptsächlich Mangandioxid verwendet. Da Lithium mit Wasser heftig reagiert, muss in der Batterie ein wasserfreier Elektrolyt eingesetzt werden.
Eine Lithiumzelle liefert eine Spannung von 3 Volt. Aufgrund dieser hohen Spannung und der geringen Selbstentladung eignen sich Lithium-Batterien für den Einsatz in Notebooks, Smartphones und Fotoapparaten. Sie sind in allen Bauformen erhältlich, als Zylinder, Knopfzellen, Rundzellen oder quaderförmige Zellen.

Papierbatterie Zukünftig werden Lithium-Flachzellen, auch Papierbatterien genannt, zunehmend an Bedeutung gewinnen. Das Grundmaterial dieser nur 1 g schweren und 0,4 mm dünnen Batterie ist Cellulose – ein pflanzlicher Stoff, der auch zur Herstellung von Papier verwendet wird. Ein Celluloseblatt wird in eine Elektrolytlösung getaucht und anschließend auf der einen Seite mit einer Lithiumverbindung und auf der anderen mit Kohlenstoff beschichtet. Lithium-Flachzellen passen in intelligente Smartcards mit integriertem Display und batteriebetriebenem Microchip. Solche Smartcards öffnen Türen und können den Zahlungsverkehr abwickeln, beispielsweise beim Fahrkartenkauf oder beim Einchecken im Hotel.

Exkurs Ein „Salzwasser"-Auto

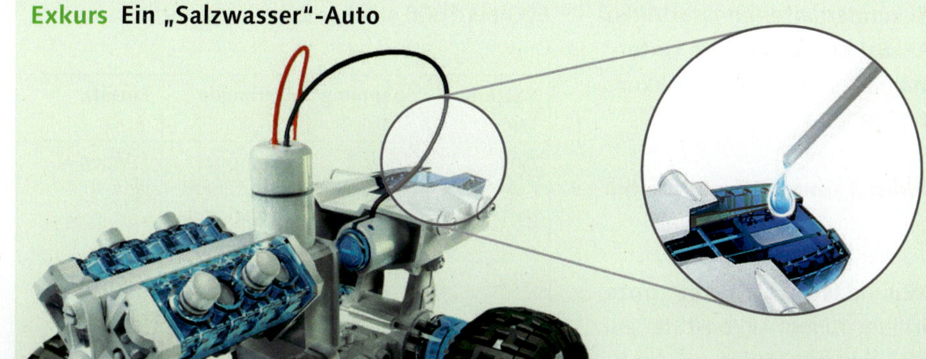

4 *Dieses Auto fährt mit Salzwasser!*

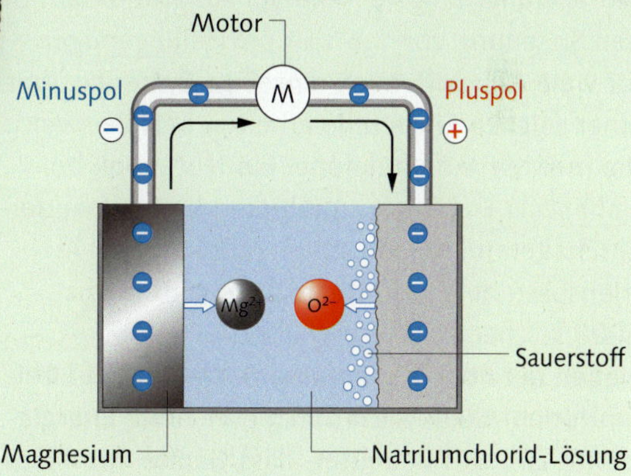

5 *Aufbau einer Magnesium-Sauerstoff-Zelle*

Das Modellauto wird mit Salzwasser „betankt" und produziert keine schädlichen Abgase. Was für einen Motor hat das Fahrzeug tatsächlich unter der Haube? Es wird von einem Elektromotor angetrieben, der seine Energie aus einer Magnesium-Sauerstoff-Zelle bezieht. Durch Zugabe des Salzwassers, das als Elektrolyt dient, wird folgende elektrochemische Reaktion in Gang gesetzt: Magnesiumatome geben zwei Elektronen ab und werden zu Mg^{2+}-Ionen.

Die Elektronen fließen über den Motor zu der mit Sauerstoff umströmten Elektrode. Sauerstoffatome werden durch Elektronenaufnahme zu O^{2-}-Ionen. Diese wandern durch den Elektrolyten zur Magnesiumelektrode und verbinden sich dort mit Mg^{2+}-Ionen zu Magnesiumoxid (MgO).

12

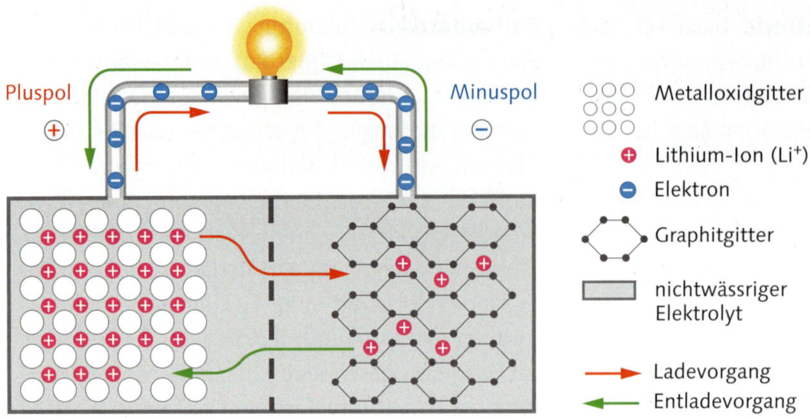

6 *Lithium-Ionen-Akku*

Akkumulatoren – wiederaufladbare Batterien
Batterien, die man nach dem Entladen durch Zufuhr von elektrischer Energie wieder aufladen kann, werden als Sekundärbatterien oder Akkumulatoren (kurz: Akkus) bezeichnet. Im Unterschied zu den Primärbatterien laufen in Akkus umkehrbare Reaktionen ab.

Akkumulatoren (Akkus) sind wiederaufladbare Batterien.

Lithium-Ionen-Akku – das „Kraftpaket" unter den Akkus Der Lithium-Ionen-Akku ist der zurzeit leistungsfähigste Akkutyp. Aufgrund der hohen Spannung von 3,6 Volt pro Zelle genügen für viele Anwendungen einzellige Batterien. Mit einer solchen Einzelzelle arbeiten beispielsweise die meisten Mobiltelefone. Ein Notebook bezieht seine Energie aus mehreren hintereinandergeschalteten Lithium-Ionen-Zellen. In der Antriebsbatterie eines Elektroautos sind bis zu 6000 solcher Zellen geschaltet.
Neben der hohen Spannung zeichnen sich Lithium-Ionen-Akkus auch durch eine hohe Energiedichte aus. Das bedeutet, dass Geräte mit ihnen länger betrieben werden können als mit anderen handelsüblichen Akkus wie beispielsweise dem Nickel-Cadmium-Akku.
Beim Lithium-Ionen-Akku wandern Lithium-Ionen (Li^+) zwischen den Elektroden hin und her. Beim Laden des Akkus werden über den äußeren Leiter Elektronen zum Minuspol gepumpt. Im Elektrolyten wandern Li^+-Ionen zum Minuspol. Beim Entladen fließen Li^+-Ionen und Elektronen wieder zum Pluspol zurück.

Besonders leistungsfähige Lithium-Ionen-Akkus können bis zu 5000-mal entladen und wieder geladen werden. Bei anderen Akkus sind nur 500 bis 1000 solcher Zyklen möglich.

Batterietyp	Spannung	Merkmale	Einsatz
Zink-Kohle-Batterie	1,5 Volt	Spannung sinkt bei Entladung deutlich ab	Taschenlampen
Alkali-Mangan-Batterie	1,5 Volt	hohe Leistung, auslaufsicher, langlebig	Radios, Kameras, Spielzeug
Lithium-Batterie	3 Volt	Spannung bleibt lange konstant	Fernbedienungen, Rechner
Lithium-Cadmium-Akku	1,2 Volt	wiederaufladbar, preiswert	Videokamera, Akkuschrauber
Lithium-Ionen-Akku	3,6 Volt	wiederaufladbar, hohe Energiedichte	Handys, Notebooks, Digitalkameras

Tab. 1 *Batterietypen im Vergleich*

Aufgaben
1 Beschreibe die Funktion einer Batterie.
2 Es gibt Primär- und Sekundärbatterien.
a Wodurch unterscheiden sie sich?
b Nenne jeweils zwei Beispiele.
3 Nenne einen geeigneten Akku für ein Handy. Begründe.
4 Aus welchen Zellen und aus wie vielen Zellen kann eine Flachbatterie (4,5 Volt) bestehen?

Exkurs Die Autobatterie – ein Bleiakku

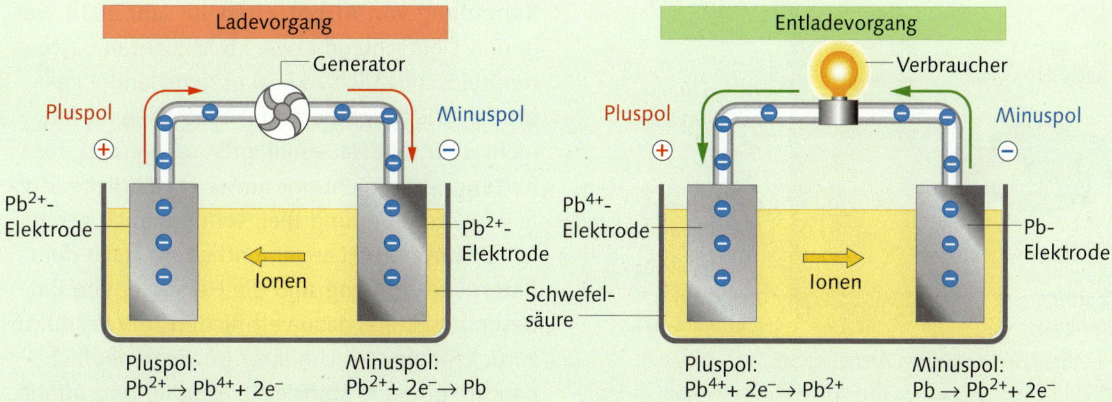

1 *Elektrochemische Vorgänge im Bleiakku*

Aufbau Eine Zelle der Autobatterie enthält zwei Bleielektroden, die in einen Elektrolyten aus Schwefelsäure tauchen. Blei kann verschiedene Ionen bilden: Pb^{2+}-Ionen und Pb^{4+}-Ionen.

Laden des Bleiakkus Wenn der Motor läuft, wird der Bleiakku geladen. Dabei wird elektrische Energie in chemische Energie umgewandelt. Elektronen werden vom Pluspol zum Minuspol „gepumpt": Die Pb^{2+}-Ionen am Pluspol werden durch Elektronenabgabe zu Pb^{4+}-Ionen oxidiert. Die Pb^{2+}-Ionen am Minuspol werden durch Elektronenaufnahme zu Bleiatomen (Pb-Atomen) reduziert. Die pro Zelle erzeugte Spannung beträgt 2 Volt. Eine höhere Spannung, beispielsweise 12 Volt einer normalen Autobatterie, erhält man durch Hintereinanderschaltung von mehreren Zellen.

Entladen des Bleiakkus Beim Entladen des Bleiakkus werden die Vorgänge umgekehrt: Chemische Energie wird in elektrische Energie umgewandelt. Da am Minuspol (Pb-Atome) ein höherer „Elektronendruck" herrscht als am Pluspol (Pb^{4+}-Ionen), fließen die Elektronen vom Minus- zum Pluspol. Dabei gehen am Minuspol Pb-Atome in Pb^{2+}-Ionen über (Elektronenabgabe). Am Pluspol werden aus Pb^{4+}-Ionen durch Elektronenaufnahme ebenfalls Pb^{2+}-Ionen. Durch die Energie der fließenden Elektronen wird der Motor des Autoanlassers betrieben.

Laden und Entladen – ein Kreisprozess Beim Laden wird der Bleiakku durch Zufuhr von Energie auf ein höheres Energieniveau gebracht. Beim Entladen fällt er unter Energieabgabe wieder auf das niedrigere Energieniveau zurück. Dieser Kreisprozess könnte aus chemischer Sicht beliebig lange ablaufen. Da die Bleiplatten sich abnutzen, hat ein Bleiakku aber nur eine begrenzte Lebensdauer.

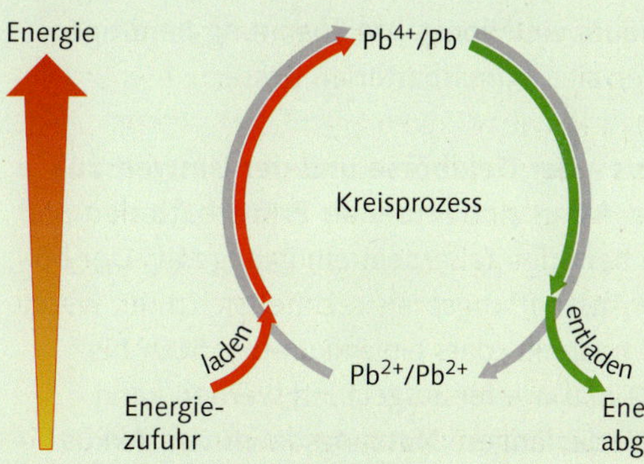

2 *Laden und Entladen des Bleiakkus*

Aufgaben

1 Schreibe die Reaktionsschemata des Ladevorgangs in Teilschritten auf.

2 Aus wie vielen Zellen besteht eine Autobatterie?

3 Recherchiere den Aufbau eines handelsüblichen Bleiakkus. Fertige eine Skizze an.

4 Der Motor springt nicht an – Batterie leer!

a Was könnte die Ursache sein?

b Nenne Möglichkeiten, die Batterie zu laden.

Einsatz und Entsorgung von Batterien und Akkus

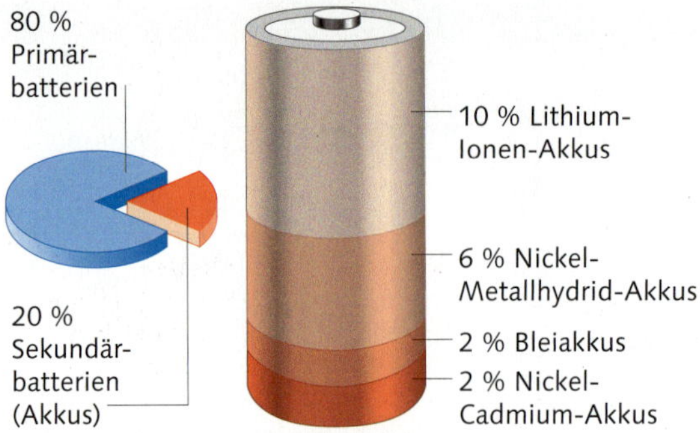

1 *Anteil der verkauften Batterietypen*

Batterie oder Akku? Wiederaufladbare Akkus (Sekundärbatterien) sind für Geräte empfehlenswert, die in kurzer Zeit viel Energie benötigen und häufig in Gebrauch sind, beispielsweise Mobiltelefone, Notebooks, Videokameras und Kinderspielzeug.
Aufgrund der Selbstentladung sind sie für Geräte, die nicht oft benutzt werden, weniger geeignet. Daher ist für die einsatzbereite Taschenlampe oder Fernbedienung die Verwendung einer nicht wiederaufladbaren Primärbatterie vorzuziehen. Auch für Uhren, die über einen längeren Zeitraum eine konstante Spannung benötigen, eignen sich Primärbatterien besser.

Akkus – der Geldbörse und der Umwelt zuliebe Akkus sind teurer als Primärbatterien und man benötigt außerdem ein Ladegerät. Der höhere Anschaffungspreis rechnet sich aber, wenn man bedenkt, dass ein Akku etwa 500- bis 1000-mal wieder aufgeladen werden kann. Durch die längere Nutzungsdauer von Akkus können wertvolle Rohstoffe gespart und Entsorgungsprobleme vermindert werden.

2 *Batterien gehören nicht in den Hausmüll.*

Sammlung von Altbatterien Im Jahr 2012 wurden in Deutschland etwa 1,5 Milliarden Batterien (einschließlich Akkus) in den Handel gebracht. Die ausgedienten Altbatterien dürfen nicht über den Hausmüll entsorgt werden. In Batterien sind nicht nur umweltgefährliche Stoffe wie Cadmium und Blei, sondern auch gefährliche Säuren und Laugen enthalten. Nach der Batterieverordnung sind die Hersteller von Batterien gesetzlich dazu verpflichtet, die Produkte zurückzunehmen. Um ihrer Rücknahmepflicht nachzukommen, statten sie Händler und öffentliche Einrichtungen wie Schulen mit Sammelbehältern aus. Über das Rückgabeverfahren wird knapp die Hälfte der verkauften Batterien gesammelt, das entspricht einer jährlichen Menge von etwa 15000 Tonnen.

Altbatterien gehören nicht in den Hausmüll, sondern in die Sammelbox für Batterien.

Sortieren und recyceln Nahezu alle gesammelten Batterien und Akkus werden verwertet. Zunächst sortiert man sie nach Batterieart und Gehäuseform. Anschließend kann man durch unterschiedliche Trennverfahren Rohstoffe zurückgewinnen. Spezielle Trennverfahren sind notwendig, um das in Knopfzellen enthaltene giftige Quecksilber aufzuarbeiten. Aufwendig ist auch das Recyceln von Batterien, die das reaktionsfähige Lithium enthalten. Eisen, Nickel, Mangan und Kohlenstoff werden bei der Stahlherstellung verwertet. Blei und Cadmium finden wieder in der Batterieproduktion Verwendung. Zurückgewonnenes Zink nutzt man zum Verzinken von Eisenteilen.

Aufgaben

1 Du hast zwei Geräte – eine Armbanduhr und einen Laptop. Welche mobile Stromversorgung wählst du jeweils? Begründe deine Antwort.

2 Nenne die Rohstoffe, die aus alten Batterien gewonnen werden können.

3 Warum dürfen gerade Quecksilber, Blei und Cadmium nicht in den Hausmüll gelangen?

Praktikum Energiespeicherung

1 Voltasäule – Erfindung von Volta

Geräte: Spannungsmessgerät, Stromkabel mit blanken Enden, Schere, Becherglas (100 ml), Tropfpipette

Chemikalien: Kupfermünzen (5-Cent-Münzen), Alufolie, Filterpapier, Kochsalz, Wasser

Durchführung: Schneide aus der Alufolie Kreise aus, die etwa den gleichen Durchmesser haben wie die Münzen. Schneide dann aus dem Filterpapier Kreise mit einem etwas größeren Durchmesser. Fertige aus einer Münze, dem Filterpapier und der Alufolie eine galvanische Zelle. Auf das Filterpapier wird ein Tropfen gesättigte Kochsalzlösung gegeben. Miss die Spannung dieser Kupfer-Aluminium-Zelle. Staple anschließend 2, 3, 4, 5, 6 solcher Zellen übereinander und miss jeweils die Spannung.

Auswertung: Welche Gesetzmäßigkeit kannst du erkennen?

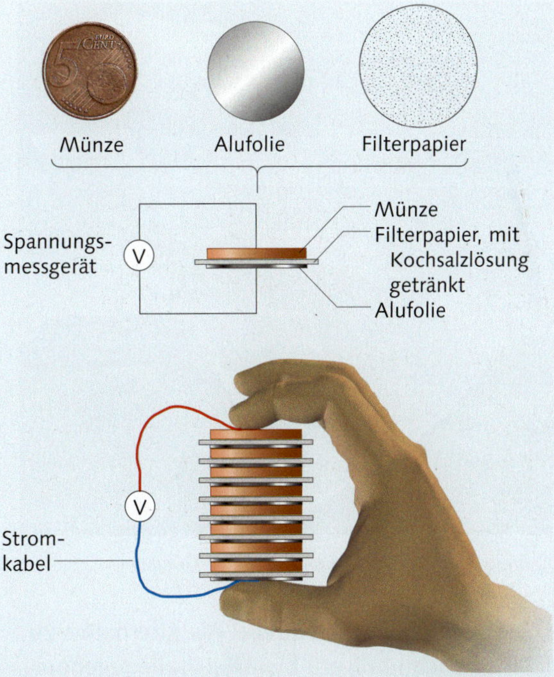

2 Aluminium-Iod-Element

Geräte: Becherglas (100 ml), 2 Krokodilklemmen, 2 Stromkabel, Spannungsmessgerät, Föhn

Chemikalien: Alufolie, Graphitstab, Iodtinktur (z. B. Betaisodona©-Lösung), 10%ige Kaliumchlorid-Lösung

Durchführung: Stelle eine Iodelektrode her, indem du einen Graphitstab mit Schmirgelpapier aufraust, ihn anschließend mit Iodtinktur bestreichst und trocknen lässt. Der Trocknungsvorgang kann mit einem Föhn beschleunigt werden. Führe den Beschichtungsvorgang zweimal durch.

Kleide die Innenwand eines Becherglases mit Alufolie aus. Die überstehende Folie wird über den Rand des Becherglases gebogen und mit einer Krokodilklemme befestigt. Anschließend wird in das Becherglas Kaliumchlorid-Lösung gefüllt und die Iodelektrode eingetaucht. Miss die Spannung zwischen der Aluminium- und der Iodelektrode.

Auswertung: Welche Vorgänge laufen an den Elektroden ab? Formuliere die Reaktionsschemata für beide Teilreaktionen.

3 Erfinderisch wie Robinson Crusoe

Stelle dir vor, es hat dich auf eine einsame Insel im Meer verschlagen. Baue mit folgenden Materialien aus deinem Rucksack eine Batterie:

Auswertung: Beschreibe, wie du vorgegangen bist. Was muss beim Experiment beachtet werden? Welche Spannung liefert deine Batterie?

Wasserstoff – Energiespeicher der Zukunft?

1 *Energiegewinnung aus regenerativen Quellen*

Die Sonne als Energiequelle Als Alternative zu fossilen Energieträgern bieten sich die regenerativen Energiequellen Wasserkraft, Wind und vor allem die Sonne an. Sie liefert uns ungefähr 5000-mal so viel Energie, wie wir auf der Erde brauchen – kostenfrei und umweltfreundlich. Die Schwierigkeit liegt im „Auffangen" dieser Energie, aber auch im Speichern.
In den Fotovoltaikzellen von Solarkollektoren wird Sonnenenergie aufgefangen und in elektrische Energie umgewandelt. Im Windkraftwerk gewinnt man die elektrische Energie aus der Energie des Windes.

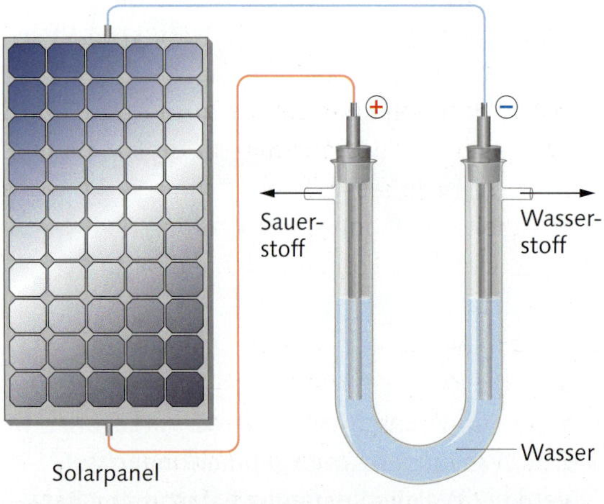

2 *Elektrolyse von Wasser mithilfe von Solarstrom*

Von der elektrischen Energie zur chemischen Energie Mit der aus der Sonnenenergie gewonnenen elektrischen Energie kann durch eine Elektrolyse Wasser in die Elemente Wasserstoff und Sauerstoff zerlegt werden. Am Pluspol entsteht dabei Sauerstoff, am Minuspol Wasserstoff. Die Elektrolyse von Wasser verläuft endotherm.

$2\ H_2O \rightarrow 2\ H_2 + O_2$ | endotherm

Bei dieser chemischen Reaktion wird elektrische Energie in chemische Energie umgewandelt.

Bei der Elektrolyse von Wasser entstehen Sauerstoff und Wasserstoff. Elektrische Energie wird in chemische Energie umgewandelt.

Wasserstoff, ein umweltfreundlicher Energieträger Der gewonnene Wasserstoff wird verbrannt. Dabei wird die bei der Elektrolyse aufgewendete elektrische Energie in Form von Licht- und Wärmeenergie frei. Da bei dieser Reaktion nur Wasser entsteht, ist Wasserstoff ein umweltfreundlicher Energieträger.

$2\ H_2 + O_2 \rightarrow 2\ H_2O$ | exotherm

Wasserstoff ist ein umweltfreundlicher Energieträger, da bei seiner Verbrennung nur Wasser entsteht.

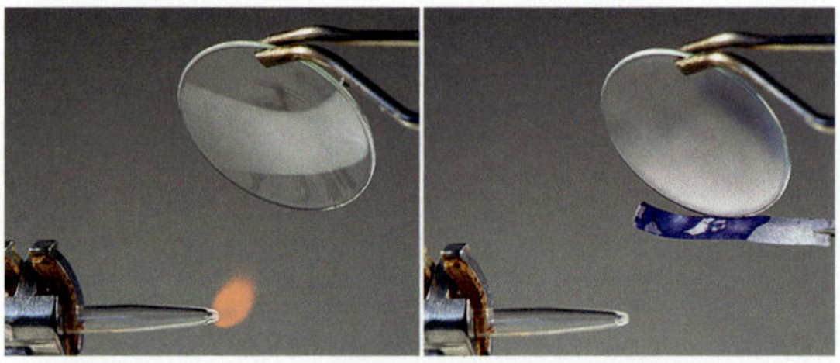

3 *Beim Verbrennen von Wasserstoff wird Wasser gebildet.*

Die Wasserstoff-Brennstoffzelle Auch in der Brennstoffzelle reagiert Wasserstoff mit Sauerstoff zu Wasser. Allerdings läuft diese „Verbrennung" ohne Flammenerscheinung ab und neben wenig Wärmeenergie entsteht vor allem elektrische Energie.

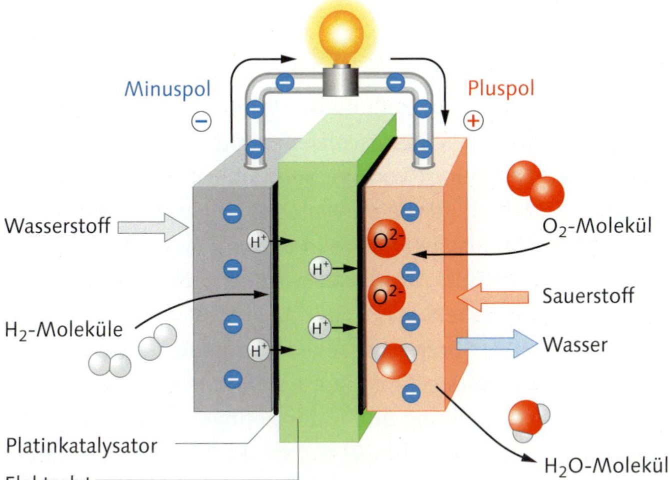

4 *Elektrochemische Vorgänge in der Brennstoffzelle*

Mehrere Brennstoffzellen hintereinandergeschaltet (Stack)

Wie funktioniert eine Brennstoffzelle? Eine Brennstoffzelle besteht aus einer mit Wasserstoff und einer mit Sauerstoff umströmten Elektrode, die in einen Elektrolyten eintauchen. An der Wasserstoffelektrode werden Wasserstoff-Moleküle in Wasserstoff-Ionen (H^+-Ionen) und Elektronen gespalten. Aufgrund des Elektronenüberschusses wird die Wasserstoffelektrode zum Minuspol.
Oxidation (Minuspol):
$2\ H_2 \rightarrow 4\ H^+ + 4\ e^-$

Da der Elektrolyt nur für Ionen durchlässig ist, fließen die Elektronen über den elektrischen Leiter zur Sauerstoffelektrode, dem Pluspol. Dabei entsteht ein elektrischer Strom, der den Verbraucher mit elektrischer Energie versorgt. An der Sauerstoffelektrode reagieren Sauerstoff-Moleküle mit den zugeführten Elektronen zu O^{2-}-Ionen.
Reduktion (Pluspol):
$O_2 + 4\ e^- \rightarrow 2\ O^{2-}$

Die H^+-Ionen wandern durch den Elektrolyten und verbinden sich an der Sauerstoffelektrode mit O^{2-}-Ionen zu Wasser-Molekülen.
Gesamtreaktion:
$4\ H^+ + 2\ O^{2-} \rightarrow 2\ H_2O$

Die Spaltung der Wasserstoff- und der Sauerstoff-Moleküle in Ionen wird durch den Platinkatalysator bewirkt.

Eine Brennstoffzelle liefert eine Spannung von 0,5 bis 1 Volt. Um höhere Spannungen zu erreichen, werden mehrere Brennstoffzellen zu einem Stack (engl. *stack:* stapeln) hintereinandergeschaltet. Ein Stack enthält etwa 150 dicht aneinanderliegende Brennstoffzellen.

In einer Brennstoffzelle reagiert Wasserstoff mit Sauerstoff zu Wasser. Dabei wird chemische Energie in elektrische Energie umgewandelt.

12

Aufgaben

1 Erläutere, warum Wasserstoff als umweltfreundlicher Energieträger bezeichnet werden kann.
2 Wasserstoff kann an der Luft oder in einer Brennstoffzelle „verbrannt" werden.
a Was haben diese beiden „Verbrennungen" gemeinsam?
b Worin unterscheiden sie sich?
3 Wie hoch ist die Spannung, die eine Wasserstoff-Brennstoffzelle liefert?
4 Erläutere, warum ein Brennstoffzellenauto nur Wasserstoff, aber keinen Sauerstoff tanken muss.
5 Bei der Synthese von Wasser handelt es sich um eine Redoxreaktion.
a Stelle das Reaktionsschema auf.
b Erläutere die Vorgänge auf Teilchenebene. Verwende dabei die Begriffe Elektronendonator, Elektronenakzeptor, Oxidation, Reduktion.

Exkurs Mobilität der Zukunft

1 *Einmal um die Erde – diese Strecke legt ein Mensch in Deutschland durchschnittlich in nur vier Jahren zurück.*

In vier Jahren um die Welt Der Mensch ist mobil, viel mehr als noch vor wenigen Jahrzehnten. Wir empfinden es als selbstverständlich, dass wir mit dem Bus in die Schule fahren, die Eltern uns im Auto zu Freunden bringen oder wir in den Ferien ins Ausland reisen. Jeder Deutsche legt pro Jahr durchschnittlich mehr als 10 000 Kilometer zurück.

Nachteile der Mobilität Die Umwelt leidet unter den Auswirkungen des Verkehrs:
- Die Erdölvorräte schrumpfen.
- Die Konzentration von Kohlenstoffdioxid in der Erdatmosphäre steigt.
- Emissionen wie Schwefeldioxid und Stickoxide in der Luft schaden der Gesundheit von Mensch, Tier und Pflanze.

Mobilität durch elektrische Energie Anstatt mit Benzin- oder Dieselmotoren können Fahrzeuge auch elektrisch angetrieben werden. Die dafür notwendige Energie wird aus dem Stromnetz entnommen und in Akkus im Fahrzeug gespeichert. Elektrische Energie lässt sich aber auch mithilfe von Brennstoffzellen „an Bord", also direkt im Auto gewinnen.

Brennstoffzellenauto Wasserstoff ist der Kraftstoff des Brennstoffzellenautos. Bei der „Verbrennung" von Wasserstoff in der Brennstoffzelle wird die im Wasserstoff gespeicherte chemische Energie in elektrische Energie umgewandelt. Mit dieser wird ein Elektromotor angetrieben.
In der Brennstoffzelle läuft die Reaktion von Wasserstoff mit Sauerstoff ohne Flammenerscheinung und unter geringer Wärmeentwicklung ab. Daher kann man auch von einer „kalten Verbrennung" sprechen. Da als Reaktionsprodukt nur Wasser entsteht, handelt es sich um eine umweltschonende Energiegewinnung.

Elektroauto Bei einem solchen Fahrzeug erfolgt der Antrieb durch elektrische Energie. Der Strom für den Elektromotor kommt aus einem Akku, der nach der Entladung aus dem Stromnetz wieder aufgeladen wird. Derzeit werden in Elektroautos fast ausschließlich Lithium-Ionen-Akkus eingesetzt.

Die Stärken eines stromgetriebenen Autos Benzin hat einen Wirkungsgrad von etwa 35 %. Das bedeutet: Nur ein Drittel der Energie, die im Benzin enthalten ist, kann für den Antrieb des Autos genutzt werden. Die meiste Energie wird als Wärme an die Umwelt abgegeben. Dagegen kann mit Elektromotoren ein Wirkungsgrad von über 90 % erreicht werden. Elektroautos sind leise und erzeugen keine Abgase. So lässt sich insbesondere in den Innenstädten die Luftbelastung durch Schadstoffe erheblich senken.

2 *Unterschiedliche Antriebsarten – unterschiedliche Emissionen*

3 *Fährt mit Strom aus der Steckdose*

„Sauberer" Strom aus der Steckdose? Es ist richtig, dass der Elektromotor keine Emissionen verursacht. Aber wo kommt der Strom her? Wenn er in einem mit Kohle oder Heizöl betriebenen Kraftwerk erzeugt wird, entstehen dort die umweltbelastenden Abgase. Von „sauberem" Strom oder „Ökostrom" kann man genau genommen nur dann sprechen, wenn erneuerbare Energien wie Sonne oder Wind genutzt werden.

4 *Fährt mit Energie von der Sonne*

Warum gibt es nicht mehr Elektroautos? Um mit einem Elektroauto 100 km fahren zu können, braucht man einen Akku, der 200 kg wiegt. Da der Akku das Auto schwer macht und teuer ist, kann man ihn nicht beliebig vergrößern. Das führt dazu, dass Elektroautos mit 120 bis 150 km nur eine geringe Reichweite haben. Forscher arbeiten daran, Akkus mit einer höheren Energiedichte zu entwickeln. Ihr Ziel ist es, zwischen 2020 und 2030 einen Akku auf den Markt zu bringen, mit dem die 800 km lange Strecke von München nach Hamburg mit einer Batterieladung zurückgelegt werden kann.

Energiedichte Die Energiedichte gibt an, wie viel Energie in einem Energieträger pro kg gespeichert ist.

Energieträger	Energiedichte (pro kg des Energieträgers)
Benzin	12 kWh
Erdgas	13 kWh
Steinkohle	8,5 kWh
Lithium-Ionen-Akku	0,15 kWh

Tab. 1 *Energiedichte von verschiedenen Energieträgern*

Mit der Energie von 1 kWh (Kilowattstunde) kann ein Haarföhn mit der Leistung 1 kW (Kilowatt) eine Stunde betrieben werden oder ein Elektroauto etwa 2,5 km zurücklegen.

Hybridauto Bei einem Hybridauto wird ein traditioneller Verbrennungsmotor mit einem modernen Elektroantrieb kombiniert. Dabei gibt es die Möglichkeit, dass jede der Antriebsarten das Fahrzeug für sich alleine antreibt oder dass eine Antriebsart die andere unterstützt. So kann beispielsweise der Elektromotor im Stadtverkehr alleine arbeiten. Beim Beschleunigen außerorts unterstützt er den Benzinmotor. Zur Vergrößerung der Reichweite wird bei längeren Fahrten ebenfalls auf den Verbrennungsmotor umgeschaltet.

Aufgaben

1 Vergleiche ein Benzinauto mit einem Elektroauto. Trage die Vor- und Nachteile in eine Tabelle ein.

2 Man unterscheidet zwischen Elektroauto und Brennstoffzellenauto.

a Beschreibe die Unterschiede der Autotypen.

b Erläutere, unter welchen Bedingungen diese Fahrzeuge als umweltschonend bezeichnet werden können.

3 Eine Ladung der „FutureBatterie 2020" soll für eine Fahrt von Hamburg nach München reichen.
Wie hoch muss ihre Energiedichte sein, wenn sie höchstens 320 kg wiegen soll?

Teste dich!

1 Aluminium reagiert mit Chlor zu Aluminiumchlorid ($AlCl_3$).

a Stelle die Reaktionsschemata für Oxidation und Reduktion auf.

b Gib den Elektronendonator und den Elektronenakzeptor an.

2 Das Bild zeigt eine Elektrolyse.

a Beschreibe die dargestellten Vorgänge.

b Gib an, für welche technische Anwendung die Elektrolyse genutzt werden kann.

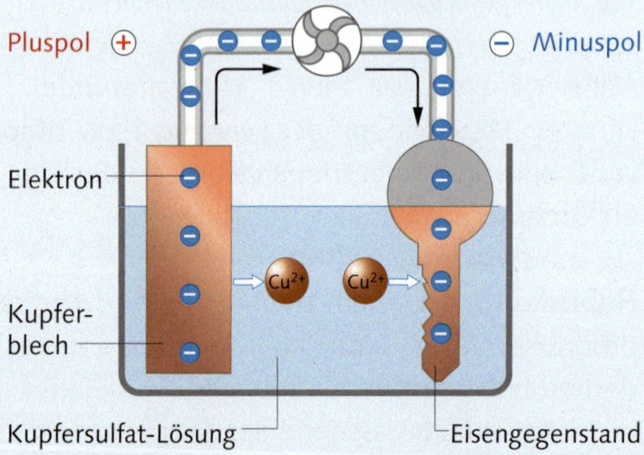

3 Beschreibe den Aufbau einer galvanischen Zelle. Erläutere, welche elektrochemischen Vorgänge ablaufen. Verwende dabei die folgenden Begriffe: Elektrode, Elektrolyt, Elektron, Ion.

4 Beschreibe die Energieumwandlung, die in einer galvanischen Zelle stattfindet.

5 Im Bild ist eine galvanische Zelle dargestellt.

a Übertrage die Skizze in dein Heft.

b Aus welchen Elektroden könnte das galvanische Element bestehen?

c Trage in die Skizze die Elektronen und deren Bewegungsrichtung ein.

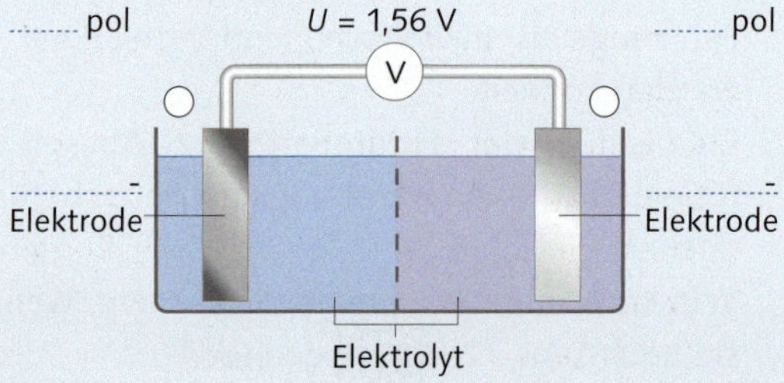

6 Erstelle eine Tabelle mit mindestens sechs elektrischen Geräten aus deinem Alltag und ordne die dafür gängigen Batterietypen (Primärbatterie oder Akku) zu.

7 Beschreibe die Energieumwandlungen in einem Akku:

a beim Laden

b beim Entladen

8 Batterie oder Akku? Erläutere, für welche Verwendungszwecke der Einsatz von Primärbatterien oder Akkus sinnvoll ist.

9 Alkalinebatterien müssen recycelt werden.

a Welche Wertstoffe werden dabei gewonnen?

b Wozu kann man sie verwenden?

10 „Wasserstoff ist ein umweltfreundlicher Energieträger."

a Begründe diese Aussage.

b Belege die Aussage durch ein Reaktionsschema.

c Beschreibe die Energieumwandlungen bei der Gewinnung und Verbrennung von Wasserstoff.

d Beschreibe das Funktionsprinzip einer Brennstoffzelle.

Aufgabe	Hilfe findest du auf Seite …
1	268
2	269
3	270/271
4	270/271
5	270/271
6	274–276
7	276
8	274–276
9	274, 278
10	280, 282
… und die Lösungen findest du im Anhang.	

Im Überblick

Die Elektrolyse ist eine erzwungene chemische Reaktion, bei der mithilfe elektrischer Energie Verbindungen zerlegt werden. Umgekehrt können in galvanischen Zellen (Batterien) freiwillig ablaufende chemische Reaktionen zur Gewinnung von elektrischer Energie genutzt werden. Wasserstoff ist ein umweltfreundlicher Energieträger, da bei seiner Reaktion mit Sauerstoff, beispielsweise in einer Brennstoffzelle, nur Wasser als Reaktionsprodukt entsteht.

Elektronenübertragung bei Redoxreaktionen

- Oxidation: Elektronenabgabe
  $Zn \rightarrow Zn^{2+} + 2\,e^-$
- Reduktion: Elektronenaufnahme
  $S + 2\,e^- \rightarrow S^{2-}$
- Redoxreaktion: Oxidation (Elektronenabgabe) und Reduktion (Elektronenaufnahme) laufen gleichzeitig ab.

Oxidation ($Zn \rightarrow Zn^{2+}$)

$$Zn + S \rightarrow Zn^{2+} + S^{2-}$$

Reduktion ($S \rightarrow S^{2-}$)

- Je unedler ein Metall ist, umso stärker ist sein Bestreben, Elektronen abzugeben.

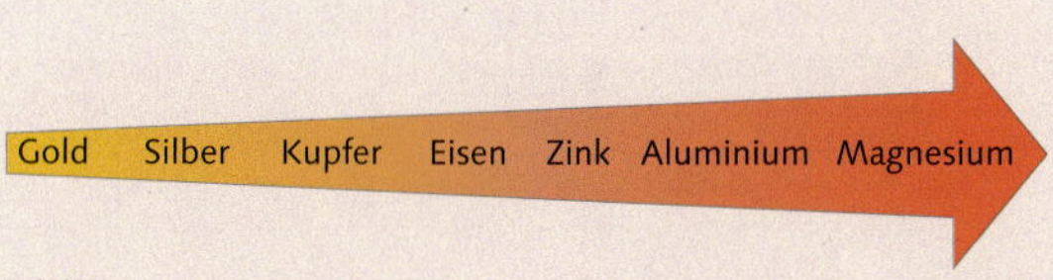

Donator-Akzeptor-Prinzip

- Elektronendonator: ein Teilchen, z. B. ein Zinkatom, das Elektronen abgibt
- Elektronenakzeptor: ein Teilchen, z. B. ein Schwefelatom, das Elektronen aufnimmt

Elektrolyse

- Zerlegung einer chemischen Verbindung mithilfe des elektrischen Stroms (erzwungene Redoxreaktion)
- Anwendung beim Galvanisieren, z. B. beim Verzinken von Eisengegenständen

Batterien und Akkus als Energiespeicher

- Batterien sind galvanische Zellen, die durch chemische Reaktionen elektrische Energie erzeugen.
- Im Gegensatz zu Primärbatterien sind Sekundärbatterien (Akkus) wiederaufladbar.
- Laden eines Akkus: Umwandlung von elektrischer in chemische Energie
- Entladen eines Akkus: Umwandlung von chemischer in elektrische Energie

Primärbatterien	Sekundärbatterien
Alkalinebatterie	Lithium-Ionen-Akku
Lithium-Mangan-Batterie	Lithium-Cadmium-Akku
Zink-Kohle-Batterie	Bleiakku (Autobatterie)

Entsorgung von Batterien und Akkus

- enthalten umweltgefährliche Stoffe und gefährliche Säuren und Laugen
- dürfen nicht über den Hausmüll entsorgt werden
- werden in grünen Boxen gesammelt, sortiert und recycelt

Wasserstoff, ein umweltfreundlicher Energieträger

- Gewinnung durch Elektrolyse von Wasser
  $2\,H_2O \rightarrow 2\,H_2 + O_2$ | endotherm
- umweltfreundliche Reaktion in der Brennstoffzelle
  $2\,H_2 + O_2 \rightarrow 2\,H_2O$ | exotherm

13

Kohlenwasserstoffe – Energieträger und Rohstoffe

Kohlenwasserstoffe sind vielfältig nutzbare Stoffe: Butangas verbrennt im Campingkocher und wärmt unser Essen. Aus Erdöl können ganz unterschiedliche Produkte wie Kunststoffe, Klebstoffe, Medikamente und Kosmetika hergestellt werden. Wir können Erdöl zur Energiegewinnung verbrennen – dann aber fehlt uns bald der wichtige Rohstoff. Deshalb sind regenerative Energien wie Windkraft für unsere Zukunft so wichtig.

Entstehung von Erdöl, Erdgas und Kohle

1 *Erdöl kann unterschiedlich aussehen.*

„Schwarzes Gold" Erdöl kann als braunschwarze, zähe Flüssigkeit auftreten, aber auch strohgelb und dünnflüssig sein. Es lagert unter der Erdoberfläche und muss aus den Erdschichten gewonnen werden. Erdöl wird manchmal auch als „schwarzes Gold" bezeichnet. Aber was macht das Besondere dieses Stoffes aus?

Entstehung von Erdöl und Erdgas Vor mehr als 250 Millionen Jahren waren weite Teile der Erdoberfläche von Meeren bedeckt. Darin lebten Kleinstlebewesen wie pflanzliches und tierisches Plankton. Nach ihrem Absterben sanken sie auf den Meeresboden. Dort konnten sie im sauerstoffarmen Wasser nicht verwesen. Es bildete sich Faulschlamm, der von Ablagerungen aus Flüssen bedeckt wurde. Im Laufe von vielen Millionen Jahren gelangte der Faulschlamm in immer größere Tiefen, wo hoher Druck und hohe Temperaturen herrschen. Im Laufe der Zeit wandelten sich dadurch die von der Luft abgeschlossenen Stoffe in Erdöl um.
Auch Erdgas entstand durch die Zersetzung von Kleinstlebewesen. Daher sind in Lagerstätten häufig Erdöl- und Erdgasvorkommen zu finden. Erdgas ist in die Gesteinsschichten eingelagert wie in die Poren eines Schwamms. Undurchlässige Gesteinsschichten darüber verhindern den Aufstieg des Gases an die Oberfläche.

Erdöl ist durch die Zersetzung von Kleinstlebewesen am Meeresgrund unter Luftabschluss und der Einwirkung von hohem Druck und Wärme entstanden.

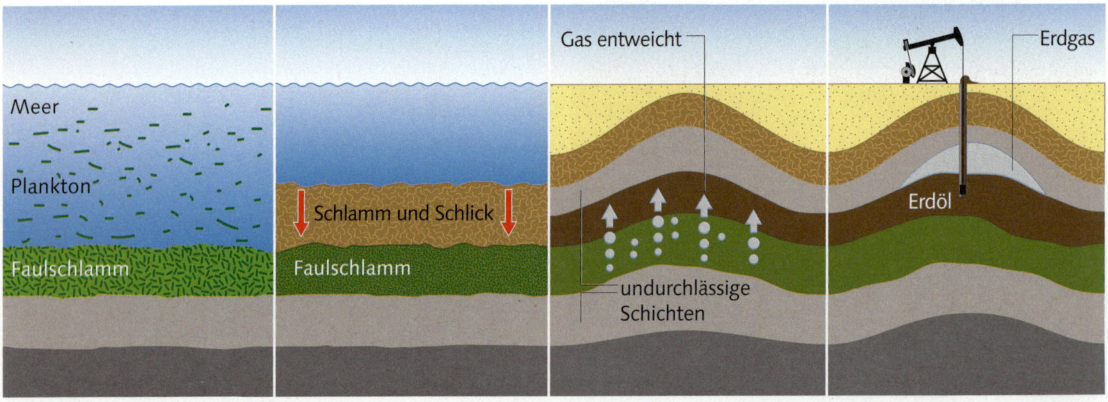

2 *Entstehung von Erdöl und Erdgas*

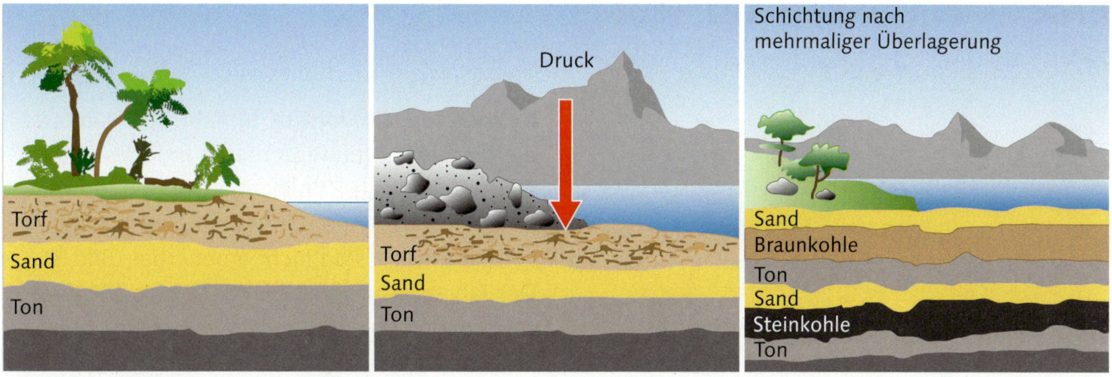

3 *Entstehung von Kohle*

Kohle entstand aus Pflanzen Aus Sumpfwäldern entstand im feucht-warmen Klima vor mehr als 300 Millionen Jahren Kohle.
In den Urwäldern starben Bäume und Pflanzen ab. Sie fielen auf den sumpfigen Boden. Darüber wuchsen wieder neue Pflanzen. Durch den Sumpf waren die Überreste der abgestorbenen Pflanzen luftdicht abgeschlossen und sie verfaulten nicht. Es bildete sich eine torfartige Schicht. In Moorgebieten sind diese Prozesse auch heute noch zu beobachten.
Im Laufe von Jahrtausenden wurden die Torfschichten von Geröll, Sand und Ton überlagert. Darauf wuchsen immer neue Sumpfwälder, aus denen sich erneut Torfschichten bildeten. Unter Wärme und durch den Druck der überlagernden Erdmassen wurden die unteren Schichten zusammengepresst und es bildete sich Braunkohle. Durch das Anwachsen der Schichten nahmen Druck und Hitze weiter zu. Braunkohle wurde unter erhöhtem Druck zu Steinkohle.

4 *Torf (oben), Steinkohle (links) und Braunkohle (rechts)*

Gelegentlich wurden die Kohleschichten durch Erdbewegungen auseinandergerissen und gelangten so stellenweise an die Erdoberfläche.

Kohle ist in Jahrmillionen unter Luftabschluss, Druck und Wärme aus abgestorbenen Pflanzen entstanden.

Fossile Energieträger Erdöl, Erdgas und Kohle werden zur Energiegewinnung eingesetzt und daher als Energieträger bezeichnet. Die meisten Kraftfahrzeuge fahren mit Benzin, das aus Erdöl gewonnen wird. Viele Heizungen werden mit Erdöl oder Erdgas betrieben und Strom wird oft durch Verbrennung von Kohle in Kraftwerken erzeugt.
Da diese Energieträger in einem weit zurückliegenden Erdzeitalter aus Abbauprodukten von Kleinstlebewesen und Pflanzen entstanden sind, werden sie als fossile Energieträger bezeichnet.

Erdöl, Erdgas und Kohle sind Brennstoffe, die in den letzten 250 bis 300 Millionen Jahren entstanden sind. Sie werden als fossile Energieträger bezeichnet.

Aufgaben

1 Erkläre, was man unter fossilen Energieträgern versteht.

2 Beschreibe die Entstehung des Energieträgers und fertige jeweils eine beschriftete Skizze an:

a Erdöl

b Erdgas

c Kohle

3 Vergleiche die Entstehung von Erdöl und Kohle.

Erdöl – ein begehrter Stoff

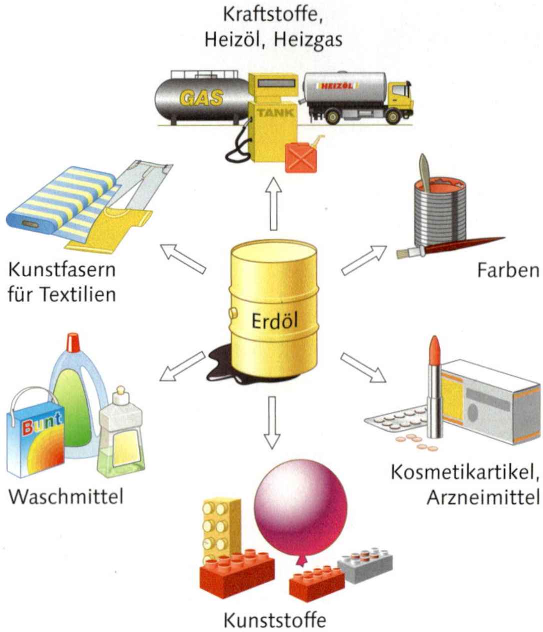

1 *Vielfältige Verwendungsmöglichkeiten für Erdöl*

Erdöl – zum Verbrennen zu schade Erdöl ist ein kostbarer Rohstoff. Dennoch denken wir bei Erdöl zunächst meist an den Energieträger, der beispielsweise zum Betrieb von Heizungen oder Kraftfahrzeugen verwendet wird. Aus Erdöl können jedoch zahllose neue Stoffe erzeugt werden. Viele Produkte des täglichen Lebens wie Textilien für Bekleidung, Kunststoffe, Medikamente, Farben und Lösungsmittel werden aus Erdöl hergestellt.

2 *Ein Leben ohne Erdöl – was wäre wohl anders?*

Begrenzte Erdölvorräte Im Jahr 2011 umfassten die bekannten förderbaren Erdölreserven weltweit etwa 168 Milliarden Tonnen Rohöl. Diese Vorräte sind auf der Erde unterschiedlich verteilt und sie sind nicht erneuerbar (Bild 3). Der Jahresverbrauch an Erdöl betrug 2011 weltweit rund 4 Milliarden Tonnen. Bei gleichbleibendem Verbrauch würden die Erdölvorräte also noch etwa bis zum Jahr 2050 reichen.
In den vergangenen Jahrzehnten ist der Verbrauch an Erdöl aber ständig gestiegen. Und es ist mit einer weiter steigenden Erdölnachfrage zu rechnen, weil unser Konsum und unser Energieverbrauch weltweit weiter zunimmt. Weitere auf der Erde vorhandene Erdölvorkommen werden aus technischen oder wirtschaftlichen Gründen derzeit nicht gefördert. Daher kann man in Zukunft mit einer größer werdenden Lücke zwischen Nachfrage und Angebot rechnen. Steigende Ölpreise wären die Folge.

Aus Erdöl werden viele Produkte des täglichen Lebens hergestellt. Die Vorräte an Erdöl sind begrenzt.

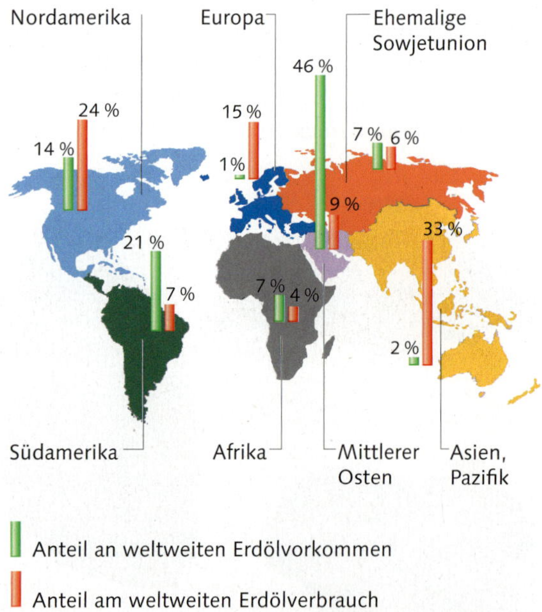

3 *Weltweite Erdölreserven und regionaler Verbrauch (2011)*

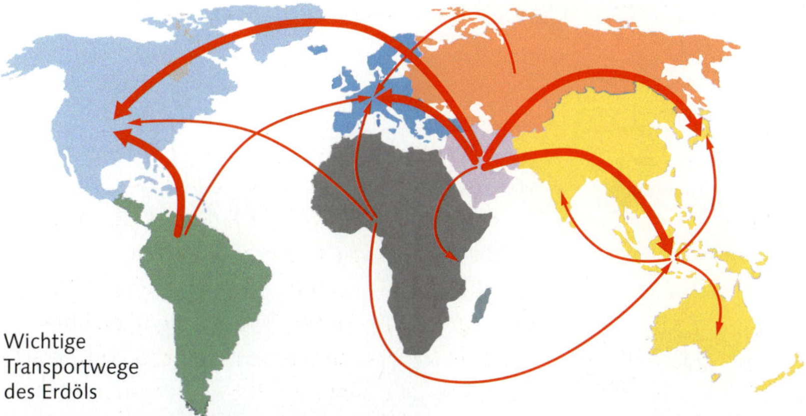

Wichtige Transportwege des Erdöls

Mehrere Millionen Liter Erdöl pro Tag

Mehrere Hunderttausend Liter Erdöl pro Tag

4 *Erdöl wird in Tankern und durch Pipelines über weite Strecken transportiert.*

Schattenseiten des Erdöls Erdöl ist ein Stoffgemisch aus einer großen Zahl von Verbindungen. Viele dieser Verbindungen sind umweltgefährdend. Daher sind beim Umgang mit Erdöl Sicherheitsvorkehrungen wichtig. Für die weltweit langen Transportwege werden Pipelines und Tanker eingesetzt. Beide Transportwege stellen eine mögliche Gefahr für die Umwelt dar. Pipelines können unbemerkt leckschlagen, sodass das Erdöl ins Erdreich gelangt. Im Fall eines Schiffsunglücks gelangt Erdöl ins Meer. Dadurch bilden sich auf dem Wasser riesige Ölteppiche, die Umweltkatastrophen verursachen. Deshalb sollen alle Tanker bis 2025 einen doppelwandigen Schiffsrumpf haben.

Erdöl wird in Pipelines und Tankern über weite Strecken transportiert. Der Transport muss sicher sein, da Erdöl umweltgefährdend ist.

5 *Ölverschmierter Vogel am Meeresufer*

Exkurs Die Folgen von Ölkatastrophen
Im Jahr 1989 lief der mit Erdöl beladene Tanker „Exxon Valdez" vor Alaska auf ein Riff auf. 40 000 Tonnen Rohöl gelangten damals ins Meer. Es bildete sich ein großer Ölteppich, der 2000 km Küste verschmutzte. Hunderttausende Seevögel und andere Meereslebewesen verendeten. Noch heute ist die Region mit großen Mengen Erdöl verschmutzt. Nach wie vor wirkt es sich schädigend auf die Pflanzen- und Tierwelt aus – und letztlich auch auf die Menschen

13

Aufgaben

1 Nenne sechs Verwendungsmöglichkeiten für Erdöl.

2 Schreibe eine Geschichte zum Thema „Leben ohne Erdöl – ein ganz normaler Tag" (Bild 2). Berücksichtige dabei die verschiedenen Verwendungsmöglichkeiten von Erdöl.

3 In welcher Region liegen die größten Erdölreserven? Nenne drei Länder aus dieser Region.

4 Vergleiche den Erdölverbrauch und das Erdölvorkommen in Europa und im Mittleren Osten. Welche Probleme könnten sich hieraus ergeben?

5 Recherchiere drei Länder, in denen der Verbrauch an Erdöl seit Beginn dieses Jahrtausends deutlich angestiegen ist.
Denke vor allem an Länder, die einen Wandel vom Agrarland zum Industriestaat vollzogen haben.

Exkurs Forschen nach neuen Vorkommen

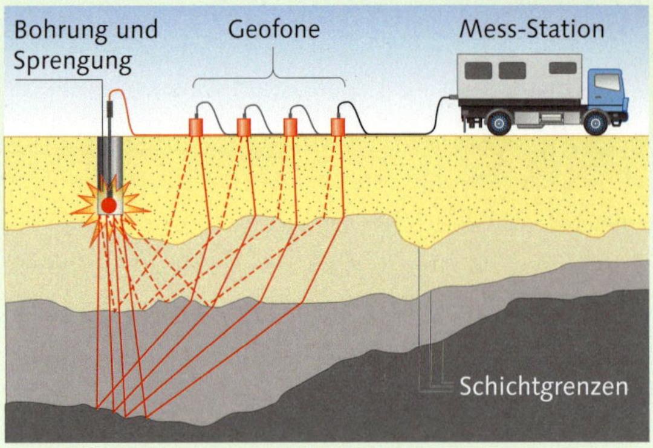

1 *Seismische Messung*

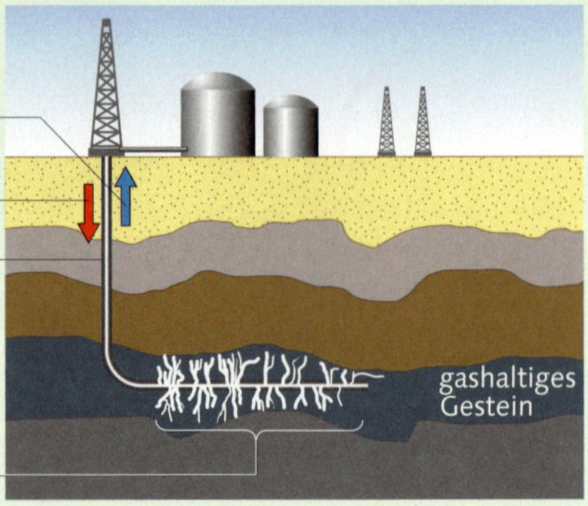

2 *Frackingverfahren zur Gewinnung von Erdgas*

Suche nach neuen Lagerstätten Die Suche nach neuen Erdöl- und Erdgasvorkommen wird durch Satelliten erleichtert. Vom Weltall aus werden Aufnahmen der Erdoberfläche gemacht. Sie werden mithilfe von Computertechnologie ausgewertet. So lassen sich sogar Vorkommen unter der Meeresoberfläche auffinden.

Schallwellen zur Erdölsuche Zum Auffinden neuer Lagerstätten werden sogenannte „seismische Messungen" eingesetzt (Bild 1). Durch Sprengungen werden Schallwellen erzeugt, die sich unter der Erde in den verschiedenen Erdschichten unterschiedlich schnell ausbreiten. Der Schall wird an den Schichtgrenzen reflektiert und an der Erdoberfläche gemessen. Hierzu dienen in die Erde eingelassene Geofone. Aufgrund der ermittelten Daten lassen sich Informationen über Ausdehnung und Beschaffenheit der Erdschichten gewinnen. Vermutungen, ob Erdöl oder Erdgas in den Erdschichten enthalten ist, können so bestätigt oder widerlegt werden.

Weitere Vorkommen und deren Nutzbarkeit
Als Ölschiefer oder Ölsande werden Gesteine bezeichnet, in denen das Rohöl mit Gestein oder Sand sehr stark vermengt ist. Hierdurch ist die Gewinnung erschwert. So gibt es in Baden-Württemberg Ölschiefervorkommen, die Ende des Zweiten Weltkriegs zur Gewinnung von Rohöl genutzt wurden und heute zur kostengünstigen Zementproduktion verwendet werden.

Bei einigen Vorkommen von Erdgas ist die Durchlässigkeit der Gesteinsschichten zu gering. Bohrungen würden nur eine geringe Gasausbeute ergeben. Durch das Frackingverfahren ist eine Erdgasförderung möglich, die ansonsten unwirtschaftlich wäre.

Fracking Ein Gemisch aus Wasser, Quarzsand und Chemikalien wird durch Rohre in das Bohrloch eingebracht. Unter hohem Druck wird dieses als Fracfluid bezeichnete Gemisch durch die an mehreren Stellen mit Löchern versehenen Rohre in das Gestein gepresst. Dadurch werden Risse erzeugt, die den Gasfluss ermöglichen. Der Quarzsand dient zur Stabilisierung der Risse. Vor der Förderung des Erdgases wird die Flüssigkeit wieder nach oben gepumpt. Danach strömt das Gas dem Bohrloch zu und kann gefördert werden. Durch die umweltgefährdenden und giftigen Stoffe im zurückgepumpten Fracfluid besteht die Gefahr einer Grundwasserverseuchung.

Aufgaben

1 Benenne Untersuchungen, die zur Auffindung neuer Lagerstätten führen.
2 Beschreibe das Frackingverfahren.
3 In Völkersen im Landkreis Verden an der Aller kam es beim Fracking zu Umweltbelastungen. Recherchiere und berichte. Bewerte die von dir genutzten Quellen.
4 Recherchiere in weiteren Quellen Argumente für und gegen das Fracking. Diskutiere die Standpunkte mit deinen Mitschülern.

Exkurs Förderung von Erdöl und Erdgas

Aus tiefen Lagerstätten an die Oberfläche Vor der Förderung von Erdöl und Erdgas wird zunächst eine Probebohrung durchgeführt. Ist sie erfolgreich, wird ein Doppelrohr in das mehrere Kilometer tiefe Bohrloch eingebracht. Das unter Druck stehende Erdgas strömt meist von alleine nach oben. Erdöl muss jedoch hochgepumpt werden. Um die Ausbeute zu erhöhen, wird über das zweite Rohr Wasser mit hohem Druck in die Erdöl führende Schicht gepresst. So kann mehr Erdöl nach oben transportiert werden. Anschließend werden Erdöl und Erdgas gereinigt und durch Pipelines oder in Tankern zur weiteren Verarbeitung zu den Raffinerien befördert.

Die derzeit längste Pipeline verläuft 4700 Kilometer quer durch Russland. Sie transportiert Erdgas und Erdöl von den Lagerstätten im ostsibirischen Taischet bis nach Kosmino am Japanischen Meer, wo es für den Verkauf in die USA, nach China und Japan auf Tanker verladen wird.

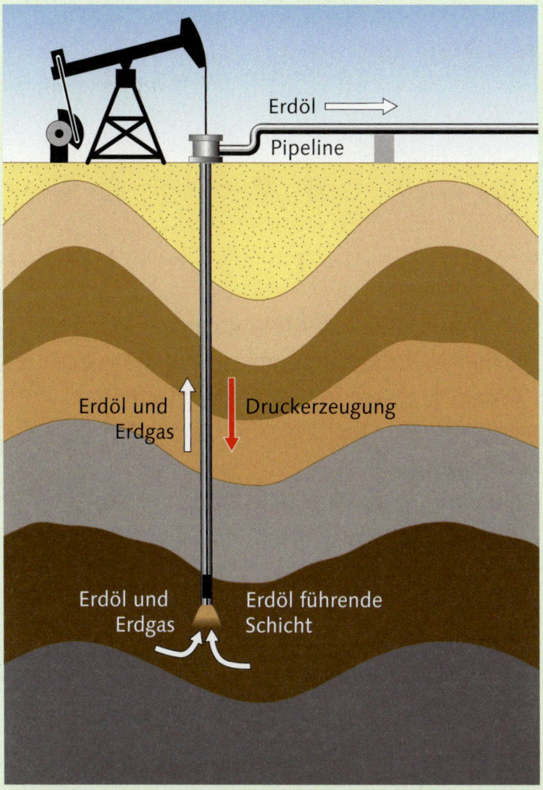

1 *Förderung von Erdöl und Erdgas*

Förderung im Meer Häufig befinden sich Erdöllagerstätten unter dem Meer. Zur Förderung werden künstliche Bohrinseln auf hoher See errichtet. Sie können fest mit dem Meeresboden verankert oder als schwimmende Bohrinseln zu ergiebigen Lagerstätten bewegt werden. Die Förderung im Meer erfolgt im gleichen Verfahren wie an Land über Bohrungen. Neue Technologien ermöglichen die Förderung bis in Tiefen von 4000 bis 6000 m unterhalb des Meeresspiegels.
Die Förderung von Erdöl und Erdgas im Meer wird als Offshore-Förderung (engl. *offshore:* vor der Küste, auf hoher See) bezeichnet.

2 *Offshore-Förderung*

Risiken der Offshore-Gewinnung Im April 2010 ereignete sich auf der Bohrinsel „Deepwater Horizon" im Golf von Mexiko eine schwere Explosion, in deren Folge die Bohrinsel sank. Elf Menschen starben. Monatelang flossen große Mengen Rohöl ins Meer.
Erdöl, das „schwarze Gold", wurde für die an der Südküste der USA lebenden Menschen und Meereslebewesen mit einem Mal zur „schwarzen Pest".

Aufgaben

1 Beschreibe, wie Erdöl und Erdgas gefördert werden.
2 Erdgas muss bei vielen Lagerstätten nicht extra aus der Tiefe hochgepumpt werden. Erläutere.
3 Finde heraus, wo Erdöl in Deutschland gefördert wird.

Praktikum Untersuchen von Erdöl

1 Filtration von Erdöl

Geräte: Rundfilter, Glastrichter, Einwegspritze (5 ml), Erlenmeyerkolben
Chemikalien: Erdöl (Ersatz)
Durchführung: Falte das Filterpapier und gib es in den Trichter. Stelle den Trichter auf einen Erlenmeyerkolben. Halte das Filterpapier am oberen Rand des Trichters fest. Gib mit der Einwegspritze ca. 2 ml Erdöl in den Trichter. Wahrscheinlich musst du das Filterpapier dabei weiter festhalten.
Auswertung:

a Formuliere deine Beobachtungen.
b Welche Aussage kannst du nach dem Versuch über Erdöl machen?

Entsorgung: Spüle die Geräte nicht aus. Lege die gebrauchte Einwegspritze auf einem saugfähigen Papier ab.

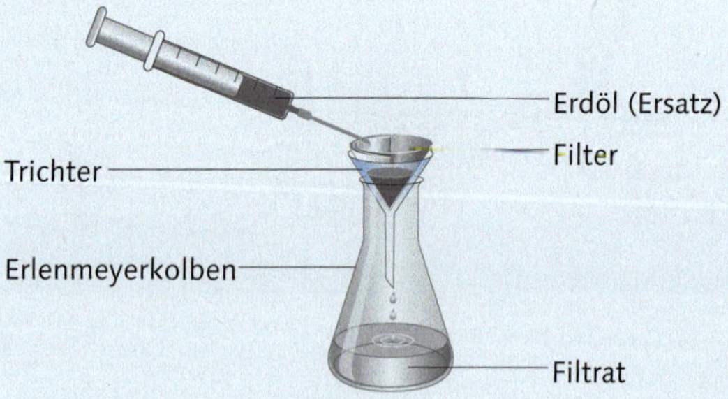

2 Dichtebestimmung

Geräte: Einwegspritze mit Verschlusskappe (10 ml), Waage
Chemikalien: Erdöl (Ersatz)
Durchführung: Wiege die leere Einwegspritze mit Verschlusskappe. Fülle nun 10 ml Erdöl in die Spritze ein. Wiege erneut die befüllte Einwegspritze mit Verschlusskappe. Ermittle die Masse von 10 ml Erdöl. Berechne die Dichte.
Auswertung:

a Vergleiche die Dichte von Erdöl und Wasser.
b Bringe das Ergebnis in Zusammenhang mit Öltankerunfällen.

Entsorgung: Spüle die Geräte nicht aus. Lege die gebrauchte Einwegspritze auf einem saugfähigen Papier ab.

3 Löslichkeit von Erdöl

Geräte: Reagenzglasständer, 8 Reagenzgläser, Schutzplatte aus Kunststoff, Trichter, 8 Stopfen, Einwegspritze (10 ml)
Chemikalien: Erdöl (Ersatz), Paraffinöl, Petroleumbenzin, Wasser, Olivenöl, Alkohol, Citronensäure-Lösung, Calciumhydroxid-Lösung, Aceton
Durchführung: Fülle in jedes Reagenzglas 1 cm Erdöl. Gib jeweils einen der anderen Stoffe je 3 cm hoch dazu, verschließe mit dem Stopfen und schüttle.
Auswertung: Erstelle eine Tabelle und trage deine Beobachtungen ein.
Welcher Stoff würde sich bei der Förderung als Erdölzusatz am besten eignen, um Erdöl mit Druck nach oben zu pressen? Begründe.
Entsorgung: Gib die Flüssigkeiten in den Behälter für organische Abfälle. Spüle die Geräte nicht aus. Lege die gebrauchte Einwegspritze auf einem saugfähigen Papier ab.

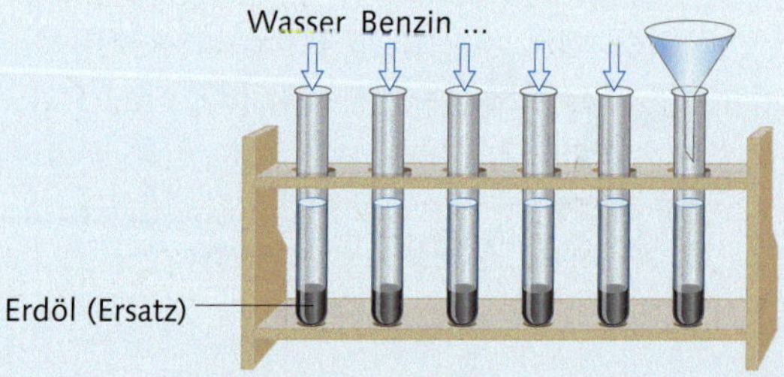

4 Viskosität von Erdölbestandteilen

Geräte: 3 Reagenzgläser, 3 Büroklammern, Pinzette, Reagenzglasständer, Stoppuhr
Chemikalien: Waschbenzin, Petroleum, Schmieröl
Durchführung: Fülle in je ein Reagenzglas Benzin, Petroleum und Schmieröl. Achte darauf, dass alle Reagenzgläser gleich hoch befüllt sind. Setze die Büroklammer mit einer Pinzette vorsichtig auf der Oberfläche der Flüssigkeit ab. Miss die Zeit, in der die Büroklammer zu Boden sinkt. Verfahre ebenso mit den anderen Proben.
Auswertung: Vergleiche und ordne die Flüssigkeiten nach zunehmender Viskosität.

Energie nutzbar machen

Energie im Alltag Im täglichen Leben ist die Nutzung von Energie für uns selbstverständlich. Jedoch steht sie nicht „einfach so" und nicht unbegrenzt zur Verfügung. Zur Deckung seines Energiebedarfs ist der Mensch auf die in der Natur vorkommenden Energiequellen angewiesen. Sie werden entweder in ihrer ursprünglichen Form (Primärenergie) oder nach Umwandlung (Sekundärenergie) nutzbar gemacht.

Primärenergie Erdöl, Erdgas und Kohle sind natürlich vorkommende, fossile Energieträger. Die in ihnen gespeicherte Energie wird als Primärenergie bezeichnet. Sie enthalten energiereiche Kohlenstoffverbindungen, die vor Jahrmillionen durch Fotosynthese von Pflanzen unter Ausnutzung der Energie des Sonnenlichts gebildet wurden.

Sekundärenergie Erdöl wird im Haushalt nicht direkt zur Energieerzeugung eingesetzt, sondern muss zu Heizöl aufbereitet werden. Kraftfahrzeuge und Heizungen werden oft mit Benzin oder Diesel angetrieben. Diese aus Erdöl hergestellten Energieträger enthalten Sekundärenergie. Sekundärenergie ist demnach die Energie, die durch Umwandlung aus Primärenergie gewonnen wird.

Nutzenergie Computer, Lampen und andere elektrische Geräte benötigen als Nutzenergie elektrischen Strom, damit sie betrieben werden können. Im Kraftwerk kann der elektrische Strom direkt aus Kohle erzeugt werden, die Primärenergie enthält. Automotoren können jedoch nicht mit Erdöl betrieben werden. Die Nutzenergie wird im Pkw aus Benzin gewonnen. Bei jedem Umwandlungsschritt – von Primärenergie in Sekundärenergie und weiter in Nutzenergie – geht allerdings immer Energie verloren.

In Kraftwerken wird Primärenergie aus natürlich vorkommenden Energieträgern in Sekundärenergie umgewandelt. Nutzenergie ist die Energie, die den Verbrauchern für Anwendungen des Alltags zur Verfügung steht.

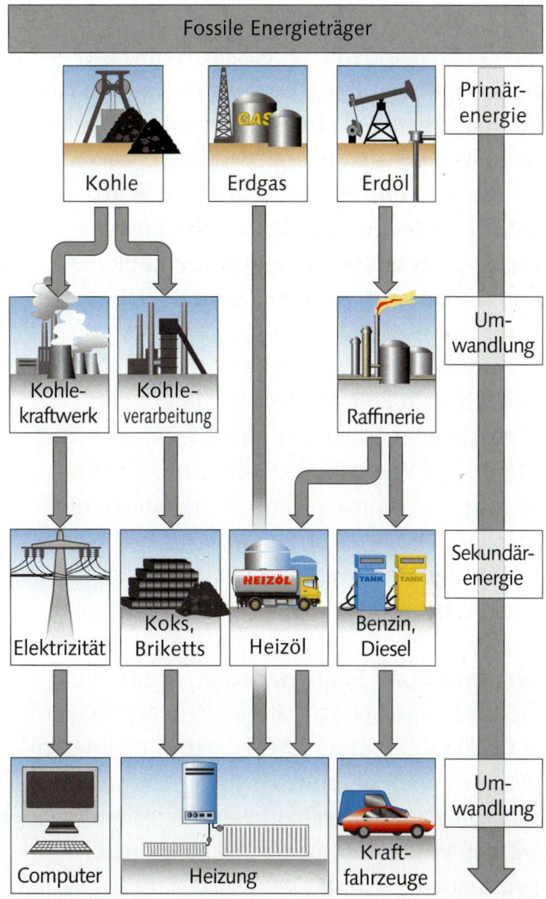

1 *Fossile Energieträger – Umwandlung von Primärenergie in Sekundärenergie und Nutzenergie*

Nebenprodukte bei der Gewinnung von Energie Bei der Verbrennung fossiler Energieträger in Kraftwerken, Heizungsanlagen oder Kraftfahrzeugen werden bei der Erzeugung von Nutzenergie große Mengen an klimaschädlichem Kohlenstoffdioxid als unerwünschtem Nebenprodukt freigesetzt. Außerdem wird Wärmeenergie frei, die oft ungenutzt verloren geht.

Aufgaben

1 Nenne die wichtigsten Primärenergieträger.
2 Erkläre den Begriff Sekundärenergie.
3 Beschreibe die Umwandlung des Primärenergieträgers Kohle in Sekundär- und Nutzenergie. Vergleiche mit der Nutzung von Erdgas.
4 Veranschauliche an einem selbst gewählten Beispiel, was mit Nutzenergie gemeint ist.

Erneuerbare Energie

Neue Konzepte sind gefragt Neue Technologien und veränderte Lebensgewohnheiten erhöhen weltweit den Bedarf an Energie. Fossile Energieträger sind nicht unbegrenzt vorhanden. Nur wenn wir den Energieverbrauch senken, die Vorräte an Erdöl, Erdgas und Kohle achtsam nutzen und nach alternativen Energiequellen suchen, werden wir unseren Lebensstandard und die Umwelt erhalten können.

Erneuerbare Energiequellen In der Natur finden wir viele Energiequellen, die sich der Mensch nutzbar machen kann: Sonnenenergie, Wind- und Wasserkraft, Erdwärme, Gezeitenenergie und Biomasse sind Primärenergiequellen, die sich ständig erneuern. Durch Umwandlung in andere Energieformen wie elektrische Energie sichern sie unsere Energieversorgung.

Windkraft und Sonnenenergie Große Windräder erzeugen elektrische Energie aus Windkraft. Sie stellt schon jetzt in Deutschland den größten Anteil unter den erneuerbaren Energien und soll weiter ausgebaut werden. Allerdings werden Windräder manchmal als störend empfunden.
Sonnenenergie wird in Fotovoltaikanlagen in elektrische Energie umgewandelt. Auch diese erneuerbare Energiequelle wird bei uns stark genutzt. Die Anlagen sind in Herstellung und Anschaffung recht teuer, benötigen zur optimalen Nutzung große Flächen und eine geeignete Ausrichtung zu den einfallenden Strahlen.

Herausforderung Speicherung Windkraft und Sonnenenergie sind von Wetter und Tageszeit abhängig. Windkraftanlagen erzeugen in Abhängigkeit von der aktuellen Windstärke viel Strom – oder gar keinen Strom. Fotovoltaikanlagen produzieren nur im Tageslicht Strom. Deshalb werden Möglichkeiten zur Energiespeicherung erforscht, damit eine fortlaufende Energieversorgung gesichert ist. Außerdem muss das Stromleitungsnetz weiter ausgebaut werden, damit der Strom vom Produktionsort bis zum Verbraucher gelangen kann.

1 *Energiegewinnung aus Wasser, Wind und Sonne*

Wasserkraft Unter Ausnutzung der Wasserkraft wird weltweit in vielen Stauseen, Talsperren und Wasserfällen elektrische Energie erzeugt. Die Nutzung der Wasserkraft ist eines der ältesten Verfahren zur Energieerzeugung.

Energie aus Biomasse Pflanzen erneuern sich im Kreislauf der Natur ständig und haben deshalb als nachwachsende Rohstoffe große Bedeutung erlangt. Holz wird als Brennstoff in Heizungsanlagen direkt zur Erzeugung von Wärmeenergie genutzt. Grünschnitt kann für die Produktion von Biogas verwendet werden. Aus Rapsöl hergestellter Biodiesel treibt die Motoren von Kraftfahrzeugen an. Aus einem Rapsfeld mit der Größe von 1 Hektar können etwa 1500 Liter Biodiesel hergestellt werden.

Erneuerbare Energien wie Wind- und Wasserkraft, Sonnenenergie und Biomasse stehen uns nahezu unbegrenzt zur Verfügung.

2 *Anbau nachwachsender Rohstoffe in Deutschland*

Nutzung erneuerbarer Energien Der Anteil an erneuerbaren Energien zur Deckung des Gesamtenergieverbrauchs konnte in den letzten Jahren stetig gesteigert werden und betrug in Deutschland im Jahr 2012 etwa 11,7 %.
Bis zum Jahr 2020 soll in Europa der Anteil erneuerbarer Energien auf 20 % gesteigert und gleichzeitig der Energieverbrauch um 20 % gesenkt werden.

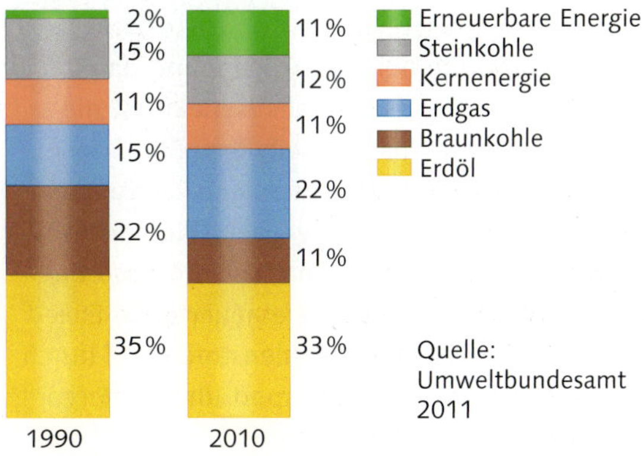

3 *Entwicklung des Primärenergiebedarfs in Deutschland*

Exkurs Nachhaltige Energieversorgung
Der Begriff der Nachhaltigkeit begegnet uns häufig im Zusammenhang mit dem Thema Energieversorgung. Aber was bedeutet *nachhaltig* eigentlich?
Die seit Jahrmillionen auf der Erde vorhandenen fossilen Energieträger wie Erdöl, Erdgas und Kohle werden erst seit wenigen Generationen von uns in hohem Maße zur Energiegewinnung genutzt. Ihre Vorräte schrumpfen rasant und könnten bald aufgebraucht sein. Gleichzeitig entstehen durch das Verbrennen der fossilen Energieträger große Mengen an klimaschädlichem Kohlenstoffdioxid.
Es ist daher eine wichtige gesellschaftliche Aufgabe, mit den Vorräten an Erdöl, Erdgas und Kohle sparsam umzugehen und neue Energiequellen zu erschließen. *Nachhaltige* Energieversorgung sichert den Energiebedarf von heute *und* den Energiebedarf der zukünftigen Generationen. Der Schutz der Umwelt steht dabei im Vordergrund. Soziale, ökologische und wirtschaftliche Bedürfnisse werden bei nachhaltigen Konzepten gleichermaßen berücksichtigt.

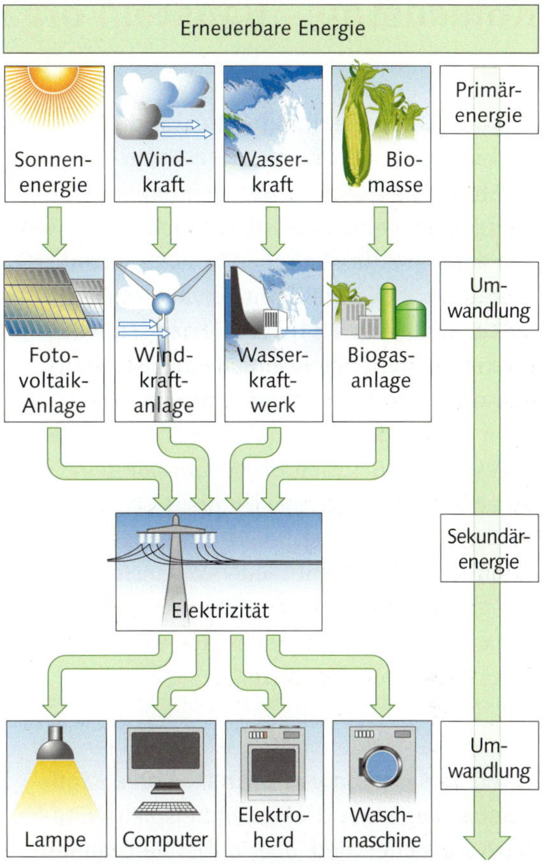

4 *Erneuerbare Energien – Umwandlung von Primärenergie in Sekundärenergie und Nutzenergie*

Aufgaben

1 Nenne Beispiele für erneuerbare Energiequellen.
2 Gib Pflanzenarten an, die als nachwachsende Rohstoffe zur Energiegewinnung genutzt werden.
3 Nenne Beispiele für Möglichkeiten zur Energieeinsparung in deinem Alltag.
Wie sparsam bist du selbst bei der Nutzung von Energie?
4 Betrachte die Diagramme zur Entwicklung des Primärenergieverbrauchs (Bild 3). Welche Entwicklungen lassen sich ablesen?
5 Vergleiche den fossilen Brennstoff Erdöl mit der erneuerbaren Energiequelle Biomasse im Hinblick auf nachhaltige Energieversorgung.
6 Ein Pkw fährt im Jahr 10 000 km und verbraucht 6 Liter Biodiesel pro 100 km. Berechne, welche Fläche ein Rapsfeld haben muss, um die benötigte Menge Kraftstoff zu produzieren.

13

Kohlenstoff – Baustein organischer Stoffe

Organische Stoffe und ihre Bestandteile
Zucker, Stärke, Fette und Eiweiße sind Beispiele für Stoffe, die durch tierische und pflanzliche Organismen gebildet werden. Solche Stoffe werden deshalb als organische Stoffe bezeichnet. Gibt es noch weitere Gemeinsamkeiten?
Zucker karamellisiert beim Erhitzen – er wird erst braun und schließlich schwarz. Bei dem schwarzen Stoff handelt es sich um Kohlenstoff. Auch wenn Holz verbrennt, bleibt ein schwarzer Rückstand zurück, ebenso bei der auf dem Grill angebrannten Bratwurst. Untersucht man weitere organische Stoffe, so stellt man fest: Alle organischen Stoffe enthalten Kohlenstoff.

Organische Stoffe bestehen aus Verbindungen des Elements Kohlenstoff.

Natürlicher Kohlenstoffkreislauf Kohlenstoffdioxid ist der wichtigste Stoff im Kohlenstoffkreislauf der Erde. Er entsteht beispielsweise bei der Atmung der Tiere oder durch Verbrennen von organischen Stoffen. Das Wachstum der Pflanzen beruht wiederum auf der Bindung von Kohlenstoffdioxid bei der Fotosynthese. Wenn das Holz eines Baums verbrennt, wird dabei genau die Menge an Kohlenstoffdioxid frei, die vorher durch Fotosynthese gebunden wurde. Auch in Meeren, Seen und Flüssen sind große Mengen Kohlenstoffdioxid gelöst. Die größte Menge an gebundenem Kohlenstoff findet sich jedoch in den Gesteinsschichten.

Kohlenstoffdioxid im Überschuss Im Laufe der Erdgeschichte entstanden in vielen Millionen Jahren die fossilen Energieträger, wobei Kohlenstoffdioxid gebunden und damit der Erdatmosphäre entzogen wurde. Durch die Verbrennung von Erdöl, Erdgas und Kohle wird in sehr kurzer Zeit eine große Menge Kohlenstoffdioxid wieder freigesetzt. Eine steigende Kohlenstoffdioxidkonzentration in der Atmosphäre und damit eine Verstärkung des Treibhauseffekts ist die Folge. Ölhaltige Pflanzen wie Raps und Sonnenblumen, aber auch Holz sind nachwachsende Rohstoffe, die eine ausgeglichene Kohlenstoffdioxidbilanz aufweisen. Dennoch wird auch bei der Energiegewinnung aus erneuerbaren Energiequellen zusätzliches Kohlenstoffdioxid durch Herstellungsprozesse, Transport und Entsorgung freigesetzt.

Aufgaben

1 Gib an, was man unter organischen Stoffen versteht.

2 Erkläre am Beispiel von Brennholz, dass bei der Verbrennung von erneuerbaren Energieträgern die Kohlenstoffdioxidbilanz ausgeglichen ist.

3 Die Verbrennung fossiler Brennstoffe weist keine ausgeglichene Kohlenstoffdioxidbilanz auf. Erkläre.

4 Welche Auswirkungen hat eine erhöhte Kohlenstoffdioxidkonzentration in der Erdatmosphäre?

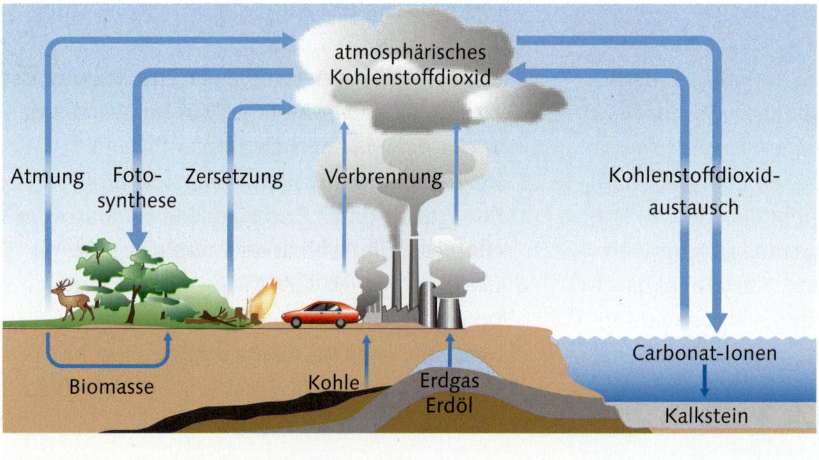

1 *Natürlicher Kohlenstoffkreislauf*

Praktikum Kohlenstoffnachweis

1 Enthalten diese Stoffe Kohlenstoff?
Geräte: 6 Reagenzgläser, Reagenzglashalter, Gasbrenner, Steinwolle
Chemikalien: Brot, Holz, Zucker, Gummibärchen, Kochsalz, Sand
Durchführung: Gib ein etwa 1 cm großes Stück Brot in ein Reagenzglas und verschließe es mit etwas Steinwolle. Erhitze es über dem Gasbrenner für etwa 30 s.
Verfahre mit den anderen Chemikalien ebenso.
Auswertung: Stelle zuvor eine Vermutung über das Versuchsergebnis auf. Erstelle eine Tabelle und trage deine Beobachtungen ein. Formuliere das Ergebnis.

2 Kohlenstoffnachweis durch Einleiten in Calciumhydroxid-Lösung
Geräte: Glastrichter, gebogene Glasrohre, U-Rohr, Becherglas (1000 ml), Gaswaschflasche, Wasserstrahlpumpe, 2 durchbohrte Stopfen, Schlauchstücke zum Verbinden, Stativmaterial
Chemikalien: Calciumhydroxid-Lösung (Kalkwasser), Erdgas (Methan)
Durchführung: Baue die Versuchsapparatur wie abgebildet auf. Entzünde den Gasbrenner und leite die Abgase durch die Waschflasche mit Calciumhydroxid-Lösung.
Auswertung: Beschreibe deine Beobachtungen und formuliere das Versuchsergebnis.

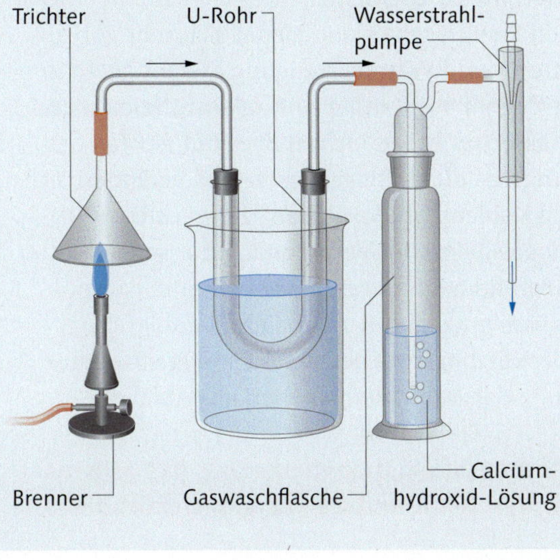

3 Abgabe von Kohlenstoffdioxid bei keimenden Erbsen
Geräte: Stehkolben, Standzylinder, 3 gebogene Glasrohre, zweifach durchbohrter Stopfen, Quetschhahn, Gummigebläse, Stativmaterial
Chemikalien: gequollene, keimende Erbsen, Calciumhydroxid-Lösung (Kalkwasser)
Durchführung: Lege Erbsen in Wasser ein, sodass sie aufquellen und zu keimen beginnen. Fülle den Stehkolben zur Hälfte mit den gequollenen Erbsen. Verschließe den Stehkolben mit einem doppelt durchbohrten Stopfen. Stecke je ein gebogenes Glasrohr in den Stopfen. Schließe über die gebogenen Glasrohre an der einen Seite ein Gummigebläse und auf der anderen Seite einen mit Calciumhydroxid-Lösung gefüllten Standzylinder an. Achte darauf, dass das ableitende Glasrohr in die Calciumhydroxid-Lösung reicht.
Auswertung: Erkläre das Ergebnis.

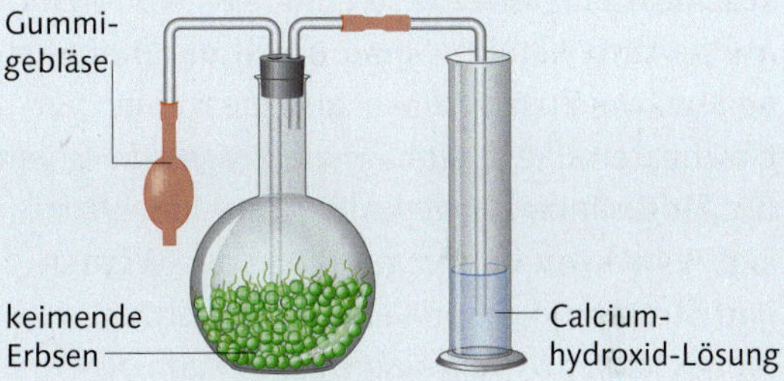

4 Verbrennen von Petroleum
Geräte: Verbrennungslöffel, Standzylinder, Abdeckglas, Pipette
Chemikalien: Petroleum, Calciumhydroxid-Lösung (Kalkwasser)
Durchführung: Gib wenige Tropfen Petroleum auf den Verbrennungslöffel und entzünde es. Halte den Verbrennungslöffel mit dem brennenden Petroleum in den Standzylinder und decke ihn mit der Abdeckplatte ab. Nimm den Verbrennungslöffel heraus, nachdem die Flamme erloschen ist. Gib einige Tropfen Calciumhydroxid-Lösung in den Standzylinder, verschließe ihn und schüttle um.
Auswertung: Beschreibe deine Beobachtungen und erkläre sie.

Methan

Methan mischt immer mit Faulgas, Grubengas, Sumpfgas, Biogas, Erdgas – alle diese Gasgemische enthalten Methan. Die vielfältigen Namen weisen auf die Entstehung und die unterschiedlichen Zusammenhänge hin, in denen das Gas Methan eine Rolle spielt.

Biogas als Energieträger Aus Biomasse, beispielsweise Grasschnitt, sowie aus organischen Abfällen und Gülle wird in Biogasanlagen Gas erzeugt. Wegen seiner biologischen Ausgangsstoffe wird es als Biogas bezeichnet.
Die organischen Stoffe werden dazu in einen beheizten Faulbehälter geleitet. Bakterien zersetzen diese Stoffe unter Luftabschluss und bei einer Temperatur von 40 °C. Es bildet sich Faulgas – ein Gasgemisch, das überwiegend aus Methan und Kohlenstoffdioxid besteht.
Auch auf Mülldeponien oder in Kläranlagen entsteht durch Verfaulen von Biomasse unter Luftabschluss Biogas. Es wird gereinigt, wodurch der Methananteil steigt. Somit erhält das Biogas eine ähnliche Zusammensetzung und einen vergleichbaren Energiegehalt wie Erdgas. In einem der Biogasanlage angeschlossenen Blockheizkraftwerk kann das Biogas direkt zur Wärme- und Stromproduktion verwendet werden.
Biogas lässt sich verflüssigen und kann als Heizgas oder als Kraftstoff für Autos eingesetzt werden.

Methan entsteht bei der bakteriellen Zersetzung organischer Stoffe unter Luftabschluss und Wärme.

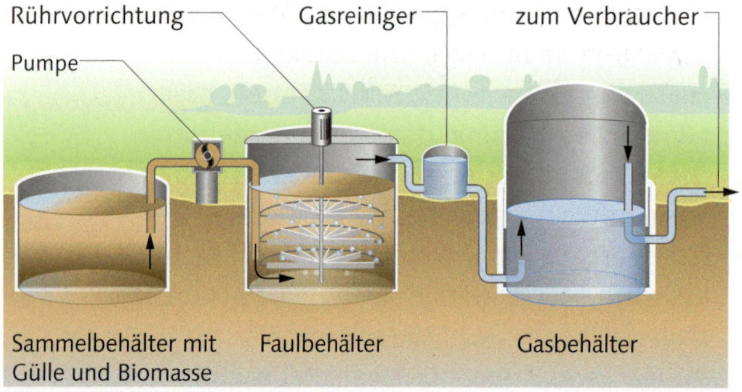

1 *Aufbau einer Biogasanlage*

2 *Ein Rind erzeugt bei der Verdauung pro Tag etwa 300 Liter des Treibhausgases Methan.*

Methan ist ein Treibhausgas In der Atmosphäre hat Methan eine etwa 25-mal stärkere Wirkung auf den Treibhauseffekt als Kohlenstoffdioxid. In Deutschland ist die Landwirtschaft mit über 50% die größte Emissionsquelle für Methan. Die Herstellung von 1 kg Rindfleisch hat daher eine ähnlich schädliche Wirkung auf das Klima wie eine Fahrt von 250 km mit dem Auto.

Methan wirkt als starkes Treibhausgas.

Eigenschaften von Methan Methan ist ein farb- und geruchloses, brennbares Gas. Es hat eine geringere Dichte als Luft. Als Bestandteil von Grubengas kann es mit dem Sauerstoff der Luft explosive Gemische bilden, die in Bergwerken zu gefährlichen Explosionen, sogenannten „schlagenden Wettern", führen können.

Methan als Brennstoff Methan hat einen hohen Energiegehalt und eignet sich sehr gut zur Strom- und Wärmeerzeugung. Reines Methan verbrennt vollständig zu Kohlenstoffdioxid und Wasser, wobei es nicht rußt. Wird ein Teil des Erdgases durch Biogas ersetzt, so verändert sich die Kohlenstoffdioxidbilanz zum Positiven, da Biogas bei seiner Verbrennung nur so viel Kohlenstoffdioxid freisetzt, wie vorher der Atmosphäre entzogen wurde. Zudem erfolgt durch die Nutzung zur Energiegewinnung eine Senkung der Methanemissionen aus Abfällen.

Methan ist ein brennbares Gas, das vollständig verbrennt und als Energielieferant dient.

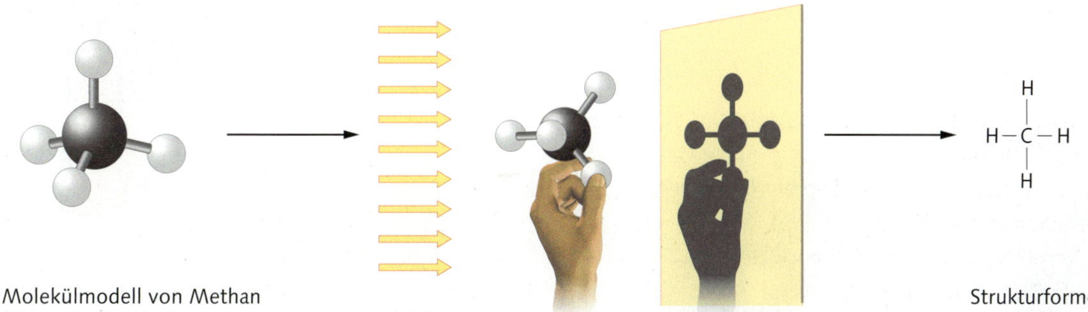

3 *Molekülmodell, Schattenbild und Strukturformel von Methan*

Methan, eine Kohlenwasserstoffverbindung
Beim Verbrennen von Methan lässt sich im Versuch aufgrund der Trübung von Calciumhydroxid-Lösung die Bildung von Kohlenstoffdioxid nachweisen. An den Glaswänden der Apparatur kondensieren Wassertröpfchen als weiteres Oxidationsprodukt. Die chemische Verbindung Methan besteht aus den Elementen Kohlenstoff und Wasserstoff, es ist eine Kohlenwasserstoffverbindung. Der zur Verbrennung notwendige Sauerstoff stammt aus der Luft.

Methan + Sauerstoff
→ Kohlenstoffdioxid + Wasser

Summenformel von Methan Ein Methan-Molekül besteht aus einem Kohlenstoffatom, das mit vier Wasserstoffatomen verbunden ist. Seine Summenformel lautet: CH_4.

Die Moleküle der Kohlenwasserstoffverbindung Methan (CH_4) bestehen aus einem Kohlenstoffatom und vier Wasserstoffatomen.

Vom Molekülmodell zur Strukturformel Die räumliche Anordnung der Atome im Methan-Molekül wird mithilfe eines Modells veranschaulicht. Das Kohlenstoffatom nimmt eine zentrale Stellung ein. Die vier Wasserstoffatome sind jeweils in gleichem Abstand um das Kohlenstoffatom angeordnet. Dadurch ergibt sich die dreidimensionale Form eines Tetraeders. Um die Struktur des Methan-Moleküls zeichnen zu können, verwendet man das Schattenbild. Dazu hält man das Molekülmodell von Methan vor eine Lichtquelle. Dieses Schattenbild stellt eine Vereinfachung des Methan-Moleküls dar.

Exkurs Bau des Methan-Moleküls – Elektronenpaarabstoßungsmodell
Das Kohlenstoffatom geht vier Elektronenpaarbindungen zu vier Wasserstoffatomen ein. Alle Elektronenpaare besitzen eine negative Ladung. Deshalb stoßen sich die Elektronenpaare gegenseitig ab und nehmen im Molekül den größtmöglichen räumlichen Abstand voneinander ein. Dabei zeigen die Elektronenpaare in die Ecken eines Tetraeders.

Aufgaben

1 Beschreibe den Stoff Methan, seine Eigenschaften und Verwendungsmöglichkeiten.
2 Methan ist eine Kohlenwasserstoffverbindung. Erkläre, was das bedeutet.
3 Erstelle das Reaktionsschema in Symbolschreibweise für die Verbrennung von Methan.
4 Beschreibe den Prozess zur Herstellung von Biogas.
5 Aus der Ernte von einem Hektar Mais kann man ungefähr 22 000 kWh elektrische Leistung im Jahr gewinnen. Ermittle, wie viele Hektar notwendig sind, um den Strombedarf eurer Familie für ein Jahr zu decken.
6 In Biogasanlagen wird Biogas erzeugt.
a Nenne Verwendungsmöglichkeiten für das in einer Biogasanlage gewonnene Biogas.
b Recherchiere, wo es in der Nähe deines Wohnorts Biogasanlagen gibt.
7 Informiere dich über Maßnahmen zur Reduzierung von Methan-Emissionen. Was wurde bereits erreicht und welche Herausforderungen gibt es?

Die Reihe der Alkane

2 *In Feuerzeugen befindet sich das Flüssiggas Butan.*

1 *Brennstoff für die Campingküche: Butan und Propan*

Propan und Butan sind Brennstoffe In den blauen Kartuschen, die häufig beim Camping zum Kochen verwendet werden, befindet sich ein Gemisch der Gase Butan und Propan. Werden sie im Campingkocher verbrannt, wird Wärmeenergie frei. In Feuerzeugen wird reines Butan als Brennstoff verwendet.
Propan und Butan sind bei Raumtemperatur gasförmig, können jedoch durch Druck verflüssigt werden. Solche Gase werden daher als Flüssiggase bezeichnet.
Propan und Butan werden aus Erdgas und Erdöl gewonnen. Wie Methan gehören sie zu den Kohlenwasserstoffen.

Homologe Reihe der Alkane Innerhalb der umfangreichen Stoffgruppe der Kohlenwasserstoffe gehören die Gase Methan, Propan und Butan zur Gruppe der Alkane.
Die Moleküle der Alkane haben einen regelmäßigen Aufbau und lassen sich ordnen. Dazu betrachtet man die Anzahl der Kohlenstoffatome in ihren Molekülen: Methan besitzt ein Kohlenstoffatom, Ethan zwei, Propan drei und Butan vier Kohlenstoffatome. Zwei in Reihe aufeinanderfolgende Alkan-Moleküle unterscheiden sich um ein C-Atom und zwei H-Atome, also um ein CH_2-Kettenglied. Die Reihe lässt sich weiter fortsetzen. Eine solche Reihe von Kohlenwasserstoffen wird als homologe Reihe bezeichnet.

Alkane sind Kohlenwasserstoffe. Sie bilden eine homologe Reihe. Ihre Moleküle unterscheiden sich jeweils um ein CH_2-Kettenglied. Die allgemeine Summenformel der Alkane lautet C_nH_{2n+2}.

Alkane	Summenformel	Aggregatzustand bei Raumtemperatur	Siedetemperatur	Viskosität	Verwendung
Methan	CH_4	gasförmig	−161,4 °C		Heizgas, Brennstoff für Motoren
Ethan	C_2H_6	gasförmig	−88,6 °C		Ausgangsstoff für Ethen und Essigsäure
Propan	C_3H_8	gasförmig	−42,1 °C		Heizgas, Campinggas, Treibgas in Spraydosen
Butan	C_4H_{10}	gasförmig	−0,5 °C		
Pentan	C_5H_{12}	flüssig	36,1 °C		Bestandteil des Benzins, Lösungsmittel für Lacke und Klebstoffe, Extraktionsmittel
Hexan	C_6H_{14}	flüssig	68,7 °C		
Heptan	C_7H_{16}	flüssig	98,4 °C		
Octan	C_8H_{18}	flüssig	125,6 °C		Bestandteil des Benzins
Nonan	C_9H_{20}	flüssig	150,6 °C		Diesel, Kerosin
Decan	$C_{10}H_{22}$	flüssig	174,0 °C		
…	…	…	…		
Hexadecan	$C_{16}H_{34}$	flüssig	287,0 °C		Diesel, Kerosin, Schmieröl
Heptadecan	$C_{17}H_{36}$	fest	303,0 °C		Paraffin, Kerzen, Wachse

Tab. 1 *Homologe Reihe der Alkane*

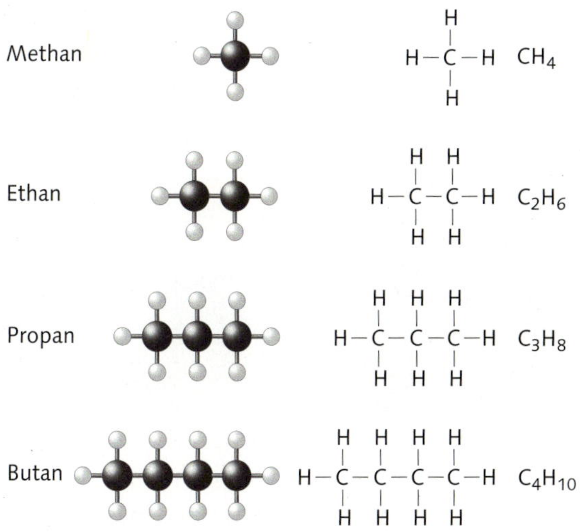

3 *Die ersten vier Alkane der homologen Reihe*

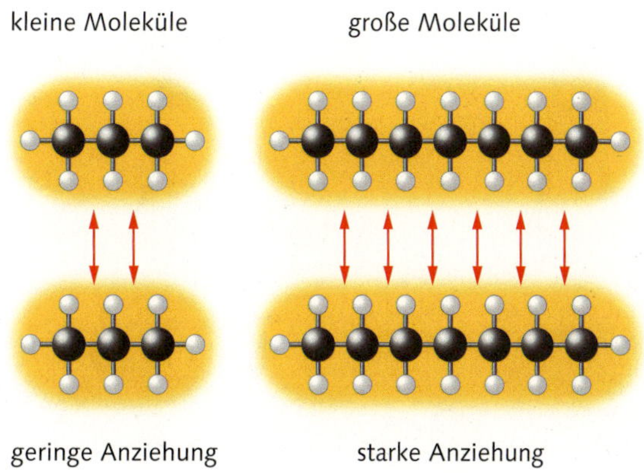

4 *Die Anziehungskräfte zwischen Molekülen mit langen Kohlenstoffketten sind höher als die Anziehungskräfte zwischen Molekülen mit kurzen Kohlenstoffketten.*

Nomenklatur Alle Namen der Alkane besitzen die Endsilbe *-an*. Der Wortstamm von Verbindungen mit fünf oder mehr Kohlenstoffatomen im Molekül geht auf griechische und lateinische Zahlwörter zurück, z. B. Pent-an, Hept-an, Hex-an usw.

Siedetemperaturen der Alkane Innerhalb der homologen Reihe zeigen die Alkane eine gleichmäßige Abstufung ihrer Eigenschaften (Tab. 1): Die Alkane Methan, Ethan, Propan und Butan mit kurzkettigen Molekülen (1 bis 4 Kohlenstoffatome) sind gasförmig. Die Alkane ab Pentan mit 5 bis 16 Kohlenstoffatomen sind flüssig und Alkane ab 17 Kohlenstoffatomen im Molekül sind fest. Mit zunehmender Kettenlänge der Moleküle steigen die Siedetemperaturen der Alkane an. Das ist darauf zurückzuführen, dass schwache Anziehungskräfte zwischen den Molekülen wirken. Diese Anziehungskräfte müssen beim Sieden durch Energiezufuhr überwunden werden.

Viskosität Vergleicht man verschiedene flüssige Alkane, so fällt auf, dass kurzkettige Alkane (5 bis 10 Kohlenstoffatome im Molekül) dünnflüssig sind, Schmieröle (11 bis 16 Kohlenstoffatome) sind dagegen zähflüssig. Die Zähflüssigkeit, auch Viskosität genannt, nimmt mit wachsender Kettenlänge der Moleküle zu.
Die Viskosität beruht auf den Anziehungskräften zwischen den Molekülen.

Van-der-Waals-Kräfte Die zwischen den Molekülen bestehenden Anziehungskräfte werden Van-der-Waals-Kräfte genannt. Diese Kräfte sind deutlich schwächer als die Anziehungskräfte zwischen Ionen und schwächer als die Kräfte, die bei Elektronenpaarbindungen wirken.
Je länger die Molekülketten sind, desto größer sind auch die Van-der-Waals-Kräfte. Die Siedetemperaturen und die Viskosität der Alkane beruhen auf Van-der-Waals-Kräften.

Die Eigenschaften der Alkane werden von den zwischen den Molekülen herrschenden Anziehungskräften bestimmt. Diese Kräfte heißen Van-der-Waals-Kräfte. Die Anzahl der Kohlenstoffatome im Molekül bestimmt den Aggregatzustand und die Viskosität der Alkane.

Aufgaben

1 Alkane können bei Raumtemperatur fest, flüssig oder gasförmig sein.
a Nenne je ein Beispiel für ein gasförmiges, ein flüssiges und ein festes Alkan und zeichne jeweils die Strukturformel des Alkan-Moleküls.
b Nenne Verwendungsmöglichkeiten für diese Alkane.
2 Warum haben Alkane bei Raumtemperatur unterschiedliche Aggregatzustände?
3 Erläutere, was unter Van-der-Waals-Kräften verstanden wird.
4 Vergleiche die Wirkung der Van-der-Waals-Kräfte von Propan und Decan.

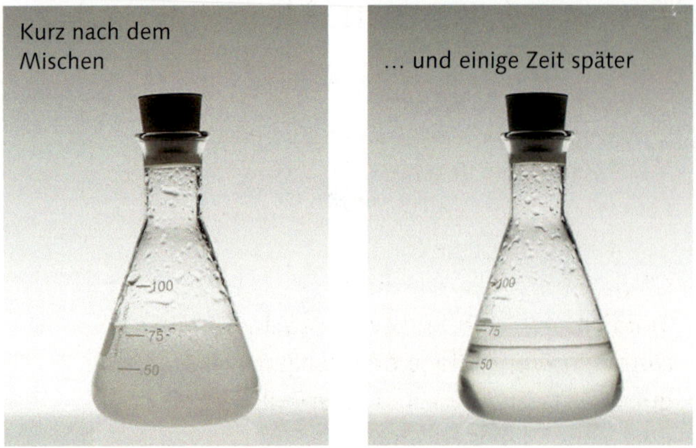

5 *Hexan und Wasser lassen sich nicht mischen.*

6 *Brennende Alkane*

Lösungsmittel Die Kohlenwasserstoffketten der Alkane sind unpolar. Aus diesem Grund sind sie gute Lösungsmittel für andere unpolare Stoffe wie Wachse, Öle und Fette. Man sagt, sie sind lipophil (= fettliebend). Polare Lösungsmittel wie Wasser lösen Fette nicht, sie sind lipophob (= fettabstoßend). Aufgrund ihrer geringeren Dichte schwimmen die Alkane auf der Wasseroberfläche.

Reaktionsverhalten der Alkane Alle Alkane sind brennbar, meist leicht entzündlich und feuergefährlich. Bei vollständiger Verbrennung entstehen Kohlenstoffdioxid und Wasser. Dabei wird Wärme abgegeben.

$$CH_4 + 2\,O_2 \rightarrow CO_2 + 2\,H_2O \quad |\ \text{exotherm}$$

Ist nicht genügend Sauerstoff vorhanden, kommt es zu einer unvollständigen Verbrennung, wobei auch Ruß (Kohlenstoff) entsteht. Bei der Verbrennung der Alkane wird die Rußbildung der Flammen stärker, je länger die Molekülketten sind (Bild 6).
Benzindämpfe bilden bereits bei niedrigen Temperaturen ein brennbares Gasgemisch mit Luft, sodass an Tankstellen ein Funke ausreichen kann, um einen Brand zu verursachen. Telefonieren mit Handys ist deshalb dort verboten. Diesel- und Motorenöl entwickeln erst beim Erhitzen entzündbare Dämpfe. Aufgrund ihrer höheren Siedetemperaturen verdampfen sie bei Raumtemperatur nicht und haben höhere Flammtemperaturen als Benzin.
Gegenüber vielen Chemikalien zeigen Alkane ein reaktionsträges Verhalten. Unter besonderen Bedingungen können sie jedoch mit anderen Stoffen reagieren, z. B. mit Halogenen.

Alle Alkane sind brennbar. Bei der vollständigen Verbrennung enstehen Kohlenstoffdioxid und Wasser. In Wasser sind sie nicht löslich.

Exkurs Cycloalkane

Alkane bilden auch Moleküle mit ringförmiger Struktur. In diesen Molekülen sind die beiden Kohlenstoffatome am Kettenende jeweils miteinander verbunden. Daher weist die Summenformel der Cycloalkane zwei Wasserstoffatome weniger auf als die des kettenförmigen Moleküls.

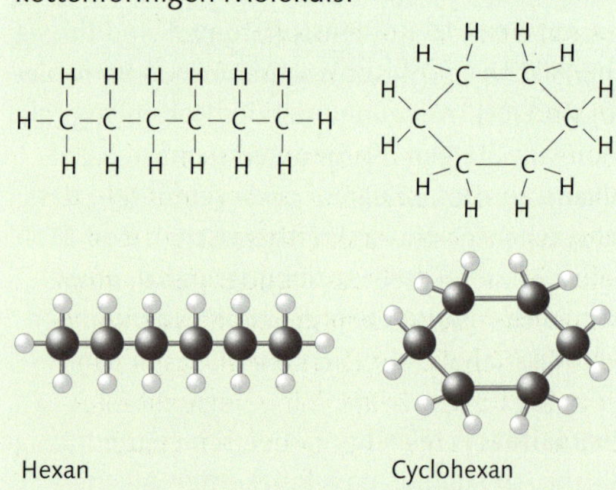

7 *Strukturformeln von Hexan und Cyclohexan*

Aufgabe

1 Stelle das Reaktionsschema für die vollständige Verbrennung von Hexan auf.

2 Befindet sich das Hexan in Bild 5 ober- oder unterhalb der Wasserphase? Begründe.

Praktikum Eigenschaften und Verwendung von Alkanen

1 Untersuchen der Verbrennungsgase einer Kerze

Geräte: Becherglas, Spritze, 2 Uhrgläser, Pipette
Chemikalien: Kerze, Calciumhydroxid-Lösung (Kalkwasser), wasserfreies Kupfersulfat
Durchführung: Entzünde die Kerze und lass sie unter dem Becherglas brennen. Fange von unten vorsichtig nach dem Erlöschen der Flamme die Verbrennungsgase auf. Leite das Gas in einige Tropfen Calciumhydroxid-Lösung auf einem Uhrglas. Entnimm mit einer Pipette einen Tropfen der Flüssigkeit, die sich bei der Verbrennung im Inneren des Becherglases niedergeschlagen hat, und tropfe sie auf wasserfreies Kupfersulfat auf einem Uhrglas.
Auswertung: Beschreibe deine Beobachtungen und erkläre sie.

2 Untersuchen von Feuerzeuggas

Geräte: Einwegspritze, pneumatische Wanne, Waage …
Chemikalien: Feuerzeuggas, Wasser …
Durchführung: Entwickle gemeinsam mit einer Mitschülerin oder einem Mitschüler einen Versuch, der Aufschluss darüber geben kann, um welches Gas es sich in Feuerzeugen handelt. Die Tabelle zur Dichte von Gasen kann dir dabei helfen. Zeige deine Versuchsanleitung deiner Lehrerin oder deinem Lehrer.

Gas	Dichte in $\frac{g}{l}$
Methan	0,72
Ethan	1,36
Propan	2,01
Butan	2,70
Sauerstoff	1,43

3 Alkane und Wasser als Lösungsmittel für Fette, Öle, Wachse

Geräte: 6 Reagenzgläser, Reagenzglasständer, 4 Pipetten, Spatel
Chemikalien: Wasser, Waschbenzin, Petroleum, Dieselöl, Paraffin (Kerzenwachs)
Durchführung: Fülle je drei Reagenzgläser mit Wasser und Benzin. Gib jeweils Petroleum, Dieselöl und Paraffin hinzu.
Auswertung: Protokolliere deine Beobachtungen und erkläre sie unter Verwendung der Begriffe hydrophil und lipophil.

4 Fettfleck – mit Heptan schnell weg

Geräte: Uhrglas, Glasstab, Pipette, Spatel, ein Stück Stoff oder Papier, Schuh- oder Kleiderbürste
Chemikalien: Magnesiumoxid, Heptan, Fett (z. B. Butter)
Durchführung: Gib einen Spatel Magnesiumoxid auf das Uhrglas und füge eine Pipette Heptan hinzu. Verrühre die Stoffe nun mit einem Glasstab zu einer Paste.
Bringe einen Fettfleck auf das Stück Stoff oder auf das Papier. Verteile die Paste gut auf dem Fettfleck.
Lass alles trocknen und bürste die Stelle dann aus.
Auswertung: Erläutere, wie die Fettfleckpaste funktioniert. Berücksichtige dabei, dass Magnesiumoxid lediglich die Flüssigkeit aufsaugt. Notiere, welches Vorgehen du zur Entfernung eines Fettflecks im Alltag empfiehlst.

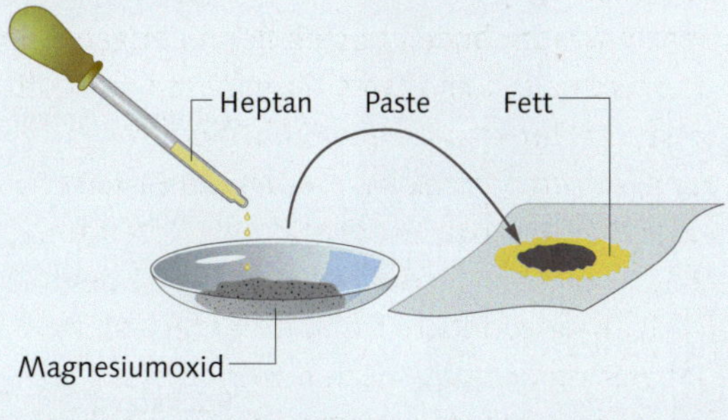

13

Funktionsweise einer Erdölraffinerie

Raffinieren von Rohöl Um wertvolle Produkte aus Erdöl zu gewinnen, wird das geförderte Erdöl in Raffinerien aufgearbeitet. Dazu wird es zunächst von Stoffen wie Schwefel gereinigt und anschließend destilliert.

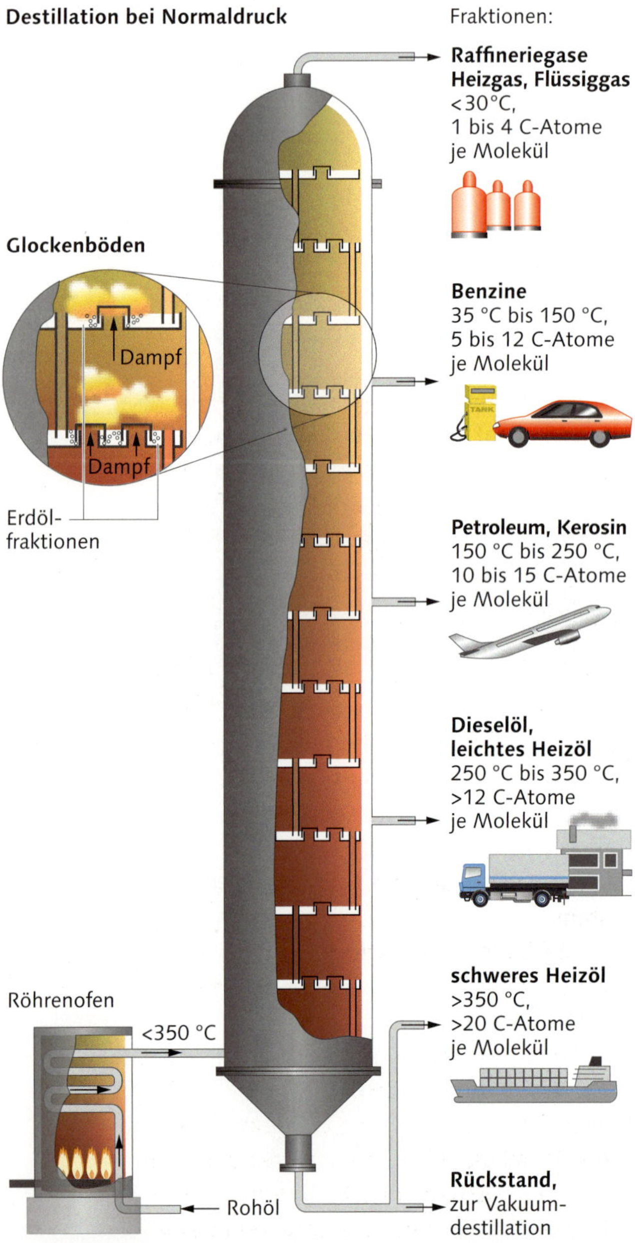

1 *Raffinerieturm*

Trennung im Destillationsturm In einem Röhrenofen wird das Rohöl zunächst auf mehr als 350 °C erhitzt. So entsteht ein Gemisch aus Öldämpfen und flüssigem Öl. Dieses wird in einen bis zu 50 m hohen Destillationsturm geleitet. Bei Rohöl handelt es sich um ein Gemisch sehr vieler verschiedener Kohlenwasserstoffe. Die Bestandteile des Rohöls können aufgrund der unterschiedlichen Siedetemperaturen voneinander getrennt werden.
Durch Zwischenböden ist der Destillationsturm in mehrere Stockwerke unterteilt. Die Temperatur nimmt im Turm von unten nach oben ab. Die Bestandteile des Rohöls kondensieren auf den einzelnen Böden und werden schließlich abgezogen und in Tanks gesammelt.

Fraktionierte Destillation Die Siedetemperaturen vieler im Rohöl enthaltener Stoffe liegen sehr dicht beieinander. Daher kondensieren immer mehrere Stoffe auf einer Ebene und man gewinnt jeweils Stoffgemische. Das bezeichnet man als fraktionierte Destillation. Als Produkte werden Raffineriegase, Benzine, Petroleum, Kerosin, leichtes und schweres Heizöl gewonnen.

Gewinnung der Fraktionen Die aufsteigenden Dämpfe im Destillationsturm werden zum Kondensieren durch Flüssigkeiten geleitet. Dazu besitzen die einzelnen Böden im Destillationsturm Öffnungen, die oben durch glockenförmige Deckel abgedeckt sind. Wegen ihrer Form werden sie auch als Glockenböden bezeichnet. Die Dämpfe steigen durch die Öffnung auf und werden durch den Glockendeckel so umgelenkt, dass sie durch die auf dem Boden kondensierte Flüssigkeit strömen. Dabei verflüssigen sich die Gase, die einen höheren Siedepunkt besitzen als die Flüssigkeit im Glockenboden. Die anderen Gase steigen weiter nach oben. Gase mit Siedetemperaturen unter 30 °C steigen im Destillationsturm bis nach ganz oben auf.

In einer Raffinerie werden aus Rohöl Stoffgemische mit ähnlichen Siedetemperaturen gewonnen. Solche Gemische heißen Fraktionen.

2 *Raffinerie*

Raffineriegas Aus dem oberen Teil des Destillationsturms werden Gase aufgefangen. Diese werden in Flaschen abgefüllt oder direkt in der Raffinerie als Heizgas genutzt. Eine Fackel, die an der Spitze eines Raffinerieturms brennt, soll die Entstehung von Überdruck in der Anlage verhindern.

Benzin Auf dem darunterliegenden Glockenboden sammeln sich Benzine. Diese dünnflüssigen Stoffe kondensieren in einem Temperaturbereich von 30 bis 150 °C. Erdöl besteht zu etwa einem Viertel aus Benzinen. Sie sind leicht entzündlich und werden als Treibstoff für Kraftfahrzeuge verwendet.

Petroleum und Kerosin Im Temperaturbereich zwischen 150 und 250 °C werden Petroleum und Kerosin, die sogenannten Mitteldestillate, gewonnen. Diese zähflüssigen Stoffe sind schwerer entzündlich. Kerosin wird als Flugzeugbenzin verwendet, Petroleum als Lampenbrennstoff.

Schweröl und leichtes Heizöl Zu mehr als einem Drittel enthält Erdöl Stoffe, die bei 250 bis 350 °C kondensieren. Es handelt sich dabei um zähflüssige Öle, die schwer entzündlich sind. Sie finden als Heizöl zum Heizen in Ölbrennern oder als Dieselkraftstoff Verwendung.

Bodenrückstand Am Boden des Destillationsturms bildet sich ein zähflüssiger Rückstand. Dieser würde sich bei Erhitzen auf höhere Temperaturen zersetzen. Daher wird er bei vermindertem Druck destilliert (Vakuumdestillation), denn dann ist eine Trennung der Stoffe auch bei niedrigeren Temperaturen möglich.

Exkurs Vakuumdestillation
Die verbleibenden Rückstände werden in einen weiteren Destillationsturm geleitet. Der verminderte Druck bewirkt, dass die Bestandteile bereits bei Temperaturen unterhalb der Siedetemperaturen bei Normaldruck kondensieren. So werden Schmieröle für Motoren und Getriebe sowie Bitumen für den Straßenbau gewonnen. Schweres Heizöl, das ebenfalls aus dem Rückstand gewonnen wird, wird in Kraftwerken oder Schiffsmotoren zur Energiegewinnung verbrannt.

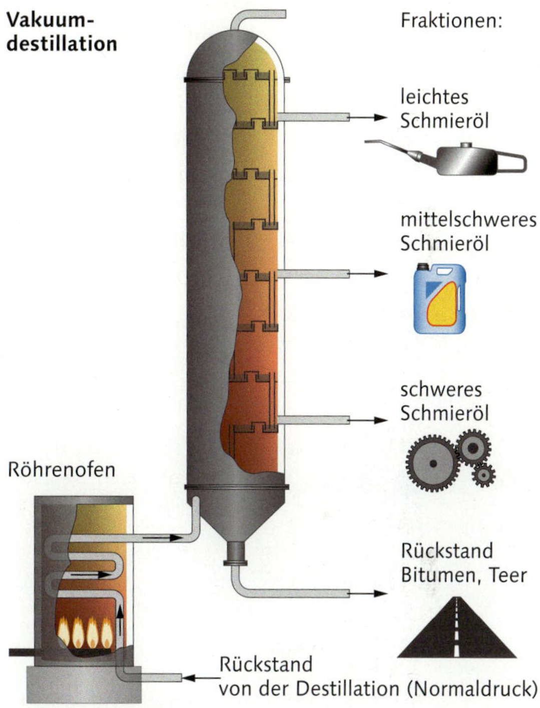

3 *Vakuumdestillation*

Aufgaben

1 Gib an, was man unter einer Fraktion versteht.
2 Liste für die Erdölfraktionen in einer Tabelle jeweils Siedebereiche, Eigenschaften und Verwendung auf.
3 Erläutere, wie aus Erdöl verschiedene Fraktionen gewonnen werden.
4 Welcher Zusammenhang zwischen der Größe der Moleküle der einzelnen Fraktionen und ihren Eigenschaften lässt sich feststellen?
5 Neben dem Destillationsturm brennt eine Fackel. Erläutere den Grund.

13

Isomere

Zwei Molekülstrukturen von Butan Beim Zeichnen oder Bauen eines Modells für das Butan-Molekül stellt man fest, dass sich für die Summenformel C_4H_{10} zwei Molekülstrukturen ergeben. Die Kohlenstoffkette eines Moleküls aus vier Kohlenstoffatomen und zehn Wasserstoffatomen kann entweder unverzweigt (in einer Reihe) oder mit einer Verzweigung angeordnet werden.
Das Butan-Molekül mit geradliniger Kohlenstoffkette wird als Normal-Butan (kurz: n-Butan) bezeichnet. Das Butan-Molekül mit verzweigter Kette heißt Isobutan (kurz: i-Butan). Isomere sind Verbindungen, die die gleiche Summenformel haben, sich aber in ihrer Molekülstruktur und damit in den Strukturformeln unterscheiden.

Isomere sind chemische Verbindungen mit gleicher Summenformel, aber unterschiedlichen Molekülstrukturen.

Summenformel C_4H_{10}

Butan

Isobutan

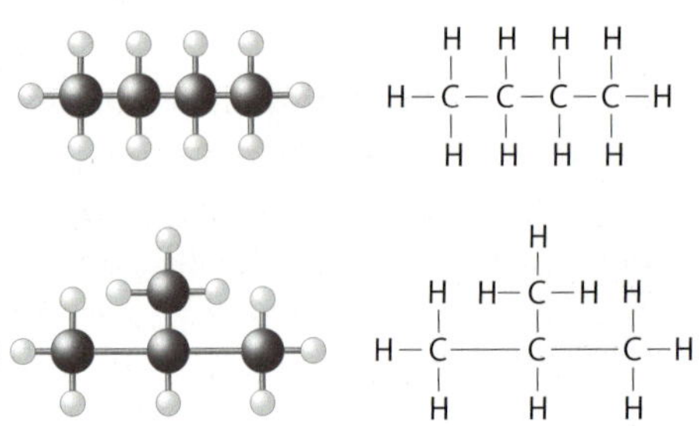

1 *Butan – unterschiedliche Moleküle, eine Summenformel*

Strukturformel	Name	Siedetemp.	Verwendung
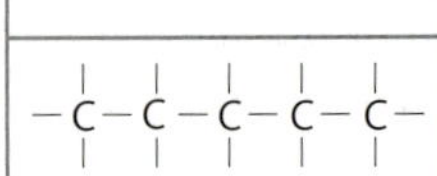	n-Pentan	36,2 °C	Kühlmittel in Kühlschränken
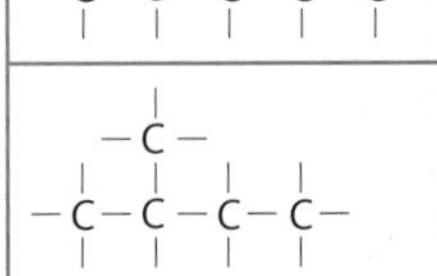	2-Methylbutan oder Isopentan	28 °C	Benzin
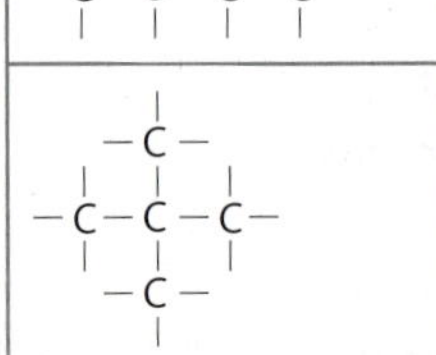	2,2-Dimethylpropan oder Neopentan	9,5 °C	Treibgas in Spraydosen

Tab. 1 *Stoffeigenschaften der Isomere des Pentans (C_5H_{12})*

Isomere – verschiedene Eigenschaften Auch von Pentan und den weiteren Alkanen gibt es Isomere. Sie unterscheiden sich in ihren Eigenschaften voneinander. So haben Alkane mit verzweigten Kohlenstoffketten niedrigere Siedetemperaturen als Alkane mit unverzweigten Kohlenstoffketten (Tab. 1).

Exkurs Oktanzahl
Benzin enthält Kohlenwasserstoffverbindungen aus verzweigten und unverzweigten Kohlenstoffketten. Im Zylinder eines Motors wird ein Gemisch aus Benzin und Luft mithilfe des Kolbens zusammengepresst. Bei Benzinsorten, die viele unverzweigte Alkane enthalten, kommt es vor, dass sich das Benzin-Luft-Gemisch schon entzündet, bevor die Zündkerze zündet. Diese Fehlzündungen sind als „Klopfen" zu hören und schädigen den Motor. Die Oktanzahl macht Angaben zur Klopffestigkeit von Benzin. Je höher sie ist, desto höher ist der Anteil an verzweigten Kohlenwasserstoffketten.

2 *Die Oktanzahl wird an der Zapfsäule angegeben.*

Aufgaben

1 Gib an, was man unter Isomeren versteht.
2 Wie viele verschiedene Moleküle von Hexan kannst du als Modell bauen? Zeichne die Strukturformeln aller Isomere des Hexans.
3 Erkläre die unterschiedlichen Siedetemperaturen der Isomere des Pentans (Tab. 1).

Methode Regeln zur Benennung organischer Stoffe

Anzahl	Vorsilbe
2	di
3	tri
4	tetra
5	penta
6	hexa

Tab. 1 *Griechische Zahlwörter*

Verzweigungen machen Namen kompliziert

Zur Summenformel $C_{10}H_{22}$ lassen sich 75 Isomere bauen, für $C_{20}H_{42}$ sogar 366319. Um alle Stoffe eindeutig benennen zu können, hat man sich auf international gültige Regeln zur Nomenklatur geeinigt. Diese Regeln der *International Union of Pure and Applied Chemistry,* kurz IUPAC-Regeln genannt, ermöglichen eine wissenschaftliche und weltweit eindeutige Benennung.

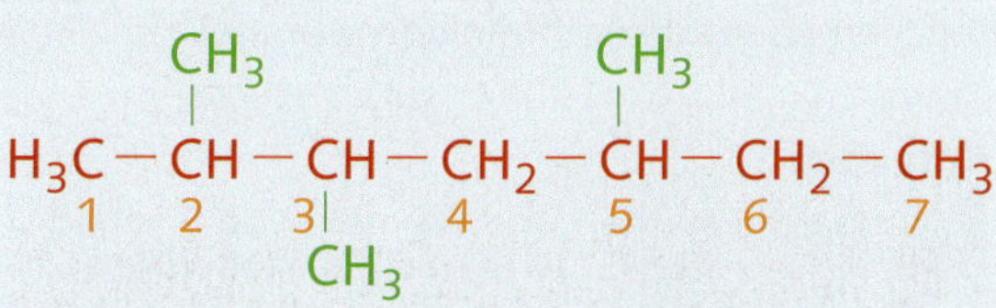

1 *Strukturformel einer organischen Verbindung mit der Summenformel* $C_{10}H_{22}$

1 Benenne die Hauptkette.

Finde die längste zusammenhängende Kohlenstoffkette und zähle deren Kohlenstoffatome. Aus der Anzahl ergibt sich der Name der Hauptkette.

Beispiel: Die längste Kette besteht aus sieben Kohlenstoffatomen, woraus sich der Name Heptan ableiten lässt.

2 Benenne die Seitenketten.

Die Namen der Seitenketten leiten sich von den entsprechenden Alkanen ab. Wird von einem Alkan-Molekül ein Wasserstoffatom entfernt, wird im Namen des Alkans die Endung *-an* durch *-yl* ersetzt.

Sie werden in alphabetischer Reihenfolge angegeben. Entscheidend ist dafür der Anfangsbuchstabe des Namens.

Beispiel: Die Strukturformel besitzt drei Methyl-Seitenketten.

3 Bestimme die Anzahl der gleichen Seitenketten.

Gib mit griechischen Zahlwörtern (Tab. 1) die Anzahl der gleichen Seitenketten an. Stelle dafür dasjenige Zahlwort der Seitenkette voran, das angibt, wie viele gleiche Seitenketten es gibt. Wenn die Seitenkette nur einmal im Molekül vorhanden ist, wird das Zahlwort weggelassen.

Beispiel: Es gibt drei Methyl-Seitenketten, deshalb wird das Zahlwort *tri-* vorangestellt: Trimethyl.

4 Gib die Nummern der Kohlenstoffatome an, an denen die Seitenketten gebunden sind.

Nummeriere die Kohlenstoffatome der längsten Kette so, dass die Verzweigungsstellen kleinstmögliche Zahlen erhalten. Hierbei bekommt nach alphabetischer Reihenfolge die erste Seitenkette die niedrigere Nummer.

Beispiel:

Der Name der Verbindung lautet:

2,3,5-Trimethylheptan

Reinigung der Autoabgase

Schadstoffe bei der Benzinverbrennung Bei der Verbrennung von Autobenzin im Motor entstehen schädliche Abgase: Der Kohlenstoff der Kohlenwasserstoffe verbindet sich mit dem Luftsauerstoff zu hochgiftigem Kohlenstoffmonooxid. Aus dem in der Luft enthaltenen Stickstoff entstehen Stickstoffmonooxid und Stickstoffdioxid (kurz: NO_x). Dazu kommen noch unverbrannte Kohlenwasserstoffe. Um die Umwelt so wenig wie möglich mit Schadstoffemissionen zu belasten, müssen die Autoabgase gereinigt werden.

Aufbau eines Abgaskatalysators Ein Abgaskatalysator besteht aus einem Metallgehäuse, in dem sich ein Keramikkörper befindet. Dieser wabenförmige Körper ist von vielen feinen Kanälchen durchzogen. Die Wände dieser Kanälchen sind mit den Edelmetallen Platin, Rhodium und Palladium beschichtet. Wenn auch in der Umgangssprache das ganze Gerät als Katalysator bezeichnet wird, so sind aus chemischer Sicht nur diese 2 bis 3 Gramm Edelmetalle katalytisch wirksam. An ihrer Oberfläche können über 90 % der giftigen Autoabgase in unschädliche oder weniger schädliche Stoffe umgewandelt werden.

Chemische Vorgänge im G-Kat Ein Auto mit Benzinmotor besitzt heute standardmäßig einen geregelten Drei-Wege-Katalysator, auch G-Kat genannt. Geregelt wird die Verbrennung im Motor. Dies geschieht mithilfe der Lambdasonde, die zwischen Motor und Abgaskatalysator eingebaut ist. Die Lambdasonde misst die Zusammensetzung der Abgase und regelt das Verhältnis zwischen Luftsauerstoff und Kraftstoff. Auf „drei Wegen", d. h. durch drei wesentliche chemische Reaktionen, die an der Oberfläche der Edelmetalle stattfinden, werden die Abgase umgewandelt:

1 Reduktion: Stickstoffoxide werden zu Stickstoff reduziert.
2 Oxidation: Kohlenstoffmonooxid wird zu Kohlenstoffdioxid oxidiert.
3 Oxidation: Kohlenwasserstoffe werden zu Kohlenstoffdioxid und Wasser oxidiert.

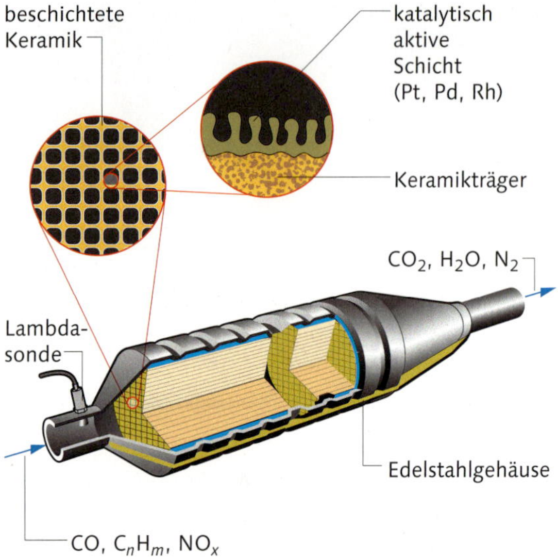

1 *Aufbau eines Autoabgaskatalysators*

Im Abgaskatalysator werden giftige Autoabgase in weniger schädliche Stoffe umgewandelt.

Rußpartikelfilter Bei der unvollständigen Verbrennung von Diesel entstehen Rußpartikel, die maßgeblich zur Feinstaubbelastung der Luft beitragen. Daher werden die Abgase von Dieselfahrzeugen durch Rußpartikelfilter gereinigt. Nach 500 bis 1000 km ist der Filter mit Ruß vollständig besetzt. Durch eine kurzfristige Temperaturerhöhung werden die festgesetzten Rußteilchen zu Kohlenstoffdioxid verbrannt.

Aufgaben

1 Nenne die Namen und Formeln von 3 schädlichen Autoabgasen.
2 Beschreibe den Aufbau eines Abgaskatalysators und erkläre, warum er viele feine Kanälchen besitzt.
3 „Ein Abgaskatalysator filtert die Autoabgase." Nimm zu dieser Aussage Stellung.
4 Im Abgaskatalysator wird Stickstoffmonooxid durch Kohlenstoffmonooxid reduziert. Formuliere das Reaktionsschema in Worten und in der Symbolschreibweise.
5 Beschreibe die Wirkungsweise eines Rußpartikelfilters.

Kohlenstoffdioxid schafft Probleme

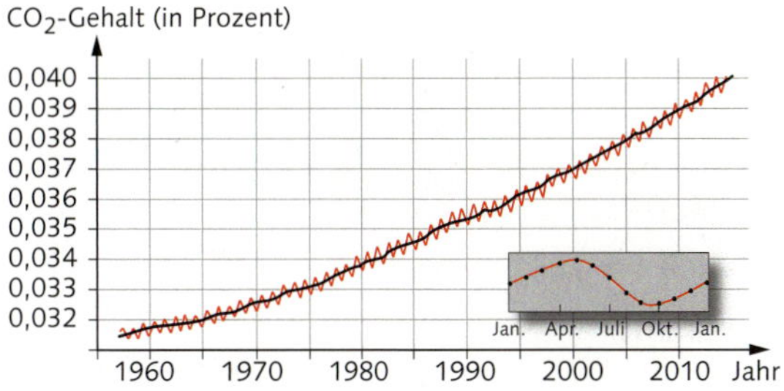

1 *Kohlenstoffdioxidgehalt in der Atmosphäre (Messstation Mauna Loa, Hawaii)*

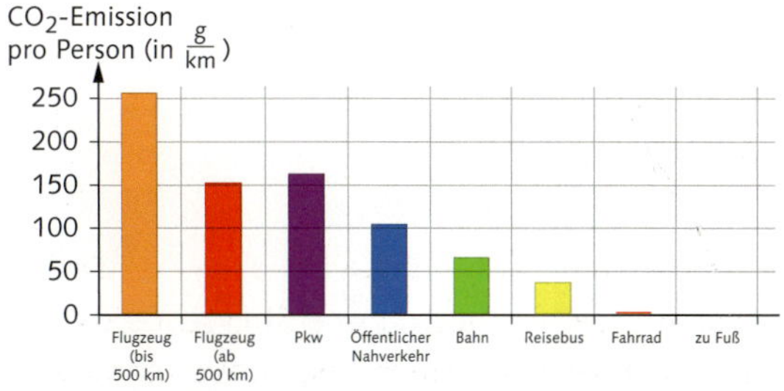

3 *Durchschnittliche Kohlenstoffdioxidemissionen verschiedener Fortbewegungsmittel*

Emissionen belasten die Erdatmosphäre Bei der Verbrennung fossiler Energieträger, beispielsweise im Automotor, werden Abgase ausgestoßen. Diese gesundheitsschädlichen Emissionen können mithilfe von Abgaskatalysatoren und Rußpartikelfiltern vermindert werden. Allerdings kann ein Katalysator oder Rußfilter die Abgase nicht vom Kohlenstoffdioxid befreien.

Klimaveränderung durch den Treibhauseffekt
Die Lufthülle der Atmosphäre speichert Sonnenenergie und ermöglicht somit menschliches Leben auf der Erde. Dieser natürliche Treibhauseffekt wird durch die Emissionen verstärkt. Der vom Menschen verursachte anthropogene Treibhauseffekt führt zu einem Temperaturanstieg, der für alle Erdbewohner schwerwiegende langfristige Folgen haben könnte: Gletscherschmelze, Anstieg des Meeresspiegels, Ausdehnung der Wüstengebiete.

Die Verbrennung fossiler Energieträger verursacht Emissionen, die zur Erhöhung des Treibhauseffekts beitragen.

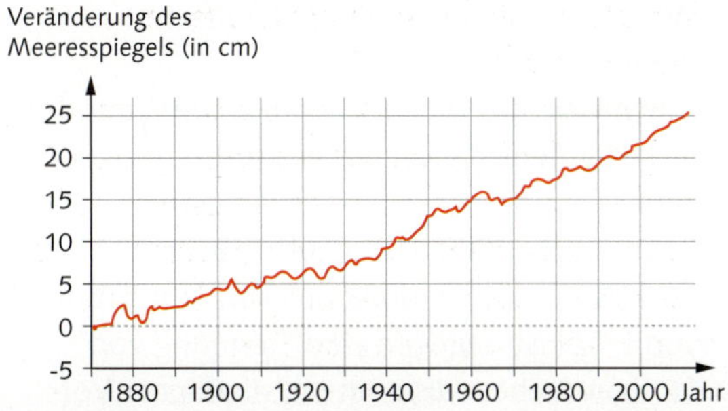

2 *Veränderung des Meeresspiegels*

Kohlenstoffdioxidausstoß von Verkehrsmitteln
Die Kohlenstoffdioxidbilanz eines Verkehrsmittels ergibt sich aus dem Kohlenstoffdioxidausstoß, der bei der Herstellung des Fahrzeugs, dem Treibstoffverbrauch beim Fahren und der Entsorgung des Fahrzeugs anfällt. Kohlenstoffdioxidemissionen können in Gramm pro Kilometer pro Person angegeben werden. So lassen sich verschiedene Verkehrsmittel vergleichen.

Aufgaben

1 Bei der vollständigen Verbrennung von Alkanen entstehen Kohlenstoffdioxid und Wasser.
a Erstelle das Reaktionsschema in Symbolschreibweise für die Verbrennung von Pentan.
b Erläutere, warum auch eine vollständige Verbrennung von Pentan problematisch für das Klima ist.

2 Der Einfluss des Menschen auf das Klima lässt sich messen und darstellen.
a Beschreibe den Verlauf der Kurve in Bild 1.
b Beschreibe den Verlauf der Kurve in Bild 2. Welche Folgen könnte ein weiterer Anstieg des Meeresspiegels haben? Recherchiere.
c Recherchiere in verschiedenen Informationsquellen aktuelle Daten und Informationen zur Gletscherschmelze. Werte deine Recherche aus: Wie bist du vorgegangen? Welche Quellen waren vertrauenswürdig?

3 Wähle ein Fortbewegungsmittel aus und begründe deine Wahl. Berücksichtige dabei Komfort, Zeit und Kohlenstoffdioxidausstoß.
a Treffen mit Freunden (Entfernung 2 km)
b Urlaub mit der Familie in Amsterdam
c Schüleraustausch in den USA

13

Mehr Benzin durch Cracken

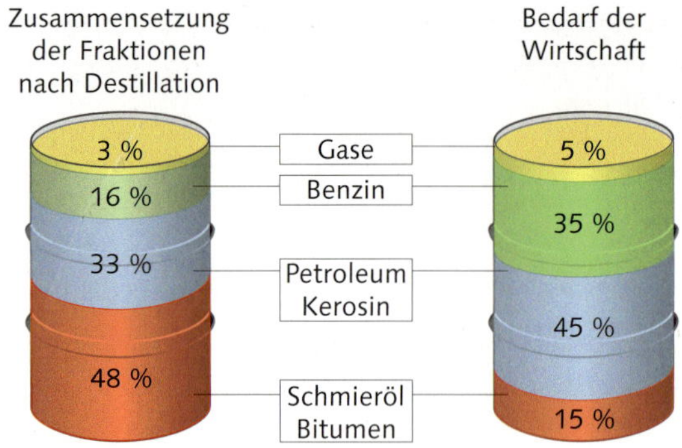

1 *Der Bedarf an Erdölprodukten kann nicht durch die fraktionierte Destillation gedeckt werden.*

Benzinbedarf Durch fraktionierte Destillation des Rohöls in den Raffinerien kann nur etwa die Hälfte des benötigten Benzins hergestellt werden. Um den Bedarf an Benzin und anderen Stoffen decken zu können, werden die festen und zähflüssigen Erdölprodukte umgewandelt.

Umwandlung von Erdölbestandteilen Die zähflüssigen und festen Produkte wie Schmieröle oder Paraffin bestehen aus Kohlenwasserstoffen mit langen Kohlenstoffketten in ihren Molekülen. Durch eine chemische Reaktion werden sie in Stoffe mit kurzkettigen Molekülen gespalten. Dieses technische Verfahren wird als Cracken (engl. *to crack:* zerbrechen) bezeichnet. Zum Aufbrechen der Kohlenstoffketten wird ein Katalysator zugesetzt, damit die Reaktion auch bei niedrigeren Temperaturen ablaufen kann.

Durch Cracken werden langkettige Kohlenwasserstoff-Moleküle in Moleküle mit kürzeren Ketten umgewandelt.

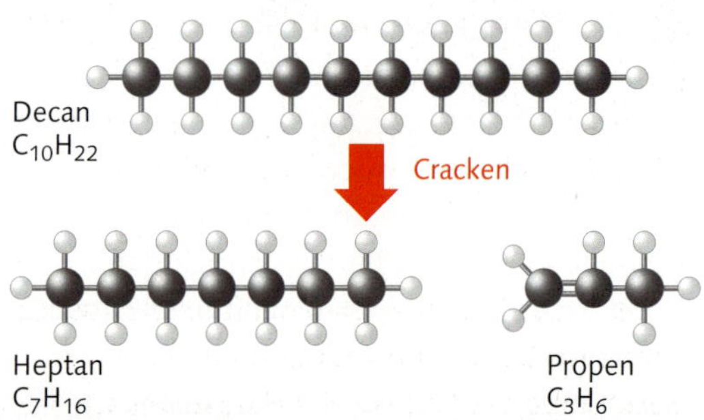

2 *Cracken von Decan*

Wie funktioniert Cracken? In einer Crack-Anlage werden die zähflüssigen Kohlenwasserstoffe erhitzt. Die entstehenden Gase werden über einen 650 °C heißen Katalysator geleitet. Ein Katalysator muss eingesetzt werden, da die chemischen Reaktionen sonst noch höhere Temperaturen erfordern würden. Benzin, Heizöl und Gase entstehen.

Spaltung der Moleküle Durch die hohen Temperaturen in der Crack-Anlage geraten die langen Kohlenwasserstoff-Moleküle sehr stark in Schwingungen. Dies bewirkt das Auseinanderbrechen der Ketten. Die unterschiedlichen Reaktionsprodukte werden durch Destillation voneinander getrennt.

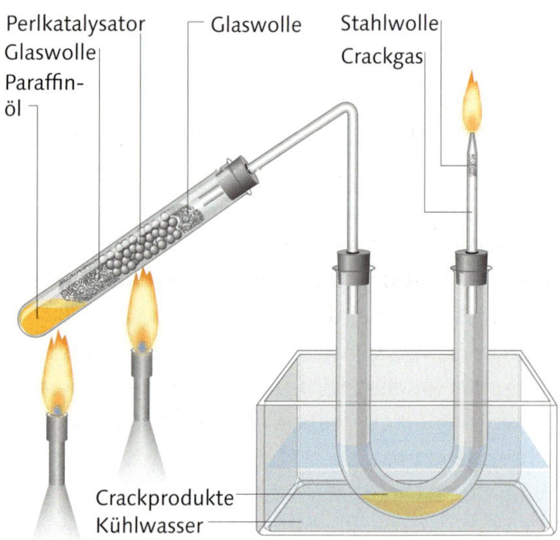

3 *Cracken von Paraffinöl im Schulversuch*

Aufgaben

1 Vergleiche die Mengen an benötigten Rohstoffen mit denen, die in der Raffinerie gewonnen werden (Bild 1).

2 Beschreibe das technische Verfahren, mit dem man die Benzinausbeute aus Rohöl steigern kann.

3 Beim Cracken handelt es sich um eine chemische Reaktion. Die fraktionierte Destillation von Erdöl ist dagegen eine Trennung von Stoffgemischen, also ein physikalischer Vorgang. Begründe.

Exkurs Halogenalkane – eine besondere Stoffgruppe

Halogene reagieren mit Alkanen Alkane sind reaktionsträge Stoffe: Mischt man Hexan mit Brom, so färbt sich die Flüssigkeit rotbraun, weil sich Halogene in flüssigen Alkanen lösen.
Wird die Lösung jedoch Sonnenlicht ausgesetzt oder mit einer UV-Lampe beleuchtet, so entfärbt sie sich. Ein feuchtes Universalindikatorpapier, das man über die Flüssigkeitsoberfläche hält, verfärbt sich orange.
Als gasförmiges Reaktionsprodukt entweicht Bromwasserstoff und farbloses Bromhexan wird gebildet. Die Entfärbung und das entweichende Gas weisen auf eine chemische Reaktion hin.

1 *Brom reagiert mit Hexan.*

Bei der Reaktion wird am Hexan-Molekül ein Wasserstoffatom durch ein Bromatom ersetzt. Eine Reaktion, bei der Atome durch andere Atome ersetzt werden, heißt Substitution (lat. *substituere:* ersetzen, austauschen). Jedes Wasserstoffatom eines Alkan-Moleküls kann durch ein Halogenatom substituiert werden. Es gibt daher viele Halogenverbindungen der Alkane, die kurz Halogenalkane genannt werden.

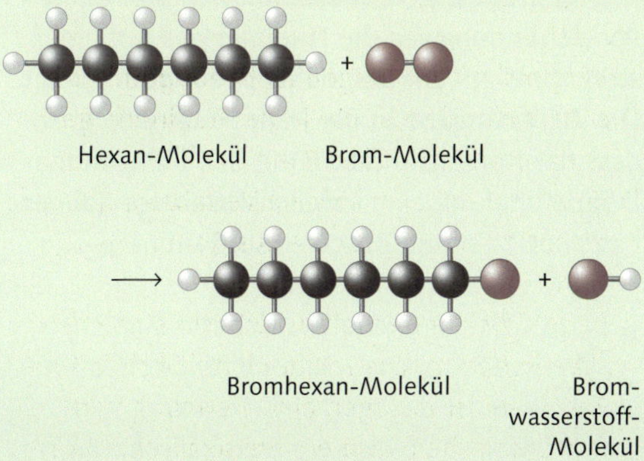

2 *Bildung von Bromhexan (Substitution)*

Halogenalkane und Ozonproblematik Die Ozonschicht in der Atmosphäre schützt vor schädlicher UV-Strahlung. Gelangt sie ungehindert bis auf die Erde, sind Sonnenbrände, schwere Haut- und Augenschäden sowie Schädigungen der Pflanzen die Folgen.

3 *UV-Strahlung kann schwere Hautschäden verursachen.*

Fluorchlorkohlenwasserstoffe (kurz FCKWs) sind eine Gruppe von Halogenalkanen, die bis in die 1990er Jahre als Kühlmittel und Treibgas verwendet wurden. Gelangen sie in die Atmosphäre, so reagieren sie mit Ozon. Dadurch wird die schützende Ozonschicht teilweise abgebaut. Man sagt auch, die schützende Ozonschicht bekommt ein „Loch". Deshalb gilt jetzt für die meisten FCKWs ein Einsatzverbot. Der massenhafte Einsatz der FCKWs in den 1970er bis 1990er Jahren ist auch heute noch für den Abbau der Ozonschicht mitverantwortlich.

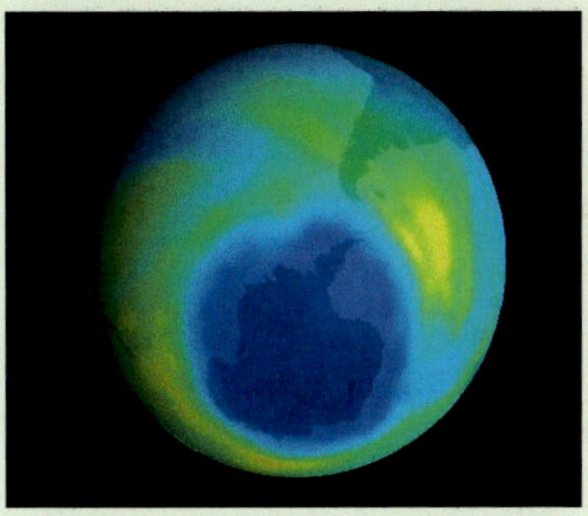

4 *Satellitenaufnahme vom „Ozonloch" (dunkelblaue Bereiche) über der Antarktis*

Aufgaben

1 Erstelle das Reaktionsschema für die Substitution von Heptan mit Chlor.
2 Beschreibe die Folgen, die Halogenalkane in der Atmosphäre verursachen.

13

Alkene – ungesättigte Kohlenwasserstoffe

1 *Unreif geerntete Früchte werden in Ethengas gelagert und reifen dadurch nach.*

Ethen – das einfachste Alken Beim Cracken von Erdöl entsteht neben Benzin und anderen Stoffen auch das Gas Ethen. In der Industrie dient es als Ausgangsstoff für die Herstellung von Kunststoffen, Lösungsmitteln, Klebstoffen und Farbstoffen.
In der Natur wird Ethen beim Reifen von Früchten wie Äpfeln abgegeben. Es beschleunigt die weitere Fruchtreifung.
Ethen ist bei Raumtemperatur gasförmig. Es brennt mit leuchtender, rußender Flamme, bildet mit Luft explosive Gemische und wirkt beim Einatmen narkotisierend – in höheren Dosen sogar erstickend.

Doppelbindung im Ethen-Molekül Ethen ist wie Ethan ein Kohlenwasserstoff mit zwei Kohlenstoffatomen im Molekül. Im Unterschied zum Ethan-Molekül hat das Ethen-Molekül zwei Wasserstoffatome weniger im Molekül. Die Summenformel von Ethen lautet C_2H_4. Die beiden Kohlenstoffatome gehen eine Bindung mit jeweils zwei bindenden Elektronenpaaren ein. Die dadurch gebildete Bindung heißt Doppelbindung. In der Strukturformel wird die C=C-Doppelbindung durch einen Doppelstrich dargestellt. Ethen gehört zu den ungesättigten Kohlenwasserstoffen, weil seine Moleküle weniger Wasserstoffatome enthalten, als sie aufgrund der möglichen Anzahl an Atombindungen binden können.

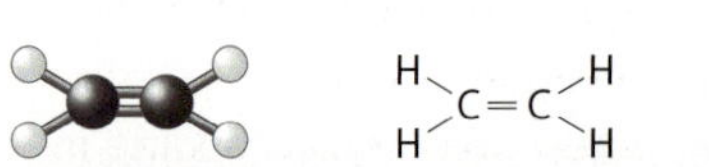

2 *Molekülmodell und Strukturformel von Ethen*

Homologe Reihe der Alkene Ethen ist der erste Vertreter in der homologen Reihe der Alkene. Alkene haben die allgemeine Summenformel C_nH_{2n}. Die Namen der Alkene werden gebildet, indem die Endung *-an* der Alkane durch die Endung *-en* ersetzt wird: Propen, Buten usw.

Alkene	Summenformel	Strukturformel
Ethen	C_2H_4	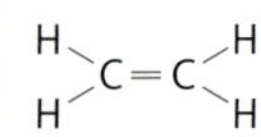
Propen	C_3H_6	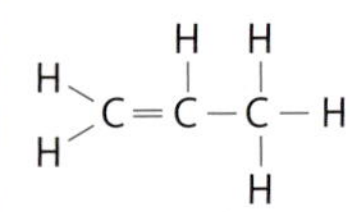
Buten	C_4H_8	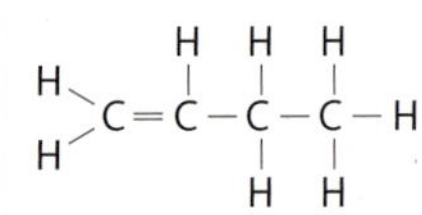
…	…	…

Tab. 1 *Homologe Reihe der Alkene*

Die Alkene sind ungesättigte Kohlenwasserstoffe, deren Moleküle eine C=C-Doppelbindung enthalten. Sie bilden eine homologe Reihe. Die allgemeine Summenformel lautet C_nH_{2n}.

Nomenklatur Beim Buten-Molekül kann die C=C-Doppelbindung zwischen dem ersten und zweiten Kohlenstoffatom oder in der Mitte der Kette zwischen dem zweiten und dritten Kohlenstoffatom angeordnet sein. Man gibt daher vor der Endung *-en* die Nummer des Kohlenstoffatoms an, auf das die Doppelbindung folgt. Die Zahlenangabe in der Hauptkette erfolgt so, dass das Kohlenstoffatom mit der anliegenden Doppelbindung eine möglichst niedrige Zahl erhält. But-1-en und But-2-en sind Isomere.

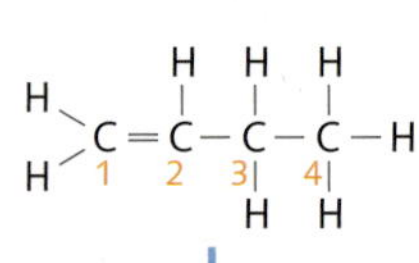

But-1-en

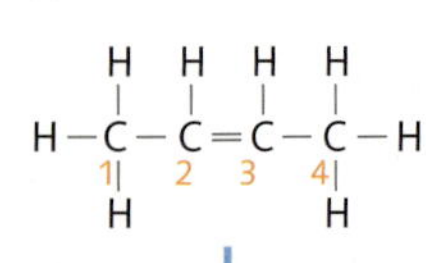

But-2-en

Eigenschaften der Alkene Die Aggregatzustände der Alkene werden durch die Länge der Kohlenstoffketten ihrer Moleküle bestimmt. Alkene mit zwei bis vier Kohlenstoffatomen im Molekül sind gasförmig, Alkene mit mittellangen Ketten (C_5H_{10} bis $C_{15}H_{30}$) sind flüssig und höhere Alkene sind fest.
Sie haben niedrigere Schmelz- und Siedetemperaturen als die vergleichbaren Alkane. Die Entzündungstemperaturen liegen dagegen etwas höher als bei den Alkanen, da zum Aufspalten der Doppelbindung mehr Energie nötig ist.

Reaktionsfähigkeit der Alkene Im Vergleich zu den Alkanen sind Alkene reaktionsfreudiger. Dies zeigt sich an der Reaktion von Ethen mit Brom. Mischt man Ethen mit Brom, so verschwindet die Braunfärbung sofort: Ethen reagiert mit Brom zu dem farblosen Reaktionsprodukt 1,2-Dibromethan, einem Halogenalkan.
Gibt man jedoch Brom zu Ethan, bleibt die Braunfärbung erhalten. Ethan und Brom reagieren nicht ohne Weiteres. Der Versuch mit Brom zeigt, dass Kohlenwasserstoffe mit einer Doppelbindung in ihren Molekülen reaktionsfähiger sind als Kohlenwasserstoffe, deren Moleküle nur Einfachbindungen enthalten.

Additionsreaktion Bei der Reaktion von Brom und Ethen werden zwei Bromatome an das Ethen-Molekül gebunden. Weil dann das Ethen-Molekül zwei Atome zusätzlich gebunden hat, spricht man von einer Additionsreaktion. Dabei entsteht aus der C=C-Doppelbindung eine C–C-Einfachbindung.

3 *Reaktion von Brom und Ethen*

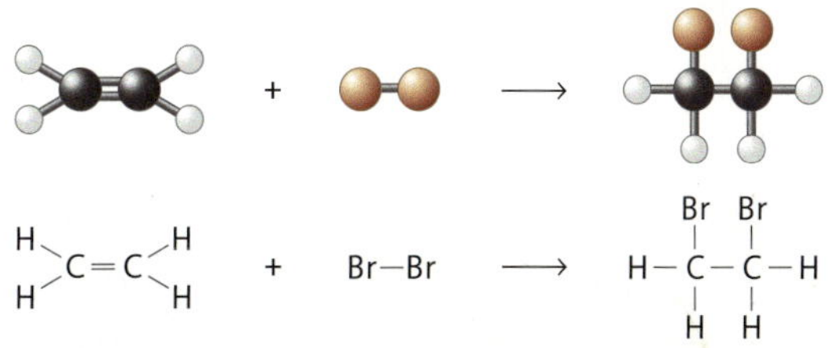

Ethen Brom 1,2-Dibromethan

4 *Additionsreaktion von Ethen mit Brom*

Alle ungesättigten Verbindungen können weitere Bindungspartner addieren. So kann an Ethen Wasserstoff addiert und dadurch Ethan gebildet werden. Somit entsteht aus einer ungesättigten Verbindung eine gesättigte.
Alkane dagegen sind gesättigte Verbindungen – an sie können keine weiteren Bindungspartner angelagert werden.
Die Reaktion mit Brom kann als Nachweis von Doppelbindungen im Molekül genutzt werden.

Bei der Additionsreaktion von Alkenen mit Halogenen entstehen gesättigte Verbindungen (Halogenalkane). Die Addition von Brom ist eine Nachweisreaktion für ungesättigte Kohlenwasserstoffe.

Exkurs Beilsteinprobe
Ob eine Verbindung Halogene enthält, kann mit der Beilsteinprobe herausgefunden werden. Zuerst wird ein Kupferblechstreifen so lange ausgeglüht, bis keine Blau- oder Grünfärbung der Flamme mehr zu erkennen ist. Dann wird die zu untersuchende Substanz auf den Kupferblechstreifen aufgebracht. Den Streifen hält man in die nicht leuchtende Brennerflamme. Sind in der geprüften Substanz Halogene enthalten, so färbt sich die Flamme grün.

Aufgaben

1 Warum kann es in der homologen Reihe der Alkene „Methen“ nicht geben?
2 Erkläre, wie man im Experiment das Vorliegen einer C=C-Doppelbindung nachweist.
3 Stelle die Additionsreaktion von Buten mit Chlor dar. Zeichne dazu die Molekülmodelle der Reaktionspartner.

Alkine

1 *Wenn Ethin verbrannt wird, kann es zum Schneidbrennen von Stahl verwendet werden.*

Ethin, ein vielseitiges Gas Zum Schneiden und Schweißen von Eisen und Stahl wird das Gas Ethin verwendet, weil beim Verbrennen von Ethin sehr hohe Temperaturen von mehr als 3000 °C erreicht werden.
Ethin, das auch Acetylen genannt wird, verbrennt mit heller Flamme. Deshalb wurde es früher in Carbidlampen zur Beleuchtung eingesetzt – beispielsweise in Bergwerken und als Fahrzeugleuchten an Autos und Fahrrädern. In diesen Lampen reagiert Calciumcarbid mit Wasser zu Ethin, das beim Verbrennen helles Licht erzeugt. Heute ist Ethin in der chemischen Industrie ein wichtiger Grundstoff zur Herstellung von Kunststoffen, Kunstfasern und vielen weiteren Produkten.

Dreifachbindung im Ethin-Molekül Ethin ist wie Ethan und Ethen ein Kohlenwasserstoff mit zwei Kohlenstoffatomen im Molekül. Die Summenformel von Ethin ist C_2H_2. Im Ethin-Molekül sind die beiden Kohlenstoffatome durch eine Dreifachbindung verbunden. Sie besitzen also drei gemeinsame Elektronenpaare. Jedes Kohlenstoffatom ist mit nur einem Wasserstoffatom verbunden. Ethin gehört deshalb zu den ungesättigten Kohlenwasserstoffen.

$H-C\equiv C-H$ C_2H_2

2 *Molekülmodell und Strukturformel eines Ethin-Moleküls*

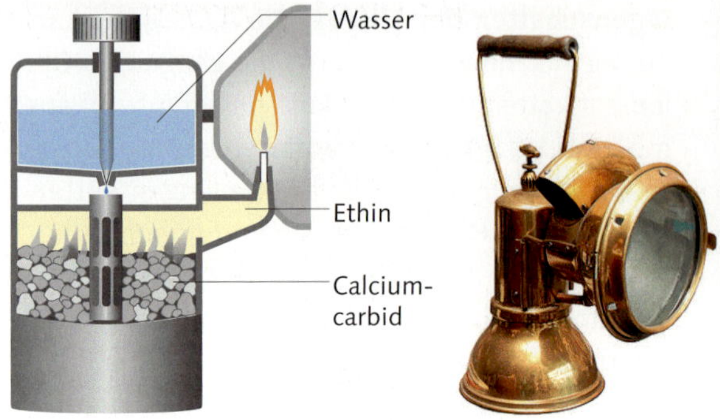

3 *Aufbau einer Carbidlampe*

Die homologe Reihe der Alkine Ethin ist das einfachste Alkin. Es ist damit der erste Vertreter in der homologen Reihe der Alkine. Sie werden wie die Alkane und Alkene benannt, mit dem Unterschied, dass ihre Namen auf die Silbe *-in* enden.
Die allgemeine Summenformel der Alkine lautet C_nH_{2n-2}.
Ethin und Propin sind gasförmig, die folgenden Alkine sind flüssig und höhere Alkine sind fest.

Alkine sind Kohlenwasserstoffe, deren Moleküle eine Kohlenstoff-Dreifachbindung enthalten. Sie bilden eine homologe Reihe mit der allgemeinen Summenformel C_nH_{2n-2}.

Reaktionsverhalten von Ethin Aufgrund der Dreifachbindung in den Molekülen der Alkine sind Additionsreaktionen möglich. So kann Brom ähnlich wie bei Ethen auch an Ethin addiert werden. Diese Reaktion dient als Nachweis für Alkine.
Unter Druck oder bei Verflüssigung neigt Ethin zu explosionsartigem Zerfall. Die Reaktionsfähigkeit mit anderen Stoffen ist im Vergleich zu den Alkenen etwas geringer. Sie liegt aber über der der Alkane.

Aufgaben

1 Gib an, welches Merkmal für Alkin-Moleküle typisch ist.

2 Zeichne die Strukturformeln von Propin und Pentin.
Gibt es Isomere?

3 Nenne Verwendungsmöglichkeiten für Ethin.

4 Beschreibe die Funktionsweise einer Carbidlampe anhand von Bild 3.

Exkurs Benzol – aromatische Kohlenwasserstoffe

1 *An einer Tankstelle weisen Symbole auf Gefahren hin.*

Warnhinweis an Tankstellen An Tankstellen sind neben Warnungen zu hochentzündlichen Stoffen auch Gefahrensymbole angebracht. Diese sind erforderlich, da das Stoffgemisch Benzin neben anderen Stoffen die gesundheitsgefährdende Verbindung Benzol enthält.

Entdeckung des Benzols Der Reinstoff Benzol mit der Summenformel C_6H_6 ist eine klare Flüssigkeit. Sie wurde im Jahr 1825 im Steinkohlenteer entdeckt. In der Verbindung sind sechs Kohlenstoff- und sechs Wasserstoffatome enthalten. Man vermutete deshalb, dass es sich um eine ringförmige, ungesättigte Verbindung handelt. Für die Strukturformel nahm man drei Einfachbindungen und drei Doppelbindungen an. Wenn Benzol ähnlich einem Alken Doppelbindungen besäße, würde es eine Brom-Lösung entfärben. Die Additionsreaktion bleibt aber aus.

Struktur des Benzol-Moleküls Im Jahr 1865 gelang es AUGUST KEKULÉ, eine Strukturformel für Benzol zu entwickeln. Die sechs Kohlenstoffatome sind in einem Ring wie ein Sechseck angeordnet. Sechs der Bindungselektronen sind zwischen den Kohlenstoffatomen gleichmäßig über das Molekül verteilt. Als Symbol hierfür verwendet man die Schreibweise eines Ringes im Inneren eines Sechsecks für ein Benzol-Molekül.

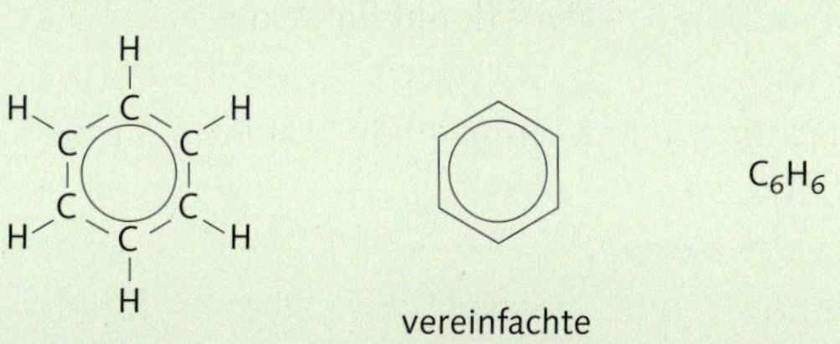

2 *Strukturformeln für das Benzol-Molekül*

Aromatische Verbindungen Neben Benzol enthalten auch andere Stoffe wie Toluol, Naphthalin, Styrol und Benzpyren in ihrem Molekülaufbau mindestens einen Benzolring. Man bezeichnet diese Verbindungen als aromatische Kohlenwasserstoffe, da sie oft süßlich aromatisch riechen. Viele dieser Stoffe sind giftig.

Benzol
- farblose Flüssigkeit, süßlich aromatischer Geruch
- brennt mit stark rußender Flamme
- Zusatz im Benzin
- Ausgangsstoff für andere aromatische Verbindungen

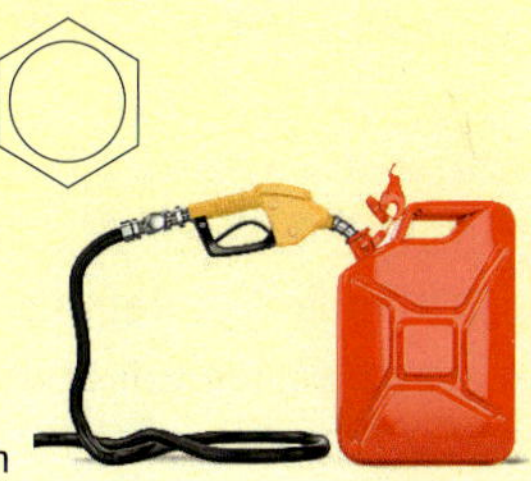

Naphthalin
- farbloser Feststoff, Geruch nach Teer
- als Insektenschutzmittel, z. B. in Holzschutzmitteln
- Verwendung als Lösungsmittel
- Ausgangsstoff für Kunststoffe

Styrol
- farblose Flüssigkeit, stechender Geruch
- Ausgangsstoff für den Kunststoff Polystyrol (Styropor®)
- Verwendung als Lösungsmittel

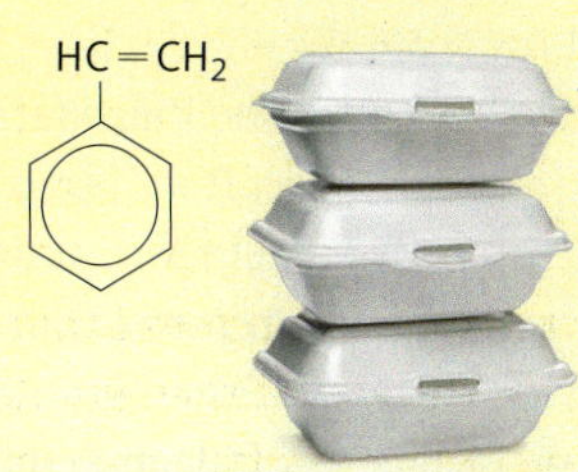

Aufgaben

1 Erstelle eine Mindmap für Benzol.

2 Gib an, was man unter aromatischen Kohlenwasserstoffen versteht.

3 Ethylvanillin ist ein aromatischer Kohlenwasserstoff. Finde heraus, wofür es verwendet wird und was man beim Genuss beachten sollte.

13

Teste dich!

1 Das Bild zeigt eine Lagerstätte von Erdöl und Erdgas, wie sie heute vorkommt. Beschreibe, wie sie sich während der Erdgeschichte gebildet hat.

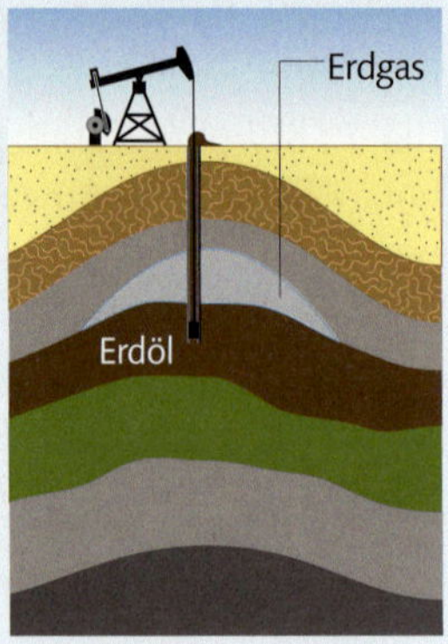

2 Nenne drei Regionen der Welt, in denen große Mengen Erdöl gefördert werden.

3 Gib mindestens fünf verschiedene Verwendungsmöglichkeiten für Erdöl an.

4 Erkläre, warum man nach Alternativen für Erdöl sucht.

5 „Von der Primärenergie über die Sekundärenergie zur Nutzenergie"
a Beschreibe die nötigen Schritte der Energieumwandlung.
b Definiere den Begriff Nutzenergie.

6 Erkläre, was man unter erneuerbaren Energiequellen versteht.

7 Zeichne einen Destillationsturm zur Verarbeitung von Rohöl und beschrifte ihn. Gib für die einzelnen Fraktionen Verwendungsmöglichkeiten an.

8 Nenne das Element, das in allen Verbindungen der organischen Stoffe gebunden ist.

9 Erstelle eine Mindmap für das Gas Methan.

10 Was versteht man unter einer homologen Reihe? Erläutere an einem Beispiel.

11 Zeichne die Strukturformeln von Propin, 1,1-Dibrom-3-methylbutan, 3-Methylpent-1-en.

12 Gib die Namen der folgenden Verbindungen an und nenne die jeweilige Stoffklasse:

a)

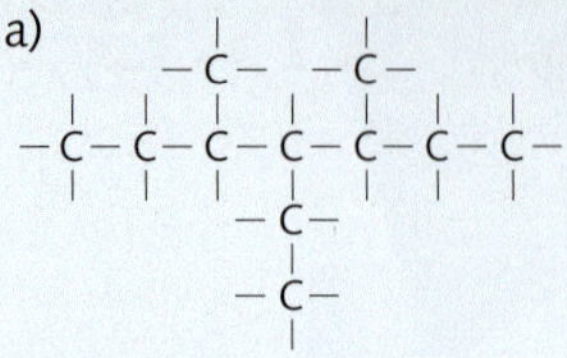

b)

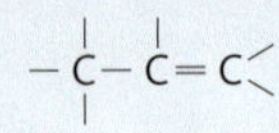

c)

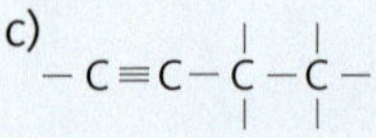

13 Definiere den Begriff Isomer. Erkläre ihn am Beispiel des Stoffes mit der Summenformel C_4H_{10}.

14 Hexen reagiert mit Chlor. Stelle das Reaktionsschema auf.

15 Erläutere, was man unter einer ungesättigten Verbindung versteht.

Aufgabe	Hilfe findest du auf Seite …
1	288
2	290
3	290
4	290/291
5	295, 297
6	296/297
7	306/307
8	298
9	300/301
10	302
11	308, 309, 314–316
12	308, 309, 314–316
13	308
14	314/315
15	314
… und die Lösungen findest du im Anhang.	

Im Überblick

Erdöl, Erdgas und Kohle sind im Laufe der letzten 300 Millionen Jahre aus dem Material von abgestorbenen Tieren und Pflanzen entstanden. Die Vorräte sind begrenzt, sodass alternative Energieträger gesucht werden. Aus Erdöl lassen sich durch fraktionierte Destillation Treibstoffe und Ausgangsstoffe für die chemische Industrie gewinnen. Das Stoffgemisch Erdöl enthält verschiedene Kohlenwasserstoffe – organische Verbindungen, die nur die Elemente Kohlenstoff und Wasserstoff enthalten.

Fossile Energieträger
- Erdöl, Erdgas und Kohle
- Nutzung als Brennstoffe, stehen nur begrenzt zur Verfügung
- Beim Verbrennen wird Kohlenstoffdioxid freigesetzt, das als Treibhausgas wirkt.

Erneuerbare Energiequellen
- Wind- und Wasserkraft, Sonnenenergie, Biomasse
- erneuern sich laufend, stehen nahezu unbegrenzt zur Verfügung

Erdöl und Erdgas
- Stoffgemische aus verschiedenen Kohlenwasserstoffen
- bedeutende Energieträger und Rohstoffe für die Industrie

Kohlenwasserstoffe
- organische Verbindungen, die nur die Elemente Kohlenstoff und Wasserstoff enthalten
- Die Einteilung der Kohlenwasserstoffe erfolgt nach der Struktur ihrer Moleküle, zum Beispiel in gesättigte und ungesättigte.

Van-der-Waals-Kräfte
- Anziehungskräfte, die zwischen den Molekülen wirken
- erklären die Eigenschaften von Kohlenwasserstoffen: Schmelz- und Siedetemperatur, Viskosität

Alkane
- gesättigte Kohlenwasserstoffe
- Ihre Moleküle enthalten Kohlenstoffatome und Wasserstoffatome, die nur durch Einfachbindung verbunden sind.
- allgemeine Summenformel C_nH_{2n+2}
- *Beispiel:*

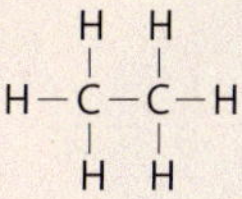

Abgaskatalysator
- Reinigung von Autoabgasen an einer katalytisch aktiven Oberfläche
- die katalytisch aktive Schicht besteht aus den Edelmetallen Platin, Palladium und Rhodium
- Umwandlung von mehr als 90 % giftiger Abgase in ungiftige oder weniger schädliche Stoffe
- Wesentliche chemische Reaktionen:
  - Reduktion von Stickstoffoxiden zu Stickstoff
  - Oxidation von Kohlenstoffmonooxid zu Kohlenstoffdioxid
  - Oxidation von Kohlenwasserstoffen zu Kohlenstoffdioxid und Wasser

Kohlenstoffdioxid als Treibhausgas
- entsteht bei der Verbrennung fossiler Brennstoffe
- Gehalt in der Erdatmosphäre steigt
- Emissionsquellen: u. a. Industrie, Stromerzeugung, Verkehr

14

Von den Alkoholen zu den Carbonsäuren

Seit Jahrtausenden wird aus Traubensaft durch Gärung Alkohol gewonnen. Neben Trinkalkohol finden auch andere Alkohole in verschiedenen Alltagsprodukten, beispielsweise in Cremes, Verwendung. Aus Wein kann Essig werden, wenn er eine Zeit lang offen steht. Dabei bildet sich aus dem Trinkalkohol ein neuer Stoff, die Essigsäure.

Von der Traube zu Wein und Branntwein

Mosten der Trauben Nach der Weinlese im Herbst werden die Trauben in der Weinkelterei abgeliefert. Zunächst wird aus den Weintrauben die Maische hergestellt, das heißt, die Trauben werden von den Stielen getrennt, zerkleinert und zerdrückt. Die Maische wird dann in einer großen Presse ausgepresst und so die Flüssigkeit, der Most, von den festen Rückständen, dem Trester, getrennt. Dieser Vorgang wird als Mosten oder Keltern bezeichnet.

1 *Beim Maischen werden die Trauben zerdrückt und der Saft tritt aus.*

2 *Durch das Pressen wird der Most vom festen Rückstand getrennt.*

Aus Traubenmost wird Wein Der Most wird nun in Fässer oder Tanks umgepumpt. Jetzt lässt der Kellermeister die Natur für sich arbeiten. Die Umwandlung von Traubensaft in Wein geschieht durch alkoholische Gärung. Dies ist ein biochemischer Vorgang, der durch Lebewesen bewirkt wird und in den der Kellermeister lediglich steuernd eingreift.

3 *Weinkeller mit traditionellen Holzfässern*

Alkoholische Gärung Wenn es im Gärkeller blubbert, ist die alkoholische Gärung in vollem Gange. Bei der Gärung, die unter Sauerstoffausschluss erfolgt, wandeln Hefepilze den Traubenzucker des Mostes in Alkohol um. Bei dem entstandenen Alkohol handelt es sich um Ethanol. Die Hefepilze befanden sich bereits auf den Schalen der Trauben. Durch Zugabe von Reinzuchthefe kann der Kellermeister den Gärprozess beschleunigen und Geschmack und Aroma des Weines beeinflussen. Das Blubbern beruht auf der Bildung des Gases Kohlenstoffdioxid. Der Gärprozess dauert je nach Temperatur und Art der Hefe zwischen einer und drei Wochen.

Traubenzucker —Hefe→ **Ethanol** + **Kohlenstoffdioxid**

Bei der alkoholischen Gärung wandeln Hefepilze Traubenzucker in den Trinkalkohol Ethanol und Kohlenstoffdioxid um.

Klären und Lagern des jungen Weines Nach dem Gärprozess werden Schwebstoffe, die den Wein trüben, entfernt. Dies geschieht durch Sedimentieren, Filtrieren oder Zentrifugieren. Um ihn haltbar zu machen, kann er mit Schwefeldioxid versetzt werden, das weitere Gärung verhindert. Bevor der geklärte Wein in Flaschen abgefüllt wird, muss er in Holzfässern oder Stahltanks noch einige Zeit ruhen, damit er durch Reifung weitere Aromen entwickeln kann.

Exkurs Rot- oder Weißwein?
Woher kommt die Farbe des Weines? Der Traubensaft, auch der von blauen Trauben, ist weiß. Der rote Farbstoff befindet sich in der Schale der Weintrauben. Zur Rotweinherstellung wird eine sogenannte Maischegärung durchgeführt, bei der der Saft mit den Schalen vergärt. Dabei werden der rote Farbstoff und die Aroma- und Geschmacksstoffe aus den Schalen extrahiert. Möchte man Weißwein erzeugen, so lässt man den Saft weißer oder roter Trauben ohne Schalen vergären.

Exkurs Zuckergehalt in Grad Oechsle
Der Zuckergehalt des Traubensafts ist ein entscheidendes Kriterium für die Qualität und den Alkoholgehalt des Weines. Er wird nach CHRISTIAN OECHSLE, dem Erfinder des Messverfahrens, in Grad Oechsle gemessen. Die Oechsle-Grade geben an, um wie viel Gramm ein Liter Most schwerer als ein Liter Wasser ist. Früher hat man dazu die Dichte des Mostes bestimmt. Heute ermittelt man die Oechsle-Grade der Trauben mithilfe eines optischen Messgeräts, dem Refraktometer.

Kategorie	Zuckergehalt	Alkoholgehalt
Qualitätswein	60–70° Oechsle	9 Vol.-%
Spätlese	90° Oechsle	12 Vol.-%
Eiswein	120° Oechsle	16 Vol.-%

Tab. 1 *Zusammenhang zwischen Zuckergehalt und Alkoholgehalt eines Weines*

Branntwein Durch alkoholische Gärung erhält man einen Alkoholgehalt von maximal 18 Vol.-%. Bei einem höheren Alkoholgehalt sterben die Hefepilze an „Alkoholvergiftung" und der Gärprozess wird gestoppt. Hochprozentige Branntweine wie Weinbrand, Birnenbrand, Kirschwasser, Wodka oder Whisky werden durch Destillation hergestellt.

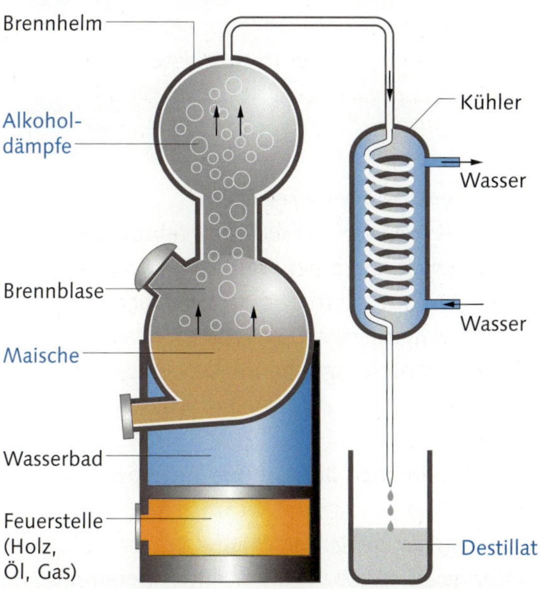

4 *Schematischer Aufbau einer Destillationsanlage*

Destillation einer Birnenmaische Reife Birnen werden zerdrückt und in einem Gefäß eingemaischt. Nach der alkoholischen Gärung enthält die Birnenmaische einen Alkoholgehalt von ungefähr 5 Vol.-% Ethanol. Der Alkohol wird von den Fruchtrückständen und vom Wasser durch Destillation abgetrennt. Ethanol (Siedetemperatur: 78 °C) und Wasser (Siedetemperatur: 100 °C) können aufgrund ihrer unterschiedlichen Siedetemperaturen getrennt werden. Dazu wird das Gemisch auf etwa 85 °C erhitzt. Bei dieser Temperatur verdampft aber nicht nur Ethanol, sondern auch ein Teil des Wassers. Daher erhält man keinen reinen, sondern ungefähr 75%igen Alkohol. Durch Verdünnen mit Wasser wird dieser auf die gewünschte Trinkstärke, beispielsweise 40 Vol.-%, herabgesetzt.

5 *Destillationsanlage zur Herstellung von Branntwein*

14

Aufgaben

1 Nenne die Reaktionsprodukte der alkoholischen Gärung.

2 Stelle eine Vermutung an, warum ein Kellermeister zur Sicherheit mit einer brennenden Kerze in den Gärkeller geht, obwohl der Keller ausreichend beleuchtet ist.

3 Ein Stoffgemisch aus Ethanol und Wasser soll getrennt werden.

a Nenne das Trennverfahren, mit dem die Stofftrennung durchgeführt werden kann.

b Aufgrund welcher Stoffeigenschaften wird getrennt? Erläutere.

4 Wie viel ml Ethanol enthält eine 0,5-Liter-Flasche Branntwein mit einem Alkoholgehalt von 38 Vol.-%?

5 Informiere dich über die Herstellung von Roséwein und beschreibe den Prozess.

Exkurs Bierherstellung

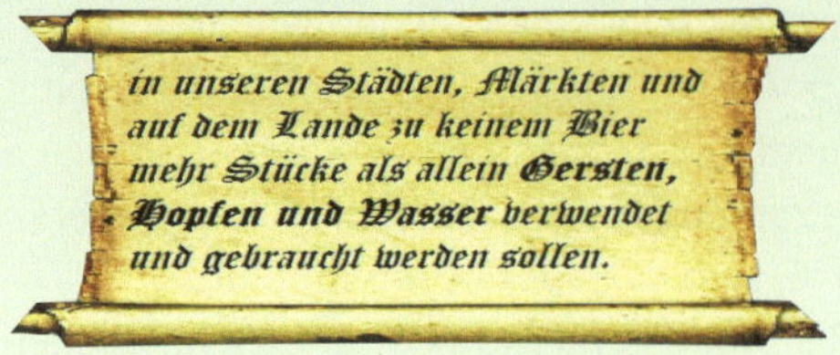
in unseren Städten, Märkten und
auf dem Lande zu keinem Bier
mehr Stücke als allein Gersten,
Hopfen und Wasser verwendet
und gebraucht werden sollen.

1 *Auszug aus dem Reinheitsgebot von 1516*

Reinheitsgebot Das Reinheitsgebot für die Bierherstellung ist das älteste Lebensmittelgesetz in Deutschland. Seit etwa 500 Jahren gilt, dass Bier nur aus Gerste, Hopfen, Wasser und Hefe hergestellt werden darf. Im Reinheitsgebot von 1516 wurde die Hefe zwar nicht erwähnt, weil ihre Bedeutung noch nicht bekannt war – verwendet wurde sie aber auch bereits damals.

Mälzen Der erste Schritt bei der Bierherstellung ist das Mälzen. Gerste und andere Getreidesorten wie Weizen, Roggen oder Dinkel werden durch Wasserzugabe zum Keimen gebracht. Der Keimprozess wird nach einer bestimmten Zeit durch Trocknen, auch Darren genannt, unterbrochen – es ist Malz entstanden.

Maischen Wenn man geschrotetes Malz mit Wasser auf etwa 75 °C erhitzt, erhält man die Maische. Beim Maischen wandeln Enzyme die Getreidestärke in Malzzucker um.

Läutern Im Läuterbottich werden die festen Bestandteile der Maische von der Lösung, der Würze, getrennt. Die Würze kommt anschließend in die Würzepfanne. Die abgetrennten Feststoffe, der sogenannte Treber, werden als Viehfutter weiterverwertet.

Sieden und Kühlen In der Würzepfanne wird die Würze unter Zugabe des Hopfens rund eine Stunde gekocht. Dabei werden dem Hopfen Aromastoffe entzogen, die dem Bier seinen charakteristisch herben Geschmack verleihen. Durch das Kochen und die aus dem Hopfen extrahierten Gerbstoffe wird das Bier haltbar gemacht. Anschließend wird die Würze auf etwa 10 °C abgekühlt.

Gären Im Gärbottich wird der Würze die Hefe beigegeben. Die Hefebakterien wandeln den Zucker in den Trinkalkohol Ethanol und in Kohlenstoffdioxid um. Ein Teil des gasförmigen Kohlenstoffdioxids verbindet sich mit Wasser zur Kohlensäure, die das Bier „spritzig" macht und zur Schaumbildung beiträgt. Die Gärzeit beträgt ungefähr eine Woche.

Lagern und Abfüllen Nach Entfernung der Hefe wird das Jungbier in Tanks gefüllt, um dort bei Temperaturen von 0 bis 1 °C etwa drei Wochen zu lagern. Nach Abschluss des Reifungsprozesses wird es in Fässer oder Flaschen abgefüllt.

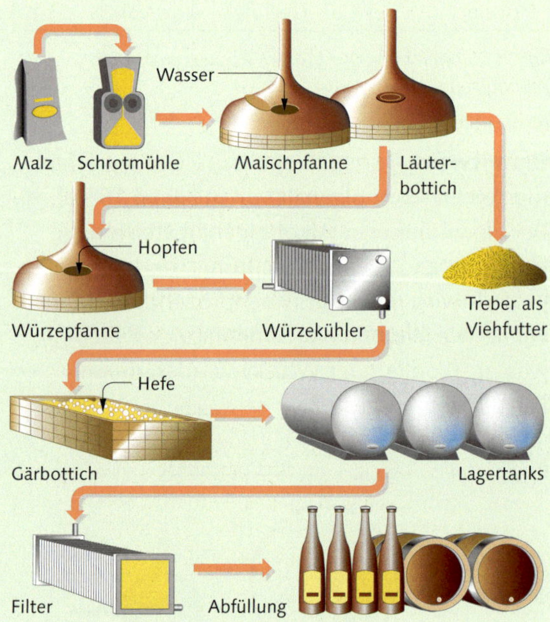

2 *Der Prozess des Bierbrauens*

Aufgaben

1 Welche Stoffe dürfen nach dem Reinheitsgebot zur Bierherstellung verwendet werden?

2 Nenne die biologischen und chemischen Vorgänge, die beim Mälzen und Maischen ablaufen.

3 Informiere dich über unter- und obergärige Biere.

a Beschreibe die Unterschiede.

b Nenne Beispiele für unter- und obergärige Biere.

Exkurs Mit starkem Willen – ohne Promille

Tödlicher Unfall unter Alkoholeinfluss

Auf der A40 sterben vier Menschen durch einen betrunkenen Falschfahrer

(*Essen*) Gestern Nacht sind bei einem Unfall auf der A40 bei Essen ein 19-jähriger Falschfahrer und die drei Insassen des von ihm frontal gerammten Fahrzeugs getötet worden. Nach Aussagen von Zeugen war der Unfallverursacher vor dem Unglück durch mehrere Kneipen gezogen. Wie die Obduktion ergab, hatte er zum Unfallzeitpunkt 1,8 Promille Alkohol im Blut.

1 *Ein Alkoholrausch mit tödlichen Folgen*

$$\frac{\text{Ethanolmenge (in g)}}{\text{Körpergewicht (in kg)} \cdot F} = \text{Blutalkoholkonzentration (in ‰)}$$

Faktor für Männer $F = 0{,}7$
Faktor für Frauen und Jugendliche $F = 0{,}6$

Beispiel: Ein 78 kg schwerer Mann hat zwei Flaschen Bier (40 g Ethanol) getrunken:

$$\frac{40\ \text{g}}{78\ \text{kg} \cdot 0{,}7} = 0{,}73\,\frac{\text{g}}{\text{kg}} \mathrel{\hat{=}} 0{,}73\,‰$$

Genuss mit Folgen Dass junge Erwachsene alkoholische Getränke kennenlernen möchten, ist verständlich. Allerdings ist nur ein gelegentlicher Genuss geringer Mengen an Alkohol gesundheitlich unbedenklich. Häufiger oder gar täglicher Konsum und Betrunkenheit können zur Abhängigkeit und zu erheblichen gesundheitlichen Schäden führen. In Deutschland sind etwa 1,3 Millionen Menschen alkoholabhängig.

Was wird geschädigt?	Folgen der Schädigung
Gehirn	Zerstörung von Millionen von Nervenzellen bei jedem Rausch; Beeinträchtigung von Gedächtnis und Intelligenz bis zu völligem geistigem Abbau
Leber	Leberschwellung, Leberverfettung bis zur Leberzirrhose
Verdauungsorgane	Entzündungen von Bauchspeicheldrüse, Magen und Darm; Krebserkrankungen
Psyche	Aggressivität, Depressionen

Tab. 1 *Gesundheitliche Schäden durch Alkoholkonsum*

Blutalkoholkonzentration Mithilfe einer Faustformel kann die Alkoholkonzentration des Blutes näherungsweise berechnet werden. Durch Müdigkeit oder wenn man wenig gegessen hat, kann sich die Wirkung des Alkohols verstärken. Dann ist die Reaktionsfähigkeit auch bei geringen Promillewerten stark eingeschränkt.

Abbau des Alkohols Der Alkohol wird von der Leber abgebaut. Die Alkoholkonzentration des Blutes sinkt dabei bei Männern um durchschnittlich 0,15 Promille pro Stunde. Bei Frauen beträgt dieser Wert 0,13 Promille. Bis eine Blutalkoholkonzentration von 1 Promille abgebaut ist, dauert es etwa sieben bis acht Stunden.

2 *Am besten 0,0! Ab 0,5 Promille ist der Führerschein weg.*

Aufgaben

1 Nenne mindestens drei Organe, die durch Alkoholkonsum geschädigt werden können.

2 Ein Wein hat eine Alkoholkonzentration von 13,0 Vol.-%.

a Wie viel Gramm Alkohol sind in einer 1-Liter-Flasche dieses Weines enthalten, wenn Alkohol (Ethanol) eine Dichte von $0{,}79\,\frac{\text{g}}{\text{cm}^3}$ hat?

b Eine 60 kg schwere Frau trinkt ein Glas Wein (0,2 l). Mit welchen Konsequenzen muss sie rechnen, wenn sie als Verkehrsteilnehmerin in eine Alkoholkontrolle kommt?

Praktikum Gewinnung und Eigenschaften von Ethanol

1 Gärung von Zuckerwasser

Geräte: Erlenmeyerkolben (500 ml), Becherglas (100 ml), durchbohrter Stopfen, gewinkeltes Glasrohr
Chemikalien: Leitungswasser, Traubenzucker, Backhefe, Calciumhydroxid-Lösung
Durchführung: Fülle in einen Erlenmeyerkolben 200 ml lauwarmes Wasser und löse darin 20 g Traubenzucker. Rühre in die Zuckerlösung 3 g Backhefe ein. Verschließe den Kolben mit einem durchbohrten Stopfen. Ein U-förmig gewinkeltes Glasrohr führt vom Kolben zum Becherglas mit Calciumhydroxid-Lösung. Lass den Gäransatz einige Tage an einem warmen Ort stehen.
Auswertung: Welche Veränderung des Gäransatzes erkennst du? Woran erkennst du, ob die Gärung abgeschlossen ist? Notiere Beginn und Ende der Gärung.

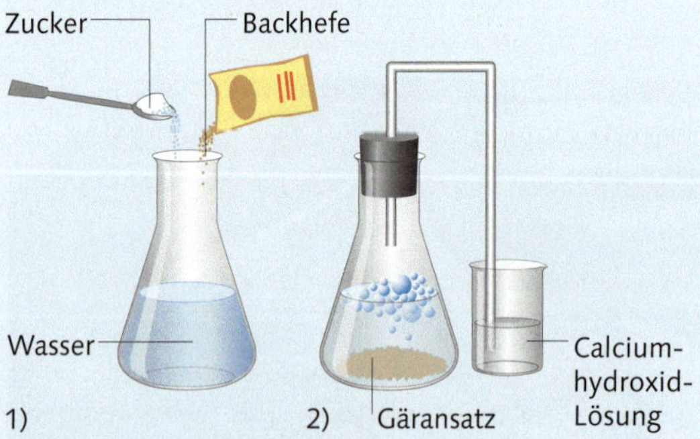

2 Gärung von Fruchtsaft

Geräte: Rundkolben (500 ml), Becherglas (500 ml), durchbohrter Stopfen, Gärröhrchen
Chemikalien: Fruchtsaft, Backhefe, Calciumhydroxid-Lösung
Durchführung: Rühre in ein Becherglas 3 g Backhefe in 200 ml Fruchtsaft ein. Fülle das Gemisch in einen Rundkolben. Verschließe den Rundkolben mit einem Stopfen mit aufgesetztem Gärröhrchen. Fülle Calciumhydroxid-Lösung in das Gärröhrchen. Lass den Gäransatz ein paar Tage an einem warmen Ort stehen.
Auswertung: Welche Veränderung des Gäransatzes erkennst du? Notiere Beginn und Ende der Gärung. Die Gärflüssigkeit kann für Versuch 5 weiterverwendet werden.

3 Nachweis von Ethanol

Geräte: Gasbrenner, Erlenmeyerkolben (500 ml), durchbohrter Stopfen, Glasrohr (d = 8 mm, l = 40 cm), Dreifuß, Drahtnetz
Chemikalien: Gärflüssigkeit von Versuch 1, Siedesteinchen, Holzspan
Durchführung: Gib in die Gärflüssigkeit von Versuch 1 ein paar Siedesteinchen. Setze auf den Erlenmeyerkolben einen Stopfen mit einem Glasrohr. Erhitze die Gärflüssigkeit langsam und halte sie einige Minuten am Sieden. Versuche die am Glasrohr entweichenden Dämpfe mit einem brennenden Holzspan zu entzünden.
Auswertung: Welche Eigenschaften des Ethanols werden bei diesem Versuch genutzt?

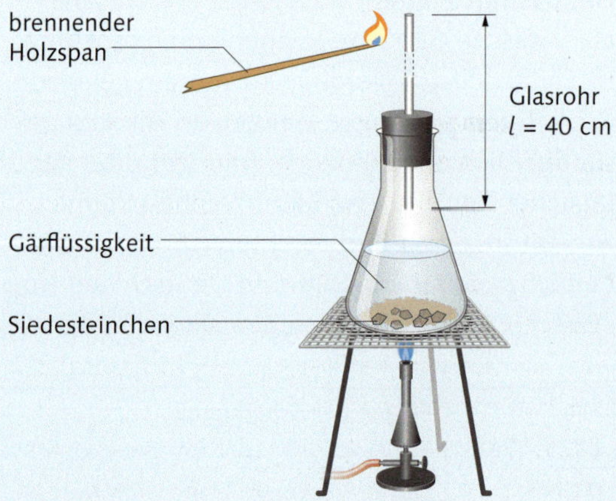

4 Hefepilze unter dem Mikroskop

Geräte: Mikroskop, Objektträger, Deckglas, Becherglas (100 ml), Spatel
Chemikalien: Traubenzucker, Backhefe, Wasser
Durchführung: Verrühre eine Spatelspitze Hefe in 30–40 ml lauwarmer Traubenzuckerlösung. Gib einen Tropfen der Lösung auf einen Objektträger und lege ein Deckglas darüber. Betrachte unter dem Mikroskop. Beginne bei 100-facher Vergrößerung und gehe dann zu stärkeren Vergrößerungen über. Halte das Präparat bei 35 °C (z. B. im Trockenschrank) und mikroskopiere nach einer Stunde erneut.
Auswertung: Zeichne die Hefezellen. Welche Veränderung stellst du nach einer Stunde fest?

5 Kirschbrannt aus Kirschwein

Geräte: Gasbrenner, Dreifuß, Drahtnetz, Erlenmeyerkolben (500 ml), doppelt durchbohrter Stopfen, Thermometer, gewinkeltes Glasrohr, Reagenzglas, Becherglas (250 ml), Stativmaterial
Chemikalien: Kirschwein oder Gärflüssigkeit von Versuch 2, Eiswasser, Siedesteinchen
Durchführung: Fülle 200 ml Kirschwein oder Gärflüssigkeit in den Erlenmeyerkolben und gib ein paar Siedesteinchen dazu. Führe das Thermometer und das gewinkelte Glasrohr in die Bohrungen des Stopfens ein und setze den Stopfen auf den Erlenmeyerkolben. Erhitze den Kirschwein und halte ihn bei etwa 80–90 °C am Sieden. Fange das Destillat im Reagenzglas auf.
Auswertung: Prüfe das Destillat auf Geruch und Brennbarkeit.

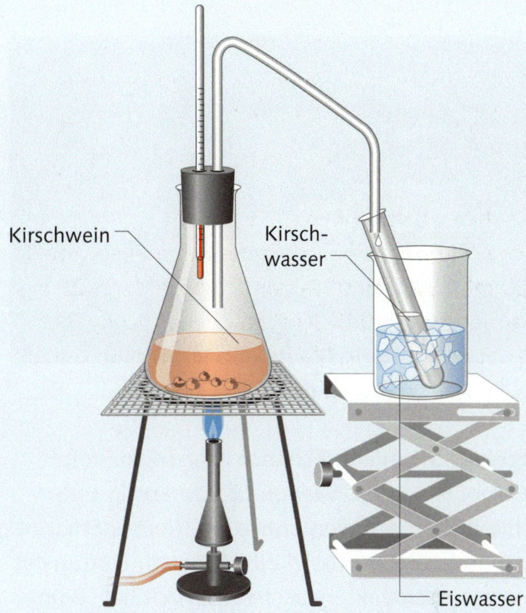

6 Siedetemperatur von Ethanol

Geräte: Gasbrenner, Becherglas (250 ml), Reagenzglas, Thermometer, Dreifuß, Drahtnetz, Stativmaterial
Chemikalien: Ethanol (Spiritus), Wasser
Durchführung: Erhitze das Wasser im Becherglas, bis es zu sieden beginnt. Fülle das Reagenzglas zu etwa einem Drittel mit Ethanol und stelle ein Thermometer hinein. Befestige das Reagenzglas am Stativ und hänge es in das heiße, aber nicht mehr siedende Wasser, sodass sich das Ethanol vollständig im Wasserbad befindet. Notiere die Temperatur, wenn diese nicht mehr steigt.
Auswertung: Vergleiche die gemessene Siedetemperatur mit der in Tabellenwerken.

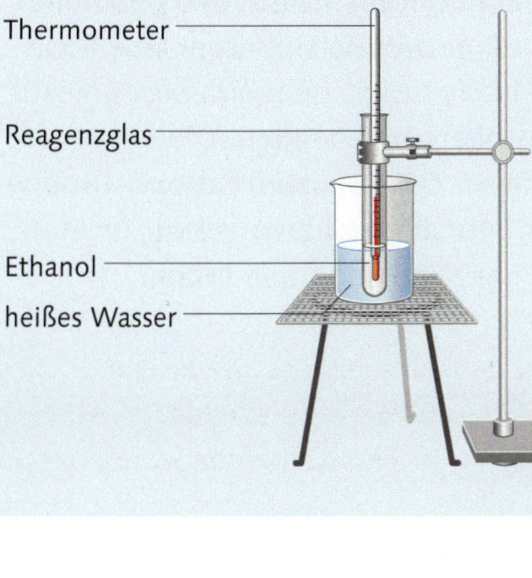

7 Ein einfaches Aräometer

Geräte: Trinkhalm, Knetmasse, Standzylinder, Lackstift
Chemikalien: Wasser, Ethanol (Spiritus), alkoholische Getränke, z. B. Branntwein
Durchführung: Verschließe ein Ende eines Trinkhalms mit einem kugelförmigen Stück Knetmasse. Tauche den Trinkhalm in einen mit Ethanol gefüllten Standzylinder ein. Bringe an der Eintauchstelle eine Markierung am Trinkhalm an. Wiederhole den Vorgang mit Wasser und erhalte so eine zweite Markierung. Die Markierungen auf dem Trinkhalm entsprechen einem Alkoholgehalt von 0 Vol.-% bzw. 100 Vol.-% (bei Ethanol). Trage zwischen beiden Markierungen eine Skala ein. Prüfe nun die anderen alkoholischen Getränke auf ihren Alkoholgehalt.
Auswertung: Auf welcher Eigenschaft beruht die Messung mit dem Aräometer?

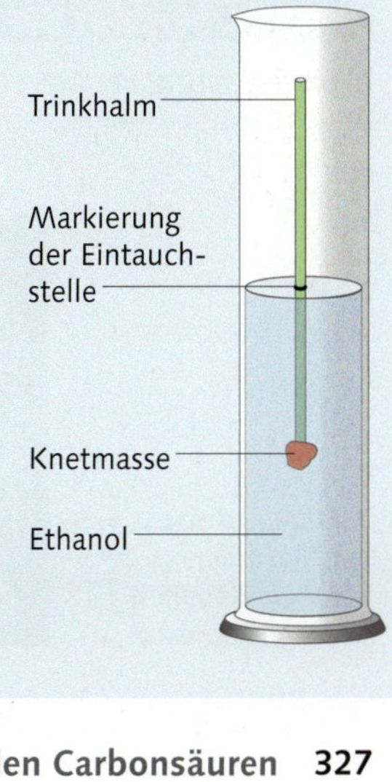

14

Ethanol

1 *Obst wird mit Ethanol flambiert.*

Eigenschaften von Ethanol Der Trinkalkohol Ethanol ist in Bier, Wein und Schnaps in unterschiedlichen Anteilen enthalten. Reines Ethanol ist eine farblose Flüssigkeit, die rasch verdunstet und einen charakteristischen Geruch hat. Beim Flambieren von Speisen zeigt sich, dass Ethanol mit bläulicher Flamme verbrennt.
Ethanol zerstört Eiweiße. Deshalb hat es eine gesundheitsschädliche Wirkung auf Nervenzellen und auf innere Organe wie die Leber.

2 *Ethanol verbrennt. Dabei entstehen Wasserdampf, der an der Glaswand kondensiert und Watesmopapier blau färbt, sowie Kohlenstoffdioxid, das Calciumhydroxid-Lösung trübt.*

3 *Ethanol reagiert mit Magnesium auch unter Luftabschluss zu Magnesiumoxid.*

Eine organische Verbindung mit Sauerstoff
Aus welchen Elementen ist Ethanol aufgebaut? Beim Verbrennen von Ethanol entstehen zwei Reaktionsprodukte: Wasser und Kohlenstoffdioxid (Bild 2). Aber auch Sauerstoff kann nachgewiesen werden: Wenn man Ethanoldämpfe über heißes Magnesium leitet, entsteht weißes Magnesiumoxid (Bild 3). Diese Reaktion findet unter Luftabschluss statt. Daher muss der Sauerstoff, der das Magnesium oxidiert, ein Element der Verbindung Ethanol sein.

Ethanol ist eine Verbindung aus den Elementen Kohlenstoff, Wasserstoff und Sauerstoff.

Zwei mögliche Strukturformeln Ein Ethanol-Molekül besteht aus zwei Kohlenstoff-, sechs Wasserstoff- und einem Sauerstoffatom. Folglich lautet die Summenformel von Ethanol C_2H_6O. Zu dieser Summenformel gibt es aber zwei isomere Strukturen. Durch unterschiedliche Verknüpfung der Atome entsteht entweder ein Ethanol-Molekül oder ein Ether-Molekül.

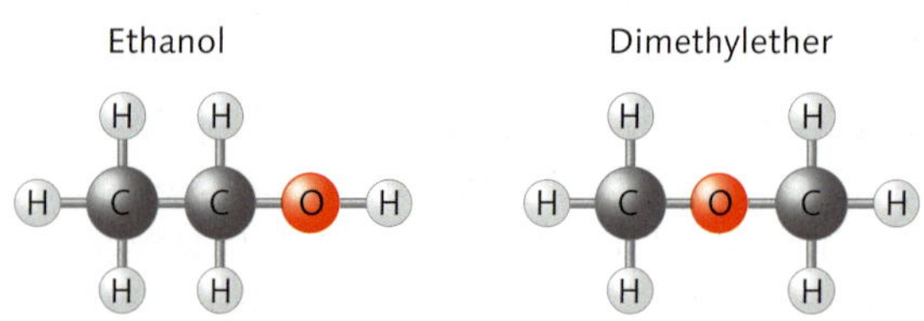

4 *Isomere zur Summenformel C_2H_6O*

Aufbau des Ethanol-Moleküls

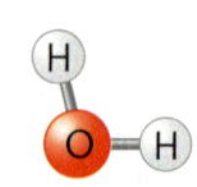

Ethanol ist im Gegensatz zu Ether wasserlöslich. Daraus kann man schließen, dass Ethanol auch im Molekülbau dem Wasser ähnlich sein muss. Beim Ethanol-Molekül nimmt ein Wasserstoffatom eine Sonderstellung ein: Es ist wie beim Wasser-Molekül an ein Sauerstoffatom gebunden. Die besondere Bedeutung dieser OH-Gruppe, Hydroxyl-Gruppe genannt, wird durch eine hervorgehobene Stellung auch in der Summenformel betont.

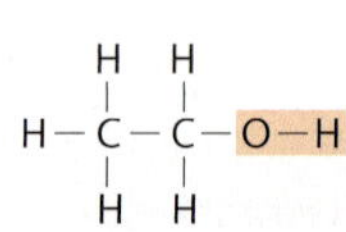

C_2H_5OH

Polare OH-Gruppe Bei der Bindung zwischen dem Wasserstoffatom und dem Sauerstoffatom der OH-Gruppe handelt es sich um eine polare Elektronenpaarbindung. Aufgrund der größeren Elektronegativität des Sauerstoffatoms entsteht am Sauerstoffatom eine negative und am Wasserstoffatom eine positive Teilladung. Die OH-Gruppe (Hydroxyl-Gruppe) ist polar.

5 *Die Hydroxyl-Gruppe ist polar.*

Wasserstoffbrückenbindungen Für die gute Wasserlöslichkeit des Ethanols ist die OH-Gruppe verantwortlich. Die polare OH-Gruppe des Ethanol-Moleküls und das polare Wasser-Molekül ziehen einander an. Solche zwischenmolekulare Anziehungskräfte bezeichnet man als Wasserstoffbrückenbindungen oder einfach als Wasserstoffbrücken.

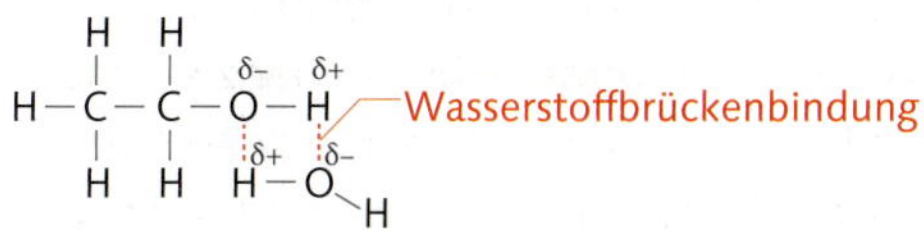

6 *Wasserstoffbrücken zwischen Wasser- und Ethanol-Molekülen*

Siedetemperatur von Ethanol Im Vergleich zum Ethan mit einer Siedetemperatur von –89 °C hat Ethanol mit 78 °C eine relativ hohe Siedetemperatur. Sie ist auf die zwischenmolekularen Anziehungskräfte zwischen den Ethanol-Molekülen zurückzuführen, denn auch zwischen Ethanol-Molekülen bilden sich Wasserstoffbrücken aus. Beim Übergang vom flüssigen in den gasförmigen Zustand müssen diese zwischenmolekularen Anziehungskräfte überwunden werden. Dazu wird viel Energie benötigt.

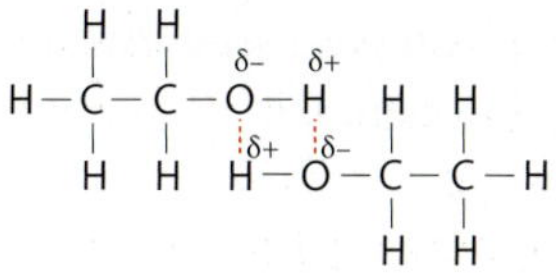

7 *Wasserstoffbrücken zwischen Ethanol-Molekülen*

Die polare OH-Gruppe (Hydroxyl-Gruppe) bewirkt die relativ hohe Siedetemperatur und die gute Wasserlöslichkeit des Ethanols.

Exkurs Ether – eine eigene Stofffamilie

Das Wort Ether kommt von dem griechischen *aither,* was „Feuerluft" bedeutet. Ether sind brennbare organische Verbindungen, bei denen ein Sauerstoffatom mit zwei Kohlenstoffatomen verbunden ist. Beim Dimethylether – dem Isomer des Ethanols – ist das Sauerstoffatom mit zwei Methyl-Gruppen verbunden.

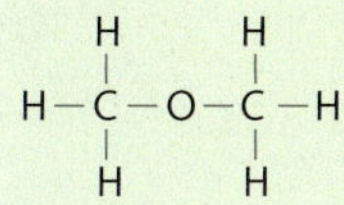

CH_3OCH_3

Dimethylether bildet mit Luft explosive Gemische. Im Vergleich zum Ethanol hat es nur eine geringe Wasserlöslichkeit und eine deutlich niedrigere Siedetemperatur (–25 °C). Es wird als Treibmittel für Haarsprays oder Lacksprays verwendet. Diethylether ist ein gutes Lösungsmittel für organische Stoffe. Es wirkt betäubend und wurde daher früher als Narkosemittel eingesetzt. Heute verwendet man andere, weniger gesundheitsschädliche Narkosemittel.
Daneben laufen Versuche, Dimethylether als Alternative für Dieselkraftstoff einzusetzen.

Aufgaben

1 Aus welchen Elementen ist die chemische Verbindung Ethanol aufgebaut?
2 Stelle die Summenformel und die Strukturformel von Ethanol auf.
3 Erkläre, warum Ethanol gut wasserlöslich ist.
4 Vergleiche die Siedetemperaturen von Ethan und Ethanol und begründe die Unterschiede.
5 Erkläre, warum der Ethanolstrahl durch einen geladenen Kunststoffstab abgelenkt wird (Bild 8).

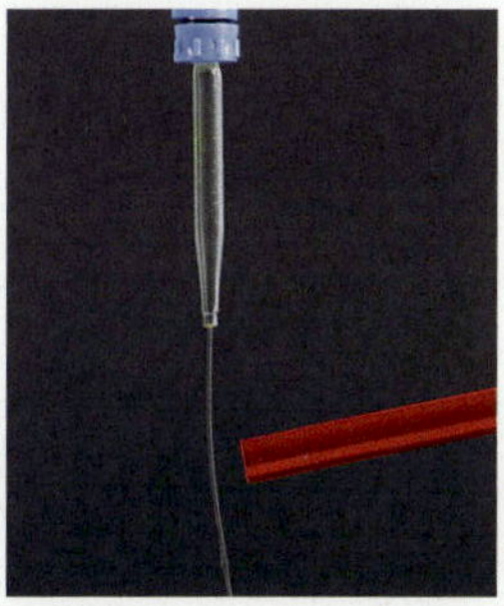

8 *Der Ethanolstrahl wird durch einen elektrisch geladenen Stab abgelenkt.*

Exkurs Bioethanol – Kraftstoff mit Zukunft?

1 *Ernte von Zuckerrohr*

2 *Der Kraftstoff E10 enthält 10 % Ethanol.*

Kraftstoff aus Zuckerrohr In Brasilien tanken die meisten Autos Ethanol oder ein Gemisch aus Ethanol und Benzin. Das ist möglich, weil fast alle neu verkauften Autos sogenannte FlexFuel-Motoren haben, die sowohl mit Ethanol als auch mit Benzin oder einem Gemisch aus beiden betrieben werden können. Warum spielt Ethanol als Autokraftstoff gerade in Brasilien eine so große Rolle?
In Brasilien wird auf riesigen Flächen Zuckerrohr angebaut, das aufgrund des warmen Klimas dort sehr gut wächst. Aus dem im Zuckerrohr enthaltenen Rohrzucker wird Ethanol gewonnen. Aus Pflanzen hergestelltes Ethanol, das zur Energiegewinnung eingesetzt wird, bezeichnet man auch als Bioethanol.

Bioethanol – ein umweltschonender Energieträger Bei der Verbrennung von Ethanol werden nur Wasser und Kohlenstoffdioxid frei. Es entsteht die gleiche Menge an Kohlenstoffdioxid, wie die Pflanze, aus der das Ethanol gewonnen wird, bei der Fotosynthese aufnimmt.

$$C_2H_5OH + 3\,O_2 \rightarrow 2\,CO_2 + 3\,H_2O \quad | \text{ exotherm}$$

Allerdings muss berücksichtigt werden, dass bei der Bestellung der Felder, bei der Ernte und bei der Verarbeitung von Zucker zu Ethanol Energie aufgewendet werden muss. Auch diese Energie stammt aus Verbrennungen, sodass zusätzliches Kohlenstoffdioxid in die Umwelt gelangt.

Autofahren mit Ethanol In Deutschland enthält das Autobenzin E10 bis zu 10 % Ethanol. Durch Beimischung von Ethanol soll der Kohlenstoffdioxidausstoß reduziert werden. Außerdem soll der Abhängigkeit vom immer knapper werdenden Erdöl entgegengewirkt werden. Das bei uns genutzte Bioethanol wird etwa zur Hälfte im Inland gewonnen, der Rest wird importiert.

Ein Tropfen auf den heißen Stein? Bioethanol wird in Deutschland aus Getreide und Zuckerrüben gewonnen. Solche Pflanzen, die zur Energiegewinnung angebaut werden, bezeichnet man als Energiepflanzen. Mit etwa 2 % nehmen sie derzeit nur einen kleinen Teil der landwirtschaftlichen Fläche in Anspruch. Wollte man aber Benzin komplett durch Bioethanol ersetzen, sähe die Situation anders aus: Selbst wenn die gesamte Fläche Deutschlands mit Getreide bepflanzt wäre, würde das daraus herstellbare Bioethanol nicht für alle Autos reichen.

Konflikt zwischen Tank und Teller Neben der Bewertung wirtschaftlicher Aspekte muss man sich eine weitere Frage stellen: Ist es ethisch vertretbar, Nahrungsmittel zur Energiegewinnung zu verbrennen, während in anderen Ländern Menschen Hunger leiden? Grundnahrungsmittel werden knapper und damit auch teurer, wenn auf landwirtschaftlichen Flächen verstärkt Energiepflanzen angebaut werden.

Aufgabe

1 „Bioethanol ist ein umweltfreundlicher Energieträger."
a Woraus wird Bioethanol gewonnen?
b Wofür wird Bioethanol eingesetzt?
c Nimm zu obiger Aussage Stellung.

Einige Alkohole im Vergleich

1 *Methanol als Treibstoff für Modellflugzeuge*

Nicht alle Alkohole sind genießbar Bei der alkoholischen Gärung entstehen neben dem Trinkalkohol Ethanol weitere Alkohole, die jedoch ungenießbar oder giftig sind.

Methanol, ein giftiger Alkohol Methanol (Methylalkohol) ist der einfachste Alkohol.

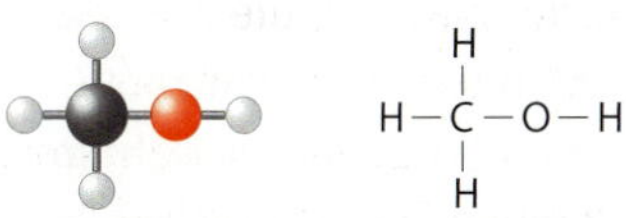

Methanol
CH_3OH

Methanol ist eine farblose, leicht entzündliche, giftige Flüssigkeit mit einer Siedetemperatur von 65 °C. Unglücklicherweise ist Methanol in Geruch und Geschmack dem Ethanol ähnlich. Wiederholt kommt es vor, dass alkoholische Getränke aus dubiosen Quellen mit dem billigen, aber giftigen Methanol gepanscht sind. 10 ml Methanol führen zum Erblinden, eine Schnapsglasfüllung mit 20 ml kann bereits tödlich sein.

Schüler stirbt an Methanol-Vergiftung

(*Dortmund*) Der Schock sitzt tief: Ein 18-jähriger Schüler starb nach einem Trinkgelage während einer Klassenfahrt. Nach der Obduktion des Leichnams am Universitätsklinikum Dortmund steht nun eindeutig fest: Eine Methanol-Vergiftung hat seinen Tod verursacht. Im Blut des verstorbenen Schülers wurden 1,2 Promille hochgefährliches Methanol nachgewiesen.

2 *Zeitungsmeldung über eine Methanolvergiftung*

Methanol wird meist aus Erdgas, aber auch aus Kohle oder Erdöl gewonnen. Es ist ein wichtiger Grundstoff für die chemische Industrie. Man benötigt es als Lösungsmittel und zur Kunststoffherstellung. Daneben wird es auch als Treibstoff oder Treibstoffzusatz im Benzin verwendet.

Ethanol – nicht nur zum Trinken Da Ethanol (Ethylalkohol) in alkoholischen Getränken vorkommt, wird es auch als Weingeist bezeichnet.

Ethanol
C_2H_5OH

Hochprozentige alkoholische Getränke, die durch Destillation hergestellt werden, sind teuer, da sie mit der Branntweinsteuer belegt sind. Bei Spiritus, mit einem Ethanolgehalt von 96 %, entfällt diese Steuer, weil er durch den Zusatzstoff Pyridin vergällt, also ungenießbar gemacht wird. Spiritus findet Verwendung als Reinigungsmittel oder Brennstoff. Bei der Arzneimittel- und Kosmetikherstellung ist Ethanol ein unverzichtbares Lösungsmittel.

3 *Pflanzliche Wirkstoffe werden in Ethanol gelöst.*

14

Propanol, Butanol, Pentanol – Fuselalkohole Minderwertige alkoholische Getränke werden umgangssprachlich als Fusel bezeichnet.

Propanol
C_3H_7OH

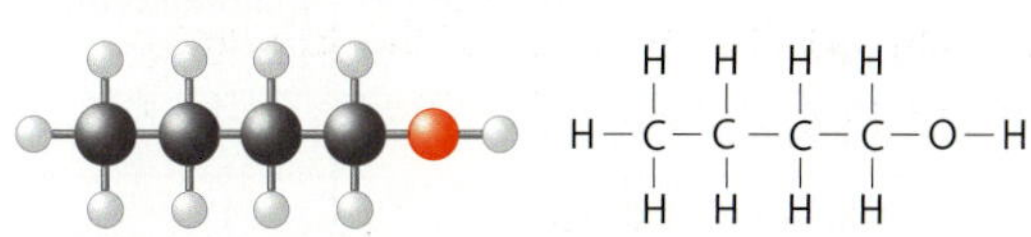

Butanol
C_4H_9OH

Sie enthalten Propanol, Butanol und Pentanol. Diese gesundheitsschädlichen Fuselalkohole haben einen unangenehmen Geruch und können beim Genuss Kopfschmerzen und Übelkeit verursachen. In der Technik werden sie als Lösungsmittel für Farbstoffe, Fette und kosmetische Produkte verwendet.

Stofffamilie der Alkohole

Funktionelle Gruppe der Alkohole Allen Alkoholen ist gemeinsam, dass ihre Moleküle eine OH-Gruppe (Hydroxyl-Gruppe) besitzen. Da diese für die Eigenschaften und Reaktionen der Alkohole entscheidend ist, bezeichnet man sie als die funktionelle Gruppe der Alkohole.

Die OH-Gruppe (Hydroxyl-Gruppe) ist die funktionelle Gruppe der Alkohole.

Homologe Reihe der Alkanole Wie die Alkane bilden auch die Alkohole eine homologe Reihe mit ähnlichen Molekülstrukturen: die homologe Reihe der Alkanole.
Ein Alkanol-Molekül wird gebildet, indem man bei dem entsprechenden Alkan-Molekül ein H-Atom durch eine OH-Gruppe ersetzt. Die Alkanole haben die allgemeine Summenformel $C_nH_{2n+1}OH$ (n = 1, 2, 3 ...).

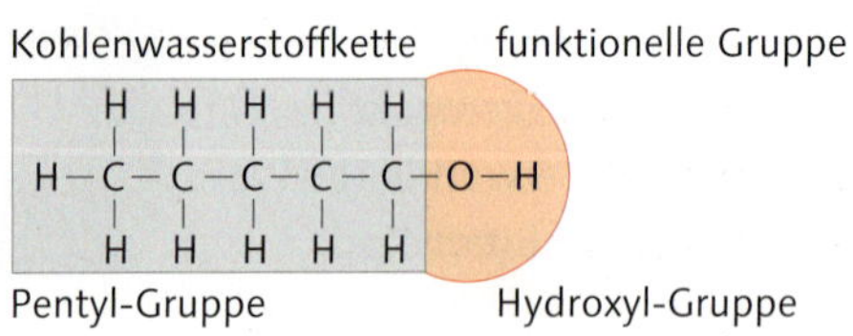

1 *Bau eines Alkanol-Moleküls, z. B. das Pentanol-Molekül*

Bei der Benennung wird an den Namen des Alkans die Endung *-ol* angehängt. Da die Alkanol-Moleküle aus einer Kohlenwasserstoffkette, auch Alkylrest genannt, und einer OH-Gruppe bestehen, sind auch die Namen Methyl-, Ethyl-, Propyl-, Butylalkohol ... gebräuchlich.

Isomere Auch bei den Alkanolen gibt es Isomere. So kann sich beispielsweise beim Propanol die OH-Gruppe am ersten oder am zweiten Kohlenstoffatom befinden. Bei der Benennung wird angegeben, an welches Kohlenstoffatom die OH-Gruppe gebunden ist. Die Nummer dieses Kohlenstoffatoms wird im Namen als Ziffer angegeben, also Propan-1-ol oder Propan-2-ol.

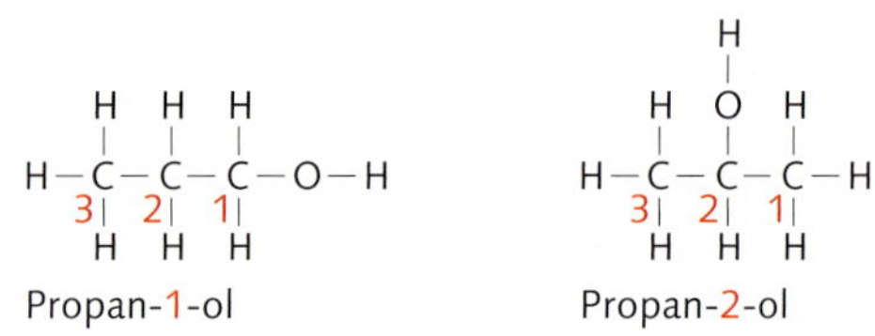

2 *Isomere des Propanols*

Löslichkeit der Alkanole in Wasser Die ersten drei Vertreter der homologen Reihe der Alkanole sind gut wasserlöslich. Bei den folgenden Alkanolen nimmt die Wasserlöslichkeit mit der länger werdenden Kohlenwasserstoffkette ab. Bei der polaren OH-Gruppe handelt es sich um eine hydrophile, das heißt wasserliebende Gruppe. Die unpolare Kohlenwasserstoffkette ist hydrophob, also wasserabstoßend, und dafür lipophil (fettliebend). Bei den kurzkettigen Alkanolen ist die hydrophile OH-Gruppe für die Wasserlöslichkeit bestimmend. Mit zunehmender Länge der Kohlenwasserstoffkette nimmt der Einfluss der OH-Gruppe gegenüber der lipophilen Kohlenwasserstoffkette ab. Deshalb sind Alkanole ab dem Butanol nur noch teilweise bzw. nicht mehr in Wasser löslich.

Name	Trivialname (Alltagsname)	Summenformel	Schmelztemperatur (in °C)	Siedetemperatur (in °C)	Löslichkeit	Viskosität
Methanol	Methylalkohol	CH_3OH	–98	65	Wasser, Hexan	
Ethanol	Ethylalkohol	C_2H_5OH	–114	78		
Propanol	Propylalkohol	C_3H_7OH	–126	97		
Butanol	Butylalkohol	C_4H_9OH	–89	118		
Pentanol	Pentylalkohol	$C_5H_{11}OH$	–78	138		
...						
Dodecanol	Laurylalkohol	$C_{12}H_{25}OH$	24	258		

Tab. 1 *Homologe Reihe der Alkanole*

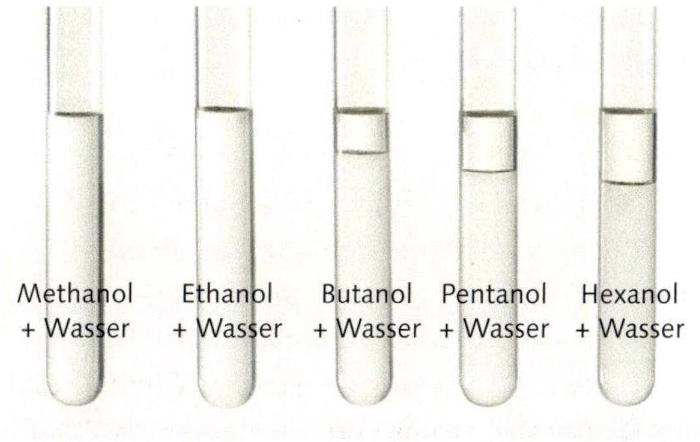

3 *Wasserlöslichkeit verschiedener Alkanole im Vergleich*

Alkanole bilden eine homologe Reihe. Die polare Hydroxyl-Gruppe und die unpolare Kohlenwasserstoffkette der Moleküle bestimmen die Eigenschaften der Alkanole.

Löslichkeit der Alkanole in Hexan Außer Methanol sind alle anderen Alkanole mit Hexan mischbar. Die Löslichkeit in Hexan nimmt mit länger werdender Kohlenwasserstoffkette zu. Nach dem Grundsatz „Gleich und Gleich gesellt sich gern" passt die unpolare Kohlenwasserstoffkette des Hexanol-Moleküls zu unpolaren Lösungsmitteln wie Hexan.

Polare Stoffe sind in polaren Lösungsmitteln wie Wasser löslich. Unpolare Stoffe lösen sich in unpolaren Lösungsmitteln wie Hexan.

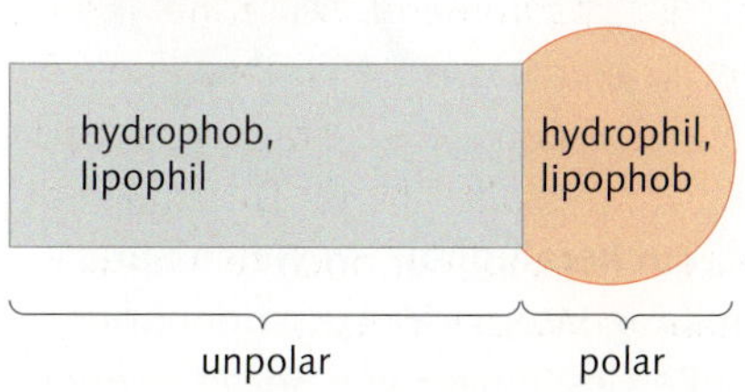

4 *Modelldarstellung eines Alkanol-Moleküls*

> Die Begriffe hydrophil und hydrophob kommen aus dem Griechischen – griech. *hydro:* Wasser; *phil:* anziehend, liebend; *phob:* fürchtend, abstoßend.
>
> Merke dir die Bedeutung der Begriffe über die Betonung der hervorgehobenen Silben:
>
> hydroph*i*l = wasserl*ie*bend
> hydroph*o*b = wasserabst*o*ßend

5 *„Gleich und Gleich gesellt sich gern."*

Schmelz- und Siedetemperaturen Im Vergleich zu den Alkanen haben die Alkanole deutlich höhere Schmelz- und Siedetemperaturen, da sich zwischen den polaren OH-Gruppen der Alkanol-Moleküle Wasserstoffbrückenbindungen bilden können.

Viskosität Die Größe der Alkanol-Moleküle nimmt in der homologen Reihe von oben nach unten zu. Mit zunehmender Länge der Kohlenwasserstoffkette nimmt die Zähflüssigkeit, die Viskosität, der Alkanole zu. Der Grund hierfür sind die stärkeren Anziehungskräfte, die Van-der-Waals-Kräfte, die zwischen den langen Kohlenwasserstoffketten herrschen.

Aufgaben

1 Erstelle eine Mindmap zu wichtigen Alkanolen und zeige ihre Verwendungen auf.
2 Nenne die funktionelle Gruppe der Alkohole. Welche Eigenschaften bewirkt sie?
3 Gib die allgemeine Summenformel der Alkanole an.
4 Erläutere die Begriffe hydrophil und lipophil anhand eines Beispiels.
5 Als Hausmittel zum Fensterputzen wird Spiritus empfohlen. Führe diese Verwendung auf Eigenschaften des Spiritus zurück.
6 Begründe, warum der Scheibenwischanlage des Autos im Winter häufig Ethanol oder Propanol zugesetzt wird.
7 Wie verändert sich die Löslichkeit der Alkanole innerhalb der homologen Reihe? Begründe.
8 Zeichne die Strukturformeln von allen Isomeren des Butanols und benenne sie.
9 Wie kommt die größere Viskosität von Decanol im Vergleich zu Ethanol zustande?

Mehrwertige Alkohole

Alkohole mit mehreren OH-Gruppen Alkohole, deren Moleküle mehr als eine OH-Gruppe (Hydroxyl-Gruppe) besitzen, bezeichnet man als mehrwertige Alkohole. Die OH-Gruppen sind dabei jeweils an verschiedene Kohlenstoffatome gebunden. Je mehr OH-Gruppen vorhanden sind, umso mehr Wasserstoffbrückenbindungen können sich ausbilden. Das hat zur Folge, dass mit zunehmender Zahl an OH-Gruppen die Wasserlöslichkeit zunimmt, die Alkohole zähflüssiger (viskoser) werden und ihre Siede- und Schmelztemperaturen steigen.
Bei der Benennung wird die Zahl der OH-Gruppen mithilfe von griechischen Zahlwörtern (di-, tri-) vor der Endung *-ol* angegeben.

Alkohole mit mehreren OH-Gruppen im Molekül werden mehrwertige Alkohole genannt.

Glykol – ein zweiwertiger Alkohol *Glykos* kommt aus dem Griechischen und bedeutet süß. Glykol ist ein anderer Name für Ethan-1,2-diol. Dieser Alkohol ist dickflüssig, hat eine Siedetemperatur von 197 °C und besitzt einen süßlichen Geruch und Geschmack. Verbotenerweise wurde das giftige Glykol vor Jahren von kriminellen Winzern als Süßungsmittel für Wein missbraucht. Den beschlagnahmten Wein hat man im darauffolgenden Winter auf Straßen versprüht. Ein Glykol-Wasser-Gemisch im Verhältnis 1 : 1 gefriert erst bei –40 °C. Daher eignet sich Glykol als Frostschutzmittel in Scheibenwaschanlagen und zur Enteisung von Flugzeugen.

1 *Glykol wird zur Enteisung von Flugzeugen eingesetzt.*

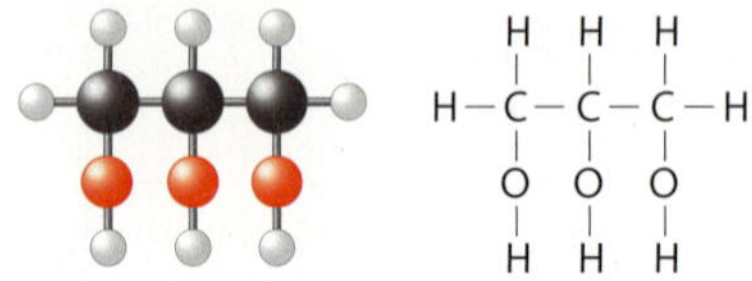

2 *Molekülmodell und Formel von Glycerin (Propan-1,2,3-triol)*

Glycerin – ein dreiwertiger Alkohol Glycerin, das Propan-1,2,3-triol, hat eine Siedetemperatur von 290 °C, ist dickflüssig und stark wasseranziehend (hygroskopisch). Es eignet sich als „Feuchthaltemittel" für Salben, Zahnpasta und Hautcremes. Wird eine Feuchtigkeitscreme auf der Haut aufgetragen, verhindert das Glycerin durch seine hygroskopische Wirkung ein Austrocknen der Haut. Es wird wie das Glykol als Frostschutzmittel verwendet. In Autos dient es auch als Bremsflüssigkeit. Seine hohe Siedetemperatur gewährleistet, dass die Bremsflüssigkeit in den Bremsschläuchen von Autos beim Heißwerden nicht verdampft. In der Sprengstoffindustrie wird es zur Herstellung von Nitroglycerin verwendet.

3 *Einige Insekten und Pflanzen tragen Glycerin als „Frostschutzmittel" in sich, damit sie im Winter nicht erfrieren.*

Sorbit – ein „Zuckeralkohol" In vielen Süßigkeiten wie in Kaugummi oder Lutschbonbons kommt der süße Geschmack von Sorbit, einem Alkohol mit sechs OH-Gruppen im Molekül (Hexanhexol). In Senf, Ketchup und Mayonnaise hält Sorbit auch gleichzeitig feucht, weil es stark wasseranziehend ist.

Aufgaben

1 Was sind mehrwertige Alkohole?
2 Stelle die Eigenschaften und das Vorkommen von Glycerin mithilfe einer Mindmap dar.
3 Gib die Funktionen von Glycerin in Pflanzen und in einer Hautcreme an.
4 Zeichne die Strukturformel von Sorbit.

Exkurs Vom Alkanol zum Alkanal

1 *Beim Rauchen entsteht giftiges Ethanal.*

Kopfweh nach Alkoholkonsum Kopfschmerzen nach einem Alkoholrausch sind unter anderem auf Ethanal zurückzuführen. Ethanal entsteht beim Abbau von Ethanol in der Leber. Regelmäßiger hoher Alkoholkonsum kann zu Leberschädigungen bis zur hin zur Leberzirrhose führen. Weil Ethanal auch im Zigarettenrauch enthalten ist, besteht für Raucher ein erhöhtes Risiko, an Krebs zu erkranken.

Eigenschaften von Ethanal Die farblose, gesundheitsschädliche Flüssigkeit Ethanal, auch Acetaldehyd genannt, hat einen stechenden Geruch. Weil es mit einer Siedetemperatur von 20 °C leicht flüchtig ist, muss es gekühlt aufbewahrt werden. Ethanaldämpfe bilden mit Luft explosive Gemische mit einer niedrigen Zündtemperatur.
Ethanal ist ein wichtiger Grundstoff für die Herstellung von Farbstoffen, Kunststoffen, Konservierungsstoffen und Arzneimitteln.

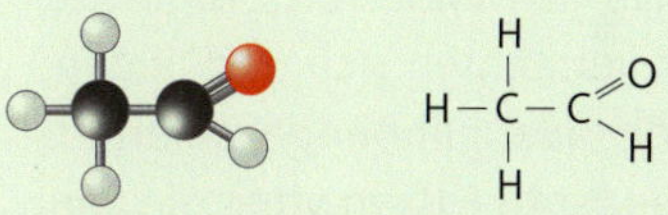

Methanal Das farblose, stechend riechende, giftige Gas Methanal mit einer Siedetemperatur von –19 °C wird auch Formaldehyd genannt. Methanaldämpfe reizen Haut und Atemwege und stehen im Verdacht, krebserregend zu sein. Methanal ist Bestandteil von Kunstharzen und Leimen, die man zur Herstellung von Spanplatten für Möbel verwendet. Bei Möbelstücken besteht die Gefahr, dass aus diesen Methanal entweicht und die Raumluft belastet.

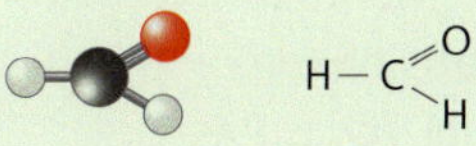

Formalin Methanal ist gut wasserlöslich, seine wässrige Lösung bezeichnet man als Formalin. Da Formalin die Zersetzung von organischem Gewebe verhindert, wird es zur Konservierung von biologischen Präparaten verwendet. Obwohl es umstritten ist, wird es nach wie vor als Konservierungsmittel in kosmetischen Produkten wie Duschgel oder Schaumbad eingesetzt.

2 *In Formalin konservierte biologische Präparate*

Homologe Reihe der Alkanale Methanal und Ethanal gehören zu den Alkanalen. Diese bilden eine homologe Reihe. Sie bestehen aus einer Kohlenwasserstoffkette (Alkylrest) und der funktionellen Aldehyd-Gruppe. Da die Aldehyd-Gruppe polar ist, sind die kurzkettigen Alkanale wasserlöslich. Bei der Benennung wird an den Namen des entsprechenden Alkans die Endung *-al* angehängt.

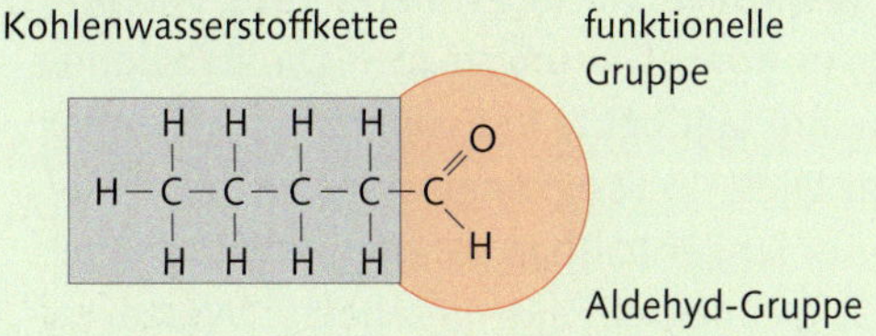

Aufgaben

1 Alkanale bilden eine homologe Reihe.
a Wie heißt ihre funktionelle Gruppe?
b Zeichne die Strukturformel von Propanal.
2 Nenne drei Verwendungsmöglichkeiten von Methanal.
3 Erläutere, welche gesundheitlichen Gefahren von Ethanal ausgehen.

Exkurs Geschichte des Essigs

Essig – durch Zufall entdeckt Bereits vor etwa 8000 Jahren war bei den Babyloniern, Assyrern und alten Ägyptern Essig bekannt. Da Essig durch biologische Vorgänge ohne Zutun des Menschen entsteht, kann man davon ausgehen, dass ihn die Menschen zufällig entdeckt haben – beispielsweise dadurch, dass Wein oder Bier sauer geworden ist. Wenn ein alkoholisches Getränk längere Zeit offen steht und Luft dazukommt, wird der Alkohol zu Essig.

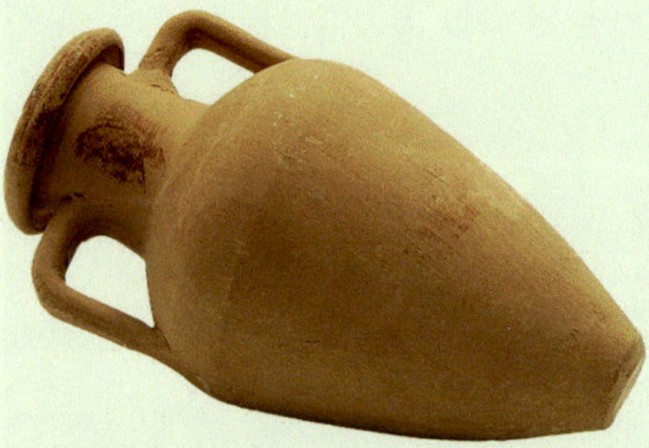

1 *Essigkrug eines römischen Legionärs*

Erfrischungsgetränk des Altertums In früheren Zeiten spielte Essig in Getränken eine große Rolle. Römische Soldaten schätzten den Essig so sehr, dass sie ein Fässchen mit einem Essig-Wasser-Gemisch bei sich trugen. Das Essigwasser war für die Soldaten ein erfrischender Durstlöscher und der Essig diente gleichzeitig der Konservierung des Wasservorrats.

Essig als Konservierungsmittel Essig war ein wichtiges Konservierungsmittel. Die Babylonier legten ihre Jagdbeute in Essig, damit sie länger haltbar blieb. In Essig eingelegtes Gemüse ist nicht nur länger haltbar, sondern erhält durch den Essig außerdem eine geschätzte Würze.

Essig im Medizinschrank der Antike Die Babylonier und alten Ägypter schätzten auch die heilende Wirkung des Essigs. Man verwendete ihn zum Desinfizieren von Wunden, als Umschlag bei Prellungen und Blutergüssen und gegen Insektenstiche oder Schlangenbisse. Essigwasser trank man gegen Fieber, zur Wundheilung und zur Verdauungsförderung.

2 *Im Mittelalter versuchte der Pestarzt vergeblich, sich durch eine vogelartige Maske zu schützen. Der Schnabel enthielt einen mit Essig getränkten Schwamm.*

Essigherstellung durch offene Gärung Zur Herstellung von Essig ließ man ein alkoholisches Getränk, meist Wein, in einem offenen Gefäß an der Luft zu Essig vergären. Die Frage, wie aus Wein Essig wird, konnte erst Mitte des 19. Jahrhunderts von dem französischen Chemiker LOUIS PASTEUR beantwortet werden. Er fand heraus, dass Bakterien für die Umwandlung von Ethanol in Essig verantwortlich sind. Diese Bakterien werden über die Luft verbreitet und gelangen so in den offen gelagerten Wein.

Essigmutter Mit dem Wissen um die Funktion der Bakterien kann das Verfahren zur Essigherstellung gezielt gesteuert und beschleunigt werden. Dazu impft man den Wein mit Essigbakterien. Die Bakterien vermehren sich und bilden eine zusammenhängende, glibberige gallertartige Masse, die sogenannte Essigmutter. Sie kann nach der Essigsäuregärung abgeschöpft und für eine spätere Wiederverwendung über Jahre aufbewahrt werden. In früheren Zeiten hatten viele Haushalte eine solche Essigmutter.

Aufgaben

1 Beschreibe, wie die Menschen den Essig entdeckt haben.

2 Nenne mindestens vier Anwendungsbereiche für Essig im Altertum.

3 Viele Anwendungsmöglichkeiten von Essig spielen auch heute noch eine Rolle. Wo war der Einsatz von Essig nicht sinnvoll?

4 Nenne die Entdeckung von LOUIS PASTEUR.

Exkurs Vom Alkohol zum Essig

Wein wird zu Essig Wenn man Wein längere Zeit offen stehen lässt, wird der Wein sauer. Bei diesem biologischen Vorgang wandeln Essigsäurebakterien in Gegenwart von Sauerstoff Ethanol in Ethansäure, Essigsäure genannt, um. Diese Stoffumwandlung mithilfe von Bakterien bezeichnet man als Fermentation oder Essigsäuregärung.

Herstellung von Essig Da man sich bei der Essigherstellung biologische Vorgänge zunutze macht, spricht man von einem biotechnologischen Prozess. Allen Herstellungsverfahren liegt dasselbe Prinzip zugrunde: Ausgangsstoff ist eine alkoholische Flüssigkeit, die Maische, die mit Essigsäurebakterien in Kontakt kommt. Da Essigsäurebakterien aerob arbeiten, das heißt Sauerstoff benötigen, muss für eine gute Belüftung gesorgt werden.

Spanbildner-Verfahren Bei diesem älteren Verfahren lässt man die Maische über Buchenholzspäne rieseln, auf denen Bakterien angesiedelt sind. Durch Gebläse wird ständig Luft zugeführt. Die großflächige Verteilung der Bakterien auf den Spänen ermöglicht eine ideale Aufnahme des Sauerstoffs aus der Luft. Ein Nachteil ist, dass dieses Verfahren fast eine Woche dauert.

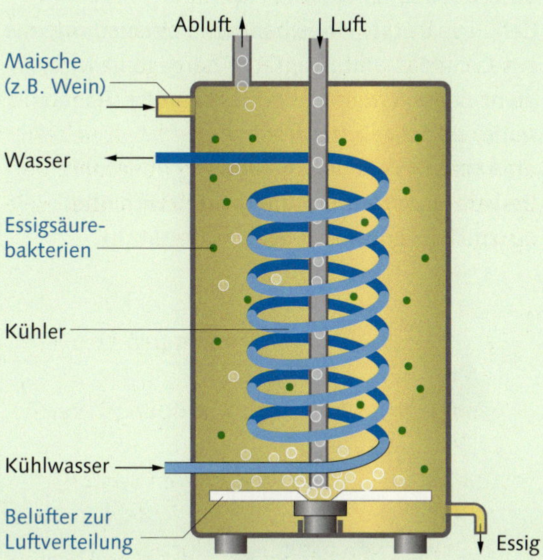

1 *Submersverfahren zur Herstellung von Essig*

Submersverfahren Bei dieser neueren und schnelleren Methode befinden sich die Bakterien in der Maische. Sie sind sozusagen abgetaucht, daher auch der Name Submersverfahren. Durch Belüfter werden die Bakterien ständig mit Sauerstoff versorgt. Da dieses Verfahren nur noch 24 Stunden dauert, wird es heute vorwiegend eingesetzt.

2 *Kräuteressig erhält man, wenn Kräuter über mehrere Wochen in Essig einlegt werden.*

3 *Obstessig hat einen fruchtigen Geschmack und wird hauptsächlich aus Äpfeln hergestellt.*

4 *Balsamicoessig ist ein edler italienischer Weinessig, der sich durch seine dunkle Farbe und einen süß-sauren Geschmack auszeichnet.*

Essig und Essigessenz Es ist gesetzlich festgelegt, dass Speiseessig zwischen 5 und 15,5 % Essigsäure enthalten muss. Normaler Haushaltsessig enthält zwischen 5 und 6 % Essigsäure. Hochkonzentrierter Essig wird künstlich hergestellt. Durch Verdünnen des so gewonnenen Essigs mit Wasser erhält man Essigessenz mit einem Essigsäuregehalt von 15,5 bis 25 %.

Aufgaben

1 Nenne die Stoffe, die zur Essigherstellung notwendig sind.
2 Wodurch unterscheiden sich Speiseessig und Essigessenz?
3 Wie kann man verhindern, dass Wein sauer wird?
4 Nenne die wesentlichen Unterschiede zwischen dem Spanbildner- und dem Submersverfahren.

Essigsäure, die wichtigste organische Säure

Aus Ethanol entsteht Essigsäure Alkoholische Flüssigkeiten wandeln sich an der Luft mithilfe von Essigsäurebakterien in Essig um. Bei dieser Reaktion wird Ethanol durch den Luftsauerstoff zu Essigsäure oxidiert.

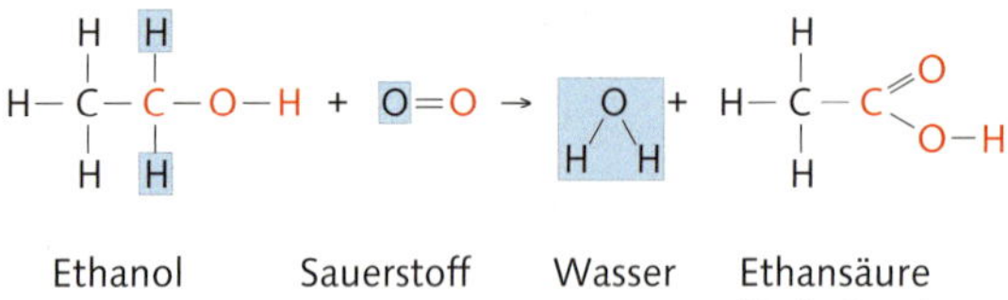

1 *Vom Ethanol zur Ethansäure*

Bau des Essigsäure-Moleküls Das Essigsäure-Molekül enthält zwei Kohlenstoffatome. An einem Kohlenstoffatom ist ein Sauerstoffatom und eine OH-Gruppe gebunden, die zusammen die funktionelle COOH-Gruppe bilden. Sie wird als Carboxyl-Gruppe bezeichnet. Weil Essigsäure zwei Kohlenstoffatome im Molekül besitzt, lautet ihr wissenschaftlicher Name Ethansäure. Sie gehört zu den Alkansäuren.

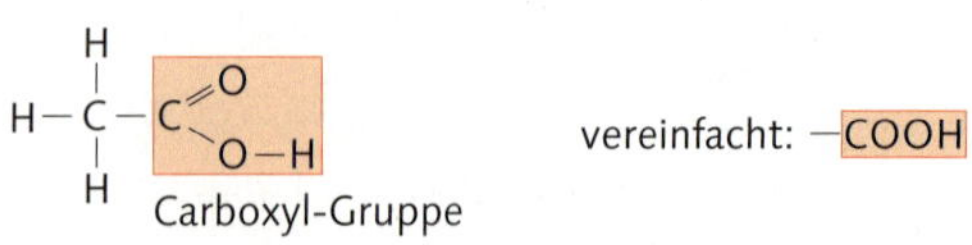

Eigenschaften der Essigsäure Reine Essigsäure ist eine farblose Flüssigkeit, die bei einer Temperatur von unter 17 °C eisartige Kristalle bildet und deshalb auch als Eisessig bezeichnet wird. Eisessig ist stark ätzend und seine Dämpfe sind brennbar. Wässrige Essigsäure-Lösung hat den vom Speiseessig her bekannten stechend scharfen Essiggeruch. Da es sich bei der Carboxyl-Gruppe um eine polare Gruppe handelt, ist sie gut wasserlöslich. Die Wasserstoffbrückenbindungen zwischen den Carboxyl-Gruppen sind dafür verantwortlich, dass die Essigsäure mit 118 °C eine relativ hohe Siedetemperatur hat.

Saure Reaktion Essigsäure-Lösung besitzt typische Eigenschaften von Säuren, die sich beispielsweise in der Rotfärbung von Universalindikator zeigen. Wegen ihrer ätzenden Wirkung zersetzt sie Stoffe wie unedle Metalle. Für die saure Reaktion ist die Carboxyl-Gruppe verantwortlich. In einer wässrigen Lösung zerfällt das Ethansäure-Molekül in das Wasserstoff-Ion H^+ und ein Säurerest-Ion, das Acetat-Ion CH_3COO^-.

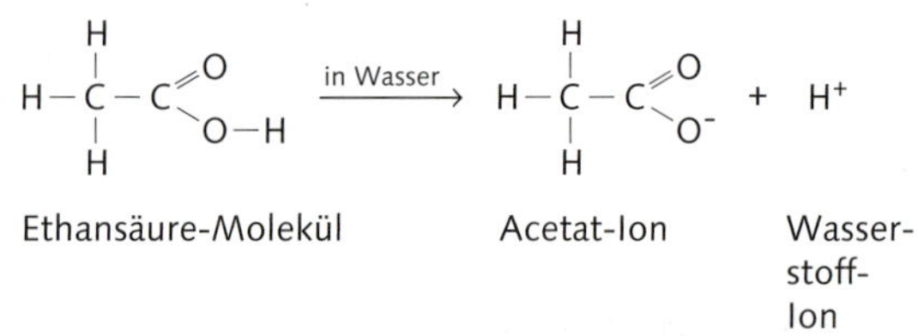

3 *Zerfall des Ethansäure-Moleküls in Ionen*

Verwendung Essigsäure ist Bestandteil von Speiseessig. In der chemischen Industrie ist die Essigsäure ein wichtiger Grundstoff zur Herstellung von Kunststoffen, Farben, Dichtungsmitteln wie Fugendichter, kosmetischen Produkten und Medikamenten wie Aspirin.
Celluloseacetat, eine chemische Verbindung, die aus Cellulose und Essigsäure hergestellt wird, dient der Herstellung von Kunstseide (Acetatseide) und Zigarettenfiltern.

Essigsäure ist eine organische Säure, die durch Oxidation von Ethanol entsteht.

2 *Eissessig – reine Essigsäure*

4 *Geschenkband aus Acetatseide*

Exkurs Essig – ein Problem für die Römer?
Es gibt Historiker, die dem Essig eine Mitschuld am Niedergang des Römischen Reiches zuschieben. In Untersuchungen von Zähnen und Skeletten von alten Römern wurden sehr hohe Bleiwerte nachgewiesen. Wie kam das Blei in die Körper der Menschen? Das Problem war, dass sie ihren Essig in Gefäßen aus Blei aufbewahrten. Die Essigsäure reagiert mit dem Blei zu wasserlöslichem Bleiacetat. Dieser „Bleizucker" war aufgrund seines süßen Geschmacks sogar willkommen. Leider ist er aber sehr giftig und so sind viele Römer an Bleivergiftung gestorben.
Da die gesundheitsschädliche Wirkung des Bleizuckers unbekannt und er einfach und günstig herzustellen war, wurde Bleizucker noch bis zum 19. Jahrhundert als Süßungsmittel verwendet. Er wurde vor allem genutzt, um den Geschmack von minderwertigen Weinen angenehmer zu machen.

Als der große karthagische Feldherr HANNIBAL 218 v. Chr. mit seinen Kriegselefanten die Alpen überquerte, versperrten riesige Felsbrocken seinen Weg. HANNIBAL ließ um die Felsen herum Holzfeuer entzünden. Als die Steine sehr heiß waren, übergoss man sie mit Essig. Durch den Essig wurden die Steine so „mürbe", dass sie auseinanderbrachen und aus dem Weg geräumt werden konnten.

5 *HANNIBAL bei der Alpenüberquerung – damit überraschte er die Römer.*

Acetate – Salze der Essigsäure Kalkablagerungen auf Fliesen, in Töpfen, der Kaffeemaschine oder auf den Perlatorsieben von Wasserhähnen können mit Essigsäure entfernt werden. Dabei verbinden sich Acetat-Ionen der Essigsäure mit Calcium-Ionen des Kalks zu Calciumacetat, einem wasserlöslichen Salz der Essigsäure.

6 *Verkalktes Perlatorsieb*

Essig – nicht ins Kupfergefäß Warum dürfen Speisen, die Essig enthalten, nicht in einer Schüssel aus Kupfer zubereitet oder aufbewahrt werden? Die Essigsäure reagiert mit Kupfer zu dem grünen Salz Kupferacetat, das umgangssprachlich auch als Grünspan bezeichnet wird. Weil Kupferacetat gesundheitsschädlich ist, darf es nicht in die Speisen kommen. Man verwendet es als grünes Farbpigment und als Fungizid, das heißt als pilztötendes Mittel.

7 *Kupferacetat-Kristalle*

Aufgaben

1 Essigsäure ist eine organische Säure.
a Wie lautet ihr wissenschaftlicher Name?
b Zeichne die Strukturformel.
c Nenne fünf Verwendungsmöglichkeiten.
2 Erstelle einen Steckbrief zur Essigsäure.
3 Was versteht man unter Eisessig?
4 Natrium wird in Essigsäure gegeben.
a Was kann man beobachten?
b Stelle ein Reaktionsschema auf.
c Nenne das entstandene Salz.

Stofffamilie der Carbonsäuren

1 *Säure spritzende Waldameisen*

Ameisensäure, die einfachste Alkansäure Die einfachste Alkansäure ist die Methansäure, da sie nur ein Kohlenstoffatom im Molekül aufweist. Sie wird in der Alltagssprache als Ameisensäure bezeichnet, weil sie im Gift von Ameisen vorkommt. Ihre ätzende Wirkung kennen wir auch von den Brennhaaren der Brennnessel. Ameisensäure ist eine farblose, wasserlösliche Flüssigkeit mit einem stechenden Geruch. Sie reizt Augen und Atemwege und verursacht Verätzungen auf der Haut. In der Medizin dient Ameisensäure als Mittel gegen Rheuma. Sie wird auch als Konservierungsstoff für Lebensmittel genutzt.

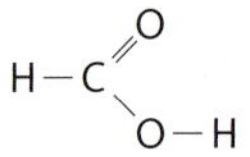

Methansäure
HCOOH

Homologe Reihe der Alkansäuren Die Moleküle von Alkansäuren wie der Essigsäure bestehen aus der funktionellen Carboxyl-Gruppe –COOH und einem Alkylrest. Die allgemeine Summenformel der Alkansäuren lautet: $C_nH_{2n+1}COOH$ (n = 0, 1, 2, 3 ...).

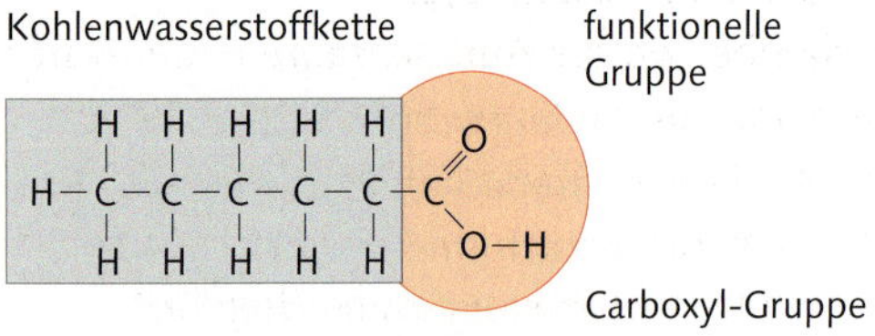

2 *Das Hexansäure-Molekül – eine Alkansäure*

Wie Alkane und Alkanole bilden auch Alkansäuren eine homologe Reihe. Zur Benennung einer Alkansäure hängt man an den Namen des entsprechenden Alkans die Endung *-säure* an. Neben den so gebildeten systematischen Namen sind auch alltagssprachliche Namen verbreitet.

Alkansäuren bilden eine homologe Reihe. Die Carboxyl-Gruppe –COOH ist die funktionelle Gruppe der Alkansäure-Moleküle.

Propionsäure Propansäure, auch Propionsäure genannt, wird eingesetzt, um das Wachstum von Bakterien, Schimmel- und Hefepilzen einzudämmen. Propionsäure ist als Konservierungsstoff E 280 zugelassen und wird beispielsweise in industriell produzierten Backwaren wie Aufbackbrot verwendet.

Buttersäure – nein danke! Butansäure, umgangssprachlich als Buttersäure bezeichnet, hat einen unangenehmen ranzigen Geruch. Buttersäure entsteht, wenn Schweiß oder Fette durch Bakterien zersetzt werden. Erstaunlicherweise kann man aus Buttersäure aber wohlriechende Duft- und Aromastoffe, zum Beispiel Ananasaroma, herstellen.

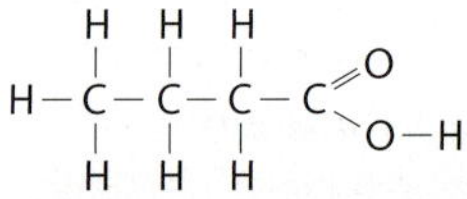

Butansäure
C_3H_7COOH

3 *Ranzige Butter riecht sehr unangenehm.*

Langkettige Alkansäuren – Fettsäuren Palmitinsäure und Stearinsäure sind bei Raumtemperatur fest. Da sie wie viele längerkettige Alkansäuren am Aufbau von Fetten beteiligt sind, werden sie als Fettsäuren bezeichnet.

Säurestärke und Wasserlöslichkeit Die Carboxyl-Gruppe ist für die saure Reaktion der Alkansäuren verantwortlich. Die Ameisensäure ist die stärkste Alkansäure. Mit zunehmender Ketten-

Systemat. Name	Alltagsname	Summenformel	Siedetemperatur (in °C)	Wasserlöslichkeit	Säurestärke
Methansäure	Ameisensäure	HCOOH	101	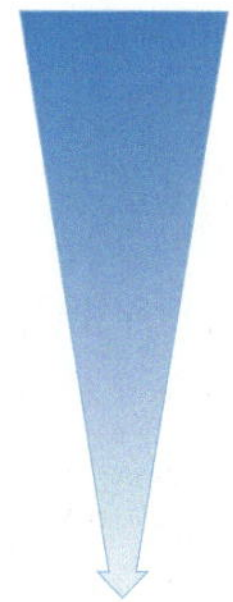	
Ethansäure	Essigsäure	CH_3COOH	118		
Propansäure	Propionsäure	C_2H_5COOH	141		
Butansäure	Buttersäure	C_3H_7COOH	163		
Pentansäure	Valeriansäure	C_4H_9COOH	185		
Hexansäure	Capronsäure	$C_5H_{11}COOH$	206		
...					
Hexadecansäure	Palmitinsäure	$C_{15}H_{31}COOH$	351		
Octadecansäure	Stearinsäure	$C_{17}H_{35}COOH$	370		

Tab. 1 *Homologe Reihe der Alkansäuren*

länge nimmt der Einfluss der Carboxyl-Gruppe und damit die Säurestärke ab. Daher reagiert die langkettige Palmitinsäure nur schwach sauer. Weil die polare Carboxyl-Gruppe auch Ursache für die Wasserlöslichkeit ist, nimmt diese mit zunehmender Kettenlänge ebenfalls ab.

Die polare Carboxyl-Gruppe und die unpolare Kohlenwasserstoffkette der Moleküle bestimmen die Eigenschaften der Alkansäuren.

Mehrwertige Carbonsäuren Hat ein Carbonsäure-Molekül mehrere Carboxyl-Gruppen, spricht man von einer mehrwertigen Carbonsäure. Je mehr Carboxyl-Gruppen ein Molekül besitzt, umso stärker sauer reagiert die Säure und umso besser ist sie in Wasser löslich.

Oxalsäure, eine Dicarbonsäure Das Oxalsäure-Molekül enthält zwei Carboxyl-Gruppen. Es handelt sich daher um eine Dicarbonsäure mit dem systematischen Namen Ethandisäure. Ihre farblosen Salze, die Oxalate, kommen in Zwiebeln, Sauerklee, Sauerampfer, Spinat und Rhabarber vor. Im menschlichen Körper können sie sich mit Calcium zu Calciumoxalat verbinden. Bei übermäßiger Aufnahme kann es zur Bildung von Nierensteinen beitragen.

4 *Rhabarber enthält Oxalsäure.*

Citronensäure, eine Tricarbonsäure Die Citronensäure ist eine feste, weiße, wasserlösliche Carbonsäure. Als Fruchtsäure kommt sie in Äpfeln, Beeren und Zitrusfrüchten wie Orangen oder Zitronen vor. Sie wird als Säuerungsstoff für Lebensmittel, beispielsweise in Limonaden, Eistee oder Brausepulver, aber auch zur Entkalkung von Wasserkochern, Duschköpfen und Waschmaschinen verwendet.

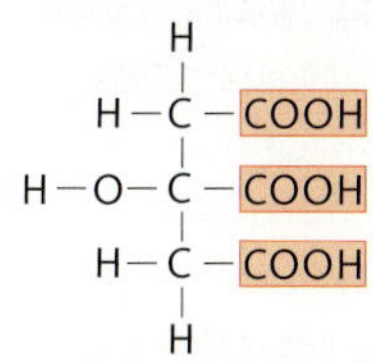

5 *Formel von Citronensäure*

Aufgaben

1 Nenne die ersten sechs Vertreter der homologen Reihe der Alkansäuren.

2 Beschreibe, wo die Ameisensäure in der Natur vorkommt, und erläutere die Verwendung.

3 Zeichne die Strukturformel der Pentansäure.

4 Vergleiche die Säurestärke von Essigsäure, Buttersäure und Palmitinsäure. Begründe.

5 Es gibt Lebensmittel, die den Zusatzstoff E 280 enthalten.

a Welcher Stoff verbirgt sich hinter dieser Nummer?

b Beschreibe die Funktion dieses Stoffes.

c Nenne Lebensmittel, die E 280 enthalten.

Exkurs Konservierung von Lebensmitteln

Lebensmittel länger haltbar machen Das lateinische Wort *conservare* bedeutet: erhalten, bewahren. Bei der Lebensmittelkonservierung soll der Verwesungsvorgang verhindert oder wenigstens verlangsamt werden. Für die Verwesung sind Mikroorganismen wie Bakterien, Schimmelpilze oder Hefen verantwortlich. Wenn diese Mikroorganismen die Lebensmittel zersetzen, entstehen für uns schädliche Zersetzungsprodukte. Durch Konservieren wird die Aktivität der Mikroorganismen eingeschränkt.

Kühlen und Erhitzen Im Kühlschrank vermehren sich die Mikroorganismen langsamer als bei Raumtemperatur. Tiefkühlkost, die unter −18 °C gelagert wird, ist monatelang haltbar. Auch durch Erhitzen kann konserviert werden. Beim Pasteurisieren wird die Milch kurzzeitig so hoch erhitzt, dass die Mikroorganismen absterben.

1 *Durch Trocknen können Lebensmittel haltbar gemacht werden.*

Trocknen, Salzen, Zuckern, Räuchern Salz und Zucker binden Wasser. Dadurch hemmen sie das Wachstum von Mikroorganismen. Fleisch und Fisch können auch durch Räuchern konserviert werden.

Vakuum und Schutzgas Durch den Ausschluss von Sauerstoff können manche Mikroorganismen nicht mehr wachsen. Deshalb werden viele Lebensmittel unter Vakuum oder einem Schutzgas wie Kohlenstoffdioxid oder Stickstoff verpackt und aufbewahrt.

2 *Unter Schutzgas verpackt*

E 200 Sorbinsäure
E 210 Benzoesäure
E 236 Ameisensäure
E 260 Essigsäure
E 280 Propionsäure
E 300 Ascorbinsäure

Chemische Konservierung durch Säuern Die für Lebensmittel zugelassenen Zusatzstoffe werden mit E-Nummern gekennzeichnet. Zur Konservierung werden vor allem organische Säuren eingesetzt. Diese hemmen vorwiegend das Wachstum von Schimmel- und Hefepilzen. Bakterien können mit Schwefeldioxid (E 220) bekämpft werden, das gleichzeitig auch als Antioxidationsmittel wirkt. Schwefeldioxid schützt das Lebensmittel vor dem Verderb durch Oxidation mit Luftsauerstoff.

Biologische Konservierung Weißkohl kann durch Milchsäuregärung in Sauerkraut umgewandelt und so konserviert werden. Im eingestampften Kohl wandeln Milchsäurebakterien Kohlenhydrate in Milchsäure um. Durch die Milchsäure erhält das Sauerkraut ein säuerliches Aroma und wird haltbar gemacht. Ebenso wie die Milchsäure tötet auch Ethanol Mikroorganismen ab. Daher sind in hochprozentigem Alkohol eingelegte Früchte vor dem Verderben geschützt.

3 *Sauerkraut enthält Milchsäure.*

Aufgaben

1 Nenne Möglichkeiten, wie man Erdbeeren vor dem Verderb schützen kann.

2 Untersuche frisch geschnittene Apfelstückchen. Gib zu einigen Apfelstücken sofort etwas Zitronensaft, zu anderen nicht. Beobachte und vergleiche nach 30 min. Erkläre.

3 Ascorbinsäure ist ein Konservierungsmittel.

a Recherchiere, welche Lebensmittel damit konserviert werden.

b Wie nennt man die Ascorbinsäure noch?

4 Lebensmittel können durch „Schwefeln" konserviert werden. Beschreibe das Verfahren.

Praktikum Eigenschaften der Carbonsäuren

1 Omas Rezept zur Essigherstellung

Ansatz für 1 Liter Essig:
600 ml Wein (möglichst schwefelarm)
300 ml Wasser
100 ml Essigsäurebakterien (Essigmutter)

1. Fülle ein Gemisch aus Wein und Wasser in ein großes Einmachglas. Gib danach die Essigsäurebakterien hinzu.
2. Spanne über die Öffnung des Glases ein Baumwoll- oder Leinentuch und befestige es mit einem Gummiring.
3. Bewahre den Ansatz bei etwa 25 °C auf. Nach ungefähr zwei Wochen bildet sich an der Oberfläche eine dünne Haut. Durch eine weitere Zugabe von verdünntem Wein kann der Essig gestreckt werden.
4. Der junge Rohessig wird filtriert und zur Reifung etwa 2 bis 3 Monate an einem kühlen, dunklen Ort gelagert.
5. Der klare Essig wird abgegossen und in Flaschen aufbewahrt. Die Essigmutter kann zur weiteren Essigherstellung verwendet werden.

Auswertung: Prüfe den Ansatz regelmäßig auf Geschmack.

2 Magnesium reagiert mit Essigsäure

Geräte: Reagenzglas, Reagenzglashalter
Chemikalien: Essigessenz, Magnesiumband
Durchführung: Gib ein 2 cm langes Stück Magnesiumband in Essigessenz.
Auswertung: Erkläre deine Beobachtungen. Wie kannst du eines der Reaktionsprodukte nachweisen?

3 Entkalken mit Essigsäure

Geräte: Becherglas (100 ml)
Chemikalien: Essigessenz, verkalkter Gegenstand
Durchführung: Gib einen verkalkten Gegenstand in Essigessenz.
Auswertung: Erkläre deine Beobachtungen.

4 Wasserlöslichkeit von Fettsäuren

Geräte: 2 Reagenzgläser, Reagenzglashalter
Chemikalien: Wasser, Heptan, Palmitinsäure, Stearinsäure
Durchführung: Prüfe Palmitinsäure und Stearinsäure auf ihre Löslichkeit in Wasser und Heptan.
Auswertung: Was kannst du über die Löslichkeit der Fettsäuren aussagen?

5 Joghurt selbst gemacht

Zutaten:
1 Liter Milch
1 Esslöffel Joghurt mit lebenden Kulturen

Zubereitung:
Bringe 1 l Milch zum Kochen, bis sich auf der Haut Bläschen bilden. Nimm die Milch vom Herd und lass sie abkühlen, bis sie handwarm ist. Rühre mit dem Schneebesen 1 Esslöffel Joghurt ein. Stelle die Mischung in verschließbaren Glasgefäßen etwa 6 Stunden bei etwa 30 °C warm, z.B. neben der Heizung, in eine Wolldecke gewickelt. Gib den Joghurt anschließend 3 Stunden in den Kühlschrank. Mische ihn vor dem Verzehr z.B. mit frischem Obst, Marmelade oder Zucker.

6 Bildung von Grünspan

Geräte: Pipette
Chemikalien: Kupfermünze, Essigessenz
Durchführung: Tropfe auf eine Kupfermünze Essigessenz.
Auswertung: Wie heißt der systematische Name für Grünspan?

Teste dich!

1 Wein enthält Trinkalkohol.
a Um welchen Alkohol handelt es sich?
b Durch welchen Vorgang entsteht er? Gib das Reaktionsschema in Worten an.
c Wie wird das Nebenprodukt nachgewiesen?

2 Begründe, warum Ethanol als Lösungsmittel vielseitig einsetzbar ist.

3 Nenne die ersten sechs Vertreter der homologen Reihe der Alkanole.

4 Methanol wird jeweils in Wasser und Hexan gegeben.
a Beschreibe, welche Beobachtungen in Bezug auf die Löslichkeit gemacht werden können.
b Begründe die Unterschiede.

5 Methan siedet bei –161 °C.
a Vergleiche die Siedetemperaturen von Methan und Methanol. Welchen Unterschied stellst du fest?
b Erkläre, wie dieser zustande kommt.

6 Zeichne die Strukturformeln von drei Isomeren des Pentanols und benenne sie.

7 Gib an, was unter mehrwertigen Alkoholen verstanden wird, und nenne Beispiele.

8 Eine Porzellanschale mit Glycerin wird auf die Waage gestellt. Erkläre die Gewichtszunahme nach einem Tag.

9 Welche organischen Stoffe sind in den abgebildeten Lebensmitteln enthalten? Nenne für jedes Lebensmittel einen Bestandteil.

10 Welche zwei Funktionen hat der Essig im Gurkenglas?

11 Vergleiche die Säurestärke von Essigsäure und Buttersäure. Begründe.

12 Was versteht man unter mehrwertigen Carbonsäuren? Nenne ein Beispiel und zeichne die dazugehörige Strukturformel.

13 Die Abbildung zeigt die Strukturformeln von zwei verschiedenen Molekülen.
a Benenne die Moleküle.
b Zu welchen Stofffamilien gehören sie?
c Wie heißen die funktionellen Gruppen dieser Moleküle?

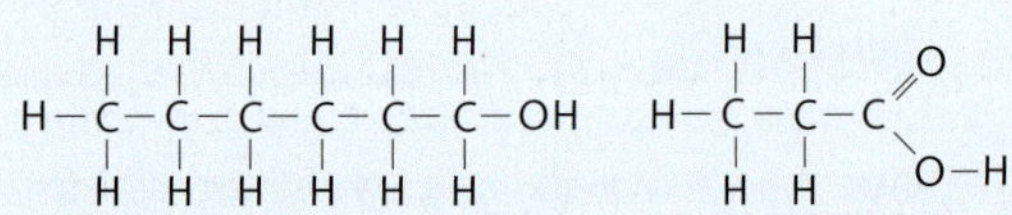

14 Zeichne die Strukturformeln der folgenden Verbindungen: Propan-1,3-diol, Butanol, Methansäure, Hexansäure.

Aufgabe	Hilfe findest du auf Seite ...
1	322/323
2	328/329
3	332
4	332/333
5	332/333
6	332
7	334
8	334
9	322, 338, 341
10	342
11	340/341
12	341
13	332, 340/341
14	332, 334, 340/341

... und die Lösungen findest du im Anhang.

Im Überblick

Alkohole und Carbonsäuren sind wichtige Bestandteile von Nahrungsmitteln. Sie machen Getränke und Essen schmackhaft und sorgen als Konservierungsstoffe dafür, dass Lebensmittel länger haltbar sind. Einige von ihnen, wie Ethanol oder Essigsäure, sind als natürliche Stoffe schon seit Jahrtausenden bekannt. Heute werden Alkohole und Carbonsäuren auch im Labor hergestellt. Sie finden vielseitige Verwendungen, sei es als Grundstoffe für die chemische Industrie, als Lösungsmittel oder als Treibstoff.

Alkohole

- Ihre Moleküle bestehen aus einer Kohlenwasserstoffkette (Alkylrest) und einer oder mehreren OH-Gruppen (Hydroxyl-Gruppen).

Ethanol

- trinkbarer Alkohol; entsteht z. B. durch alkoholische Gärung

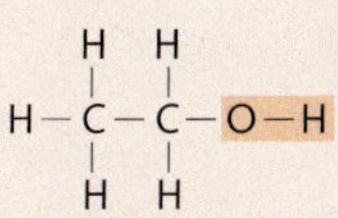

C_2H_5OH

Homologe Reihe der Alkanole

- Die Moleküle der Alkanole weisen eine OH-Gruppe an der Kohlenwasserstoffkette auf.
- Methanol, Ethanol, Propanol, Butanol … bilden eine homologe Reihe.
  - Name: Name des Alkans + Endung *-ol*
  - allgemeine Summenformel: $C_nH_{2n+1}OH$
  - Löslichkeit und Viskosität hängen von der Länge der Kohlenwasserstoffkette ab.

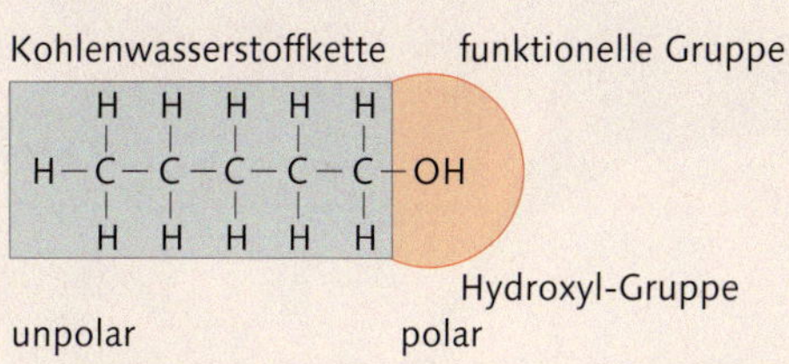

Mehrwertige Alkohole

- Alkohole mit mehreren OH-Gruppen im Molekül, z. B. Glycerin, Glykol oder Sorbit

Carbonsäuren

- Carbonsäure-Moleküle bestehen aus einer Kohlenwasserstoffkette und einer oder mehreren COOH-Gruppen (Carboxyl-Gruppen).
  Beispiel: Butansäure

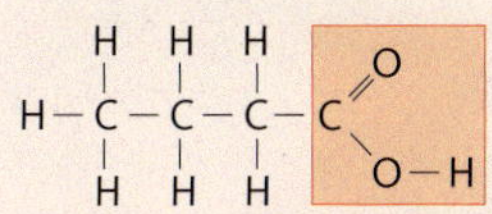

C_3H_7COOH

Homologe Reihe der Alkansäuren

- Die Moleküle der Alkansäuren weisen eine COOH-Gruppe am Alkylrest auf.
- Methansäure, Ethansäure, Propansäure … bilden die homologe Reihe der Alkansäuren.
  - Name: Name des Alkans + Endung *-säure*
  - allgemeine Summenformel: $C_nH_{2n+1}COOH$
  - Mit zunehmender Kettenlänge nehmen Säurestärke und Wasserlöslichkeit ab.

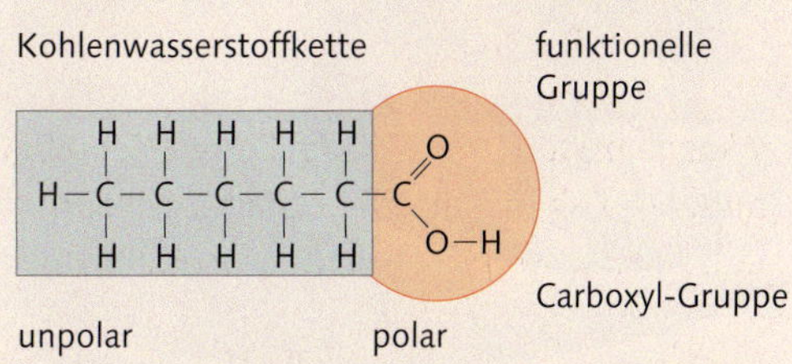

Funktionelle Gruppe

- Atomgruppe in Molekülen, die weitgehend die chemischen Eigenschaften von organischen Stoffen bestimmt
  Beispiele für funktionelle Gruppen:
  Hydroxyl-Gruppe –OH: Alkohole
  Carboxyl-Gruppe –COOH: Carbonsäuren

15

Produkte der Chemie

Was ist drin in unseren Lebensmitteln? Ist in Obst, Gemüse oder Käse wirklich „keine Chemie“? Dass Kunststoffe Produkte eines chemischen Verfahrens sind, daran besteht kein Zweifel. Wie aber werden sie hergestellt? Und was können wir von der Natur lernen, wenn es um neue Produkte wie in der Nanotechnologie geht?

Ester – Multitalente im vielseitigen Einsatz

1 *Natürliche Aromastoffe sind beispielsweise in Früchten und Blüten, synthetische Aromastoffe in manchen industriell hergestellten Lebensmitteln enthalten.*

Ester, eine duftende Stofffamilie Für das angenehme Aroma von Früchten und den Duft von Blüten sind neben vielen anderen Stoffen vor allem Ester verantwortlich. Solche Ester sind natürliche Aromastoffe. Einige der in den Pflanzen enthaltenen Aromastoffe können auch im Labor hergestellt werden. Solche Aromastoffe heißen synthetische Aromastoffe. Es werden aber auch künstliche Aromastoffe erzeugt, die es in der Natur nicht gibt.

Veresterung Ester entstehen bei der Reaktion von Säuren mit Alkoholen. Bei der Veresterung verbindet sich eine Säure mit einem Alkohol unter Abspaltung von Wasser. Die Verbindung von Molekülen unter Wasserabspaltung bezeichnet man als Kondensationsreaktion.

Kondensationsreaktion:
Säure + Alkohol $\rightarrow$ Ester + Wasser

Die Veresterung ist eine Kondensationsreaktion. Dabei reagiert Säure mit Alkohol zu Ester und Wasser.

Esterspaltung Die bei der Veresterung entstehenden Reaktionsprodukte Ester und Wasser reagieren in einer Rückreaktion, der Esterspaltung, wieder zu Säure und Alkohol.

Den Vorgang der Esterspaltung bezeichnet man auch als Hydrolyse, weil er unter Wasseraufnahme erfolgt.

Hydrolyse:
Ester + Wasser $\rightarrow$ Säure + Alkohol

Die Esterspaltung ist eine Hydrolyse. Dabei reagiert Ester mit Wasser zu Säure und Alkohol.

Umkehrbare chemische Reaktionen Bei der Veresterung reagiert jeweils ein Säure-Molekül mit einem Alkohol-Molekül. Dabei entstehen ein Ester-Molekül und ein Wasser-Molekül. Umgekehrt kann das Ester-Molekül durch das Wasser-Molekül gespalten werden. Veresterung und Esterspaltung sind also umkehrbare chemische Reaktionen. Das drücken wir durch einen Doppelpfeil in der Reaktionsgleichung aus.

$$\text{Säure + Alkohol} \underset{\text{Esterspaltung}}{\overset{\text{Veresterung}}{\rightleftharpoons}} \text{Ester + Wasser}$$

Bei der Veresterung und bei der Esterspaltung befinden sich zu jedem Zeitpunkt alle an der Reaktion beteiligten Stoffe im Reaktionsgefäß. Hin- und Rückreaktion laufen gleichzeitig ab. Da die Rückreaktion aber sehr viel schneller abläuft als die Hinreaktion, wird so gut wie kein Ester gebildet.

Veresterung und Esterspaltung sind umkehrbare chemische Reaktionen.

2 *Hin- und Rückreaktion laufen unterschiedlich schnell ab. Erst mithilfe eines Katalysators wird die Hinreaktion beschleunigt.*

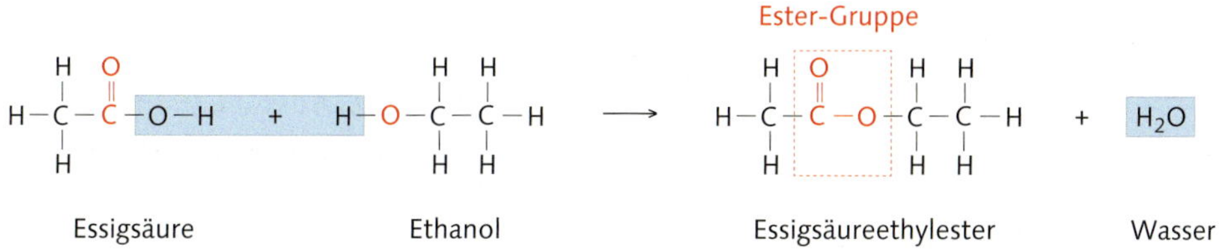

3 *Bildung von Essigsäureethylester*

Schwefelsäure als Katalysator Soll möglichst viel von dem gewünschten Ester erzeugt werden, muss die Hinreaktion, also die Reaktion der Säure mit dem Alkohol, beschleunigt werden. Dies gelingt durch Zugabe von Schwefelsäure, die als Katalysator wirkt.

Reaktionsverlauf ohne Katalysator:
Säure + **Alkohol** $\rightleftarrows$ Ester + Wasser

Reaktionsverlauf mit Katalysator:

Säure + Alkohol $\xrightarrow{\text{Schwefelsäure}}$ **Ester** + **Wasser**

Essigsäureethylester Durch eine Kondensationsreaktion von Essigsäure mit Ethanol (Ethylalkohol) wird Essigsäureethylester gebildet. Bei der Benennung eines Esters wird zuerst die Säure genannt, dann der Name des Alkylrests des Alkohols und abschließend die Bezeichnung *-ester* angefügt.

Essigsäureethylester ist im Gegensatz zu den Ausgangsstoffen Essigsäure und Ethylalkohol sehr schlecht wasserlöslich. Bei der Veresterung werden die hydrophilen funktionellen Gruppen – die Carboxyl-Gruppe der Essigsäure und die OH-Gruppe des Alkohols – verändert. Das gebildete Ester-Molekül besitzt eine Ester-Gruppe. Wie die meisten Ester-Moleküle ist das Essigsäureethylester-Molekül unpolar und damit hydrophob, also wasserabstoßend. Auf der anderen Seite ist der Ester aber ein gutes Lösungsmittel für Harze, Farbstoffe und Fette. Auch in Klebstoffen wird Essigsäureethylester häufig als Lösungsmittel eingesetzt. Der typische Geruch von Klebstoffen stammt von diesem Ester. Da man ihn zum Auswaschen von Farbpinseln und zum Verdünnen von Lacken verwendet, bezeichnet man ihn umgangssprachlich auch als Verdünner.

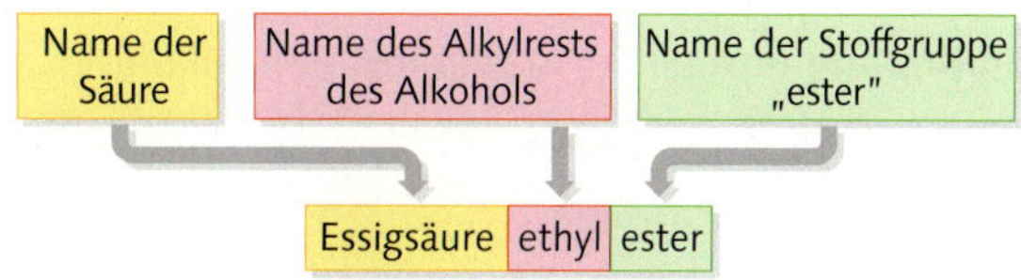

4 *Benennung eines Esters*

Ester	**Aroma**
Ameisensäureethylester	Rum
Essigsäurepentylester	Birne
Buttersäuremethylester	Apfel
Buttersäureethylester	Ananas
Buttersäurepropylester	Erdbeere

Tab. 1 *Einige Ester und ihr typisches Aroma*

Ananasaroma aus Buttersäure? Es ist tatsächlich möglich, aus der übel riechenden Buttersäure einen Ester mit Ananasaroma herzustellen. Auch aus anderen kurzkettigen Carbonsäuren kann man Ester mit fruchtartigem Duft und Aroma gewinnen.

Ester – vielseitig einsetzbar Durch die vielfältigen Kombinationsmöglichkeiten von Säuren mit Alkoholen gibt es ein breites Spektrum an Estern. Als Aromastoffe werden sie bei der Herstellung von Limonaden, Bonbons, Gummibären und anderen Süßigkeiten verwendet. Ester werden auch als Konservierungsstoffe eingesetzt.

5 *Essigsäureethylester wird als Lösungsmittel verwendet.*

Fette und Wachse sind Ester Tierische und pflanzliche Fette gehören zur Stoffgruppe der Ester. Sie bestehen aus längerkettigen Carbonsäuren wie Palmitinsäure und Stearinsäure sowie dem dreiwertigen Alkohol Glycerin. Wachse schützen Blätter, Nadeln und Blüten vor dem Austrocknen. Ein Hauptbestandteil von Bienenwachs, das zur Herstellung von kosmetischen Produkten verwendet wird, ist ein Ester aus Palmitinsäure und einem längerkettigen Alkohol.

6 *Fette und Wachse sind Ester.*

Ester werden als Lösungsmittel, Konservierungsstoffe, Duft- und Aromastoffe verwendet. Bei den Fetten und Wachsen handelt es sich um Ester.

Biodiesel, ein Ester Die Silbe *Bio-* weist darauf hin, dass dieser Kraftstoff im Gegensatz zum mineralischen Diesel pflanzlichen Ursprungs ist. Unter Fachleuten wird Biodiesel auch als RME-Diesel bezeichnet. Die Abkürzung RME steht für Rapsölmethylester. In Europa wird Biodiesel hauptsächlich durch Veresterung von Rapsöl mit Methanol gewonnen. In den USA stammt Biodiesel fast ausschließlich aus Sojaöl. Biodiesel kann in geeigneten Motoren in reiner Form – als B100 bezeichnet – oder im Gemisch mit Mineralöldiesel verwendet werden.

7 *Zum Tanken fast zu schade.*

Exkurs Nitroglycerin, ein hochexplosiver Ester

Auch anorganische Säuren wie Salpetersäure können Ester bilden. Durch Veresterung des dreiwertigen Alkohols Glycerin mit Salpetersäure entsteht Trisalpetersäureglycerinester, der auch als Glycerintrinitrat und in der Umgangssprache als Nitroglycerin bekannt ist. Nitroglycerin ist ein farbloser oder leicht gelblicher, dünnflüssiger Sprengstoff. Da er bereits bei kleinsten Erschütterungen explodiert, ist der Umgang mit diesem Sprengstoff sehr gefährlich. Im Jahr 1867 entwickelte Alfred Nobel ein Verfahren, bei dem das brisante Nitrolgycerin durch Kieselgur, ein saugfähiges Steinmehl, gebunden wird. Damit war das Dynamit erfunden. Da Dynamit gegen Schläge und Stöße unempfindlich ist, kann man es viel besser handhaben als Nitroglycerin.
Die Pharmaindustrie stellt aus Nitroglycerin Medikamente gegen verengte Blutgefäße her.

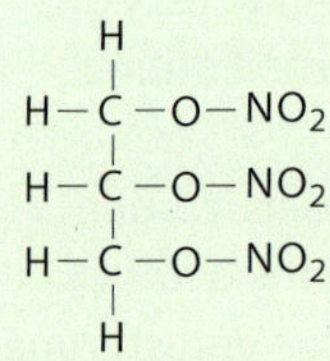

Nitroglycerin

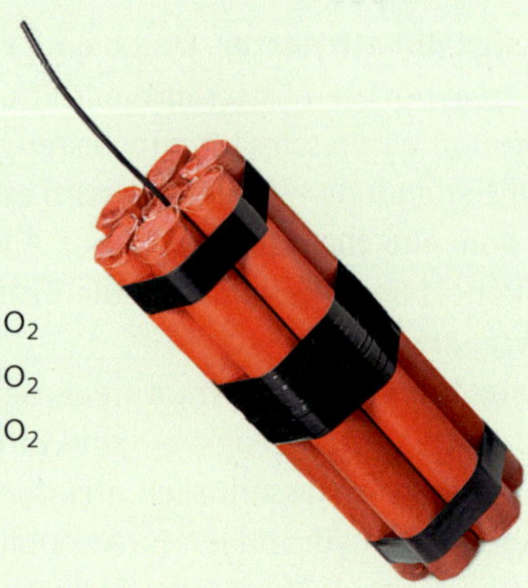

Aufgaben

1 Nenne Beispiele für die Verwendung von Estern.
2 Was versteht man unter den Begriffen?
a Kondensationsreaktion
b Hydrolyse
3 Plane einen Versuch zur Herstellung eines Esters aus Tab. 1, vorige Seite.
4 Nenne die Funktion der Schwefelsäure bei der Esterbildung.
5 Stelle ein Reaktionsschema mit Strukturformeln für die Bildung eines Esters mit Birnenaroma auf.

1 Estersynthese

Geräte: Gasbrenner, 2 Reagenzgläser, Becherglas (250 ml), Stativmaterial

Chemikalien: a) Essigessenz (25%ige Essigsäure), Ethanol, Natriumhydrogensulfat, Wasser; b) Essigessenz (25%ige Essigsäure), Pentanol, Natriumhydrogensulfat, Wasser

Durchführung: Gib in ein Reagenzglas:

a 4 ml Essigessenz, 2 ml Ethanol und 1 Spatel Natriumhydrogensulfat

b 4 ml Essigessenz, 2 ml Pentanol und 1 Spatel Natriumhydrogensulfat

Erhitze im Wasserbad etwa 5 min.

Auswertung: Führe bei beiden Reaktionsprodukten eine Geruchsprobe durch.

2 Wasserlöslichkeit

Geräte: Reagenzglasständer, 3 Reagenzgläser, 4 Pipetten

Chemikalien: Ethanol, Essigsäure, Essigsäureethylester, Wasser

Durchführung: Fülle in 3 Reagenzgläser 2 cm hoch Wasser und gib in jeweils eines dieser Reagenzgläser 1 cm hoch Ethanol, Essigsäure und Essigsäureethylester.

Auswertung: Was kannst du über die Wasserlöslichkeit der Stoffe aussagen? Begründe.

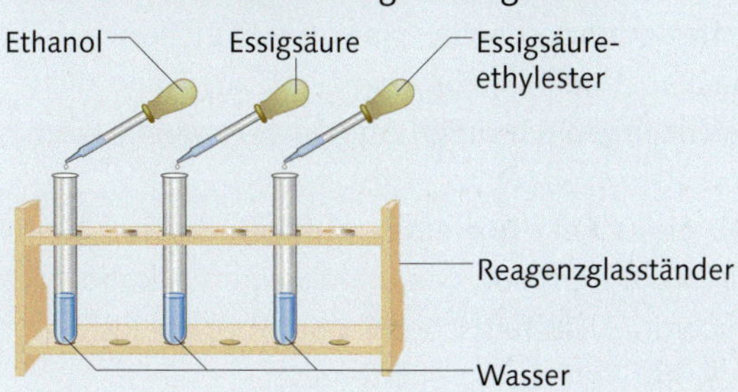

3 Kleben von Styropor®

Chemikalien: Styropor-Stücke, Styropor-Kleber, Alleskleber

Durchführung: Gib auf ein Stück Styropor® jeweils einen Tropfen der beiden Klebstoffe.

Auswertung: Vergleiche die Inhaltsstoffe der beiden Klebstoffe. Erkläre deine Beobachtungen.

4 Entflammbarkeit

Geräte: Porzellanschale, Pipette, Feuerzeug

Chemikalien: Essigsäureethylester, Holzspan

Durchführung: Gib 10 Tropfen Essigsäureethylester in eine Porzellanschale. Führe den brennenden Holzspan langsam und vorsichtig an die Flüssigkeit heran.

Auswertung: Welche Aussage kannst du über die Entflammbarkeit von Essigsäureethylester machen?

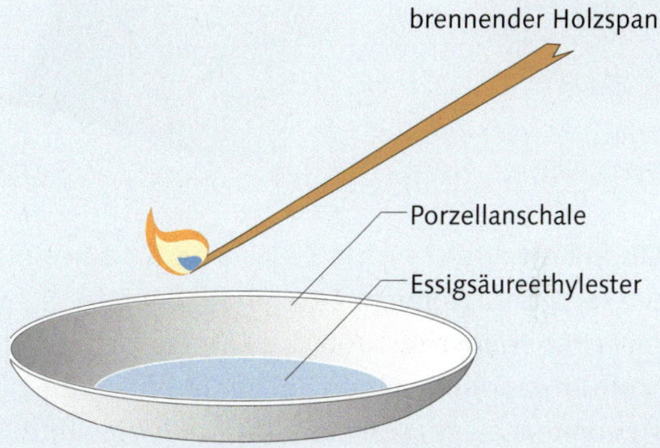

5 Essigsäureethylester als Lösungsmittel

Geräte: Reagenzglasständer, 3 Reagenzgläser, 2 Pipetten, Pinzette

Chemikalien: Essigsäureethylester, Heptan, Kerzenwachs, Speiseöl, Magnesiumband

Durchführung: Fülle in 4 Reagenzgläser 2 cm hoch Essigsäureethylester. Überprüfe, ob sich Heptan, Kerzenwachs, Speiseöl und Magnesium in Essigsäureethylester lösen.

Auswertung: Für welche Stoffe eignet sich Essigsäureethylester als Lösungsmittel?

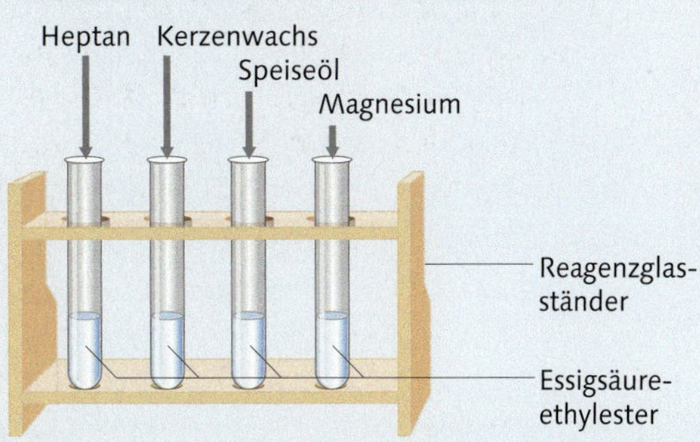

15

Fette – verführerische Ester

1 *Beispiele für fetthaltige Lebensmittel*

Lebensmittel	Fettgehalt (in g pro 100 g)
Erdnüsse	50
Haselnussschokolade	38
Waffeln	36
Chips	30
Camembert, 60 %	33
Wiener Würstchen	24
gekochter Schinken	13
Joghurt, 3,5 %	3,5
Hähnchenbrust	1,5
Roggenbrot	1
Joghurt mager	0,1

Tab. 1 *Fettgehalt in 100 g Lebensmittel*

Ohne Fette geht nichts Fette sind für den Körper lebensnotwendig. Sie sind die energiereichsten Nährstoffe. Aus 1 g Fett werden durch Stoffumwandlung in den Zellen 39 kJ Energie gewonnen. Dagegen liefert 1 g Kohlenhydrate nur halb so viel Energie.

Einen Überschuss an zugeführten Nährstoffen speichert der Körper als Fett für Mangelphasen. Die Ablagerung von Fetten unter der Haut dient zudem als Wärmeschutz. Fettgewebe schützt außerdem die Organe vor Erschütterungen.

Fett ist ein Geschmacksträger. Lebensmittel mit hohem Fettanteil schmecken uns meist besonders gut, weil sich Geschmacks- und Aromastoffe gut in Fett lösen. Fette sorgen auch dafür, dass die lebenswichtigen fettlöslichen Vitamine A, D, E und K vom Körper aufgenommen und verarbeitet werden können. Eine völlig fettfreie Ernährung führt zu Stoffwechselerkrankungen.

Verführerische Fette Schokolade, Kuchen, Wurst, Chips und Nüsse führen uns täglich in Versuchung. Gerade diese Lebensmittel enthalten viel Fett. Eine Packung mit 200 g Chips enthält beispielsweise 60 g Fett. Dagegen sollten wir insgesamt nur 60 bis 80 g Fett täglich zu uns nehmen. Weil Fette so energiereich sind, nimmt man durch Genuss von fettreichen Snacks schnell an Körpergewicht zu, wenn nicht gleichzeitig auch mehr Energie verbraucht wird.

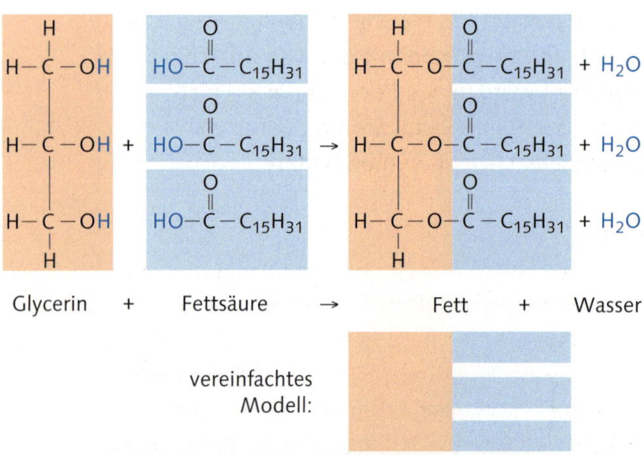

2 *Bildung eines Fett-Moleküls, eine Veresterung*

Bau eines Fett-Moleküls Fette sind Ester, die durch die Reaktion des dreiwertigen Alkohols Glycerin (systematischer Name: Propan-1,2,3-triol) mit Fettsäuren entstehen.

Bei der Bildung eines Fett-Moleküls verbindet sich ein Glycerin-Molekül mit drei Fettsäure-Molekülen unter Abspaltung von drei Wasser-Molekülen (Veresterung, Bild 2). Der Fachbegriff für das gebildete Fett heißt Triglycerid. In einem Triglycerid-Molekül können entweder drei gleiche Fettsäuren oder unterschiedliche Fettsäuren gebunden sein.

Fette sind Ester aus Glycerin und Fettsäuren.

			Anteil in ... (restliche Anteile: andere Fettsäuren)					
Fettsäure	**Summenformel**	**Schmelztemperatur**	**Butter**	**Schweineschmalz**	**Rindertalg**	**Olivenöl**	**Sonnenblumenöl**	**Leinöl**
Buttersäure	C_3H_7COOH	–5 °C	3 %	–	–	–	–	–
Palmitinsäure	$C_{15}H_{31}COOH$	63 °C	27 %	27 %	30 %	15 %	5 %	7 %
Stearinsäure	$C_{17}H_{35}COOH$	72 °C	10 %	14 %	20 %	2 %	2 %	3 %
Ölsäure	$C_{17}H_{33}COOH$	16 °C	30 %	45 %	39 %	71 %	27 %	18 %
Linolsäure	$C_{17}H_{31}COOH$	–5 °C	4 %	8 %	3 %	8 %	65 %	14 %

Tab. 2 *Wichtige Fettsäuren (gelb – gesättigte Fettsäuren, grün – ungesättigte Fettsäuren)*

Eigenschaften von Fetten Fette hinterlassen auf Papier einen durchscheinenden Fettfleck. Diese Fettfleckprobe ist ein Nachweis für Fette. Fette sind wasserabweisend (hydrophob). Sie lösen sich nicht im polaren Lösungsmittel Wasser, jedoch gut in unpolaren Lösungsmitteln wie Hexan oder Benzin. Werden Wasser und Speiseöl gemischt, erkennt man im Wasser schwebende Öltröpfchen. Nach einiger Zeit schwimmt das Speiseöl wieder auf der Wasseroberfläche, weil Fett eine geringere Dichte als Wasser hat. Brennendes Fett darf keinesfalls mit Wasser gelöscht werden, denn das Wasser sinkt im Fett ab und verdampft dort sofort. Die Folge ist, dass brennendes Fett nach allen Seiten verspritzt. Fettbrände dürfen nur durch Ersticken gelöscht werden, z. B. durch Abdecken mit einer Decke!

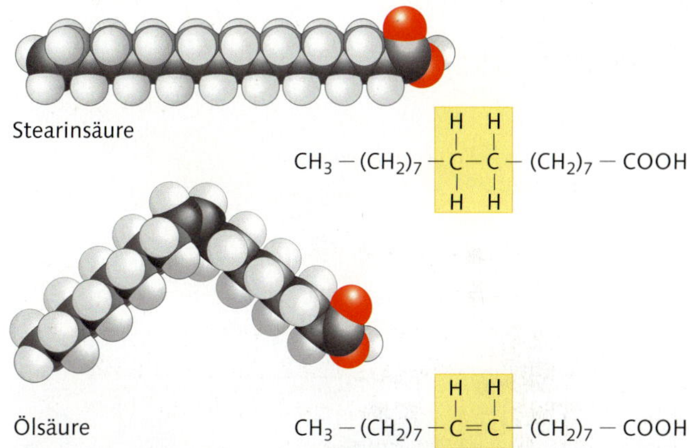

3 *Oben: Stearinsäure, eine gesättigte Fettsäure; unten: Ölsäure, eine ungesättigte Fettsäure*

Gesättigte und ungesättigte Fettsäuren Fettsäuren werden in gesättigte und ungesättigte Fettsäuren eingeteilt. Je höher der Anteil an gesättigten Fettsäuren, desto fester ist ein Fett. Flüssige Fette wie Sonnenblumenöl oder Leinöl haben einen hohen Anteil an ungesättigten Fettsäuren.
Einfach ungesättigte Fettsäuren wie die Ölsäure besitzen eine C=C-Doppelbindung in ihren Molekülen. Mehrfach ungesättigte Fettsäuren wie die Linolsäure enthalten mehrere Doppelbindungen im Molekül.

Fettverdauung Damit die Fette aus der Nahrung für unseren Körper zu verwerten sind, müssen die Triglyceride zerlegt werden. Die Fettverdauung beginnt bereits im Magen, wo etwa 30 % der Nahrungsfette in kleinere Bestandteile aufgespalten werden. Fette werden jedoch hauptsächlich im Zwölffingerdarm und im oberen Dünndarm verdaut. Dabei unterstützen Gallensäure und Enzyme aus der Bauchspeicheldrüse diesen Vorgang.

Essenzielle Fettsäuren Einige Fettsäuren sind für den Organismus essenziell (lat. *essentialis*: lebensnotwendig). Sie sind beispielsweise am Aufbau von Zellmembranen beteiligt. Essenzielle Fettsäuren müssen mit der Nahrung aufgenommen werden, weil der Körper sie nicht selbst herstellen kann. Sie sind vor allem in pflanzlichen Speiseölen enthalten.

Aufgaben

1 Erkläre, warum Fette für uns so wichtig sind.
2 Nenne Eigenschaften von Fetten.
3 Beschreibe den Aufbau eines Fett-Moleküls.
4 In welchem Lösungsmittel löst sich Fett am besten: in Wasser, Ethanol oder Heptan? Zeichne dazu die Strukturformeln der genannten Stoffe auf und begründe.

Exkurs Gewinnung von Fetten und Ölen

Tierische Fette Tierische Fette gewinnt man aus Kuhmilch, Fischabfällen und Schlachttieren. Zu den Schlachttierfetten wird beispielsweise das Fett von Schweinen und Rindern gezählt. Die Gewinnung von Schweineschmalz und Rindertalg erfolgt in Schmalzsiedereien, in denen die fettreichen Teile von Schlachttieren erhitzt werden. Dadurch wird das Fett verflüssigt und kann durch Filtrieren abgetrennt werden.

1 *Pflanzliche Fette – Speiseöle*

Pflanzliche Fette Pflanzliche Fette wie Oliven- oder Rapsöl sind meist flüssig. Sie werden aus Früchten und Samen gewonnen. Die Pflanzenteile werden in Mühlen gemahlen oder zerquetscht. Danach wird das Öl durch Pressen oder Extrahieren gewonnen. Beim Extrahieren entzieht man dem ölhaltigen Brei das Öl durch bestimmte Lösungsmittel, z. B. Heptan. Dadurch lässt sich die Ausbeute an Öl erhöhen.

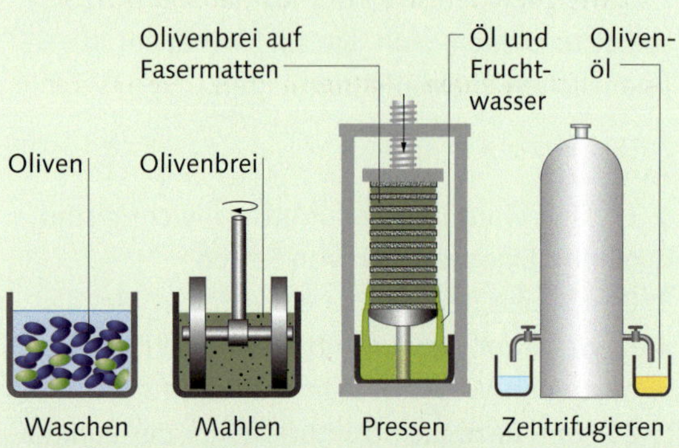

2 *Gewinnung von Olivenöl durch Pressen*

Fetthärtung Pflanzenöl lässt sich nicht auf eine Scheibe Brot streichen. Dazu muss das Öl erst gehärtet werden. Dies geschieht durch ein von dem deutschen Chemiker WILHELM NORMANN im Jahr 1902 entwickeltes Verfahren. Mithilfe eines Nickelkatalysators werden Wasserstoffatome an die Doppelbindungen der ungesättigten Fettsäure-Moleküle angelagert. Dadurch entstehen gesättigte Fettsäuren und aus den flüssigen Ölen werden feste Fette.

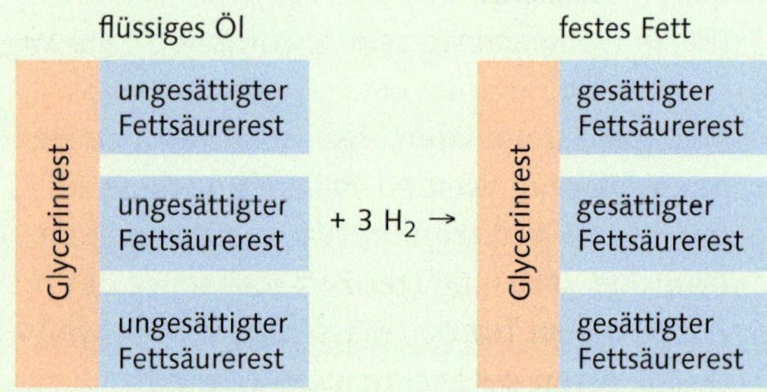

$$\cdots - O - \overset{\overset{\displaystyle O}{\|}}{C} - (CH_2)_7 - \overset{\overset{H}{|}}{C} = \overset{\overset{H}{|}}{C} - (CH_2)_7 - CH_3 \; + H_2$$

$$\longrightarrow \cdots - O - \overset{\overset{\displaystyle O}{\|}}{C} - (CH_2)_7 - \underset{\underset{H}{|}}{\overset{\overset{H}{|}}{C}} - \underset{\underset{H}{|}}{\overset{\overset{H}{|}}{C}} - (CH_2)_7 - CH_3$$

Herstellung von Margarine Bei Margarine handelt es sich um eine Emulsion aus Fett, Eiweißen und Wasser. Zur Herstellung von Margarine werden gehärtetes pflanzliches Fett, pflanzliches Öl, Magermilch, Wasser und Salz gemischt. Anschließend werden die fettlöslichen Vitamine A, D und E sowie Aromen zugegeben. Lecithin als Emulgator bewirkt, dass sich Wasser und Fett mischen. Für die gelbliche Farbe verwendet man den Farbstoff Betacarotin. Die Mischung wird geknetet, gekühlt und anschließend verpackt.

Aufgaben

1 Beschreibe, wie Olivenöl gewonnen wird.
2 Recherchiere im Internet über die Erfindung der Margarine. Schreibe einen kurzen Bericht.
3 Welche chemische Vorgänge laufen bei der Fetthärtung ab? Beschreibe die Veränderungen in ungesättigten Fettsäure-Molekülen.

Praktikum Experimente zu Fetten und Ölen

1 Fettfleckprobe

Geräte: Butterbrotpapier oder Filterpapier, 4 Reagenzgläser, 4 Reagenzglasstopfen, Pipetten
Chemikalien: Kartoffel, Avocado, Banane, Erdnüsse, Heptan
Durchführung:

a Zerdrücke kleine Proben der zu untersuchenden Nahrungsmittel auf einem Butterbrot- oder Filterpapier. Halte das Papier gegen das Licht.

b Gib in die Reagenzgläser jeweils 2 ml Heptan. Gib nun in das Lösungsmittel jeweils etwas von der zerdrückten Probe der zu untersuchenden Nahrungsmittel. Verschließe mit einem Stopfen. Schüttle kräftig und lass dann die Reagenzgläser kurz stehen. Gib jeweils einen Tropfen des Lösungsmittelgemischs auf Butterbrot- oder Filterpapier.

Auswertung: Notiere deine Beobachtungen. Welche Nahrungsmittel enthalten Fett?

2 Löslichkeit von Butter und Pflanzenöl

Geräte: 6 Reagenzgläser, 6 Reagenzglasstopfen, Reagenzglasständer, Pipetten, Spatel
Chemikalien: Pflanzenöl (z. B. Rapsöl), Butter, Wasser, Waschbenzin, Ethanol (Spiritus)
Durchführung: Bereite immer 2 Reagenzgläser mit je 3 ml der folgenden Flüssigkeiten vor: Wasser, Benzin und Spiritus. In die Lösungsmittel gibst du jeweils 1 ml Pflanzenöl bzw. ein erbsengroßes Stückchen Butter. Verschließe mit einem Stopfen. Schüttle kräftig und lass dann die Reagenzgläser kurz stehen.
Auswertung: Erstelle eine Tabelle über deine Beobachtungen. Erkläre das Löslichkeitsverhalten von Pflanzenöl und Butter.

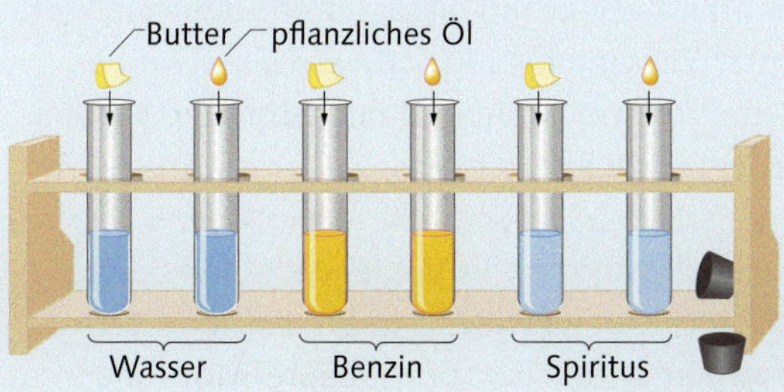

3 Fettgehalt von Kartoffelchips und Kartoffelchips light im Vergleich

Geräte: Mörser mit Pistill, Waage, Magnetrührer, Erlenmeyerkolben, Rundkolben, Trichter, Filterpapier, Destillationsapparatur
Chemikalien: Kartoffelchips, Kartoffelchips light, Aceton
Durchführung: Bestimme die Masse des Erlenmeyerkolbens (für die Berechnung der Masse der Chips). Bestimme dann die Masse des Rundkolbens (für die Berechnung der Masse des extrahierten Fettes).
Zerreibe eine Handvoll Chips im Mörser. Gib die zerriebenen Chips in den (gewogenen) Erlenmeyerkolben und bestimme ihre Masse. Füge 50 ml Aceton hinzu und rühre etwa 10 min. Filtriere das Gemisch in einen zweiten Erlenmeyerkolben und hebe das Filtrat auf. Fülle 40 ml Aceton in einen dritten Erlenmeyerkolben. Gib den Filterrückstand in den dritten Erlenmeyerkolben. Rühre etwa 10 min und filtriere in den zweiten Erlenmeyerkolben. Gib das gewonnene Filtrat in den Rundkolben. Destilliere im Abzug das Aceton weitgehend ab. Anschließend wird der Rückstand im Abzug durch Verdampfen getrocknet.
Bestimme die Masse des extrahierten Fettes im Rundkolben. Berechne den Fettgehalt der Kartoffelchips aus der Masse der eingesetzten Chips und der Masse des extrahierten Fettes. Wiederhole die Schritte anschließend mit Kartoffelchips light.
Auswertung: Vergleiche den Fettgehalt von Kartoffelchips und Kartoffelchips light. Welche Konsequenzen ziehst du aus den Ergebnissen?

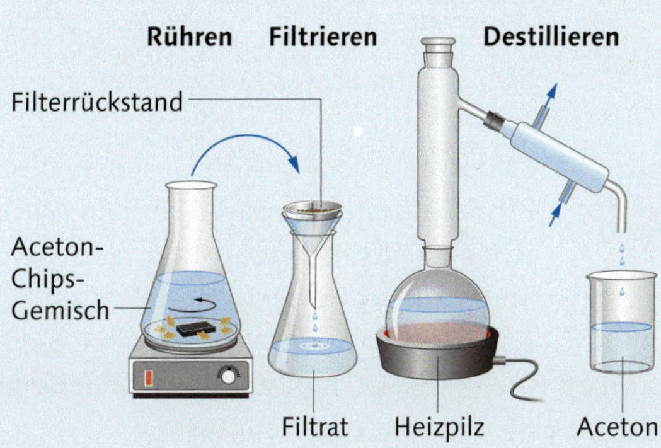

Kohlenhydrate

Kohlenhydrate in unserer Nahrung Brot, Kartoffeln, Nudeln und Obst enthalten viele Kohlenhydrate. Sie machen den größten Bestandteil in der Nahrung aus. Weil aus Kohlenhydraten im Stoffwechsel leicht Energie gewonnen wird, sind sie der „Treibstoff" für Muskeln und Gehirn. 1 g Kohlenhydrate liefern 17 kJ Energie.

1 *Lebensmittel, die viele Kohlenhydrate enthalten*

Welche Kohlenhydrate gibt es? Zu den Kohlenhydraten gehören unterschiedliche Stoffe:

Traubenzucker (Glucose) und *Fruchtzucker (Fructose)* sind für den süßen Geschmack vieler Früchte verantwortlich. Unser Körper kann diese Zucker besonders leicht verwerten.

Rohr- oder Rübenzucker (Saccharose) kommt beispielsweise in Zuckerrohr und Zuckerrüben vor. Er findet als Haushaltszucker Verwendung.

Stärke ist der Vorratsstoff der Pflanzen und kommt unter anderem in Kartoffeln, Hülsenfrüchten, Getreide und deshalb auch in Brot und Teigwaren vor.

Cellulose ist der Baustoff, aus dem alle Pflanzen bestehen. Sie ist für den Menschen nicht verwertbar, jedoch bei der Verdauung ein wichtiger Ballaststoff.

Zu den Kohlenhydraten gehören verschiedene Zuckerarten, Stärke und Cellulose.

2 *Zuckergehalt in 100 g Lebensmitteln*

Zu viel Süßes Pro Jahr verbraucht jeder Deutsche mehr als 34 kg Zucker. Durch Werbekampagnen für süße Lebensmittel werden wir immer wieder zum Verzehr zuckerreicher Nahrung angeregt. Viele industriell gefertigte Lebensmittel enthalten sehr viel Zucker, ohne dass wir dies bewusst wahrnehmen. Versteckter Zucker befindet sich beispielsweise in Limonaden, Fruchtsäften, Ketchup und Soßen.
Ein zu hoher Zuckerkonsum kann zu erheblichen gesundheitlichen Schäden führen. An erster Stelle steht Karies, die durch stark zuckerhaltige Nahrung und schlechte Zahnpflege verursacht wird. Die Bakterien in unserem Mund wandeln Zucker in Säuren um, die den Zahnschmelz angreifen und den Zahn zerstören können. Ein hoher Zuckerkonsum kann auch zu Übergewicht führen. Im Körper wird der nicht benötigte Zucker in Fett umgewandelt und gespeichert.

Chemische Gemeinsamkeiten Zucker, Stärke und Cellulose sind Verbindungen aus den Elementen Kohlenstoff, Wasserstoff und Sauerstoff. Unter Einwirkung von Schwefelsäure werden diese Verbindungen in Kohlenstoff und Wasser zerlegt (Bild 3).

Zucker, Stärke und Cellulose sind aus den Elementen Kohlenstoff, Wasserstoff und Sauerstoff aufgebaut.

3 *Konzentrierte Schwefelsäure zersetzt Zucker. Dabei entstehen Kohlenstoff und Wasserdampf, der den Kohlenstoff aufbläht.*

Saccharose

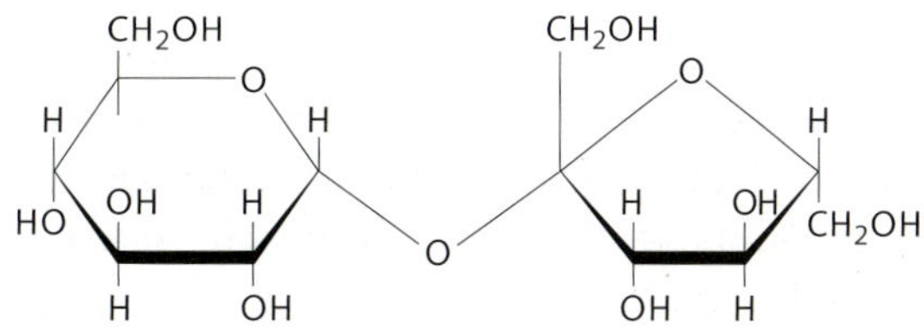

Summenformel:
$C_{12}H_{22}O_{11}$

5 *Strukturformel des Saccharose-Moleküls, ein Zweifachzucker*

Einfachzucker – Monosaccharide Glucose, in der Alltagssprache Traubenzucker genannt, und Fructose, die auch als Fruchtzucker bezeichnet wird, sind Zucker mit der gleichen Summenformel $C_6H_{12}O_6$. Sie unterscheiden sich aber in ihrem Molekülaufbau: Das Glucose-Molekül ist ein 6-Ring aus fünf Kohlenstoffatomen und einem Sauerstoffatom. Das Fructose-Molekül ist ein 5-Ring. Beide Zucker-Moleküle sind Isomere, das heißt, sie haben die gleiche Summenformel, jedoch eine unterschiedliche Struktur. Aufgrund ihres Molekülbaus zählen Glucose und Fructose zu den Einfachzuckern, den Monosacchariden.

Glucose

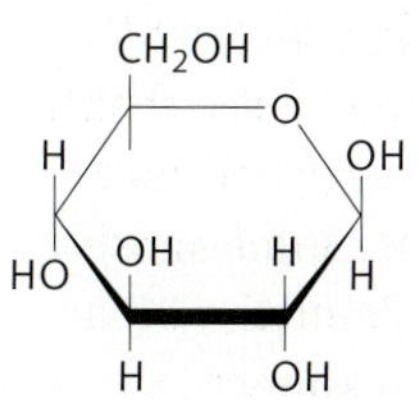

Summenformel:
$C_6H_{12}O_6$

Fructose

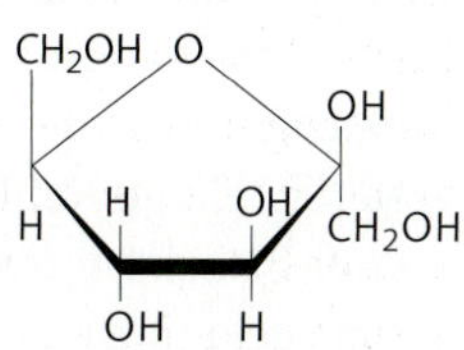

Summenformel:
$C_6H_{12}O_6$

4 *Glucose und Fructose: gleiche Summenformel – unterschiedliche Strukturformeln*

Zweifachzucker – Disaccharide Verbindet sich ein Glucose-Molekül mit einem Fructose-Molekül, so entsteht Saccharose, ein Zweifachzucker oder Disaccharid. Bei dieser Reaktion wird ein Wasser-Molekül abgespalten.

$$C_6H_{12}O_6 + C_6H_{12}O_6 \longrightarrow C_{12}H_{22}O_{11} + H_2O$$
Glucose + Fructose ⟶ Saccharose + Wasser

Saccharose dient als Süßungsmittel in Süßigkeiten und als Konservierungsmittel, beispielsweise in Marmelade.

Vielfachzucker – Polysaccharide Wenn sich viele Tausend Glucose-Moleküle unter Abspaltung von Wasser-Molekülen zu Makromolekülen verbinden, entstehen Vielfachzucker, die Polysaccharide. Stärke und Cellulose sind Mehrfachzucker. Obwohl beide Stoffe aus Glucose-Molekülen aufgebaut sind, haben Stärke und Cellulose unterschiedliche Eigenschaften. Dies lässt sich mit der unterschiedlichen Anordnung der Glucose-Moleküle in der Stärke und in der Cellulose erklären: Viele Stärke-Moleküle sind spiralförmig gewunden. Dagegen bilden Cellulose-Moleküle lang gestreckte Ketten.

Stärke dient dem Menschen als Nahrungsmittel, sie ist der Hauptbestandteil in Getreide und Kartoffeln. Aus besonders cellulosehaltigen Pflanzenteilen wie Holz und Stroh kann reine Cellulose gewonnen werden, der Zellstoff. Daraus können Cellulosefasern für Textilien (Viskose) und vor allem Papier hergestellt werden.

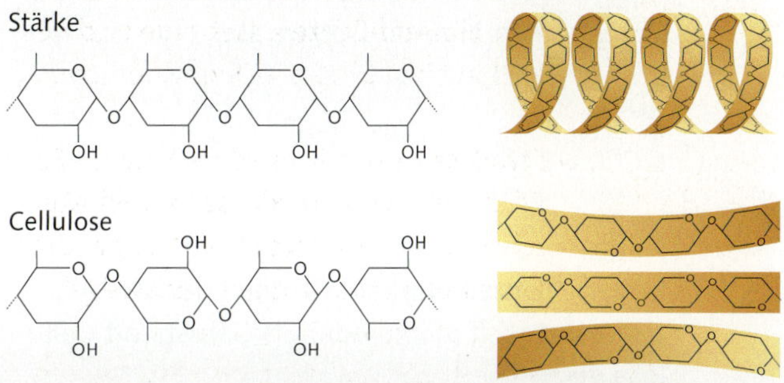

6 *Stärke und Cellulose: gleiche Bausteine – unterschiedlicher Aufbau*

15

Exkurs Stärkenachweis

Mit Iod-Kaliumiodid-Lösung lässt sich Stärke beispielsweise in Kartoffeln nachweisen. Die Iodid-Ionen können sich in die spiralförmig gewundenen Makromoleküle der Stärke einlagern. Dabei tritt eine typische Blaufärbung bei der zu untersuchenden Probe auf.

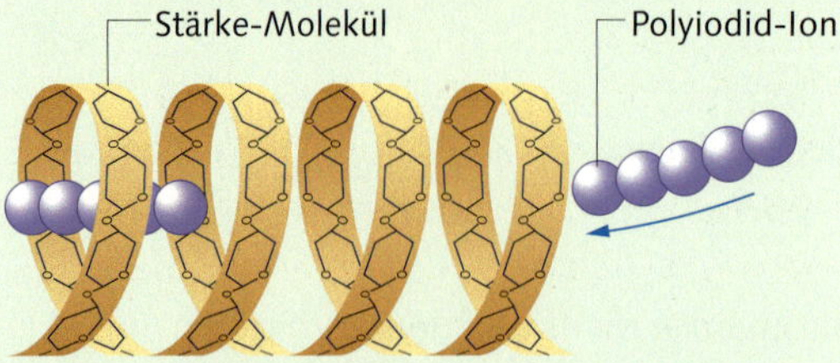

7 *Iodid-Ionen lagern sich in einem Stärke-Molekül ein.*

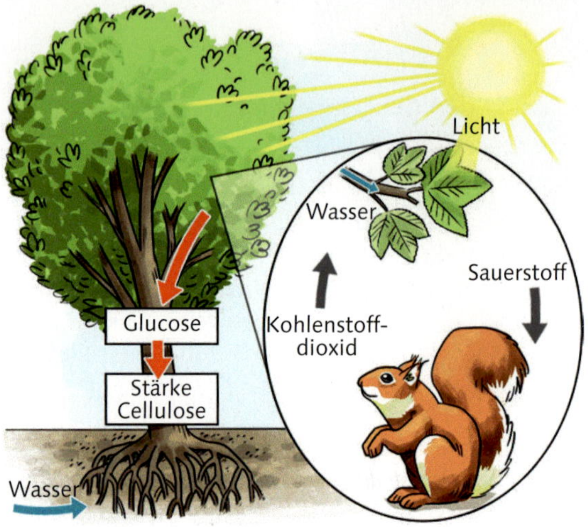

8 *Vorgänge bei der Fotosynthese*

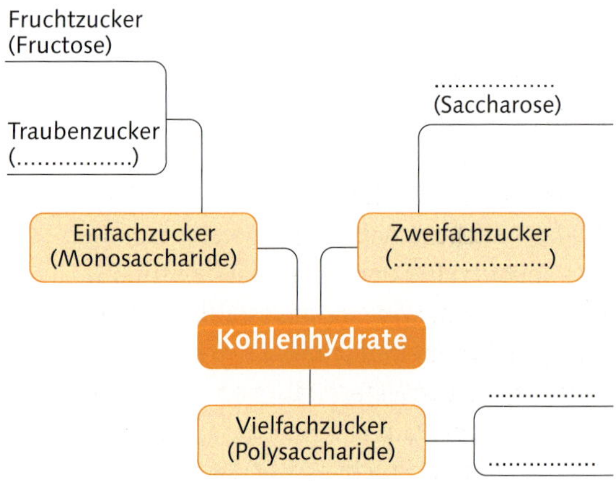

9 *Mindmap zum Thema Kohlenhydrate*

Verdauung Damit die Stärke aus der Nahrung für den Körper verwertbar wird, müssen die Stärke-Moleküle zerlegt werden. Dieser Vorgang beginnt bereits im Mund mithilfe des Speichelenzyms Amylase. Hauptsächlich erfolgt die Verdauung der Kohlenhydrate jedoch im Dünndarm. Hier werden die Kohlenhydrate durch weitere Enzyme zu Einfachzuckern, vor allem zu Glucose, abgebaut. Denn nur die Einfachzucker können im Dünndarm aufgenommen und an den Blutkreislauf abgegeben werden. Glucose stellt die benötigte Energie für fast alle Stoffwechselvorgänge im Körper zur Verfügung.

Bei der Ernährung dienen Stärke und Zucker als wichtige Energielieferanten.

Kein Zucker ohne Fotosynthese Nur Pflanzen sind in der Lage, aus Kohlenstoffdioxid und Wasser Glucose aufzubauen. Dazu benötigen sie Sonnenlicht und den grünen Blattfarbstoff Chlorophyll. Bei diesem Vorgang geben die Pflanzen Sauerstoff an die Atmosphäre ab.

$$6\,CO_2 + 6\,H_2O \xrightarrow{\text{Licht, Chlorophyll}} C_6H_{12}O_6 + 6\,O_2$$

In den Pflanzen wird ein Großteil der Glucose als Vorratsstoff Stärke oder als Gerüststoff Cellulose gespeichert.

Aufgaben

1 Nenne einige Kohlenhydrate. Ordne sie den Einfachzuckern, Zweifachzuckern und Vielfachzuckern zu.
2 Nenne medizinische Risiken, die durch hohen Zuckerkonsum entstehen können.
3 Haushaltszucker, Stärke und Cellulose sind miteinander verwandt. Erkläre, weshalb diese Aussage zutrifft.
4 Vervollständige die Mindmap in Bild 9 zum Thema Kohlenhydrate.
5 Einige Nahrungsmittel haben einen besonders hohen Anteil an Stärke.
a Nenne einige dieser Lebensmittel.
b Wie kannst du die Stärke darin nachweisen?
6 Beschreibe mithilfe von Bild 8 den Vorgang der Fotosynthese.

1 Teste den Geschmack von Kohlenhydraten (Heimversuch)

Zutaten: eine gekochte Kartoffel, ein Stück Traubenzucker, ein Stück Körnerbrötchen, ein Stück Toast, etwas Haushaltszucker

Durchführung: Zerkaue hintereinander sehr gründlich die oben aufgeführten Lebensmittel.

Auswertung: Notiere deine Beobachtungen beim Kauen. Bemerkst du bei längerem Kauen Geschmacksveränderungen? Erkläre.

2 Nachweis von Monosacchariden in Lebensmitteln

Geräte: Reagenzgläser, Reagenzglasständer, Spatel, großes Becherglas, Mörser, Pistill, Messer, Trichter, Filterpapier, Heizplatte
Chemikalien: Fehling'sche Lösungen I und II, dest. Wasser, Traubenzucker, Fruchtzucker, Honig, süße Früchte, rohe Möhre, Stärke, Kartoffel, Glucose-Teststäbchen
Durchführung: Gib jeweils eine Spatelspitze Traubenzucker, Fruchtzucker, Honig und Stärke in je ein Reagenzglas und füge je 3 ml dest. Wasser hinzu. Zerkleinere feste Lebensmittel, gib sie dann ins Reagenzglas und füge 3 ml dest. Wasser hinzu. Gib in jedes Reagenzglas 1 ml Fehling I und 1 ml Fehling II. Erhitze vorsichtig und unter ständigem Schütteln die Flüssigkeiten im Wasserbad bis zum Sieden. Überprüfe die Lebensmittel mit Glucose-Teststäbchen auf ihren Gehalt an Glucose.
Auswertung: Notiere deine Beobachtungen in Form einer Tabelle. In welchen Lebensmitteln findest du Monosaccharide?

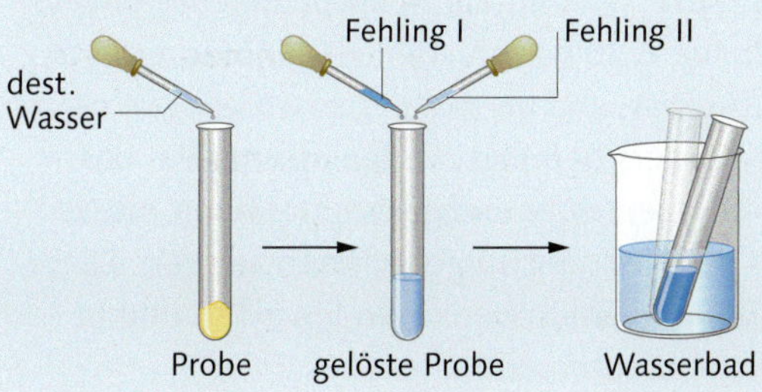

3 Stärkenachweis

Geräte: Pipette, Messer, mehrere Uhrgläser
Chemikalien: Iod-Kaliumiodid-Lösung, etwas Toast, eine rohe Kartoffel, Haushaltszucker, Traubenzucker, Stärke
Durchführung: Gib mit einer Pipette einige Tropfen Iod-Kaliumiodid-Lösung auf etwas Stärke. Untersuche weitere Lebensmittel auf Stärke.
Auswertung: Notiere alle deine Beobachtungen in Form einer Tabelle.

4 Stärkeabbau durch Enzyme im Speichel

Geräte: Reagenzlas, Becherglas (250 ml), Heizplatte, Thermometer, Stativmaterial, Siedesteinchen
Chemikalien: Stärkelösung, Wasser, Fehling'sche Lösungen I und II
Durchführung: Mische 3 ml Stärkelösung im Reagenzglas mit reichlich Speichel. Halte die Mischung 10 min lang im Wasserbad bei etwa 40 °C warm. Gib 1 ml Fehling I und 1 ml Fehling II hinzu und erhitze die Mischung vorsichtig.
Auswertung: Notiere deine Beobachtungen. Welche Schlussfolgerung kannst du aus den Beobachtungen ziehen?

5 Schoko-Knusperpralinen (Heimversuch)

Geräte: großer Kochtopf, kleiner Kochtopf, Holzlöffel, 2 Teelöffel, Alufolie, Herd

Zutaten: 5 Tafeln Schokolade, 1 Riegel Kokosfett, etwa 100 g Cornflakes, Leitungswasser

Durchführung: Gib 5 Tafeln Schokolade und einen Riegel Kokosfett in einen kleinen Kochtopf und schmilz alles im Wasserbad (großer Kochtopf). Rühre etwa 100 g Cornflakes vorsichtig unter. Lege mit zwei Teelöffeln kleine Schokohäufchen auf die Alufolie.

Nach etwa 12 Stunden sind die Pralinen hart.

Eiweiße

1 *Lebensmittel, die eiweißhaltig sind*

Eiweiße in unserer Nahrung Lebensmittel wie Eier, Käse, Erbsen, Fisch und Fleisch enthalten Eiweiße. Eiweiße, auch Proteine genannt, haben den gleichen Energiegehalt wie Kohlenhydrate. Allerdings haben Eiweiße in unserem Körper eine andere Funktion als Kohlenhydrate.

Eiweiße – echte Multitalente Ohne Eiweiße ist kein Leben möglich. Unser Körper benötigt Eiweiße für den Zellaufbau. Dadurch bleiben Haut und Muskeln elastisch, und Haare und Nägel können wachsen. Als Baustoff von Hormonen beeinflussen Eiweiße unseren gesamten Stoffwechsel. Auch die Übertragung von Nervenimpulsen und der Transport von Sauerstoff ist ohne Eiweiße nicht möglich.

Eiweiße sind für alle Vorgänge in unserem Körper lebensnotwendig.

Pflanzliche und tierische Eiweiße Bei der Nahrung unterscheiden wir zwischen tierischen und pflanzlichen Eiweißen. Zu den pflanzlichen Eiweißquellen zählen Hülsenfrüchte wie Erbsen, Linsen und Bohnen. Auch in Sojaprodukten und Nüssen ist pflanzliches Eiweiß enthalten. Tierische Eiweißquellen sind beispielsweise alle Milchprodukte, Eier, Wurst, Fleisch, Geflügel und Fisch. Wenn wir zu viel Eiweiß zu uns nehmen, stellt dies eine Belastung für unseren Körper dar. Das überflüssige Eiweiß muss nämlich unter hohem Energieaufwand in unserem Körper in Glucose umgewandelt werden. Die Deutsche Gesellschaft für Ernährung empfiehlt eine tägliche Eiweißaufnahme von etwa 0,8 g Eiweiß pro kg Körpergewicht.

Lebensmittel	Eiweißgehalt (in g pro 100 g)
Schweineschnitzel, natur	30,8
Bergkäse, 45 % Fett	29
Linsen, rot, getrocknet	27
Hühnerfleisch	26,6
Erbsen, grün, getrocknet	22,9
Camembert, 45 % Fett	21
Cashewnüsse, gesalzen, geröstet	20,5
Lachsfilet, roh	20

Tab. 1 *Eiweißgehalt in 100 g Lebensmittel*

Eiweiß im Wandel Wenn du ein Frühstücksei kochst, wird das flüssige Eiklar innerhalb einiger Minuten fest und weiß. Dabei verändern die Eiweiße ihre Struktur. Diese Strukturänderung nennt man auch Denaturierung. Denaturierte Eiweiße kann unser Körper leichter verdauen. Auch durch die Zugabe von Säuren, Alkohol oder Schwermetallen wird die Struktur der Eiweiße verändert. In der Regel sind Denaturierungen nicht umkehrbar, die ursprüngliche Eiweißstruktur kann nicht wieder erzeugt werden.

2 *Flüssiges Eiklar, denaturiertes Eiweiß*

Bausteine der Eiweiße Das Eiweiß, das wir mit der Nahrung zu uns nehmen, wird verdaut und dabei in viele kleine Teile, die sogenannten Aminosäuren, zerlegt. Unser Körper kann sich dann aus diesen Aminosäuren körpereigenes Eiweiß aufbauen. 20 verschiedene Aminosäuren sind am Aufbau und an den Lebensvorgängen unseres Körpers beteiligt. Einige essenzielle, das heißt lebensnotwendige Aminosäuren müssen mit der Nahrung aufgenommen werden. Diese sind vor allem in tierischen Eiweißen und in Hülsenfrüchten enthalten.

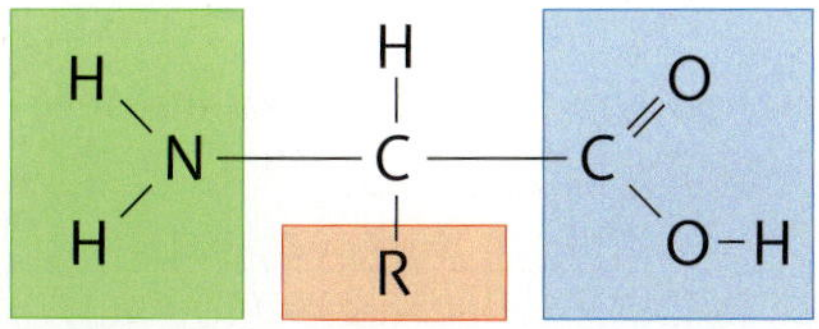

3 *Allgemeiner Aufbau eines Aminosäure-Moleküls*

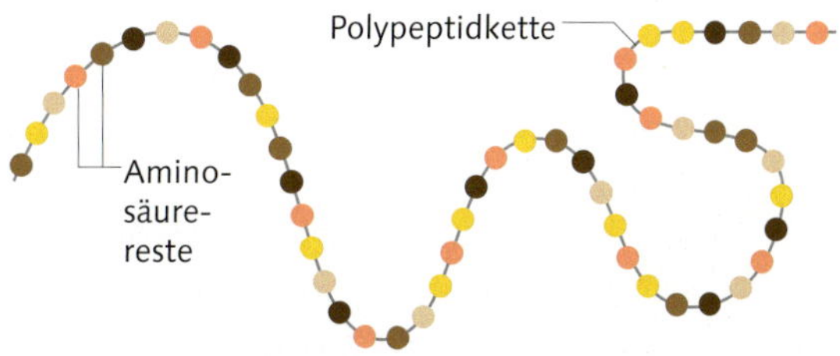

5 *Kettenförmiges Polypeptid*

Gruppe der Aminosäuren Aminosäuren sind organische Verbindungen, die alle nach dem gleichen allgemeinen Bauplan zusammengesetzt sind. Ihre Moleküle enthalten eine Carboxyl-Gruppe (–COOH) und eine Amino-Gruppe (–NH_2). Sie unterscheiden sich voneinander durch eine Seitenkette, die auch als Rest (Abkürzung: R) bezeichnet wird.

Eiweiße sind aus Aminosäuren aufgebaut. Funktionelle Gruppen sind die Carboxyl- (–COOH) und die Amino-Gruppe (–NH_2).

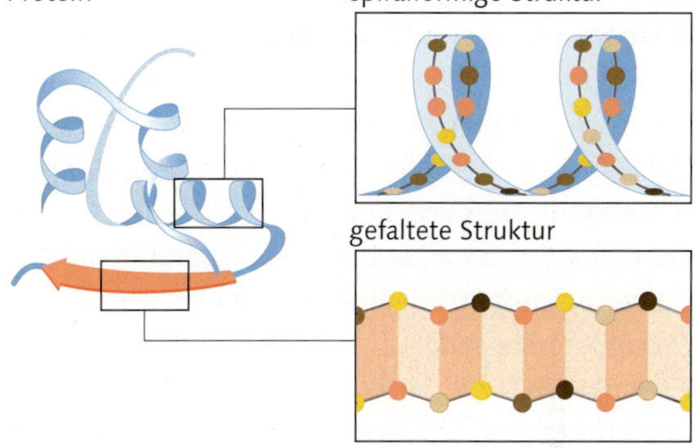

6 *Räumliche Struktur eines Proteins*

Peptidbindung Wenn zwei Aminosäure-Moleküle reagieren, verbindet sich die COOH-Gruppe des einen Moleküls mit der NH_2-Gruppe des anderen Moleküls. Da bei diesem Vorgang Wasser abgespalten wird, handelt es sich um eine Kondensationsreaktion. Aus zwei Aminosäuren wird ein Dipeptid gebildet. Die Bindung zwischen den Aminosäure-Molekülen heißt Peptidbindung. Sie ist ein wichtiges Strukturmerkmal.

Polypeptide – Makromoleküle Aminosäure-Moleküle können sich zu langen Ketten, den Polypeptiden, verbinden. Weil die Aminosäuren beliebig miteinander verknüpft werden können, ergeben sich fast unbegrenzt viele Kombinationsmöglichkeiten. Polypeptide sind aus mindestens 10 Aminosäuren aufgebaut. Proteine sind Polypeptide mit über 100 Aminosäuren. Sie gehören deshalb zu den Makromolekülen.

Eiweißstruktur Polypeptidketten liegen nicht als gerade Stränge vor, sondern sind meistens spiralförmig angeordnet oder bilden gefaltete Strukturen. Wasserstoffbrückenbindungen zwischen den COOH- und NH_2-Gruppen sind unter anderem für die räumliche Struktur der Proteine verantwortlich.

Aufgaben

1. Nenne Nahrungsmittel pflanzlicher und tierischer Herkunft, die Eißweiße enthalten.
2. Nenne wichtige Funktionen der Eiweiße.
3. Eine Portion Putenfleisch (150 g) liefert dem Körper 36 g Eiweiß. Berechne, wie viel Gramm Putenfleisch ausreichen, um deinen Tagesbedarf an Eiweiß zu decken.
4. Formuliere die Bildung eines Dipeptids aus zwei Molekülen der Aminosäure Glycin in Formelschreibweise (Strukturformeln).

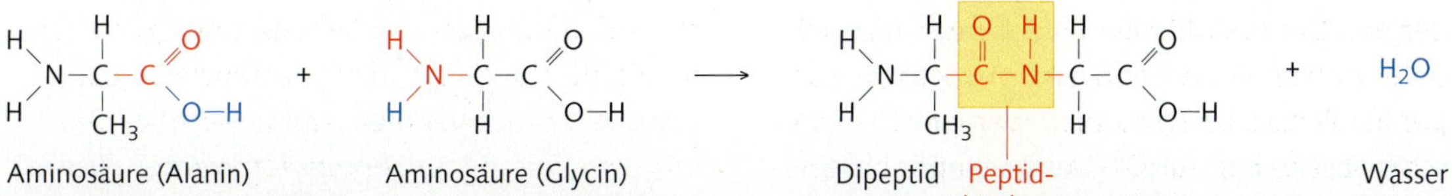

4 *Bildung eines Dipeptids – eine Kondensationsreaktion*

Praktikum Eiweiß

1 Herstellung einer Eiweißlösung

Geräte: Becherglas (250 ml), Spatel
Chemikalien: Hühnerei, Natriumchlorid, Wasser
Durchführung: Vermische in einem Becherglas das Eiweiß eines Hühnereies mit 2 Spatelspitzen Natriumchlorid und 100 ml Wasser. Rühre gut um. Die Eiweißlösung kann für weitere Experimente verwendet werden.
Auswertung: Notiere deine Beobachtungen.

2 Denaturieren von Eiweiß

Geräte: 4 Reagenzgläser, Reagenzglasständer, 2 Tropfpipetten, 2 Messpipetten (10 ml), Gasbrenner
Chemikalien: Salzsäure (10%ig), Kupfersulfat-Lösung, Spiritus, Eiweißlösung
Durchführung: Gib in 4 Reagenzgläser jeweils 5 ml Eiweißlösung. Erhitze das erste Reagenzglas.
Gib in das zweite Reagenzglas 2 ml Spiritus. Füge in das dritte Reagenzglas etwa 10 Tropfen 10%ige Salzsäure hinzu. In das vierte Reagenzglas gibst du etwa 10 Tropfen Kupfersulfat-Lösung.
Auswertung: Notiere deine Beobachtungen. Was kannst du über die Empfindlichkeit von Eiweiß gegenüber Hitze, Alkohol (Spiritus), Salzsäure und Kupfersulfat-Lösung aussagen?

3 Biuret-Reaktion – Nachweis für Eiweiß

Geräte: Reagenzglas, Reagenzglasstopfen, Becherglas (400 ml), 2 Messpipetten (10 ml), Tropfpipette, Heizplatte
Chemikalien: Eiweißlösung, verdünnte Natronlauge (3%ig), Kupfersulfat-Lösung (5%ig)
Durchführung: Gib 5 ml Eiweißlösung in ein Reagenzglas und füge 5 ml verdünnte Natronlauge und etwa 10 Tropfen Kupfersulfat-Lösung hinzu. Schüttle das Reagenzglas. Stelle das Reagenzglas in ein Becherglas mit heißem Wasser.
Auswertung: Notiere deine Beobachtungen.

4 Untersuchen von Lebensmitteln mithilfe der Biuret-Reaktion

Geräte: 7 Reagenzgläser, Reagenzglasständer, Spatel, Reibeisen, Becherglas (100 ml), Becherglas (400 ml), Trichter, Filterpapier, Erlenmeyerkolben (100 ml), Messpipetten (50 ml und 10 ml), Tropfpipette, Reagenzglasstopfen, Heizplatte
Chemikalien: verdünnte Natronlauge (3%ig), Kupfersulfat-Lösung (5%ig), Wasser, rohe Kartoffel, Quark, Joghurt, Zucker, Milch, Sojamilch, Eiweißshake
Durchführung:

a *Eiweißnachweis in Kartoffeln:* Zerreibe eine rohe Kartoffel mit einem Reibeisen und versetze sie im Becherglas mit 50 ml Wasser. Filtriere das Gemisch nach 15 min in einen Erlenmeyerkolben. Gib 5 ml des Filtrats in ein Reagenzglas. Überprüfe das Filtrat mithilfe der Biuret-Reaktion auf Eiweiß.

b *Eiweißnachweis in Quark, Milch, Joghurt, Zucker, Sojamilch und Eiweißshake:* Bereite die Proben wie in der Abbildung gezeigt vor. Die Reagenzgläser 1, 2 und 3 werden gut geschüttelt. Füge in die Reagenzgläser 1–6 jeweils 5 ml verdünnte Natronlauge und einige Tropfen Kupfersulfat-Lösung hinzu und schüttle vorsichtig. Stelle alle Reagenzgläser in ein Becherglas mit heißem Wasser und warte 5 min.

Auswertung: Notiere deine Beobachtungen. In welchen Lebensmitteln ist Eiweiß enthalten?

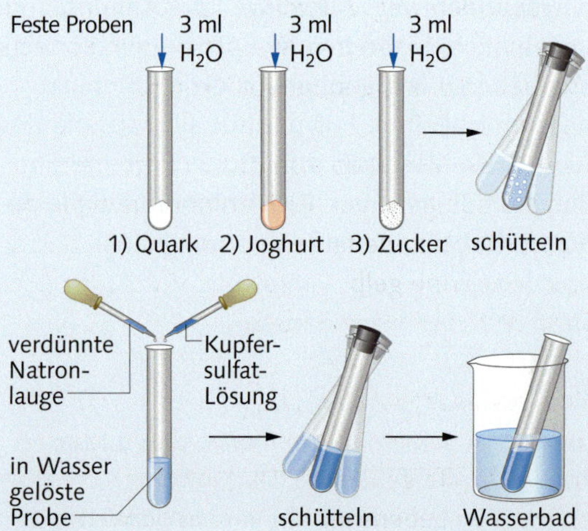

Zusatzstoffe in Lebensmitteln

1 *Lebensmittel mit Zusatzstoffen*

Warum Zusatzstoffe? Viele Lebensmittel wie Obst, Gemüse oder Nüsse schmecken uns von Natur aus gut. Sie sind aber oft nur begrenzt haltbar. Um die Haltbarkeit von Lebensmitteln zu verlängern, kann man sie beispielsweise durch Kochen, Einsalzen oder Einzuckern konservieren. Durch besondere Zusatzstoffe, die Konservierungsstoffe, kann die Haltbarkeit ebenfalls verlängert werden. In der Lebensmittelindustrie benutzt man auch weitere Zusatzstoffe, um beispielsweise die Farbe und den Geschmack von Nahrungsmitteln zu beeinflussen.

E-Nummern Wenn du die Zutatenliste von industriell hergestellten Lebensmitteln ansiehst, findest du oft E-Nummern. Was verbirgt sich hinter diesen Abkürzungen? E-Nummern kennzeichnen die Zusatzstoffe in Lebensmitteln.

Geschmacksverstärker Viele Fertigprodukte und Chips haben eins gemeinsam: Sie enthalten den Geschmacksverstärker Glutamat (Mononatriumglutamat). Die Chips schmecken dadurch intensiver nach Paprika oder einer anderen Geschmacksrichtung. Allerdings steht Glutamat im Verdacht, bei manchen Menschen gesundheitliche Nebenwirkungen hervorzurufen.

Farbstoffe Viele Lebensmittel erhalten erst durch die Zugabe von Farbstoffen ihre typische Farbe. Carotinoide färben beispielsweise Butter und Margarine gelb. Patentblau V verleiht vielen Süßwaren ihre blaue Farbe.

Konservierungsstoffe Das Wachstum von Bakterien und Schimmelpilzen wird durch Konservierungsstoffe gehemmt. Dadurch kann die Haltbarkeit von Lebensmitteln verlängert werden.

Zusatzstoff	E-Nummer	Funktion
Mononatrium-glutamat	621	Geschmacksverstärker
Riboflavin	101	Farbstoff (gelb)
Benzoesäure	210	Konservierungsstoff
Essigsäure	260	Säuerungsmittel, Konservierungsstoff
Äpfelsäure	296	Säuerungsmittel
Aspartam	951	Süßstoff

Tab. 1 *Einige Zusatzstoffe und ihre E-Nummern*

Der Konservierungsstoff Sorbinsäure wird in Marmeladen und Brot verwendet. Benzoesäure findet sich oft in Fischerzeugnissen.

Säuerungsmittel Um Lebensmitteln einen sauren Geschmack zu verleihen, werden Säuerungsmittel verwendet. Gleichzeitig haben diese Stoffe auch eine konservierende Wirkung. Essigsäure findet sich in Fertigsalaten, Gewürzsoßen oder Gemüseprodukten. Äpfelsäure wird in Backwaren, Säften und Suppen eingesetzt.

Süßstoffe Um Lebensmitteln einen süßen Geschmack zu verleihen, werden auch Süßstoffe verwendet. Sie ersetzen in manchen Lebensmitteln den Haushaltszucker (Saccharose). Aspartam ist ein künstlicher Süßstoff, der in Kaugummi und Getränken eingesetzt wird. Auch Süßstofftabletten bestehen oft aus Aspartam.

Geschmacksverstärker, Farbstoffe, Konservierungsstoffe, Säuerungsmittel und Süßstoffe werden als Zusatzstoffe in der Lebensmittelindustrie verwendet.

Aufgaben

1 Erläutere, warum in der Lebensmittelherstellung Zusatzstoffe verwendet werden.

2 Welche Bedeutung haben E-Nummern auf Lebensmittelverpackungen?

3 Zu den Zusatzstoffen gehören auch Verdickungsmittel und Emulgatoren. Recherchiere, welche Stoffe verwendet werden, und beschreibe ihre Funktion.

Geschichte und Herstellung der Seife

1 *Seife – einst Luxusartikel, heute Alltagsgegenstand*

Die ersten Seifen Eine kleine Tontafel aus Mesopotamien, aus der Zeit um 2500 v. Chr., gilt als erste schriftliche Überlieferung für die Verwendung eines seifenähnlichen Gemischs. Die Tontafel enthält in Keilschrift Anweisungen zum Waschen von Wolle mit einem Gemisch aus Pottasche, einer alkalischen Verbindung, und Pflanzenöl. Im Altertum wurde Seife zunächst für kosmetische Zwecke und zur Wundheilung, beispielsweise bei Hautausschlägen, genutzt. Die Römer verwendeten sie erst ab dem 2. Jh. n. Chr. zum Waschen und zur Körperhygiene. Weil die Reinigungswirkung überzeugte, wurde sie bald zu einem begehrten Handelsartikel. Vom lateinischen Wort *sapo* leiten sich das deutsche Wort „Seife", das englische *soap* und das französische *savon* ab.

Exkurs Vom Luxusartikel zum Alltagsgegenstand

Im 7. Jahrhundert wurden die ersten Zünfte der Seifensieder gegründet und im fränkischen Reich von KARL DEM GROSSEN (747 bis 814 n. Chr.) gefördert. Trotzdem dauerte es noch rund 1000 Jahre, bis die Seife im alltäglichen Leben Einzug fand. Dies lag einerseits daran, dass Seife im Mittelalter als Luxusartikel nur der oberen Bevölkerungsschicht zugänglich war. Zudem vertraten im 16. und 17. Jahrhundert viele Menschen die Meinung, Wasser schade dem Körper. Man puderte die Haut lieber, als sich mit Seife und Wasser zu waschen. Die Folge waren mangelhafte hygienische Zustände, die die Ausbreitung von Seuchen förderten. Erst im 18. Jahrhundert wurde die Seife als Mittel zur Körperreinigung wiederentdeckt. Damit begann auch die industrielle Seifenproduktion.

2 *Seifensieder bei der Arbeit, Kupferstich aus dem 18. Jahrhundert*

Fette zur Seifenherstellung Zur Seifenherstellung können pflanzliche und tierische Fette verwendet werden. Die Verwendung unterschiedlicher Fette führt zu unterschiedlichen Seifen und verschiedenen Seifeneigenschaften. Marseiller Seife wird beispielsweise aus Olivenöl hergestellt, während man zu CAESARS Zeiten Ziegentalg verwendete. Die meisten Seifen werden heute aus Palmöl, Palmkernöl oder Kokosöl hergestellt.

Seifensieden Um Seife herzustellen, wird das Fett mit einer Lauge gekocht. Diesen Vorgang bezeichnet man als Seifensieden. Dabei wandelt sich das Gemisch aus Fett und Lauge in Glycerin und Seife um. Verwendet man beim Seifensieden Natronlauge, so entsteht feste Kernseife. Setzt man Kalilauge ein, entsteht keine feste Seife, sondern weiche Schmierseife (Bild 3).

Fett + Lauge $\longrightarrow$ Seife + Glycerin

Beim Seifensieden wird durch Erhitzen von Fett und Lauge Seife und Glycerin hergestellt.

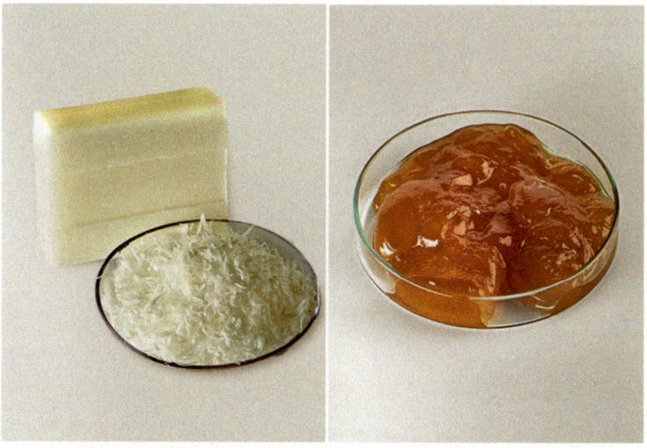

3 *Feste Kernseife (links) und weiche Schmierseife (rechts)*

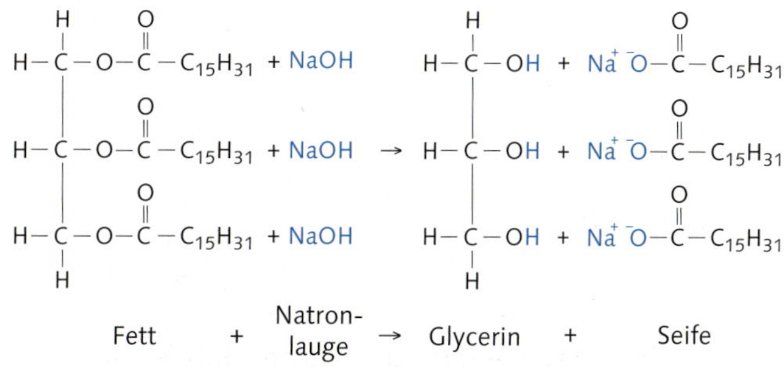

4 *Reaktionsschema der Verseifung*

Verseifung Fette sind Ester, die aus dem dreiwertigen Alkohol Glycerin und verschiedenen Fettsäuren (langkettigen Alkansäuren) bestehen. Beim Kochen in alkalischen Lösungen wie Natronlauge oder Kalilauge werden die Fette gespalten. Dabei entstehen Glycerin und die Alkalimetallsalze der Fettsäuren. Solche Salze von Fettsäuren heißen Seifen. Die chemische Reaktion wird als Verseifung bezeichnet (Bild 4).

Seifen sind Natrium- oder Kaliumsalze der Fettsäuren. Sie entstehen durch Verseifung eines Fettes mit einer alkalischen Lösung.

Trennung von Seife und Glycerin Bei der Verseifung entsteht ein „Seifenleim" aus Glycerin und Seife – eine klare, homogene und fadenziehende Masse. Um Seife und Glycerin voneinander zu trennen, muss gegen Ende der Verseifungsreaktion Kochsalz hinzugegeben werden. Da sich die Seife in der Kochsalzlösung schlecht löst, scheidet sie sich an der Oberfläche ab.

Technische Herstellung Die moderne technische Seifenherstellung aus Fetten erfolgt in zwei getrennten Stufen (Bild 5):
In der *ersten Stufe* werden aus Fetten und Wasser durch Hydrolyse Fettsäuren hergestellt, die sich leicht vom wasserlöslichen Glycerin abtrennen lassen. Dies stellt einen Vorteil gegenüber dem traditionellen Verfahren der Verseifung dar, weil es zu einer besseren Ausbeute des begehrten Rohstoffs Glycerin führt.
Die *zweite Stufe* ist die Neutralisation, bei der die gebildeten Fettsäuren mit einer Lauge behandelt werden, wodurch die Seife entsteht.

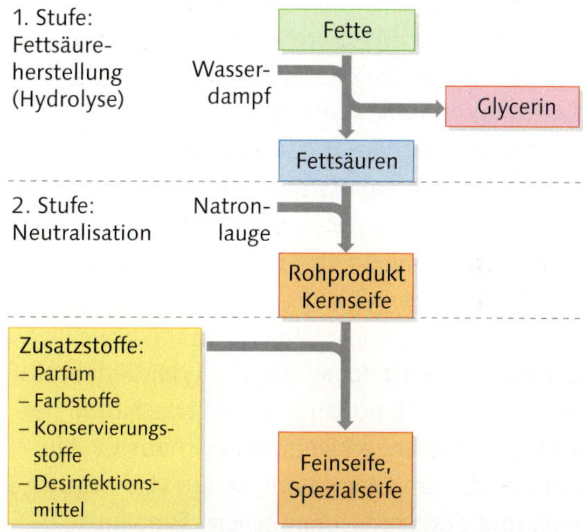

5 *Technische Seifenherstellung*

Die Rohseife kann mit verschiedenen Zusatzstoffen angereichert werden. Anschließend wird die Seife in Formen eingefüllt und verpackt. Durch Auswahl und Zusammenstellung der verwendeten Fette und Zusatzstoffe wie Parfüm, Farbstoffe oder Konservierungsstoffe lässt sich die Vielfalt der im Handel erhältlichen Fein- und Spezialseifen herstellen.

Aufgaben

1 Nenne die Ausgangsstoffe und die Reaktionsprodukte der Seifenherstellung.

2 Welche Lauge muss zur Herstellung von Kernseife und welche zur Herstellung von Schmierseife verwendet werden?

3 Erkläre, warum am Ende der Herstellung von Seife etwas Kochsalz zum Seifenleim gegeben werden muss.

4 Worin unterscheidet sich die technische von der traditionellen Seifenherstellung?

Bau und Eigenschaften der Seife

1 *Das rot gefärbte Öl kann nur entweichen, wenn es von Seifenlösung umgeben ist.*

Sonderbare Seife Aus einer Flasche mit Öl, die in einem Becherglas mit Wasser steht, entweicht kein einziger Öltropfen. Wenn aber dem Wasser Seife zugesetzt wird, strömt Wasser in die Ölflasche hinein und Öl aus ihr heraus. Wie kann das sein?

Bau der Seifenteilchen Der Bau der Seifenteilchen ist entscheidend für die Eigenschaften der Seife. In Wasser zerfallen Seifen in positiv geladene Natrium- oder Kalium-Ionen und negativ geladene Fettsäure-Ionen. Diese Fettsäure-Ionen nennt man Seifen-Anionen.

$$C_{15}H_{31}\text{–}COONa \xrightarrow{\text{Wasser}} C_{15}H_{31}\text{–}COO^- + Na^+$$

Seifenteilchen → Seifen-Anion + Natrium-Ion

Gegensätzliche Eigenschaften Für die Waschwirkung der Seife ist das Seifen-Anion verantwortlich. Man kann es sich aus zwei verschiedenen Teilen zusammengesetzt vorstellen: einem negativ geladenen „Kopf" und einer langen Kohlenwasserstoffkette. Der „Kopf" ist polar und besitzt daher hydrophile (wasserliebende) Eigenschaften. Die Kohlenwasserstoffkette besteht aus 10 bis 18 Kohlenstoffatomen. Sie ist unpolar und hydrophob (wasserabstoßend) – und zugleich lipophil (fettliebend).

Seifen-Anionen bestehen aus einem hydrophilen „Kopf" und einer hydrophoben Kohlenwasserstoffkette.

Lösevorgang von Seife in Wasser An der Grenzfläche zwischen Wasser und Luft wird der hydrophile „Kopf" des Seifen-Anions von Wasser-Molekülen umlagert. Die hydrophoben Kohlenwasserstoffketten werden aus dem Wasser verdrängt und ragen aus der Grenzfläche heraus. Wird der Flüssigkeit vermehrt Seife zugesetzt, so ist die Grenzfläche schließlich besetzt und es gelangen auch Seifen-Anionen ins Wasserinnere. Da die unpolaren Kohlenwasserstoffketten anderer Seifen-Anionen eine unpolare Umgebung darstellen, drängen sich diese zusammen. Die hydrophilen „Köpfe" ragen in das Wasser hinein. Solche Zusammenschlüsse aus Seifen-Anionen heißen Mizellen.

Herabsetzung der Oberflächenspannung Durch die Anwesenheit der Seifen-Anionen werden die Anziehungskräfte der Wasser-Moleküle und ihr Zusammenhalt an der Oberfläche verringert. Die Oberflächenspannung wird herabgesetzt. Eine Seifenlösung hat also eine geringere Oberflächenspannung als Wasser. Die Flüssigkeit wird dadurch beweglicher und das Öl kann aus der Flasche entweichen (Bild 1).

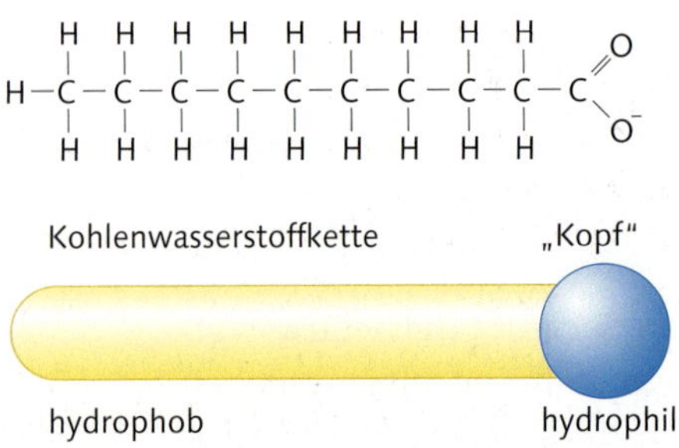

2 *Bau des Seifen-Anions, Modellvorstellung*

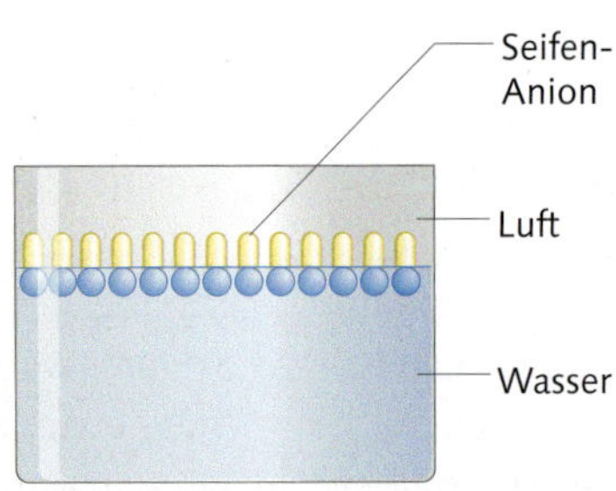

3 *Seifen-Anionen an der Grenzfläche von Wasser und Luft*

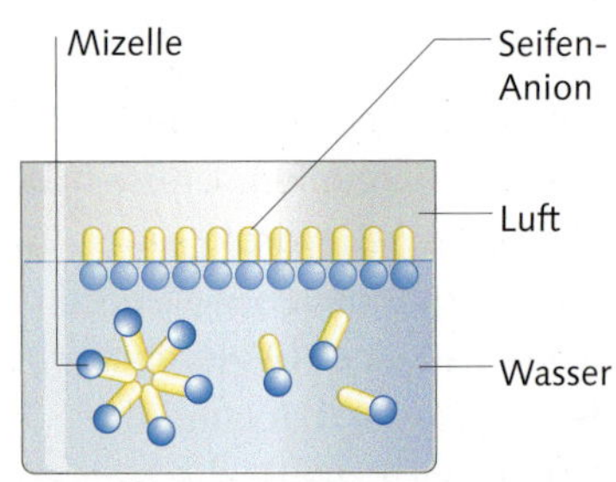

4 *Bildung von Mizellen aus einer Vielzahl von Seifen-Anionen*

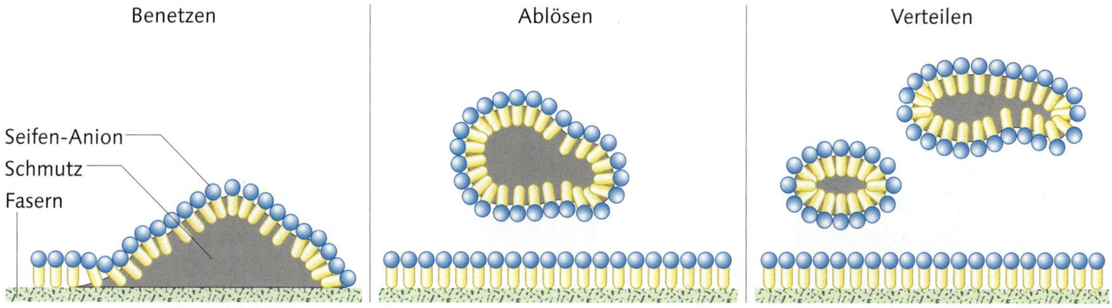

5 *Phasen des Waschvorgangs*

Seifenlösung kann leichter als das reine Wasser in feine Räume wie Gewebefasern eindringen.

Seife ist gut in Wasser löslich und setzt die Oberflächenspannung des Wassers herab.

Phasen des Waschvorgangs Beim Wäschewaschen müssen die Gewebefaser von Wasser benetzt und der zumeist fetthaltige Schmutz abgelöst werden. Beim Waschvorgang verläuft dies in drei Phasen:

1. *Benetzen:* Die Oberflächenspannung des Wassers wird herabgesetzt, wodurch Schmutz und Fasern benetzt werden können. Seifen-Anionen lagern sich an den Grenzflächen Wasser-Schmutz beziehungsweise Wasser-Faser an.
2. *Ablösen:* An der Schmutzoberfläche weisen die „Köpfe" der Seifen-Anionen nach außen. Weil sie elektrisch gleich geladen sind, stoßen sie sich gegenseitig ab. So wird der Schmutz von der Faseroberfläche abgelöst.
3. *Verteilen:* Durch weitere Abstoßung der Seifen-Anionen kommt es zu einer immer feineren Zerteilung und schließlich zur Verteilung des Schmutzes im Wasser. Solch eine Lösung von Schmutz in Wasser heißt Suspension.

pH-Wert einer Seifenlösung Löst sich Seife in Wasser, so reagieren die Seifen-Anionen mit den Wasser-Molekülen. Dabei bilden sich Hydroxid-Ionen. Diese Hydroxid-Ionen sind für die alkalische Reaktion der Seifenlösung verantwortlich. Sie hat einen pH-Wert zwischen 8,5 und 10,5. Hydroxid-Ionen greifen den Säureschutzmantel der Haut an, was zur Schädigung der natürlichen Schutzfunktion führt. Deshalb sollte empfindliche Haut nicht mit Seife gewaschen werden.

Wasserhärte Leitungswasser enthält Erdalkalimetall-Ionen in unterschiedlicher Zusammensetzung. Sie werden als Härtebildner bezeichnet. Je mehr Härtebildner im Wasser enthalten sind, umso „härter" ist es.
Calcium- und Magnesium-Ionen reagieren mit Seifen-Anionen und bilden dabei schwer lösliche Calcium- und Magnesiumsalze. Diese schwer löslichen Salze werden als Kalkseife bezeichnet. Seifen-Anionen, die als Kalkseife gebunden werden, stehen nicht mehr für den Waschvorgang zur Verfügung.

$2\ C_{15}H_{31}{-}COO^- + Ca^{2+} \rightarrow (C_{15}H_{31}{-}COO)_2Ca$
Seifen-Anion + Calcium-Ion $\rightarrow$ Kalkseife

Kalkseife trübt die Seifenlösung, vermindert ihre Reinigungswirkung und lagert sich auf Textilien ab. Dadurch werden Gewebe grau und spröde.

Seife reagiert in Wasser alkalisch und kann dadurch unsere Haut schädigen. In hartem Wasser verliert Seife ihre Reinigungswirkung.

Aufgaben

1 Beschreibe den Bau eines Seifenteilchens. Fertige ein Modell aus Zahnstochern und Knetmasse an, das die wesentlichen Merkmale des Seifenteilchens darstellt.
2 Nenne die gegensätzlichen Eigenschaften eines Seifen-Anions.
3 Erkläre, wie Seife die Oberflächenspannung des Wassers herabsetzt.
4 Beschreibe die Phasen des Waschvorgangs.
5 Nenne Nachteile des Waschens mit Seife.
6 Informiere dich über die Zusammensetzung und die Eigenschaften einer Waschlotion mit der Aufschrift „pH-neutral".

Waschmittel

1 *Waschmittel sind Gemische aus verschiedenen Bestandteilen.*

Moderne waschaktive Substanzen Das erste „selbsttätige“ Vollwaschmittel aus Seife, Natriumcarbonat, Natriumperborat und Natriumsilicat wurde 1907 entwickelt. Dieses Waschmittel reinigte und bleichte in einem Waschvorgang und machte eine starke mechanische Bearbeitung des Waschguts, beispielsweise durch Wäschestampfer, entbehrlich. Die Entwicklung moderner waschaktiver Substanzen war für die Hausfrauen zu dieser Zeit eine sensationelle Erleichterung, weil sie die Wäsche mit weniger Mühe und Kraftaufwand reinigen konnten.

Zusammensetzung von Waschmitteln Heutige Waschmittel sind Gemische aus 10 bis 15 Bestandteilen. Je nachdem, welcher Stoff gereinigt und welche Art Schmutz entfernt werden soll, variiert die Zusammensetzung.

Die Bestandteile moderner Waschmittel lassen sich in drei unterschiedliche Gruppen einteilen:
- Tenside
- Enthärter
- Zusatzstoffe

Tenside Sie sind durch ihre waschaktive, schmutzlösende Wirkung die wichtigsten Bestandteile von Waschmitteln. Der Aufbau der Tenside ist mit dem der Seife vergleichbar. Tensid-Moleküle unterscheiden sich jedoch in den hydrophilen Gruppen von den Seifen-Anionen. Sie werden aufgrund ihres Baus in verschiedene Tensidklassen eingeteilt (Tab. 1).

Enthärter Waschmittel enthalten als Enthärter oder Gerüstsubstanzen bezeichnete Stoffe. Enthärter sind anorganische Salze, die in ihre Kristallgitter Calcium- und Magnesium-Ionen, die Härtebildner, einlagern können. Die Ionen werden dem Waschwasser entzogen, wodurch das Wasser wieder „weicher“ wird. So werden Kalkablagerungen an den Fasern der Wäsche und an Waschmaschinenbauteilen verhindert.

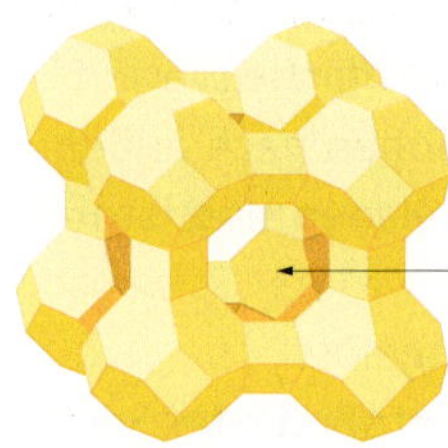

2 *Zeolith – ein Enthärter*

Tensidklasse	Modelldarstellung	Bau, Eigenschaften, Verwendung
Anionische Verbindungen		die hydrophile Gruppe besitzt eine negative Ionenladung; gute Waschwirkung und gute Schaumbildung; wichtigste Tensidklasse in Waschmitteln; Seifen bilden mit hartem Wasser Kalkseifen
Kationische Verbindungen		die hydrophile Gruppe besitzt eine positive Ionenladung; geringe Waschwirkung; glätten Fasern, deshalb Verwendung in Weichspülern; außerdem in Desinfektionsmitteln und Trocknungshilfen
Amphotere Verbindungen	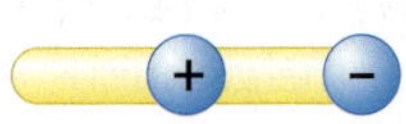	positive und negative Ionenladung im gleichen Molekül; gute Hautverträglichkeit und antibakterielle Wirkung; Verwendung in Kosmetikprodukten, als Schaumstabilisatoren, in Spezialwaschmitteln
Nichtionische Verbindungen	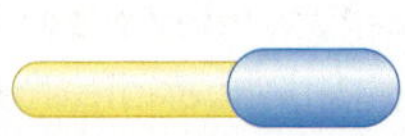	keine Ionenladung; wegen guter Waschwirkung bei geringer Temperatur Verwendung in Wasch- und Reinigungsmitteln; als Emulgatoren in Lebensmitteln

Tab. 1 *Einteilung der Tenside in Tensidklassen*

Enzym	Wirkung	Beispiel
Protease	spaltet Eiweiße	Blut, Kakao, Eigelb
Amylase	spaltet Stärke und Glykogen	Speisereste aus kohlenhydrathaltigen Lebensmitteln wie Kartoffeln oder Nudeln
Lipase	spaltet Fette in freie Fettsäuren	fettige Speisereste, Cremes, Kosmetika

Tab. 2 *In Waschmitteln eingesetzte Enzyme*

Zusatzstoffe In Waschmitteln sind nicht nur waschaktive Substanzen und Enthärter enthalten, sondern auch Zusatzstoffe, die weitere Funktionen übernehmen. Wichtige Beispiele für Zusatzstoffe sind Bleichmittel, Enzyme, optische Aufheller und Stabilisatoren.

Waschmittel bestehen aus waschaktiven Substanzen, den Tensiden, sowie Enthärtern und Zusatzstoffen.

Bleichmittel Farbige Verschmutzungen wie Obst-, Gemüse- oder Weinflecke werden durch Bleichmittel entfernt. Bleichmittel sind Sauerstoffverbindungen mit einer oxidierenden Wirkung. In wässriger Lösung wird der Sauerstoff freigesetzt und reagiert mit Schmutz- und Farbstoffen, die dadurch abgebaut werden. Zusätzlich besitzen sie eine antibakterielle Wirkung. Das wichtigste Bleichmittel ist Natriumperborat.

Enzyme Enzyme sind Eiweiße, die als Katalysatoren wirken. Sie fördern den Abbau von organischen Verschmutzungen wie Speiseresten oder Kosmetika (Tab. 2). Die in modernen Waschmitteln enthaltenen Enzyme entfernen schon bei niedrigen Temperaturen geringste Mengen von Verschmutzungen, indem sie den Schmutz in kleine Bestandteile spalten. Die Spaltprodukte werden anschließend durch die Tenside gelöst.

Vollwaschmittel, Tabs und Co. Man unterscheidet zwischen Universal- oder Vollwaschmitteln sowie Spezial- und Feinwaschmitteln. Universal- oder Vollwaschmittel sind für fast alle Textilien, Waschtemperaturen von 30 bis 95 °C und Schmutzarten geeignet.

Exkurs Optische Aufheller

Optische Aufheller sind organische Fluoreszenzfarbstoffe, die nicht sichtbares UV-Licht aufnehmen und als sichtbares blaues Licht wieder abstrahlen. Bei vergilbten Fasern wird das Tageslicht nicht mehr gleichmäßig zurückgestrahlt. Der Blauton wird geschluckt, sodass der Gelbton hervorsticht. Durch die optischen Aufheller wird der fehlende Blauanteil ersetzt und ergibt mit dem Gelbanteil durch additive Farbmischung ein strahlendes Weiß. Ein blaustichiges Weiß wird vom menschlichen Auge weißer als ein gelbstichiges Weiß empfunden.

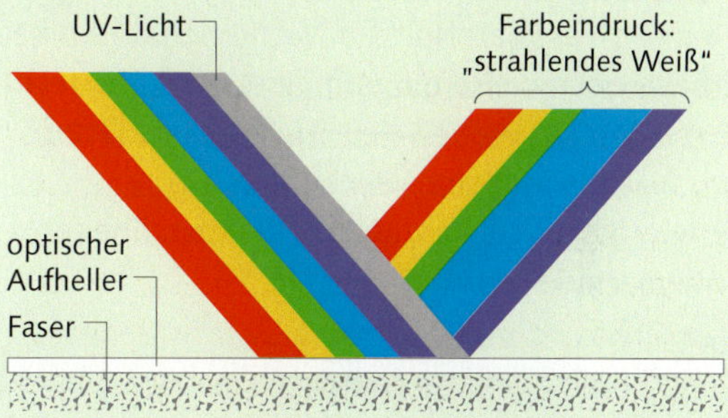

Feinwaschmittel sind für empfindliche und bunte Wäsche geeignet, die nur bei mäßigen Temperaturen bis 60 °C gewaschen werden darf. Sie enthalten keine Bleichmittel und optischen Aufheller, damit Farbe und feines Gewebe geschont werden. Starke Verschmutzungen werden von solchen Waschmitteln weniger gut gelöst.

Aufgaben

1 Wie sind moderne Waschmittel zusammengesetzt? Nenne die Hauptbestandteile.
2 Erkläre, was man unter Tensiden versteht.
3 Begründe, warum heute andere Tenside als Seife in Waschmitteln eingesetzt werden.
4 Beschreibe die Funktion von Enthärtern in Waschmitteln.
5 Tim hat beim Frühstück auf sein weißes T-Shirt Kakao verschüttet. Welchen Bestandteil muss das Waschmittel enthalten, damit dieser Fleck optimal entfernt werden kann?
6 Informiere dich, wie du bei der Verwendung von Waschmitteln die Umwelt schonen kannst. Nutze und vergleiche mindestens zwei Quellen.

1 Herstellen von Seife

Geräte: Gasbrenner, Becherglas (600 ml, hoch), Dreifuß, Drahtnetz, langer Glasstab, Waage, Messpipette, Spatel, Spatellöffel
Chemikalien: Kokosfett, Natronlauge (10%ig), Natriumchlorid, dest. Wasser
Durchführung: Gib 15 g Kokosfett und 15 ml Natronlauge in ein Becherglas. Erhitze das Gemisch vorsichtig unter ständigem Umrühren für etwa 15 min.
Ersetze das verdampfende Wasser durch vorsichtiges Zugeben von dest. Wasser. Gib nach 15 min zwei Spatelspitzen Natriumchlorid hinzu. Erhitze noch weitere 5 min, aber gib kein destilliertes Wasser mehr hinzu. Fülle das Reaktionsprodukt in ein kleines Becherglas ab.
Auswertung: Wie kannst du die entstandene Seife nachweisen?

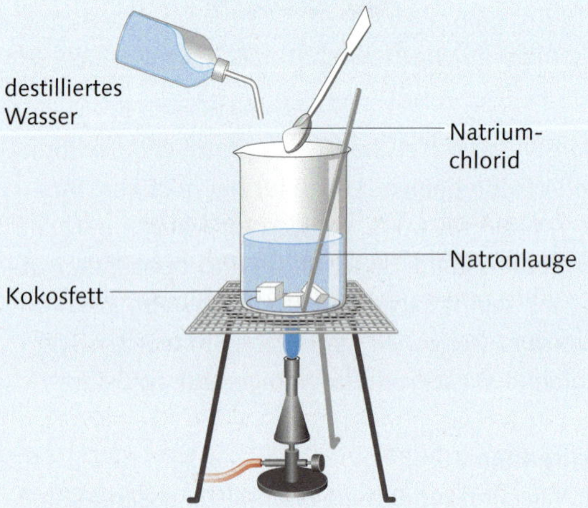

2 Der „Wasserberg"

Geräte: Tropfpipette, Glasstab, Münzen
Chemikalien: dest. Wasser, Seifenlösung
Durchführung: Tropfe mit der Pipette Wasser auf die Münze, bis ein „Wasserberg" entstanden ist. Berühre nun mit einem Glasstab vorsichtig die Wasseroberfläche.
Auswertung: Beschreibe, was mit der Wasseroberfläche geschieht. Erkläre deine Beobachtungen. Verändert sich etwas, wenn der Glasstab vor der Berührung kurz in Seifenlösung getaucht wird? Erkläre.

3 Die Moosgummischlange

Geräte: Schale, Moosgummi (kreisförmig), Zahnstocher, Schere
Chemikalien: Wasser, Seifenlösung
Durchführung: Schneide aus dem Moosgummi eine Spirale. Fülle die Schale mit Wasser und lege die Moosgummischlange auf die Wasseroberfläche. Tauche den Zahnstocher in die Seifenlösung und berühre damit die Wasseroberfläche in der Mitte der Moosgummischlange.
Auswertung: Was kannst du beobachten? Erkläre.

4 pH-Wert einer Seifenlösung

Geräte: 2 Reagenzgläser mit Stopfen, Reagenzglasständer, Pipetten
Chemikalien: Seifenlösung, Wasser, Universalindikator
Durchführung: Gib Seifenlösung in ein Reagenzglas und versetze sie mit einigen Tropfen Universalindikator.
Gib in das andere Reagenzglas Wasser und versetze es ebenfalls mit einigen Tropfen Universalindikator.
Auswertung: Vergleiche beide Lösungen. Welchen pH-Wert besitzt die Seifenlösung?

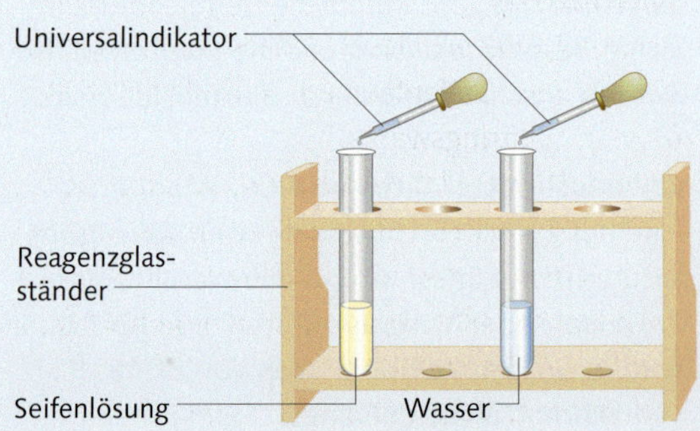

5 Benetzbarkeit und Emulgierwirkung
Geräte: Tropfpipette, Textilien oder Stoffreste, 2 Reagenzgläser, Pipetten
Chemikalien: Seifenlösung, Wasser, Speiseöl (z. B. Sonnenblumenöl, Sesamöl)
Durchführung:

a *Versuch zur Benetzbarkeit*
Tropfe mit der Pipette einen Tropfen Leitungswasser auf ein Textilstück. Gib zum Vergleich einen Tropfen Seifenlösung auf ein zweites Textilstück.
Auswertung: Notiere deine Beobachtungen.

b *Emulsion aus Wasser und Öl*
Fülle in die Reagenzgläser jeweils einige Tropfen Speiseöl. Gib in das erste Reagenzglas Wasser, in das zweite Seifenlösung und schüttle beide Reagenzgläser kräftig. Beobachte und gieße nach etwa 1 min die Flüssigkeiten in ein Spülbecken aus.
Auswertung: Beschreibe deine Beobachtungen. Erläutere, was in den zwei Reagenzgläsern entsteht. Was kannst du nach dem Ausgießen beobachten?

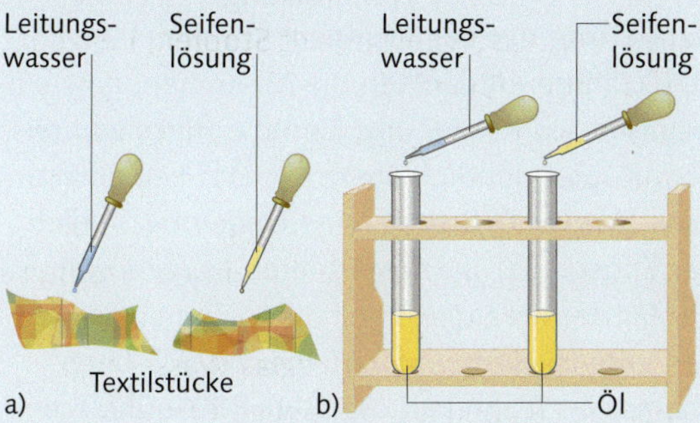

6 Vergleich der Löslichkeit von Seife und Waschmittel
Geräte: 2 Reagenzgläser, 2 Reagenzglasstopfen
Chemikalien: Seifenflocken, Vollwaschmittel (Pulver), Leitungswasser
Durchführung: Plane einen Versuch, mit dem du die Löslichkeit von Seife und Waschmittel vergleichen kannst. Zeige deine Versuchsanleitung deiner Lehrerin oder deinem Lehrer, bevor du den Versuch durchführst.
Auswertung: Vergleiche. Was stellst du fest?

7 Nachweis von optischen Aufhellern
Geräte: 2 Reagenzgläser, 2 Papiertaschentücher, UV-Lampe
Chemikalien: Waschmittellösung (mit optischen Aufhellern), Seifenlösung, Leitungswasser
Durchführung:

a Gib etwas Waschmittellösung und etwas Seifenlösung in je ein Reagenzglas. Betrachte die Lösung jeweils unter einer UV-Lampe.

b Tränke ein Papiertaschentuch mit Seifenlösung und das zweite mit Waschmittellösung. Vergleiche die beiden Papiertaschentücher unter UV-Bestrahlung.

Auswertung: Beschreibe und erkläre deine Beobachtungen.

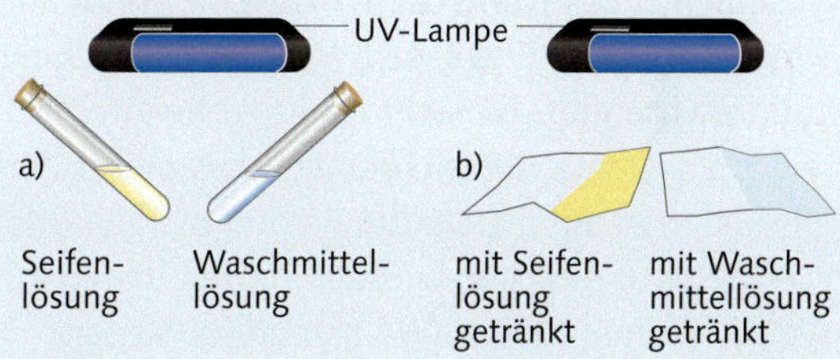

8 Nachweis des Enzyms Protease
Geräte: 2 Bechergläser (50 ml), Pinzette
Chemikalien: Seifenlösung, Vollwaschmittellösung (mit Enzym Protease), 3 Gummibärchen
Durchführung: Gib in ein Becherglas Seifenlösung und in das andere Waschmittellösung (beide Lösungen etwa 40 °C warm). Gib zu jeder Lösung ein Gummibärchen. Hole nach etwa 10 min die Gummibärchen aus der Lösung und lege das unbehandelte Gummibärchen daneben.
Auswertung: Vergleiche und notiere deine Beobachtungen. Gib anschließend die beiden behandelten Gummibärchen wieder zu ihrer Lösung und vergleiche nach 20 min erneut.

15

Werkstoffe

1 *Entwicklung des Menschen und seiner Werkzeuge*

Geschichte des Menschen – Geschichte der Werkstoffe Die Frage, seit wann es Menschen auf der Erde gibt, ist nicht leicht zu beantworten. Da es keine Aufzeichnungen aus dieser Zeit gibt, ist man auf die Deutung von Fossilien oder Werkzeugfunden angewiesen. Zu den ersten Frühmenschen gehörte *Homo habilis* (lat.: geschickter Mensch). Sie konnten bereits vor Millionen von Jahren aus harten Geröllsteinen primitive Schlag-, Schneide- und Schabewerkzeuge zurechthauen.

Steinzeit Die Menschheitsgeschichte wird nach den bevorzugt verwendeten Materialien, den Werkstoffen, eingeteilt. In der mehrere Jahrmillionen dauernden Steinzeit dominierte der Werkstoff Stein, wie zahlreiche Funde belegen.

2 *Steinzeitliche Werkzeuge aus Stein zum Schneiden, Schaben und Knochenbrechen*

3 *Mit der Verwendung von Kupfer wurden Waffen und Werkzeuge stabiler.*

Metallzeitalter Seit Jahrtausenden nutzen die Menschen Metalle. Sie besitzen im Vergleich zum Werkstoff Stein zwei herausragende Vorteile: Sie sind verformbar und bilden Legierungen. Metalle wie Gold und Silber lassen sich leicht verformen, sind aber zur Herstellung von Werkzeugen nicht geeignet, weil sie zu weich sind. Mit der Verwendung von Kupfer wurden Werkzeuge und Waffen härter und damit belastbarer. Mit dem Werkstoff Kupfer begann daher das Metallzeitalter.

Bedeutung der Legierungen Vor ungefähr 3000 Jahren entdeckten die Menschen, dass ein Gemisch aus Kupfer und Zinn die Härte von reinem Kupfer deutlich übertrifft. Der neu entstandene Werkstoff Bronze, eine Legierung, verlieh der Epoche der Bronzezeit ihren Namen. Mit der Entdeckung und Herstellung von Legierungen entwickelten und verfeinerten sich bergmännische Techniken. Ab etwa 800 v. Chr. konnte in unseren Breiten Eisen aus Erzen gewonnen werden. Parallel dazu wuchs mit der Entstehung von Siedlungen und Städten der Bedarf an Werkstoffen beispielsweise zum Hausbau oder zur Herstellung von Münzen. Mit der industriellen Revolution im 18. und 19. Jahrhundert begann das moderne Metallzeitalter. Heute gibt es kaum ein Metall, das nicht als Werkstoff oder Bestandteil von Legierungen bedeutsam wäre.

Die Werkstoffe Stein, Metalllegierungen und Metalle prägen die Epochen der Menschheitsentwicklung von der Urzeit bis heute.

4 *Gewinnung des Milchsafts von Kautschukbäumen, Rohstoff für Gummi*

6 *Tischtennisball aus Celluloid, einem halbsynthetischen Werkstoff*

Halbsynthetische Werkstoffe Unsere Vorfahren verwendeten im Alltag zunächst nur Materialien, die sie in der Natur vorfanden, beispielsweise Stein, Holz, Horn und gediegene Metalle. Bemerkenswert ist die archäologische Entdeckung, dass bereits die Neandertaler einen aus Birkenrinde gewonnenen Naturstoff so umwandelten, dass daraus eine Art Klebstoff entstand. In der Neuzeit gelang es schließlich, durch den Einsatz von Chemikalien oder UV-Licht aus Naturstoffen neue Werkstoffe mit außergewöhnlichen Eigenschaften zu gewinnen. Diese Werkstoffe nennt man halbsynthetische Werkstoffe. So wurde beispielsweise der elastische Werkstoff Gummi erstmals 1839 aus dem Milchsaft der Kautschukbäume und unter Zugabe von Schwefel hergestellt. 1856 wurde das Celluloid erfunden, ein Werkstoff, der aus dem Pflanzenextrakt Campher und Cellulose erzeugt wird.

Kunststoffzeitalter Mit den halbsynthetischen Werkstoffen begann im 19. Jahrhundert der Siegeszug der Kunststoffe. Heute sind Gegenstände aus vollsynthetischen Kunststoffen aus unserem Alltag nicht mehr wegzudenken.

5 *Aus Kunststoffen gefertigt*

Im 20. Jahrhundert begann die gezielte Nutzung von Erdöl. Einige Erdölbestandteile dienen als Ausgangsstoffe für die Herstellung von Kunststoffen. Deren Eigenschaften lassen sich abhängig vom Herstellungsverfahren oder von der Beimischung von Zusätzen in Bezug auf Härte, Elastizität oder chemische Beständigkeit verändern. Diese vollsynthetischen Kunststoffe haben große Bedeutung als Werkstoffe für Haushalt und Technik. Da die Rohstoffquelle Erdöl zur Neige geht, gewinnen halbsynthetische Kunststoffe, die aus nachwachsenden Rohstoffen hergestellt werden, zunehmend an Bedeutung.

Kunststoffe sind bevorzugte Werkstoffe in allen Lebensbereichen. Es sind Werkstoffe, die aus Erdöl oder durch Weiterverarbeitung von Naturprodukten hergestellt werden.

Aufgaben

1 Nenne drei Epochen der Menschheitsgeschichte, die nach Werkstoffen benannt werden.
2 Welche zwei grundsätzlichen Möglichkeiten gibt es, Kunststoffe herzustellen? Erkläre.
3 Nenne Gebrauchsgegenstände, in denen kein Kunststoff enthalten ist.
4 Die Kunststoffindustrie beschäftigt viele Personen mit unterschiedlichen Berufen.
a Recherchiere im Internet Ausbildungsberufe in der Kunststoffbranche.
b Erstelle eine Mindmap, die zeigt, welche Berufsabschlüsse du mit deiner Schulbildung erreichen kannst, wenn du eine Aus- und Fortbildung in der Kunststoffbranche absolvierst.

Herstellen von Kunststoffen

1 *Alles Kunststoff*

Polymerisation Als Bausteine für die Herstellung von Kunststoffen dienen kleine Moleküle, die Monomere (griech. *monos:* einzeln; *meros:* Teil). Diese verknüpfen sich zu Makromolekülen. Monomere, die Doppelbindungen besitzen, können sich verbinden, indem die Doppelbindungen aufgespalten werden. Die frei werdenden Elektronen stellen die Bindungen zwischen den Monomeren her, sodass Makromoleküle entstehen. Eine derartige Reaktion, bei der viele Monomere zu einem Makromolekül verknüft werden, nennt man Polymerisation (griech. *poly:* viel). Die Makromoleküle heißen Polymere und bilden die Kunststoffe.

Bei einer Polymerisation verbinden sich Monomere unter Aufspaltung der Doppelbindungen zu einem Makromolekül.

Polyethen Durch Polymerisation entsteht aus Ethen der Kunststoff Polyethen (Bild 2). Die C=C-Doppelbindungen im Ethen werden unter dem Einfluss eines Katalysators aufgespalten. Bei der Verknüpfung entstehen kettenförmige Makromoleküle des Polyethens.

Kunststoffe nach Maß Sind in Monomeren Wasserstoffatome durch andere Atome ersetzt, z. B. durch Chloratome, so wirkt sich das auf die Eigenschaften der Kunststoffe aus. Es entstehen Kunststoffe für verschiedene Anwendungsbereiche. So wird Polypropen, ein harter, fester und mechanisch belastbarer Kunststoff, eingesetzt, wenn ein Gegenstand strapazierfähig sein muss. Polyvinylchlorid hingegen ist beständig gegen Säuren und Laugen und schwer entflammbar.

Kunststoff	Formelausschnitt	Name des Monomers	Formel des Monomers
Polyethen (PE)	$\cdots-CH_2-CH_2-\cdots$	Ethen	$H_2C=CH_2$
Polypropen (PP)	$\cdots-CH_2-CH(CH_3)-\cdots$	Propen	$H_2C=CH-CH_3$
Polyvinylchlorid (PVC)	$\cdots-CH_2-CHCl-\cdots$	Vinylchlorid	$H_2C=CHCl$

Tab. 1 *Einige wichtige Kunststoffe und ihre Monomere*

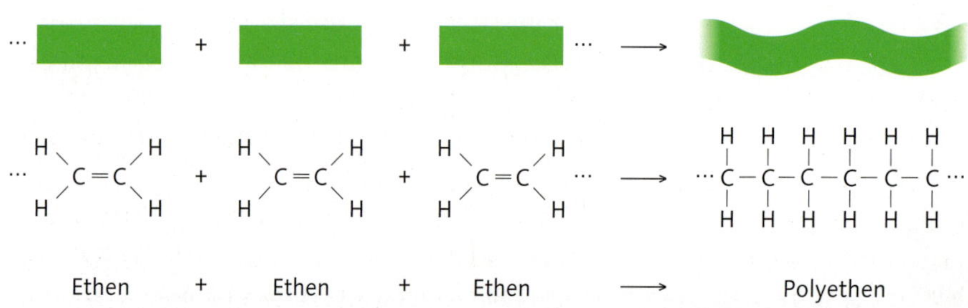

2 *Bildung von Polyethen, Modell und Reaktionsschema einer Polymerisation*

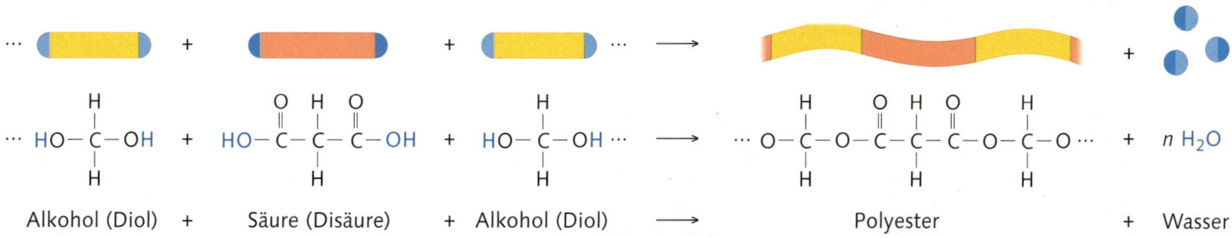

3 Bildung eines Polyesters, Modell und Reaktionsschema einer Polykondensation

Polykondensation Die Verknüpfung von Molekülen kann auch dadurch erfolgen, dass in einer Kondensationsreaktion Nebenprodukte wie Wasser abgespalten werden. Eine typische Kondensationsreaktion ist die Veresterung.
Enthalten das Alkohol-Molekül und das Säure-Molekül jeweils mindestens zwei funktionelle Gruppen, so kann eine Vielfachverknüpfung zu einem Polyester stattfinden (Bild 3). Zu den Polyestern gehört beispielsweise der wichtige Gebrauchskunststoff PET (Polyethylenterephthalat), aus dem Getränkeflaschen und Textilfasern („Polyester") hergestellt werden.
Kondensationsreaktionen können auch zwischen anderen funktionellen Gruppen auftreten. Ein Beispiel ist die Herstellung von Nylon®, bei der die Verknüpfung zwischen Amino-Gruppen ($-NH_2$) und Carboxyl-Gruppen ($-COOH$) stattfindet. Der gebildete Kunststoff ist ein Polyamid.

Bei einer Polykondensation werden Monomere, die mindestens zwei funktionelle Gruppen besitzen, zu Makromolekülen verknüpft. Dabei werden kleine Moleküle, zum Beispiel Wasser-Moleküle, abgespalten.

4 Strumpfhosen aus Polyamid

Aufgaben

1 Beschreibe am Beispiel der Herstellung von Polyethen, wie aus einem ungesättigten Monomer ein Polymerisationskunststoff entstehen kann.
2 Erläutere die wesentlichen Merkmale der Polykondensationsreaktion.
3 Bild 1 auf der gegenüberliegenden Seite zeigt einen Helm aus Polypropen.
a Aus welchen Monomeren ist er entstanden?
b Formuliere das Reaktionsschema für die Herstellung des Kunststoffs Polypropen aus den Monomeren.

Exkurs Polyaddition

Bei einem weiteren Verfahren zur Kunststoffherstellung, der Polyaddition, werden Monomere miteinander verknüpft, die je zwei funktionelle Gruppen aufweisen. Liegen bei einem der Monomere Doppelbindungen in den funktionellen Gruppen vor, so können sich Moleküle miteinander verbinden, indem Doppelbindungen im Reaktionsverlauf gespalten werden. Die gebildeten Kunststoffe nennt man Polyadditionsprodukte. Zu ihnen gehören die Polyurethane, die je nach Herstellungsart hart und spröde, aber auch weich und dehnbar sein können. Polyurethane sind beispielsweise als härtender Montageschaum in der Bauindustrie von großer Bedeutung.

5 Herstellen von Polyurethanschaum

Auf die Vernetzung kommt es an

1 *Thermoplaste lassen sich beim Erwärmen verformen.*

Thermoplaste Viele Kunststoffgegenstände werden beim Erhitzen weich und formbar. Man nennt derartige Kunststoffe Thermoplaste (griech. *thermos:* warm; *plassein:* bilden). Sie lassen sich unter dem Einfluss von Wärme verformen und schweißen. Beim Abkühlen werden sie wieder fest.
Thermoplaste sind im Alltag weit verbreitet. Dazu gehören beispielsweise Verpackungsmaterial und Einweggeschirr aus Polyethen und Textilfasern aus Polyamid.

Thermoplaste sind Kunststoffe, die durch Erwärmen weich und formbar werden.

Struktur der Thermoplaste Thermoplaste bestehen aus langkettigen Makromolekülen, die überwiegend nebeneinanderliegen. Zwischen den Molekülketten wirken schwache Anziehungskräfte, die Van-der-Waals-Kräfte. Beim Erwärmen bewegen sich die Molekülketten stärker und können nicht mehr ausreichend zusammengehalten werden. Der Kunststoff wird weich und verformbar.
Beim Abkühlen nimmt die Bewegung der Molekülketten wieder ab und der Kunststoff erhärtet in einer neuen Form.
Übt man auf einen Thermoplast Zug aus, beispielsweise auf eine Einkaufstüte, so gleiten die Molekülketten aneinander vorbei. Die Tüte dehnt sich, bis sie schließlich reißt.

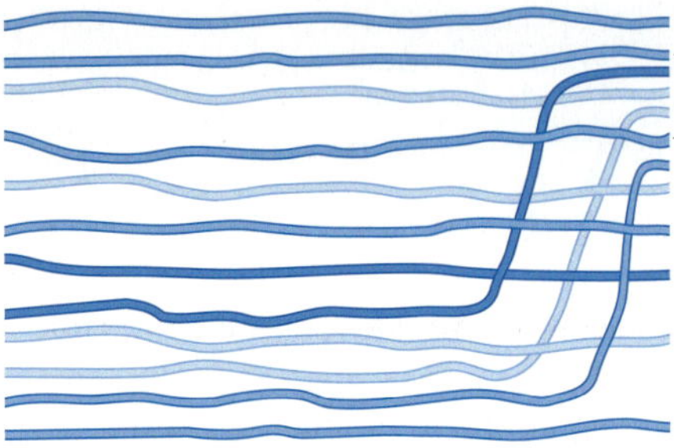

2 *Thermoplaste haben linear angeordnete Makromoleküle.*

Thermoplaste bestehen aus nebeneinanderliegenden Makromolekülen, die durch zwischenmolekulare Kräfte miteinander verbunden sind.

Duroplaste Einige Gegenstände aus Kunststoff wie Steckdosen sind hart, spröde und verformen sich beim Erwärmen nicht. Derartige Kunststoffe heißen Duroplaste (lat. *durus:* hart). Bei starkem Erhitzen zersetzt sich dieser Kunststoff.
Duroplaste werden oft in elektrischen Geräten eingesetzt, weil sie den Strom nicht leiten und bei Wärme formstabil bleiben.
Einmal hergestellt sind Duroplaste hart und nicht mehr verformbar. Sie können nur mechanisch durch Sägen oder Feilen bearbeitet werden. Deshalb wird ein duroplastischer Gegenstand gleich in der gewünschten Form herstellt.

Duroplaste sind harte Kunststoffe, die beim Erwärmen nicht weich werden, sondern ihre Form behalten.

3 *Duroplaste lassen sich beim Erwärmen nicht verformen.*

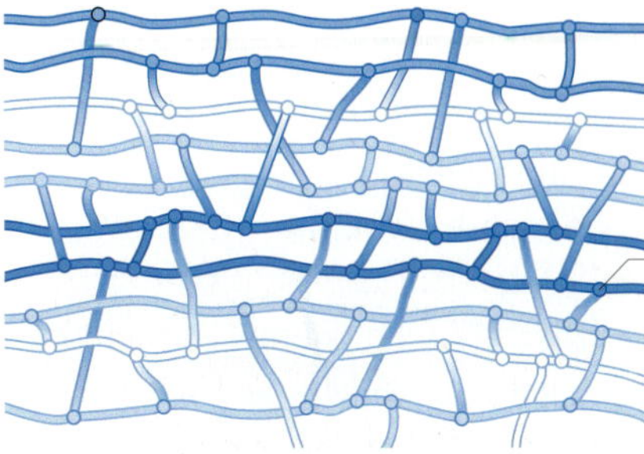

4 *In Duroplasten sind die Makromoleküle stark vernetzt.*

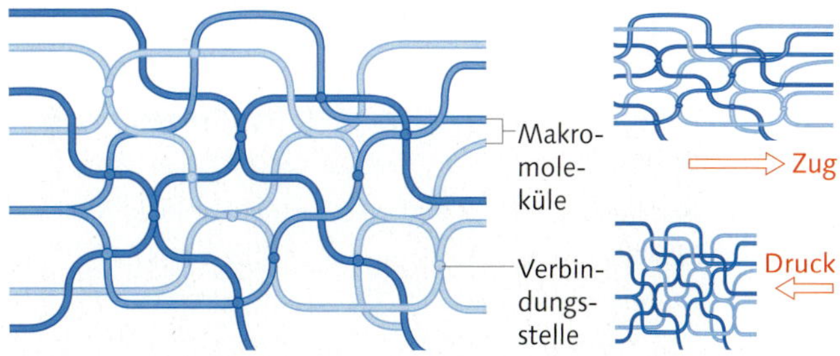

6 *Elastomere haben locker vernetzte Makromoleküle.*

Struktur der Duroplaste In Duroplasten sind die Makromoleküle auch untereinander durch chemische Bindungen zusammengefügt. Durch die starre Vernetzung der Makromoleküle können sich diese nicht mehr bewegen, sie bilden eine Art Riesenmolekül. Duroplaste sind deshalb nicht elastisch.

In Duroplasten sind die Makromoleküle so stark vernetzt, dass die Molekülketten nicht beweglich sind.

Elastomere Lassen sich Kunststoffe elastisch verformen, so nennt man sie Elastomere. Übt man auf Gegenstände aus diesem Material Zug oder Druck aus, so verändern sie ihre Form, kehren aber wieder in den Ausgangszustand zurück. Elastomere werden beispielsweise bei der Herstellung von Matratzen, Reifen, Gummibändern oder Dichtungsringen verwendet.

Elastomere sind elastisch verformbare Kunststoffe.

Struktur der Elastomere Die Makromoleküle der Elastomere sind untereinander locker und weitmaschig durch chemische Bindungen verbunden. Die Vernetzung ist jedoch weniger stark ausgeprägt als bei den Duroplasten. Die Vernetzung wirkt sich auf die Eigenschaften aus. Bei Zug werden die Makromoleküle der Elastomere auseinandergezogen. Lässt der Zug z. B. auf ein Gummiband nach, so kehrt es wieder in den Ausgangszustand zurück, da sich die Makromoleküle wegen der Vernetzungen zwischen den Molekülketten wieder zusammenziehen.

5 *Elastomere lassen sich verformen und kehren wieder in die ursprüngliche Form zurück.*

Elastomere enthalten durch chemische Bindungen locker verbundene Makromoleküle.

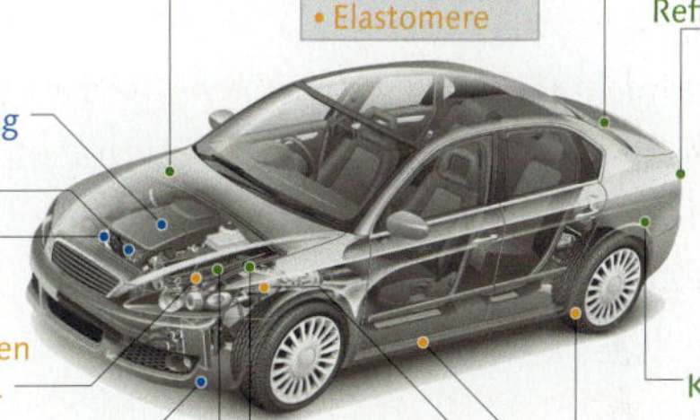

7 *Im Auto befinden sich unterschiedliche Kunststoffarten.*

Aufgaben

1 Betrachte die Abbildung des Autos.
a Nenne die drei verschiedenen Kunststoffarten, die in Fahrzeugteilen verarbeitet werden.
b Begründe jeweils an einem Beispiel, warum der Kunststoff verwendet wird.
c Erkläre, worauf die besonderen Eigenschaften der Kunststoffarten zurückzuführen sind.
2 Frischhaltefolie besteht oft aus Polyethen.
a Beschreibe, wie sich die Folie verändert, wenn sie über eine Schüssel gespannt wird.
b Erkläre die Veränderungen, indem du auf die Vorgänge im Bereich der Makromoleküle eingehst.

1 Herstellen eines Kunststoffs (Polyester)

Geräte: Reagenzglas, Reagenzglashalter, Brenner, Petrischale aus Kunststoff, Holzstäbchen, Waage
Chemikalien: Glycerin, Citronensäure
Durchführung: Gib in das Reagenzglas 4 g Citronensäure. Tropfe anschließend 1 ml Glycerin dazu.
Erhitze das Gemisch etwa 1–2 min mit dem Brenner. Wenn die Schmelze eine gelbliche Farbe annimmt und zähflüssig wird, schütte sie vorsichtig in die Petrischale. Lass die Schmelze etwa 1 min abkühlen.
Berühre die Schmelze vorsichtig mit dem Holzstäbchen. Versuche, einen Kunststofffaden zu ziehen.
Auswertung: Notiere deine Beobachtungen. Erkläre, warum der Faden bei vorsichtigem Ziehen immer länger wird.

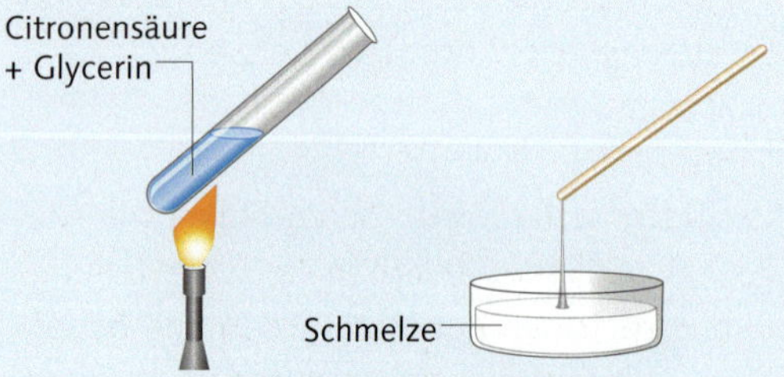

2 Herstellen einer Stärkefolie

Geräte: Becherglas (250 ml), Messzylinder, Messpipette, Unterlage (Silicon oder Polyethen), Waage, heizbarer Magnetrührer
Chemikalien: Stärke (Mais- oder Kartoffelstärke), Glycerin, Schwefel, dest. Wasser
Durchführung: Gib in das Becherglas 4 g Stärke und mische sie mit 22 ml dest. Wasser. Füge dann 2 ml Glycerin und 0,02 g Schwefel dazu. Stelle das Becherglas auf den Magnetrührer, erwärme bis zum Sieden und rühre dabei für etwa 15 min. Wenn die Mischung klar wird, gieße die Masse auf die Unterlage und verteile sie großflächig. Lass sie über Nacht trocknen. Ziehe die Folie dann vorsichtig ab.
Auswertung: Beschreibe die Eigenschaften der Folie. Welche Vermutung hast du zur biologischen Abbaubarkeit dieser Folie?

3 Kunststoff aus Milch

Geräte: 2 Bechergläser (400 ml), Heizplatte, Sieb, Glasstab, Papiertücher, Esslöffel
Chemikalien: frische Milch (keine H-Milch, keine extra lange haltbare Milch), Speiseessig
Durchführung: Gib 250 ml Milch und etwa 2 Esslöffel Essig in das Becherglas und erwärme vorsichtig. Rühre dabei ständig mit dem Glasstab um. Die Milch darf nicht sieden und sollte nur warm, aber nicht heiß werden.
Trenne durch Sieben die entstehenden festen Eiweißklumpen von der Flüssigkeit.
Lass den Feststoff abkühlen und drücke ihn mithilfe der Papiertücher aus.
Knete aus der Masse Figuren und lass sie im Trockenschrank bei 80 °C trocknen.
Auswertung: Finde eine Erklärung für die Veränderung der Milch durch Zugabe von Essig. Beschreibe das Aussehen des Gemischs vor dem Filtrieren. Gib an, welche Stoffeigenschaft beim Filtrieren ausgenutzt wird.

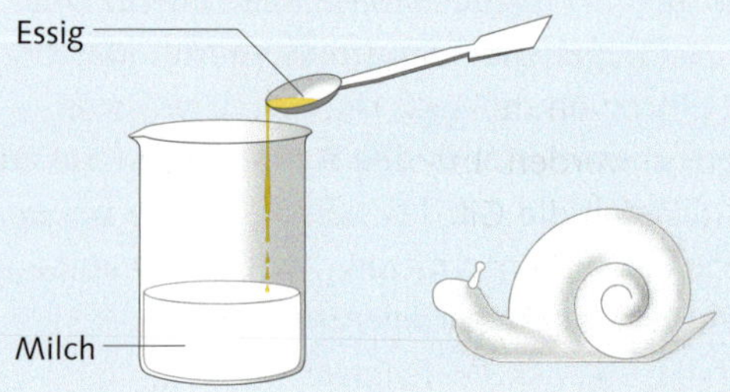

4 Unterscheiden von Kunststoffarten

Geräte: Dreifuß, Gasbrenner, Metallplatte *Chemikalien:* Kunststoffproben (Plastikbeutel, Joghurtbecher, Beschichtung von Blumendraht, Dübel, Kunststofflineal, Kochlöffel, Angelschnur ...)
Durchführung: Lege Teile der Proben auf die Metallplatte über dem Dreifuß und erhitze leicht. Weil giftige Dämpfe entstehen können, führe diesen Versuch im Abzug durch!
Auswertung: Notiere das unterschiedliche Verhalten der Kunststoffproben beim Erhitzen. Erstelle eine Tabelle, in der du eine Einteilung der Kunststoffproben anhand der Eigenschaften vornimmst.

Exkurs Kunststoffmüll

1 *Kunststoffe – praktisch, aber auch gefährlich*

Gefährdung durch Kunststoffmüll Wissenschaftler schätzen, dass jedes Jahr etwa eine Million Seevögel, viele Tausend Robben sowie unzählige Fische aufgrund von Kunststoffmüll sterben. Die Tiere können die kleinen Kunststoffteile nicht von Nahrung unterscheiden, fressen sie und verhungern schließlich.
In den Meeren treibender Kunststoffmüll wird durch Wellenbewegung und UV-Licht allmählich zerkleinert. Das Kunststoffpulver ist gefährlich, da sich an ihm Umweltgifte anlagern, die schließlich von den Meeresbewohnern aufgenommen werden. Innerhalb der Nahrungskette reichern sich die Gifte an und wirken letztlich auch auf den Menschen ein. Gefährlich sind Kunststoffe auch deshalb, weil sie oft gesundheitsschädigende Weichmacher und andere schädliche Zusatzstoffe enthalten. Solche Stoffe sind mittlerweile im Gewebe von vielen Menschen nachweisbar.

2 *Wohin mit den Kunststoffabfällen?*

Müllverbrennung Die Beseitigung der Kunststoffabfälle stellt unsere Gesellschaft vor große Probleme. Bei der Müllverbrennung wird der Kunststoffabfall verbrannt und die entstehende Wärme oft zur Stromerzeugung genutzt. Die Müllverbrennung ist besonders problematisch, da dabei hochgiftige Chlorverbindungen entstehen, die aufwendig entsorgt werden müssen.

Recycling Rund 54 % der Kunststoffabfälle wurden im Jahr 2012 in Deutschland wiederverwertet. Beim *werkstofflichen* Recycling werden sie sortenrein getrennt und anschließend so aufbereitet, dass sie sich für die Herstellung von neuen Produkten eignen. Allerdings ist die Qualität der durch Recyclingverfahren erzeugten Kunststoffe meist geringer als die der Ausgangsstoffe. Beim *rohstofflichen* Recycling werden die in den Kunststoffen enthaltenen Makromoleküle durch chemische Reaktionen in Monomere zerlegt, die zur Erzeugung neuer Produkte verwendet werden können.

Biokunststoffe Nachwachsende Rohstoffe wie Stärke oder Milchsäure können zur Herstellung von Biokunststoffen genutzt werden. Sie haben den Vorteil, dass sie meist biologisch abbaubar sind. Eine Verbesserung der Abbaubarkeit geht aber derzeit noch mit einer Verschlechterung der Werkstoffeigenschaften einher.

Müllvermeidung Kunststoff ist ein Werkstoff, der in der Natur fast nicht abgebaut wird. Um große Müllberge zu reduzieren und um immer knapper werdende Rohstoffquellen zu schonen, gilt es, Kunststoffmüll zu vermeiden. Dazu kann jeder beitragen, wenn z. B. beim Einkaufen Stoffbeutel statt Plastiktüten verwendet werden.

Aufgaben

1 Nenne Probleme, die im Zusammenhang mit der Verbrennung von Kunststoffabfällen entstehen.

2 Beschreibe zwei grundsätzliche Recyclingverfahren von Kunststoffmüll.

3 „Plastik tötet!" Beurteile diese Aussage.

Nanotechnologie

1 *Wieso perlt das Wasser von einem Lotusblatt ab?*

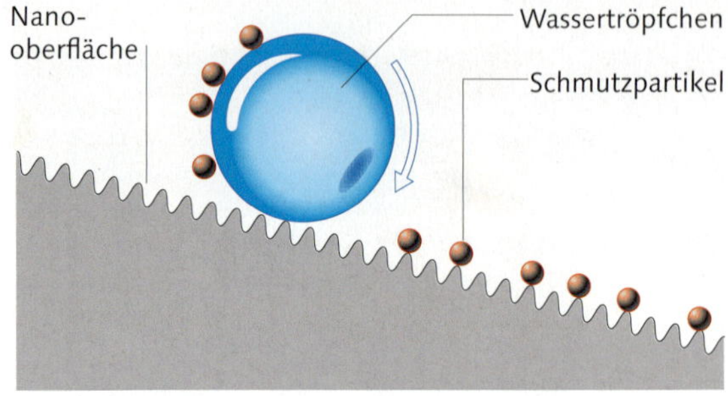

3 *Prinzip des Lotuseffekts*

Lotuseffekt Schon faszinierend: Nach jedem heftigen Regen sind die Blätter der Lotusblume sauber und trocken. Auch einheimische Pflanzen, wie die Blätter der Kapuzinerkresse oder des Kohlrabi, zeigen diesen Effekt. Solche Pflanzen besitzen auf ihrer Blattoberfläche sehr feine Wachskristalle, die dem Blatt eine raue, genoppte Struktur verleihen. Wassertropfen und Schmutzpartikel haben dadurch nur sehr wenig Kontakt mit dem Blatt. Wassertropfen perlen ab und nehmen dabei die Schmutzpartikel mit.

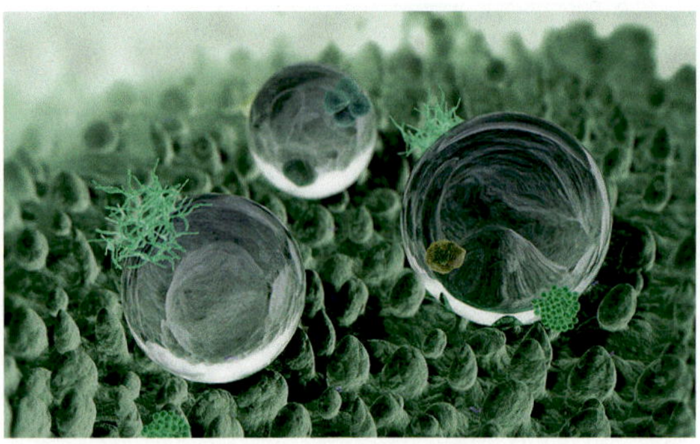

2 *Modell der Oberfläche eines Lotusblatts*

Selbstreinigende Oberflächen Das Phänomen der Selbstreinigung wird seit vielen Jahren untersucht und ist Grundlage für die Veredlung von Oberflächen. Mittlerweile gibt es eine Reihe von Produkten, die sich nach dem Prinzip des Lotuseffekts selbst reinigen. So wurden beispielsweise für Outdoorbekleidung Beschichtungen entwickelt, die Regen abperlen lassen.

Der Lotuseffekt beruht darauf, dass Oberflächen winzige Strukturen enthalten, auf denen Flüssigkeiten abperlen können.

Nanotechnologie Die Wissenschaft, die sich mit kleinsten Partikeln und Strukturen beschäftigt, heißt Nanotechnologie. Das Wort *nano* kommt aus dem Griechischen und bedeutet „Zwerg". Es muss sich also um sehr kleine Partikel handeln. Ein Nanometer (nm) ist ein Millionstel eines Millimeters. Wenn man also eine Million Nanopartikel aneinanderreiht, so ergibt sich eine Strecke von 1 mm. Im Vergleich zu Atomen sind Nanopartikel etwa 300-mal größer. Ein Silberatom hat einen Durchmesser von 0,3 nm. Ein Silbernanopartikel hingegen hat einen Durchmesser von etwa 100 nm.
In der Nanowelt, also in Größenbereichen von 100 nm und kleiner, haben Partikel und Strukturen grundlegend andere physikalische und chemische Eigenschaften als Stoffportionen desselben Stoffes im sichtbaren Bereich. Jeder Stoff, der auf die Größe von Nanopartikeln reduziert wird, zeigt daher spezifische Eigenschaften.

Die Nanotechnologie untersucht Stoffpartikel, die höchstens 100 Nanometer groß sind.

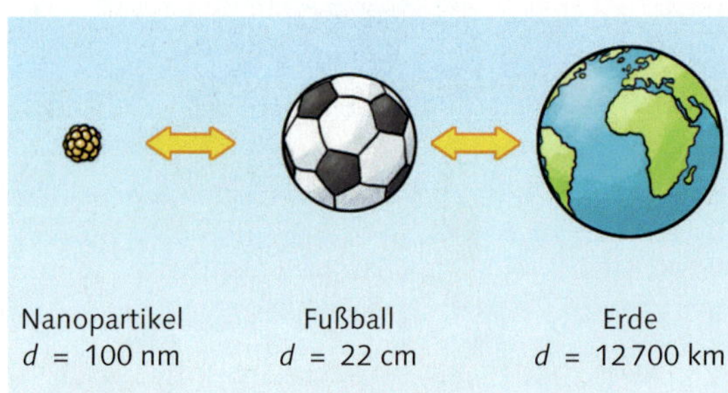

4 *Der Durchmesser eines Nanopartikels verhält sich etwa zu einem Fußball wie der Durchmesser eines Fußballs zum Durchmesser der Erde.*

5 *Durch spezielle Produkte mit Nanopartikeln reinigt sich der Lack bei Schmutz selbsttätig.*

Nanomaterial	Eigenschaften des Nanomaterials
Silber	antimikrobiell: hemmt das Wachstum von Bakterien und Pilzen
Gold	färbt z. B. Glas rot (Goldrubinglas)
Zinkoxid	UV-Schutz, Schutz vor Ausbleichen
Antimonoxid	erhöht Feuerfestigkeit
Titandioxid	UV-Schutz, Schutz vor Ausbleichen; Wasser bildet auf beschichteten Oberflächen einen Film, dadurch Lotuseffekt

Tab. 1 *Einige Nanopartikel und ihre Eigenschaften*

Nanoprodukte im Alltag Nanopartikel werden in vielen Bereichen eingesetzt, ohne dass dies auf den Produkten vermerkt ist. Windschutzscheiben und Autolack werden durch ihren Einfluss wasser- und schmutzabweisend. Auch manche Gebäudefassaden reinigen sich dank Nanobeschichtung bei Regen von selbst.
In Sonnencremes oder Textilien reflektieren Nanopartikel UV-Strahlen und bieten somit einen wirksamen Schutz vor schädigender Strahlung.
Im Lebensmittelbereich verhindern Antihaftbeschichtungen aus Nanopartikeln das Festkleben von Ketchup an der Flaschenwand.
In der Medizin gelten Nanopartikel als Hoffnungsträger, um Medikamente rasch und punktgenau an ihren Wirkungsort zu transportieren. So lassen sich Krebszellen bekämpfen und gleichzeitig Nebenwirkungen gering halten.

In vielen Bereichen des Alltags und der Technik haben Nanopartikel bereits Einzug gehalten.

6 *Nanopartikel aus Titandioxid und Zinkoxid sind in fast allen Sonnenschutzmitteln enthalten.*

Schlüsseltechnologie des 21. Jahrhunderts?
Jede neuartige Technologie wirft auch neue Fragen auf: Wie wirken sich Nanopartikel auf die Gesundheit aus? Welche Umweltprobleme sind damit verbunden? Nanopartikel können aufgrund ihrer geringen Größe über die Atmung, den Verdauungsweg und die Haut in den menschlichen Körper gelangen. Dort lagern sie sich an Zelloberflächen an und können in Zellen, Gewebe und Organe eindringen. Zum gegenwärtigen Zeitpunkt liegen noch keine ausreichend gesicherten Erkenntnisse über daraus entstehende mögliche gesundheitliche Schäden vor. Auch über Schäden, die in die Umwelt gelangte Nanopartikel verursachen, herrscht noch ein großer Forschungsbedarf. Derzeit gibt es noch keine gesetzlichen Regelungen zum Umgang mit Nanopartikeln.

Die Erforschung der Risiken und Nebenwirkungen der Nanotechnologie ist eine wichtige gesellschaftliche Aufgabe.

Aufgaben

1 Erkläre den Lotuseffekt.
2 Was wird unter Nanotechnologie verstanden?
3 Nenne drei Anwendungen, in denen du schon Kontakt mit Nanopartikeln gehabt haben könntest, ohne dass dir das bewusst wurde.
4 Recherchiere über die Funktion von Nanosilber in Sportbekleidung. Welche Eigenschaften von Nanosilber werden genutzt?
5 Recherchiere, welche Argumente zur Nanotechnologie Wissenschaft, Wirtschaft sowie Umwelt- und Verbraucherschutz haben. Was stellst du fest? Beurteile deine Ergebnisse.

Praktikum Lotuseffekt und Nanotechnologie

1 Lotuseffekt
Geräte: Pipette, Wattestäbchen, Becherglas
Chemikalien: frische Blätter von Pflanzen mit Lotuseffekt (Lotus, Kohl, Kapuzinerkresse, Tulpen) und ohne Lotuseffekt (Löwenzahn, Salatblatt), wasserlöslicher Klebstoff, Honig, Mehl, Wasser
Durchführung:
a Tropfe mit der Pipette Wasser auf die verschiedenen Blätter. Beschreibe, was passiert. Teile die Blätter nach Gemeinsamkeiten ein.
b Beschmutze die Blätter mit Mehl und tropfe erneut Wasser über die Blätter. Was kannst du beobachten?
c Tropfe Honig und wasserlöslichen Kleber auf die Blätter. Was beobachtest du?
d Reibe mit einem Wattestäbchen über die Blattoberfläche und tropfe erneut Wasser darüber. Vergleiche mit Versuch a.
Auswertung: Erkläre deine Beobachtungen.

2 Herstellen einer Nanobeschichtung
Geräte: Kerze, 2 Objektträger/Glasplatten, Streichhölzer, Pipette
Chemikalien: Wasser
Durchführung:
a Halte den Objektträger so lange über die Kerzenflamme, bis dieser rußgeschwärzt ist. Lass anschließend einen Wassertropfen über den Objektträger rollen.
b Wiederhole den Versuch, indem du den Objektträger mit einem Feuerzeug verrußt.
Auswertung: Vergleiche deine Beobachtungen und suche eine Erklärung.
Tipp: Berücksichtige dabei die unterschiedliche Dicke der Rußschichten.

3 Modell einer Lotusoberfläche
Geräte/Materialien: flexible Platte (etwa 150 cm × 60 cm), leere Joghurtbecher, Klebstoff, Tennisbälle/Tischtennisbälle (je nach Größe der Becher), Klebstoff, Klettband, Stoffreste
Durchführung: Drehe die Joghurtbecher um und klebe sie auf eine flexible Platte. Umwickle die Bälle mit dem Klettband. Lege die Stoffreste lose auf die umgedrehten Becher. Rolle einen Ball über die Fläche, sodass er Kontakt mit den Stoffresten bekommt.
Auswertung: Was kannst du beobachten?

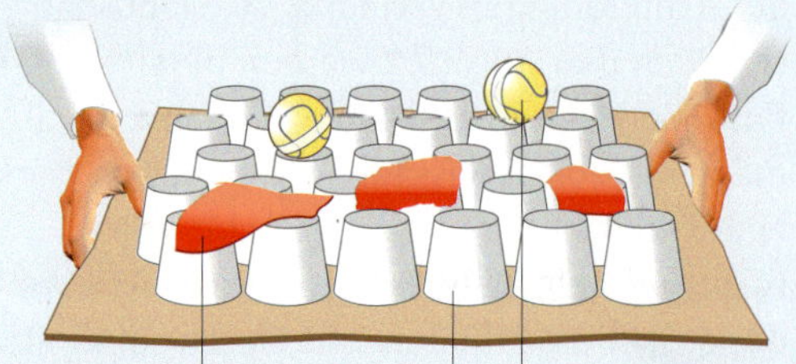

4 Fleckenschutz durch Nanospray
Materialien: saubere Textilstücke, Nanospray (zur Textilversiegelung), Rotwein, Kirschsaft
Durchführung: Schüttle das Nanospray vor Gebrauch und trage es fein verteilt aus etwa 15 cm Entfernung so auf die Textilien auf, dass nur die Hälfte benetzt wird. Sprühe nur so viel auf, dass sich ein leicht feuchter Film bilden kann. Lass die Textilien trocknen. Gib anschließend vorsichtig einige Tropfen der Flüssigkeiten auf beide Textilhälften und beobachte.
Auswertung: Erkläre deine Beobachtungen.

5 Schutz vor Graffiti
Materialien: 2 Blumentöpfe aus Ton, Nanospray „Anti-Graffiti“, Farbspray
Durchführung: Schüttle das Nanospray vor Gebrauch und trage es fein verteilt aus etwa 15 cm Entfernung auf einen Tontopf auf. Lass den Topf trocknen. Trage auf beide Töpfe mit dem Farbspray ein Graffiti auf und vergleiche.
Auswertung: Erkläre deine Beobachtungen.

Klebstoffe

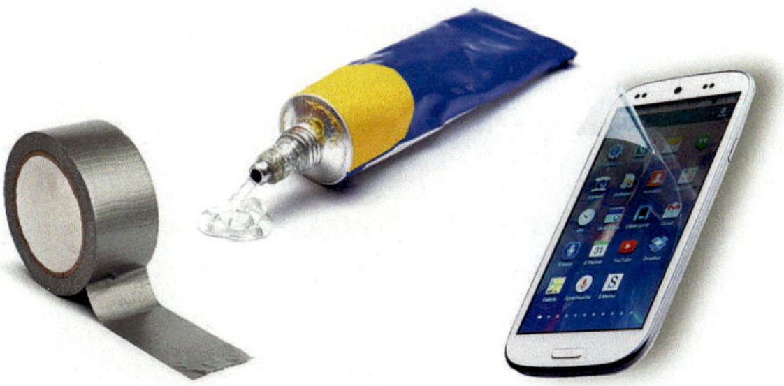

1 *Haften mit ... und ohne Klebstoff*

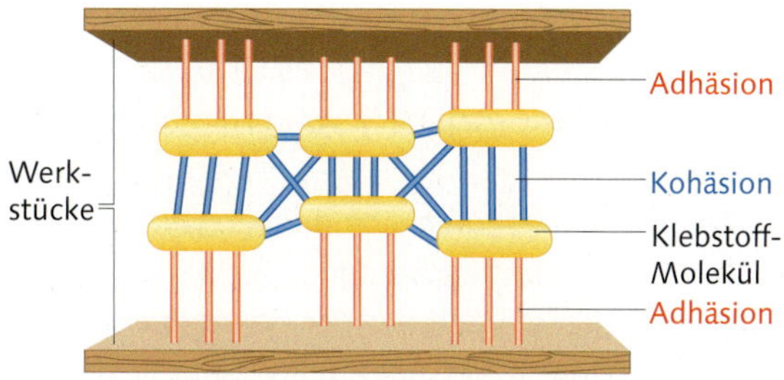

2 *Beim Kleben treten Adhäsions- und Kohäsionskräfte auf.*

Geklebt wird überall Zu Hause, in der Schule, im Handwerksbetrieb oder im Büro – überall wird geklebt. Auch in der Industrie finden Klebetechniken immer stärkere Anwendung. So ersetzen im Karosseriebau Klebetechniken zunehmend die herkömmlichen Schweißverbindungen.

Adhäsion Die Schutzfolie auf dem Handy haftet auch ohne Klebstoff. Zwischen großen, sauberen Kontaktflächen, die eng benachbart aufeinanderliegen, wirken Anziehungskräfte. Man bezeichnet sie als Adhäsionskräfte. Der dadurch bewirkte Zusammenhalt heißt Adhäsion.
Adhäsion tritt auch zwischen Klebstoffen und Oberflächen auf. Durch Hinzufügen eines flüssigen Klebstoffs werden Unebenheiten ausgeglichen. Dadurch wird die Kontaktfläche vergrößert und die Anziehungskräfte werden verstärkt.

Der an der Grenzfläche zwischen zwei Stoffen entstehende Zusammenhalt wird als Adhäsion bezeichnet.

Kohäsion Damit die Klebstoffschicht nicht reißt, müssen auch im Inneren von Klebstoffen Kräfte auftreten, die einen festen Zusammenhalt bewirken. Man bezeichnet solche Kräfte als Kohäsionskräfte. Der dadurch bewirkte Zusammenhalt heißt Kohäsion. Klebstoffe bestehen hauptsächlich aus Makromolekülen, die sich gegenseitig anziehen und damit für den „inneren" Zusammenhalt sorgen.

Der starke innere Zusammenhalt zwischen den Klebstoffmolekülen wird als Kohäsion bezeichnet.

Chemisch härtende Klebstoffe Viele Klebstoffe härten durch Verdunsten des Lösungsmittels oder andere physikalische Vorgänge. Ein- und Zweikomponentenklebstoffe werden dagegen durch eine chemische Reaktion fest. Bei Einkomponentenklebstoffen wie dem „Sekundenkleber" findet eine Polymerisation statt. Bei Zweikomponentenklebstoffen findet eine Reaktion mit einem Härter statt. Als Reaktionen treten Polyaddition, Polymerisation oder Polykondensation auf.

Bezeichnung (Beispiel)	Härtung durch	Besonderheit
Schmelzklebstoffe (in Klebepistolen)	Erstarren der Schmelze	physikalisch härtend, Klebstoff verändert sich während des Härtens nicht
Lösungsmittelklebstoffe (Alleskleber)	Verdunsten des Lösungsmittels	
Dispersionsklebstoffe (Holzleim)	Verdunsten des Wassers	
Einkomponentenklebstoffe (Sekundenkleber)	Polymerisation	chemisch härtend, Klebstoff reagiert während der Härtung
Zweikomponentenklebstoffe (Spezialkleber)	Polyaddition, Polymerisation, Polykondensation	
Haftklebung (Handyfolie)	liegt gebrauchsfertig vor	schwache Adhäsionskräfte

Tab. 1 *Wichtige Klebstoffe in Alltag und Technik*

Aufgaben

1 Eine Handyschutzfolie klebt ohne Klebstoff. Beschreibe, wie dies funktioniert.
2 Definiere die Begriffe Adhäsion und Kohäsion.
3 Begründe, warum nasses Papier gut auf Autoscheiben klebt, trockenes aber schlecht.

15

Teste dich!

1 Ester bilden eine wichtige Stofffamilie. Als Aromastoffe sind sie beispielsweise für den angenehmen Geschmack von Früchten verantwortlich.

a Beschreibe, wodurch sich die verschiedenen Aromastoffe unterscheiden.

b Beschreibe, wie sich aus der unangenehm riechenden Buttersäure ein Stoff mit Erdbeeraroma herstellen lässt.

c Stelle das Reaktionsschema zur Reaktion aus b auf.

2 Ester entstehen bei der Reaktion von Säuren und Alkoholen.

a Gib das allgemeine Reaktionsschema (in Worten) für die Bildung eines Esters an.

b Erkläre, warum diese Reaktion als Kondensationsreaktion bezeichnet wird.

c Übertrage den folgenden Text in dein Heft und ergänze die fehlenden Wörter:
Veresterung und Esterspaltung sind ____________ chemische Reaktionen. Die __________- und die __________-Reaktion laufen gleichzeitig ab. Die ____________ ist eine Kondensationsreaktion, die Esterspaltung bezeichnet man auch als ____________.

3 Benenne den in der Strukturformel dargestellten Ester. Erläutere, wie sich der Name eines Esters zusammensetzt.

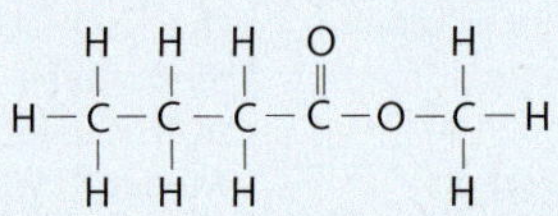

4 Ohne Katalysator wird bei der Veresterung so gut wie kein Ester gebildet.

a Nenne einen Katalysator, der die Ausbeute bei der Veresterung erhöht.

b Beschreibe, was der Katalysator bewirkt, und kennzeichne dies in einem Reaktionsschema.

5 Essigsäure und Essigsäureethylester werden je in ein Reagenzglas mit Wasser gegeben. Beschreibe und erkläre die Beobachtungen.

6 Stelle die Bildung eines Fettes dar, indem du das dazugehörige Reaktionsschema in Worten und mit Strukturformeln formulierst.

7 Das Foto zeigt einen Fettbrand. Beschreibe, wie er gelöscht werden muss.
Begründe, warum Wasser als Löschmittel keinesfalls verwendet werden darf!

8 Kohlenhydrate werden in verschiedene Gruppen eingeteilt.

a Zähle die verschiedenen Gruppen auf und gib für jede Gruppe ein Stoffbeispiel an.

b Aus welchen Elementen sind Kohlenhydrate aufgebaut?

9 Zeichne den allgemeinen Aufbau eines Aminosäure-Moleküls. Benenne die charakteristischen funktionellen Gruppen.

10 Es gibt nahezu unendlich viele verschiedene Eiweiße. Erkläre, warum dies so ist.

11 Viele industriell hergestellte Lebensmittel enthalten Zusatzstoffe.

a Nenne fünf Zusatzstoffe und ihre Funktion.

b Wie kannst du feststellen, ob in Lebensmitteln Zusatzstoffe enthalten sind?

12 Gib das allgemeine Reaktionsschema (in Worten) für die Bildung einer Seife an. Zu welcher Stoffgruppe gehören die Seifen?

13 Zeichne ein Modell eines Seifen-Anions. Beschrifte es mit folgenden Begriffen: hydrophil, hydrophob, lipophil, lipophob, polar, unpolar.

14 Beschreibe den Lösevorgang von Seife in Wasser. Warum setzt sich beim Waschen mit Seife der bereits abgelöste Schmutz nicht erneut auf der Faser ab?

15 Zur Gruppe der Tenside gehören Seifen und andere waschaktive Substanzen. Nenne die Merkmale, die ein Molekül haben muss, damit es als Tensid wirken kann.

16 Nenne die Bestandteile von Waschmitteln. Begründe, welche Bestandteile ein Waschmittel für Buntwäsche nicht enthalten sollte.

17 Es gibt verschiedene Arten von Kunststoffen.
- **a** Aus welchen Rohstoffquellen können sie hergestellt werden?
- **b** Wodurch unterscheiden sich Thermoplaste, Duroplaste und Elastomere?
- **c** Ergänze deine Ausführungen, indem du je ein Beispiel aus dem Alltag angibst.

18 Fußbodenbeläge bestehen häufig aus PVC.
- **a** Nenne den vollständigen Namen dieses Kunststoffs.
- **b** Beschreibe, wie dieser Kunststoff hergestellt wird.

19 Beschreibe, aus welchen Ausgangsstoffen ein Polykondensationskunststoff hergestellt wird.
Erkläre den Unterschied zwischen Polykondensation und Polymerisation.

20 Erläutere, was man unter Nanopartikeln versteht.

21 Erstelle eine Skizze, die den Lotuseffekt veranschaulicht.

22 Gib an, was unter einem Zweikomponentenklebstoff verstanden wird. Warum müssen die Komponenten vor dem Kleben getrennt vorliegen?

23 Ein Klebstoff muss die zu verbindenden Teile zusammenhalten. Wie nennt man die Kräfte, die zwischen den Klebstoff-Molekülen und dem Werkstück wirken?

Aufgabe	**Hilfe findest du auf Seite …**
1	348/349
2	348/349
3	349
4	349
5	349
6	352
7	353
8	356/357
9	361
10	360/361
11	363
12	365
13	366
14	366/367
15	366, 368
16	368/369
17	373, 376/377
18	374
19	374/375
20	380
21	380
22	383
23	383
… und die Lösungen findest du im Anhang.	

Im Überblick

In der Natur und bei den künstlich hergestellten Stoffen sind die organischen Verbindungen vorherrschend. Stoffgruppen wie Ester, Fette, Kohlenhydrate, Eiweiße und die verschiedenen Kunststoffe leiten sich von den Kohlenwasserstoffen ab. Sie alle besitzen für ihre Stoffgruppe typische funktionelle Gruppen und Bindungsarten. Dabei bestimmt die molekulare Struktur dieser Stoffgruppen ihre jeweiligen Stoffeigenschaften.

Ester

- Stoffgruppe, die durch Reaktion von Alkoholen mit Säuren gebildet wird
- Die Esterbildung erfolgt unter Wasserabspaltung (Kondensation), die Esterspaltung unter Wasseraufnahme (Hydrolyse).
  Es sind umkehrbare Reaktionen:

$$\text{Säure} + \text{Alkohol} \underset{\text{Esterspaltung}}{\overset{\text{Veresterung}}{\rightleftharpoons}} \text{Ester} + \text{Wasser}$$

- Werden Carbonsäuren eingesetzt, entstehen Aromastoffe; *Beispiel:* Essigsäurepropylester.

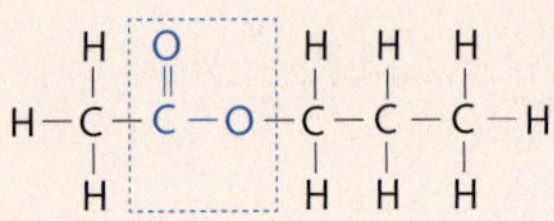

Fette

- Fette sind Ester, die aus dem dreiwertigen Alkohol Glycerin mit Fettsäuren gebildet werden.

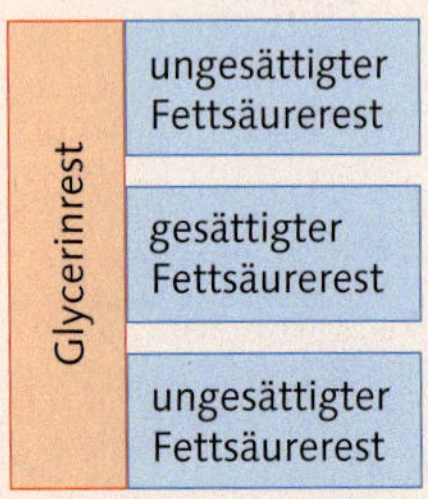

- In Fetten können unterschiedliche Fettsäurereste gebunden sein: gesättigte Fettsäurereste und ungesättigte Fettsäurereste.

Kohlenhydrate

- Verbindungen aus den Elementen Kohlenstoff, Wasserstoff und Sauerstoff
- Grundbausteine: Moleküle der Einfachzucker Glucose und Fructose

Einfachzucker (Monosaccharide)

- Glucose und Fructose

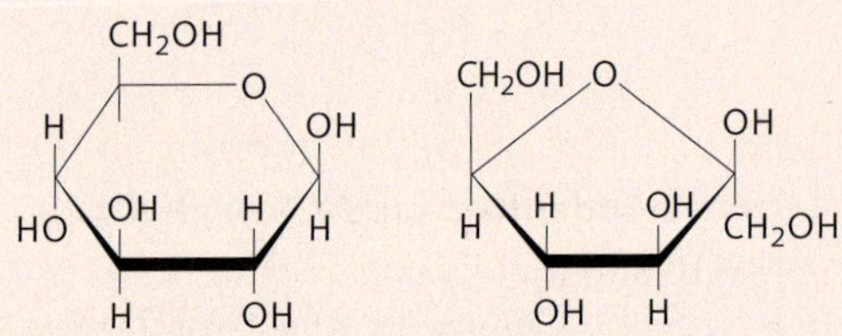

Zweifachzucker (Disaccharide)

- Bildung durch Verknüpfung zweier Einfachzucker unter Abspaltung von Wasser
- Saccharose (Rüben- oder Rohrzucker)

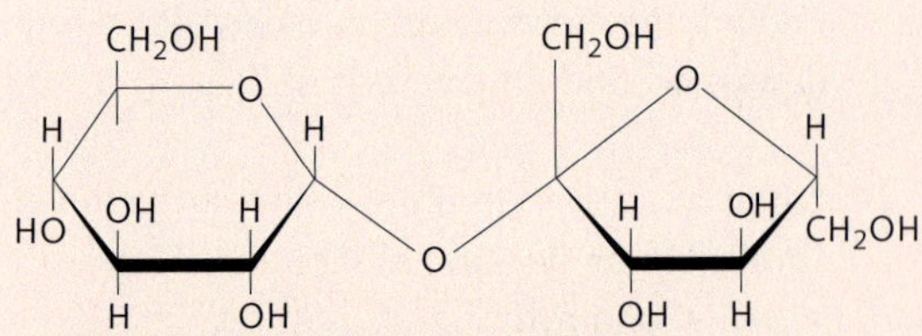

Vielfachzucker (Polysaccharide)

- Bildung durch Verknüpfung vieler Tausend Einfachzucker unter Abspaltung von Wasser
- Stärke: Speicherstoff der Pflanzen; wichtiges Nahrungsmittel für Menschen
- Cellulose: Gerüststoff der Pflanzen

Aminosäuren

- Grundbausteine der Eiweiße
- Alle Aminosäure-Moleküle besitzen eine Carboxyl-Gruppe und eine Amino-Gruppe; sie unterscheiden sich in der Seitenkette (R).

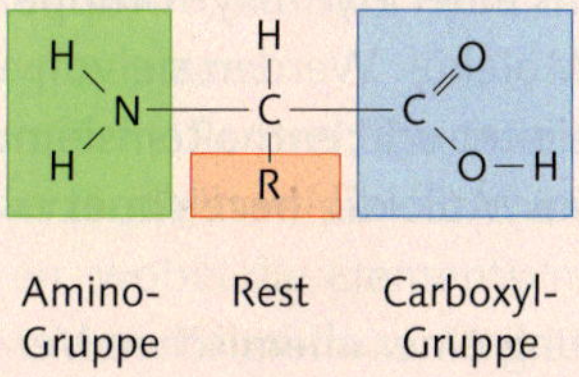

Eiweiße (Proteine)

- aus Makromolekülen aufgebaute Naturstoffe
- Eiweiß-Moleküle enthalten sehr viele Aminosäurereste, die über Peptidbindung verbunden sind.

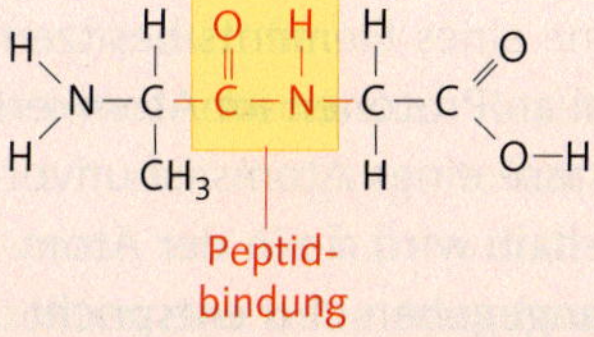

Seifen

- Natrium- oder Kaliumsalze der Fettsäuren
- entstehen durch Reaktion eines Fettes mit Laugen; Reaktionsprodukte: Seife, Glycerin
- Seifen-Anionen bestehen aus einem hydrophilen „Kopf" und einer hydrophoben Kohlenwasserstoffkette.

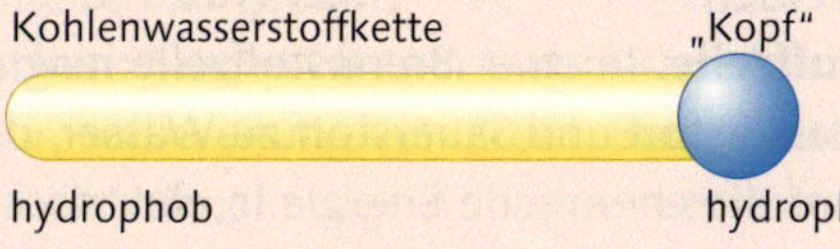

Tenside

- ordnen sich an der Grenzfläche zwischen hydrophilen und hydrophoben Stoffen an
- setzen die Oberflächenspannung des Wassers herab
- waschaktive Substanzen in Waschmitteln
- Phasen des Waschvorgangs: Benetzen der Faser – Ablösen des Schmutzes – Verteilen des Schmutzes im Wasser

Kunststoffe

- wichtige Werkstoffe in allen Lebensbereichen
- werden aus Erdöl oder durch Weiterverarbeitung von Naturprodukten hergestellt
- bestehen aus kettenartig aufgebauten Makromolekülen, den Polymeren

Polymerisation

- Viele kleine, gleichartige Moleküle (Monomere) reagieren unter Aufspaltung der Doppelbindung zu einem Makromolekül (Polymer).

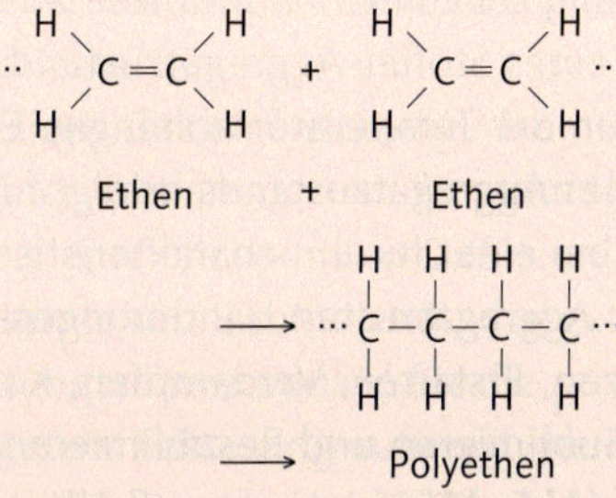

Polykondensation

- Viele Moleküle mit mindestens zwei funktionellen Gruppen reagieren unter Abspaltung von Wasser-Molekülen zu einem Makromolekül.

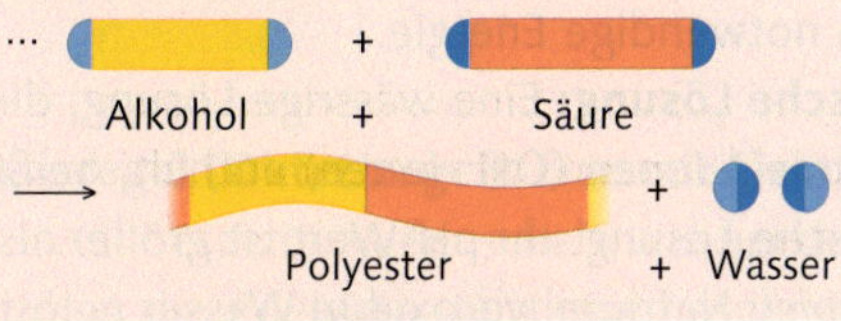

Nanotechnologie

- untersucht und erzeugt Stoffpartikel, die höchstens 100 Nanometer groß sind
- Nanopartikel werden z. B. in schmutz- und wasserabweisenden Beschichtungen, in Sonnencremes und in der Medizin eingesetzt.

Klebstoffe

- verbinden Stoffe durch Adhäsions- und Kohäsionskräfte

Reinstoff: Reinstoffe sind Stoffe, die aus einer einzigen Stoffart bestehen.

Resublimieren: Das Resublimieren ist der Vorgang, bei dem ein Stoff vom gasförmigen in den festen Aggregatzustand übergeht.

Roheisen: Roheisen ist ein Produkt des Hochofenprozesses. Es ist kein reines Eisen. Es enthält etwa 4 % Kohlenstoff und geringe Anteile an Silicium, Mangan, Phosphor und Schwefel. Durch den Kohlenstoff ist das Roheisen hart und spröde. Es ist damit nicht verformbar und lässt sich mechanisch nur schwer bearbeiten.

Rußfilter: Ein Rußfilter filtert den Ruß, der bei der unvollständigen Verbrennung von Diesel entsteht. Sobald der Filter voll ist, werden die filtrierten Rußteilchen durch eine kurzfristige Temperaturerhöhung zu Kohlenstoffdioxid verbrannt.

S

Säure: Säuren sind Stoffe, die in Wasser gelöst saure Lösungen ergeben.

saure Lösung: Eine wässrige Lösung, die Wasserstoff-Ionen (H^+-Ionen) enthält, heißt saure Lösung. Ihr pH-Wert ist kleiner als 7. *Beispiel:* Chlorwasserstoff (HCl) in Wasser gelöst

Schalenmodell des Atoms: Modellvorstellung vom Atom. Nach diesem Modell bestehen Atome aus einem Atomkern und einer Atomhülle. Die Atomhülle ist in Elektronenschalen gegliedert. Innerhalb einer Elektronenschale halten sich die Elektronen in etwa gleichem Abstand zum Atomkern auf.

Schmelzen: Das Schmelzen ist der Vorgang, bei dem ein Stoff vom festen in den flüssigen Aggregatzustand übergeht.

Schmelztemperatur: Ein Stoff geht bei seiner Schmelztemperatur vom festen in den flüssigen Aggregatzustand über. Die Schmelztemperatur ist eine für jeden Stoff charakteristische Eigenschaft.

Schwermetall: Metalle werden nach ihrer Dichte in Schwer- und Leichtmetalle eingeteilt. Schwermetalle haben eine Dichte, die größer als $5 \frac{g}{cm^3}$ ist.

Sedimentieren: Das Sedimentieren ist ein Trennverfahren, bei dem die unterschiedliche Dichte der Stoffe einer Aufschlämmung oder Suspension ausgenutzt wird. Die Stoffe mit der größeren Dichte sinken und setzen sich als Bodensatz ab.

Seifen: Seifen sind Alkalimetallsalze von Fettsäuren (langkettigen Carbonsäuren).

Sieben: Das Sieben ist ein Trennverfahren, bei dem Stoffe aufgrund ihrer Größe getrennt werden.

Siedetemperatur: Ein Stoff geht bei seiner Siedetemperatur vom flüssigen in den gasförmigen Aggregatzustand über. Die Siedetemperatur ist eine für jeden Stoff charakteristische Eigenschaft.

Stahl: Stahl wird aus Roheisen erzeugt, indem man den Kohlenstoffanteil unter 2 % reduziert. Er kann als Legierung auch noch weitere Zusätze wie Chrom, Vanadium, Nickel, Silicium o. a. enthalten. Im Gegensatz zu Roh- und Gusseisen lässt sich Stahl gut schmieden und ist verformbar.

Stoff: Unter einem Stoff versteht man das Material, aus dem ein Körper besteht. Stoffe besitzen kennzeichnende Eigenschaften. Aufgrund dieser Eigenschaften lassen sich Stoffe voneinander unterscheiden.

Stoffgemisch: Stoffgemische setzen sich aus mehreren Reinstoffen zusammen.

Strukturformel: Die Strukturformel zeigt neben Art und Anzahl der gebundenen Atome vor allem den räumliche Bau des Moleküls und die Art der chemischen Bindung zwischen den Atomen.

Sublimieren: Das Sublimieren ist der Vorgang, bei dem ein Stoff vom festen in den gasförmigen Aggregatzustand übergeht.

Summenformel: Die Summenformel gibt an, aus welchen und aus wie vielen Atomen eine chemische Verbindung besteht.

Synthese: Eine chemische Reaktion, bei der aus verschiedenen Stoffen eine neue Verbindung hergestellt wird, nennt man Synthese.

Aminosäuren

- Grundbausteine der Eiweiße
- Alle Aminosäure-Moleküle besitzen eine Carboxyl-Gruppe und eine Amino-Gruppe; sie unterscheiden sich in der Seitenkette (R).

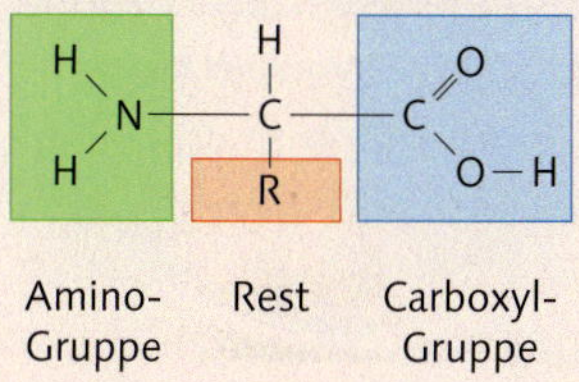

Eiweiße (Proteine)

- aus Makromolekülen aufgebaute Naturstoffe
- Eiweiß-Moleküle enthalten sehr viele Aminosäurereste, die über Peptidbindung verbunden sind.

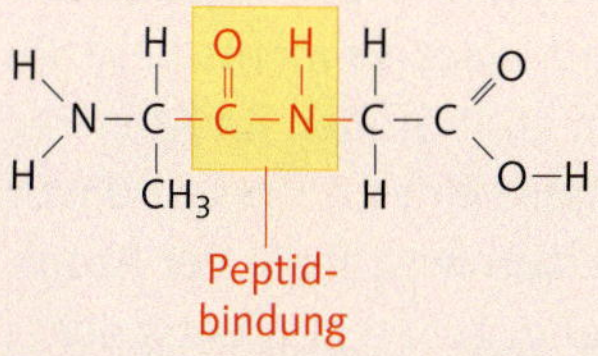

Seifen

- Natrium- oder Kaliumsalze der Fettsäuren
- entstehen durch Reaktion eines Fettes mit Laugen; Reaktionsprodukte: Seife, Glycerin
- Seifen-Anionen bestehen aus einem hydrophilen „Kopf" und einer hydrophoben Kohlenwasserstoffkette.

Tenside

- ordnen sich an der Grenzfläche zwischen hydrophilen und hydrophoben Stoffen an
- setzen die Oberflächenspannung des Wassers herab
- waschaktive Substanzen in Waschmitteln
- Phasen des Waschvorgangs: Benetzen der Faser – Ablösen des Schmutzes – Verteilen des Schmutzes im Wasser

Kunststoffe

- wichtige Werkstoffe in allen Lebensbereichen
- werden aus Erdöl oder durch Weiterverarbeitung von Naturprodukten hergestellt
- bestehen aus kettenartig aufgebauten Makromolekülen, den Polymeren

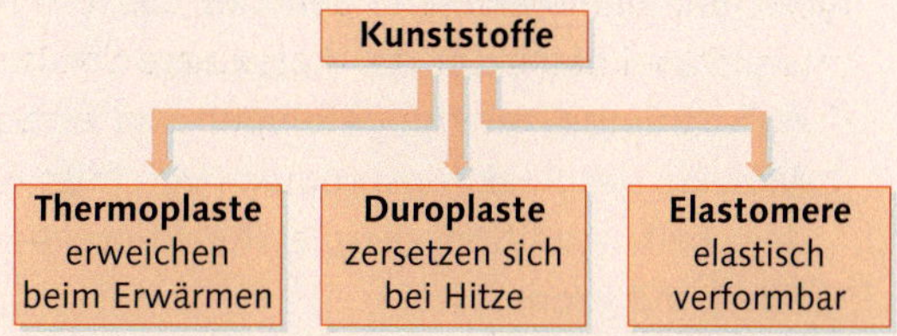

Polymerisation

- Viele kleine, gleichartige Moleküle (Monomere) reagieren unter Aufspaltung der Doppelbindung zu einem Makromolekül (Polymer).

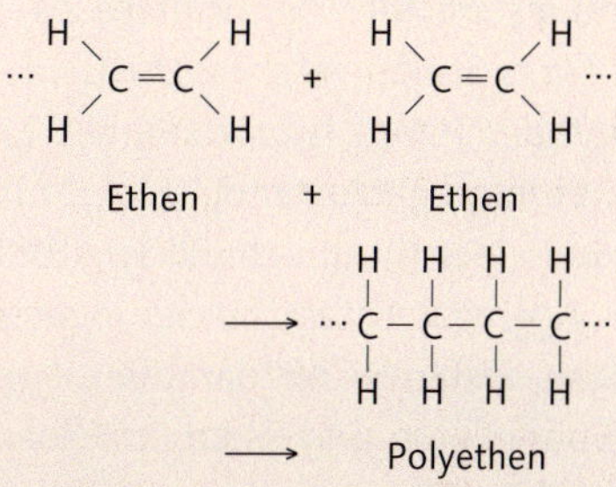

Polykondensation

- Viele Moleküle mit mindestens zwei funktionellen Gruppen reagieren unter Abspaltung von Wasser-Molekülen zu einem Makromolekül.

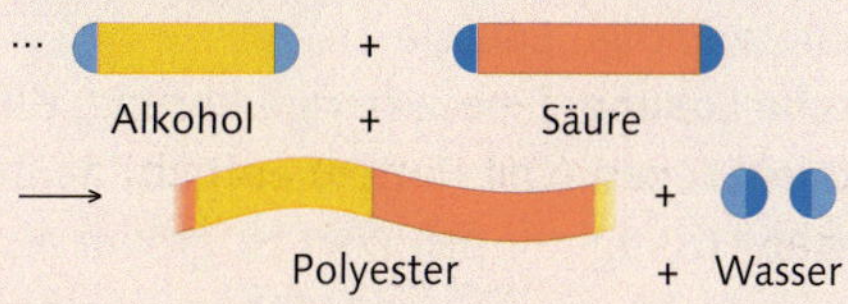

Nanotechnologie

- untersucht und erzeugt Stoffpartikel, die höchstens 100 Nanometer groß sind
- Nanopartikel werden z. B. in schmutz- und wasserabweisenden Beschichtungen, in Sonnencremes und in der Medizin eingesetzt.

Klebstoffe

- verbinden Stoffe durch Adhäsions- und Kohäsionskräfte

15

Glossar wichtiger Fachbegriffe

A

Abgaskatalysator: Katalytisch aktiv sind 2 bis 3 Gramm der Edelmetalle Platin, Palladium und Rhodium. An ihrer Oberfläche werden mehr als 90 % der giftigen Autoabgase in weniger schädliche Abgase umgewandelt.

Addition: Eine chemische Reaktion, bei der jeweils zwei Moleküle der Ausgangsstoffe unter Aufspaltung einer Doppelbindung zu einem Molekül des Reaktionsprodukts vereinigt werden, heißt Addition. *Beispiel:* Reaktion von Ethen mit Brom

Adsorbieren: Das Adsorbieren ist ein Trennverfahren, bei dem Stoffe eines Stoffgemischs auf der Oberfläche von z. B. Aktivkohle haften bleiben.

Aggregatzustand: Ein Stoff kann fest, flüssig oder gasförmig sein. Man nennt diese Zustandsform eines Stoffes Aggregatzustand. Dieser ist von der Temperatur abhängig. Eine Änderung des Aggregatzustands erfolgt für jeden Stoff bei einer für ihn charakteristischen Temperatur. Aggregatzustandsänderungen sind das Schmelzen, Erstarren, Verdampfen, Kondensieren, Sublimieren und Resublimieren.

Akkumulator (Akku): Eine wiederaufladbare Batterie heißt Akkumulator. Beim Entladen wird chemische Energie in elektrische Energie umgewandelt.

Aktivierungsenergie: Die Aktivierungsenergie ist die zum Auslösen einer chemischen Reaktion notwendige Energie.

alkalische Lösung: Eine wässrige Lösung, die Hydroxid-Ionen (OH^--Ionen) enthält, heißt alkalische Lösung. Ihr pH-Wert ist größer als 7. *Beispiel:* Natriumhydroxid in Wasser gelöst

Alkane: Alkane sind gesättigte Kohlenwasserstoffe mit der allgemeinen Summenformel C_nH_{2n+2}.

Alkene: Alkene sind ungesättigte Kohlenwasserstoffe mit der allgemeinen Summenformel C_nH_{2n}. Die Moleküle der Alkene besitzen mindestens eine C=C-Doppelbindung.

Alkine: Alkene sind ungesättigte Kohlenwasserstoffe mit der allgemeinen Summenformel C_nH_{2n-2}. Die Moleküle der Alkine besitzen mindestens eine C≡C-Dreifachbindung.

Alkohole: Alkohole sind organische Verbindungen mit mindestens einer Hydroxyl-Gruppe (OH-Gruppe) im Molekül. Werden sie von den Alkanen abgeleitet und enthalten sie nur eine OH-Gruppe im Molekül, bezeichnet man sie als Alkanole.

Analyse: Die Zerlegung einer chemischen Verbindung wird als Analyse bezeichnet.

Anion: Ein elektrisch negativ geladenes Ion heißt Anion.

Atome: Atome sind Teilchen, aus denen die Stoffe aufgebaut sind. Sie bestehen aus Protonen und Neutronen im Atomkern und Elektronen in der Atomhülle. Sie sind elektrisch neutral. Alle Atome eines Elements besitzen die gleiche Anzahl an Protonen im Atomkern.

Atommasse: Die Masse eines Atoms ist unvorstellbar klein. Deshalb wird sie in der Atommasseneinheit u angegeben. 1 u entspricht ungefähr der Masse eines Wasserstoffatoms.

B

Batterie: Batterien sind galvanische Zellen. Sie speichern chemische Energie, die beim Entladen in elektrische Energie umgewandelt wird. Primärbatterien können im Gegensatz zu Sekundärbatterien (Akkus) nicht wieder aufgeladen werden.

Brennstoffzelle: In einer Brennstoffzelle reagieren Wasserstoff und Sauerstoff zu Wasser, dabei wird die chemische Energie in elektrische Energie umgewandelt. Eine Brennstoffzelle ist eine galvanische Zelle.

Bronze: Bronze ist eine Legierung aus Kupfer und Zinn.

C

Carbonsäuren: Carbonsäuren sind organische Verbindungen mit mindestens einer Carboxyl-Gruppe (COOH-Gruppe) im Molekül. Werden sie von den Alkanen abgeleitet und enthalten sie nur eine COOH-Gruppe im Molekül, bezeichnet man sie als Alkansäuren.

chemisches Element: Chemische Elemente sind Reinstoffe, die sich nicht in andere Stoffe zerlegen lassen.

chemische Formel: Chemische Formeln sind Kurzschreibweisen für chemische Verbindungen, wobei die Elementsymbole verwendet werden. Es gibt u.a. Verhältnisformeln und Molekülformeln.

chemische Reaktion: Bei einer chemischen Reaktion findet eine Stoffumwandlung statt, die von Energieumwandlungen begleitet wird. Dabei bilden sich aus den Ausgangsstoffen (Edukte) neue Stoffe: die Reaktionsprodukte. Diese haben andere Eigenschaften als die Ausgangsstoffe.
Bei einer chemischen Reaktion ordnen sich die in den Ausgangsstoffen vorhandenen Atome um. Sie haben in den Reaktionsprodukten eine neue Anordnung.
Chemische Reaktionen, bei denen Energie abgegeben wird, werden exotherme Reaktionen genannt.
Chemische Reaktionen, bei denen Energie aufgenommen wird, werden endotherme Reaktionen genannt.

chemische Verbindung: Chemische Verbindungen sind aus mindestens 2 chemischen Elementen aufgebaut.

Cracken: Cracken ist ein technisches Verfahren zur Aufbereitung von Erdöl. Beim Cracken werden langkettige Kohlenwasserstoffe in Moleküle mit kürzeren Ketten umgewandelt.

D

Dekantieren: Das Dekantieren ist ein Trennverfahren, bei dem die über dem Bodensatz stehende Lösung abgegossen wird.

Destillieren/Destillation: Das Destillieren ist ein Trennverfahren, bei dem ein Stoff einer Lösung durch Erhitzen verdampft und wieder kondensiert wird. Beim Destillieren werden die unterschiedlichen Siedetemperaturen der Stoffe des Stoffgemischs genutzt.

Dichte: Jeder Stoff hat eine bestimmte Dichte ϱ, die sich berechnen lässt, indem man die Masse m des Stoffes durch sein Volumen V teilt.
$\varrho = \frac{m}{V}$
Eine häufig verwendete Einheit der Dichte ist $\frac{g}{cm^3}$. Die Dichte eines Stoffes ist von der Form und der Größe des Körpers unabhängig.

Dichteanomalie des Wassers: Die meisten Stoffe dehnen sich beim Erwärmen aus und ziehen sich beim Abkühlen zusammen. Dadurch wird die Dichte also größer, je kälter ein Stoff wird.
Bei Wasser stimmt dies jedoch nicht. Beim Abkühlen unter 4 °C dehnt sich Wasser wieder aus und hat somit bei 4 °C seine größte Dichte.

Diffusion: Das eigenständige Durchmischen zweier Stoffe aufgrund der ständigen Bewegung der Teilchen wird Diffusion genannt.

Dipolmolekül: Ein Molekül, das getrennte Ladungsschwerpunkte für die positive und negative Teilladung aufweist, heißt Dipolmolekül. Dipolmoleküle besitzen polare Elektronenpaarbindungen. *Beispiel:* Wasser-Molekül

Duroplaste: Duroplaste sind harte Kunststoffe, die nach Erwärmen nicht weich werden, sondern ihre Form behalten.

E

Edelgasregel (Oktettregel): Eine mit Elektronen voll besetzte Außenschale wie bei den Atomen der Edelgase stellt eine besonders stabile Elektronenanordnung dar (8 Außenelektronen bzw. 2 Außenelektronen bei Heliumatomen). Die Atome der anderen Elemente sind bestrebt, durch Elektronenaufnahme oder -abgabe die Elektronenanordnung der Edelgasatome zu erreichen.

Edukt: Ausgangsstoff einer chemischen Reaktion

Eindampfen: Das Eindampfen ist ein Trennverfahren, bei dem das Lösungsmittel einer Lösung durch Erhitzen verdampft wird. Der gelöste Feststoff bleibt zurück.

Elastomere: Elastomere sind elastisch verformbare Kunststoffe. Nach Druck oder Zug kehren sie wieder in ihre ursprüngliche Form zurück.

Elektrolyse: Die Analyse (Zerlegung) einer chemischen Verbindung mithilfe von elektrischem Strom heißt Elektrolyse.

Elektron: Elektronen sind elektrisch negativ geladene Elementarteilchen. Sie befinden sich in der Atomhülle, die den elektrisch positiv geladenen Atomkern umgibt.

Elektronegativität: Die Elektronegativität ist ein Maß für die Stärke, mit der ein Atom das bindende Elektronenpaar in einer Elektronenpaarbindung anzieht.

Elektronenakzeptor: Ein Teilchen, das Elektronen aufnimmt, heißt Elektronenakzeptor.

Elektronendonator: Ein Teilchen, das Elektronen abgibt, heißt Elektronendonator.

Elektronenpaarbindung (Atombindung): Die Elektronenpaarbindung ist eine Art der chemischen Bindung, die durch gemeinsame Elektronenpaare zwischen den Bindungspartnern zustande kommt. Die Atome von Molekülen sind durch Elektronenpaarbindung verbunden.

Element: Ein Reinstoff, der nur aus gleichartigen Atomen aufgebaut ist, heißt Element. Alle Atome eines Elements haben die gleiche Protonenzahl (Odnungszahl).

Elementarteilchen: Als Elementarteilchen werden die Bausteine der Atome bezeichnet: das Proton, das Neutron und das Elektron.

Elementsymbol: Elementsymbole sind Kurzschreibweisen für chemische Elemente. Ein Symbol kann das betreffende Element kennzeichnen, es kann aber auch für ein einzelnes Atom des Elements stehen.

endotherme Reaktion: Chemische Reaktionen, bei denen ständig Energie zugeführt werden muss, werden endotherme Reaktionen genannt.

Energieträger: Holz, Kohle, Erdöl und Erdgas sind Beispiele für Energieträger. Die in ihnen gespeicherte chemische Energie wird meist durch Verbrennen in Nutzenergie, beispielsweise in elektrische Energie, umgewandelt.

Entzündungstemperatur: Die Entzündungstemperatur ist die Temperatur, bei der sich ein Stoff an der Luft selbst entzündet.

Erstarren: Das Erstarren ist der Vorgang, bei dem ein Stoff vom flüssigen in den festen Aggregatzustand übergeht.

Ester: Organische Verbindungen, die bei der Reaktion eines Alkohols mit einer Säure unter Abspaltung von Wasser entstehen, werden als Ester bezeichnet. Viele Aromastoffe sind Ester. Auch Fette zählen zu den Estern.

exotherme Reaktion: Chemische Reaktionen, bei denen Energie abgegeben wird, werden exotherme Reaktionen genannt.

Extrahieren: Das Extrahieren ist ein Trennverfahren, bei dem Stoffe eines Stoffgemischs in einem Lösungsmittel gelöst werden und andere unlösliche Stoffe des Stoffgemischs zurückbleiben.

F

Fette: Fette sind Ester aus verschiedenen Fettsäuren und Glycerin. Natürlich vorkommende Fette bestehen aus Gemischen von verschiedenen Fettsäureestern.

Fettsäure: Carbonsäuren, deren Moleküle eine lange Kohlenwasserstoffkette besitzen, heißen Fettsäuren.

Filtrieren: Das Filtrieren ist ein Trennverfahren, bei dem Teilchen aufgrund ihrer Größe aussortiert werden.

Flammtemperatur: Die Flammtemperatur ist die Temperatur, bei der der Dampf über einem brennbaren Stoff durch eine Zündquelle entflammt werden kann.

Flammentypen: Beim Betrieb eines Gasbrenners bilden sich in Abhängigkeit von der Öffnung des Luftreglers unterschiedliche Flammen: die leuchtende, die nicht leuchtende und die rauschende Flamme.

Die leuchtende Flamme bildet sich bei geschlossenem Luftregler. Sie hat eine Temperatur von etwa 900 °C an ihrer heißesten Stelle und rußt stark.

Die nicht leuchtende Flamme bildet sich bei halb geöffnetem Luftregler. Sie ist heißer als die leuchtende Flamme und ist Fast durchsichtig.
Die rauschende Flamme bildet sich bei voll geöffnetem Luftregler. Diese Flamme hat einen gut sichtbaren Innen- und Außenkegel. Die heißeste Stelle dieser Flamme befindet sich an der Spitze des Innenkegels. Die Temperatur kann dort 1500 °C erreichen.

fossile Brennstoffe: Stoffe, die vor 250 bis 300 Mio. Jahren aus dem organischen Material abgestorbener Tiere und Pflanzen unter Ausschluss von Sauerstoff entstanden sind, heißen fossile Brennstoffe. *Beispiele*: Kohle, Erdöl, Erdgas

funktionelle Gruppe: Eine Atomgruppe, die die Eigenschaften eines Stoffes wesentlich mitbestimmt, heißt funktionelle Gruppe. *Beispiel:* Die Hydroxylgruppe (OH-Gruppe) ist die funktionelle Gruppe der Alkohole.

G

galvanische Zelle: Eine galvanische Zelle ist eine Spannungsquelle. Sie besteht aus zwei Elektroden, die in einen Elektrolyten tauchen. In einer galvanischen Zelle wird chemische Energie in elektrische Energie umgewandelt. *Beispiele:* Batterie, Akku, Brennstoffzelle

Galvanisieren: Als Galvanisieren bezeichnet man das Überziehen eines Gegenstands mit einer dünnen Schicht eines Metalls mithilfe der Elektrolyse.

Gesetz von der Erhaltung der Masse: Bei jeder chemischen Reaktion haben die Ausgangsstoffe die gleiche Masse wie die Reaktionsprodukte.

Gitterenergie: Energie, die aufgewendet werden muss, um das Ionengitter eines Salzes aufzulösen

Glimmspanprobe: Die Glimmspanprobe dient dem Nachweis von Sauerstoff: Ein glimmender Holzspan wird in das zu prüfende Gas eingeführt. In reinem Sauerstoff beginnt der Span zu brennen.

H

Hämatit: Hämatit – auch Blutstein oder Roteisenstein genannt – ist ein häufig vorkommendes Mineral mit der Verhältnisformel Fe_2O_3. Es ist undurchsichtig. Hämatit ist eines der bedeutenden Erze zur Eisengewinnung. Es ist nicht magnetisch.

heterogenes Stoffgemisch: Bei einem heterogenen Stoffgemisch sind die einzelnen Bestandteile erkennbar, z. B. beim Müsli.

homogenes Stoffgemisch: Bei einem homogenen Stoffgemisch sind die einzelnen Bestandteile nicht erkennbar, z. B. Zuckerwasser.

Hydratation: Vorgang beim Lösen eines Salzes in Wasser. Bei der Hydratation werden Ionen durch Wassermoleküle aus einem Ionengitter herausgelöst und von Wassermolekülen umlagert.

I

Indikator: Indikatoren zeigen durch ihre Farbänderung an, ob es sich um eine saure, alkalische oder neutrale Lösung handelt. *Beispiele:* Phenolphthalein, Lackmus, Rotkohlsaft

Ion: positiv oder negativ geladenes Teilchen. Durch Aufnahme oder Abgabe von Elektronen werden aus Atomen Ionen gebildet.

Ionenbindung: Art der chemischen Bindung, die durch Anziehung zwischen entgegengesetzt geladenen Ionen zustande kommt. Sie ist die typische Bindungsart bei Salzen wie Natriumchlorid.

Isomere: Verbindungen, deren Moleküle bei gleicher Summenformel unterschiedliche Strukturformeln besitzen, heißen Isomere.

Isotope: Atome eines Elements mit gleicher Anzahl an Protonen, aber unterschiedlicher Anzahl an Neutronen werden Isotope genannt. Sie besitzen eine unterschiedliche Atommasse, aber fast gleiche chemische Eigenschaften.

K

Katalysator: Ein Katalysator ist ein an einer chemischen Reaktion beteiligter Stoff, der die Reaktion beschleunigt, indem er die Aktivierungsenergie senkt. Er wird bei der Reaktion nicht verbraucht.

Kation: Ein elektrisch positiv geladenes Ion heißt Kation.

Kern-Hülle-Modell: Modellvorstellung vom Atom. Nach diesem Modell bestehen Atome aus einem Atomkern und einer Atomhülle. Im Atomkern befinden sich positiv geladene Protonen. In der Atomhülle befinden sich negativ geladene Elektronen.

Kohlenhydrate: Naturstoffe, zu denen verschiedene Zuckerarten, Cellulose und Stärke gehören. Man unterscheidet nach der Größe ihrer Moleküle Einfachzucker (Monosaccharide, *Beispiel:* Glucose), Zweifachzucker (Disaccharide, *Beispiel:* Saccharose) und Vielfachzucker (Polysaccharide, *Beispiel:* Stärke).

Kohlenwasserstoffe: Als Kohlenwasserstoffe werden Verbindungen bezeichnet, die nur die Elemente Kohlenstoff und Wasserstoff enthalten. *Beispiele:* Alkane, Alkene, Alkine

Koks: Koks ist ein Brennstoff, der aus Steinkohle hergestellt wird und fast vollständig aus Kohlenstoff besteht.

Kondensieren: Das Kondensieren ist der Vorgang, bei dem ein Stoff vom gasförmigen in den flüssigen Aggregatzustand übergeht.

Korrosion: Als Korrosion bezeichnet man die Veränderung von Werkstoffen durch Umwelteinflüsse. Rosten ist die Korrosion von Werkstoffen aus Eisen und Stahl.

Kunststoffe: synthetisch hergestellte Stoffe, die aus Makromolekülen aufgebaut sind

L

Lauge: Eine wässrige Lösung von Metallhydroxiden heißt Lauge. Sie enthält Hydroxid-Ionen (OH^--Ionen). *Beispiel:* Natronlauge

Legierung: Homogene Gemische von Metallen werden als Legierungen bezeichnet.

Leichtmetall: Metalle werden nach ihrer Dichte in Leicht- und Schwermetalle eingeteilt. Leichtmetalle haben eine Dichte, die kleiner als $5\,\frac{g}{cm^3}$ ist.

Leitfähigkeit, elektrische: Die elektrische Leitfähigkeit ist eine Stoffeigenschaft, die die Fähigkeit eines Stoffes kennzeichnet, den elektrischen Strom zu leiten. Metalle besitzen eine hohe elektrische Leitfähigkeit.

Löslichkeit: Die Löslichkeit gibt an, wie viel Gramm eines Stoffes sich in 100 g eines Lösungsmittels bei einer bestimmten Temperatur gerade noch lösen, ohne dass ein Bodensatz entsteht.

M

Magnetit: Magnetit – auch Magneteisenstein genannt – ist ein in großen Lagerstätten vorkommendes Mineral mit der Verhältnisformel Fe_3O_4. Vor allem für die Elektroindustrie ist Magnetit eines der wichtigsten Eisenerze. Es ist stark magnetisch.

Malachit: Malachit ist ein häufig vorkommendes kupferhaltiges Mineral. Charakteristisch für Malachit ist seine ausschließlich grüne Farbe, die in Lagen zwischen Hellgrün bis Schwarzgrün auftritt.

Metallbindung: Die Metallbindung wird durch die Anziehung zwischen positiv geladenen Atomrümpfen und negativ geladenen Elektronen bewirkt.

Molekül: Ein Molekül ist ein Teilchen, das aus zwei oder mehr fest miteinander verbundenen Atomen besteht.

Molekülformel: Die Molekülformel gibt an, aus welchen und aus wie vielen Atomen ein Molekül einer chemischen Verbindung besteht.

Monomere: Viele gleichartige kleine Moleküle, die durch chemische Reaktion zu Makromolekülen verbunden werden können, heißen Monomere.

N

neutrale Lösung: Eine wässrige Lösung, die genauso viele Wasserstoff-Ionen (H^+-Ionen) wie Hydroxid-Ionen (OH^--Ionen) enthält, heißt neutrale Lösung. Ihr pH-Wert beträgt 7.

Neutralisation: Eine chemische Reaktion, bei der die Wasserstoff-Ionen (H^+-Ionen) einer sauren Lösung mit den Hydroxid-Ionen (OH^--Ionen) einer alkalischen Lösung zu Wasser-Molekülen reagieren, heißt Neutralisation. Dabei wird Wärme frei.

Neutron: Neutronen sind elektrisch neutrale Elementarteilchen im Atomkern von Atomen.

O

Oberflächenspannung (des Wassers): Die Eigenschaft des Wassers (aber auch anderer Flüssigkeiten), eine feste, aber gleichzeitig elastische Oberfläche zu bilden, wird Oberflächenspannung genannt. Bei den Flüssigkeiten ist dieser Effekt unterschiedlich stark.

Ordnungszahl: siehe Protonenzahl.

Oxid: Ein Oxid ist eine chemische Verbindung, die aus dem chemischen Element Sauerstoff und einem weiteren Element aufgebaut ist.

Oxidation: Die chemische Reaktion eines Stoffes mit Sauerstoff heißt Oxidation. Als Reaktionsprodukt entsteht ein Oxid.
Im erweiterten Sinn ist die Oxidation eine Teilreaktion der Redoxreaktion, bei der Atome Elektronen abgeben. Sie ist die Umkehrung der Reduktion.

Oxidationsmittel: Als Oxidationsmittel bezeichnet man einen Stoff, der bei einer Redoxreaktion Sauerstoff an einen anderen Stoff abgibt.
Im erweiterten Sinn sind Oxidationsmittel Stoffe, die als Elektronenakzeptoren wirken.

P

Periodensystem der Elemente (PSE): Übersicht, in der die Elemente auf der Grundlage ihres Atombaus nach steigender Protonenzahl angeordnet sind. Die Elemente sind in waagerechten Zeilen, den Perioden, und senkrechten Spalten, den Gruppen, angeordnet.

pH-Wert: Der pH-Wert gibt an, wie stark sauer oder alkalisch eine Lösung ist. Bei pH = 7 liegt eine neutrale Lösung vor, bei pH-Werten kleiner als 7 ist die Lösung sauer, bei pH-Werten größer als 7 ist die Lösung alkalisch.

polare Elektronenpaarbindung: Art der chemischen Bindung in Molekülen. Bei einer polaren Elektronenpaarbindung ist das bindende Elektronenpaar in Richtung des Atoms mit der stärkeren Anziehungskraft auf das Elektronenpaar verschoben. Solche Moleküle sind häufig Dipolmoleküle.

Polykondensation: Eine Polykondensation ist eine chemische Reaktion, bei der sich viele Moleküle (Monomere) mit mindestens zwei funktionellen Gruppen unter Abspaltung von kleinen Molekülen, z. B. Wasser-Molekülen, zu einem Makromolekül verbinden.

Polymere: Die Makromoleküle, aus denen die Kunststoffe aufgebaut sind, heißen Polymere.

Polymerisation: Eine Polymerisation ist eine chemische Reaktion, bei der sich viele gleichartige kleine Moleküle (Monomere) unter Aufspaltung der Doppelbindung zu einem Makromolekül verbinden.

Proton: Protonen sind elektrisch positiv geladene Elementarteilchen im Atomkern von Atomen.

Protonenzahl (Ordnungszahl): Die Protonenzahl gibt die Anzahl der Protonen im Atomkern und zugleich die Anzahl der Elektronen in der Atomhülle an. Sie legt fest, zu welchem Element ein Atom gehört und in welcher Reihenfolge die Elemente im PSE stehen.

R

Reaktionsschema: Das Reaktionsschema stellt eine vereinfachte Beschreibung einer chemischen Reaktion dar. Links vom Reaktionspfeil stehen die Ausgangsstoffe und rechts die Reaktionsprodukte.

Redoxreaktion: Als Redoxreaktion bezeichnet man eine chemische Reaktion, bei der eine Oxidation und eine Reduktion gleichzeitig ablaufen. Es findet eine Sauerstoffübertragung statt.
Im erweiterten Sinn ist die Redoxreaktion eine Donator-Akzeptor-Reaktion, bei der Elektronenübertragungen stattfinden.

Reduktion: Eine chemische Reaktion, bei der Sauerstoff abgegeben wird, ist eine Reduktion.
Im erweiterten Sinn ist die Reduktion eine Teilreaktion der Redoxreaktion, bei der Atome Elektronen aufnehmen. Sie ist die Umkehrung der Oxidation.

Reduktionsmittel: Als Reduktionsmittel bezeichnet man einen Stoff, der bei einer Redoxreaktion einem anderen Stoff den Sauerstoff entzieht.
Im erweiterten Sinn sind Reduktionsmittel Stoffe, die als Elektronendonatoren wirken.

Reinstoff: Reinstoffe sind Stoffe, die aus einer einzigen Stoffart bestehen.

Resublimieren: Das Resublimieren ist der Vorgang, bei dem ein Stoff vom gasförmigen in den festen Aggregatzustand übergeht.

Roheisen: Roheisen ist ein Produkt des Hochofenprozesses. Es ist kein reines Eisen. Es enthält etwa 4 % Kohlenstoff und geringe Anteile an Silicium, Mangan, Phosphor und Schwefel. Durch den Kohlenstoff ist das Roheisen hart und spröde. Es ist damit nicht verformbar und lässt sich mechanisch nur schwer bearbeiten.

Rußfilter: Ein Rußfilter filtert den Ruß, der bei der unvollständigen Verbrennung von Diesel entsteht. Sobald der Filter voll ist, werden die filtrierten Rußteilchen durch eine kurzfristige Temperaturerhöhung zu Kohlenstoffdioxid verbrannt.

S

Säure: Säuren sind Stoffe, die in Wasser gelöst saure Lösungen ergeben.

saure Lösung: Eine wässrige Lösung, die Wasserstoff-Ionen (H^+-Ionen) enthält, heißt saure Lösung. Ihr pH-Wert ist kleiner als 7. *Beispiel:* Chlorwasserstoff (HCl) in Wasser gelöst

Schalenmodell des Atoms: Modellvorstellung vom Atom. Nach diesem Modell bestehen Atome aus einem Atomkern und einer Atomhülle. Die Atomhülle ist in Elektronenschalen gegliedert. Innerhalb einer Elektronenschale halten sich die Elektronen in etwa gleichem Abstand zum Atomkern auf.

Schmelzen: Das Schmelzen ist der Vorgang, bei dem ein Stoff vom festen in den flüssigen Aggregatzustand übergeht.

Schmelztemperatur: Ein Stoff geht bei seiner Schmelztemperatur vom festen in den flüssigen Aggregatzustand über. Die Schmelztemperatur ist eine für jeden Stoff charakteristische Eigenschaft.

Schwermetall: Metalle werden nach ihrer Dichte in Schwer- und Leichtmetalle eingeteilt. Schwermetalle haben eine Dichte, die größer als $5 \frac{g}{cm^3}$ ist.

Sedimentieren: Das Sedimentieren ist ein Trennverfahren, bei dem die unterschiedliche Dichte der Stoffe einer Aufschlämmung oder Suspension ausgenutzt wird. Die Stoffe mit der größeren Dichte sinken und setzen sich als Bodensatz ab.

Seifen: Seifen sind Alkalimetallsalze von Fettsäuren (langkettigen Carbonsäuren).

Sieben: Das Sieben ist ein Trennverfahren, bei dem Stoffe aufgrund ihrer Größe getrennt werden.

Siedetemperatur: Ein Stoff geht bei seiner Siedetemperatur vom flüssigen in den gasförmigen Aggregatzustand über. Die Siedetemperatur ist eine für jeden Stoff charakteristische Eigenschaft.

Stahl: Stahl wird aus Roheisen erzeugt, indem man den Kohlenstoffanteil unter 2 % reduziert. Er kann als Legierung auch noch weitere Zusätze wie Chrom, Vanadium, Nickel, Silicium o. a. enthalten. Im Gegensatz zu Roh- und Gusseisen lässt sich Stahl gut schmieden und ist verformbar.

Stoff: Unter einem Stoff versteht man das Material, aus dem ein Körper besteht. Stoffe besitzen kennzeichnende Eigenschaften. Aufgrund dieser Eigenschaften lassen sich Stoffe voneinander unterscheiden.

Stoffgemisch: Stoffgemische setzen sich aus mehreren Reinstoffen zusammen.

Strukturformel: Die Strukturformel zeigt neben Art und Anzahl der gebundenen Atome vor allem den räumliche Bau des Moleküls und die Art der chemischen Bindung zwischen den Atomen.

Sublimieren: Das Sublimieren ist der Vorgang, bei dem ein Stoff vom festen in den gasförmigen Aggregatzustand übergeht.

Summenformel: Die Summenformel gibt an, aus welchen und aus wie vielen Atomen eine chemische Verbindung besteht.

Synthese: Eine chemische Reaktion, bei der aus verschiedenen Stoffen eine neue Verbindung hergestellt wird, nennt man Synthese.

T

Thermoplaste: Thermoplaste sind Kunststoffe, die durch Erwärmen weich und formbar werden.

Treibhauseffekt: Die Erdatmosphäre wirkt wie das Dach eines gläsernen Treibhauses: Die Sonnenstrahlen werden durchgelassen und erwärmen die Erdoberfläche. Von der Erdoberfläche wird nun Wärme in den Weltraum abgestrahlt. Die Gase in der Atmosphäre nehmen diese Wärmestrahlung auf und halten so einen Teil der Wärme auf der Erde. Dies wird als natürlicher Treibhauseffekt bezeichnet. Ohne diesen Effekt läge die Durchschnittstemperatur auf der Erde bei –18 °C. Durch die von Menschen verursachte Anreicherung von Treibhausgasen, u. a. Kohlenstoffdioxid, Methan und Lachgas, wird der Treibhauseffekt der Atmosphäre verstärkt.

V

Van-der-Waals-Kräfte: Schwache Anziehungskräfte, die zwischen unpolaren Molekülen wirken, heißen Van-der-Waals-Kräfte. Sie sind beispielsweise für die Viskosität von Kohlenwasserstoffen verantwortlich.

Verbindung: Verbindungen sind Reinstoffe, die durch chemische Reaktion in verschiedene Elemente zerlegt werden können.

Verdampfen: Das Verdampfen ist der Vorgang, bei dem ein Stoff beim Sieden vom flüssigen in den gasförmigen Aggregatzustand übergeht.

Verdunsten: Das Verdunsten ist ein Trennverfahren, bei dem man das Lösungsmittel einer Lösung ohne Erhitzen verdunsten lässt. Der gelöste Feststoff bleibt zurück.

Veresterung: Eine chemische Reaktion, bei der ein Alkohol mit einer Säure unter Abspaltung von Wasser reagiert, heißt Veresterung.

Verhältnisformel: Die Verhältnisformel einer chemischen Verbindung gibt an, aus welchen Atomen die Verbindung besteht und in welchem Zahlenverhältnis die Atome in der Verbindung gebunden sind.

Volumen: Das Volumen V ist der Rauminhalt eines Körpers bzw. Objekts.

W

Wärmeleitfähigkeit: Die Wärmeleitfähigkeit ist eine Stoffeigenschaft, die die Fähigkeit eines Stoffes kennzeichnet, thermische Energie, d. h. Wärme, durch Wärmeleitung zu transportieren.
Metalle sind gute Wärmeleiter.

Wasserstoffbrückenbindung: Anziehungskräfte zwischen Wasser-Molekülen oder anderen Dipolmolekülen, bei denen ein Wasserstoffatom an ein elektronegatives Element gebunden ist, heißen Wasserstoffbrückenbindung. Sie werden zwischen benachbarten Molekülen ausgebildet und führen zu großen Molekülverbänden.

Wertigkeit: Die Wertigkeit eines Elements gibt an, wie viele Wasserstoffatome ein Atom dieses Elements binden kann.
Bei Ionen entspricht sie der Ladungszahl, das heißt der Anzahl der Elektronen, die aufgenommen oder abgegeben werden können.
Die Wertigkeit kann aus der Hauptgruppennummer des Periodensystems abgeleitet werden. *Beispiel:* Atome der ersten und siebten Hauptgruppe sind einwertig, Atome der zweiten und sechsten zweiwertig.

Z

Zentrifugieren: Das Zentrifugieren ist ein Trennverfahren, bei dem die unterschiedliche Dichte der Stoffe einer Aufschlämmung oder Suspension ausgenutzt wird. Die Stoffe mit der größeren Dichte sinken und setzen sich als Bodensatz ab. Durch schnelle Rotation in der Zentrifuge wird die Zentrifugalkraft genutzt, um den Prozess zu beschleunigen.

Wichtige Größen in der Chemie

Größen in der Chemie					
Größe	Formelzeichen	Einheit	Größe	Formelzeichen	Einheit
Masse	m	kg, g	Dichte	ϱ	kg/m^3, g/cm^3, g/l
Volumen	V	m^3, l	Massenanteil	w	1, %
Stoffmenge	n	mol	Volumenanteil	φ	1, %
molare Masse	M	g/mol	Massenkonzentration	β	g/l
molares Volumen	V_m	l/mol	Stoffmengenkonzentration	c	mol/l
Teilchenanzahl	N	1	Temperatur	T, ϑ	K, °C

Konstanten in der Chemie	
Normdruck P_n	$P_n = 1013$ hPa
Normtemperatur T_n	$T_n = 273{,}15$ K
molares Volumen eines idealen Gases im Normzustand $V_{m,n}$	$V_{m,n} = 22{,}4$ l/mol
Avogadro-Konstante N_A	$N_A = 6{,}022\,136\,7 \cdot 10^{23}$ mol^{-1}

Größengleichungen in der Chemie			
Dichte		molare Masse	molares Volumen
$\varrho = \frac{m}{V}$	$\varrho = \frac{M}{V_m}$	$M = \frac{m}{n}$	$V_m = \frac{V}{n}$
Massenanteil		Volumenanteil	
$w(\text{Stoff}) = \frac{m(\text{Stoff})}{m(\text{Stoffgemisch})}$		$\varphi(\text{Stoff}) = \frac{m(\text{Stoff})}{m(\text{Stoffgemisch})}$	
Massenkonzentration		Stoffmengenkonzentration	
$\beta(\text{Stoff}) = \frac{m(\text{Stoff})}{V(\text{Stoffgemisch})}$		$c(\text{Stoff}) = \frac{n(\text{Stoff})}{V(\text{Stoffgemisch})}$	

Vorsätze von Einheiten (Auswahl)			
Vorsatz	Kurzzeichen	Faktor, mit dem die Einheit multipliziert wird	
Giga	G	1 000 000 000	(10^9)
Mega	M	1 000 000	(10^6)
Kilo	k	1 000	(10^3)
Hekto	h	100	(10^2)
Dezi	d	0,1	(10^{-1})
Zenti	c	0,01	(10^{-2})
Milli	m	0,001	(10^{-3})
Mikro	µ	0,000 001	(10^{-6})
Nano	n	0,000 000 001	(10^{-9})

Laborgeräte

Musterlösungen der Teste-dich-Aufgaben

Mein neues Fach – Chemie! (S. 28)

1 1. Betritt den Chemieraum nur gemeinsam mit einer Chemielehrerin oder einem Chemielehrer.
2. Essen und Trinken ist im Chemieraum verboten.
3. Ohne Aufforderung der Chemielehrerin oder des Chemielehrers dürfen Geräte, Schalter und Chemikalien nicht berührt werden.
4. Gehe mit den Geräten und Chemikalien verantwortungsvoll um.

2 Nico hat nicht richtig gehandelt, denn er sollte sich die Schutzbrille aufsetztten, bevor er die Geräte und Chemikalien vom Pult holt. Es können auch Unfälle beim Vorbereiten der Experimente passieren (er könnte z. B. stolpern) oder eine Mitschülerin oder ein Mitschüler führt das Experiment bereits durch, während Nico die letzten Chemikalien vom Pult holt.

3 1. Die Chemikalienbehälter dürfen nur zur Entnahme von Material geöffnet werden und müssen direkt danach wieder verschlossen werden.
2. Kaputte Geräte dürfen nicht verwendet werden. Die Lehrerin oder der Lehrer müssen über das schadhafte Gerät informiert werden.

4a

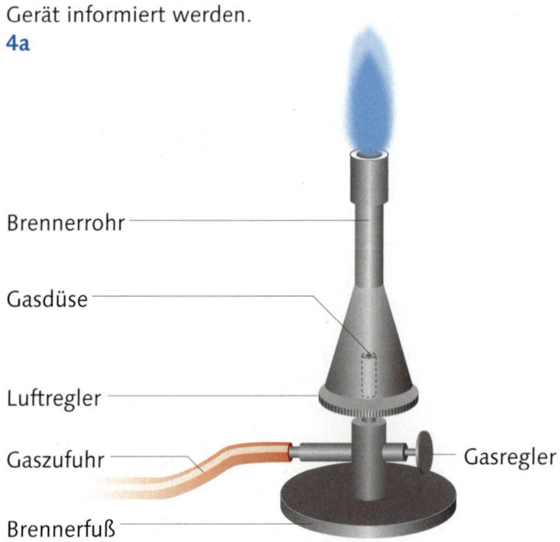

b Zündquelle bereithalten, Gashahn am Tisch öffnen, Gasregler am Brenner öffnen und austretendes Gas sofort entzünden, je nach gewünschtem Flammentyp Luftzufuhr regulieren

5a *links:* leuchtende Flamme, *rechts:* nicht leuchtende Flamme

b Die Temperatur in der Flamme eines Gasbrenners hängt von der Luftzufuhr ab: Je weiter der Luftregler aufgedreht ist, desto höher ist die Flammentemperatur.

c Mit der leuchtenden Flamme wird im Chemieunterricht selten gearbeitet, weil die Temperatur der Flamme für viele Experimente zu niedrig ist. Außerdem rußt diese Flamme stark.

6 Das Bild zeigt einen Reagenzglashalter, ein Reagenzglas, einen Erlenmeyerkolben und einen Mörser mit Pistill.

7a Fülle nur kleine Mengen in das Reagenzglas.
Halte das Reagenzglas mit einem Reagenzglashalter fest.
Bewege das Reagenzglas beim Erhitzen gleichmäßig in der Flamme hin und her. Achte immer darauf, dass die Öffnung des Reagenzglases nicht auf Personen gerichtet ist.

b Eine individuelle Zeichnung zeigt die genannten Regeln.

8 *linkes Gefahrenpiktogramm:* Substanz ist leicht entzündlich (GHS02); *rechtes Gefahrenpiktogramm:* Substanz ist ätzend (GHS05)

9 Alte Medikamente dürfen auf keinen Fall in den Abfalleimer oder Ausguss gegeben werden. Sie müssen sachgerecht entsorgt werden. Dafür gibt es häufig ein Schadstoffmobil oder eine Sammelstelle. Manche Apotheken nehmen die abgelaufen Medikamente auch zurück.

10 Ein Protokoll sollte als immer eine Problemfrage, eine Vermutung, die Geräte- und Chemikalienliste, eine Beschreibung der Durchführung, der Beobachtung sowie eine Auswertung enthalten.

Stoffe und ihre Eigenschaften (S. 56)

1a *Stoffe:* Holz, Gold, Glas, Baumwolle, Aluminiumfolie, Wasser, Grillkohle, Styropor, Zucker, Mehl, Essig,

b *feste Stoffe:* Holz, Gold, Glas, Baumwolle, Aluminiumfolie, Grillkohle, Styropor, Zucker, Mehl; weitere Beispiele: Salz, Silber; *flüssige Stoffe:* Wasser, Essig; weitere Beispiele: Klebstoff, Limonade
ODER
Metalle: Gold, Aluminiumfolie; weitere Beispiele: Silber, Kupfer; *Nichtmetalle:* Holz, Glas, Baumwolle, Wasser, Grillkohle, Styropor, Zucker, Mehl, Essig; weitere Beispiele: Klebstoff, Limonade

2 Form (Antwort c) ist keine Stoffeigenschaft

3 Bei den meisten Rezepte werden die Mengen für Mehl und Zucker in g angegeben. Da Zucker und Mehl eine unterschiedliche Dichte haben, müssen für diese Stoffe extra Skalen angegeben werden. So kann man auch ohne Waage die richtige Masse der Stoffe abmessen.

4 Da die Getränkedose aus einem Metall besteht, das die Wärme gut leitet, lässt sich die Cola in der Dose schneller abkühlen. PET (Kunststoff) leitet die Wärme schlecht.

5a Aluminium und Magnesium sind Leichtmetalle. Aufgrund ihrer geringen Masse sind sie daher für den Flugzeugbau geeignet, weil z. B. Flugzeuge aus Schwermetallen wesentlich mehr Kerosin-Treibstoff verbrauchen würden.

b Für den Autobau haben diese Metalle den Nachteil, dass sie sich leicht verformen lassen. So entstehen bei der Verwendung für Autokarosserien leicht Beulen.

6 Dichteberechnung: $\frac{936{,}6\,\text{g}}{105\,\text{cm}^3} = 8{,}92\,\frac{\text{g}}{\text{cm}^3}$
Eisen hat eine Dichte von $7{,}87\,\frac{\text{g}}{\text{cm}^3}$, sodass die Metallkugel nicht aus Eisen bestehen kann und Hannah unrecht hat. Die Kugel besteht aus Kupfer, denn Kupfer hat eine Dichte von $8{,}92\,\frac{\text{g}}{\text{cm}^3}$.

7 Ein Messzylinder wird zu zwei Dritteln mit Wasser gefüllt und das genaue Volumen notiert. Das 5-Cent-Stück wird vorab gewogen. Nun gibt man die Münze vorsichtig in den Messzylinder und das Wasservolumen wird bestimmt. Die Differenz wird berechnet. Der erhaltene Wert für die Masse wird durch das ermittelte Volumen dividiert und die errechnete Dichte mit dem Dichtewert von Kupfer ($8{,}92\,\frac{\text{g}}{\text{cm}^3}$) verglichen.

8 Das Glas beschlägt beim Herausnehmen aus dem Tiefkühlschrank.
Erklärung: Das Glas wurde im Tiefkühlschrank stark abgekühlt. Kommt die im Vergleich wärmere Raumluft nun mit der kalten Glasfläche in Berührung, so kondensiert das Wasser aus der Luft an dem Glas und es beschlägt.
9 Schwermetalle besitzen eine Dichte, die größer als $5 \frac{g}{cm^3}$ ist. Beispiel: Blei
10 Beim Lösen in Wasser schieben sich die Wasserteilchen zwischen die Salzteilchen. Dadurch werden die Salzteilchen voneinander getrennt und verteilen sich gleichmäßig zwischen den Wasserteilchen. Die verteilten Teilchen sind so klein, dass sie mit bloßem Auge nicht mehr sichtbar sind.

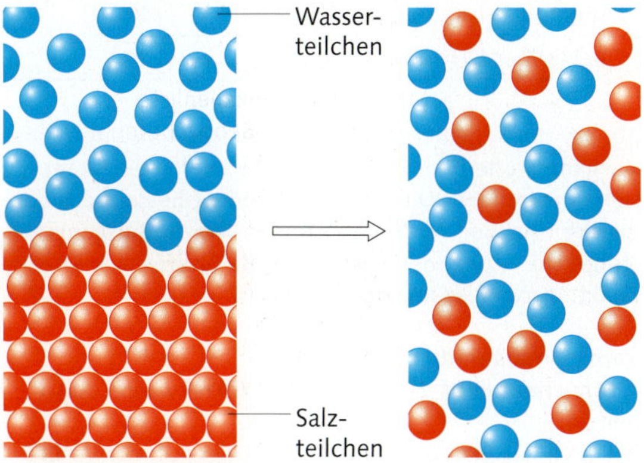

11

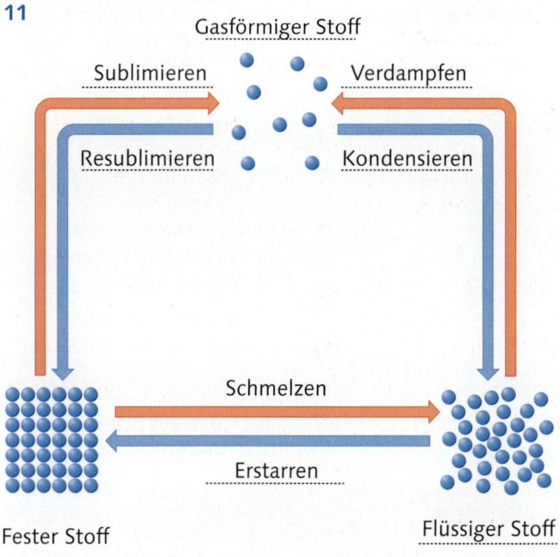

Stoffgemische und ihre Trennung (S. 78)
1 Milch ist ein Stoffgemisch, weil sie unter anderem aus Wasser, Kohlenhydraten, Fett, Eiweiß und Vitaminen besteht.
2 Eine Suspension ist ein heterogenes Stoffgemisch aus einer Flüssigkeit und einem darin fein verteilten Feststoff. Eine Emulsion ist ebenfalls ein heterogenes Stoffgemisch. Es besteht aus zwei eigentlich nicht mischbaren Flüssigkeiten, Fett und Wasser. Mithilfe eines Emulgators können die Fetttröpfchen aber im Wasser verteilt werden.

3

Bezeichnung	Zustandsformen der Bestandteile	Beispiele
Gemenge	fest-fest	Waschpulver
Emulsion	flüssig-flüssig	Handcreme
Lösung	fest-flüssig	Meerwasser
Lösung	flüssig-flüssig	Weinbrand
Suspension	fest-flüssig	Orangensaft
Legierung	Kupfer/Zinn	Bronze
Rauch	fest-gasförmig	Zigarettenqualm

4 Nein, Christoph hat nicht recht. Leitungswasser enthält gelöste Stoffe, die man nicht sehen kann.
5 Diese Angabe bezieht sich auf den Massenanteil des Silbers im Schmuckstück. 925 bedeutet hier konkret, dass von 1000 Gewichtsteilen 925 Teile Silber sind. Der Rest setzt sich aus anderen Metallen zusammen.
6a Der Milchschaum schwimmt auf dem Kaffee, weil der Schaum, ein Gemisch aus Milch und Luft, eine geringere Dichte als Kaffee hat.
b Der Kaffee hat eine geringere Dichte als Milch und schwimmt deshalb auf der Milch.
7a

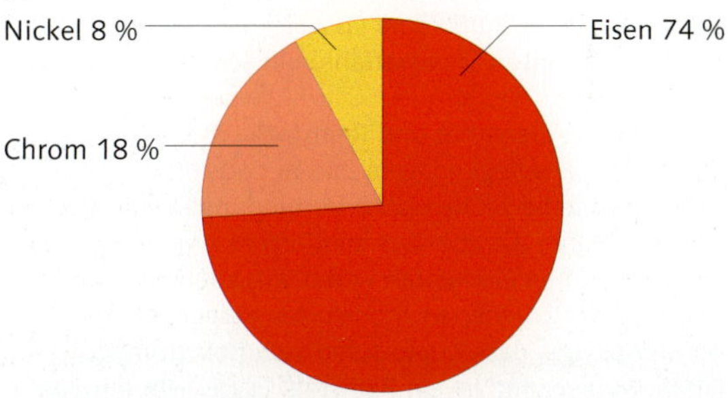

b Der Topf wiegt 500 g.
c Der Topf enthält 370 g Eisen.
8a Die Eisenspäne können zunächst mir einem Magneten aus dem Gemisch entfernt werden. Anschließend wird das Restgemisch in Wasser gegeben: Der Zucker löst sich, der Holzstaub schwimmt auf dem Wasser und der Sand setzt sich am Boden ab. Nun kann der Holzstaub abgeschöpft und der Sand abfiltriert bzw. dekantiert werden. Zum Schluss kann der Zucker durch Eindampfen wieder vom Wasser getrennt werden.
b

Trennverfahren	Eigenschaft des Stoffes
Trennen mit Magnet	ist magnetisch
Lösen in Wasser	Löslichkeit
Abschöpfen	Dichte
Dekantieren/Filtrieren	Dichte
Eindampfen	Siedetemperatur

9 Die Gewinnung von Duftstoffen kann mittels Wasserdampfdestillation erfolgen. Dazu wird heißer Wasserdampf über das pflanzliche Material geleitet, wobei die wasserlöslichen Pflanzenbestandteile gelöst werden. Das Wasser mit den gelösten Duftstoffen kondensiert anschließend.

10 Wertstoffe sind Stoffe, die nach ihrem Gebrauch wiederverwertet werden können. Sie müssen wie Metalle oder Papier, aus Müll herausgetrennt werden, um sie anschließend aufzuarbeiten und dann für die Herstellung neuer Produkte, z. B. Aluminiumfolie oder Zeitungspapier, wieder einsetzen zu können.

Chemische Reaktionen (S. 92)

1a keine chemische Reaktion, weil die kleinsten Zuckerteilchen nur zwischen die kleinsten Wasserteilchen wandern aber nicht miteinander reagieren
b chemische Reaktion, weil Lichterscheinung und Reaktionsprodukt eine Stoffveränderung anzeigen
c keine chemische Reaktion, weil nur der Aggregatzustand von Wasser geändert wird
d chemische Reaktion, weil ein neuer Stoff, nämlich Joghurt entsteht, der andere Eigenschaften als Milch hat
e keine chemische Reaktion, weil es sich nur um eine Änderung des Aggregatzustands handelt
f chemische Reaktion, weil Popcorn ganz andere Eigenschaften als Maiskörner hat
2 Beim Zünden des silberschwarzen Gemisches der Ausgangsstoffe Zink und Schwefel ist eine starke Lichterscheinung und eine Qualm- und Wärmeentwicklung zu beobachten. Das Reaktionsprodukt (Zinksulfid) hat eine gelbweiße Farbe. Außerdem lässt sich das Produkt nicht mit den bekannten Trennverfahren in Schwefel und Zink auftrennen.
3 Chemische Elemente sind Reinstoffe, die sich nicht in andere Stoffe zerlegen lassen und nur aus einer Sorte von Atomen bestehen. Chemische Verbindungen sind ebenfalls Reinstoffe, dia aber aus mindestens zwei verschiedenen chemischen Elementen und damit auch aus mindestens zwei verschiedenen Atomsorten aufgebaut sind.
4 Die Aussage, dass Kupfersulfid kein Reinstoff ist, ist falsch. Kupfersulfid ist ein Reinstoff. Es besteht nur aus einer Stoffart. Es ist richtig, dass Kupfersulfid eine chemische Verbindung ist.
5 *Elemente:* Silber, Gold; *Verbindungen:* Speiseöl, Zinksulfid, Wasser
6a

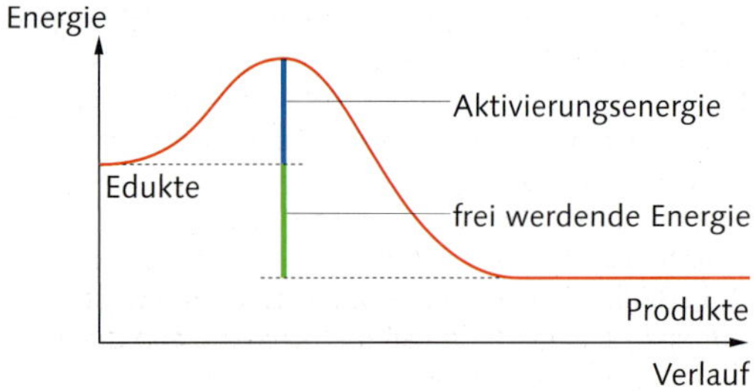

b Entzünden eines Kaminfeuers
7 Die Aktivierungsenergie ist die Energie, die zum Auslösen einer chemischen Reaktion benötigt wird. Das Reiben des Streichholzes an der Fläche liefert die Aktivierungsenergie, die für das Entzünden notwendig ist.
8a Silber + Schwefel → Silbersulfid
b Die Reaktion von Silber und Schwefel zu Silbersulfid ist eine exotherme Reaktion. Da die Zerlegung in die beiden Elemente eine endotherme Reaktion ist, muss die Bildung exotherm verlaufen. Da auch die Bildung von Zinksulfid eine exotherme Reaktion ist, kann man darauf schließen, dass auch die Bildung von Silbersulfid eine exotherme Reaktion ist.
9

Element	wissenschaftlicher Name	Symbol
Eisen	Ferrum	Fe
Aluminium	Aluminium	Al
Schwefel	Sulfur	S
Kupfer	Cuprum	Cu
Wasserstoff	Hydrogenium	H
Sauerstoff	Oxygenium	O
Kalium	Kalium	K
Quecksilber	Hydrargyrum	Hg

10 Bei einer chemischen Reaktion werden die Atome der Ausgangsstoffe durch die zugeführte Energie angeregt, sich umzuordnen. Das Reaktionsprodukt besteht aus der gleichen Art und Anzahl an Atomen wie die Ausgangsstoffe. Die Atome der Ausgangsstoffe ordnen sich im Reaktionsprodukt neu an.

Verbrennung und Luft (S. 120)

1 Streichholzkopf, Zeitungspapier, Kerzenwachs, Autobenzin
2 Durch das Blasen steht der Glut mehr Luft zur Verfügung. Luft ist eine der drei Voraussetzungen für die Entstehung eines Feuers.
3

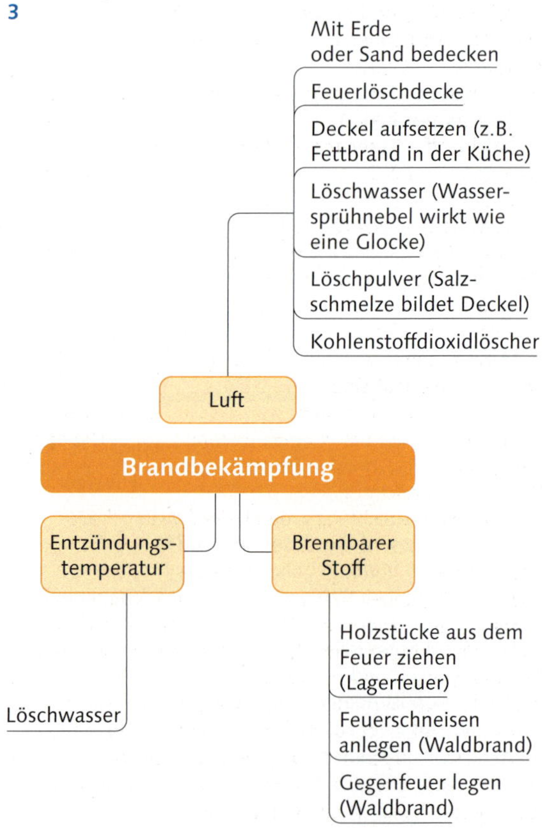

4a Ein Fettbrand muss erstickt werden, d. h. die Luftzufuhr zum Brennstoff muss unterbrochen werden. Bei kleinen Flammen kann man dazu einen Deckel oder eine Löschdecke benutzen. Bei größeren Bränden setzt die Feuerwehr ein spezielles Pulver für Fettbrände ein.
b Fett verteilt sich großflächig auf einer Wasseroberfläche. Gibt man nun Wasser auf brennendes Fett, verdampft das Wasser schlagartig zu sehr viel Wasserdampf. Der Wasserdampf enthält viele winzige Wassertröpfchen, die mit Fett überzogen sind. Somit nimmt das Fett eine große Oberfläche ein und kommt gut mit der Luft in Kontakt, was die Verbrennung fördert.
5a Schweißen und Schneiden von Metallen, Treibstoff für Raketen, Energiegewinnung im Körper
b Tiefkühlung von Lebensmitteln, Aufbewahrung von biologischem Material (Samenzellen etc.), Vereisen von Warzen
6 Edle und unedle Metalle unterscheiden sich in ihrem Bindungsbestreben zu Sauerstoff. Dabei gilt: Je unedler ein Metall ist, desto größer ist sein Bestreben, sich mit Sauerstoff zu verbinden.
7 Ein Unterbodenschutz aus Kunststoff, Zinkschicht auf der Karosserie
8 Das Gesetz zur Erhaltung der Masse besagt, dass bei einer chemischen Reaktion die Summe der Masse der Ausgangsstoffe gleich der Summe der Masse der Produkte sein muss. Da bei der Verbrennung der Kerze nicht nur die Masse der Kerze, sondern auch die Masse des Ausgangsstoffs Sauerstoff berücksichtigt werden muss, ist es kein Widerspruch zum Gesetz zur Erhaltung der Masse.
9 Die beiden Oxide des Kohlenstoffs heißen Kohlenstoffmonooxid (CO) und Kohlenstoffdioxid (CO_2).
10a Natrium + Sauerstoff $\rightarrow$ Natriumoxid
$4\,Na + O_2 \rightarrow 2\,Na_2O$
b Aluminium + Sauerstoff $\rightarrow$ Aluminiumoxid
$4\,Al + 3\,O_2 \rightarrow 2\,Al_2O_3$
11 Stickstoff + Sauerstoff $\rightarrow$ Stickstoffdioxid
$N_2 + 2\,O_2 \rightarrow 2\,NO_2$
12 Im Atomverband von Kupferoxid kommen auf ein Sauerstoffatom zwei Kupferatome.
Bei der Verbrennung von Kohlenstoff entsteht das gasförmige Nichtmetalloxid Kohlenstoffdioxid. Das Gas besteht nicht wie Kupferoxid aus einem Atomverband, sondern es handelt sich um frei bewegliche Moleküle die aus jeweils einem Kohlenstoffatom und zwei Sauerstoffatomen aufgebaut sind.
13 Unter Emission versteht man die Abgabe giftiger, gesundheits- oder umweltgefährdender Stoffe. Die durch Emissionen entstehenden Umweltbelastungen werden als Immission bezeichnet.
14a Das Sonnenlicht kann durch die Glasscheibe ins Innere des Gewächshauses gelangen und erwärmt Boden und Pflanzen. Allerdings gelangt die von Boden und Pflanzen abgegeben Wärmestrahlung nicht wieder nach außen, da sie – anders als das Sonnenlicht – das Glas nicht durchdringen kann. Dies führt zu einer Erwärmung im Inneren des Gewächshauses.
b Für die Erde wirkt die gasförmige Lufthülle wie die Glasscheibe eines Gewächshauses und verhindert, dass die Erde stark abkühlt. Daher werden diese Gase auch Treibhausgase genannt. Es sind vor allem Wasserdampf, Kohlenstoffdioxid, Methan und Ozon.

Wasser (S. 146)

1 97,4 % des Wassers auf der Erde ist Salzwasser. Nur 2,6 % des Wassers ist Süßwasser.
2 Der größte Teil, etwa 99 % des auf der Erde vorkommenden Süßwassers befindet sich als Eis an Nord- und Südpol.
3 Im Haushalt wird Trinkwasser fürs Duschen oder Baden, für die Toilettenspülung, für das Geschirrspülen und Wäschewaschen sowie für die Garten- und Autopflege verwendet.
4 Bei starker Anstrengung, z. B. beim Sport, fängt man an zu schwitzen. Dabei gibt der Körper über die Hautporen Wasser ab und die Verdunstung dieses Wassers auf der Hautoberfläche sorgt für Kühlung.
5 Der Bau von Kanälen und die Begradigung von Flüssen führt dazu, dass viele Pflanzen und Tiere, die am und im Wasser leben, ihren Lebensraum verlieren. Außerdem treten dadurch Flüsse häufiger über die Ufer, weil das zusätzliche Wasser nicht mehr durch Nebenarme oder Wiesen abgeleitet bzw. aufgenommen wird. Auf dem Meer kommt es z. B. durch Öltankerunfälle zu großen Schäden an der Umwelt.
6 Trinkwasser ist sauberes, zum Trinken geeignetes und auf Schadstoffe geprüftes Wasser. Es wird in einem Wasserwerk durch Filtrieren und Entkeimen von Grund- und Oberflächenwasser gewonnen.
7 In der mechanische Reinungsstufe werden grobe Feststoffe beseitigt. Sie werden mit dem Rechen entfernt oder setzten sich im Sandfang und anschließend im Vorklärbäcken am Boden ab. In der biolgischen Reinigungsstufe entfernen Kleinstlebewesen organische Stoffe aus dem Wasser. In der chemische Stufe wird dem Wasser ein Flockunsmittel zugesetzt, das im Wasser gelöste Schadstoffe bindet. Der Schmutzschlamm setzt sich dann am Boden ab und das Wasser ist gereinigt.
8 Unbelastete bis gering belastete Gewässer (Güteklasse I) sind sehr sauerstoffreich. Hier leben wenige Bakterien, dafür aber Insektenlarven und Strudelwürmer sowie Fische. In mäßig bis kritisch belastenen Gewässern (II) leben viele Arten von Lebewesen. Es gibt viele Fische. Der Sauerstoffgehalt nimmt mit Erhöhung der Gewässergüteklasse ab. Werden Gewässer stärker verschmutz, gibt es viele Bakterien aber immer weniger Fische. In übermäßig verschmutzen Gewässern (IV) gibt es schließlich keine Fische mehr. Diese Gewässer haben nur einen sehr geringen Sauerstoffgehalt.
9 Schadstoffe wie Düngesalze oder Schädlingsbekämpfungsmittel gelangen oft durch übermäßigen Gebrauch auf Ackerböden in das Grund- und Oberflächenwasser. Sie sammeln sich im Boden an und werden dann durch Niederschläge ausgewaschen.
Umweltgefährdende Abfälle wie Batterien, Öl, Wasch- und Reinigungsmittel, die nicht sachgerecht entsorgt wurden, können ebenfalls unser Wasser verschmutzen.
10 Eisangeln ist möglich, weil das Wasser in einem See unterhalb der Eisdecke aufgrund der Dichteanomalie des Wassers flüssig ist. So können die Fische auch im Winter überleben und durch ein Loch in der Eisschicht geangelt werden.

11 Sauerstoff wird mit der Glimmspanprobe nachgewiesen. Ein glimmender Span wird in das Reagenzglas mit dem zu prüfenden Gas getaucht. Bei Anwesenheit von Sauerstoff flammt der Span auf. Wasserstoff lässt sich mit der Knallgasprobe nachweisen. Das mit dem zu prüfenden Gas gefüllte Reagenzglas wird mit der Öffnung nach unten an eine Flamme gehalten. Reiner Wasserstoff verbrennt mit einer blauen Flamme. Ist neben dem Wasserstoff noch etwas Luft (Sauerstoff) im Glas, so hört man ein pfeifendes Geräusch oder einen kleinen Knall.
12 Bei der Zerlegung von Wasser bilden sich Gase, die sich in den beiden Messrohren sammeln. Das Verhältnis der Gasvolumina in den Messrohren ist etwa 2 : 1, wobei sich am Minuspol doppelt so viel Gas bildet wie am Pluspol. Die Reaktionsprodukte sind a) Wasserstoff und b) Sauerstoff.
13 Bei der Verbrennung von Wasserstoff entsteht Wasser. Reaktionsschema in Worten:
Wasserstoff + Sauerstoff → Wasser
14

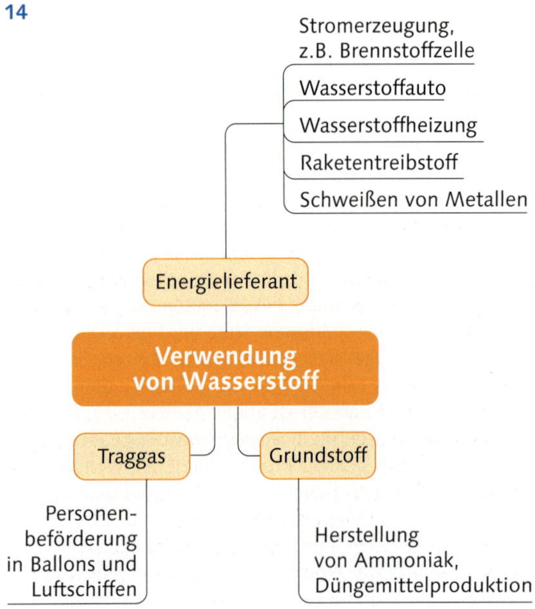

Metalle und Metallgewinnung (S. 162)

1 Im Gegensatz zu Kupfer und Eisen kommen die Edelmetalle Gold und Silber in der Natur elementar (ungebunden) vor. Kupfer und Eisen liegen gebunden in Erzen vor und müssen erst durch chemische Reaktionen unter Einsatz von Energie gewonnen werden.
2 Weil Nickeloxid mit Eisen reduziert werden kann, ist Nickel edler als Eisen. Da eine Reduktion von Nickeloxid mit Kupfer nicht stattfindet, ist Nickel unedler als Kupfer.
3a Zur Reduktion von Zinkoxid muss ein unedleres Metall als Zink verwendet werden, z. B. Aluminium.
b $3\,ZnO + 2\,Al \rightarrow 3\,Zn + Al_2O_3$
c Es handelt sich um eine Redoxreaktion, weil gleichzeitig Zink reduziert und Aluminium oxidiert wird.
d Zinkoxid ist das Oxidationsmittel, weil es Aluminium oxidiert. Dementsprechend ist Aluminium das Reduktionsmittel, weil es Zinkoxid reduziert.

4

Reduktion (Ag₂O → Ag)

$Ag_2O + \underline{Cu} \rightarrow 2\,\underline{Ag} + CuO$

Oxidation (Cu → CuO)

5 Man kann Magnesiumoxid nicht mit Holzkohle reduzieren, weil Magnesium ein stärkeres Bindungsbestreben zu Sauerstoff hat als Kohlenstoff.
6a Roteisenstein und Magneteisenstein
b $Fe_3O_4 + 4\,C \rightarrow 3\,Fe + 4\,CO$ *oder*
$Fe_3O_4 + 2\,C \rightarrow 3\,Fe + 2\,CO_2$ *oder*
$Fe_3O_4 + 4\,CO \rightarrow 3\,Fe + 4\,CO_2$
c Neben Kohlenstoff sind im Roheisen auch geringe Mengen Phosphor, Mangan, Silicium und Schwefel enthalten.
d Roheisen ist hart und spröde und deshalb auch nicht formbar.
e Roheisen wird als Gusseisen z. B. für Pfannen und zur Stahlherstellung verwendet.
7a Im Roheisen ist ca. 4 % Kohlenstoff enthalten.
b Stahl hat einen Kohlenstoffgehalt unter 2 %.
8 Eine Legierung ist die erstarrte Schmelze eines Metallgemisches.
9a Der Schrott dient als zusätzliches Oxidationsmittel für die Verunreinigungen und bewirkt zudem eine Abkühlung der Schmelze, sodass diese nicht überhitzt.
b Durch die Wiederverwendung von Schrott (Recycling) wird für diesen Schrott kein Deponieraum benötigt. Zudem werden Rohstoffvorkommen der Erde geschont. Weil für die Erzeugung von Metallen aus Erzen sehr viel Energie benötigt wird, ist der Einsatz von Schrott auch aus ökonomischer Sicht sinnvoll.
10a Das Sauerstoffaufblasverfahren ist eine Methode zur Stahlherstellung. Sauerstoff wird auf die Roheisenschmelze geblasen, wodurch der im Roheisen enthaltene Kohlenstoff und andere Verunreinigungen oxidiert werden. Die gasförmigen Oxide entweichen und die festen Oxide werden durch die Zuschläge gebunden. Neben dem Sauerstoff dient auch Eisenschrott als Oxidationsmittel.
b Der gebrannte Kalk dient als Bindemittel für die festen Oxide in der Roheisenschmelze. Er verbindet sich mit Phosphoroxid und den anderen festen Oxiden zur Kalkschlacke.
11a *Eigenschaften:* korrosionsbeständig (rostfrei), beständig gegenüber Säuren und Laugen; *Verwendung:* Töpfe im Haushalt, Werkzeuge
b *Eigenschaften:* extrem hart, hitzebeständig; *Verwendung:* Schneidewerkzeuge, Bohrer
12a Der Anteil an Nickel beträgt 36 %. Bei diesem Spezialstahl handelt es sich um Invarstahl. Er ist sehr hitzebeständig und würde sich auch bei hohen Temperaturen nicht ausdehnen.
b Man könnte diesen Stahl z. B. in Präzisionsmessinstrumenten verwenden.

Stoffe lassen sich ordnen (S. 182)

1 Alkalimetalle sind sehr reaktionsfreudig. Sie reagieren mit dem Sauerstoff der Luft und mit Wasser. Deshalb müssen sie in Behältern mit Paraffinöl gelagert oder sogar in Glasampullen eingeschweißt werden.

2 Alkalimetalle werden beispielsweise zur Herstellung von Batterien, Akkus und Feuerwerk verwendet.

3a Beryllium, Magnesium, Calcium, Strontium, Barium, außerdem das radioaktive Radium

b Erdalkalimetalle sind weich und dadurch verformbar. Strom und Wärme leiten sie gut. Sie sind reaktionsfreudig und reagieren mit dem Sauerstoff der Luft. Der typische metallische Glanz wird bei Magnesium und Calcium sichtbar, wenn man ihre Oberfläche anschmirgelt.

c Die Reaktivität nimmt innerhalb der Gruppe zu: Beryllium reagiert gar nicht mit Wasser, Magnesium reagiert nur in warmem Wasser, Barium reagiert heftig mit Wasser.

4 Die sehr reaktionsträgen Edelgase werden immer dann verwendet, wenn chemische Reaktionen nicht eintreten dürfen. *Beispiele:* Traggas für Luftschiffe und Luftballons, Schutzgas für Glühlampen und beim Schweißen

5 Unterscheidung der beiden Stoffe durch Untersuchen der Stoffproben in der nicht leuchtenden Brennerflamme (siehe Versuchsdurchführung im Praktikum). Alkalimetallverbindungen zeigen in der Brennerflamme jeweils eine typische Flammenfarbe (Lithiumverbindungen: karminrot; Kaliumverbindungen: hellrot). Hält man nacheinander eine Probe des Lithiumchlorids bzw. eine Probe des Kaliumchlorids in die Flamme, kann man die Stoffproben unterscheiden.

6 In der Elementfamilie der Halogene verändern sich die Eigenschaften in der Reihenfolge von Fluor nach Iod wie folgt: Schmelz- und Siedetemperaturen nehmen zu. Die Giftwirkung und die Intensität des Geruchs nehmen dagegen ab. Auch die Reaktion mit Wasser verliert an Heftigkeit.

7a Das Periodensystem der Elemente besteht aus senkrecht stehenden Spalten, den *Gruppen,* und waagerecht laufenden Zeilen, den *Perioden,* in denen die Elemente angeordnet sind.

b Die Elemente wurden aufsteigend nach ihrer Atommasse in den Perioden angeordnet. Danach wurden die Elemente so angeordnet, dass diejenigen Elemente übereinanderlagen, die chemisch ähnliche Eigenschaften hatten. Auf diese Weise wurden die acht Gruppen erhalten, die von den Alkalimetallen bis zu den Edelgasen reichen.

8a

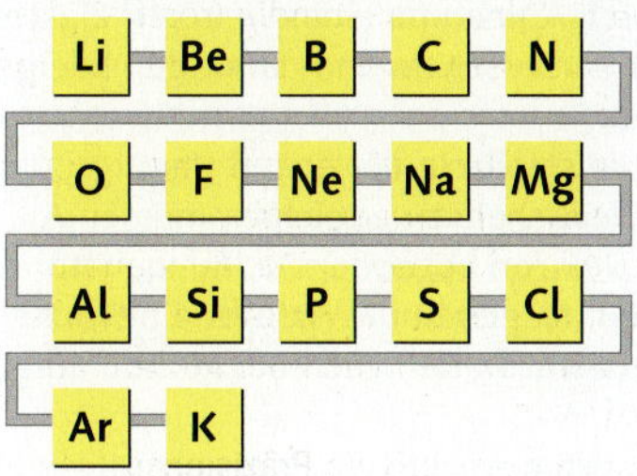

b

c Alkalimetalle, Erdalkalimetalle, Halogene, Edelgase

9 Die Elemente Kohlenstoff, Germanium, Zinn und Blei sind mit Silicium verwandt, weil sie alle in der vierten Hauptgruppe stehen. Kohlenstoff, Silicium, Germanium, Zinn und Blei haben ähnliche Eigenschaften und bilden eine Elementfamilie.

Der Bau der Atome (S. 206)

1 Wenn ein Atomkern so groß wäre wie ein Stecknadelkopf, dann würde der Durchmesser der Atomhülle der Höhe eines Fernsehturms gleichkommen. Das entspricht einem Größenverhältnis von etwa 1 : 10 000.

2 Gegenstände, die aneinandergerieben werden, können sich elektrisch aufladen. Die entgegengesetzt geladenen elektrischen Ladungen ziehen sich gegenseitig an. Bei Kontakt der Gegenstände erfolgt ein blitzartiger Ladungsausgleich. Dieses Phänomen wird als Reibungselektrizität bezeichnet.

Verantwortlich für die elektrische Aufladung eines Gegenstands sind Elektronen, negativ geladene Elementarteilchen. Das Atommodell von THOMSON kann die Reibungselektrizität erklären: In Atomen ist die positive Ladung gleichmäßig über das gesamte Atom verteilt. Die Elektronen sind ungleichmäßig im Atom verteilt und gleichen die positive Ladung des Atoms aus. Dadurch kann erklärt werden, warum Atome insgesamt elektrisch neutral sind und dennoch negative Ladungen übertragen werden können.

3 Bild a entspricht einem Ergebnis, das RUTHERFORD nach seinem Streuversuch erhalten haben könnte. Bei seinem Experiment stellte er fest, dass die meisten α-Teilchen die Goldfolie ungehindert durchdringen konnten und nur sehr wenige abprallten oder abgelenkt wurden. Da der Schirm während des Experiments kreisförmig um die Strahlungsquelle angeordnet war, schlugen die meisten Teilchen in der Mitte des entrollten Schirms ein.

4 Im Kern-Hülle-Modell bestehen Atome aus einem positiv geladenen, massiven Atomkern, der von einer Atomhülle umgeben ist. In der Atomhülle befinden sich die negativ geladenen, fast masselosen Elektronen. Diese Modellvorstellung wird durch folgende Versuchsergebnisse von RUTHERFORDS Streuversuch begründet:

- Weil die meisten α-Teilchen die Goldfolie durchdringen, müssen Atome zum größten Teil aus leerem Raum bestehen.
- Weil einige wenige α-Teilchen abprallen oder abgelenkt werden, müssen Atome einen positiv geladenen, massiven Atomkern besitzen.

5 *Kern-Hülle-Modell:* Elektronen befinden sich an beliebigen Orten in der Atomhülle.

Schalenmodell: Im Schalenmodell bewegen sich die Elektronen mit großer Geschwindigkeit in unterschiedlicher Entfernung zum Atomkern. Sie befinden sich in bestimmten Aufenthaltsräumen, die wie Schalen um den Atomkern angeordnet sind.

Mit dem Kern-Hülle-Modell konnten die chemischen Eigenschaften der Elemente nicht erklärt werden. Dies gelang durch das Schalenmodell, das die chemischen Eigenschaften der Elemente sowie die gemeinsamen Eigenschaften von Elementfamilien mit der Anordnung der Elektronen in der Atomhülle erklären konnte.

6 Das Heliumatom besitzt zwei positiv geladene Protonen im Atomkern und zwei negativ geladene Elektronen in der Atomhülle. Da sich die positiven und negativen Ladungen ausgleichen, ist das Heliumatom nach außen elektrisch neutral.

7 *Elektronen:* einfach negativ geladene Elementarteilchen mit einer (im Vergleich zu Protonen und Neutronen vernachlässigbar) kleinen Masse; befinden sich in der Atomhülle.

Protonen: einfach positiv geladene Elementarteilchen, die eine Masse von etwa 1 u haben; befinden sich im Atomkern.

Neutronen: elektrisch neutrale Elementarteilchen, die eine Masse von etwa 1 u haben; bilden zusammen mit den Protonen den Atomkern.

8

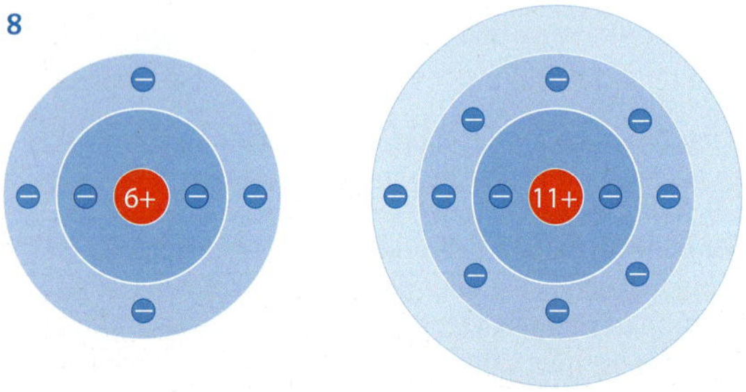

Kohlenstoffatom   Natriumatom

9

Element	Elektronenverteilung in den Schalen	Anzahl Protonen	Anzahl Neutronen
Natrium	1.: 2 2.: 8 3.: 1	11	12
Magnesium	1.: 2 2.: 8 3.: 2	12	12
Sauerstoff	1.: 2 2.: 6	8	8

10 Die Elektronen, die sich in der äußersten Schale eines Atoms befinden, werden als Außenelektronen bezeichnet.

11a Das Periodensystem besteht aus acht Hauptgruppen und zehn Nebengruppen. Die Nebengruppen stehen zwischen der zweiten und dritten Hauptgruppe. Die Elemente sind in sieben Perioden angeordnet.

b Die Hauptgruppennummer gibt die Anzahl der Außenelektronen an: Die Atome der ersten Hauptgruppe haben je ein Außenelektron, die der siebten Hauptgruppe je sieben Außenelektronen. Die Nummer der Periode gibt die Anzahl der Elektronenschalen an. *Beispiel:* Magnesium steht in der zweiten Hauptgruppe und in der dritten Periode. Seine Atome haben zwei Außenelektronen und drei Elektronenschalen.

c 20 Elektronen haben die Atome des Elements Calcium. Calcium steht in der zweiten Hauptgruppe und vierten Periode.

14 Elektronen haben die Atome des Elements Silicium. Silicium steht in der vierten Hauptgruppe und dritten Periode.

Salze und andere wichtige Stoffe (S. 232/233)

1 Salz reguliert den Wasserhaushalt der Zellen und den Blutdruck. Es ermöglicht die Reizleitung in den Nervenzellen und wird für die Produktion der Magensäure benötigt.

2 In einer Saline wird das salzhaltige Meerwasser vom Meer abgetrennt. Dazu wird es entweder in flache Becken geleitet oder von Wällen, Balken oder Brettern umgeben. Durch die Wärme verdunstet das Wasser allmählich. Es bildet sich zunächst ein Salzschaum, der langsam zu einer weißen Kruste kristallisiert. Das Salz wird zwischen den Becken gesammelt, um es zu trocknen. Als Produkt erhält man Rohsalz.

3a Beim Nassabbau werden Salzlagerstätten über Bohrlöcher mit Wasser gefüllt. Es entsteht eine Kochsalzlösung. Diese wird abgepumpt und eingedampft, sodass das Salz zurückbleibt.

b Beim Trockenabbau wird salzhaltiges Gestein durch Bohren und Sprengen abgebaut. Das Salz wird mithilfe von Wasser aus zerkleinerten Brocken herausgelöst. Die Kochsalzlösung wird eingedampft, sodass das Salz zurückbleibt.

c Bei beiden Verfahren wird das Salz in Wasser gelöst und durch Eindampfen zurückgewonnen. Beim Trockenabbau wird das Salz jedoch zunächst aus dem Gestein gesprengt.

4 Wegen seiner konservierenden Wirkung auf Lebensmittel sowie wegen seines Geschmacks hat Salz seit den Anfängen der Menschheitsgeschichte große Bedeutung. Weil der Abbau und die Gewinnung von Salz bis vor wenigen Hundert Jahren sehr mühsam und aufwendig war, hatte es einen hohen Wert, der sogar mit Gold aufgewogen wurde.

5a Ionen

b Positiv geladene Ionen werden als Kationen bezeichnet, negativ geladene Ionen als Anionen.

6a Im festen Zustand des Salzes sind die Ionen unbeweglich und fest im Salzkristall gebunden.

b In Wasser gelöst sind die Ionen frei beweglich und können zu den Polen wandern.

c Beim Anlegen einer Gleichspannung wandern die Kationen zum Minuspol und die Anionen zum Pluspol.

7 Salzlösungen und Salzschmelzen, die frei bewegliche Ionen enthalten, werden als Elektrolyte bezeichnet.

8a Die Halogene stehen in der siebten Hauptgruppe, ihre Atome haben 7 Außenelektronen. Solche Atome sind bestrebt, durch Aufnahme eines weiteren Elektrons eine voll besetzte Außenschale und damit den Edelgaszustand zu erreichen.

b Die Alkalimetalle stehen in der ersten Hauptgruppe. Um eine volle Außenschale zu erreichen, müssen Alkalimetallatome ein Elektron abgeben. Da Halogenatome ein Elektron benötigen, reagieren die Halogene bevorzugt mit den Alkalimetallen. Dabei wird ein Elektron ausgetauscht.

9 Elementares Natrium wird in ein Reagenzglas gegeben, das am unteren Ende eine Öffnung hat. Dieses Glasgefäß wird in einen Standzylinder mit Chlorgas gehängt. Es folgt eine heftige Reaktion mit starker Licht- und Wärmereaktion. Als Reaktionsprodukt bildet sich weißes, kristallines Natriumchlorid (Kochsalz).

10a In einem Ionengitter sind die Ionen regelmäßig angeordnet. Durch die starke Anziehung zwischen den negativ und positiv geladenen Ionen sind Salze sehr hart.

b Wirkt eine große Kraft auf einen Salzkristall, verschieben sich die Schichten des Kristalls. Dadurch liegen gleich geladene Ionen nebeneinander und stoßen sich ab.

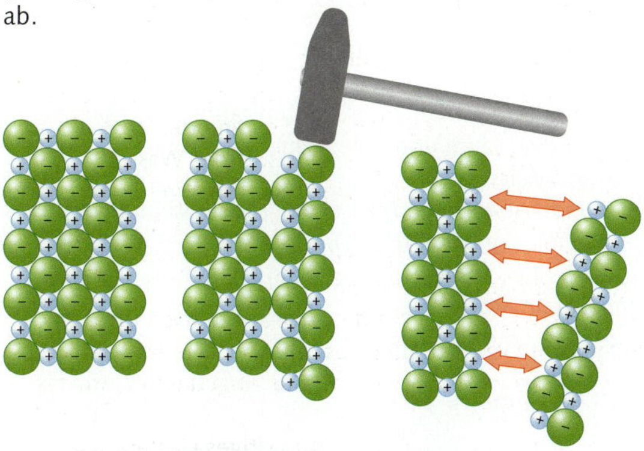

11a Elektronenpaarbindung

b

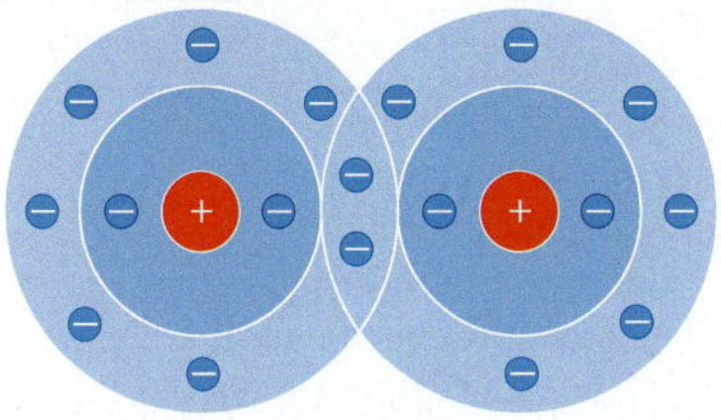

Fluor-Molekül

12 $\overline{O}=C=\overline{O}$ $\overline{O}=\overline{O}$ $|N\equiv N|$

Kohlenstoffdioxid CO_2 — Sauerstoff O_2 — Stickstoff N_2

Im Sauerstoff-Molekül und im Kohlenstoffdioxid-Molekül ist das Sauerstoffatom jeweils über eine Doppelbindung mit einem weiteren Atom verbunden. Die an der Doppelbindung beteiligten Atome teilen sich auf diese Weise vier Elektronen. Die Stickstoffatome sind über drei Elektronenpaare miteinander verbunden und teilen sich sechs Elektronen. Das Sauerstoffatom und das Stickstoffatom haben außerdem freie Elektronenpaare. Alle Atome erfüllen durch die Elektronenpaarbindung die Okettregel.

13 *Moleküle:* Sauerstoff, Wasser
Atom: Neon
Ionen: Kupferchlorid, Calciumfluorid

14a Durch Elektronenverschiebung hat das Wasser-Molekül am Sauerstoffatom negative und an den Wasserstoffatomen positive Teilladungen. Außerdem haben Wasser-Moleküle einen gewinkelten Bau. Sie besitzen deshalb zwei Ladungsschwerpunkte.

b Der elektrisch geladene Kunststoffstab zieht den Wasserstrahl an, weil sich die Wasser-Moleküle im Wasserstrahl mit ihren positiven Ladungsschwerpunkten zu den negativen Ladungen des Stabs orientieren.

15a

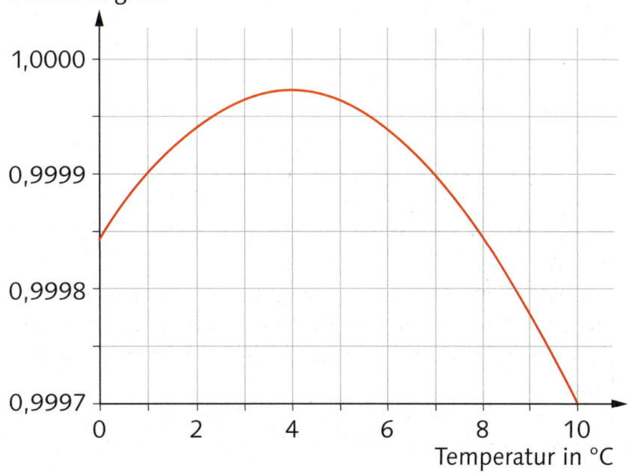

b Wasser hat seine größte Dichte bei 4 °C.

16a Metalle sind aus positiv geladenen Atomrümpfen aufgebaut, zwischen denen sich frei bewegliche Elektronen befinden (Elektronengas).

b *Elektrische Leitfähigkeit:* Die frei beweglichen Elektronen wirken als Ladungsträger und wandern im elektrischen Feld vom Minus- zum Pluspol.
Verformbarkeit: Da das Elektronengas die Atomrümpfe umgibt, lassen sich diese problemlos gegeneinander verschieben.
Wärmeleitfähigkeit: Beim Erwärmen schwingen die Atomrümpfe stärker auf ihren Plätzen. Durch Zusammenstöße mit benachbarten Atomrümpfen wird die Wärmeenergie auf weitere Metallatome übertragen.

17a Dichteanomalie

b Im flüssigen Wasser liegen die Wasser-Moleküle dicht gepackt nebeneinander. Wenn Wasser gefriert, lagern sich die Wasser-Moleküle dagegen zu einem weiträumigen, regelmäßigen Molekülgitter zusammen. Wegen der Wasserstoffbrückenbindungen bildet sich eine Eisgitterstruktur mit großen Hohlräumen. Deshalb ist die Dichte von Eis geringer als die von flüssigem Wasser.

18a Chloratome besitzen mehr Protonen im Atomkern als Natriumatome. Sie ziehen Elektronen deshalb stärker an und erhalten somit einen größeren Elektronegativitätswert als Natriumatome. Allgemein nimmt die Elektronegativität innerhalb einer Periode von links nach rechts zu.

b Sauerstoffatome haben 8 Protonen, Schwefelatome besitzen 16 Protonen. Schwefelatome müssten eigentlich eine höhere Elektronegativität als Sauerstoffatome aufweisen. Mit zunehmender Anzahl der Elektronenschalen und damit zunehmendem Atomradius sinkt dagegen der Elektronegativitätswert, weil der Einfluss der positiven Kernladung auf die Außenelektronen des Atoms schwächer wird. Deshalb hat Schwefel einen kleineren Elektronegativitätswert als Sauerstoff.

c Fluor besitzt innerhalb der zweiten Periode die meisten Protonen. Deren Kernanziehung wird nur durch die erste Schale abgeschwächt. Deshalb hat Fluor von allen Elementen den größten Elektronegativitätswert.

Säuren und Laugen (S. 264)

1a Eigenschaften von Säuren (sauren Lösungen): saurer Geschmack (Achtung: Gefahr!); verändern die Farbe von Indikatoren; leiten den elektrischen Strom; reagieren mit unedlen Metallen, Metalloxiden und Kalk.

b Saure Lösungen enthalten immer Wasserstoff-Ionen und Säurerest-Ionen. Diese Ionen entstehen beim Lösen der Säure in Wasser.
$HCl \rightarrow H^+ + Cl^-$
c Chlorwasserstoff (Säure) – Salzsäure (saure Lösung); Kohlenstoffdioxid (Säure) – Kohlensäure (saure Lösung)
2 Die zu untersuchende Lösung wird mit einem Indikator versetzt, z. B. Universalindikator. Die Farbänderung des Indikators zeigt an, ob die Lösung sauer, neutral oder alkalisch ist. *Beispiel:* Universalindikator: rot – saure Lösung, grün – neutrale Lösung, blau-violett – alkalische Lösung.
3 Im Chlorwasserstoffgas liegen HCl-Moleküle vor. In Wasser gelöst bildet Chlorwasserstoffgas Salzsäure, eine saure Lösung. In der sauren Lösung liegen H^+-Ionen und Cl^--Ionen vor. Deshalb zeigt Salzsäure im Unterschied zu Chlorwasserstoff die typischen Eigenschaften einer sauren Lösung.
4 Beim Einleiten von Chlorwasserstoff in Wasser zerfallen die Chlorwasserstoff-Moleküle in positiv geladene Wasserstoff-Ionen und negativ geladene Chlorid-Ionen. Es entstehen freie Ladungsträger für den Stromtransport.
5 Säuren reagieren mit …
- Metallen zu Salz und Wasserstoff:
  $Mg + 2\,HCl \rightarrow MgCl_2 + H_2$
- Metalloxiden zu Salz und Wasser:
  $CuO + 2\,HCl \rightarrow CuCl_2 + H_2O$
- Kalk zu Salz, Kohlenstoffdioxid und Wasser:
  $CaCO_3 + 2\,HCl \rightarrow CaCl_2 + CO_2 + H_2O$

6
- Oxidation eines Nichtmetalls, anschließend Einleiten des Nichtmetalloxids in Wasser: Bildung der Säure.
  Beispiel: Kohlenstoff wird zu Kohlenstoffdioxid oxidiert; in Wasser eingeleitet bildet Kohlenstoffdioxid die Kohlensäure.
- Reaktion eines Halogens mit Wasserstoff, anschließend Einleiten des Halogenwasserstoffs in Wasser: Bildung der Säure.
  Beispiel: Chlor reagiert mit Wasserstoff zu Chlorwasserstoff; in Wasser eingeleitet bildet Chlorwasserstoff die Salzsäure.

7a Natriumhydroxid – Natronlauge, Kaliumhydroxid – Kalilauge. Alkalische Lösungen wirken ätzend und zersetzen organische Stoffe. Sie verändern die Farbe von Indikatoren und leiten den elektrischen Strom.
b Laugen entstehen bei der Reaktion von Alkali- und Erdalkalimetallen mit Wasser, beim Lösen von Metallhydroxiden in Wasser und bei der Reaktion von Metalloxiden mit Wasser.
c Alkalische Lösungen enthalten immer Hydroxid-Ionen (OH^--Ionen). Sie entstehen durch die Reaktion des Metalls, Metallhydroxids oder Metalloxids mit Wasser.
8 Der pH-Wert gibt an, ob eine Lösung sauer, neutral oder alkalisch ist. Bei einem pH-Wert zwischen 0 und 6 überwiegen die H^+-Ionen und die Lösung ist sauer. Bei einem pH-Wert zwischen 8 und 14 überwiegen die OH^--Ionen und die Lösung ist alkalisch. Bei pH = 7 ist die Lösung neutral.
9 Natrium reagiert in einer stark exothermen Reaktion heftig mit Wasser zu Natronlauge. Außerdem wird Wasserstoff gebildet, der sich entzünden kann.
$2\,Na + 2\,H_2O \rightarrow H_2 + 2\,Na^+ + 2\,OH^-$
10 Ammoniak-Moleküle (NH_3) reagieren mit Wasser-Molekülen des angefeuchteten Universalindikatorpapiers zu Ammonium-Ionen und Hydroxid-Ionen. Die Farbänderung des Universalindikators nach Blau zeigt an, dass eine alkalische Lösung entstanden ist.
11a $Na^+ + OH^- + H^+ + Cl^- \rightarrow Na^+ + Cl^- + H_2O$
b Neutralisation. Bei einer Neutralisationsreaktion reagieren eine saure und eine alkalische Lösung zu einem Salz und Wasser.
12 Zunächst wird die Masse von 1 mol Lithiumhydroxid berechnet: 7 g (Li) + 16 g (O) + 1 g (H) = 24 g (LiOH). Anschließend erfolgt die Umrechnung auf die tatsächlich eingesetzte Stoffmenge.
a $24\,\frac{g}{mol} \cdot 1{,}5\,mol = 36\,g$

b $24\,\frac{g}{mol} \cdot 4\,mol = 96\,g$

Energie aus chemischen Reaktionen (S. 284)

1a Oxidation: $Al \rightarrow Al^{3+} + 3\,e^-$
Reduktion: $Cl + e^- \rightarrow Cl^-$
b Elektronendonator: Aluminiumatom
Elektronenakzeptor: Chloratom
2a Das Kupferblech bildet den Pluspol, der Eisengegenstand den Minuspol. Beim Anlegen einer Spannung verlassen Kupfer-Ionen das Blech und ihre Elektronen fließen zum Minuspol. Die Kupfer-Ionen der Lösung wandern zum Minuspol. Dort nehmen sie Elektronen auf und lagern sich am Eisengegenstand an, der auf diese Weise verkupfert wird.
b Die Elektrolyse wird zum Galvanisieren genutzt. Dadurch werden Metalle beispielsweise vor Umwelteinflüssen geschützt oder verschönert.
3 Eine galvanische Zelle besteht aus zwei Elektroden, die über einen metallischen Leiter (z. B. Stromkabel) miteinander verbunden sind und in einen Elektrolyten eintauchen. Der Elektrolyt enthält bewegliche Ionen und dient dazu, den Stromkreis zu schließen. Von der Elektrode mit dem höheren „Elektronendruck" fließen Elektronen über den elektrischen Leiter zu der Elektrode mit dem niedrigeren „Elektronendruck", wodurch es zu einem „Druckausgleich" kommt.
4 In einem galvanischen Element wird durch chemische Reaktionen elektrische Energie gewonnen.
5a Minuspol: Zinkelektrode, Pluspol: Kupferelektrode
b, c

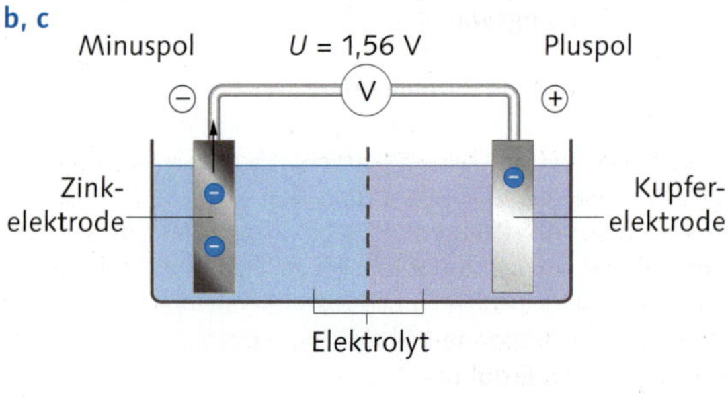

6

Gerät	Batterietyp
Fernbedienung	Primärbatterie
Mobiltelefon	Akku
MP3-Player	Akku
Armbanduhr	Primärbatterie
Taschenlampe	Primärbatterie
Notebook	Akku

7a Beim Laden eines Akkus werden Elektronen über den äußeren Leiter zum Minuspol gepumpt: Vorhandene elektrische Energie wird in chemische Energie umgewandelt.
b Beim Entladen eines Akkus fließen die Elektronen zum Pluspol zurück: Die gespeicherte chemische Energie wird in elektrische Energie umgewandelt.
8 Batterien (Primärbatterien) sind wegen ihrer geringen Selbstentladung und der niedrigeren Anschaffungskosten für Geräte geeignet, die über einen langen Zeitraum eine konstante Spannung benötigen, z. B. eine Uhr oder eine Taschenlampe. für Geräte, die in kurzer Zeit viel Energie benötigen und oft in Gebrauch sind, z. B. Notebooks oder Mobiltelefone, sind Akkus (Sekundärbatterien) sinnvoll. Aufgrund ihrer Fähigkeit zur Wiederaufladung sind sie nach mehreren Ladezyklen günstiger als normale Batterien, zusätzlich wird Batteriemüll vermieden.
9a Eisen (aus dem Stahlbecher), Zink und Mangan
b Eisen und Mangan werden in der Stahlherstellung verwertet. Zink nutzt man zum Verzinken von Eisengegenständen.
10a Wasserstoff ist ein umweltfreundlicher Energieträger, da bei seiner Verbrennung nur Wasser entsteht.
b $2\ H_2 + O_2 \rightarrow 2\ H_2O$
c Bei der Gewinnung von Wasserstoff aus Wasser handelt es sich um eine endotherme Reaktion, bei der die zugeführte elektrische Energie in chemische Energie umgewandelt wird. Bei der Verbrennung von Wasserstoff wird die chemische Energie wieder in elektrische Energie umgewandelt.
d In einer Brennstoffzelle reagiert Wasserstoff mit Sauerstoff zu Wasser. Dabei wird chemische Energie in elektrische Energie umgewandelt.

Kohlenwasserstoffe – Energieträger und Rohstoffe (S. 318)

1 Vor über 250 Millionen Jahren sanken in den damaligen Weltmeeren tote pflanzliche und tierische Kleinstlebewesen auf den Meeresboden. Dort zersetzten sie sich unter Luftabschluss zu Faulschlamm, der im Lauf der Zeit von immer dickeren Schichten überlagert wurde. Durch den damit verbundenen Anstieg von Druck und Temperatur entstanden Erdöl und Erdgas.
2 Mittlerer Osten, Nordamerika, Südamerika
3 Erdöl wird als Treibstoff für Kraftfahrzeuge, Schiffe und Flugzeuge sowie als Energieträger in Heizungen verwendet. Darüber hinaus werden Grundstoffe der chemischen Industrie aus Erdöl gewonnen, die dann zu Arzneimitteln, Farben, Kunststoffen usw. verarbeitet werden.
4 Die weltweiten Erdölvorräte sind endlich und nicht regenerativ (nicht erneuerbar). Nachdem alles Erdöl gefördert wurde, werden die Menschen ohne Erdöl auskommen müssen. Außerdem verursacht Erdöl schwere Umweltschäden, wenn es ins Erdreich oder Meer gelangt. Aus diesen Gründen ist es wichtig, neue Energiequellen zu erschließen.
5a In Erdöl ist chemische Energie, Primärenergie, gespeichert. Die Primärenergie des Erdöls ist nicht direkt nutzbar. Das Erdöl muss erst aufbereitet werden: Aus Erdöl wird z. B. der Energieträger Benzin hergestellt, der Sekundärenergie enthält. Wenn das Benzin im Motor verbrannt wird, wird die in ihm gespeicherte Sekundärenergie in Nutzenergie, die das Auto antreibt, umgewandelt.
b Nutzenergie ist die Energie, die den Verbrauchern für verschiedene Anwendungen des Alltags zur Verfügung steht.
6 Erneuerbare Energiequellen sind Windkraft, Wasserkraft, Sonnenenergie und Biomasse. Sie erneuern sich ständig und stehen dadurch nahezu unbegrenzt zur Verfügung.
7

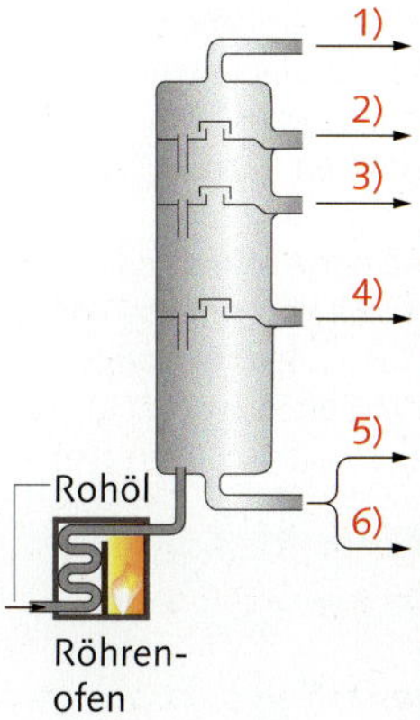

	Fraktionen	Siedetemperatur
1)	Raffineriegas	>30 °C
2)	Benzine	35–150 °C
3)	Petroleum, Kerosin	150–250 °C
4)	Dieselöl, leichtes Heizöl	250–350 °C
5)	schweres Heizöl	>350 °C
6)	Rückstand (Vakuumdestillation)	>500 °C

Verwendung

1) Heizgas, Flüssiggas
2) Treibstoff für Kraftfahrzeuge
3) Lampenbrennstoff, Flugzeugbenzin
4) Dieselkraftstoff, Heizöl
5) Heizöl
6) Schmieröle, Bitumen, Teer

8 Kohlenstoff ist in allen Verbindungen organischer Stoffe gebunden.

9

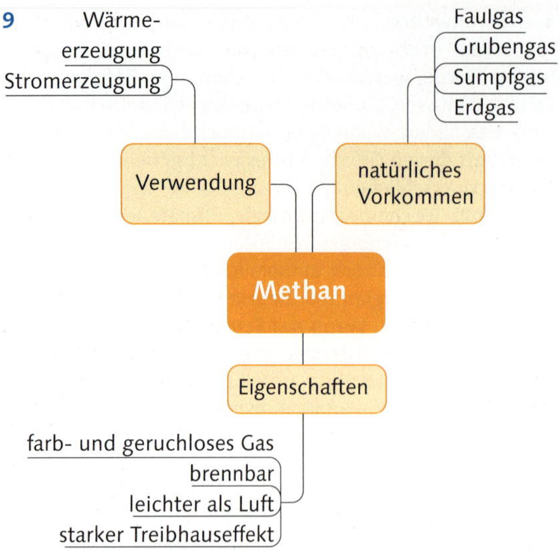

10 Unter einer homologen Reihe versteht man eine Gruppe von Molekülen, die einen regelmäßigen, sich ähnelnden Aufbau zeigen und deshalb ähnliche Eigenschaften besitzen. Die Moleküle haben eine allgemeine Summenformel. Jedes Molekül lässt sich aus dem vorherigen durch Hinzufügen eines einzigen Kettenglieds darstellen.
Ein Beispiel ist die homologe Reihe der Alkane: Jedes Molekül der Alkane unterscheidet sich von seinem Vorgänger und Nachfolger um je ein CH_2-Glied. Die allgemeine Summenformel der Alkane lautet: C_nH_{2n+2}.

11 Propin:

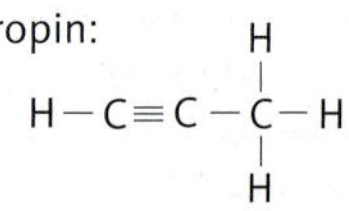

1,1-Dibrom-3-methylbutan:

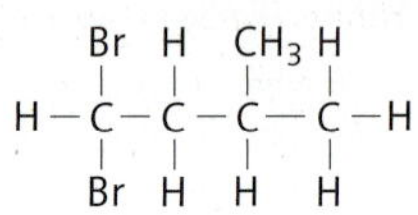

3-Methyl-pent-1-en:

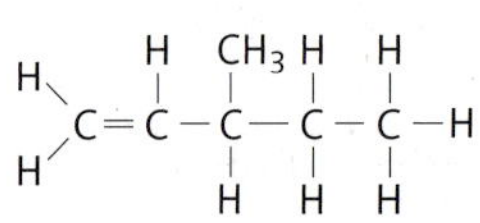

12a 4-Ethyl-3,5-dimethylheptan
b Propen
c But-1-in
13 Isomere sind Moleküle mit gleicher Summenformel, aber unterschiedlicher Strukturformel. Die Strukturformel C_4H_{10} kann sowohl für die chemische Verbindung Butan als auch für 2-Methylpropan (Isobutan) stehen.
14 $C_6H_{12} + Cl_2 \longrightarrow C_6H_{12}Cl_2$
15 Ungesättigte Verbindungen sind Kohlenwasserstoffe, die in ihren Molekülen mindestens eine Mehrfachbindung zwischen zwei Kohlenstoffatomen enthalten.

Von den Alkoholen zu den Carbonsäuren (S. 344)

1a Wein enthält Ethanol.
b Ethanol entsteht durch alkoholische Gärung:
Traubenzucker ⟶ Ethanol + Kohlenstoffdioxid
c Als Nebenprodukt entsteht Kohlenstoffdioxid. Kohlenstoffdioxid wird durch Einleiten in Calciumhydroxid-Lösung nachgewiesen (Trübung der Lösung).
2 Ethanol-Moleküle enthalten eine Hydroxyl-Gruppe als polare funktionelle Gruppe. Ethanol mischt sich deshalb sehr gut mit Wasser. Zusätzlich enthält das Ethanol-Molekül eine unpolare Kohlenwasserstoffkette. Deshalb lösen sich auch unpolare Stoffe wie Hexan in Ethanol. Aus diesen Gründen ist Ethanol ein vielseitig einsetzbares Lösungsmittel.
3 Methanol, Ethanol, Propanol, Butanol, Pentanol, Hexanol
4a Methanol löst sich sehr gut in Wasser. In Hexan löst es sich hingegen kaum. Deshalb erkennt man bei der Mischung von Methanol und Hexan zwei Lösungen, die voneinander getrennt sind (zwei unterschiedliche Phasen).
b Das Methanol-Molekül ist ein sehr kleines Molekül, das aus der polaren OH-Gruppe (Hydroxyl-Gruppe) und einer kurzen Kohlenwasserstoffkette ($-CH_3$) besteht. Die unpolare Kohlenwasserstoffkette ist vernachlässigbar kurz. Deshalb bestimmt die polare OH-Gruppe maßgeblich die Eigenschaften von Methanol. Somit löst sich Methanol sehr gut in dem polaren Lösungsmittel Wasser, jedoch kaum in dem unpolaren Lösungsmittel Hexan.
5a Methanol hat mit 65 °C eine viel höhere Siedetemperatur als Methan, das bereits bei –161 °C siedet.
b Zwischen Methanol-Molekülen bilden sich Wasserstoffbrückenbindungen aus. Damit wirken stärkere Anziehungskräfte zwischen Methanol-Molekülen als zwischen Methan-Molekülen, die diese Wasserstoffbrückenbindungen nicht ausbilden können. Diese stärkeren Anziehungskräfte erklären die höhere Siedetemperatur des Methanols im Vergleich zum Methan.
6 Pentan-1-ol:

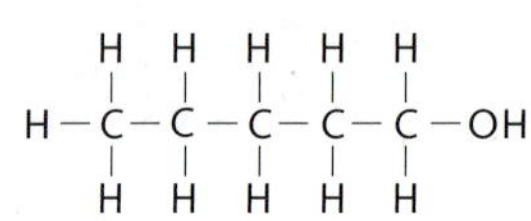

Pentan-2-ol:

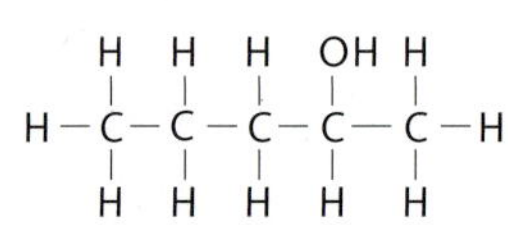

Pentan-3-ol:

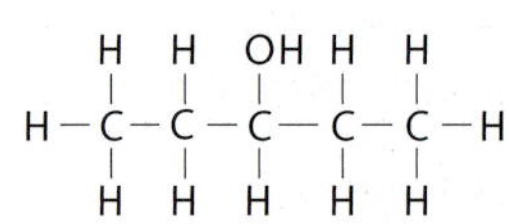

7 Mehrwertige Alkohole enthalten in ihren Molekülen mehr als eine OH-Gruppe (Hydroxyl-Gruppe). *Beispiele:* Glykol (zweiwertiger Alkohol), Glycerin (dreiwertiger Alkohol), Sorbit (sechswertiger Alkohol)

8 Glycerin ist ein stark wasseranziehender (hygroskopischer) Stoff. Deshalb zieht es aus der Umgebungsluft Feuchtigkeit, Wasser, an. In der Folge wird die Schale mit dem Glycerin immer schwerer, weil mit der Zeit immer mehr Wasser in ihr enthalten ist.

9 *Wein:* Ethanol; *Zwiebel:* Oxalsäure; *Mandarine:* Citronensäure; *Essig:* Ethansäure (Essigsäure)

10 Durch den Essig bleiben die Gurken länger haltbar und erhalten auch eine besondere Würze. Essig dient hier also als Konservierungs- und Würzmittel.

11 Essigsäure (Ethansäure, CH_3–COOH) hat eine höhere Säurestärke als Buttersäure (Butansäure, CH_3–CH_2–CH_2–COOH), weil der Einfluss der sauren COOH-Gruppe (Carboxyl-Gruppe) mit zunehmender Länge der Kohlenstoffkette abnimmt.

12 Eine mehrwertige Carbonsäure enthält in ihren Molekülen mehrere COOH-Gruppen (Carboxyl-Gruppen).
Beispiel: Oxalsäure, eine Dicarbonsäure
Oxalsäure:

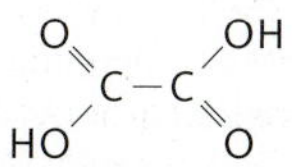

13a Hexanol, Propansäure
b Hexanol gehört zu den Alkoholen (Alkanolen), Butansäure zu den Carbonsäuren.
c Funktionelle Gruppe der Alkohole: OH-Gruppe (Hydroxyl-Gruppe); funktionelle Gruppe der Carbonsäuren: COOH-Gruppe (Carboxyl-Gruppe)

14 Propan-1,3-diol:

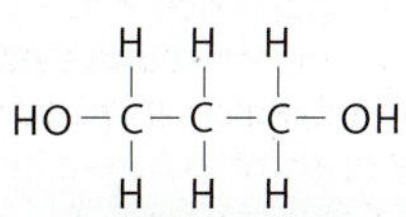

Butanol:

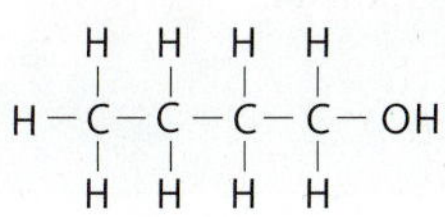

Methansäure:

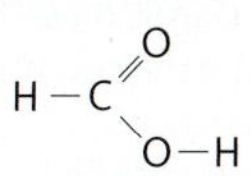

Hexansäure:

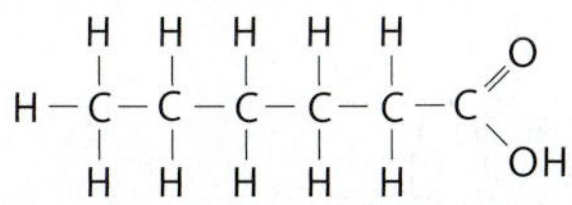

Produkte der Chemie (S. 384/385)

1a Ester entstehen durch eine Kondensationsreaktion, bei der eine Säure mit einem Alkohol reagiert. Welcher Ester entsteht, ist abhängig von der eingesetzten Säure und dem eingesetzten Alkohol.
b Lässt man Propanol mit Buttersäure reagieren, so bilden sich Buttersäurepropylester und Wasser. Dieser Ester hat Erdbeeraroma.
c

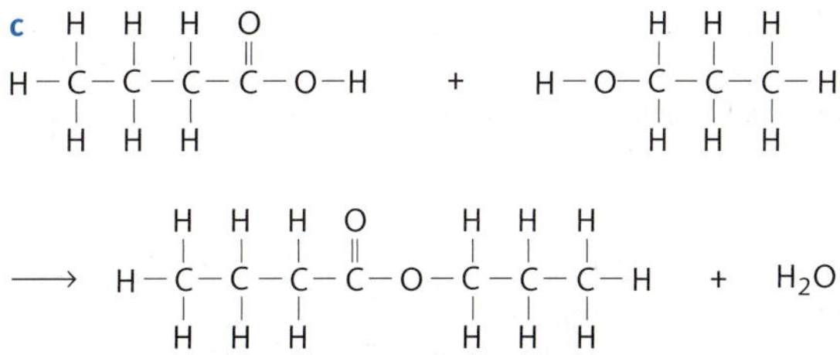

2a Säure + Alkohol $\rightleftharpoons$ Ester + Wasser
b Chemische Reaktionen, bei denen Wasser entsteht, werden als Kondensationsreaktionen bezeichnet.
c Veresterung und Esterspaltung sind umkehrbare chemische Reaktionen. Die Hin- und die Rückreaktion laufen gleichzeitig ab. Die Veresterung ist eine Kondensationsreaktion, die Esterspaltung bezeichnet man auch als Hydrolyse.

3 Die Strukturformel zeigt Buttersäuremethylester. Der Name eines Esters setzt sich aus drei Bestandteilen zusammen: 1. dem Namen der Säure; 2. dem Namen des Alkylrests des Alkohols; 3. der Bezeichnung -ester.

4a Schwefelsäure
b Die als Katalysator eingesetzte Schwefelsäure erhöht die Ausbeute bei einer Veresterung. Sie beschleunigt die Hinreaktion. Dadurch werden mehr Ester und Wasser gebildet als ohne den Einsatz des Katalysators.
Reaktionsverlauf ohne Katalysator:
Säure + Alkohol $\rightleftharpoons$ Ester + Wasser
Reaktionsverlauf mit Katalysator:
Säure + Alkohol $\rightleftharpoons$ **Ester + Wasser**

5 Essigsäure mischt sich mit dem Wasser, da im Essigsäure-Molekül der Einfluss der polaren Hydroxyl-Gruppe gegenüber der kurzen unpolaren Kohlenwasserstoffkette überwiegt. Im Essigsäureethylester-Molekül bewirkt der Einfluss der beiden Kohlenwasserstoffketten, dass der Ester sich nicht mit dem Wasser mischt.

6 Fette sind Ester aus Glycerin und Fettsäuren. Bei der Fettbildung verbindet sich ein Glycerin-Molekül mit drei Fettsäure-Molekülen. Es können unterschiedliche Fettsäure-Moleküle gebunden werden.

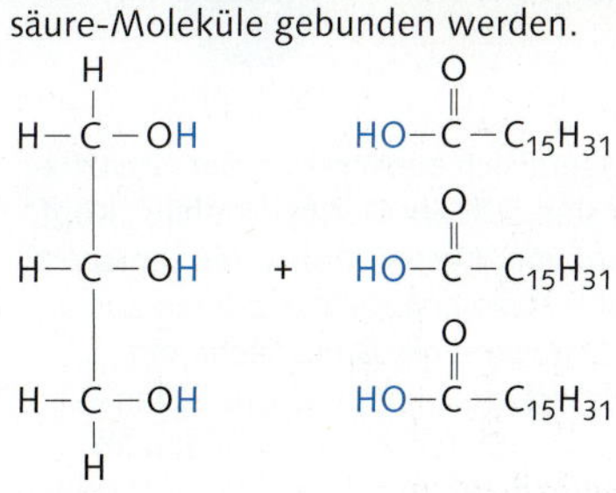

Glycerin Fettsäure

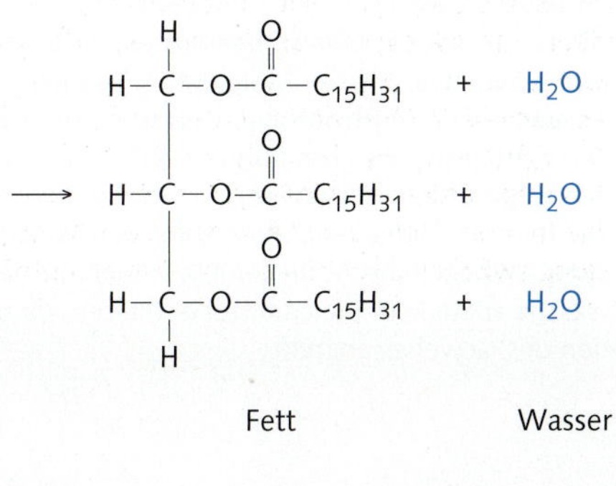

Fett Wasser

7 Fettbrände müssen durch Ersticken gelöscht werden, z. B. durch Abdecken mit einem Deckel. Fette brennen bei Temperaturen, die weit über der Siedetemperatur des Wassers liegen. Gibt man Wasser zu brennendem Fett, sinkt es wegen seiner größeren Dichte unter das Fett und verdampft dort aufgrund der hohen Temperaturen. Beim Verdampfen reißt das Wasser das brennende Fett mit und verteilt es im Raum.

8a Einfachzucker (Monosaccharide), *Beispiel:* Traubenzucker (Glucose); Zweifachzucker (Disaccharide), *Beispiel:* Rohrzucker (Saccharose); Vielfachzucker (Polysaccharide), *Beispiel:* Cellulose

b Alle Kohlenhydrate bestehen aus den Elementen Kohlenstoff, Wasserstoff und Sauerstoff.

9

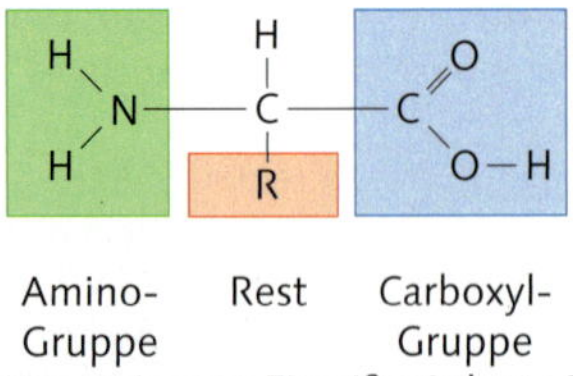

10 Körpereigenes Eiweiß wird aus 20 Aminosäuren aufgebaut. Alle Aminosäure-Moleküle besitzen zwei funktionelle Gruppen, über die sie sich fast beliebig miteinander verbinden und lange Polypeptidketten bilden können. Deshalb gibt es fast unendlich viele Eiweiße.

11a *Riboflavin:* Farbstoff (gelb); *Benzoesäure:* Konservierungsstoff; *Essigsäure:* Säuerungsmittel und Konservierungsstoff; *Äpfelsäure:* Säuerungsmittel; *Aspartam:* Süßstoff

b Zusatzstoffe in Lebensmitteln werden auf den Verpackungen in der Zutatenliste von industriell hergestellten Lebensmitteln mit E-Nummern gekennzeichnet.

12 Fett + Lauge → Glycerin + Seife
Seifen sind Natrium- oder Kaliumsalze der Fettsäuren.

13

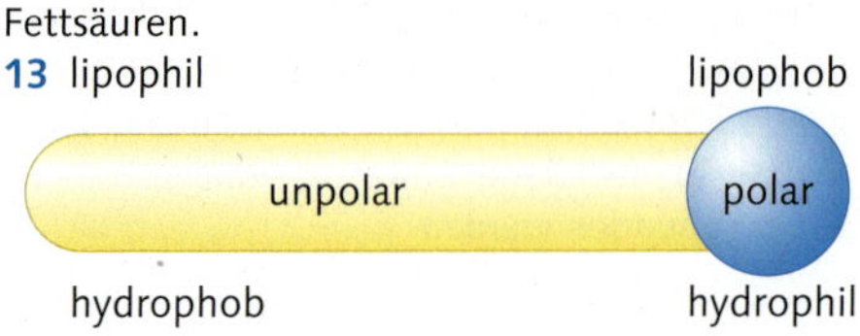

14 Seifen-Anionen lagern sich zunächst an der Grenzfläche zwischen Wasser und Luft an. Der hydrophile „Kopf" des Seifen-Anions wird von Wasser-Molekülen umlagert. Die hydrophoben Kohlenwasserstoffketten ragen aus dem Wasser heraus. Erst wenn die Grenzfläche mit Seifen-Anionen besetzt ist, gelangen weitere Seifen-Anionen ins Wasserinnere. Seifen-Anionen bilden im Wasser Zusammenschlüsse, die Mizellen. Solche Mizellen umschließen beim Waschvorgang den unpolaren Schmutz, sodass sich dieser nicht wieder an der Faser absetzen kann.

15 Tensid-Moleküle bestehen aus einem hydrophoben und einem hydrophilen Molekülteil. Der hydrophobe Teil umschließt den hydrophoben Schmutz. Der hydrophile Teil ermöglicht das Lösen und Verteilen der umlagerten Schmutzpartikel im Wasser.

16 Tenside, Enthärter, Zusatzstoffe wie Bleichmittel, Enzyme und optische Aufheller. Ein Waschmittel für Buntwäsche sollte kein Bleichmittel enthalten, da dies die Farben des Gewebes angreift.

17a Kunststoffe können aus Erdöl oder nachwachsenden Rohstoffen wie dem Milchsaft des Kautschukbaums hergestellt werden.

b Thermoplaste sind Kunststoffe, die in der Wärme formbar sind. Sie enthalten nebeneinanderliegende Makromoleküle, die durch zwischenmolekulare Wechselwirkungen miteinander verbunden sind. Duroplaste hingegen sind harte und spröde Kunststoffe, die durch Erwärmen nicht formbar werden. Die Makromoleküle in den Duroplasten sind über chemische Bindungen so stark vernetzt, dass sie sich nicht mehr bewegen. Elastomere sind elastische und verformbare Kunststoffe. Bei Elastomeren sind die Makromoleküle locker und weitmaschig durch chemische Bindungen verknüpft, wodurch die Verformbarkeit erreicht wird.

c Thermoplaste: Einweggeschirr, Einkaufstüten; Duroplaste: Steckdosen; Elastomere: Gummibänder

18a Polyvinylchlorid

b Polyvinylchlorid wird durch die Polymerisation von Vinylchlorid-Monomeren erhalten.

19 Bei einer Polykondensation werden Monomere, die mindestens zwei funktionelle Gruppen besitzen, zu Makromolekülen verknüpft. Dabei werden kleine Moleküle, z. B. Wasser-Moleküle, abgespalten. Im Gegensatz dazu werden bei einer Polymerisation die Monomere verknüpft, ohne dass Nebenprodukte entstehen.

20 Unter Nanopartikeln versteht man Stoffpartikel, die kleiner als 100 nm (Nanometer) sind.

21

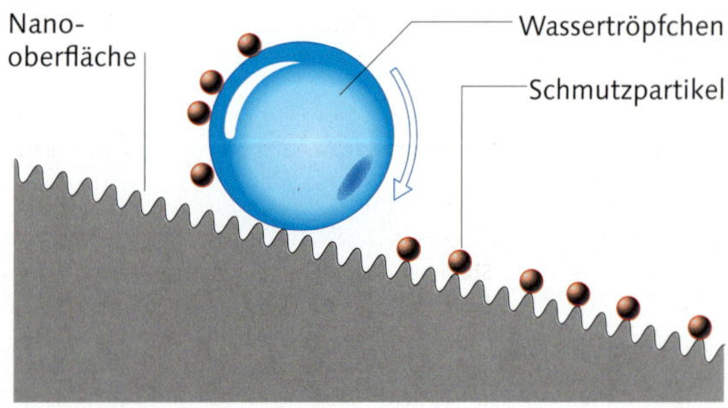

22 Bei Zweikomponentenklebstoffen härtet der Klebstoff nicht durch Verdunsten des Lösungsmittels, sondern durch eine Reaktion mit einem Härter. Damit diese Reaktion erst zum gewünschten Zeitpunkt stattfindet, müssen die Werkstoffe zunächst getrennt vorliegen.

23 Die zwischen den Klebstoffmolekülen und dem Werkstoff wirkenden Kräfte bezeichnet man als Adhäsion.

Gefahrstoffe und Entsorgung im Chemieunterricht

Einstufung von Gefahrstoffen nach der GHS-Verordnung

Mit dem neuen GHS (*Globally Harmonised System of Classification and Labelling of Chemicals*) werden die Kriterien für die Einstufung der Gefahrstoffe neu festgelegt und mit international einheitlichen Piktogrammen versehen. Neu ist auch die Verwendung der Signalworte **„Gefahr"** und **„Achtung"** für das Ausmaß der Gefahr: „Gefahr" bei hoher Gefährdung oder „Achtung" bei geringerer Gefährdung.

Gefahren-piktogramm und -Code	Mit dem Gefahrenpiktogramm gekennzeichnete Stoffe und Gemische	Signalwort	Kennzeichnung nach bisheriger Gefahrstoffverordnung	
			Gefahrensymbol	Gefahrenhinweise
GHS01	explosive und sehr gefährliche selbstzersetzliche Stoffe und Gemische sowie sehr gefährliche organische Peroxide	Gefahr oder Achtung	E	R2, R3
GHS02	entzündbare, selbsterhitzungsfähige und gefährliche selbstzersetzliche Stoffe und Gemische, pyrophore Stoffe sowie Stoffe und Gemische, die bei Berührung mit Wasser entzündbare Gase entwickeln	Gefahr oder Achtung	F+ oder F	R12, R11 oder R10; R17; R15
GHS02	gefährliche organische Peroxide	Gefahr oder Achtung	O	R7
GHS03	Stoffe und Gemische mit oxidierender Wirkung	Gefahr oder Achtung	O	R8, R9
GHS04*	Gase unter Druck	Achtung	–	
GHS05	Stoffe und Gemische, die korrosiv auf Metalle wirken	Achtung	–	
GHS05	Stoffe und Gemische, die schwere Verätzungen der Haut und/oder schwere Augenschäden verursachen	Gefahr	C oder Xi	R34, R35, R41
GHS06	lebensgefährliche und giftige Stoffe und Gemische	Gefahr	T+ oder T	R26, R27, R28 oder R23, R24, R25
GHS07	gesundheitsschädliche Stoffe und Gemische	Achtung	Xn	R20, R21, R22
GHS07	Stoffe und Gemische, die Haut- und/oder Augenreizungen verursachen und/oder allergische Hautreaktionen, Reizungen der Atemwege und/oder Schläfrigkeit und Benommenheit verursachen können	Achtung	Xi	R36, R37, R38; R43; R67
GHS08	Stoffe und Gemische, die bei Verschlucken und Eindringen in die Atemwege tödlich sein können und/oder eine Gefahr für die Gesundheit darstellen. Diese Stoffe und Gemische schädigen bestimmte Organe und/oder können Krebs erzeugen, die Fruchtbarkeit beeinträchtigen, das Kind im Mutterleib schädigen und/oder genetische Defekte und/oder beim Einatmen Allergien, asthmaartige Symptome oder Atembeschwerden verursachen.	Gefahr oder Achtung	T+, T oder Xn	R45, R49, R40; R60, R62; R61, R63; R46; R39/...; R68/...; R48/...; R42; R33; R65
GHS09	Stoffe und Gemische, die sehr giftig oder giftig für Wasserorganismen sind	Achtung oder –	N	R50, R50/53 R51/53

* Die in den Experimenten verwendeten Gase stehen meist nicht unter Druck, daher wird dort in der Regel auf diese Kennzeichnung verzichtet.

Gefahrenhinweise, ergänzende Gefahrenmerkmale und ergänzende Kennzeichnungselemente

1 Gefahrenhinweise

Gefahrenhinweise für physikalische Gefahren

- H200 Instabil, explosiv
- H201 Explosiv, Gefahr der Massenexplosion.
- H202 Explosiv; große Gefahr durch Splitter, Spreng- und Wurfstücke.
- H203 Explosiv; Gefahr durch Feuer, Luftdruck oder Splitter, Spreng- und Wurfstücke.
- H204 Gefahr durch Feuer oder Splitter, Spreng- und Wurfstücke.
- H205 Gefahr der Massenexplosion bei Feuer.
- H220 Extrem entzündbares Gas.
- H221 Entzündbares Gas.
- H222 Extrem entzündbares Aerosol.
- H223 Entzündbares Aerosol.
- H224 Flüssigkeit und Dampf extrem entzündbar.
- H225 Flüssigkeit und Dampf leicht entzündbar.
- H226 Flüssigkeit und Dampf entzündbar.
- H228 Entzündbarer Feststoff.
- H240 Erwärmung kann Explosion verursachen.
- H241 Erwärmung kann Brand oder Explosion verursachen.
- H242 Erwärmung kann Brand verursachen.
- H250 Entzündet sich in Berührung mit Luft von selbst.
- H251 Selbsterhitzungsfähig; kann in Brand geraten.
- H252 In großen Mengen selbsterhitzungsfähig; kann in Brand geraten.
- H260 In Berührung mit Wasser entstehen entzündbare Gase, die sich spontan entzünden können.
- H261 In Berührung mit Wasser entstehen entzündbare Gase.
- H270 Kann Brand verursachen oder verstärken; Oxidationsmittel.
- H271 Kann Brand oder Explosion verursachen; starkes Oxidationsmittel.
- H272 Kann Brand verstärken; Oxidationsmittel.
- H280 Enthält Gas unter Druck; kann bei Erwärmung explodieren.
- H281 Enthält tiefkaltes Gas; kann Kälteverbrennungen oder -verletzungen verursachen.
- H290 Kann gegenüber Metallen korrosiv sein.

Gefahrenhinweise für Gesundheitsgefahren

- H300 Lebensgefahr bei Verschlucken.
- H301 Giftig bei Verschlucken.
- H302 Gesundheitsschädlich bei Verschlucken.
- H304 Kann bei Verschlucken und Eindringen in die Atemwege tödlich sein.
- H310 Lebensgefahr bei Hautkontakt.
- H311 Giftig bei Hautkontakt.
- H312 Gesundheitsschädlich bei Hautkontakt.
- H314 Verursacht schwere Verätzungen der Haut und schwere Augenschäden.
- H315 Verursacht Hautreizungen.
- H317 Kann allergische Hautreaktionen verursachen.
- H318 Verursacht schwere Augenschäden.
- H319 Verursacht schwere Augenreizung.
- H330 Lebensgefahr bei Einatmen.
- H331 Giftig bei Einatmen.
- H332 Gesundheitsschädlich bei Einatmen.
- H334 Kann bei Einatmen Allergie, asthmaartige Symptome oder Atembeschwerden verursachen.
- H335 Kann die Atemwege reizen.
- H336 Kann Schläfrigkeit und Benommenheit verursachen.
- H340 Kann genetische Defekte verursachen <Expositionsweg angeben, sofern schlüssig belegt ist, dass diese Gefahr bei keinem anderen Expositionsweg besteht>.
- H341 Kann vermutlich genetische Defekte verursachen <Expositionsweg angeben, sofern schlüssig belegt ist, dass diese Gefahr bei keinem anderen Expositionsweg besteht>.
- H350 Kann Krebs erzeugen <Expositionsweg angeben, sofern schlüssig belegt ist, dass diese Gefahr bei keinem anderen Expositionsweg besteht>.
- H350i Kann beim Einatmen Krebs erzeugen.
- H351 Kann vermutlich Krebs erzeugen <Expositionsweg angeben, sofern schlüssig belegt ist, dass diese Gefahr bei keinem anderen Expositionsweg besteht>.
- H360 Kann die Fruchtbarkeit beeinträchtigen oder das Kind im Mutterleib schädigen <konkrete Wirkung angeben, sofern bekannt> <Expositionsweg angeben, sofern schlüssig belegt ist, dass die Gefahr bei keinem anderen Expositionsweg besteht>.
- H360F Kann die Fruchtbarkeit beeinträchtigen.
- H360D Kann das Kind im Mutterleib schädigen.
- H360FD Kann die Fruchtbarkeit beeinträchtigen. Kann das Kind im Mutterleib schädigen.
- H360Fd Kann die Fruchtbarkeit beeinträchtigen. Kann vermutlich das Kind im Mutterleib schädigen.
- H360Df Kann das Kind im Mutterleib schädigen. Kann vermutlich die Fruchtbarkeit beeinträchtigen.
- H361 Kann vermutlich die Fruchtbarkeit beeinträchtigen oder das Kind im Mutterleib schädigen <konkrete Wirkung angeben, sofern bekannt> <Expositionsweg angeben, sofern schlüssig belegt ist, dass die Gefahr bei keinem anderen Expositionsweg besteht>.
- H361f Kann vermutlich die Fruchtbarkeit beeinträchtigen.
- H361d Kann vermutlich das Kind im Mutterleib schädigen.
- H361fd Kann vermutlich die Fruchtbarkeit beeinträchtigen. Kann vermutlich das Kind im Mutterleib schädigen.
- H362 Kann Säuglinge über die Muttermilch schädigen.
- H370 Schädigt die Organe <oder alle betroffenen Organe nennen, sofern bekannt> <Expositionsweg angeben, sofern schlüssig belegt ist, dass diese Gefahr bei keinem anderen Expositionsweg besteht>.
- H371 Kann die Organe schädigen <oder alle betroffenen Organe nennen, sofern bekannt> <Expositionsweg angeben, sofern schlüssig belegt ist, dass diese Gefahr bei keinem anderen Expositionsweg besteht>.
- H372 Schädigt die Organe <alle betroffenen Organe nennen> bei längerer oder wiederholter Exposition <Expositionsweg angeben, wenn schlüssig belegt ist, dass diese Gefahr bei keinem anderen Expositionsweg besteht>.
- H373 Kann die Organe schädigen <alle betroffenen Organe nennen, sofern bekannt> bei längerer oder wiederholter Exposition <Expositionsweg angeben, wenn schlüssig belegt ist, dass diese Gefahr bei keinem anderen Expositionsweg besteht>.

Gefahrenhinweise für Umweltgefahren

- H400 Sehr giftig für Wasserorganismen.
- H410 Sehr giftig für Wasserorganismen mit langfristiger Wirkung.
- H411 Giftig für Wasserorganismen, mit langfristiger Wirkung.
- H412 Schädlich für Wasserorganismen, mit langfristiger Wirkung.
- H413 Kann für Wasserorganismen schädlich sein, mit langfristiger Wirkung.

2 Ergänzende Gefahrenmerkmale

Physikalische Eigenschaften

- EUH001 In trockenem Zustand explosionsgefährlich.
- EUH006 Mit und ohne Luft explosionsfähig.
- EUH014 Reagiert heftig mit Wasser.
- EUH018 Kann bei Verwendung explosionsfähige/entzündbare Dampf/Luft-Gemische bilden.
- EUH019 Kann explosionsfähige Peroxide bilden.
- EUH044 Explosionsgefahr bei Erhitzen unter Einschluss.

Gesundheitsgefährliche Eigenschaften

- EUH029 Entwickelt bei Berührung mit Wasser giftige Gase.
- EUH031 Entwickelt bei Berührung mit Säure giftige Gase.
- EUH032 Entwickelt bei Berührung mit Säure sehr giftige Gase.
- EUH066 Wiederholter Kontakt kann zu spröder oder rissiger Haut führen.
- EUH070 Giftig bei Berührung mit den Augen.
- EUH071 Wirkt ätzend auf die Atemwege.

Umweltgefährliche Eigenschaften

- EUH059 Die Ozonschicht schädigend.

3 Ergänzende Kennzeichnungselemente/Informationen über bestimmte Stoffe und Gemische

EUH201 Enthält Blei. Nicht für den Anstrich von Gegenständen verwenden, die von Kindern gekaut oder gelutscht werden könnten.
EUH201A Achtung! Enthält Blei.
EUH202 Cyanacrylat. Gefahr. Klebt innerhalb von Sekunden Haut und Augenlider zusammen. Darf nicht in die Hände von Kindern gelangen.
EUH203 Enthält Chrom (VI). Kann allergische Reaktionen hervorrufen.
EUH204 Enthält Isocyanate. Kann allergische Reaktionen hervorrufen.
EUH205 Enthält epoxidhaltige Verbindungen. Kann allergische Reaktionen hervorrufen.
EUH206 Achtung! Nicht zusammen mit anderen Produkten verwenden, da gefährliche Gase (Chlor) freigesetzt werden können.
EUH207 Achtung! Enthält Cadmium. Bei der Verwendung entstehen gefährliche Dämpfe. Hinweise des Herstellers beachten. Sicherheitsanweisungen einhalten.
EUH208 Enthält <Name des sensibilisierenden Stoffes>. Kann allergische Reaktionen hervorrufen.
EUH209 Kann bei Verwendung leicht entzündbar werden.
EUH209A Kann bei Verwendung entzündbar werden.
EUH210 Sicherheitsdatenblatt auf Anfrage erhältlich.
EUH401 Zur Vermeidung von Risiken für Mensch und Umwelt die Gebrauchsanleitung einhalten.

Sicherheitshinweise

Sicherheitshinweise – Allgemeines
P101 Ist ärztlicher Rat erforderlich, Verpackung oder Kennzeichnungsetikett bereithalten.
P102 Darf nicht in die Hände von Kindern gelangen.
P103 Vor Gebrauch Kennzeichnungsetikett lesen.

Sicherheitshinweise – Prävention
P201 Vor Gebrauch besondere Anweisungen einholen.
P202 Vor Gebrauch alle Sicherheitshinweise lesen und verstehen.
P210 Von Hitze/Funken/offener Flamme/heißen Oberflächen fernhalten. Nicht rauchen.
P211 Nicht gegen offene Flamme oder andere Zündquelle sprühen.
P220 Von Kleidung/.../brennbaren Materialien fernhalten/entfernt aufbewahren.
P221 Mischen mit brennbaren Stoffen/... unbedingt verhindern.
P222 Kontakt mit Luft nicht zulassen.
P223 Kontakt mit Wasser wegen heftiger Reaktion und möglichem Aufflammen unbedingt verhindern.
P230 Feucht halten mit ...
P231 Unter inertem Gas handhaben.
P232 Vor Feuchtigkeit schützen.
P233 Behälter dicht verschlossen halten.
P234 Nur im Originalbehälter aufbewahren.
P235 Kühl halten.
P240 Behälter und zu befüllende Anlage erden.
P241 Explosionsgeschützte elektrische Betriebsmittel/Lüftungsanlagen/Beleuchtung/... verwenden.
P242 Nur funkenfreies Werkzeug verwenden.
P243 Maßnahmen gegen elektrostatische Aufladungen treffen.
P244 Druckminderer frei von Fett und Öl halten.
P250 Nicht schleifen/stoßen/.../reiben.
P251 Behälter steht unter Druck: Nicht durchstechen oder verbrennen, auch nicht nach der Verwendung.
P260 Staub/Rauch/Gas/Nebel/Dampf/Aerosol nicht einatmen.
P261 Einatmen von Staub/Rauch/Gas/Nebel/Dampf/Aerosol vermeiden.
P262 Nicht in die Augen, auf die Haut oder auf die Kleidung gelangen lassen.
P263 Kontakt während der Schwangerschaft und der Stillzeit vermeiden.
P264 Nach Gebrauch ... gründlich waschen.
P270 Bei Gebrauch nicht essen, trinken oder rauchen.
P271 Nur im Freien oder in gut belüfteten Räumen verwenden.
P272 Kontaminierte Arbeitskleidung nicht außerhalb des Arbeitsplatzes tragen.
P273 Freisetzung in die Umwelt vermeiden.
P280 Schutzhandschuhe/Schutzkleidung/Augenschutz/Gesichtsschutz tragen.
P281 Vorgeschriebene persönliche Schutzausrüstung verwenden.
P282 Schutzhandschuhe/Gesichtsschild/Augenschutz mit Kälteisolierung tragen.
P283 Schwer entflammbare/flammhemmende Kleidung tragen.
P284 Atemschutz tragen.
P285 Bei unzureichender Belüftung Atemschutz tragen.
P231 + P232 Unter inertem Gas handhaben. Vor Feuchtigkeit schützen.
P235 + P410 Kühl halten. Vor Sonnenbestrahlung schützen.

Sicherheitshinweise – Reaktion
P301 BEI VERSCHLUCKEN:
P302 BEI BERÜHRUNG MIT DER HAUT:
P303 BEI BERÜHRUNG MIT DER HAUT (oder dem Haar):
P304 BEI EINATMEN:
P305 BEI KONTAKT MIT DEN AUGEN:
P306 BEI KONTAMINIERTER KLEIDUNG:
P307 BEI Exposition:
P308 BEI Exposition oder falls betroffen:
P309 BEI Exposition oder Unwohlsein:
P310 Sofort GIFTINFORMATIONSZENTRUM oder Arzt anrufen.
P311 GIFTINFORMATIONSZENTRUM oder Arzt anrufen.
P312 Bei Unwohlsein GIFTINFORMATIONSZENTRUM oder Arzt anrufen.
P313 Ärztlichen Rat einholen/ärztliche Hilfe hinzuziehen.
P314 Bei Unwohlsein ärztlichen Rat einholen/ärztliche Hilfe hinzuziehen.
P315 Sofort ärztlichen Rat einholen/ärztliche Hilfe hinzuziehen.
P320 Besondere Behandlung dringend erforderlich (siehe ... auf diesem Kennzeichnungsetikett).
P321 Besondere Behandlung (siehe ... auf diesem Kennzeichnungsetikett).
P322 Gezielte Maßnahmen (siehe ... auf diesem Kennzeichnungsetikett).
P330 Mund ausspülen.
P331 KEIN Erbrechen herbeiführen.
P332 Bei Hautreizung:
P333 Bei Hautreizung oder -ausschlag:
P334 In kaltes Wasser tauchen/nassen Verband anlegen.
P335 Lose Partikel von der Haut abbürsten.
P336 Vereiste Bereiche mit lauwarmem Wasser auftauen. Betroffenen Bereich nicht reiben.
P337 Bei anhaltender Augenreizung:
P338 Eventuell Vorhandene Kontaktlinsen nach Möglichkeit entfernen. Weiter ausspülen.
P340 Die betroffene Person an die frische Luft bringen und in einer Position ruhig stellen, die das Atmen erleichtert.
P341 Bei Atembeschwerden an die frische Luft bringen und in einer Position ruhig stellen, die das Atmen erleichtert.
P342 Bei Symptomen der Atemwege:
P350 Behutsam mit viel Wasser und Seife waschen.
P351 Einige Minuten lang behutsam mit Wasser ausspülen.
P352 Mit viel Wasser und Seife waschen.
P353 Haut mit Wasser abwaschen/duschen.
P360 Kontaminierte Kleidung und Haut sofort mit viel Wasser abwaschen und danach Kleidung ausziehen.
P361 Alle kontaminierten Kleidungsstücke sofort ausziehen.
P362 Kontaminierte Kleidung ausziehen und vor erneutem Tragen waschen.
P363 Kontaminierte Kleidung vor erneutem Tragen waschen.
P370 Bei Brand:
P371 Bei Großbrand und großen Mengen:
P372 Explosionsgefahr bei Brand.
P373 KEINE Brandbekämpfung, wenn das Feuer explosive Stoffe/Gemische/Erzeugnisse erreicht.

P374 Brandbekämpfung mit üblichen Vorsichtsmaßnahmen aus angemessener Entfernung.
P375 Wegen Explosionsgefahr Brand aus der Entfernung bekämpfen.
P376 Undichtigkeit beseitigen, wenn gefahrlos möglich.
P377 Brand von ausströmendem Gas: Nicht löschen, bis Undichtigkeit gefahrlos beseitigt werden kann.
P378 ... zum Löschen verwenden.
P380 Umgebung räumen.
P381 Alle Zündquellen entfernen, wenn gefahrlos möglich.
P390 Verschüttete Mengen aufnehmen, um Materialschäden zu vermeiden.
P391 Verschüttete Mengen aufnehmen.
P301 + P310 BEI VERSCHLUCKEN: Sofort GIFTINFORMATIONSZENTRUM oder Arzt anrufen.
P301 + P312 BEI VERSCHLUCKEN: Bei Unwohlsein GIFTINFORMATIONSZENTRUM oder Arzt anrufen.
P301 + P330 + P331 BEI VERSCHLUCKEN: Mund ausspülen. KEIN Erbrechen herbeiführen.
P302 + P334 BEI KONTAKT MIT DER HAUT: In kaltes Wasser tauchen/nassen Verband anlegen.
P302 + P350 BEI KONTAKT MIT DER HAUT: Behutsam mit viel Wasser und Seife waschen.
P302 + P352 BEI KONTAKT MIT DER HAUT: Mit viel Wasser und Seife waschen.
P303 + P361 + P353 BEI KONTAKT MIT DER HAUT (oder dem Haar): Alle kontaminierten Kleidungsstücke sofort ausziehen. Haut mit Wasser abwaschen/duschen.
P304 + P340 BEI EINATMEN: An die frische Luft bringen und in einer Position ruhig stellen, die das Atmen erleichtert.
P304 + P341 BEI EINATMEN: Bei Atembeschwerden an die frische Luft bringen und in einer Position ruhig stellen, die das Atmen erleichtert.
P305 + P351 + P338 BEI KONTAKT MIT DEN AUGEN: Einige Minuten lang behutsam mit Wasser spülen. Vorhandene Kontaktlinsen nach Möglichkeit entfernen. Weiter spülen.
P306 + P360 BEI KONTAKT MIT DER KLEIDUNG: Kontaminierte Kleidung und Haut sofort mit viel Wasser abwaschen und danach Kleidung ausziehen.
P307 + P311 BEI Exposition: GIFTINFORMATIONSZENTRUM oder Arzt anrufen.
P308 + P313 BEI Exposition oder falls betroffen: Ärztlichen Rat einholen/ärztliche Hilfe hinzuziehen.
P309 + P311 BEI Exposition oder Unwohlsein: GIFTINFORMATIONSZENTRUM oder Arzt anrufen.
P332 + P313 Bei Hautreizung: Ärztlichen Rat einholen/ärztliche Hilfe hinzuziehen.
P333 + P313 Bei Hautreizung oder -ausschlag: Ärztlichen Rat einholen/ärztliche Hilfe hinzuziehen.
P335 + P334 Lose Partikel von der Haut abbürsten. In kaltes Wasser tauchen/nassen Verband anlegen.
P337 + P313 Bei anhaltender Augenreizung: Ärztlichen Rat einholen/ärztliche Hilfe hinzuziehen.
P342 + P311 Bei Symptomen der Atemwege: GIFTINFORMATIONSZENTRUM oder Arzt anrufen.
P370 + P376 Bei Brand: Undichtigkeit beseitigen, wenn gefahrlos möglich.
P370 + P378 Bei Brand: ... zum Löschen verwenden.
P370 + P380 Bei Brand: Umgebung räumen.
P370 + P380 + P375 Bei Brand: Umgebung räumen. Wegen Explosionsgefahr Brand aus der Entfernung bekämpfen.
P371 + P380 + P375 Bei Großbrand und großen Mengen: Umgebung räumen. Wegen Explosionsgefahr Brand aus der Entfernung bekämpfen.

Sicherheitshinweise – Aufbewahrung

P401 ... aufbewahren.
P402 An einem trockenen Ort aufbewahren.
P403 An einem gut belüfteten Ort aufbewahren.
P404 In einem geschlossenen Behälter aufbewahren.
P405 Unter Verschluss aufbewahren.
P406 In korrosionsbeständigem/... Behälter mit korrosionsbeständiger Auskleidung aufbewahren.
P407 Luftspalt zwischen Stapeln/Paletten lassen.
P410 Vor Sonnenbestrahlung schützen.
P411 Bei Temperaturen von nicht mehr als ... °C aufbewahren.
P412 Nicht Temperaturen von mehr als 50 °C aussetzen.
P413 Schüttgut in Mengen von mehr als ... kg bei Temperaturen von nicht mehr als ... °C aufbewahren.
P420 Von anderen Materialien entfernt aufbewahren.
P422 Inhalt in/unter ... aufbewahren.
P402 + P404 In einem geschlossenen Behälter an einem trockenen Ort aufbewahren.
P403 + P233 Behälter dicht verschlossen an einem gut belüfteten Ort aufbewahren.
P403 + P235 Kühl an einem gut belüfteten Ort aufbewahren.
P410 + P403 Vor Sonnenbestrahlung geschützt an einem gut belüfteten Ort aufbewahren.
P410 + P412 Vor Sonnenbestrahlung schützen und nicht Temperaturen von mehr als 50 °C aussetzen.
P411 + P235 Kühl und bei Temperaturen von nicht mehr als ... °C aufbewahren.

Sicherheitshinweise – Entsorgung

P501 Inhalt/Behälter ... zuführen.

Entsorgungsratschläge (E-Sätze)

E1 Verdünnen, in den Ausguss geben (WGK 0 bzw. 1)
E2 Neutralisieren, in den Ausguss geben
E3 In den Hausmüll geben, gegebenenfalls im Polyethylenbeutel (Stäube)
E4 Als Sulfid fällen
E5 Mit Calcium-Ionen fällen, dann E1 oder E3
E6 Nicht in den Hausmüll geben
E7 Im Abzug entsorgen
E8 Der Sondermüllbeseitigung zuführen (Adresse zu erfragen bei der Kreis- oder Stadtverwaltung), Abfallschlüssel beachten
E9 Unter größter Vorsicht in kleinsten Portionen reagieren lassen (z. B. offen im Freien verbrennen)
E10 In gekennzeichneten Behältern sammeln:
1. „Organische Abfälle – halogenhaltig"
2. „Organische Abfälle – halogenfrei"
dann E 8
E11 Als Hydroxid fällen (pH = 8), den Niederschlag zu E8
E12 Nicht in die Kanalisation gelangen lassen
E13 Aus der Lösung mit unedlem Metall (z. B. Eisen) als Metall abscheiden (E14, E3)
E14 Recycling-geeignet (Redestillation oder einem Recyclingunternehmen zuführen)
E15 Mit Wasser vorsichtig umsetzen, frei werdende Gase absorbieren oder ins Freie ableiten
E16 Entsprechend den speziellen Ratschlägen für die Beseitigungsgruppen beseitigen

Entsorgung von Abfällen im Chemieunterricht

Nach dem Experimentieren werden die Reste und Abfälle in die dafür vorgesehenen Sammelbehälter gegeben.

Glasbruch	nicht gefährliche feste Chemikalien	nicht gefährliche und wasserlösliche Chemikalien	Säuren und Laugen	gefährliche anorganische Abfälle	halogenfreie organische Chemikalien	halogenhaltige organische Chemikalien
	z. B. Eisen, Indikatorpapier	z. B. Natriumchlorid, Zuckerlösung	z. B. Salzsäure, Natronlauge	z. B. Kupfersulfat, Kupfersulfatlösung	z. B. Petroleumbenzin, Methanol	z. B. Trichlormethan

Die weitere Behandlung und Entsorgung bzw. Übergabe der Abfälle zur Sondermüllentsorgung erfolgt durch die Lehrerin bzw. den Lehrer.

			Neutralisieren der Abfälle			
Hausmüll	Hausmüll	Abwasser	Abwasser	Übergabe der Abfälle zur Sondermüllentsorgung an ein Entsorgungsunternehmen	Übergabe der Abfälle zur Sondermüllentsorgung an ein Entsorgungsunternehmen	Übergabe der Abfälle zur Sondermüllentsorgung an ein Entsorgungsunternehmen

Liste von Gefahrstoffen

Gefahrstoff	Signalwort	Piktogrammcode	H-Sätze und EUH-Sätze	E-Sätze
Aceton (Propanon)	Gefahr	GHS02 GHS07	H225 H319 H336 EUH066	1-10-14
Aluminium, Grieß o. Pulver (stabilisiert)	Gefahr	GHS02	H261 H228	6-9
Aluminiumbromid, wasserfrei	Gefahr	GHS05 GHS07	H290 H302 H314	2
Aluminiumchlorid, wasserfrei	Gefahr	GHS05	H314	2
Aluminiumiodid	Gefahr	GHS05	H314	2
Ameisensäure (Methansäure) $w \geq 90\,\%$	Gefahr	GHS02 GHS05	H226 H314	1-10
$10\,\% \leq w < 90\,\%$	Gefahr	GHS05	H314	1-10
$2\,\% \leq w < 10\,\%$	Achtung	GHS07	H315 H319	1-10
Ammoniak, wasserfrei	Gefahr	GHS05 GHS06 GHS09	H221 H314 H331 H400 EUH071	2-7
Ammoniaklösung $10\,\% \leq w < 25\,\%$	Gefahr	GHS05	H314 H335	2
$5\,\% \leq w < 10\,\%$	Achtung	GHS07	H315 H319 H335	2
Ammoniumcarbonat	Achtung	GHS07	H302	1
Ammoniumchlorid	Achtung	GHS07	H302 H319	2
Bariumchlorid, wasserfrei	Gefahr	GHS06	H301 H332	1-3
Bariumchloridlösung $3\,\% \leq w < 25\,\%$	Achtung	GHS07	H302	1
Bariumhydroxid, wasserfrei o. Octahydrat	Gefahr	GHS05 GHS07	H302 H314 H332	1-3
Bariumoxid	Gefahr	GHS05 GHS06	H301 H314 H332	1-3
Benzoesäure	Achtung	GHS07	H302 H319	10-12
Blei (bioverfügbar)	Gefahr	GHS07 GHS08 GHS09	H302 H332 H360Df H373 H410	8
Brom	Gefahr	GHS05 GHS06 GHS09	H330 H314 H400	16
Bromethan (Ethylbromid)	Gefahr	GHS02 GHS07 GHS08	H225 H302 H332 H351	10
Bromthymolblaulösung (w = 0,1 % in Ethanol)	Gefahr	GHS02	H225	10
Bromwasser $1\,\% \leq w < 5\,\%$	Gefahr	GHS06	H311 H330	16
Bromwasserstoff	Gefahr	GHS05 GHS06	H314 H335	2
n-Butan	Gefahr	GHS02	H220	7
Butan-1-ol	Gefahr	GHS02 GHS05 GHS07	H226 H302 H315 H318 H335 H336	10
Butansäure (Buttersäure)	Gefahr	GHS05	H314	10
Calcium	Gefahr	GHS02	H261 EUH014	15
Calciumcarbid	Gefahr	GHS02	H260	15-16
Calciumchlorid	Achtung	GHS07	H319	1
Calciumhydroxid	Gefahr	GHS05 GHS07	H315 H318 H335	2
Calciumoxid	Gefahr	GHS05 GHS07	H315 H318 H335	2
Chlor	Gefahr	GHS03 GHS06 GHS09	H270 H315 H319 H330 H335 H400 EUH071	16
Chlorethan (Ethylchlorid)	Gefahr	GHS02 GHS04 GHS08	H220 H351 H412	16
Chlormethan (Methylchlorid)	Gefahr	GHS02 GHS04 GHS08	H220 H351 H373	7-12
Chlorwasser, gesättigt $w \approx 0{,}7\,\%$	Achtung	GHS07	H332	16
Chlorwasserstoff	Gefahr	GHS05 GHS06	H314 H331 EUH071	2
Citronensäure	Gefahr	GHS05	H318	3
Dibenzoylperoxid (DBPO)	Gefahr	GHS02 GHS07	H242 H319 H317	10-12
Diethylether (Ether)	Gefahr	GHS02 GHS07	H224 H302 H336 EUH019 EUH066	9-10-12
Eisen, Pulver	Gefahr	GHS02	H228	3
Eisen(III)-chlorid	Gefahr	GHS05 GHS07	H302 H315 H317 H318	2

Gefahrstoff	Signalwort	Piktogrammcode	H-Sätze und EUH-Sätze	E-Sätze
Eisen(II)-sulfat, wasserfrei o. Lösung $w \geq 25\,\%$	Achtung	GHS07	H302 H315 H319	2
Eisen(II)-sulfid	Achtung	GHS09	H400 EUH031	8
Essigsäure (Ethansäure) $w \geq 90\,\%$	Gefahr	GHS02 GHS05	H226 H314	2-10
$25\,\% \leq w < 90\,\%$	Gefahr	GHS05	H314	2-10
$10\,\% \leq w < 25\,\%$	Achtung	GHS07	H315 H319	2-10
Essigsäureanhydrid	Gefahr	GHS02 GHS05 GHS07	H226 H302 H314 H332 H335	2-10
Essigsäureethylester (Ethylacetat)	Gefahr	GHS02 GHS07	H225 H319 H336 EUH066	10-12
Ethan	Gefahr	GHS02	H220	7
Ethanal (Acetaldehyd)	Gefahr	GHS02 GHS07 GHS08	H224 H319 H335 H351	9-10-12-16
Ethanallösung (Acetaldehydlösung) $w \geq 10\,\%$	Achtung	GHS07 GHS08	H319 H335 H351	9-10-12-16
Ethandiol	Achtung	GHS07	H302	1-10
Ethanol (Brennspiritus)	Gefahr	GHS02	H225	1-10
Ethen (Ethylen)	Gefahr	GHS02 GHS07	H220 H336	7
Ethin (Acetylen)	Gefahr	GHS02	H220 EUH006	7
Fehling'sche Lösung I	Achtung	GHS07 GHS09	H302 H315 H319 H410	8
Fehling'sche Lösung II	Gefahr	GHS05	H314	2
n-Heptan	Gefahr	GHS02 GHS07 GHS08 GHS09	H225 H304 H315 H336 H410	10-12
Hexan-1-ol	Achtung	GHS07	H302	10
Hex-1-en	Gefahr	GHS02 GHS08	H225 H304	10-12
Hex-1-in	Gefahr	GHS02 GHS07 GHS08	H225 H304 H315 H319 H335	10-12
Iod	Achtung	GHS07 GHS09	H312 H332 H400	1-16
Iod-Kaliumiodid-Lösung (Lugolsche Lösung)	Achtung	GHS07	H315 H319	1
Iodwasserstoff	Gefahr	GHS05	H314	1

Gefahrstoff	Signalwort	Piktogrammcode	H-Sätze und EUH-Sätze	E-Sätze
Isobutanol (2-Methylpropan-1-ol)	Gefahr	GHS02 GHS05 GHS07	H226 H315 H318 H335 H336	10
Kalium	Gefahr	GHS02 GHS05	H260 H314 EUH014	6-12-16
Kaliumcarbonat	Achtung	GHS07	H315 H319 H335	1
Kaliumhydroxid (Ätzkali)	Gefahr	GHS05 GHS07	H290 H302 H314	2
Kaliumhydroxidlösung (Kalilauge) $w \geq 5\,\%$	Gefahr	GHS05 GHS07	H302 H314	2
$2\,\% \leq w < 5\,\%$	Gefahr	GHS05	H314	2
$0{,}5\,\% \leq w < 2\,\%$	Achtung	GHS07	H315 H319	2
Kaliumnitrat	Gefahr	GHS03	H272	1
Kaliumnitrit	Gefahr	GHS03 GHS06 GHS09	H272 H301 H400	1-16
Kaliumpermanganat	Gefahr	GHS03 GHS07 GHS09	H272 H302 H410	1-6
Kaliumpermanganatlösung $w \geq 25\,\%$	Gefahr	GHS07 GHS09	H302 H410	1-6
Kohlenstoffmonooxid	Gefahr	GHS02 GHS06 GHS08	H220 H331 H360D H372	7
Kupfer, Pulver	Gefahr	GHS02 GHS09	H228 H410	3
Kupfer(II)-acetat	Achtung	GHS07 GHS09	H302 H315 H319 H335 H410	11
Kupfer(II)-chlorid	Achtung	GHS07 GHS09	H302 H315 H319 H335 H400	11
Kupfer(II)-chloridlösung $3\,\% \leq w < 25\,\%$	Achtung	GHS07	H302	11
Kupfer(II)-hydroxid-carbonat (Malachit)	Achtung	GHS07	H302	8-12
Kupfernitrat	Gefahr	GHS02 GHS07 GHS09	H272 H302 H315 H319 H410	6-8-12
Kupfer(I)-oxid	Achtung	GHS07 GHS09	H302 H410	8-16
Kupfer(II)-oxid	Achtung	GHS07 GHS09	H302 H410	8-16

Gefahrstoff	Signal-wort	Pikto-gramm-code	H-Sätze und EUH-Sätze	E-Sätze
Kupfer(II)-sulfat, wasserfrei, Pentahydrat o. Lösung $w \geq 25\,\%$	Achtung	GHS07 GHS09	H302 H315 H319 H410	11
Lithium	Gefahr	GHS02 GHS05	H260 H314 EUH014	15-1
Lithiumchlorid	Achtung	GHS07	H302 H315 H319	1
Magnesium, Späne oder Pulver (phlegmatisiert)	Gefahr	GHS02	H228 H252 H261	3
Mangan(IV)-oxid (Braunstein)	Gefahr	GHS03 GHS07	H272 H302 H332	3
Methan	Gefahr	GHS02	H220	7
Methanal (Formaldehyd), wasserfrei	Gefahr	GHS05 GHS06 GHS08	H301 H311 H314 H317 H330 H351	10-12-16
Methanallösung (Formaldehydlösung) $w \geq 25\,\%$	Gefahr	GHS05 GHS06 GHS08	H301 H311 H314 H317 H330 H335 H351 H370	10-12-16
$5\,\% \leq w < 25\,\%$	Gefahr	GHS06 GHS08	H301 H311 H315 H317 H319 H331 H335 H351	1-10
$0{,}2\,\% \leq w < 5\,\%$	Gefahr	GHS07 GHS08	H302 H317 H351	1-10
Methanol	Gefahr	GHS02 GHS06 GHS08	H225 H301 H311 H331 H370	1-10
Natrium	Gefahr	GHS02 GHS05	H260 H314 EUH014	6-12-16
Natriumcarbonat	Achtung	GHS07	H319	1
Natriumfluorid	Gefahr	GHS06	H301 H315 H319 EUH032	5
Natriumhydrogensulfat	Gefahr	GHS05	H318	6-8
Natriumhydroxid (Ätznatron)	Gefahr	GHS05	H290 H314	2

Gefahrstoff	Signal-wort	Pikto-gramm-code	H-Sätze und EUH-Sätze	E-Sätze
Natriumhydroxidlösung (Natronlauge) $w \geq 2\,\%$	Gefahr	GHS05	H290 H314	2
$0{,}5\,\% \leq w < 2\,\%$	Achtung	GHS07	H315 H319	1
Natriumiodid	Achtung	GHS09	H400	6-12-16
Natriumnitrat	Gefahr	GHS03 GHS07	H272 H302	1
Natriumnitrit	Gefahr	GHS03 GHS06 GHS09	H272 H301 H400	1-16
Natriumoxalat	Achtung	GHS07	H302	5
Natriumsulfid	Gefahr	GHS07 GHS08 GHS09	H302 H332 H360Df H373 H410	1
n-**O**ctan	Gefahr	GHS02 GHS07 GHS08 GHS09	H225 H304 H315 H336 H410	10-12
Octan-1-ol	Achtung	GHS07	H319	10
Oxalsäure, rein o. Lösung $w \geq 5\,\%$	Achtung	GHS07	H302 H312	5
n-**P**entan	Gefahr	GHS02 GHS08 GHS07 GHS09	H225 H304 H336 H411 EUH066	10-12
Pentan-1-ol	Achtung	GHS02 GHS07	H226 H315 H332 H335	10-14
Petrolether (Leichtbenzin)	Gefahr	GHS02 GHS07 GHS08 GHS09	H225 H304 H315 H336 H411	10-12
Petroleum	Gefahr	GHS08	H304	10-12
Petroleumbenzin	Gefahr	GHS02 GHS07 GHS08 GHS09	H225 H304 H315 H336 H361f H373 H411	10-12
Phenolphthaleinlösung ($w < 1\,\%$ in Ethanol)	Gefahr	GHS02	H225	1-10
Phosphor, rot	Gefahr	GHS02	H228 H412	6-9
Phosphor(V)-oxid	Gefahr	GHS05	H314	2
Phosphorsäure $w \geq 25\,\%$	Gefahr	GHS05	H290 H314	2
$10\,\% \leq w < 25\,\%$	Achtung	GHS07	H315 H319	1

Gefahrstoff	Signalwort	Piktogrammcode	H-Sätze und EUH-Sätze	E-Sätze
Propan	Gefahr	GHS02	H220	7
Propanal	Gefahr	GHS02 GHS07	H225 H315 H319 H335	9-10-12-16
Propan-1-ol	Gefahr	GHS02 GHS05 GHS07	H225 H318 H336	10
Propan-2-ol	Gefahr	GHS02 GHS07	H225 H319 H336	10
Propansäure (Propionsäure) 10 % ≤ *w* < 25 %	Achtung	GHS02 GHS05	H314 H326	2
Resorcin (1,3-Dihydroxybenzol)	Achtung	GHS07 GHS09	H302 H319 H315 H400	10
Rohöl (synthetisch)	Gefahr	GHS02 GHS07 GHS09	H224 H315 H336 H411	10-12
Salpetersäure *w* ≥ 65 %	Gefahr	GHS03 GHS05	H272 H290 H314	2
5 % ≤ *w* < 65 %	Gefahr	GHS05	H314	2
Salzsäure *w* ≥ 25 %	Gefahr	GHS05 GHS07	H314 H335	2
10 % ≤ *w* < 25 %	Achtung	GHS05 GHS07	H315 H319 H335	2
Sauerstoff	Gefahr	GHS03	H270	7
Schiffs Reagenz	Achtung	GHS07	H319 H335	2
Schmieröl	Gefahr	GHS08	H350	10-12
Schwefel	Achtung	GHS07	H315	3
Schwefeldioxid	Gefahr	GHS05 GHS06	H314 H331 EUH071	7
Schwefelsäure *w* ≥ 15 %	Gefahr	GHS05	H290 H314	2
5 % ≤ *w* < 15 %	Gefahr	GHS05	H290 H315 H319	2
Schwefelwasserstoff	Gefahr	GHS02 GHS06 GHS09	H220 H330 H400	2-7
Schwefelwasserstofflösung 0,1 % ≤ *w* ≤ 1 %	Achtung	GHS07	H332	2
Schweflige Säure *w* ≥ 5 %	Gefahr	GHS05 GHS07	H314 H332	2
0,5 % ≤ *w* < 5 %	Gefahr	GHS07	H314 H332	2

Gefahrstoff	Signalwort	Piktogrammcode	H-Sätze und EUH-Sätze	E-Sätze
Silbernitrat	Gefahr	GHS03 GHS05 GHS09	H272 H314 H410	12-13-14
Silbernitratlösung 5 % ≤ *w* ≤ 10 %	Achtung	GHS07	H315 H319	12-13-14
Silberoxid	Gefahr	GHS03 GHS05	H272 H314 EUH044	12-13-14
Strontiumchlorid	Achtung	GHS07	H315 H319 H335	1-11
Styrol	Achtung	GHS02 GHS07 GH08	H226 H304 H315 H319 H332 H335 H372	10-12
Waschbenzin (Testbenzin, aromatenarm)	Gefahr	GHS02 GHS07 GHS08 GHS09	H224 H304 H315 H336 H340 H350 H361 H441	10-12
Wasserstoff	Gefahr	GHS02	H220	7
Wasserstoffperoxidlösung 30 % ≤ *w* < 50 %	Gefahr	GHS03 GHS05 GHS07	H271 H302 H314 H332 H335	1
8 % ≤ *w* < 30 %	Gefahr	GHS05 GHS07	H302 H318	1
5 % ≤ *w* < 8 %	Achtung	GHS07	H302 H319 H332	1
Weinsäure	Gefahr	GHS05	H318	1-10
Zink, Pulver o. Staub (stabilisiert)	Achtung	GHS09	H410	3
Zinkbromid	Gefahr	GHS05 GHS09	H314 H410	1-11
Zinkchlorid	Gefahr	GHS05 GHS07 GHS09	H302 H314 H335 H410	1-11
Zinkchloridlösung 5 % ≤ *w* < 10 %	Achtung	GHS07	H315 H319	1-11
Zinkiodid	Gefahr	GHS05 GHS09	H315 H319	12-16
Zinkoxid	Achtung	GHS09	H410	3
Zinksulfat, wasserfrei	Gefahr	GHS05 GHS07 GHS09	H302 H318 H410	1-11
Zinn(II)-chlorid	Achtung	GHS07	H302 H315 H317 H319 H335	1-11

Register

F

Z

Bildquellen

Titel: Shutterstock/Dzulius | 123RF/Marcel De Grijs: 278/2a | 123RF/Anton Starikov: 374/2e | 123RF/Iryna Rasko: 342/1c | 123RF/Luisa Vallon Fumi: 272/1 | 123RF/Vaclav Volrab: 280/1 | 123RF/yasonya: 354/1c | 2001 The Yorck Project: 72/1 | A1pix/YourPhotoToday/PM: 231/1 | action press/KLOTZ, RAINER: 226/1b | adidas AG: 12/2c, 12/2d | Agentur Focus/SPL: 166/1a, 168/1b, 168/1c, 189/4 | Agentur Focus/SPL/PASCAL GOETGHELUCK: 219/4a | Agentur Focus/SPL/POWER AND SYRED: 219/4b | akg / Science Photo Library: 165/2 | akg-images: 90/1, 161/3, 174/1, 174/2, 174/3, 198/1a, 198/4a, 336/2, 364/2 | akg-images/Andrea Baguzzi: 99/3 | akg-images/IAM: 179/2 | akg-images/Philippe Maillard: 372/3 | akg-images/Roger Lichtenberg: 14/1 | alimdi.net/thomas kroeger: 210/3 | Andreas Kometz (Nürnberg), Rosemarie Stiefel (Halle/Saale): 4/1, 58/1, 79/1 | Arghan, Z., Berlin: 278/2b | Arnold Holste Wwe. GmbH Co. KG: 60/4c | artvertise fotodesign: 309/1 | BackArts GmbH: 314/1 | Bahro, K., Berlin: 22/1a, 352/1d, 360/1a | BASF Polyurethanes GmbH, Lemfoerde: 375/5 | BECO: 40/2 | Bildagentur Waldhaeusl: 59/3 | bpk/Margarete Büsing: 150/1 | Brauns-Heitmann GmbH & Co KG, Warburg: 60/4d | Bridgeman Art Library: 150/2 | Caro/Oberhaeuser: 349/5 | CERN: 201/1 | Chillmaid, M./Science Photo Library: 36/3 | Christian Brünig: 158/2 | Clip Dealer /Alexander Raths: 360/1d | Colourbox: 331/3, 379/1a | Corbis/6/Stefano Oppo/Ocean: 342/2 | Corbis/Bettmann: 90/2, 91/2, 144/2, 198/3a | Corbis/Dave Bartruff: 60/1 | Corbis/Jim West/imagebroker: 287/3 | Corbis/Joel Sartore/National Geographic Society: 291/5 | Corbis/Juice Images: 302/1 | Corbis/Kelly-Mooney Photography: 334/1b | Corbis/Lew Robertson: 350/8 | Corbis/Micha Pawlitzki: 209/3 | Corbis/Paul Souders: 5/2 (Eisberg), 122/1, 147/1 | Corbis/Robert Harding World Imagery: 161/1b | Corbis/Stefano Bianchetti: 204/2 | Corbis/Visuals Unlimited: 289/4c | Cornelsen Experimenta: 17/5, 18/1a, 18/1c, 132/1, 132/2b | Cornelsen Schulverlage GmbH: 239/5b, 288/1 | Deutsche Bundespost: 205/3 | DLG e.V. - (Deutsche Landwirtschafts-Gesellschaft e.V.): 48/(Käsetester), 48/(Medaille) | Döring, V., Hohen Neuendorf: 16/1, 16/3, 17/4, 18/1d, 19/3, 20/2, 21/3, 25/1a, 28/1, 31/3, 36/1, 38/1c, 39/1, 43/10, 44/1, 83/3, 86/1, 104/2, 104/3, 104/4, 108/1, 108/2, 109/4, 132/3, 132/4, 142/1, 143/4, 153/6, 153/7, 166/2, 167/4a, 167/4b, 167/4c, 167/4d, 167/4e, 169/4a, 169/4b, 169/4c, 176/1, 177/5, 209/2, 223/2, 224/1, 244/1a, 248/3a , 248/3b, 254/3, 263/2, 268/1, 304/5a, 304/5b, 304/6, 305/E1, 313/1, 329/8, 338/2, 357/3 | Eawag/Sandec: 128/2 | EHEIM GmbH & Co. KG: 240/3 | F1online: 165/3, 212/3, 219/6, 302/2 | Fotolia / by-studio: 219/5a | Fotolia /Frank: 167/3 | Fotolia/Africa Studio: 11/2, 238/1c, 348/1c | Fotolia/airArt: 74/1 | Fotolia/Alekss: 334/3 | Fotolia/andrewhagen: 8/3 (Weintrauben), 320/1, 345/1 | Fotolia/Andris T: 88/2 | Fotolia/Angel Simon: 354/1b | Fotolia/Angela Shirinov: 339/6 | Fotolia/aquariagirl1970: 74/(Tonne) | Fotolia/atoss: 348/1d | Fotolia/Barbara Pheby: 352/1b | Fotolia/beerfan: 33/5 | Fotolia/Ben: 81/3 | Fotolia/bennyartist: 296/1b | Fotolia/Bergfee: 168/2 | Fotolia/BG: 254/1c | Fotolia/Carmen Steiner: 260/1 | Fotolia/Carolyn Franks: 32/1 | Fotolia/chemtoddler: 11/3 | Fotolia/Christian Pedant: 55/2 | Fotolia/Christophe Fouquin: 8/1 (Segways), 266/1, 285/1 | Fotolia/cut: 248/1 | Fotolia/Dana S. Rothstein: 51/2 | Fotolia/Dariusz T. Oczkowicz: 283/4 | Fotolia/darknightsky: 42/6 | Fotolia/denio109: 337/2a | Fotolia/DeVIce: 338/4 | Fotolia/Dionisvera: 356/a | Fotolia/Dmytro Titov: 53/3, 289/4a | Fotolia/dulsita: 373/5 | Fotolia/Ekaterina Pokrovsky: 308/2 | Fotolia/eldadcarin: 212/1 | Fotolia/emer: 49/1 | Fotolia/farbled_01: 50/1 | Fotolia/Fotofermer: 33/4 | fotolia/fotogal: 341/4 | Fotolia/Frank F. Haub: 159/5 | Fotolia/Gary Blakeley: 126/1 | Fotolia/geo-grafika.com: 238/1d | Fotolia/Günter Menzl: 377/5 | Fotolia/hehezhizhi: 32/1 | Fotolia/Henry Schmitt: 160/1b | Fotolia/hsagencia: 337/2b | Fotolia/hwtravel: 251/1b | Fotolia/Ilia Shcherbakov: 158/1 | Fotolia/iMAGINE: 15/1 | Fotolia/Inga Nielsen: 348/1a | Fotolia/Ingo Bartussek: 290/2 | Fotolia/Ionescu Bogdan: 383/1b | Fotolia/Isselée Hubert: 162/2 | Fotolia/ivan kmit: 67/(Rosmarin) | Fotolia/Jana Behr: 177/7b | Fotolia/JL: 51/3 | Fotolia/Jörg Lantelme: 328/1 | Fotolia/karepa: 300/2 | Fotolia/kids.4pictures: 176/2 | Fotolia/kmit: 374/2f | Fotolia/Kokhanchikov: 307/2 | Fotolia/Kristina Afanasyeva: 211/4 | Fotolia/ksena32: 239/4b | Fotolia/Laurentiu Iordache: 145/2 | Fotolia/Lennartz: 32/2 | Fotolia/Liantho: 384/6a | Fotolia/lilu13: 287/2 | Fotolia/Loop: 43/8 | Fotolia/Luftbildfotograf: 96/1 | Fotolia/M. Schuckart: 38/1b | Fotolia/Maceo: 356/b | Fotolia/Marina Lohrbach: 138/1 | Fotolia/Marius Graf: 61/5 | Fotolia/Markus Langer: 354/1a | Fotolia/Matthias Egger: 219/7 | Fotolia/meerisusi: 49/2 | Fotolia/Melinda Nagy: 177/7a | Fotolia/Michael Möller: 317/3b | Fotolia/Michal Adamczyk: 84/1 | Fotolia/Michel Angelo: 87/3 | Fotolia/mirpic: 348/1e | Fotolia/Multiart: 350/6a | Fotolia/Natika: 356/c | Fotolia/NilsZ: 160/1a | Fotolia/Nishihama: 237/3 | Fotolia/nito: 67/(Lavendel) | Fotolia/Olga Drabovich: 51/1 | Fotolia/Oliver Boehmer: 129/2 | Fotolia/Patryssia: 75/(Kompost) | Fotolia/Petro Feketa: 81/2 | Fotolia/photocrew: 210/1, 237/2 | Fotolia/picsfive: 32/2, 352/1a, | Fotolia/Popova Olga: 32/2 | Fotolia/psdesign1: 244/1b | Fotolia/rdnzl: 33/4, 238/1b, 341/5b, 356/d, | Fotolia/redzaal: 40/2 | Fotolia/Roman Ivaschenko: 238/1a | Fotolia/roostler: 373/6 | Fotolia/rrrob: 42/a | Fotolia/Ruediger Rau: 210/2d | Fotolia/runzelkorn: 66/2 | Fotolia/seen: 78/7 | Fotolia/Smileus: 348/1b | Fotolia/soulrebel83: 139/5 | Fotolia/Stefan Balk: 67/(Rosenblätter) | Fotolia/Steffen Schwenk: 384/6b | Fotolia/stockphoto-graf: 344/9a | Fotolia/styleuneed: 32/1 | Fotolia/tavi: 374/2d | Fotolia/th-photo: 379/2 | Fotolia/topae: 238/2a | Fotolia/Tristan Schlafhai: 296/1a | Fotolia/Unclesam: 160/1c | Fotolia/unpict: 32/1 | Fotolia/Vladislav Gajic: 254/1a | Fotolia/Volker Riechert: 6/2 (Feuerwerk), 164/1, 183/1 | Fotolia/Volker Z: 138/2 | Fotolia/Voyagerix: 244/1c | Fotolia/VRD: 28/2 | Fotolia/wajan: 133/1 | Fotolia/weber11: 152/1b | Fotolia/zimmytws: 38/1a | Fotolia|pureshot: 75/(Glasflaschen) | Frederic Cirou/PhotoAlto/Corbis: 3/1, 10/1, 29/1 | Freiwillige Feuerwehr Groß Boden/Arne Mundt: 101/5a, 101/5b | Gattermann, T.: 190/2, 223/1 | Glow Images / GammaB: 380/2 | Glow Images/imagebroker.com: 74 (Batterien) | Glow Images /ScienceFaction: 254/1b | Glow Images/Matthew Benoit: 256/1 | Goldankauf-Weber, Münster: 62/7 | Harald Heinritz | abfallbild: 74/(Sperrmüll) | Heinrich Leutemann: 339/5 | Henkel AG & Co. KGaA, Düsseldorf: 210/2a | Höxter, S., Berlin: 252/1 | Imago/Schöning: 24/1 | imago/Udo Kröner: 15/2 | Inpro Solar/www.inprosolar.com: 275/4a, 275/4b | Interfoto /Bildarchiv Hansmann: 246/1 | INTERFOTO/National Trust Photo Library/Andreas von Einsiedel: 228/2 | INTERFOTO/Science & Society: 270/1 | Interfoto/THE TRAVEL LIBRARY/Frank Fell: 6/3 (Atomium), 184/1, 207/1 | iStockphoto.com/Joel Carillet: 313/3 | iStockphoto/John Solie: 168/3 | iStockphoto/MrsVega: 5/1 (Lagerfeuer), 94/1, 121/2 | iStockphoto/Tom Freeze: 76/1 | Joerg Boethling/agenda: 126/2 | Koebernik, Ch., Waldböckelheim: 322/1, 322/2 | Kohl, R.: 339/8a | Kothe Destillationstechnik: 323/5 | Landesamt für Denkmalpflege und Archäologie/Juraj Lipták: 150/3 | Mahler, Fotograf, Berlin: 250/1a, 250/1b, 250/1c, 261/5, 335/1, 366/1, 376/1, 376/3 | Martins, I., Berlin: 54/1 | mauritius images/Minden Pictures: 340/1 | mauritius images/Photo Alto: 321/3 | mauritius images/Rosanne Tackaberry / Alamy: 379/1b | Corbis/Westend61/zerocreatives: 13/1 | Fotolia/BillionPhotos.com: 124/1c | Fotolia/farbled_01: 50/1 | Fotolia/pitsanu999: 155/1 | Fotolia/Vasily Smirnov: 151/2a | Glow Images/imagebroker: 74 (Batterien) | mauritius images/age: 238/2b | mauritius images/Alamy: 8/2 (Campingkocher), 286/1, 319/1, 321/2 | mauritius images/Bernd Ritschel: 123/2 | mauritius images/ib/Olaf Krüger: 211/6 | mauritius images/ib/Ulrich Faust: 59/2 | mauritius images/imagebroker/Dr. Wilfried Bahnmüller: 7/2 (Zitronen), 236/1, 265/1 | mauritius images/imagebroker/Matthias Baumgartner: 347/3 | mauritius images/imagebroker/Ulrich Niehoff: 267/3 | mauritius images/imagebroker/Jochen Tack: 325/2 | mauritius images/imagebroker/mirafoto: 283/3 |

mauritius images/imagebroker/NielsDK: 375/4 | mauritius images/imageroker/Guenter Fischer: 213/1 | mauritius images/Science Source: 185/2 | mauritius images/United Archives: 372/2 | Messer-Griesheim: 316/1 | Mineralienkabinett der Universität Bremen: 36/2 | MINKUSIMAGES: 188/1, 191/E1, 191/E4, 214/2a, 214/1b, 214/2b, 214/2c, 220/1, 240/2, 244/3, 246/2, 255/4, 256/4, 262/1, 263/1a, 263/1b, 267/2, 269/1, 280/3a, 280/3b, 315/3a, 315/3b, 328/2a, 328/2b, 328/2c, 333/3, 356/2, 365/3b, 365/3a, 368/1a, 383/1a | Mint Images RF / vario images: 226/1c | momentphoto.de/Bonss: 189/2 | Museum für Naturkunde, Berlin: 214/1a | NASA: 144/3, 313/4 | Ned Frisk Photography/Corbis: 82/1a | Okapia/Mark A. Schneider/NAS: 176/3 | panthermedia/Alexander Romanov: 125/6 | panthermedia/antoni halim: 289/4b | PantherMedia/Fabrizio Troiani: 336/1 | panthermedia/Manfred Grafweg: 251/1c | Peter Kollmann: 102/7 | Phywe Systeme GmbH & Co. KG, Göttingen: 132/2a | picture alliance: 85/4 | picture alliance / Robert Hardin: 178/1 | picture alliance/Arco Images GmbH: 87/1 | picture alliance/Artcolor: 14/2 | picture alliance/blickwinkel: 7/1 (Saline), 208/1, 232/2, 234/1 | picture alliance/chromorange: 185/3 | picture alliance/D.Harms/WILDLIFE: 241/1d | picture alliance/dpa: 13/2, 69/3, 75/(Medaillen), 76/1, 86/3, 156/2, 169/5, 175/1, 189/1, 190/1, 192/2, 212/2, 251/3, 330/2, 100/3 | picture alliance/dpa/dpaweb: 330/1, 350/7 | picture alliance/Leemage: 272/2 | picture alliance/maxppp: 198/5a | picture alliance/OKAPAI KG, Germany: 156/2 | picture alliance/Pixsell: 100/2 | picture alliance/westend61: 105/6 | picture alliance/ZB: 23/4, 123/3, 159/4 | Prof. Dr. Meyer, Potsdam: 151/2b | rebelpeddler Chocolate Cards: 198/2a | Reinhard Dirscherl/WaterFrame: 87/2 | Röhl, S., Berlin: 18/(Dosenbrenner), 41/3, 41/5, 52/2, 72/2, 76/1, 116/2, 138/3, 149/3, 152/1a | Ruhmke, S., Berlin: 22/1b, 239/3, 260/3 | Schuchardt, W., Göttingen: 177/6, 254/2, 264/1 | Seilnacht, T.: 60/2, 61/5, 166/1a, 166/1c, 168/1b, 216/1a, 216/1b, 216/1c, 216/1d, 328/3, 340/3a | Shutterstock/Aaron Amat: 12/2b | Shutterstock/Africa Studio: 342/1b, 360/1b | Shutterstock/Aksenova Natalya: 350/6c | Shutterstock/Aleksandr Stennikov: 4/2, 80/1, 93/1 | Shutterstock/Aleksei Potov: 8/4 (Frühstückstisch), 346/1, 386/1 | Shutterstock/Alena Brozova: 42/7 | Shutterstock/Alex459: 241/1b | Shutterstock/Alina Bakker: 342/1a | Shutterstock/Andrey Burmakin: 74/(Papier) | Shutterstock/Anteromite: 383/1c | Shutterstock/Ariene: 133/3 | Shutterstock/benedektibor: 322/3 | Shutterstock/David W. Leindecker: 83/4 | Shutterstock/Davydenko Yuliia: 352/1c | Shutterstock/de2marco: 363/1a | Shutterstock/Delpixel: 75 (Elektroschrott) | Shutterstock/Denis Dryashkin: 360/1c | Shutterstock/design56: 317/3c | Shutterstock/Dionisvera: 360/2a | Shutterstock/diplomedia: 27/2 | Shutterstock/elxeneize: 296/1c | Shutterstock/Elzbieta Sekowska: 342/3 | Shutterstock/for you design: 241/3 | Shutterstock/fotohunter: 374/2c | Shutterstock/Fotokostic: 82/2 | Shutterstock/Francesco Rizzato: 178/3 | Shutterstock/frotos: 374/2a | Shutterstock/gallofoto: 316/3b | Shutterstock/Gilmanshin: 347/2 | Shutterstock/gresei: 32/1 | Shutterstock/HLPhoto: 380/1 | Shutterstock/Hurst Photo: 241/1e | Shutterstock/I. Pilon: 161/1a | Shutterstock/ID1974: 360/2b | Shutterstock/Ikonoklast Fotografie: 239/5a | Shutterstock/jcsmilly: 373/4 | Shutterstock/Jiri Hera:34/1 | Shutterstock/Jirí Hodecek: 226/1a | Shutterstock/jopelka: 337/2c, 344/9c | Shutterstock/Joshua Rainey: 95/3 | Shutterstock/kerostudio: 239/4a | Shutterstock/Kevin McKeever: 124/1b | Shutterstock/Kzenon: 239/5b | Shutterstock/Kwanjitr: 109/5 | Shutterstock/Lasse Kristensen: 34/1 | Shutterstock/leungchopan: 124/1a | Shutterstock/Levent Konuk: 381/5a | Shutterstock/Maks Narodenko: 32/1, 344/9d | Shutterstock/marcovarro: 95/2 | Shutterstock/mattomedia Werbeagentur: 52/1 | Shutterstock/Maxx-Studio: 317/3a | Shutterstock/Mcsweeney: 146/10 | Shutterstock/Melinda Fawver: 317/1 | Shutterstock/Monebook: 35/4 | Shutterstock/mylisa: 344/9b | Shutterstock/Nadiia Korol: 296/2 | Shutterstock/NagyDodo: 214/1c | Shutterstock/nik0s: 12/2a | Shutterstock/nito: 381/6 | Shutterstock/nulinukas: 139/6 | Shutterstock/Olga Popova: 180/2 | Shutterstock/oriori: 241/1c | Shutterstock/Pep Fuster: 251/1a | Shutterstock/pukach: 363/1b | Shutterstock/r.classen: 381/5b | Shutterstock/rimira: 331/1a | Shutterstock/Rob Marmion: 12/1 | Shutterstock/Robyn Mackenzie: 356/1 | Shutterstock/Rose Carson: 62/6 | Shutterstock/Sever180: 374/2b | Shutterstock/Shutterstock/Lepas: 364/1 | Shutterstock/Smit: 18/1b | Shutterstock/Styve Reineck: 161/2 | Shutterstock/T.W. van Urk: 211/5 | Shutterstock/Tamara Kulikova: 241/1a | Shutterstock/Tamas Panczel-Eross: 176/4 | Shutterstock/think4photop: 293/2 | Shutterstock/Timmary: 350/6b | Shutterstock/Videologia: 134 Exp. 3 | Shutterstock/ Vitaly Korovin: 32/2 | Shutterstock/Volodymyr Goinyk: 127/2 | Shutterstock/Yalcin Sonat: 363/1c | Shutterstock/Yasonya: 269/3 | Shutterstock/zhekoss: 82 (Muffins) | Steffen Habermann, anagoria: 335/2 | StockFood GmbH/Schieren, Bodo A.: 3/2, 30/1, 57/1 | Südsalz GmbH, Heilbronn: 210/2b, 210/2c | Südtiroler Archäologiemuseum/Eurac/Samadelli/Staschitz: 205/1 | Südzucker AG Mannheim/Ochsenfurt: 60/4b | Thomas Mayer/thomasmayerarchive.de/ VG Bild-Kunst, Bonn 2012: 5 (Tiger & Turtle), 148/1, 163/1 | ThyssenKrupp AG: 156/1 | Topic Media/imagebroker/Moritz Wolf: 256/2 | ullstein bild-AP: 126/3 | ullstein bild-Archiv Gerstenberg: 204/1 | ullstein bild – The Granger Collection: 213/2 | Universität Bayreuth: 60/4a | Universität Würzburg: 186/1 | Westend61: 84/2 | Wiechoczek, D.: 241/2 | www.metallformen.de – Jens Nettlich: 160/2

Periodensystem der Elemente

blau	Metall
grün	Halbmetall
gelb	Nichtmetall

schwarz = Feststoff
weiß = Flüssigkeit
rot = Gas
hellblau = künstliches Element
* = radioaktives Element

[1] = Gruppennummerierung IUPAC (1989): Gruppennummern 1 bis 18
[2] = vorläufiges IUPAC-Symbol

Periode	1[1] I. Hauptgruppe	2 II. Hauptgruppe	3 III. Nebengruppe	4 IV. Nebengruppe	5 V. Nebengruppe	6 VI. Nebengruppe	7 VII. Nebengruppe	8 VIII. Nebengruppe	9 VIII. Nebengruppe
1	1 1,008 2,1 H Wasserstoff								
2	3 6,94 1,0 Li Lithium	4 9,01 1,5 Be Beryllium							
3	11 22,99 0,9 Na Natrium	12 24,31 1,2 Mg Magnesium							
4	19 39,10 0,8 K Kalium	20 40,08 1,0 Ca Calcium	21 44,96 1,3 Sc Scandium	22 47,88 1,5 Ti Titan	23 50,94 1,6 V Vanadium	24 51,996 1,6 Cr Chrom	25 54,94 1,5 Mn Mangan	26 55,85 1,8 Fe Eisen	27 58,93 1,8 Co Cobalt
5	37 85,47 0,8 Rb Rubidium	38 87,62 1,0 Sr Strontium	39 88,91 1,3 Y Yttrium	40 91,22 1,4 Zr Zirconium	41 92,91 1,6 Nb Niob	42 95,94 1,8 Mo Molybdän	43 [98] 1,9 Tc* Technetium	44 101,07 2,2 Ru Ruthenium	45 102,91 2,2 Rh Rhodium
6	55 132,91 0,7 Cs Caesium	56 137,33 0,9 Ba Barium	57 138,91 1,1 La ● Lanthan	72 178,49 1,3 Hf Hafnium	73 180,95 1,5 Ta Tantal	74 183,84 1,7 W Wolfram	75 186,21 1,9 Re Rhenium	76 190,23 2,2 Os Osmium	77 192,22 2,2 Ir Iridium
7	87 [223] 0,7 Fr* Francium	88 226,03 0,9 Ra* Radium	89 227,03 1,1 Ac* ●● Actinium	104 [261] Rf* Rutherfordium	105 [262] Db* Dubnium	106 [266] Sg* Seaborgium	107 [264] Bh* Bohrium	108 [277] Hs* Hassium	109 [268] Mt* Meitnerium

Ordnungszahl	Atommasse in u
Elektronegativitätswert	Symbol
Name	

Beispiel: 7 14,007 / 3,0 N / Stickstoff (Ordnungszahl 7, Atommasse in u 14,007, Elektronegativitätswert 3,0, Symbol N, Name Stickstoff)

Die Atommassen in eckigen Klammern beziehen sich auf das längstlebige gegenwärtig bekannte Isotop des betreffenden Elements.

● **Elemente der Lanthanreihe (Lanthanoide)**

Periode					
6	58 140,12 1,1 Ce Cer	59 140,91 1,1 Pr Praseodym	60 144,24 1,2 Nd Neodym	61 [145] 1,2 Pm* Promethium	62 150,36 1,2 Sm Samarium

●● **Elemente der Actiniumreihe (Actinoide)**

Periode					
7	90 232,04 1,3 Th* Thorium	91 231,04 1,5 Pa* Protactinium	92 238,03 1,7 U* Uran	93 [237] 1,3 Np* Neptunium	94 [244] 1,3 Pu* Plutonium